Großbritannien

Klaus Zehner   Gerald Wood   (Hrsg.)

Großbritannien

Geographien eines europäischen Nachbarn

Herausgeber

PD Dr. Klaus Zehner
Geographisches Institut
Universität zu Köln
Albertus Magnus Platz
50923 Köln
k.zehner@uni-koeln.de

Prof. Dr. Gerald Wood
Westfälische Wilhelms-Universität
Institut für Geographie
Schlossplatz 7
48149 Münster
gwood@uni-muenster.de

Wichtiger Hinweis für den Benutzer

Der Verlag, der Herausgeber und die Autoren haben alle Sorgfalt walten lassen, um vollständige und akkurate Informationen in diesem Buch zu publizieren. Der Verlag übernimmt weder Garantie noch die juristische Verantwortung oder irgendeine Haftung für die Nutzung dieser Informationen, für deren Wirtschaftlichkeit oder fehlerfreie Funktion für einen bestimmten Zweck. Der Verlag übernimmt keine Gewähr dafür, dass die beschriebenen Verfahren, Programme usw. frei von Schutzrechten Dritter sind. Die Wiedergabe von Gebrauchsnamen, Handelsnamen, Warenbezeichnungen usw. in diesem Buch berechtigt auch ohne besondere Kennzeichnung nicht zu der Annahme, dass solche Namen im Sinne der Warenzeichen- und Markenschutz-Gesetzgebung als frei zu betrachten wären und daher von jedermann benutzt werden dürften. Der Verlag hat sich bemüht, sämtliche Rechteinhaber von Abbildungen zu ermitteln. Sollte dem Verlag gegenüber dennoch der Nachweis der Rechtsinhaberschaft geführt werden, wird das branchenübliche Honorar gezahlt.

Bibliografische Information der Deutschen Nationalbibliothek

Die Deutsche Nationalbibliothek verzeichnet diese Publikation in der Deutschen Nationalbibliografie; detaillierte bibliografische Daten sind im Internet über http://dnb.d-nb.de abrufbar.

Springer ist ein Unternehmen von Springer Science+Business Media
springer.de

© Spektrum Akademischer Verlag Heidelberg 2010
Spektrum Akademischer Verlag ist ein Imprint von Springer

10 11 12 13 14   5 4 3 2 1

Planung und Lektorat: Merlet Behncke-Braunbeck, Dr. Meike Barth
Redaktion: Regine Zimmerschied
Satz: klartext, Heidelberg
Umschlaggestaltung: SpieszDesign, Neu-Ulm
Titelfotografie: Hartland Road – London Borough of Camden (2006) © Gerald Wood

ISBN 978-3-8274-2006-0

Vorwort

Großbritannien, unser „europäischer Nachbar", wird trotz seiner räumlichen Nähe zum Kontinent (so bezeichnen die Briten den Rest Europas) nicht selten als „Fremder in Europa" wahrgenommen. Der Linksverkehr und das britische Pfund sind zwar die auffälligsten, jedoch keineswegs die einzigen Besonderheiten des Landes. Auch die Freizeit- und Konsumgewohnheiten zahlreicher Briten weichen zum Teil deutlich von denen vieler Kontinentaleuropäer ab. Zur Sonderstellung Großbritanniens innerhalb Europas trägt des Weiteren das Festhalten an Normen, Werten und Traditionen bei, die in anderen europäischen Ländern einen deutlich geringeren Stellenwert besitzen oder gänzlich unbekannt sind. Beispiele hierfür sind die „Gentleman-Kultur" in Form der Clubs, die Schuluniformen oder die Tea-Time, die, trotz der zunehmenden Konkurrenz durch Kaffee und Cafés, ihre bemerkenswerte soziale Funktion behalten hat.

Neben solchen Besonderheiten gibt es allerdings auch eine Reihe von Gemeinsamkeiten und Parallelen zu anderen Ländern Europas, etwa im Bereich der sozialen und wirtschaftlichen Entwicklung. Dazu zählen die Alterung der Gesellschaft, die Zuwanderungsproblematik, der Abbau industrieller Arbeitsplätze und eine Vielzahl ökologischer Probleme, die hier wie dort gelöst werden müssen.

Dass Großbritannien von vielen Kontinentaleuropäern kritisch und mitunter sogar distanziert beäugt wird, liegt auch an einer ambivalenten politischen Haltung seiner Staatsvertreter zu Europa. Seit dem Beitritt zur damaligen Europäischen Wirtschaftsgemeinschaft (EWG) im Jahre 1973 praktizierten britische Regierungen gegenüber den anderen Mitgliedsstaaten eine Außenpolitik, die zugleich von Nähe und Distanz geprägt war. Dabei standen durchaus erkennbaren Integrationsbemühungen, etwa im Bereich der Arbeitsmarkt- oder Migrationspolitik, deutliche Zurückweisungen weitergehender Integrationsbestrebungen (Währungspolitik, „Schengener Abkommen" etc.) gegenüber.

Diese Distanz beruht aber durchaus auf Gegenseitigkeit und reicht in die frühe Nachkriegszeit zurück. So hat beispielsweise Konrad Adenauer einmal postuliert, England (er meinte das Vereinigte Königreich von Großbritannien und Nordirland) sei kein europäisches Land, weil es sich mehrfach gegen supranationale Integrationsversuche ausgesprochen hatte. Diese vermeintliche Außenseiterposition war allerdings das Resultat komplexer außenpolitischer Beziehungen, in denen sich das Land in der Nachkriegszeit befunden hatte. Und sie war auch das Ergebnis einer ausgesprochen distanzierten Haltung der damals führenden EWG-Staaten Frankreich und Deutschland gegenüber dem Vereinigten Königreich. So legte Charles de Gaulle, den ein vertrauensvolles Verhältnis zu Adenauer verband, gleich mehrfach sein Veto gegen den Beitritt des Vereinigten Königreichs zur EWG ein.

An den wahrgenommenen und durch die Medien immer wieder reproduzierten Unterschieden bzw. Besonderheiten Großbritanniens wird deutlich, dass die sozialen, wirtschaftlichen, kulturellen und räumlichen Entwicklungen in verschiedenen Teilen der Welt, und gerade auch innerhalb Europas, zwar globalen Trends folgen, jedoch in sehr unterschiedlicher Weise Gestalt annehmen können. Wenn uns also soziale und sozialräumliche Entwicklungen in Großbritannien ungewöhnlich oder gar befremdlich erscheinen, dann hat das vor allem mit unterschiedlichen historischen Rahmenbedingungen, mit zum Teil tief verwurzelten institutionellen und kulturellen Verschiedenartigkeiten zu tun und weniger damit, dass in Teilen Europas grundsätzlich andere Entwicklungen am Werke sind. Auf diese spannungsvollen Prozesse will das vorliegende Buch sein Augenmerk richten und den Leser ermutigen, genauer hinzuschauen und die *Differenz* und ihre Hintergründe zu erkunden. Das gilt auch für den Fall, dass man diese Unterschiede für konstruiert oder aber für medial inszeniert hält. Denn entscheidend für unsere Haltung gegenüber Großbritannien und für unser Handeln sind sie allemal.

An einer Vielzahl von Beispielen, etwa an den Themen *Migration* und *Multikulturalität* lässt sich aufzeigen, dass Großbritannien vor ähnlichen Aufgaben und Problemen steht wie andere europäische Staaten auch. So wird derzeit nicht nur in Großbritannien ein Weg zwischen den Konzepten der *Integration* und der *Multikulturalität* ausgelotet. Dieses Beispiel zeigt: Trotz aller Unterschiede in ihrer gesellschaftlichen Entwicklung sind viele Staaten Europas mit ähnlichen Herausforderungen konfrontiert. Aus unserer Sicht ist es daher nicht nur interessant und spannend, sondern auch lehrreich zu verstehen, wie in Großbritannien mit solchen Problemen umgegangen wird.

Vor diesem gedanklichen Hintergrund ist dieses Buch entstanden. Es greift Themen auf, die das „Besondere" Großbritanniens zum Gegenstand haben (also die Differenz), Themen, die uns stutzig und neugierig machen, gerade vor dem Hintergrund anderer Erfahrungen in Europa. Warum beispielsweise entwickelt sich Großbritannien im 18. Jahrhundert früher als andere europäische Nationen zum Vorreiter der industriellen Entwicklung, um dann im 20. Jahrhundert nach jähem Absturz eine Renaissance zu erleben? Wie ist die gegenwärtig ausgreifende und in Europa beispiellose Praxis der Videoüberwachung in öffentlichen Räumen des Landes in Einklang zu bringen mit dem hohen öffentlichen Gut der Bürgerrechte? Und schließlich: Wie viele Gemeinsamkeiten und wie viele Unterschiede verbergen sich hinter „Großbritannien"? Gleichzeitig verdeutlichen die Beiträge in der Diskussion der gesellschaftlichen Herausforderungen und Probleme auch die *Nähe* zu anderen europäischen Ländern und eröffnen damit gedankliche Räume des Vergleichs und eines vertieften Verständnisses sozialräumlicher Entwicklungen in einem europäischen Rahmen.

Bei den hier diskutierten Themen handelt es sich zu einem großen Teil um Fragen, die in der Fachliteratur häufig übergangen oder in einem anderen Zusammenhang angesprochen werden. Von daher erschließt dieses Buch nicht nur neue Themen, sondern es versucht auch, vorhandenes und neues Wissen zusammenzuführen.

Danksagung

Dieses Buch ist das Ergebnis einer intensiven, mehrjährigen Beschäftigung der Autoren mit Großbritannien, und es ist gleichermaßen das Resultat eines gemeinschaftlich gestalteten Entstehungsprozesses. Der lange Weg von der ersten Idee bis zu dem nun vorliegenden Ergebnis war nicht immer geradlinig, und er war auch nicht ohne Anstrengungen. Das ist bei Buchprojekten mit vielen Beteiligten natürlich nicht unüblich. In diesem Fall kam jedoch hinzu, dass die Autoren ausdrücklich aufgefordert waren, die Texte so zu formulieren, dass sie nicht nur ein wissenschaftliches Fachpublikum ansprechen. Für den Verlag und für uns als Herausgeber war es wichtig, die hier behandelten Themen einer möglichst breiten Leserschaft zu erschließen, weil wir der Auffassung sind, dass ein großes allgemeines Interesse an Großbritannien besteht.

Die Aufgabe, wissenschaftliche Erkenntnisse verständlich, aber dennoch wissenschaftlich korrekt zu formulieren, bedeutete zwar eine zusätzliche Herausforderung für alle Autoren, doch wir als Herausgeber haben den Eindruck, dass alle Beteiligten dabei wichtige Erfahrungen sammeln konnten. Und wir sind auch der Ansicht, diese Aufgabe gemeinsam gelöst zu haben. Ob uns dies tatsächlich gelungen ist, müssen letztlich Sie als Leser entscheiden.

Wir möchten an dieser Stelle all jenen unseren Dank aussprechen, die an der Entstehung dieses Buches mitgewirkt haben. Hier sind natürlich zunächst die Kolleginnen und Kollegen zu nennen, die einen oder sogar mehrere Beiträge beigesteuert haben. Wir danken ihnen sehr nachdrücklich für den offenen, kooperativen und freundschaftlichen Umgang mit uns Herausgebern. Mindestens ebenso wichtig für das Gelingen dieses Projekts war die enge Zusammenarbeit zwischen Herausgebern und den Mitarbeitern des Springer-Verlags. Unser spezieller Dank gilt dabei der Programmplanerin Frau Behncke-Braunbeck und Frau Barth aus dem Lektorat. Erst das rege Interesse an der Sache und das verlagsinterne Engagement von Frau Behncke-Braunbeck sowie die beständige Arbeit an der Umsetzung von Ideen und Vorlagen in Zusammenarbeit mit den Herausgebern durch Frau Barth ermöglichten das Buch in seiner jetzigen Form.

Die Aufgabe, wissenschaftliche Erkenntnisse einem möglichst breiten Interessentenkreis zugänglich zu machen, sollte nicht nur auf sprachlicher Ebene umgesetzt werden, sondern auch durch die Anreicherung der Beiträge mit zusätzlichem Material in Form von Fotos, Diagrammen, Karten etc. Udo Beha, Kartograph am Geographischen Institut der Universität Köln, und Claudia Schroer, Kartographin am Institut für Geographie der Universität Münster, ist es gelungen, dieses Buch durch anspruchsvolle Karten, Diagramme und Zeichnungen lebendiger und interessanter zu gestalten. Auch ihnen gilt unser ausdrücklicher Dank.

Abschließend möchten wir als Herausgeber festhalten, dass wir das Projekt jederzeit wieder angehen würden, denn es hat uns viele wichtige Erfahrungen vermittelt, darunter auch die Vertiefung unserer Freundschaft und kollegialen Verbundenheit. Aufgrund unserer gemeinschaftlichen Bemühungen ist ein Buch entstanden, das wir als Einzelpersonen in dieser Form nicht hätten realisieren können.

Köln und Münster, im Januar 2010

Autorinnen und Autoren

Bernd Belina ist Juniorprofessor für Humangeographie am Institut für Humangeographie der Goethe-Universität Frankfurt. Zuvor war er wissenschaftlicher Mitarbeiter am Leibniz-Institut für Länderkunde in Leipzig und am Institut für Geographie der Universität Potsdam. Seit seiner Promotion in Bremen im Jahr 2004 beschäftigt er sich mit dem Themenkomplex „Kriminalität und Raum" sowie mit Fragen der politischen, der Stadt- und Sozialgeographie.

Oliver Bödeker ist wissenschaftlicher Mitarbeiter am Geographischen Institut der Universität zu Köln. Seine Interessensgebiete liegen im Bereich der physischen Geographie. Insbesondere hat er sich mit der Geomorphologie warm-arider Gebiete sowie der Landschaftsentwicklung in Mittel- und Westeuropa befasst. Seine regionalen außereuropäischen Schwerpunkte sind das nordöstliche und südwestliche Afrika sowie Australien. Seine Dissertation (2005) beschäftigte sich mit dem holozänen Klima- und Landschaftswandel im Nordosten Namibias.

Boris Braun ist Professor für Anthropogeographie am Geographischen Institut der Universität zu Köln. Seine Interessensgebiete liegen im Bereich der Wirtschaftsgeographie. Er beschäftigt sich insbesondere mit den Beziehungen zwischen Ökonomie und Ökologie, mit Fragen der Globalisierung sowie den wirtschaftlichen Aspekten der Stadtentwicklung. Die räumlichen Schwerpunkte seiner Arbeit liegen in Europa, Südasien und Australien. Im Rahmen seiner Habilitation (2001) beschäftigte er sich mit dem Vergleich von betrieblichen Umweltmanagementsystemen in Großbritannien und Deutschland. Zu sportlichen Großereignissen hat er insbesondere im Zusammenhang mit den Olympischen Spielen 2000 in Sydney publiziert. Boris Braun ist darüber hinaus Autor zahlreicher Beiträge in Fachzeitschriften sowie Herausgeber verschiedener Sammelbände und Buchreihen.

Philip Cooke ist Professor für Regionalentwicklung am Institut für Stadt- und Regionalplanung sowie Gründungsdirektor des Centre for Advanced Studies an der University of Wales in Cardiff. Zu seinen Forschungsgebieten gehören regionale Innovationssysteme, Wissensökonomien, Cluster- und Netzwerkforschung und in der jüngeren Vergangenheit Biotechnologie und Regionalentwicklung. Hierzu hat Phil Cooke umfangreich publiziert. Daneben berät er die britische Regierung, die EU, die OECD, die Weltbank und UNIDO (United Nations Industrial Development Organization) zu Fragen regionaler Innovationssysteme. Phil Cooke ist Mitglied der Academy of Social Sciences (UK) und trägt zahlreiche internationale wissenschaftliche Auszeichnungen.

Rainer Danielzyk ist wissenschaftlicher Direktor des Instituts für Landes- und Stadtentwicklungsforschung (ILS), Dortmund und Aachen. Zugleich ist er seit 2004 außerplanmäßiger Professor für Humangeographie und Raumplanung an der Carl von Ossietzky Universität Oldenburg. Seine Arbeitsschwerpunkte sind die Theorie und Empirie der Stadt- und Regionalentwicklung sowie der raumbezogenen Planung, insbesondere in Mittel- und Westeuropa. Er hat mehrfach über Themen der Raumentwicklung und Raumplanung in Großbritannien in einschlägigen Fachzeitschriften veröffentlicht. Rainer Danielzyk ist Mitglied verschiedener wissenschaftlicher Akademien und Gremien der Politikberatung.

Christian Dietsche ist wissenschaftlicher Mitarbeiter am Geographischen Institut der Universität zu Köln. Seine Forschungsinteressen liegen in den Bereichen der Wirtschaftsgeographie und der Globalisierungsforschung, mit räumlichen Schwerpunkten in Europa, Südasien und Afrika. Gemeinsam mit Boris Braun befasst er sich zudem mit Prozessen der nachhaltigen Stadtentwicklung. Im Rahmen seiner Dissertation beschäftigt er sich mit den ökologischen Auswirkungen wirtschaftlicher Globalisierungsprozesse.

Claire Dwyer ist Senior Lecturer im Fachgebiet Sozial- und Kulturgeographie sowie stellvertretende Direktorin der Forschungsgruppe Migration am University College London. Zu ihren Forschungsgebieten gehören *race* und *ethnicity*, Transnationalismus und Diasporas, Gender und feministische Geographie. Sie hat über Identitäten britischer Muslime ebenso veröffentlicht wie über die britisch-südasiatische transnationale Bekleidungsindustrie. Gegenwärtig forscht sie über „religiöse Landschaften" in der britischen und kanadischen Diaspora. Sie ist Co-Autorin des Buches *Geographies of New Femininities* (1999) und Mitherausgeberin der Sammelbände *Qualitative Methodologies for Geographers* (2001), *Transnational Spaces* (2004) und *New Geographies of Race and Racism* (2008).

Gesa Helms ist promovierte Geographin und Künstlerin. Sie lebt in Glasgow und Berlin und ist als wissenschaftliche Mitarbeiterin am Department of Urban Studies der Universität Glasgow tätig. Ihre wissenschaftliche Arbeit umfasst Fragen zum Stadt- und Strukturwandel, zu Sicherheits- und Arbeitsmarktpolitik sowie partizipative Forschungsmethoden.

Christoph Scheuplein lehrt Wirtschaftsgeographie als Akademischer Rat am Institut für Geographie der Westfälischen Wilhelms-Universität Münster. Zuvor war er am Berliner Abgeordnetenhaus und bei einem Beratungsunternehmen tätig. Er hat zur Theorie und Empirie wirtschaftlicher Cluster und zu den Standortmustern verschiedener industrieller Branchen publiziert. Aktuell arbeitet er über Raumveränderungen der Industrie im Rahmen der Strukturwandlungen des deutschen Kapitalismus.

Doris Schmied ist außerordentliche Professorin am Geographischen Institut der Universität Bayreuth mit den Schwerpunkten Geographie des ländlichen Raumes, Nahrungsgeographie und Bevölkerungsgeographie und hat bereits zahlreiche Beiträge zu ländlichen und peripheren Räumen in Großbritannien veröffentlicht. In ihrer Habilitation beschäftigte sie sich am Beispiel der Cotswolds (Gloucestershire) mit den Auswirkungen der ländlichen Gentrifizierung auf den Wohnungsmarkt (2002). Darüber hinaus ist sie Herausgeberin des internationalen und interdisziplinären Sammelbandes *Winning and Losing: The Changing Geography of Europe's Rural Areas* (2005) sowie der wissenschaftlichen Reihe *RURAL*.

Dirk Schubert ist Professor an der HafenCity Universität Hamburg und lehrt dort „Wohnen und Stadtteilentwicklung". Er hat zahlreiche Veröffentlichungen in deutschen und ausländischen Fachzeitschriften zu Themen der Stadtbaugeschichte, Stadterneuerung und des Wohnungswesen und zu Vorhaben der Revitalisierung von (brachgefallenen) Hafen- und Uferzonen publiziert. Seine letzten Buchveröffentlichungen umfassen: *Hafen- und Uferzonen im Wandel. Analysen und Planungen zur Revitalisierung der Waterfront in Hafenstädten* (mit Uwe Altrock, 3. Aufl. 2007); *Wachsende Stadt – Leitbild, Vision, Utopie?* (2004); *Hamburger Wohnquartiere. Ein Stadtführer durch 65 Wohnquartiere* (mit Axel Schildt, 2005); *Städte zwischen Wachstum und Schrumpfung: Wahrnehmungs- und Umgangsformen in Geschichte und Gegenwart* (2008).

Richard Stinshoff war bis zu seiner Pensionierung 2009 akademischer Direktor für British Studies am Seminar für Anglistik der Carl von Ossietzky Universität Oldenburg. Seine wissenschaftlichen Arbeitsschwerpunkte liegen im Bereich der britischen Geschichte seit der Industriellen Revolution sowie des politischen, gesellschaftlichen und kulturellen Wandels im Großbritannien der Gegenwart. Er hat u. a. zur kulturellen Transformation des industriellen Erbes am Beispiel der britischen Industriekanäle, zum Verfassungswandel unter New Labour, zur politisch-ökonomischen Nachkriegsentwicklung des Landes und zuletzt zu postsäkularen kulturellen Handlungspotenzialen veröffentlicht. Daneben liegen Arbeiten zur Entdeckung und Erschließung des nordamerikanischen Westens und zu ethnopolitischen Konfliktpotenzialen unter nordamerikanischen Indianern vor.

Gerald Wood ist Professor für Stadt- und Regionalforschung im Institut für Geographie der Westfälischen Wilhelms-Universität Münster. Er beschäftigt sich seit Langem intensiv mit Fragen der Raumentwicklung und raumbezogenen Planung auf den Britischen Inseln und hat hierzu umfangreich im deutschen und englischen Sprachraum publiziert. Mit seiner Dissertation *Die Umstrukturierung Nordost-Englands. Wirtschaftlicher Wandel, Alltag und Politik in einer Altindustrieregion* (1994) hat er mehrere Preise gewonnen, darunter den Förderpreis des Verbands der Geographen an Deutschen Hochschulen für die beste deutschsprachige humangeographische Dissertation der Jahre 1993 und 1994. Gerald Wood ist Mitglied verschiedener wissenschaftlicher Einrichtungen/Akademien.

Klaus Zehner ist Privatdozent am Geographischen Institut der Universität zu Köln. Seine Interessensgebiete liegen im Bereich der Kulturgeographie, insbesondere in der Stadtgeographie. Der räumliche Schwerpunkt seiner wissenschaftlichen Tätigkeit ist seit vielen Jahren Großbritannien. Im Rahmen seiner Habilitation hat er die unter der Thatcher-Regierung etablierten Sonderwirtschaftszonen in Großbritannien (1999) untersucht. Er hat des Weiteren zahlreiche wissenschaftliche Aufsätze in renommierten Fachzeitschriften zu stadt- und wirtschaftsgeographischen Problemen Großbritanniens publiziert. Klaus Zehner ist u. a. der Co-Autor eines Lehrbuches zu *Computerkartographie und GIS* (1999) sowie der Autor eines Lehrbuches zur *Stadtgeographie* (2001).

Inhalt

Kapitel 4
London – Herz und Kopf Großbritanniens

Kapitel 5
Deindustrialisierung, neue Industrien und das Erstarken des Dienstleistungssektors

Kapitel 6
Neue Geographien der Macht und Ohnmacht

Kapitel 7
Politik und Raumplanung 185

Kapitel 8
Gesellschaft, Handel und Kultur 223

Kapitel 9
Ausblick

Kapitel 1
Einleitung

Klaus Zehner und Gerald Wood

Zum Wert eines Buches über Großbritannien in Zeiten von Google und Wikipedia

In Zeiten, in denen wir mit einer kaum noch zu verarbeitenden Flut von Informationen in Form von Büchern, Magazinen, Fernseh- und Rundfunkbeiträgen und das Internet überhäuft werden, drängt sich die Frage auf, welchen Wert ein (weiteres) Buch über Großbritannien noch haben kann. Welchen Mehrwert kann es gegenüber den vielfältigen anderen Informationsquellen, gerade gegenüber den Neuen Medien, eigentlich noch bieten?

Alleine die Suchmaschine Google registriert zu den Stichworten „Großbritannien" und „Geographie" rund 455 000 Treffer (zum Stichwort „Großbritannien" sogar über 15,4 Millionen). Schon aus Zeitgründen lässt sich lediglich ein verschwindend kleiner Teil der gelisteten Seiten näher betrachten. Die Nutzer von Suchmaschinen beschränken ihren Zugriff auf die dargebotenen Informationen zumeist auf die ersten zehn bis 20 Einträge. Neben dieses Problem der kaum noch zu bewältigenden Informationsfülle treten zwei weitere Schwierigkeiten, die typisch sind für die Inhalte vieler Webseiten. Erstens sind die Urheber zumeist unbekannt, so dass sich schon aus diesem Grund die Seriosität der Inhalte kaum abschätzen lässt. Zweitens beinhalten die Seiten häufig eher enzyklopädisch zusammengestellte Informationen und Fakten, die oft unverknüpft nebeneinander stehen. Dennoch ist das Internet zu einer unverzichtbaren Informationsquelle für den wissenschaftlichen und den Alltagsgebrauch geworden, die vergleichsweise schnell und effizient erschlossen werden kann. Allerdings ist auch klar: Die Vernetzung von Informationen und die Herstellung von Zusammenhängen finden dort so gut wie nicht statt.

Aber genau darum geht es im vorliegenden Buch. Eine zentrale Aufgabe, die wir uns als Herausgeber gestellt haben, ist der Versuch, der unbegrenzt und beliebig erscheinenden Menge an Informationen über Großbritannien einen Fokus zu verleihen. Um dies leisten zu können, sind von Seiten der Autoren bestimmte Voraussetzungen zu erfüllen. Sie müssen über umfangreiche Erfahrungen verfügen, die nur durch eine langjährige und intensive wissenschaftliche Beschäftigung, durch Reisen und persönliche Kontakte erworben werden können. Eine unserer wichtigsten und ersten Aufgaben bestand daher darin, ein kompetentes Team von Autorinnen und Autoren zusammenzustellen, die sowohl wissenschaftlich ausgewiesen sind als auch persönliche Erfahrungen mit Großbritannien in das Projekt einbringen können.

Hierbei handelt es sich vor allem um Kolleginnen und Kollegen aus der deutschsprachigen Geographie, wie Gesa Helms, Doris Schmied, Rainer Danielzyk, Christoph Scheuplein, Bernd Belina, Boris Braun, Christian Dietsche und Oliver Boedeker. Auch wir, die Herausgeber, zählen zu diesem Kreis.

Allerdings gibt es nicht für alle der in dieses Buch aufgenommenen Themen Experten im eigenen Fach, so dass wir uns freuen, auch das Interesse von Kollegen aus Nachbarwissenschaften für unser Buchprojekt geweckt zu haben. Mit Richard Stinshoff aus der Anglistik und Dirk Schubert aus dem Städtebau haben wir zwei renommierte Fachleute zu den Themen „Thatcherismus" und „Waterfront Development" gewinnen können. An ihren Beiträgen lassen sich u. a. eine große inhaltliche Nähe und ein ähnliches Interesse an aktuellen gesellschaftlichen Entwicklungen zwischen Geographie und den Nachbardisziplinen ablesen.

Trotz der wiederholten und nicht selten längeren Aufenthalte der deutschsprachigen Autoren in Großbritannien ist ihr Verhältnis zu ihrem Gegenstand durch eine räumliche bzw. alltagsweltliche Distanz geprägt. Dies ermöglicht auf der einen Seite eine für die wissenschaftliche Arbeit nötige kritische Distanz, führt aber, auf der anderen Seite, zu einem Verlust an Fühlungsvorteilen, die sich durch tägliche persönliche Erfahrungen im bzw. mit dem Land und seinen Bewohnern ergeben.

Aus diesem Grund waren wir froh, als uns mit Claire Dwyer aus London und Phil Cooke aus Cardiff zwei ausgewiesene Wissenschaftler aus Großbritannien ihre Mitarbeit zugesagt hatten. Claire Dwyer hat einen sehr stimulierenden und nachdenklich stimmenden Beitrag über Migranten und Multikulturalismus beigesteuert, während der Text von Phil Cooke einen gründlichen und tiefen Einblick in die wirtschaftlichen Entwicklungsprobleme von Wales gestattet.

Zum Ansatz des Buches

Über Großbritannien gibt es eine Fülle deutsch- und englischsprachiger Literatur, darunter auch zahlreiche Sammelbände, die einen differenzierten Blick auf das Land gestatten. Ein nicht geringer Teil dieser Literatur stammt von Geographen, die ihren Gegenstand mit wechselnden inhaltlichen und methodischen Perspektiven in Augenschein nehmen. Die Beschäftigung mit dieser Literatur war anregend und für die Konzeption des vorliegenden Buches von großer Bedeutung. Uns ist klar, dass kein noch so ambitioniertes Buchprojekt über Großbritannien die prinzipiell unerschöpfliche Fülle von Themen aufnehmen kann und daher notwendigerweise auswählen und auslassen muss, auch wenn das Projekt von Geographen in Angriff genommen wird und somit Fragen zu räumlichen Strukturen und ihren Entwicklungen einen Fokus bilden. Diese Situation bot für uns die Chance, gerade auch solche Themen aufzugreifen und zu diskutieren, die bislang durch das Relevanzraster anderer Autoren gefallen sind, unserer Meinung nach aber wesentlich für ein Verständnis Großbritanniens sind. Die übergeordneten Fragen, die uns als Herausgeber bei der Konzeption dieses Buches geleitet haben, können folgendermaßen umrissen werden: Welche Prozesse lassen sich identifizieren, die die gesellschaftlichen und räumlichen Strukturen Großbritanniens maßgeblich geprägt haben bzw. prägen? Wie und anhand welcher Themen lässt sich das komplexe Wirkungsgefüge von Sozialem und Räumlichen für die Leser nachvollziehbar und motivierend entwickeln?

Neben der angesprochenen inhaltlichen Differenz zu anderen Veröffentlichungen über Großbritannien steht zudem eine perspektivische. Hierbei geht es im Wesentlichen um die Einnahme einer anderen Sichtweise auf die betrachteten Phänomene. So spielt neben der Betrachtung konkreter sozialer Prozesse im Raum auch die Frage eine wichtige Rolle, mit welchen Deutungen und Symbolen sozialräumliche Prozesse gesellschaftlich belegt sind und in welcher Weise sich in räumlichen Strukturen und ihrer Dynamik gesellschaftliche Machtverhältnisse spiegeln bzw. reproduzieren. Erst wenn man sich auf solche Fragen einlässt, ist es unserer Überzeugung nach möglich, hinter die Fassade empirischer Phänomene zu schauen und tiefer liegende Zusammenhänge und Verbindungen herzustellen. Eine solche Vorgehensweise drängt sich bei bestimmten Themen geradezu auf, bei anderen spielt sie eher eine untergeordnete Rolle. In keinem Fall jedoch bedeutet sie, dass den Lesern unumstößliche „Wahrheiten" angeboten werden, wohl aber wissenschaftlich fundierte und sprachlich nachvollziehbare Deutungsangebote der Verfasser. Wir hoffen, dass die Leser dieses Buches durch die Lektüre angeregt werden, sich mit den angesprochenen Themen wie auch mit den von uns vorgenommenen Deutungen kritisch auseinanderzusetzen.

Das Buch beginnt mit einer eher traditionellen Einführung in die physische Geographie Großbritanniens. An den Anfang haben wir einen kurzen Essay über das britische Klima und Wetter gestellt. Auf der einen Seite ist das Wetter für Briten ein ausgesprochen wichtiges Alltagsthema. Als Gegenstand von Small Talk vereinfacht es die Kommunikation und ermöglicht so unverbindliche Kontakte im täglichen Miteinander. Auf der anderen Seite wirken sich Wetter und Klima in ihrer räumlichen Differenzierung in vielfältiger Weise aus, z. B. in der Landwirtschaft, beim Binnentourismus oder in der Fischereiwirtschaft.

Im Mittelpunkt von **Kapitel 2** steht die Entstehung der größten britischen Insel, die seit der Vereinigung von England (und Wales) mit Schottland im Jahre 1801 als Großbritannien bezeichnet wird, und zwar aus geologischer und geomorphologischer Sicht. In seinem Beitrag über die Entwicklung der physischen Gestalt Großbritanniens zeigt Oliver Boedeker auf, an welchen zeitlichen Nahtstellen – seit Entstehung der Erde vor ca. 4,55 Milliarden Jahren (dem Beginn des sog. Präkambriums) bis zum Beginn des Quartärs (vor ca. 2,6 Millionen Jahren) – die Grundzüge des Reliefs herauspräpariert wurden. Die Feinheiten der heutigen Oberflächenformen Großbritanniens sind jedoch überwiegend das Ergebnis der Formungsprozesse während des Eiszeitalters (Pleistozän). Vor allem die Bergländer von Wales und Schottland wurden mindestens dreimal während des Pleistozäns von mächtigen Gletschern bedeckt, die sowohl in Form von Abtragungs- als auch Aufschüttungsformen ihre Spuren in der Landschaft hinterlassen haben.

Kapitel 3 greift aus historisch-geographischer Sicht das Thema „Landesentwicklung" wieder auf und thematisiert die Gestaltung und Nutzung der Naturlandschaft durch den Menschen, sowohl in der Frühgeschichte und Antike als auch in Mittelalter und Neuzeit. Die thematische Ausrichtung der Beiträge orientiert sich stark an nach unserer Auffassung bedeutenden Einschnitten in der britischen Kultur- und Kulturlandschaftsgeschichte. Hervorgehoben haben wir vor allem jene sozialräumlichen Entwicklungsgänge, die das Land nachhaltig und vermutlich unumkehrbar verändert haben.

Ein bedeutender Einschnitt in der politischen, sozialen und kulturellen Entwicklung Großbritanniens stellt das Jahr 1066 dar, als England von den Normannen erobert wurde. Zwar lassen sich auch in der gegenwärtigen Kulturlandschaft noch vereinzelte Spuren aus den davorliegenden Zeiten finden, etwa aus dem frühen Mittelalter, aus der römischen, ja sogar aus der keltischen Zeit; dennoch wurden mit der normannischen Eroberung eine territoriale Ordnung (Grafschaften) und gesellschaftliche Struktur (Klassen) geschaffen, die bis in die Gegenwart hinein präsent und wirksam sind. Eine weitere, noch wirkungsmächtigere Veränderung erfuhr Großbritannien im 18. Jahrhundert durch die Industrielle Revolution. Dass die gewaltigen sozialen, wirtschaftlichen und technologischen Umbrüche, die aus ihr resultierten, ausgerechnet in Großbritannien und im 18. Jahrhundert stattfanden, ist selbstverständlich kein Zufall. Vielmehr war in jener Zeit eine Reihe von wichtigen Ausgangsbedingungen, die sich wechselseitig stimulierten und die Industrielle Revolution erheblich begünstigten, gegeben. Die Rede ist hier von der Agrarrevolution sowie dem Bau von Straßen und Kanälen, noch vor dem Aufkommen der Eisenbahn. Wichtig war auch die Verfügbarkeit von Kapital, das durch den Kolonialismus akkumuliert worden war und für die Umsetzung technischer Innovationen, für den Bau von Fabriken, Bergwerken und Infrastruktureinrichtungen eingesetzt werden konnte.

Ein zentraler Schlüssel zum Verständnis von wirtschaftlichen und sozialen Entwicklungsprozessen in ganz Großbritannien ist die Vormachtstellung Londons, der dominierenden Metropole des Landes. London ist aber weit mehr als nur die Primatstadt und Hauptstadt Großbritanniens. Die Stadt war auch das politische Zentrum des Empire und ist noch immer die Hauptstadt der Nachfolgeorganisation des Empire, des Commonwealth. Somit ist London eine alte Weltstadt mit Traditionen, was ihren unvergleichlichen Reiz ausmacht. Allerdings hat sich der Weltstadtcharakter Londons, ausgelöst durch die ökonomische Globalisierung der drei zurückliegenden Jahrzehnte, erheblich verändert. Heute präsentiert sich London als bedeutendste Finanzmetropole der Welt und somit als eine überwiegend ökonomisch definierte Global City moderner Prägung. Insbesondere der Aufschwung der Finanzwirtschaft hat massive wirtschaftliche, städtebauliche und soziale Veränderungen innerhalb der Stadt hervorgerufen, die in **Kapitel 4** thematisiert werden. Neben den aktuellen Prozessen der Stadtentwicklung und deren Folgen für die sozialräum-

liche Entwicklung wird insbesondere auf die Transformation der ehemaligen innenstadtnahen Docks zu neuen Stadtteilen an der Waterfront mit hochwertigen Arbeitsplätzen in der Dienstleistungswirtschaft eingegangen. Diese Umwandlung hat neue Funktionen und neues Leben in das einstige Armenhaus Londons, das East End, gebracht. Ohnehin befindet sich die Osthälfte der Stadt in einer starken Umbruchsituation. Im Osten entstehen nämlich zurzeit die Sportstätten für die Olympischen Spiele im Jahre 2012. In ihrem Beitrag über Flaggschiffprojekte als Motoren einer spätmodernen Stadtentwicklungspolitik greifen Boris Braun und Christian Dietsche das Thema „Olympische Spiele 2012" auf und beleuchten die Chancen und Risiken dieses Megaprojekts für London.

Eine Beschäftigung mit London gleicht dem Blick durch ein Brennglas: Gesellschaftliche Entwicklungslinien und ihre räumlichen Bezüge entfalten sich hier in besonders prononcierter Weise und lassen sich daher gut näher verfolgen. Der Nachteil einer solchermaßen fokussierten Betrachtung liegt jedoch darin, dass die Vielfalt des Zusammenspiels von gesellschaftlicher und räumlicher Entwicklung aus dem Blick geraten kann. Denn auch in anderen Räumen des Landes haben sich im 20. Jahrhundert tief greifende Veränderungen vollzogen, z. B. Deindustrialisierung, die Ansiedlung neuer Industrien und eine erhebliche Ausweitung des Dienstleistungssektors. Aber hier wichen die sozialen und (natur-)räumlichen Rahmenbedingungen, vor allem die historischen Entwicklungslinien zum Teil erheblich von der Situation in London ab, so dass eine Betrachtung Londons nur bedingte Rückschlüsse auf andere Teile des Landes zulässt.

In **Kapitel 5** werden daher die genannten zentralen ökonomischen Entwicklungslinien aufgegriffen und auf ganz Großbritannien bzw. eine ausgewählte „Altindustrieregion" (Südwales) bezogen. Großbritannien als Pionier der Industriellen Revolution war auch im Hinblick auf den wiederholten Umbau der wirtschaftlichen Grundlagen des Landes ein globaler Vorreiter. Früher und teilweise auch deutlich radikaler als in anderen fortgeschrittenen Volkswirtschaften vollzogen sich wirtschaftlicher, gesellschaftlicher und räumlicher Wandel im 20. Jahrhundert. Dieses interessante Phänomen wird an einem räumlichen Beispiel, nämlich der Altindustrieregion im südlichen Wales, und an zwei thematischen Beispielen (Automobilindustrie und Binnentourismus) näher betrachtet. Die Verfasser der Beiträge, Phil Cooke („Wales"), Christoph Scheuplein („Japanische Direktinvestitionen in der britischen Automobilindustrie") und Doris Schmied („Entwicklung des britischen Binnentourismus"), beziehen in die Betrachtung der konkreten ökonomischen und räumlichen Entwicklungen die ihnen zugrunde liegenden sozialen und politischen Erklärungsmomente ein und schaffen auf diese Weise plastische und prägnante Porträts des Wandels.

Gesellschaftliche Veränderungen und ihre räumlichen Bezüge verweisen auch auf Fragen von Teilhabe und Macht. Das soll die für **Kapitel 6** gewählte Überschrift „Neue Geographien der Macht und Ohnmacht" signalisieren. In diesem Kapitel werden wichtige jüngere gesellschaftliche Entwicklungstendenzen thematisiert, die auch in anderen europäischen Ländern zu beobachten sind, dort aber unter zum Teil anderen Rahmenbedingungen und auch in anderer Intensität ablaufen: Zuwanderung und Multikulturalismus, Videoüberwachung in städtischen Räumen und Transformationsprozesse in Hafenstädten. In allen drei Beiträgen wird das Verhältnis von Macht und Raum thematisiert, das in den letzten Jahren auf eine zunehmende Resonanz in der Geographie und anderen Sozialwissenschaften gestoßen ist. Die Diskussion erfolgt auf zwei miteinander verbundenen Ebenen. Auf der einen werden die materielle Verfügungsgewalt und Gestaltungsmacht über Räume angesprochen und auf einer eher symbolischen Ebene der Betrachtung die Deutungshoheit über Räume. Der Beitrag von Claire Dwyer konkretisiert diese beiden Perspektiven auf gesellschaftliche Entwicklungen und ihr Zusammenwirken am Beispiel von Migration und Multikulturalismus. Gerade im Zusammenhang mit der Errichtung von Sakralbauten für nichtchristliche Glaubensgemeinschaften der Zuwanderer und den sich hieran entzündenden Problemen und Konflikten mit der lokalen Bevölkerung und der Politik treten gesellschaftliche Machtverhältnisse, aber auch deren Dynamik im Kontext von Zuwanderung und Multikulturalität deutlich hervor. Gesa Helms und Bernd Belina gehen in ihrem Beitrag über Video-Überwachungsanlagen (Closed Circuit Television, CCTV) in öffentlichen städtischen Räumen auf eine in Europa einmalige Entwicklung ein. Sie analysieren, welche Rolle Videoüberwachungsanlagen für das gesellschaftliche Leben spielen und welche Auswirkungen mit dem flächenhaften Einsatz von CCTV in bestimmten Teilräumen britischer Städte für deren Nutzer einhergehen. Weniger spektakulär, aber nicht minder bedeutsam für Fragen der Teilhabe und Macht ist das Thema, mit dem sich Dirk Schubert beschäftigt: die Entwicklung von Hafenstädten vor dem Hintergrund der Restrukturierung von Hafenwirtschaft, Planungspolitik und gesellschaftlichen Strukturen. Die Veränderungstendenzen, die beschrieben und analysiert werden, lassen sich durchaus auch auf andere nationale Beispiele beziehen. Da die Seefahrt für Großbritannien aber eine vergleichsweise hohe Bedeutung besaß, ist auch die Umstrukturierung der Hafenstädte bzw. der Häfen ein besonders

wichtiger und sichtbarer Prozess, der zudem von tiefen sozialen und sozialräumlichen Umbrüchen begleitet wird.

Für ein Verständnis der gesellschaftlichen und räumlichen Entwicklung Großbritanniens ist die Kenntnis der politischen und planungspolitischen Besonderheiten eine große Hilfe. In einer Reihe von Beiträgen dieses Buches werden die Zusammenhänge von gesellschaftlicher Entwicklung und politischer Steuerung angesprochen und in die Analyse einbezogen, so auch besonders in Kapitel 6.

Die Ausrichtung von **Kapitel 7** soll der herausragenden Rolle von Politik und Raumplanung für räumliche Entwicklungsprozesse Rechnung tragen. Es beginnt mit einem Überblick über die politische Intervention des Staates in die räumliche Entwicklung des Landes, die im 19. Jahrhundert (*town and country planning*/Raumplanung) bzw. in der Zwischenkriegszeit (*regional policy*/ regionale Strukturpolitik) ihren Anfang genommen hatte und sich dann über einen langen Zeitraum in der Nachkriegszeit weiter entfaltete. Getragen wurde der Ausbau des staatlichen Planungs- und Steuerungsapparats vom „Nachkriegskonsens", der parteiübergreifenden Überzeugung von der Notwendigkeit staatlichen Eingreifens in die gesellschaftliche und räumliche Entwicklung des Landes. Dieser Konsens geriet jedoch spätestens mit dem Amtsantritt von Margaret Thatcher im Jahre 1979 in Bedrängnis. Für Margaret Thatcher war „Konsenspolitik" ein Schimpfwort, da Konsens der Aufgabe von Überzeugungen, Prinzipien und Werten gleichkomme, wie sie mehrfach öffentlich bekundete. Demgegenüber propagierte und vertrat die neue Premierministerin eine starke Politik, die auf die regulierenden Kräfte des Marktes vertraute. Dabei scheute sie weder den offenen Konflikt mit anderen Akteuren noch die Verunglimpfung eines über Jahrzehnte austarierten Steuerungs- und Planungssystems, das sich aus der Sicht der neuen Regierung jedoch weitgehend diskreditiert hatte. In ihren Beiträgen über die neuen Leitlinien der staatlichen Politik loten Richard Stinshoff („Raum als Markt") und Rainer Danielzyk („Neoliberale Ansätze der Wirtschaftsförderung und Raumentwicklung") die Prämissen und die sozialräumlichen Folgen des „Thatcherismus" aus. Interessanterweise stellte der Thatcherismus, entgegen der Rhetorik seiner Vertreter und der Überzeugung vieler Kritiker, aber keineswegs eine reine marktförmige Steuerung von gesellschaftlichen und räumlichen Prozessen dar. Vielmehr handelte es sich um eine Mischung von ökonomischem Liberalismus und autoritärer Zentralisierung. Die in diesem Spannungsfeld entwickelten Formen der Steuerung gesellschaftlicher Prozesse sind Gegenstand der beiden Beiträge von Richard Stinshoff und Rainer Danielzyk. Den Abschluss des Kapitels bildet ein Beitrag über „Devolution". Hierbei handelt es sich um eine Übertragung staatlicher Funktionen auf die regionale Ebene, wie sie in Großbritannien beispielsweise in Wales (1998) und Schottland (1999) erfolgt ist. Dieser Schritt zu einer gewissen politischen Eigenständigkeit kann als eine Antwort auf das stark zentralisierende politische Programm des Thatcherismus gesehen werden. Allerdings entspringt er auch der Überlegung, dass den Steuerungskapazitäten des Zentralstaates Grenzen gesetzt sind. Insofern lässt sich die Devolution-Debatte auch als eine Antwort des Staates auf die Einschränkungen der eigenen Handlungsfähigkeit deuten. So attraktiv diese politische Innovation aus der Sicht des Zentrums auch erscheinen mag, sie lässt sich nicht ohne Probleme bzw. Brüche in einem Land wie Großbritannien realisieren. So ist derzeit die Frage völlig ungeklärt, welcher Status England bzw. den englischen Regionen im Staatsaufbau zukommt. Das wird in dem Beitrag u. a. an der spannenden West Lothian Question diskutiert.

Großbritannien hat sich in seinen wirtschaftlichen und gesellschaftlichen Strukturen im 20. Jahrhundert erheblich gewandelt. Der Entwicklungsstand des Landes drückt sich u. a. in einem Bedeutungsrückgang der Industrie zugunsten des Dienstleistungssektors aus, aber auch in einer sich beschleunigenden Alterung der Bevölkerung, einer zunehmenden Konsumorientierung der Gesellschaft und einer generellen Bedeutungssteigerung von „Kultur" für die räumliche Entwicklung. Diese drei großen gesellschaftlichen Entwicklungslinien bilden den Fokus von **Kapitel 8**. Mit den jüngeren demographischen Veränderungen im Zeichen einer zunehmenden Alterung und ihren räumlichen Auswirkungen setzt sich der Beitrag von Doris Schmied auseinander. Insbesondere geht er auf die Migration älterer Menschen vor dem Hintergrund ihrer individuellen Optionen ein und verdeutlicht, welche Städte und Regionen sich in der Vergangenheit auf den Zuzug älterer Menschen einstellen mussten.

Die zunehmende, an US-amerikanische Verhältnisse erinnernde Konsumorientierung der britischen Gesellschaft nach dem Zweiten Weltkrieg ging Hand in Hand mit einer starken Ausdifferenzierung des Einzelhandels. Vor allem in den 1980er Jahren haben sich in Großbritannien unter den wirtschaftlichen Rahmenbedingungen der neoliberalen Wirtschaftspolitik Margret Thatchers neuartige Betriebsformen und Standortagglomerationen des Einzelhandels (z. B. Malls und Factory Outlet Centers) etablieren können, mit denen sich der Handel auf die sich ausdifferenzierende Nach-

frageseite eingestellt hat. Insbesondere der Lebensmitteleinzelhandel mit seinen großflächigen Hypermarkets an den Stadträndern und kleinen, aber extrem gut sortierten Convenience-Stores in den Innenstädten reflektiert eindrucksvoll die Breite der Lebensstile in der gegenwärtigen britischen Gesellschaft.

Die wachsende Bedeutung von „Kultur" für die Entwicklung von Städten und Regionen und die bewusste Instrumentalisierung von Kultur durch die (Planungs-)Politik sind Gegenstand des letzten Beitrags. Am Beispiel der Stadt Manchester wird aufgezeigt, wie sich die Transformation einer Stadt, die mit der Baumwollindustrie ihre industrielle Basis eingebüßt hatte, zu einer der wirtschaftsstärksten britischen Städte und zur Kulturmetropole in Nordwestengland vollzogen hat.

Zum Abschluss wird in **Kapitel 9** der Blick anhand einiger zentraler Themen in die Zukunft gelenkt. Von großer Bedeutung, nicht nur für Großbritannien selbst, sondern auch für die EU, die USA und die NATO ist die weitere außenpolitische Positionierung des Landes. Wie lassen sich die aktuellen politischen Signale aus London deuten, und worauf nehmen sie historisch Bezug? Des Weiteren wird die Zukunft Großbritanniens in entscheidender Weise davon abhängen, wie sich aktuelle demographische und soziale Trends wie Alterung und die Zunahme gesellschaftlicher Ungleichheit weiter ausgestalten werden. Beim Thema Alterung wird es in Zukunft allerdings nicht nur darum gehen, die vielfältigen sozialen, politischen, ökonomischen und räumlichen Herausforderungen zu meistern, sondern auch die Potenziale einer älter werden Gesellschaft zu erkennen und zu nutzen. Zu den großen sozialen Herausforderungen gehört das zunehmende sozioökonomische Auseinanderdriften verschiedener Bevölkerungteile, das auf unterschiedlichen räumlichen Maßstabsebenen erfolgt („Nord-Süd-Kontrast", innerstädtische Ungleichheiten). Diese sozioökonomischen Entwicklungen stehen in einem engen Verhältnis zur wirtschaftlichen Lage. Nicht zuletzt deshalb wird auch die ökonomische Zukunft thematisiert, die sich vor dem Hintergrund einer zunehmenden Bedeutung von Bildung vollziehen wird.

Abschließend möchten wir anmerken, dass in den Beiträgen im Sinne einer besseren Lesbarkeit weitgehend auf die Nennung von Quellenangaben verzichtet worden ist. Stattdessen finden sich am Ende jedes Beitrags Hinweise auf weiterführende Literatur, die den Lesern die Möglichkeit bieten, bei Interesse tiefer in das Thema einzusteigen.

Kapitel 2

Klima und Landschaftsentwicklung

2.1 Einführung

KLAUS ZEHNER

Wohl kaum ein anderes Vorurteil dürfte außerhalb Großbritanniens so verbreitet sein wie das über sein Wetter und sein Klima. Eine genauere Betrachtung der klimatischen und meteorologischen Verhältnisse fördert aber schnell zutage, dass Wetter und Klima keinesfalls schlechter bzw. unwirtlicher sind als etwa in Mitteleuropa. Dennoch sind die meteorologischen und klimatischen Verhältnisse zwischen Großbritannien und dem Kontinent verschieden. So ist das britische *Wetter* deutlich wechselhafter und nuancenreicher als das mitteleuropäische. Das *Klima* Großbritanniens hingegen wird – bedingt durch den Golfstrom – wesentlich stärker von maritimen Einflüssen geprägt als das Mitteleuropas. Vom Golfstrom profitiert vor allem die Westhälfte Großbritanniens im Winter, wenn die Temperaturen nur selten die 4°C-Marke unterschreiten. Allerdings empfangen die westlichen Landesteile im Jahresverlauf auch erheblich mehr Regen als der Osten des Landes.

Diese hier nur angedeuteten klimageographischen Unterschiede spiegeln sich deutlich in der Ausrichtung der Landwirtschaft wider. So werden im sommerwarmen Südostengland, in der Grafschaft Kent, vor allem Sonderkulturen wie Obst, Wein und Hopfen angebaut. Durch die globale Erderwärmung haben sich hier in den letzten Jahren insbesondere die Bedingungen für den Weinanbau verbessert. Der trockene Osten Englands bietet hervorragende Voraussetzungen für den Ackerbau, während in der Westhälfte und in den Mittelgebirgslagen aufgrund der höheren Niederschläge die Viehhaltung dominiert.

Auch der Binnentourismus wird in seiner Struktur ganz erheblich von klimatischen Randbedingungen beeinflusst. So profitiert die englische Südküste im Sommer von hohen Sonnenscheinstundenzahlen, jedenfalls für britische Verhältnisse. Hieraus ziehen vor allem die südenglischen Seebäder im Juli und August einen Nutzen. Aber auch Wintersport ist in Großbritannien möglich. Aufgrund ihrer Höhenlage und ihres Niederschlagsreichtums haben sich in den schottischen Grampian Mountains fünf als schneesicher geltende Wintersportgebiete etablieren können.

Wetter und Klima sind somit zentrale Themen, die für die Raumnutzung von übergeordneter Bedeutung sind. Dies gilt nicht nur für die Gegenwart; vielmehr hat das Klima auch in weit zurückliegenden Zeitaltern in entscheidender Weise auf die Erdoberfläche eingewirkt. In seinem Beitrag über die Entstehung der Britischen Inseln zeichnet Oliver Bödeker nach, wie sich Klimate vergangener Erdzeitalter, sog. Paläoklimate, auf Abtragungs- und Sedimentationsprozesse ausgewirkt haben. Während der vergangenen 550 Millionen Jahre wurden die Britischen Inseln bzw. die Gesteinspakete, aus denen sie entstanden sind, durch plattentektonische Bewegungen vom 40. südlichen Breitenkreis bis zu ihrer gegenwärtigen Position befördert. Auf dieser Route wechselten sich mehrfach Gebirgsbildungs- und Abtragungs- und Sedimentationsprozesse ab, die gemeinsam das Grundmuster der heutigen Oberflächengestalt geschaffen haben. Es ist leicht nachvollziehbar, dass auf dem Weg durch verschiedene Klimazonen mehrfach aride und humide Bedingungen gewechselt haben, was sich noch heute in den geologischen Strukturen Großbritanniens deutlich widerspiegelt.

Den im wahrsten Sinne des Wortes letzten Schliff hat Großbritannien erst im Eiszeitalter bekommen, als insbesondere die nördlichen und mittleren Landesteile von mächtigen Gletschern bedeckt waren und überformt wurden. Der Mensch spielte zu dieser Zeit noch keine entscheidende Rolle. Zwar weisen archäologische Funde auf die Existenz von Menschen in den wärmeren Abschnitten des Eiszeitalters hin. Ihre Anzahl war jedoch sehr gering. Zudem waren die Menschen der Altsteinzeit nur Jäger und Sammler. Sie haben weder systematisch gesiedelt, gerodet oder Ackerbau betrieben. Bis zur Jungsteinzeit wurde demzufolge die Landschaftsentwicklung Großbritanniens ausschließlich durch natürliche Kräfte und Prozesse gesteuert. Erst mit Beginn der Jungsteinzeit begann der Mensch, die Naturlandschaft zu formen, zu gestalten und sie in vielfältiger Weise zu nutzen.

2.2 Immer ein Thema: Wetter und Klima

KLAUS ZEHNER

„Das Wetter war immer schlecht … Starker Regen fiel jeden zweiten Tag. Und die anderen Tage waren kalt; Nebel und Wind machten sie noch schlimmer als die Regentage. Was für ein schreckliches Klima" (François de la Rochefaucauld 1784, französischer Schriftsteller).

„Grundsätzlich gilt, dass noch niemand Großbritannien wegen des Klimas als Urlaubsort ausgewählt hat. Es ist grundsätzlich feucht und zugig. Bei diesen meteorologischen Gegebenheiten fragt man sich manchmal, was die ersten Menschen, die je den Fuß auf die heutigen Britischen Inseln setzten, überhaupt zum Verbleib bewogen hat" (Wolfgang Koydl 2009, Auslandskorrespondent der *Süddeutschen Zeitung* und Buchautor).

Hinzufügen könnte man diesen beiden Zitaten über das scheinbar so abweisende Klima Großbritanniens noch die von Rudolf Walter Leonhardt (1957) übermittelte Anekdote von einem spanischen Diplomaten, der bei seinem Abschied von London gebeten haben soll, der englischen Sonne seine Empfehlungen zu übermitteln, er habe sie leider nie kennengelernt.

Diese sehr persönlich gefärbten Wahrnehmungen bzw. Einschätzungen des britischen Klimas entsprechen in der Tat jenem Bild, das in den Köpfen der meisten Kontinentaleuropäer als unumstößliche Wahrheit verankert zu sein scheint. Ein Grund hierfür könnten die immer wieder aufkochenden Legenden über den berüchtigten Londoner Smog sein, obwohl dieser nur noch sehr selten vorkommt. Denn im Jahre 1956 wurde mit dem Clean Air Act ein sehr wirkungsmächtiges Gesetz zur Luftreinhaltung verabschiedet. Im Mittelpunkt des Gesetzestextes stand das Verbot der Benutzung von Kohle zum Heizen von Wohnungen. Bis dahin allerdings war es vor allem im Winterhalbjahr durch den Ausstoß von Ruß und Schwefeloxiden regelmäßig zur Bildung von zumeist sehr zähem Nebel gekommen. Mit dem Inkrafttreten des Gesetzes konnte die Belastung der Luft durch Aerosole schlagartig und deutlich reduziert werden, so dass auch bei austauscharmen Hochdruckwetterlagen im Winter Smog nur noch vereinzelt auftrat. Dennoch halten sich Geschichten über den Londoner Nebel ausgesprochen hartnäckig und sind offenbar kaum aus dem kollektiven Gedächtnis der Kontinentaleuropäer zu verbannen.

Dass bestehende Vorurteile über Großbritannien von einer feuchten und kalten Insel immer wieder neue Nahrung erhalten, mag auch mit der häufig reißerischen Form der Berichterstattung über extreme Wetterereignisse in Großbritannien zu tun haben. So verbergen sich hinter Schlagzeilen wie „Großbritannien versinkt in den Fluten" (*taz* vom 25.7.2007) oder „Flutchaos in Großbritannien" (*Hamburger Abendblatt* vom 20.11.2009) Berichte über außergewöhnliche, aber eben auch lokal begrenzte Wetterphänomene wie Windhosen oder Starkregen. Solche Meldungen werden oft nicht mit der nötigen Differenziertheit dargestellt und wahrgenommen. Vielmehr bedienen sie in perfekter Weise das ohnehin schon tief verankerte Klischee vom regenreichen und garstigen Klima Großbritanniens.

Viel seltener jedoch prägen persönliche Erlebnisse in Form eines verregneten Urlaubs auf der Isle of Wight oder Dauerregen während eines Städtetrips nach Manchester oder London eigene Vorstellungen vom Wetter und Klima Großbritanniens. Denn die Chancen, wirklich negative Erfahrungen mit dem britischen Wetter zu machen, sind eher gering, es sei denn, es zieht den Reisenden im Herbst auf die Isle of Skye oder auf die Shetland-Inseln.

Fest steht jedenfalls, dass die pessimistischen Bemerkungen zum Wetter und Klima Großbritanniens einer seriösen wissenschaftlichen Überprüfung kaum standhalten. In seiner Landeskunde über Großbritannien betont Jäger (1976) zu Recht, dass das Klima deutlich besser sei als sein Ruf und vor allem regional erheblich stärker differenziert sei, als es den landläufigen Vorstellungen der Mitteleuropäer entspräche. Und Leonhardt hebt in seiner lesenswerten Hommage an England und die Engländer hervor, dass Paris mehr Regen empfängt als London und dass es wirklich verregnete Gebiete im eigentlichen England ebenso wenig gibt wie in Deutschland.

In seinem auch heute noch lesenswerten Buch *England, die unbekannte Insel* hebt der deutsche Schriftsteller Paul Cohen-Portheim (1931) den für England so typischen Wechsel des Wetters hervor: „Beständig ist nur der Wechsel: Wir haben kein Wetter, nur Proben, ist ein englischer Ausspruch. Ständig streichen die wechselnden Winde über die Insel; nirgends ist man sehr weit vom Meere entfernt; Wolken, Sonnenschein, Regen, Nebel lösen sich in schneller Folge ab … Klima und Wetter sind voller Übergänge und Nuancen – die Sprache hat eine Anzahl unübertragbarer Ausdrücke für sie geformt – sie sind alle ohne Übertreibung, sind Zwischendinge, sind undramatisch. Die Sonne sengt

nicht, die Kälte tötet nicht, der Regen ist nicht wolken-
bruchartig; das englische Klima hat dieselbe Abneigung
gegen alles Maßlose und Hyperbolische, wie sie die Produkte dieses Klimas: die Engländer, haben. Es ist launen-
haft, aber nicht unvernünftig, nie unerträglich, vieldeutig"
(S. 13).

Allerdings ist das britische Wetter deutlich abwechs-
lungsreicher als das mitteleuropäische. Dafür gibt es
eine einfache Erklärung: Großbritannien liegt erheblich
näher als Mitteleuropa am Entstehungsgebiet von Fron-
talzyklonen, die sich zwischen Island-Tief und Azoren-
Hoch entwickeln. Diese Tiefdruckgebiete sind, wenn sie
auf das britische Festland stoßen, noch relativ jung.
Somit ist ihre Zirkulationsenergie gemessen an mittel-
europäischen Verhältnissen hoch, und ihre Frontensys-
teme sind recht deutlich ausgeprägt. Wegen der höheren
Windgeschwindigkeiten ziehen die Fronten rascher durch
als auf dem Kontinent. Nieselregen, trockene Abschnitte
und kräftige Regenschauer folgen in deutlich kürzeren
Zeitintervallen aufeinander, was zu dem von Cohen-
Portheim so prosaisch beschriebenen wechselhaften
Charakter des britischen Wetters führt.

Maritimität

Das Klima Großbritanniens wird ganz entscheidend
durch den Einfluss des Atlantiks geprägt. Es kann als
feucht und warm-gemäßigt bezeichnet werden. Die
Tages- und Jahresamplituden der Temperaturkurven
verlaufen gedämpft, die Jahresmaxima der Temperaturen werden an den Küsten erst im August und die
Minima erst im Februar erreicht. Winterliche Kältepe-
rioden sind ebenso selten wie sommerliche Hitzeperio-
den, beide können aber vorkommen.

Die vorherrschende Maritimität des britischen Klimas hängt im Wesentlichen von drei Faktoren ab:
Erstens liegt Großbritannien – mit Ausnahme der Shetland-Inseln, die bis an den 61. Breitenkreis heranreichen
– zwischen 50 und 59 Grad nördlicher Breite. Dies
bedeutet, dass die Insel ganzjährig in der außertropi-
schen Westwindzone liegt und somit vorherrschende
milde, vom Atlantik wehende Westwinde mit zyklonalen
Fronten das Wettergeschehen prägen (Abb. 2.1).

Zweitens greift der maritime Einfluss wegen der vor
allem im Westen ausgeprägten Gliederung der Küste
durch Buchten und tief ins Binnenland greifende Mee-
resarme weit ins Binnenland hinein.

Drittens werden die Britischen Inseln von den Aus-
läufern des Golfstromes umspült, was sich insbesondere
in den milden Wintertemperaturen an der Atlantik-

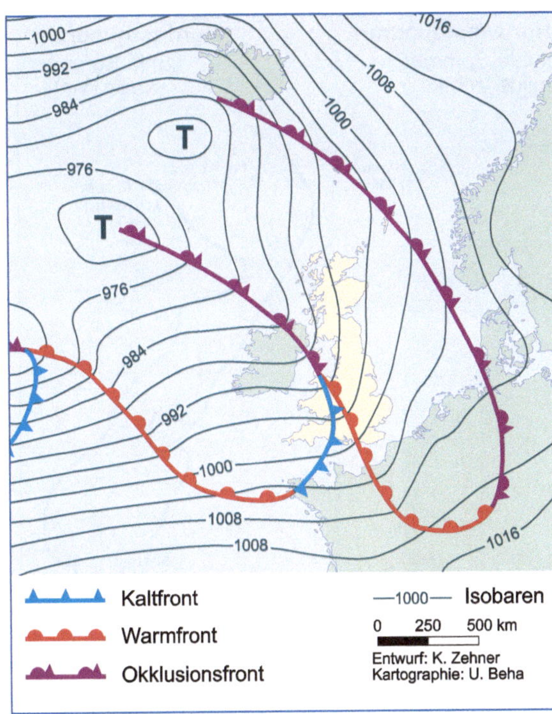

Abb. 2.1 Bodenwetterkarte der Britischen Inseln beim Durch-
zug eines Tiefdruckgebiets.

küste im Westen widerspiegelt. So beträgt die Durch-
schnittstemperatur im kältesten Monat Februar auf der
Hebrideninsel Lewis knapp 5 °C, während Penzance
(Cornwall) sogar 7 °C verzeichnet. Der Verlauf der 4°-
Januarisotherme spiegelt den atlantischen Einfluss im
Winter nahezu perfekt wider. Sie verläuft fast meridio-
nal und trennt die wintermilden westlichen Küsten
und küstennahen Landstriche vom Binnenland, wo
die Temperaturen im Januarmittel unter 4 °C sinken
(Abb. 2.2).

Die Küsten Ostenglands profitieren im Winter ebenfalls von maritimen Einflüssen, die von der Nordsee ausgehen. Ihre Wirkung ist jedoch schwächer als die des
Atlantiks im Westen und schwindet wegen der vorherrschenden Westwinde schon in geringer Entfernung zum
Meer.

Im Sommer dagegen, wenn die Sonneneinstrahlung
stärker ist, zeigen sich die thermischen Unterschiede
innerhalb Großbritanniens in einem tendenziell Süd-
Nord-gerichteten Temperaturgradienten. So verläuft
beispielsweise die 16°-Juliisotherme im Wesentlichen
breitenkreisparallel (Abb. 2.2).

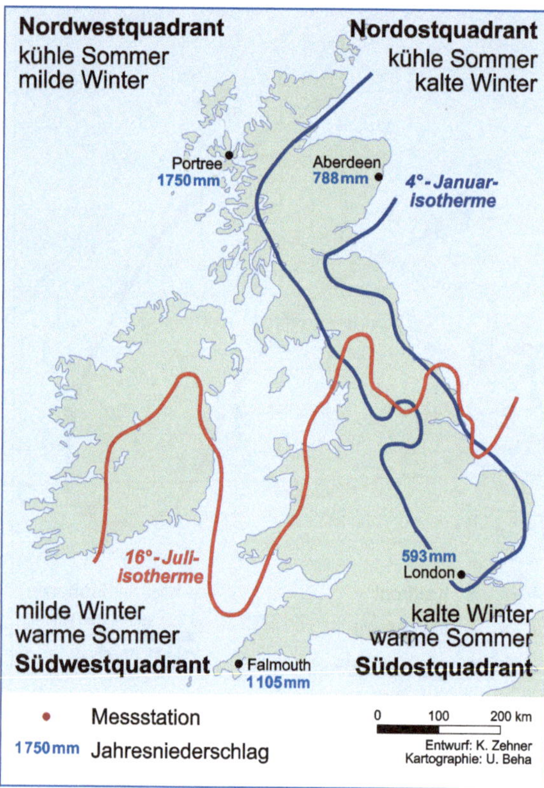

Abb. 2.2 Der Verlauf der 4°-Januar- und 16°-Juliisotherme über Großbritannien.

Luv- und Lee-Effekte

Die Höhe der Niederschläge nimmt tendenziell von Westen nach Osten ab, was mit ausgeprägten, der noch hohen Energie der Tiefdruckgebiete geschuldeten Luv- und Lee-Effekte erklärt werden kann. Die westlichen Gebirge empfangen durch zyklonale Steigungsregen reichliche Niederschläge. Die höchsten Werte werden in den schottischen Grampian Mountains gemessen, wo mehr als 4 300 mm/Jahr erreicht werden können. Dort kommt es im Winter regelmäßig zur Entstehung einer dauerhaften Schneedecke, was vor allem im Norden Schottlands den Wintersport und den Wintersporttourismus gefördert hat. Dieser konzentriert sich auf fünf schneesichere Wintersportgebiete: Newis-Range, Glencoe, Cairngorm, Glenshee und „The Lecht".

Auch im Lake District (Cumbria) sowie in Snowdonia, im Nordwesten von Wales, wird die 3 000-mm-Niederschlagsmarke noch an einigen Messstationen erreicht. Weiter südlich, in den Cambrian Mountains, fallen pro Quadratmeter und Jahr nur noch rund 1 500 mm Niederschlag. Dennoch zählt Wales, wie alle westlichen Landesteile, zu den regenreichen Regionen Großbritanniens. Selbst im südwestlichsten Zipfel Südwestenglands, in Cornwall, werden an den Küsten noch um die 1 000 mm Jahresniederschlag erreicht. Die Landwirtschaft wird hier durch die Viehhaltung dominiert. Ab einer Höhe von 250–300 m dominiert die Schafhaltung auf Naturweiden, eine ausgesprochen extensive Form der Viehhaltung (Abb. 2.3). Besonders in Schottland, in Wales und in den Penninen spielt die Schafhaltung eine große Rolle.

Bereits das mittelenglische Tiefland profitiert erheblich von seiner Lage im Lee der Waliser Bergländer. So empfängt Birmingham beispielsweise nur 764 mm Jahresniederschlag. Noch trockener ist es in der Osthälfte Großbritanniens. Im langjährigen Mittel fallen etwa in Cambridge nur 551 mm Niederschlag. Die Universitäts-

Abb. 2.3 Das sog. *rough grazing* ist eine extensive Form der Schafhaltung auf Naturweiden. Quelle: Baumgarten 2006.

stadt zählt damit zu den niederschlagsärmsten Orten in Großbritannien. Da Ostengland, bedingt durch die bereits angesprochenen Lee-Effekte, von hohen Sonnenscheinstundenzahlen zwischen 1 500 und 1 600 Stunden im Jahr profitiert, durchweg fruchtbare Böden aufweist und zudem durch ein ebenes bis flachwelliges Relief gekennzeichnet ist, findet der Ackerbau hier hervorragende Standortvoraussetzungen. So gelten Essex, Suffolk und Norfolk als die Kornkammer Englands. Insbesondere der Weizenanbau steht hier im Vordergrund, des Weiteren werden Zuckerrüben und verschiedene Gemüsesorten angebaut. In den letzten Jahren hat zudem der Anbau von Raps an Bedeutung zugenommen.

Auch London weist eine überraschend geringe Jahresniederschlagssumme auf. Am Messpunkt „Kew Gardens" im Westen der Stadt wurden im langjährigen Mittel 593 mm Jahresniederschlag gemessen. Mit diesem Wert ist London eine der „trockensten" Hauptstädte im westlichen und mittleren Europa. In Wien (613 mm), Paris (630 mm) und Brüssel (819 mm) fällt mehr Regen. Sogar den Vergleich mit einigen südeuropäischen Metropolen braucht London nicht zu scheuen. Lissabon kommt mit 600 mm ungefähr auf die gleiche Regenmenge wie London, während der Jahresniederschlag von Rom (813 mm) den Wert für London (593 mm) sogar um mehr als ein Drittel übersteigt (Abb. 2.4).

Als Ursache für den überraschenden Unterschied zwischen den jährlichen Niederschlagssummen von Rom und London ist in erster Linie die Verschiedenartigkeit der geographischen Lage beider Städte anzuführen. Über Rom, im Luv des Apennin gelegen, werden die

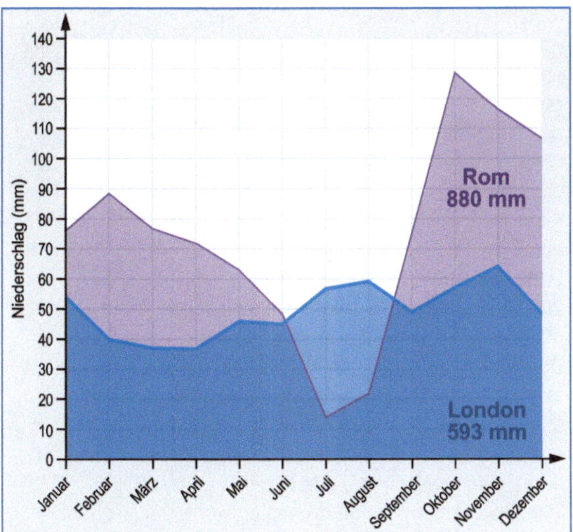

Abb. 2.4 Der jahreszeitliche Verlauf der Niederschläge von Rom und London im Vergleich. Quelle: Zehner, auf der Grundlage von Daten der nationalen meteorologischen Dienste.

aus Westen, d. h. vom Mittelmeer, herangeführten Luftmassen zum Aufstieg gezwungen, was sich in den Übergangsjahreszeiten und im Winter häufig in Form von Steigungsregen bemerkbar macht. In London ist genau das Gegenteil der Fall: Die Leelage Londons sorgt für vergleichsweise wenige Niederschläge. London liegt im sog. Thames Valley, einer weit gespannten Talung, die im Nordwesten von den Chiltern Hills und im Süden bzw. Südosten von den North Downs eingerahmt wird. Beide Hügelketten ragen bis etwa 250 m auf, was alleine freilich noch nicht die geringen Niederschläge erklärt. Jedoch verlieren Luftmassen, die von Westen nach Osten über Großbritannien hinwegziehen, durch Steigungsregen an den in Nord-Süd- bzw. Nordost-Südwest-Richtung verlaufenden Berg- und Hügelketten an Feuchtigkeit.

Im Bereich der Ostküste wird das Klima in nördlicher Richtung nur ganz allmählich wieder feuchter. Die Zunahmen fallen allerdings deutlich geringer als an der Westküste aus. So beträgt etwa die Summe des Jahresniederschlags in der schottischen Ölmetropole Aberdeen nur 788 mm.

Zusammenfassend lässt sich festhalten, dass die Niederschläge in Großbritannien von Westen nach Osten und – in der Westhälfte deutlicher als in der Osthälfte ausgeprägt – von Norden nach Süden abnehmen.

Jedoch kann die Menge der Niederschläge von Jahr zu Jahr beträchtlich schwanken, so dass die Insel in manchen Jahren längere Trockenzeiten durchzustehen hatte. 1976 und 1995 waren zwei solche Jahre, in denen im Sommerhalbjahr die Regenmenge noch nicht einmal die Hälfte eines durchschnittlichen Jahres erreichte (Tab. 2.1). 1995 fielen die geringsten Niederschläge im Süden und Osten Englands, die stärksten Auswirkungen hatte die Trockenheit aber auf den Südwesten, Yorkshire und den Nordwesten, wo die Wasserversorgung der großen Städte sogar zeitweise gefährdet war.

Der Klimawandel und seine Folgen für England

Ein klimatischer Gunstraum ist vor allem der englische Südosten, insbesondere die Grafschaft Kent. Dort ist das Klima zwar nicht so wintermild wie in Cornwall, dafür liegen die Temperaturen im Sommerhalbjahr deutlich über denen Cornwalls. Zudem ist es im Südosten trockener, so dass in Kent zahlreiche Sonderkulturen gedeihen. Zu ihnen zählen neben diversen Obst- und Gemüsesorten auch der Wein und der Hopfen, wenngleich letzterer in jüngerer Vergangenheit an Bedeutung verloren hat. Sein Rückzug aus der Fläche hatte aber ökono-

Tabelle 2.1 Niederschläge in England und Wales in den trockenen Jahren 1976 und 1995

Wasserbehörde	Sommer 1976 (April–Aug.) Angabe in % vom langjährigen Mittel	Sommer 1995 (April–Aug.) Angabe in % vom langjährigen Mittel
Northumbrian	57	48
Yorkshire	54	40
North West	56	47
Severn Trent	45	42
Dwr Cymru (Wales)	42	45
South West	32	47
Wessex	33	43
Thames	39	37
Anglian	50	41
Southern	33	36
Amplitude	*32–57*	*36–48*
Mittelwert	*45*	*43*

Quelle: The Parliamentary Office of Science and Technology 1995

mische und gesellschaftliche Gründe und war nicht das Resultat einer Klimaverschlechterung. Eine solche hat es nämlich nicht gegeben. Ganz im Gegenteil hat die globale Erderwärmung zu einem signifikanten Anstieg der Jahresmitteltemperaturen in Großbritannien geführt, der sich in Südostengland in einer Ausbreitung des Weinbaus widerspiegelt (Abb. 2.5).

„265 Weinanbaugebiete mit 15 unterschiedlichen Weinarten – diese Weinregion befindet sich nicht in Frankreich oder Italien, sondern in Grossbritannien. Das grösste Weinanbaugebiet der Insel ist nur 20 km von London entfernt. Klimaerwärmung sei Dank! Für Englands Wein jedenfalls sind die steigenden Temperaturen ein Glücksfall. Überall in den britischen Weinbergen wird geerntet, was das Zeug hält. Das warme, feuchte Wetter dieses Jahr beschert den Winzern eine besonders gute und reichhaltige Ernte. Marcus Sharp ist Manager des Weinguts Winery und erwartet den neunten hervorragenden Jahrgang in Folge: ‚Es ist eine wirklich gute Ernte, reife Erträge und davon eine ganze Menge. Die allgemeine Fruchtreife hat sich deutlich verbessert. Das Volumen ist angestiegen, der Zuckeranteil hat sich erhöht und der Säureanteil ist zurückgegangen.‘

Das sei erst der Beginn einer wahren, englischen Weinrevolution, frohlocken schon einige Experten. Der britische

Wein könnte sich in kürzester Zeit komplett verändern, wenn die Temperaturen in der Form steigen wie vorausgesagt. Zwischen zwei und fünf Grad in Südengland und um 2 Grad in Schottland werden prognostiziert. … Die Anzahl der registrierten britischen Weingüter steigt stetig an. 2002 waren es noch 333 Güter, 2008 bereits 416. Auch das Anbaugebiet weitet sich immer mehr aus. Im selben Zeitraum hat sich das Gebiet von 812 auf 1 106 Hektar vergrössert und diverse neue Rebsorten wurden angepflanzt. Christopher White vom Weingut Denbies erklärt: ‚Wir bemerken hier tatsächlich die Auswirkungen der globalen Klimaerwärmung. In den letzten Jahren haben wir begonnen mit neuen Arten zu experimentieren, die noch nie in Grossbritannien gewachsen sind, wie etwa Sauvignon Blanc. Vor 20 Jahren sind wir das Risiko eingegangen, Pinot Noir zu pflanzen, was nun eine unserer besten Produktionen ist. Die Qualität perlender Weine, die wir hier produzieren, ist sehr hoch. Wir nehmen an internationalen Wettbewerben teil und gewinnen internationale Preise. Das war vor 20 Jahren undenkbar.‘" (Webseite des europäischen Fernsehsenders Euronews: http://de.euronews.net/2009/10/26/klimaerwaermung-macht-britannien-zum-weinland; Abruf: 02.12.2009).

Abb. 2.5 Weinbauparzelle in Südostengland (bei Bodiam Castle, East Sussex). Quelle: Zehner 2006.

Die Ausbreitung des Weinbaus in Südostengland ist im Übrigen nicht nur eine Funktion gestiegener Durchschnittstemperaturen. Vielmehr ist auch die Nachfrage nach Wein in Großbritannien gestiegen. Da die britischen Weine mittlerweile eine durchaus beachtliche Qualität vorweisen können, ist die Bedeutungszunahme des britischen Weinbaus auch eine Folge der gestiegenen Binnennachfrage. So belegt eine jüngst veröffentlichte Statistik des unabhängigen Institute of Alcohol Studies, dass seit dem Jahr 2000 der Weinkonsum im Vereinigten Königreich um 19 % gestiegen ist. Im gleichen Zeitraum ist der Bierkonsum hingegen um 10 % zurückgegangen. Diese Zahlen spiegeln nicht nur veränderte Trinkgewohnheiten der Briten im Allgemeinen wider, sie sind auch Ausdruck eines tief greifenden gesellschaftlichen Strukturwandels, der in einem Schrumpfen der Arbeiterklasse, für die Bier das wichtigste alkoholische Getränk war, und einer Zunahme der oberen Mittelschichten, die eher Wein bevorzugt, reflektiert wird.

Weiterführende Literatur

Cohen-Portheim, P. (1931): England, die unbekannte Insel. Berlin.

Jäger, H. (1976): Großbritannien. Darmstadt.

Koydl, W. (2009): Fish and Fritz: Als Deutscher auf der Insel. Berlin.

Leonhardt, R. W. (1957): 77mal England. München.

Scarfe, N. (2002): A Frenchman's Year in Suffolk, 1784 (Suffolk Records Society). Woodbridge (Suffolk).

Stamp, L. D.; Beaver, S. H. (1971): The British Isles. A Geographic and Economic Survey. New York.

The Parliamentary Office of Science and Technology (Hrsg.) (1995): POST Technical Report 71 (December). London.

Wallén, C. C. (Hrsg.) (1970): Climates of Northern and Western Europe. Amsterdam/London/New York.

Watson, J. W. (Hrsg.) (1964): The British Isles. A Systematic Geography. London.

Weischet, W.; Endlicher, W. (2000): Regionale Klimatologie. Teil 2: Die Alte Welt, Europa, Afrika, Asien. Stuttgart/Leipzig.

2.3 Aus Kaledonien wird Britannien: Die Britischen Inseln als Fenster zur Erdgeschichte

Oliver Bödeker

Die geologische Geschichte der Britischen Inseln spiegelt viele der wichtigen Ereignisse in der Erdgeschichte wider. Da die Auswirkungen der meisten geologischen und tektonischen Vorgänge der Vergangenheit eine weit über Großbritannien hinaus reichende räumliche Ausdehnung besaßen, wird in diesem Abschnitt der Blickwinkel auf die gesamten Britischen Inseln gerichtet. Hierunter fallen die beiden Hauptinseln Großbritannien und Irland sowie die vorgelagerten Inselgruppen und kleineren Inseln.

Nach einer kurzen Einführung wird die paläogeographische Entwicklung in den verschiedenen Erdzeitaltern erläutert. Dabei werden geologische Sehenswürdigkeiten den Zeitaltern ihrer Entstehung zugeordnet.

Grundlagen der Geologie

Aus geologischer Perspektive stellen die Britischen Inseln einen Flickenteppich dar, der aus verschiedenen Gesteinspaketen, sog. Terranen, besteht (Abb. 2.6).

Terrane stellen geologisch einheitliche Gebilde unterschiedlichen Alters dar, die im Zuge der plattentektonischen Aktivitäten an andere Kontinente oder Landmassen gepresst wurden. Sie sind umgeben von geologischen Störungen, die heute jedoch meist inaktiv sind.

Das Fundament der Britischen Inseln bilden neun Terrane, die im Verlauf der Erdgeschichte zusammengeschweißt wurden.

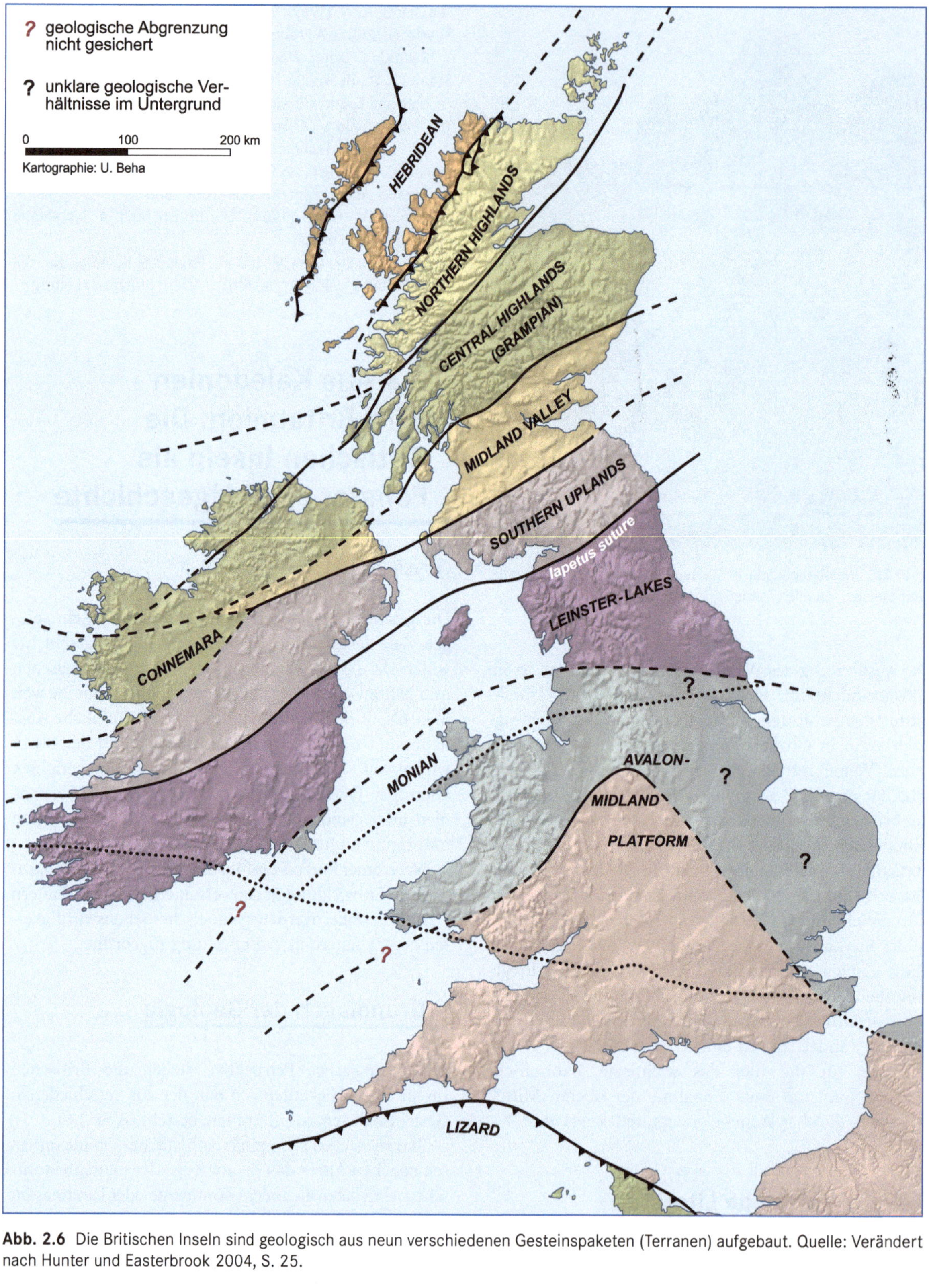

Abb. 2.6 Die Britischen Inseln sind geologisch aus neun verschiedenen Gesteinspaketen (Terranen) aufgebaut. Quelle: Verändert nach Hunter und Easterbrook 2004, S. 25.

Die Britischen Inseln und die Entwicklung der Disziplin „Geologie"

Die Tatsache, dass auf den Britischen Inseln Spuren aller geologischen Zeitalter, vom Neoproterozoikum bis zum Holozän, vertreten sind, erklärt, warum so viele Fortschritte und Neuerungen in der Geologie hier ihren Ursprung haben.

Im späten 18. und frühen 19. Jahrhundert wurde durch den britischen Ingenieur William Smith (1769–1839) die Geologie als wissenschaftliche Disziplin entscheidend weiterentwickelt (Abb. 2.7). Smith erkannte bei Erdarbeiten, dass sich Erdschichten voneinander unterscheiden lassen und durch das Vorkommen von bestimmten Fossilien auch über größere Distanzen miteinander korreliert werden können. Dies brachte ihm den Beinamen Strata Smith ein (Strata = Schichten). Smith veröffentlichte 1815 die erste Geologische Karte von England, Wales und Teilen von Schottland. Mit diesem Werk wurde umso mehr die Notwendigkeit einer überregionalen Zeitskala deutlich, auf der sich regionale Erkenntnisse einhängen lassen konnten.

Betrachtet man die aktuelle Zeitskala mit ihren Bezeichnungen, so wird deutlich, dass etliche der Namen von Systemen durch britische Forscher vergeben worden sind. Zugleich spiegeln diese Namen häufig die Landschaften wider, in denen sie – durch ihre Gesteine repräsentiert – vorkommen. So wurde 1822 das Karbon (vom lateinischen *carbo* für „Kohle") eingeführt; das Kambrium (nach dem lateinischen Namen Cambria für „Wales", 1835), Silur (abgeleitet von den Silurern, einem keltischen Volksstamm in Südwales, 1839) und Devon (abgeleitet von der britischen Grafschaft Devonshire, 1839) folgten. Seit der Definition des Ordoviziums (abgeleitet von den Ordovicern, einem kelti-

Abb. 2.7 William „Strata" Smith (1769–1839), britischer Ingenieur und Geologe.

schen Volksstamm in Wales) 1879 steht fest, dass vier der sechs paläozoischen Systeme von walisischen oder englischen Forschern aufgrund ihrer geologischen Erkenntnisse benannt wurden.

Das präkambrische und altpaläozoische Fundament

Als Basement der Britischen Inseln werden präkambrische Gesteine bezeichnet, die entweder älter als die Gesteine des kaledonischen Gebirgsbildungsprozesses sind, oder paläozoische Sedimente, die von diesem nicht verändert wurden. Somit lassen sich zwei Regionen benennen, in denen Basement an der Oberfläche gefunden werden kann: zum einen ein großes, zusammenhängendes Gebiet in Nordwestschottland und Irland – die Gesteine finden sich auch am Meeresboden des Nordkanals, der Nordirland vom Süden Schottlands trennt –, zum anderen kleinere, verstreute Vorkommen in Zentralengland, Nordwales und im Südosten Irlands.

Die insgesamt ältesten Gesteine der Britischen Inseln sind Gneise, die dem Lewisian Complex zugeordnet werden und sich im Bereich des Hebridean Terrane (Abb. 2.6) finden. Sie wurden im mittleren Präkambrium gebildet und sind somit zwischen 1,5 und 3 Mrd. Jahre alt. Die ältesten, heute noch an der Erdoberfläche auftretenden Gesteine wurden im Präkambrium gebildet, also vor mehr als 545 Mio. Jahren.

Paläogeographisch gesehen sind die Britischen Inseln zu dieser Zeit noch getrennt. Im ausgehenden Proterozoikum (ungefähr 550 Mio. Jahre vor heute) liegt der heute südliche Teil (südlich der Iapetus Sutur; Abb. 2.8) am Nordrand des Mikrokontinents Avalonia, der seinerseits wiederum am Nordrand Gondwanas (Südkontinent) zu finden ist, der nördliche Teil liegt am Rand Laurentias. Getrennt werden die Kontinente durch den sich gerade entwickelnden Iapetus-Ozean. Global gesehen liegen beide Teile etwa bei 40° S, also in etwa auf der Breite von Patagonien oder Neuseeland heute (Abb. 2.8).

Im frühen Ordovizium (ungefähr 490 Mio. Jahre vor heute) haben sich die Kontinente, durch die globale Plattentektonik angetrieben, verschoben. Avalonia mit dem südlichen Teil der Britischen Inseln liegt nun weiter südlich bei etwa 60° S (heute südlich von Kap Hoorn), Laurentia mit dem nördlichen Teil der Britischen Inseln hat sich nach Norden bewegt und nimmt nun eine Posi-tion bei ca. 20° S ein (etwa die Breite, auf der heute Rio de Janeiro liegt). Der Iapetus-Ozean, der sich eben erst entwickelte, wird nun durch die Bewegung der Kontinente wieder geschlossen (Abb. 2.8).

Im Übergang vom späten Ordovizium zum frühen Silur (ungefähr 450 bis 440 Mio. Jahre vor heute) trennt sich Avalonia von Gondwana, der Iapetus-Ozean wird

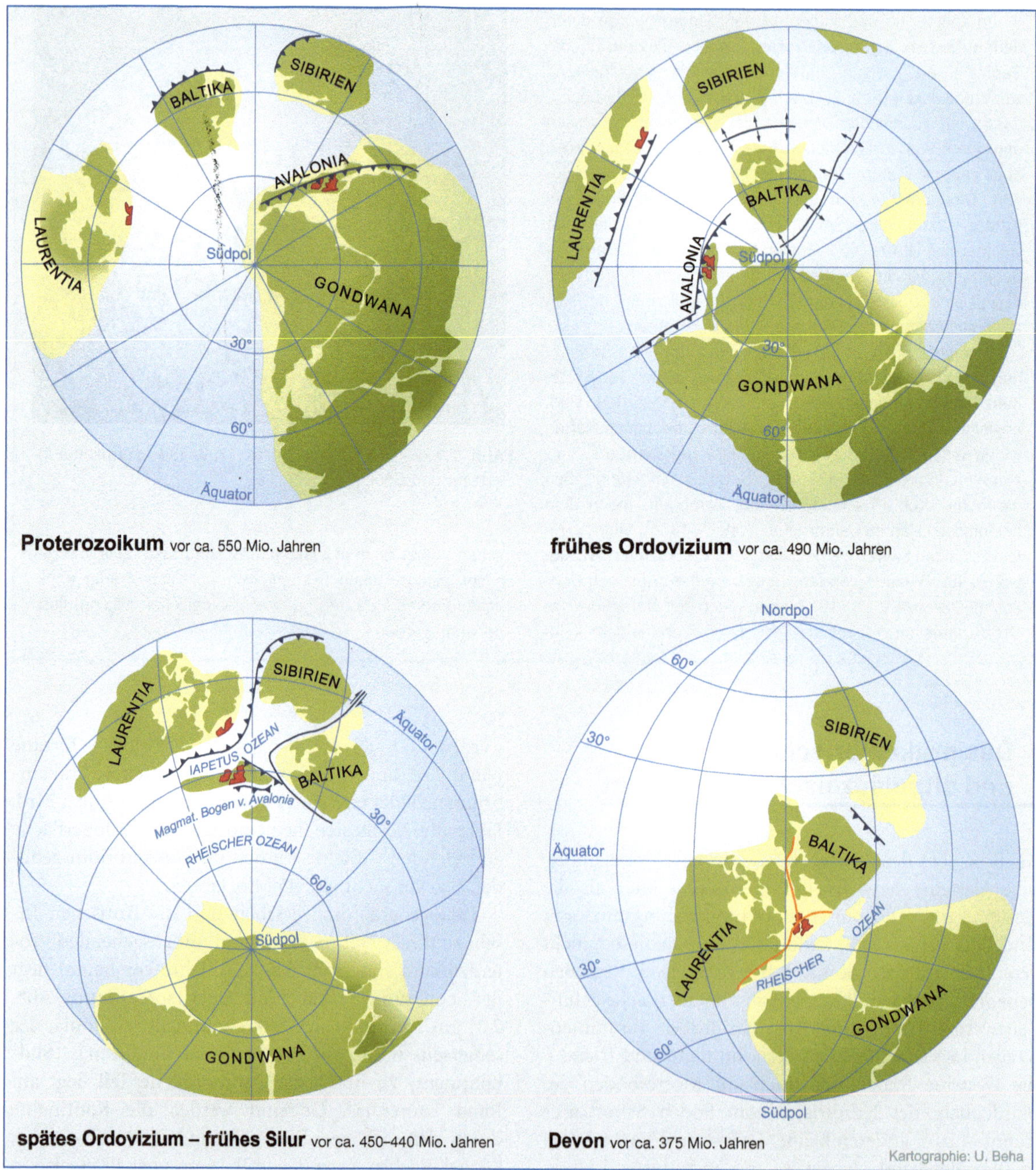

Abb. 2.8 Rekonstruktion der globalen Verteilung der Kontinente während der letzten 545 Mio. Jahre. Quelle: Verändert nach Hunter und Easterbrook 2004, S.10 f.

weiter geschlossen. Die Gesteine, die zwischen Avalonia und Laurentia liegen, werden dabei unter Laurentia geschoben (subduziert). Der nördliche Teil der Britischen Inseln liegt immer noch bei etwa 20° S, der südliche Teil nun bei ca. 30° S (auf der Breite von Durban, Südafrika).

Im nächsten Schritt kommt es zur Kollision der beiden Kontinente Avalonia und Laurentia.

Die Kaledoniden – ein sehr altes Gebirge

Die Vereinigung der Kontinente Avalonia und Laurentia im späten Silur bis frühen Devon beeinflusste nicht nur das Gebiet der Britischen Inseln, sondern auch Bereiche

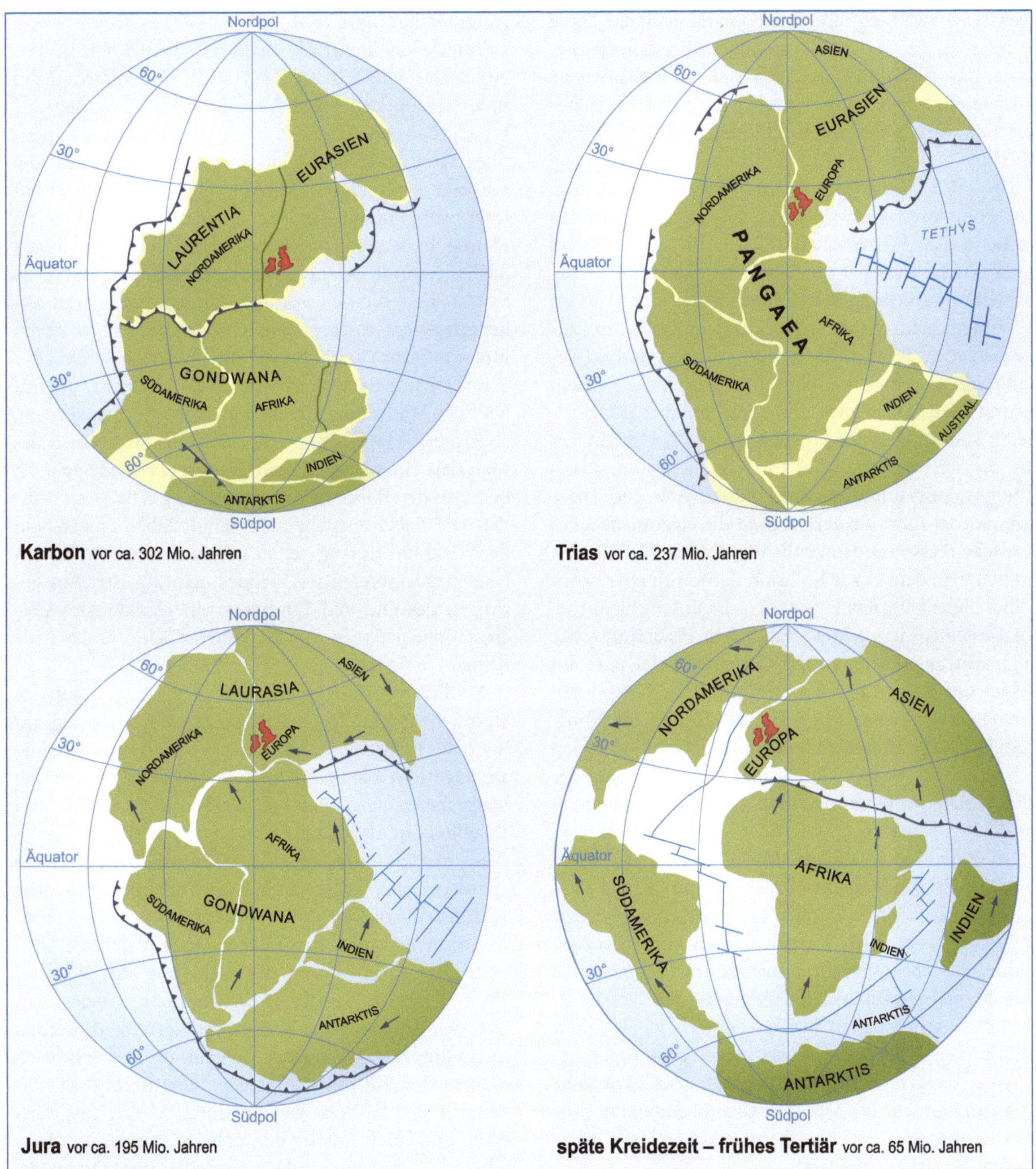

Karbon vor ca. 302 Mio. Jahren

Trias vor ca. 237 Mio. Jahren

Jura vor ca. 195 Mio. Jahren

späte Kreidezeit – frühes Tertiär vor ca. 65 Mio. Jahren

Abb. 2.8 (Fortsetzung)

des östlichen Nordamerika (Appalachen) und des westlichen Festlandeuropa. Der Iapetus-Ozean ist komplett geschlossen, und die beiden Teile der Britischen Inseln sind als Landmasse vereinigt und liegen bei 20–25° S (im Bereich der heutigen südlichen Wüsten Atacama, Kalahari und Simpson; Abb. 2.8). Die Naht, mit der beide Kontinente verbunden sind, nennt man Iapetus-Sutur (Abb. 2.6), sie trennt die Terrane Southern Uplands und Leinster-Lakes und stellt in etwa die heutige Grenze zwischen Schottland und England dar. Diese Sutur ist an der Erdoberfläche nur im Bereich des östlichen Irland zu finden, an allen anderen Stellen ist sie durch jüngere Sedimente bedeckt oder durch die später folgende variszische Gebirgsbildungsphase überprägt worden.

Die kaledonische Gebirgsbildungsphase ist Teil eines sehr komplexen Vorgangs, dessen genauer Verlauf bis heute in der Wissenschaft noch nicht abschließend geklärt ist. Im Zuge der durch die Plattentektonik verursachten Verschiebungen der Kontinente kommt es an den unterschiedlichsten Stellen auf dem Globus zu Kollisionen von Landmassen und zur Öffnung und Schließung von Ozeanen. Im Bereich der Britischen Inseln kommt es zusätzlich zur Schließung des Iapetus-Ozeans weiter südlich zu einer Einengung des Rheischen Ozeans, der sich bei der Nordwärtsbewegung Avalonias zwischen Avalonia und Gondwana bildete (Abb. 2.8). Diese Komplexität führt dazu, dass man die eigentliche kaledonische Phase auf den zeitlichen Bereich Silur-Devon eingrenzt, in dem es zur Kollision der Kontinente kam.

Bei diesem Prozess entstanden die unterschiedlichsten Gesteine, die in ihrer räumlichen Verbreitung wie folgt anstehen: Metamorphe Gesteine findet man im Gebiet der Shetland-Inseln, in den nördlich-zentralen Bereichen der schottischen Highlands und im Nordwesten Irlands. Nichtmetamorphisierte Gesteine finden sich in den Southern Uplands, im Lake District, auf der Isle of Man, im Osten und Südosten Irlands sowie im nördlichen Wales.

Im Zuge des Abtauchens von Gesteinsmaterial bei der Schließung des Iapetus-Ozeans kommt es zu Vulkanismus, vor allem im Bereich des walisischen Beckens und des Leinster-Lakes-Terrane. In die von der Gebirgsbildung stark beanspruchte Kruste können Magmen aus dem Mantel eindringen, die aufgrund der Tiefe ihrer Erstarrung sehr langsam abkühlen und später als Granit vorkommen. Diese Granite werden als postorogen bezeichnet, da sie nicht durch plattentektonische Vorgänge verformt wurden. Der östlichste Granit, der an der Erdoberfläche auftritt, ist der Shap-Granit an der Grenze des Lake District (Cumbria).

Devon bis Karbon – das ältere Deckgebirge

Das ältere Deckgebirge, das im Devon und Karbon abgelagert wird, liegt auf dem Basement und wird durch nichtdeformierte Sedimentgesteine gebildet. Die unterschiedliche Lage der Britischen Inseln auf dem Globus zu diesen Zeiten führt zu sehr unterschiedlichen Ablagerungsbedingungen.

Im Devon liegen die Britischen Inseln bei ca. 15–20° S. Das Klima ist trocken (arid), und aufgrund der unterschiedlichen Land-Meer-Bedeckung werden die verschiedensten Gesteine abgelagert. Nördlich der heutigen Grafschaft Devon sind die Britischen Inseln die meiste Zeit landfest. Hier kommt es zu raschen und intensiven Phasen der Abtragung (Erosion) oder zu Phasen, in denen gar nichts abgelagert wird. An einigen Stellen kommt es zur Ablagerung von sog. Old-Red-Sandsteinen, die sich aus dem Abtragungsmaterial höher gelegener Gebiete zusammensetzen. Sie belegen durch ihre rote Farbe (Verwitterung von Eisen) die Aridität des Klimas. Diese Sandsteine wurden durch Flüsse, die mit heutigen Wadis oder Creeks verglichen werden können, abgelagert. Häufig zeigt die fehlende Sortierung des Materials einen turbulenten Transport an, wie er auch heute an den Rändern von Gebirgen in Wüsten stattfindet. Die dabei entstehenden Schuttfächer zeugen von der Wirksamkeit eines selten, aber intensiv auftretenden Niederschlagsereignisses. Findet man auf den Ablagerungen des Old-Red-Sandsteins eine Kalkkruste (Calcrete, Caliche), so ist dies ein weiterer Beleg für das aride Klima.

Südlich von Devon sind die Britischen Inseln im Devon hauptsächlich marin geprägt. Hier werden am Rand des Rheischen Ozeans Flach- bis Tiefseesedimente abgelagert. In den Sedimenten finden sich Fossilien von Meeresbewohnern dieser Zeit, wie Brachiopoden und Trilobiten. In Abhängigkeit von der Tiefe des Meeresbeckens werden unterschiedliche Gesteine abgelagert, von gut sortierten Sandsteinen in Küstennähe über Silt- oder Schluffsteine bis hin zu Kalksteinen.

Mit dem Beginn des Karbons ändern sich die Umweltbedingungen – und das nicht nur aufgrund der Nordwärtsbewegung der Britischen Inseln. Mit der Drift über den Äquator nach Norden verlassen die Britischen Inseln die aride Klimazone und kommen in den Bereich monsunaler Klimabedingungen. Gleichzeitig ist das Zeitalter des Karbons geprägt durch Meeresspiegelanstiege und einen Anstieg der globalen Temperatur. Dies führt zur Ablagerung anderer Gesteine als im Devon. Zu Beginn der Meeresüberdeckung werden Flachwasserkalksteine abgelagert, die später von einer Abfolge von

Kalksteinen, Schiefertonen, Sandsteinen und Kohle überdeckt werden. Die dem Karbon den Namen gebende Kohle wird später der entscheidende Rohstoff für die Industrielle Revolution sein. Die anhaltenden Bewegungen der Erdkruste zu dieser Zeit, die ihre Ursache in der Plattentektonik haben, bewirken ein Nebeneinander von gehobenen und abgesenkten Landpartien. Durch Krustenausdünnung kommt es zu vulkanischer Aktivität, vor allem im Bereich des Midland Valley, dem Gebiet der mittelschottischen Senke. Diese Krustenausdünnung endet mit dem Abnehmen der plattentektonischen Aktivität im mittleren Karbon. Die gehobenen Krustenbereiche werden abgetragen, das Abtragungsmaterial wird in benachbarte Senken transportiert. Mit der Entspannung der Kruste sinken beide Bereiche ab; es bilden sich große Senkungsbecken, die mit Sedimenten gefüllt sind. Zum Ende des Karbons ändert sich das Klima wieder. Es wird erneut trockener, vor allem angezeigt durch rote Ablagerungen.

Die Varisziden – ein altes Gebirge

Wurde das ältere Deckgebirge im Devon und Karbon als ungestörter Sedimentstapel abgelagert, so kommt es doch zeitgleich auch zur Bildung eines neuen Gebirges – wiederum durch Plattentektonik verursacht.

Die variszische Orogenese ist Ausdruck der Kollision verschiedener Terrane zwischen dem späten Silur und dem Oberkarbon. Die Auswirkungen sind im nördlichen Frankreich, in Belgien, Deutschland, Spanien und Portugal in Form von mittlerweile abgetragenen Gebirgsresten zu finden. Verfolgt man den Gürtel der Gebirgsbildung nach Westen, so findet man variszisch geprägte Gebiete auch an der Atlantikküste des nördlichen Amerika. Die Schließung des Rheischen Ozeans zwischen Gondwana, Eurasia und Laurentia lässt das westliche Europa mehr oder weniger in seiner heutigen Konfiguration entstehen.

Die variszische Front (Abb. 2.6) zeigt, dass nur der südwestlichste Teil der Britischen Inseln von der Gebirgsbildung durch starke Deformationen und Metamorphose der Gesteine beeinträchtigt wurde. Südlich dieser Front wurden die Gesteine des alten Deckgebirges sowie das Basement durch Verwerfungen und Verfaltungen deformiert. Zeitgleich kam es zu einer schwachen Metamorphose der Gesteine, die zu einer Verschieferung führte. Die variszische Verfaltung der Gesteine zeigt sich hauptsächlich in asymmetrischen Falten, die vorwiegend Ost-West angelegt wurden. Nördlich der variszischen Front wurden alte Verwerfungen reaktiviert, und es kam zur Verstellung von Krustenblöcken; Metamorphose blieb hier jedoch aus.

Beispiele für die nordwärts abklingende Intensität der Verfaltung sind die Falten bei Millhook Haven, nördliches Cornwall (ca. 60 % Krustenverkürzung), die Falten bei Bude (ca. 50 % Krustenverkürzung) sowie die sanfte Faltung bei Mullagh More in the Burren, Co. Clare, Irland (ca. 2–4 % Krustenverkürzung). Wie auch bei der kaledonischen Orogenese kommt es nach der variszischen Orogenese zur Intrusion von Magma, das langsam abkühlt und später als Granit an der Oberfläche angetroffen werden kann. Beispiele für diese Granite finden sich in der Region zwischen Glasgow und Edinburgh, wo die auftretenden Granite den Midland Valley Sill repräsentieren. Explosive vulkanische Aktivität, die im Zuge der postkaledonischen Krustenbewegung nördlich des Alston-Blocks stattfindet, verlagert sich mit dem beginnenden Rift in der Nordsee in den zentralen Bereich derselben.

Mit dem Ende der variszischen Orogenese sind alle neun Terrane, die die Britischen Inseln aufbauen, vereint. Eine Auswirkung der plattentektonischen Bewegungen ist die Heraushebung von Krustenteilen und somit der erneute Impuls für Abtragung. Das Material, das abgetragen werden kann, wird im Folgenden zum jüngeren Deckgebirge.

Perm bis Tertiär – das jüngere Deckgebirge

Die Ablagerung des jüngeren Deckgebirges stellt die letzte Phase in der spannenden und abwechslungsreichen geologischen Geschichte der Britischen Inseln dar.

Das jüngere Deckgebirge besteht aus Sandsteinen, Breccien, Tonsteinen, Dolomiten und Evaporiten des Perms und der Trias, aus Tonsteinen, die reich an organischem Material sind, Sandsteinen, Mergeln und Kalksteinen des Juras und der Kreide sowie Tonsteinen und Sandsteinen des Tertiärs.

Der im Karbon gebildete Superkontinent Pangäa sorgte dafür, dass die Britischen Inseln während der Trias eine Position im Inneren des Kontinents einnehmen. Das Klima zu dieser Zeit ist heiß und trocken, die Britischen Inseln liegen in etwa auf der Breite der heutigen Sahara. Mit der Nordwanderung Pangäas und dem Beginn des Auseinanderbrechens des Superkontinents ändern sich mit dem Fortlauf der Zeit auch die klimatischen Bedingungen. Die Britischen Inseln befinden sich nun auf Eurasia, einem Bruchstück des Superkontinents, und wandern in ihre heutige Position. Von Osten her öffnet sich die Tethys, im Westen beginnt die Öffnung des Atlantiks. Im Jura erreichen die Britischen Inseln eine Position von ca. 35–40° N (heutiges Spanien). In die Becken, die sich am Ende des Karbons bildeten, dringen postvariszische Schmelzen ein, die später als Granite an der Oberfläche vorkommen. Diese Becken sinken vom Perm bis zur frühen Kreidezeit weiter ab, wobei sich in ihnen mächtige Sedimentstapel ablagern können. Diese bilden das jüngere Deckgebirge.

Die nächste Phase vulkanischer Aktivität setzt erst in der Mitte des Juras ein, als sich in der nördlichen Nordsee plattentektonische Aktivität durch Rifting äußert. In der späten Kreidezeit setzt die Krustenexpansion aus, es kommt zu keiner weiteren Verstellung der Gesteine; die oberkretazischen Ablagerungen können sich somit ungestört zu mächtigen Sedimenten entwickeln. Während der späten Kreidezeit und dem frühen Tertiär öffnet sich der Nordatlantik, es kommt zu ausgedehnter vulkanischer Aktivität. Ein prominentes Beispiel für vulkanische Gesteine dieser Zeit ist der Giants Causeway in Nordirland (Abb. 2.9). Im Tertiär beeinflusst die Faltung der Alpen im Süden Europas die Britischen Inseln nur randlich, es kommt zu kleineren Verwerfungen und Faltungen.

Paläogeographisch gesehen durchwandern die Britischen Inseln eine Reihe von Klimazonen. Während Perm und Trias liegen sie bei etwa 10–20° N. In einem ariden Klima werden Sandsteine des Rotliegenden abgelagert, die aufgrund ihrer hohen Porösität heute eine große Bedeutung als Gasspeichergesteine in der südlichen Nordsee haben. Durch plattentektonisch hervorgerufene Krustenbewegung kommt es im Perm zur teilweisen Abschnürung des Zechstein-Meeres von der Tethys. Aufgrund des heißen und trockenen Klimas wird dieses Randmeer teilweise eingedampft, so dass die gelösten Minerale als Gips, Anhydrit, Steinsalz und Edelsalze ausgefällt werden können.

Im späten Perm sorgt ein Vordringen des Zechstein-Meeres für die Ablagerung von Dolomiten und Mergeln im Osten Englands. Diese Gesteine bilden die undurchdringliche Kappe auf den Gasspeichergesteinen des Rotliegenden und ermöglichen so erst die Anreicherung von Gas als Lagerstätte.

Zu Beginn der Trias kommt es zu einem weltweiten Meeresspiegelrückgang. Auf den Britischen Inseln lagern verzweigte Flusssysteme Konglomerate und kiesige Sandsteine ab. Gegen Ende der Trias sorgt eine lokale Krustenausdehnung entgegen dem globalen Trend der Meeresspiegelabsenkung für eine erneute Überflutung großer Teile Englands, Wales' und des östlichen Irland durch das Tethys-Meer. Es bilden sich geringmächtige Ablagerungen von Anhydrit, Gips und Steinsalz.

Im Jura befinden sich die Britischen Inseln etwa bei 30–40° N. Der Meeresspiegel steigt global an, die Britischen Inseln werden in ihren tieferen Landesteilen wieder von einem Meer überflutet. Die abgelagerten Tonsteine sind reich an organischem Material und werden zu Erdöllagerstätten, z. B. an der Dorset Coast. Die Öllagerstätten in der Nordsee bilden sich jedoch erst im späteren Jura. Eine weitere wichtige Rohstoffquelle entstammt dem frühen Jura: Die Eisenerze, die in tonreichen Sedimentgesteinen vorkommen, wurden in flachen Seewasserbereichen häufig in Form von Ooiden gebildet.

Im mittleren Jura werden die Britischen Inseln wieder landfest; es kommt allerdings weiterhin zu Meeresvorstößen, die zu einer wechselnden Ablagerung von fluvialen und marinen Sedimenten beitragen. Im Süden Englands werden oolithische Kalksteine abgelagert, die ein flaches, warmes Meer bezeugen.

Im späten Jura wird die Krustenbewegung im Rahmen des Nordseerift wieder stärker. Die Beckenstrukturen im südlichen England bestimmen durch ihre lokale Ausdehnung die Art der Ablagerung von Sedimenten. Es

Abb. 2.9 Basaltsäulen am Giants Causeway, Nordirland. Quelle: Hess 2009.

bilden sich die Oxford- und Kimmeridge-Tone, die heute die wichtigsten Muttergesteine für die Ölvorkommen in der Nordsee darstellen. An der Wende zur Kreidezeit kommt es zu einem erneuten Meeresspiegelrückgang; große Teile der Britischen Inseln liegen wieder über dem Meeresspiegel.

In der Kreidezeit liegen die Britischen Inseln bei etwa 51–58° N. Im Süden Englands werden festländische Sedimente abgelagert, weiter nördlich jedoch hauptsächlich marine Gesteine.

Gegen Ende der frühen Kreidezeit kommt es zu einem globalen Anstieg des Meeresspiegels, der bis zum Ende der Kreidezeit anhält. In dieser Zeit bilden sich die typischen Kreideablagerungen der Britischen Inseln. Es handelt sich hierbei um die Reste von Kleinstlebewesen, die Kalk in ihre Skelette einbauten. Innerhalb der Kreideablagerungen findet man Lagen von Feuerstein (Flint, Chert), der sich vermutlich durch die Anreicherung von Silizium aus Schwammstacheln, Diatomeen und Radiolarien bildete.

Im Tertiär erreichen die Britischen Inseln eine Position bei 40–50° N. Das Klima ist subtropisch bis tropisch. Hervorgerufen durch die Öffnung des Nordatlantiks kommt es im frühen Tertiär im Nordwesten der Britischen Inseln zu ausgedehnter vulkanischer Aktivität. Die Britischen Inseln liegen – bedingt durch tektonische Aktivität – wieder über dem Meeresspiegel. Es kommt zur Hebung einzelner Krustenteile, die abgetragen werden. Der Abtragungsschutt füllt den Viking- und Zentralgraben der Nordsee als mächtige Ablagerung. Die Einflüsse der neogenen Faltung (alpidische Faltungsphase) im Tertiär bestimmen die Art und den Ort unterschiedlicher Ablagerungen: Im Hampshire- und London-Becken werden abwechselnd marine Flachwassersedimente und Sandsteine sowie Tonsteine abgelagert. Getrennt werden die Becken vom nun leicht gehobenen Weald, der von Sumpfland bedeckt ist.

Im späten Tertiär geht der Meeresspiegel weltweit zurück, im Bereich der Britischen Inseln führt die rasche Absenkung des Nordseebeckens zur Ablagerung mächtiger Sedimentpakete mariner Prägung. Mit dem Pliozän setzt eine Abkühlung ein, die im folgenden Quartär dann zur Vereisung weiter Teile des nördlichen Europa führen wird.

Weiterführende Literatur

Hunter, A.; Easterbrook, G. (2004): The Geological History of the British Isles. The Open University, Walton Hall, Milton Keynes.
Brenchley, P. J.; Rawson. P. F. (Hrsg.) (2006): The Geology of England and Wales[2]. The Geological Society, London.

2.4 Der „letzte Schliff" – Landschaftsentwicklung im Eiszeitalter

KLAUS ZEHNER

Auf den Britischen Inseln lebten schon vor mindestens 700 000 Jahren Menschen. So weit zurück jedenfalls lassen sich Spuren menschlicher Existenz verfolgen und mit modernen Datierungsverfahren nachweisen. Allerdings sind die Britischen Inseln seither nicht permanent besiedelt gewesen, was an erheblichen Temperaturschwankungen während des Pleistozäns lag. Insbesondere während der drei Eiszeiten war das Klima dort derart unwirtlich, dass menschliches Leben angesichts arktischer Temperaturen kaum vorstellbar scheint. Während dieser Kaltzeiten lagen die nördlichen und mittleren Landesteile des heutigen Großbritannien, Irlands sowie die Nordsee und die Irische See unter mächtigen Eiskalotten. Diese bildeten, großräumig betrachtet, die südwestlichen Teile eines gewaltigen Eiskörpers, der während der Glazialzeiten dem ganzen Norden Europas samt seiner Randmeere auflagerte.

Die Eisbedeckung beeinflusste die Gestalt der Britischen Inseln in mehrfacher Weise. Da das Eis sowohl Nord- und Mittelengland als auch die angrenzenden Meeresräume unter sich begrub, blieben die Konturen der Landmassen überwiegend verborgen. Hätte man während der Eiszeiten die Möglichkeit gehabt, aus der Vogelperspektive auf die Britischen Inseln zu schauen, so hätte man nur den Süden und, in der letzten Eiszeit, auch Teile Mittelenglands eisfrei gesehen. Am weitesten südwärts breitete sich das Inlandeis während der sog. Anglian-Eiszeit aus. Sie war die früheste Eiszeit innerhalb des Pleistozäns und entspricht der Elster-Eiszeit Mitteleuropas. Die damalige Eisrandlage erstreckte sich grob formuliert von der walisischen Südküste über die Severnmündung und das untere Severntal weiter über den heutigen nördlichen Stadtrand von London bis zur englischen Ostküste auf der Höhe von Ipswich.

Während der mittleren Eiszeit, der Wolstonian-Eiszeit, die der Saale-Eiszeit entspricht, drangen die Eismassen zwar ebenfalls bis in die südlichen Midlands vor. Sie kamen, vor allem in Ostengland, allerdings deutlich vor den Endmoränen aus der Anglian-Eiszeit zum Halten.

Wie in Norddeutschland existierte die geringste Eisbedeckung während der letzten Glazialepoche, der Devensian-Eiszeit. Sie ist mit der Weichsel-Eiszeit gleichzusetzen und fiel in Britannien wie auch auf dem Kontinent nicht ganz so hart wie ihre Vorgänger aus.

Dies bedeutete, dass auch während der kältesten Phase, vor etwa 18 000 Jahren, die Midlands eisfrei blieben. Das walisische Bergland hingegen lag vollständig unter Eis (Abb. 2.10).

Die bis zu 1 800 m mächtigen Eismassen übten einen gewaltigen Druck auf die Erdkruste aus, insbesondere in Nordwestschottland, wo es am kältesten war. Durch den Druck des Eises kam es zu sog. isostatischen Landsenkungen im Norden, während die südlichen Landesteile angehoben wurden. Nach dem Abschmelzen des Eises erfolgten gegenläufige vertikale Krustenbewegungen, d. h., der Norden tauchte wieder auf, während sich nun der englische Süden senkte. Dieser Prozess ist bei weitem noch nicht abgeschlossen. So hebt sich die Erdkruste heute im Westen der schottischen Hochlande noch um mehr als 3 mm pro Jahr, während die englische Südküste sich um ca. 2 mm pro Jahr senkt. Diese Werte scheinen auf den ersten Blick gering und unbedeutend zu sein. Da die Hebungs- und Senkungsprozesse sich aber über Tausende von Jahren erstrecken, sind ihre Ergebnisse durchaus in der Landschaft sichtbar. So hat man im Nordwesten Schottlands beispielsweise Küstenlinien aus den Interglazialen nachgewiesen, die bis zu 30 m über dem heutigen Meeressspiegelniveau liegen.

Beeinflusst wurden die Konturen der Britischen Inseln auch durch die zwischen Warm- und Kaltzeiten schwankenden Meeresspiegelhöhen. So lag der Spiegel der Weltmeere während der Eiszeiten bis zu 130 m tiefer

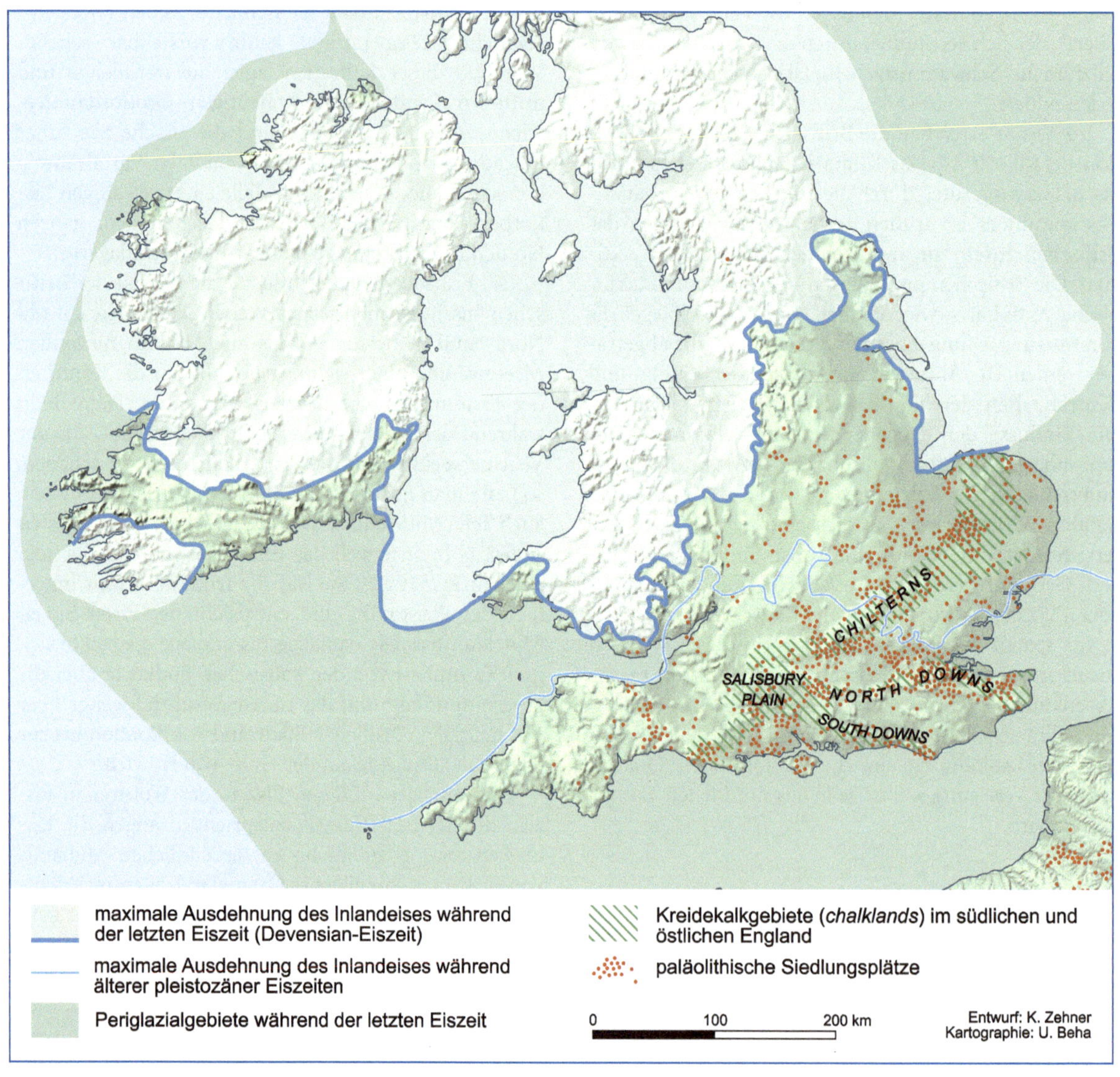

maximale Ausdehnung des Inlandeises während der letzten Eiszeit (Devensian-Eiszeit)

maximale Ausdehnung des Inlandeises während älterer pleistozäner Eiszeiten

Periglazialgebiete während der letzten Eiszeit

Kreidekalkgebiete (*chalklands*) im südlichen und östlichen England

paläolithische Siedlungsplätze

0   100   200 km

Entwurf: K. Zehner
Kartographie: U. Beha

Abb. 2.10 Nordwesteuropa während der letzten Eiszeit.

als heute; während der Devensian-Eiszeit waren es immerhin ca. 100–120 m. Wie im Detail Eisbedeckung, Landhebungen und -senkungen sowie Meeresspiegelschwankungen miteinander korreliert und sich auf den Verlauf der Küstenlinien ausgewirkt haben, ist noch nicht abschließend geklärt. Fest steht aber, dass durch vertikale Bewegungen der Landmassen unter dem Druck aufliegender Gletscher, durch Meeresspiegelschwankungen und durch die Eismassen selbst die Gestalt und die Küstenlinien der Britischen Inseln sich während des Pleistozäns unentwegt verändert haben.

Gesichert ist außerdem, dass in den kälteren Abschnitten des Pleistozäns das heutige Großbritannien stets trockenen Fußes vom „Kontinent" aus erreicht werden konnte. Dies gilt auch für die letzte Eiszeit, als die Schelfgebiete im südlichen Nordseeraum trocken lagen, so dass die Britischen Inseln über die Doggerbank mit dem Kontinent verbunden waren. England und Frankreich trennte lediglich ein Fluss, der sich aus den Vorläufern von Rhein, Maas, Schelde, Seine und Themse sowie einigen kleineren Flüssen speiste. Auch zwischen Irland und Britannien existierte eine Landbrücke, so dass die „Britischen Inseln" in Wirklichkeit Halbinseln an der nordwesteuropäischen Peripherie waren. Dennoch soll der Einfachheit halber hier weiter von den Britischen Inseln die Rede sein. Unter Britannien dagegen wird die größere der beiden Hauptinseln verstanden, die mit dem heutigen Großbritannien, also dem Gebiet von England, Wales und Schottland, identisch ist.

Die Lebensbedingungen während der Eiszeiten waren auf den Britischen Inseln also zu feindlich, als dass hier Menschen und – von wenigen Arten abgesehen – Tiere hätten (über-)leben können. Dies gilt auch für die stets eisfreien Tiefländer im Osten und Süden Britanniens sowie den gebirgigeren Südwesten, der mit den heutigen Grafschaften Cornwall und Devon identisch ist. Hier herrschten periglaziale Klimabedingungen vor, die nur in Cornwall und Devon wegen der ozeanischen Klimaeinflüsse weniger streng ausfielen. Vor allem an Berghängen kam es zu Bodenfließen (Solifluktion). In flacherem Gelände entstanden Frostmusterböden, Schutt- und Steinwälle. Die nur geringfügig entwickelten Böden im Vorland der Eismassen blieben weitgehend vegetationsfrei, so dass die Landschaft vermutlich einen sehr trostlosen Eindruck bot. Nur in geschützten Lagen und in größerer Entfernung vom Eisrand konnte sich eine spärliche Tundrenvegetation entwickeln, die sich aus Gras und weitständig auftretenden Zwergsträuchern zusammensetzte.

Während der wärmeren Abschnitte des Eiszeitalters kamen stets Menschen auf die Britischen Inseln. Über sie ist jedoch nur wenig bekannt. Sie hinterließen keine sichtbaren Spuren in der Landschaft, und selbst wenn es

solche einst gegeben haben sollte, so wären sie durch die mehrfachen Eisvorstöße während der letzten 500 000 Jahre überwiegend vernichtet worden. Aber auch ohne die zerstörende Wirkung der Gletscher würde man heute nur wenige Hinweise auf menschliche Aktivitäten finden, denn die Steinzeitmenschen lebten nicht in festen Siedlungen. Sie waren Jäger und Sammler, was bedeutet, dass sie das natürliche Angebot der Natur, hauptsächlich Pflanzen und Beutetiere, nutzten, aber die Landschaft so gut wie nicht veränderten oder gestalteten.

Soweit bekannt ist, lebten die Menschen der Altsteinzeit in kleinen Gruppen zusammen. In wärmeren Zeitabschnitten schlugen sie oft in der Nähe von Flussläufen ihre Lager auf. Dort stand ihnen Wasser zur Verfügung, das ihre Existenz sicherte und das sie in vielfältiger Weise nutzen konnten. Außerdem lockte das Wasser genügend Beutetiere an, die die Jäger erlegen konnten. Wichtige Beutetiere waren neben den Mammuts Büffel, Elche und Rentiere. Zudem stießen die Menschen in Wassernähe auf eine Vielzahl genießbarer Pflanzen. Vor allem in den Wintermonaten waren auch Karsthöhlen beliebte Siedlungsplätze. Solche Höhlen existierten freilich nur in höher gelegenen Kalksteingebieten, wie den Mendip Hills sowie den Penninen.

Auch die unmittelbaren Eisrandlagen könnten trotz der dort vorherrschenden tiefen Temperaturen zumindest sporadisch von Nomaden aufgesucht worden sein. Denn diese Gebiete waren durchaus attraktiv, gab es hier doch ganz sicher Wasser (Schmelzwässer der Gletscher) und somit auch Beutetiere. Zudem fanden die Steinzeitmenschen in den Moränen mancherorts wertvolle Feuersteine, die von den Eismassen mit hierhin befördert worden waren.

Dass man heute nur gelegentlich und zumeist zufällig auf menschliche Spuren aus der Altsteinzeit stößt, liegt sicherlich auch an der geringen Größe der damaligen Population. Die steinzeitliche Bevölkerung war insgesamt sehr klein. Vorsichtige Schätzungen gehen von einer Bevölkerungszahl aus, die in den wärmeren Phasen des Pleistozäns zwischen 3 000 und 20 000 Menschen geschwankt haben könnte.

Nach dem Eis: Großbritannien und Irland werden Inseln

Als es nach der letzten Eiszeit, im Präboreal (8000–7000 v. Chr.), allmählich wärmer wurde, verbesserten sich die natürlichen Lebensgrundlagen der Menschen. Zur Zeit des Boreals (7000–5500 v. Chr.) entwickelten sich mit zunehmendem Temperaturanstieg aus den Tundren allmählich Waldgebiete, so dass während des Atlantikums

(5500–2500 v. Chr.) schließlich große Teile Britanniens wieder von dichten Wäldern bedeckt waren. Die wichtigsten Baumarten in diesen Wäldern waren Erle, Ulme, Linde und, vor allem, die Eiche.

Bis ungefähr 6000 v. Chr. war Britannien außerdem noch immer über eine Landbrücke mit dem westlichen Mitteleuropa verbunden. Erst an der Wende vom Boreal zum Atlantikum wurde die Landbrücke zwischen Britannien und dem Kontinent allmählich von Wassermassen überspült (flandrische Transgression), und der Ärmelkanal bildete sich heraus. Britannien, das bis dahin eine in den Atlantik vorgeschobene Halbinsel im Westen Europas gewesen war, wurde zur Insel.

Dennoch konnte der sich allmählich öffnende Ärmelkanal noch relativ leicht überwunden werden, was in der Folgezeit auch mehrfach geschah. So stießen aus dem Gebiet des heutigen Nordfrankreich während des Atlantikums immer wieder Nomaden nach Britannien vor. Sie fanden dort eine Landschaft vor, deren Fauna und Flora ausgesprochen artenreich war. In den überwiegend waldbedeckten Tieflandgebieten lebten große Herden von Nashörnern, Büffeln, Rentieren, Elchen, Hirschen und Rehen. Diese Bestände bildeten die Nahrungsgrundlage der mittelsteinzeitlichen Jäger. Zudem boten die dichten Wälder den Menschen Schutz, des Weiteren konnten sie Bäume als Brennholz und vielfältig verwertbare Rohstoffe nutzen.

Von großer Bedeutung waren aber auch die Gesteine. Insbesondere die Hochlandgebiete, wozu auch Cornwall und Devon zu rechnen sind, waren reich an wertvollen Bodenschätzen, wie Zinn, Silber und Blei. Dagegen bestanden die naturräumlichen Vorzüge der Tiefländer, die sich im Wesentlichen mit den Gebieten des heutigen Ost- und Südenglands decken, in guten Böden, die sich zum Teil auf Löß gebildet hatten und die spätestens ab 3500 v. Chr. auch ackerbaulich genutzt wurden.

Weiterführende Literatur

Boulton, G. S.; Peacock, J. D.; Sutherland, D. G. (1991): Quaternary. In: Craig, G. Y. (Hrsg.): Geology of Scotland. London, S. 503–543.

Bowen, D. Q. (1991): Time and Space in the Glacial Sediment Systems of the British Isles. In: Ehlers, J.; Gibbard, P. L.; Rose, J. (Hrsg.): Glacial Deposits in Great Britain and Ireland. Rotterdam, S. 3–11.

Clayton, K. M. (1974): Zones of Glacial Erosion. In: Brown, E. H.; Waters, R. S. (Hrsg.): Progress in Geomorphology, IBG Special Publication 7, S. 163–176.

Goudie, A. S. (1990): The Landforms of England and Wales. Oxford.

Kapitel 3

Von der Natur- zur Kulturlandschaft – der Mensch als Nutzer und Gestalter von Räumen

Klaus Zehner

3.1 Einführung

Die gegenwärtige Kulturlandschaft Großbritanniens ist das Resultat einer ca. 6 000 Jahre andauernden Überprägung und Gestaltung durch Menschen. Während dieses Zeitraumes sind auf verschiedenen Kulturstufen stehende Völker nach Großbritannien eingewandert, manchmal auf friedliche, gelegentlich jedoch auch auf kriegerische Weise. Nach ihren Vorstellungen und Zielen haben sie sowohl die Naturlandschaften, die sie vorfanden, als auch die Kulturlandschaften, die ihre Vorgänger hinterlassen hatten, mit den ihnen zur Verfügung stehenden Fähigkeiten und Werkzeugen neu in Wert gesetzt.

Aus allen Epochen sind noch Reste, wenn auch zum Teil nur punktuell, (prä-)historischer Landschaften, Siedlungen, Grabanlagen und Festungen vorhanden. Es ist das Verdienst der Archäologie, dass wir uns heute einen guten Eindruck etwa von stein-, bronze- und eisenzeitlichen Kulturen machen und Kulturlandschaften aus weit zurückliegenden Zeiten rekonstruieren können.

Je weiter wir uns auf der Zeitachse Richtung Gegenwart bewegen, desto besser ist im Allgemeinen der Erhaltungszustand von historischen Kulturlandschaften. Ein gutes Beispiel hierfür liefern die attraktiven Parklandschaften des englischen Tieflandes. Sie sind das Ergebnis der Agrarrevolution des 18. Jahrhunderts, die mit einer radikalen Umgestaltung der Agrarlandschaft durch den Adel einherging. Das englische Parkland prägt auch heute noch, über viele Grafschaften hinweggreifend, die Physiognomie wie auch die Ökosysteme ländlicher Räume und trägt maßgeblich zur landschaftlichen Alleinstellung Großbritanniens in Europa bei.

Innerhalb der letzten 6 000 Jahre gab es stets Phasen, in denen sich die Landesentwicklung, manchmal über viele Jahrhunderte hinweg, eher träge und in kaum merkbarer Weise vollzog. Diese Phasen wurden von zumeist deutlich kürzeren Zeitspannen abgelöst, in denen tief greifende Veränderungen erfolgten. Gute Beispiele für derartige Umbrüche liefern die römische Invasion ab 43 n. Chr. und die normannische Eroberung im Jahre 1066. Beide Ereignisse hatten erhebliche gesellschaftliche Restrukturierungen und administrative Neuordnungen zur Folge. Innerhalb weniger Jahrzehnte breiteten sich die Kulturen der neuen Herrscher aus, die auch in der Landschaft ihre Spuren hinterließen – man denke nur an die Städte der Römer und ihre Güter und Villen auf dem Lande oder an die normannischen Burgen des Hochmittelalters.

Die Grundidee und der Anspruch dieses Kapitels bestehen darin, bedeutsame Veränderungen wie die oben genannten an wichtigen zeitlichen Nahtstellen sichtbar zu machen und die Prozesse, die diese Veränderungen ausgelöst haben, darzustellen und zu erläutern.

Viele Historiker bezeichnen 1066, das Jahr der normannischen Eroberung, als eigentlichen Beginn der modernen Geschichte Großbritanniens. Sie begründen dies mit den neuen gesellschaftlichen Strukturen und der bis in die Gegenwart reichenden territorialen Neuordnung Englands, die von den Normannen geschaffen wurde. Dieser auch aus geographischer Sicht einleuchtenden Perspektive folgend, werden in Abschnitt 3.2 die kulturellen Veränderungen bis zur normannischen Eroberung zusammengefasst. Thematisiert werden die Kulturleistungen sowohl von Kelten, Römern, Angeln, Sachsen als auch der Wikinger. All diese Gruppen haben die Landschaften, die sie vorgefunden haben, ihren jeweiligen Möglichkeiten und Zielen entsprechend gestaltet und verändert.

Nicht nur aus historischer Sicht, sondern auch aus Perspektive der historischen Geographie ist das englische Hochmittelalter eine äußerst bedeutende Epoche. Zwei herausragende Kulturleistungen aus dieser Zeit sind Burgen und Kathedralen (Abschnitt 3.3). Ihr Studium liefert Antworten auf spannende Fragen zur inneren Sicherheit Englands im Mittelalter und zum Einfluss von Religionen und Konfessionen auf Gesellschaft und Raum, auch nach der Reformation. Burgen und Kathedralen sind aber nicht nur steinerne Zeitzeugen aus lange zurückliegenden Epochen. Heutzutage, im Zeitalter von Wissens- und Freizeitgesellschaften, sind sie gewissermaßen die „Perlen in der Schatztruhe des kulturellen Erbes" Großbritanniens. Für den britischen Binnentourismus erfüllen sie im übertragenen Sinne die Funktion von Magneten, die sowohl Einheimische als auch Gäste vom Kontinent bzw. aus Übersee anlocken und daher der regionalen und lokalen Wirtschaft direkt und indirekt wichtige Impulse verleihen.

Ebenfalls bis in die Gegenwart hinein wirken die Neuordnung und Umgestaltung ländlicher Räume durch den Adel (Abschnitt 3.4). Seine großen Leistungen im Zuge der Kulturlandschaftsentwicklung des 17. und 18. Jahrhunderts sind das englische Parkland, der Landschaftspark und das Herrenhaus. Diese drei Elemente steuern ganz wesentlich zur Attraktivität Großbritanniens bei und verleihen der Countryside ein im Vergleich mit europäischen Nachbarn unverwechselbares Gesicht.

Zur Einzigartigkeit ländlicher Räume tragen auch, wenngleich in bescheidenerem Umfang, die zahlreichen Kanäle bei, mit ihren Schleusen und den bunten, lang gestreckten Kanalbooten, die auf ihnen verkehren. Im Gegensatz zu Mitteleuropa, wo Kanäle hauptsächlich im 19. und 20. Jahrhundert angelegt wurden, als die Eisenbahn längst ihren Siegeszug angetreten hatte, begann in Großbritannien das Kanalzeitalter bereits um die Mitte des 18. Jahrhunderts. Ohne den effizienten Ausbau des Kanalnetzes hätten Fabriken und Manufakturen während des frühen Industriezeitalters nur zu deutlich ungünstigeren Konditionen mit Rohstoffen versorgt werden können. Auch der Transport von Fertigprodukten in entfernte Städte, Regionen und zu den wichtigen Ausfuhrhäfen wäre teurer, langsamer und umständlicher gewesen. Verbesserungen im Verkehrswesen beschränkten sich während des 18. Jahrhunderts jedoch nicht alleine auf Güter. Vielmehr erfuhr auch der Personenverkehr einen Aufschwung durch die Entwicklung eines flächendeckenden Netzes gebührenpflichtiger Fernstraßen für Kutschen, sog. Turnpike Roads (Abschnitt 3.5).

Ein weiterer wesentlicher Faktor, der die herausragende Bedeutung Englands im Industriezeitalter mit erklärt, war die Akkumulation bzw. Verfügbarkeit von erheblichem Kapital. Ein Teil dieses Kapitals war im Besitz des Adels, gewissermaßen „altes" Geld. Ein weiterer Teil wurde dagegen von einer neuen, aufstrebenden Unternehmerschicht beigesteuert. Diese setzte sich aus Manufaktur- und Fabrikbesitzern, Kaufleuten, Bankiers und Schiffseigentümern zusammmen. Sie profitierten in unterschiedlicher Weise vom Handel mit den Kolonien, insbesondere vom sog. Dreieckshandel. Dessen Eckpfeiler waren Sklavenhandel, Sklaverei und Plantagenwirtschaft (Abschnitt 3.6). So unmenschlich dieses Wirtschaftssystem auch war, es bescherte jedoch allen wirtschaftlichen Akteuren große Gewinne und begünstigte die ökonomische Entwicklung und den Aufstieg Großbritanniens zur weltweit führenden Industrienation.

Wie kein anderer Prozess hat die Industrielle Revolution im 18. und 19. Jahrhundert Wirtschaft, Gesellschaft und Raumstrukturen verändert. Sie ist der entscheidendste und wichtigste Zeitabschnitt in der jüngeren britischen Wirtschafts- und Kulturgeschichte. Diese Einschätzung der historischen Wissenschaften kann ohne Einschränkung aus Sicht der Geographie bestätigt werden; man denke nur an die gewaltigen Veränderungen des Städtewesens und an die ökologische Benachteiligung solcher Regionen, die in den Sog der Industriellen Revolution gerieten. Abschnitt 3.7 geht den Ursachen und Voraussetzungen der Industrialisierung Großbritanniens nach und bewertet ihre Folgen für Umwelt und Gesellschaft.

Es steht außer Zweifel, dass sich noch weitere spannende historische Themen und wirkungsmächtige Prozesse hätten finden lassen, die im Kontext dieses Kapitels hätten berücksichtigt werden können. Wir, die Herausgeber, sind jedoch der Meinung, dass gerade die Themen, für die wir uns entschieden haben, sehr anschaulich vermitteln, welche Kräfte und Prozesse zu unterschiedlichen Zeiten Großbritannien geprägt und schließlich zur heutigen Raumstruktur und zum aktuellen Erscheinungsbild Großbritanniens geführt haben.

3.2 Steinkreise, Kastelle und Klöster – Spuren aus vornormannischer Zeit

Die ersten Siedler in der Jungsteinzeit

Das warme und trockene Klima, die guten Böden und der Reichtum an Bodenschätzen lockten zu Beginn der Jungsteinzeit Siedler vom Kontinent an. Sie stammten aus dem Gebiet des heutigen Westfrankreich und waren im Gegensatz zu ihren Vorgängern Bauern. Die Neuankömmlinge lebten in festen, dauerhaften Behausungen und betrieben sowohl Tierhaltung als auch Ackerbau (Abb. 3.1). Somit standen sie auf einer deutlich höheren Entwicklungsstufe als ihre Vorgänger, die Nomaden waren und von den Neuankömmlingen – so vermuten jedenfalls Historiker und Archäologen – aus den Gunsträumen verdrängt wurden.

Die neuen Landesbewohner beschränkten sich allerdings nicht nur auf die Landwirtschaft. Relikte planmä-

Abb. 3.1 Rekonstruktion eines typischen Bewohners der Salisbury Plain in der Jungsteinzeit. Quelle: Zehner 2007 (Original im Alexander Keiller Museum, Avebury).

ßig angelegter „Feuersteinbergwerke", die in den Kalksteingebieten Süd- und Ostenglands gefunden wurden, sind eindeutige Belege für eine höhere Kulturstufe. Dafür sprechen auch Funde offenbar fabrikartig organisierter Produktionsstätten für Steinäxte, die als Jagdgeräte und Werkzeuge eingesetzt wurden. Zudem entwickelten sich erste Fernhandelsbeziehungen zu Stämmen auf dem Kontinent. Sie beruhten auf planmäßig betriebener Landwirtschaft in Verbindung mit Vorratshaltung und der Produktion von Überschüssen.

Wichtige Lebensräume der Einwanderer waren die Kalkplatten des südostenglischen Schichtstufenlandes. Dort konnten die neuen Siedler gut drainierte, leicht zu bearbeitende und fruchtbare Braunerden nutzen. Zudem bereitete ihnen das Roden der nur lichten Wälder auf den Kalkböden keine großen Schwierigkeiten. Die Ungunsträume hingegen, tiefer gelegene Talungen, Mulden und Senken mit ihren stärker durchnässten und schweren Böden, blieben bis ins erste vorchristliche Jahrhundert weitgehend siedlungsfrei.

Die bevorzugte Behausung in der Jungsteinzeit war der Einzelhof. Bei zunehmender Besiedlungsdichte bildeten sich auch Weiler und kleine Haufendörfer heraus. Dies belegen Siedlungsfunde im Westen der Grampian Mountains (Nordwestschottland) und auf den Orkney-Inseln. Bis dorthin waren während der noch wärmeren und trockeneren Abschnitte der folgenden Bronzezeit einzelne Gruppen vorgestoßen. Von ihren Siedlungsplätzen sind allerdings heute nur noch durch Grabungen freigelegte Grundmauern vorhanden.

Gut erhalten hingegen sind Großsteingräber bzw. -tempel, die der Megalithkultur zugeschrieben werden. Sie wurden sowohl in kompakter Form, als sog. Henges, als auch in Form offenerer Steinkreise mit größeren Radien angelegt (Abb. 3.2, Abb. 3.3). Zu den wichtigsten Gebieten, in denen heute noch die zum Teil erstaunlich gut erhaltenen Überreste solcher Anlagen, z. B. Stonehenge, anzutreffen sind, zählen Wiltshire (Südengland) und Cumbria (Nordwestengland).

Trotz seines großen Bekanntheitsgrades ist Stonehenge keineswegs das größte Bauwerk der britischen Frühgeschichte. Diese Auszeichnung verdient der Silbury Hill, knapp 30 km nördlich von Stonehenge gelegen. Silbury Hill ist eine erdbedeckte, grasbewachsene Pyramide, die ihre Umgebung um ca. 30 m überragt (Abb. 3.4). Ihr kreisrunder Grundriss und bogenförmiger Aufriss verschleiern allerdings den pyramidenartigen Aufbau im Hügelinneren. Denn im Detail besteht der Kern des Hügels aus mehreren aufeinandergeschichteten Terrassen, die sich nach oben verjüngen.

Welchen Zweck bzw. welche Bedeutung Silbury Hill hatte, ist bis heute nicht geklärt. Fest steht jedoch, dass der Bau der Anlage ein hohes Maß an technischem Wis-

Stonehenge und die Salisbury Plain

Der berühmteste Steinkreis ist ohne Zweifel das auf der Salisbury Plain (Wiltshire) gelegene Stonehenge, eine Tempelanlage, mit deren Bau in der Jungsteinzeit begonnen und die erst in der Bronzezeit fertig gestellt wurde. Die Kultstätte liegt auf dem Rest eines von tiefen Tälern zerschnittenen und zum Teil aufgelösten Kalkplateaus. Die im Vergleich zu anderen Steinkreisen beachtliche Größe von Stonehenge ist ein Beleg für die herausragende religiöse – manche Archäologen vermuten sogar wissenschaftliche – Bedeutung, die den Steinkreisen zugeschrieben werden kann.

Die Salisbury Plain ist geradezu übersät mit prähistorischen Hügeln und Langgräbern. Abb. 3.2 zeigt einen Aus-

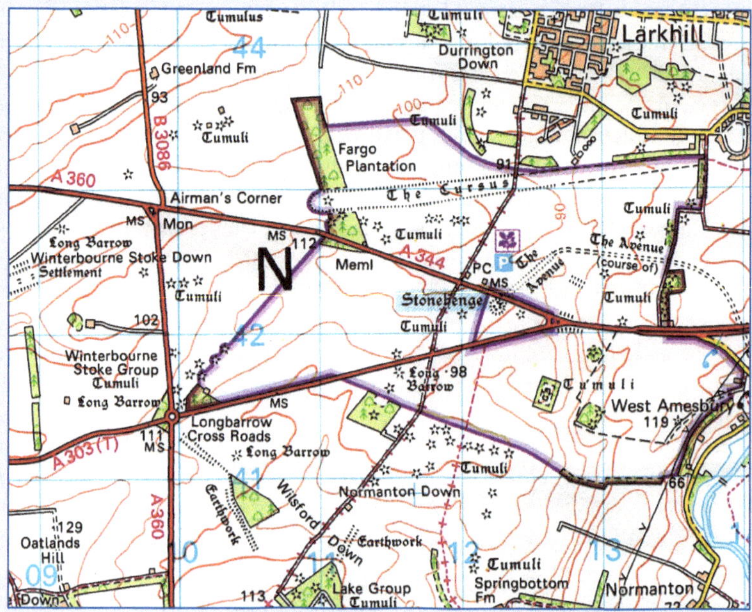

Abb. 3.2 Die Salisbury Plain im Kartenbild. Die Karte im Maßstab 1:50 000 zeigt eine durch zahlreiche prähistorische Begräbnis- und Kultstätten geprägte Kulturlandschaft. Quelle: Ordnance Survey, Landranger 184: Salisbury and the Plain.

sen, gesellschaftlicher Ordnung und wirtschaftlicher Organisation vorausgesetzt hat.

Die Kelten – geschickte Handwerker und fleißige Bauern

Am Übergang von der Jungsteinzeit zur Bronzezeit strömten neue Einwanderer, die sog. Glockenbecherleute, von der Iberischen Halbinsel nach Britannien. Die Glockenbecherleute verfügten bereits über die Technik der Bronzeherstellung. Sie ließen sich in Südwestengland mit seinen erzreichen Bergländern und Plateaus nieder. Aus den Gangerzen in den paläolithischen Gesteinen gewannen sie u. a. Bronze. Funde belegen, dass aus Bronze Becher, die auch als Grabbeilage dienten, sowie Streitäxte gefertigt wurden. Auch Großsteingräber und eine Vielzahl von Hügelgräbern stellen noch heute sichtbare Spuren der Glockenbecherleute dar.

Trotz der großen Zahl kultureller Hinterlassenschaften ist es leider kaum mehr möglich, die bronzezeitlichen Siedlungs- und Lebensräume präzise zu rekonstruieren, da in den heute dichter besiedelten Gebieten die meisten Relikte dieser prähistorischen Kulturlandschaft im Verlauf der Neuzeit vernichtet bzw. überprägt wurden.

Auch von den Kelten, die ab ca. 300 v. Chr. in größerer Zahl nach Britannien einwanderten, sind nur noch isolierte Relikte in der Landschaft zu finden. Gesichert ist jedoch, dass die Kelten in kleinen, befestigten Weilern bzw. kleinen Dörfern siedelten. Ihre Existenzgrundlage war eine erfolgreiche Landwirtschaft, die auf Viehzucht und Ackerbau beruhte. Als besonders erfolgreiche Innovation stellte sich der schwere Eisenpflug heraus, der von den Belgae, einem in Südengland ansässigen keltischen Stamm, entwickelt wurde. Er gestattete auch das Pflügen schwererer Böden in tiefer gelegenen Gebieten, so dass die landwirtschaftliche Nutzfläche insgesamt ausgedehnt werden konnte.

schnitt aus der topographischen Karte „Salisbury and the Plain" des Maßstabs 1:50 000. Neben Stonehenge fallen die zahlreichen Hügelgräber ins Auge, die als „Tumuli" bezeichnet sind. Im westlichen Ausschnitt ist ein mit der Aufschrift „Longbarrow" gekennzeichnetes Langgrab zu erkennen. Auffällig ist des Weiteren das Fehlen von Fließgewässern, was durch die klüftigen Gesteine der Plain erklärt werden kann.

Zugleich wird am Beispiel von Stonehenge deutlich, über welch gutes technisches und topographisches Wissen die Jungsteinzeitmenschen bereits verfügt haben müssen. So belegt die genaue Übereinstimmung von Gesteinsproben, dass die Blausteine, aus denen sich der innere Steinkreis des Stonehenge-Tempels zusammensetzt, aus den Prescelly Hills im Südwesten von Wales stammen (Abb. 3.3).

Über den Transportweg und die technischen Hilfsmittel, die zur Beförderung der Blausteine notwendig waren, gibt es seitens der Frühgeschichte unterschiedliche Theorien. Es gilt aber als wahrscheinlich, dass die Steine längs der walisischen Küste, um Cornwall herum, bis an die südenglische Küste getreidelt worden sind. Ungefähr dort, wo heute die Stadt Bournemouth liegt, wurden sie an Land gebracht. Von dort wurden sie über Rutschen, Rampen oder schienenartige Anordnungen bis zu ihrem endgültigen Bestimmungsort auf der Salisbury Plain weiterbefördert.

Abb. 3.3 Stonehenge aus der Luft. Quelle: De la Bédoyère 2006, S. 10.

Abb. 3.4 Silbury Hill in der Nähe von Avebury (Salisbury Plain).

Abb. 3.5 Reste des Hillforts Old Sarum. Quelle: http://www.english-heritage.org.uk.

Zu den bedeutenden Relikten keltischer Siedlungen zählen die sog. Hillforts. Sie belegen, dass die Eisenzeit eine unruhige Zeit war, die immer wieder durch kriegerische Auseinandersetzungen zwischen der einheimischen Bevölkerung und neuen Einwanderern vom Kontinent geprägt wurde. Wegen ihrer überwiegend militärischen Funktion wurden die Hillforts auf Bergrücken errichtet. Diese Siedlungsplätze, die später auch religiösen Zwecken dienten, waren durch mehrere Wälle und Gräben bestens gesichert. Die bekanntesten eisenzeitlichen Forts dürften Maiden Castle (Dorset) und Old Sarum (Wiltshire) sein (Abb. 3.5).

Die Kelten waren im Übrigen die ersten Siedler, die nicht nur in der Landschaft ihre Spuren hinterließen, sondern deren Existenz sich in noch heute gesprochenen Sprachen widerspiegelt. Keltisch, bzw. gälisch, wird noch in Irland gesprochen, wie auch in Wales und im Nordwesten Schottlands. Linguistische Unterschiede zwischen irischem sowie walisisch-schottischem Gälisch verweisen auf unterschiedliche Herkunftsgebiete der Kelten. Bis ins späte 18. Jahrhundert hinein sprach man übrigens auch in Cornwall gälisch.

Die Römer – Unterdrücker und Landschaftsgestalter

Die Kelten waren geschickte Handwerker, die Erfahrungen in der Herstellung und Verarbeitung von Eisen besaßen. Zugleich gab es in ihren Reihen wagemutige Krieger. Letzteres bekamen die römischen Besatzer, die ab 43 n. Chr. Britannien zu unterwerfen versuchten, während ihrer gesamten Besatzungszeit zu spüren. Zwar

gelang es den Römern, innerhalb weniger Jahre die keltischen Stämme, die in den Tieflandgebieten Britanniens gelebt hatten, zu unterwerfen bzw. zu verdrängen. An den Grenzen zum heutigen Wales und am Antoniuswall, der sich durch die mittelschottische Senke, vom Firth of Clyde im Westen zum Firth of Forth im Osten, zog, endete jedoch das römische Einflussgebiet. Einzelne Versuche, auch den Westen von Wales und die schottischen Hochlande dauerhaft der römischen Provinz Britannien einzuverleiben, scheiterten. Denn in den nördlichen, unsicheren Grenzsäumen ihres Reiches wurden die Römer permanent mit Aufständen und Attacken der Pikten, die ihren Namen ihrer martialischen Körperbemalung verdankten, konfrontiert. Die Pikten lebten in den schottischen Hochlanden und überfielen immer wieder südlich des Antoniuswalles gelegene anglobritannische Siedlungen. Diese Nadelstiche schmerzten die Römer so sehr, dass sie schließlich die Unterwerfung der keltischen Peripherie als militärisches Ziel aufgaben.

Stattdessen konzentrierten sie sich auf die militärische Absicherung und wirtschaftliche Entwicklung der Tieflandgebiete. Grundlage der Landeserschließung war ein Netz hervorragend ausgebauter Haupt- und Nebenstraßen, die wichtige Städte und Militärlager miteinander verbanden. Ihren Trassen folgen noch heute Abschnitte von Autobahnen und Nationalstraßen.

Gutsbetriebe und Landwirtschaft

Während ihrer Herrschaft (43–410 n. Chr.) schufen die Römer vor allem in den klimatisch und hinsichtlich der Böden begünstigten Landesteilen produktive Kulturlandschaften. In den landwirtschaftlichen Gunsträumen Süd-, Mittel- und Ostenglands errichteten sie vermutlich weit über 1 000 Landgüter. Von diesen Gutsbetrieben aus wurde das umgebene Land planmäßig bewirtschaftet. Seine Inwertsetzung erforderte u. a. umfangreiche Rodungen, die zur Folge hatten, dass das Waldland systematisch reduziert wurde.

Auf den Gütern wurden neben Weizen auch zahlreiche Obstsorten, z. B. Pflaumen, Birnen und Kirschen, angebaut. Des Weiteren wuchsen hier verschiedene Kastanienarten und der Walnussbaum. Abseits der großen Güter lagen kleine Hofstellen der keltischen Urbevölkerung. Ihre Gesamtzahl wird auf ca. 700 geschätzt. Die dort lebenden Gruppen wurden zur Arbeit auf den Landgütern herangezogen; allerdings betrieben sie auf kleinen arrondierten Parzellen auch Subsistenzwirtschaft. Man muss davon ausgehen, dass beide Schichten, die der römischen Besatzer und die der keltischen Urbevölkerung, zwar in einem Abhängigkeitsverhältnis zueinander standen, gleichwohl in mehr oder weniger friedlicher Koexistenz lebten.

Neben dem Ackerbau hielten die Römer auch Ziegen und Schafe. Die Schafe, die später zu einem Synonym für britische Landwirtschaft werden sollten, führten sie aus Kleinasien ein. Nachgewiesen ist auch die Existenz mehrerer Rinder- und Pferderassen. Außerdem war die Geflügelhaltung weit verbreitet.

Auf dem Land wurde jedoch nicht nur Landwirtschaft betrieben. Wo immer die Römer geeignete Lagerstätten vermuteten, trieben sie einfache Stollen ins Gestein, um Erze zu fördern. Diese wurden zerkleinert und in Eisen- und Buntmetallschmelzen weiterverarbeitet. In anderen Regionen entstanden Töpfereien, Ziegeleien und Mühlen.

Römische Städte

Außerdem fügten die Römer der Kulturlandschaft ein weiteres Element hinzu, das es in der vorrömischen Zeit nur vereinzelt und in einer nur gering entwickelten Variante gegeben hatte: die Stadt. Zwar waren bereits in der Eisenzeit größere Siedlungen von den Kelten angelegt worden, unter denen Camulodunum (Colchester), Verulamium (St. Albans) und Calleva (Silchester) die größten und bedeutendsten waren. Sie stellten aber dem römischen Verständnis nach keine Städte dar, da sie baulich, kulturell und sozial kaum differenziert waren.

An der Spitze des römischen Städtesystems stand die Hauptstadt London. Ihr nachgeordnet, aber politisch bedeutsamer als alle anderen Städte Britanniens, war Verulamium, eine Stadt in der Nähe des heutigen St. Albans, ca. 40 km nördlich von London gelegen. Auf der dritten Hierarchiestufe standen die Kolonien Colchester, Gloucester, Lincoln und York, in denen überwiegend Veteranen lebten. Daneben erfüllten die Kolonien eine wichtige militärische Funktion. Sie waren zugleich Standorte für römische Legionen, die in Forts untergebracht werden konnten. Diese Forts lagen in unmittelbarer Nachbarschaft zu den städtischen Siedlungskernen.

Den Kolonien waren 15 Regionalzentren untergeordnet, die in der Nähe ehemaliger keltischer Siedlungsvorläufer gegründet worden waren. Von hier aus wurde die Verwaltung ihres Umlandes organisiert. Zugleich waren sie auch Standorte gewerblicher Produktion und des Handels und erfüllten wichtige kulturelle Funktionen.

Auf der untersten Stufe des Städtesystems standen 25 Kleinstädte mit zum Teil sehr speziellen Funktionen. Hervorzuheben sind die Badeorte Buxton (Aquae Arnememae) in den südlichen Penninen und das berühmte Bath (Aquae Sulis), das allerdings erst in der georgianischen Epoche (17. Jahrhundert) seine volle Blüte erreichte.

Die römischen Städte waren klein an Fläche, sie überragten allerdings physiognomisch, wirtschaftlich und kulturell ihr Umland deutlich. Städtebaulich und funktional waren sie ihren Vorläufern in den anderen Teilen des Römischen Reiches nachempfunden worden. Typisch waren die Ummauerung, der gitterförmige Straßengrundriss, Steinhäuser, das Forum, Kolonnaden, Gerichtsgebäude, Thermen und Tempel. Die bedeutenderen Städte verfügten auch über ein Theater.

Zwar wurden weite Teile der englischen Lowlands (Tieflandgebiete) in der römischen Zeit erstmalig in eine Kulturlandschaft umgewandelt. Nach dem Abzug der Römer ab 410 n. Chr. verfiel diese Kulturlandschaft aber bald wieder.

Die Angeln und Sachsen – neue Schutzmacht im frühen Mittelalter

Über die folgenden 150 Jahre ist im Detail nur wenig bekannt. Fest steht, dass die keltische Urbevölkerung nach dem Abzug der Römer nicht nur ihre Unterdrücker, sondern auch ihre Schutzmacht verloren hatte. Schon bald zeigte sich, dass sich vor allem die Pikten und die von Irland nach Südschottland eingewanderten Scoten des entstandenen Machtvakuums bewusst geworden waren und die Zahl und Intensität ihrer Überfälle zunahmen. In ihrer Not bat die keltische Urbevölkerung germanische Söldnerstämme aus Angeln und Sachsen, Gebieten des heutigen Niedersachsens, Schleswig-Holsteins und des südlichen Dänemarks, um Hilfe. Ihre Unterstützung wurde mit umfangreichen Landschenkungen entlohnt. Jedoch kühlte sich im Laufe des 6. Jahrhunderts das Verhältnis zwischen der einheimischen Bevölkerung und ihrer neuen, angelsächsischen Schutzmacht deutlich ab. Denn die Angeln und Sachsen hatten mittlerweile realisiert, dass sie in Britannien Ländereien in Besitz nehmen konnten, ohne mit großem Widerstand rechnen zu müssen. Diese Erkenntnis sprach sich in der alten Heimat der Eroberer rasch herum und führte zu einer regelrechten Invasion von Angeln, Sachsen und Jüten.

Am Ende des 7. Jahrhunderts hatten die Angeln und Sachsen sieben Königreiche auf der britischen Hauptinsel gegründet. Deren Bezeichnungen·haben sich zum Teil bis heute erhalten und spiegeln sich in den Namen von Grafschaften wider. Die vier kleineren Königreiche, Sussex, Kent, Essex und East Anglia, lagen im Südosten Britanniens; die drei größeren und zugleich mächtigeren im Norden (Northumbria), in den Midlands (Mercia) bzw. im Südwesten (Wessex). Infolgedessen geriet die keltische Urbevölkerung erneut unter das Joch einer Besatzungsmacht. Einige Keltenstämme wurden assimiliert und gingen in der angelsächsischen Bevölkerung auf, andere Stämme flohen in die westliche Peripherie Britanniens, d. h. nach Cornwall, Devon und Wales. Daher sind dort bis in die Gegenwart gälische Sprachen stark verwurzelt.

Christianisierung

Während der zweiten Hälfte des 7. Jahrhunderts begann die systematische Christianisierung des angelsächsischen Britanniens durch die römische Kirche. Zuvor, d. h. bis ca. 650 n. Chr., waren religiöse Impulse von Irland ausgegangen. Dort hatte sich bereits im 5. Jahrhundert das Christentum ausgebreitet. Mönche dieser irisch-keltischen Kirche hatten sich seither um die Missionierung der westlichen und nördlichen Teile der britischen Hauptinsel bemüht. Ausgangspunkte ihrer missionarischen Tätigkeiten waren zwei Klöster. Das eine, Iona, lag auf der gleichnamigen westschottischen Insel (563 n. Chr.). Der andere Stützpunkt der irisch-keltischen Mönchskirche war das Kloster Lindisfarne (635 n. Chr.) auf der gleichnamigen Insel vor der Nordostküste Englands, in der Grafschaft Northumberland. Von beiden Klöstern breitete sich das Christentum nach Wales, Südschottland und Nordengland aus.

Zugleich versuchte die römische Kirche, ihren Einfluss in Britannien geltend zu machen. Die Konkurrenz zwischen beiden Kirchen, die sich in einigen Lehrmeinungen heftig widersprachen, wurde auf der Synode von Whitby (664 n. Chr.) endgültig zugunsten der römischen Kirche entschieden, die fortan rasch an Einfluss

gewann. Der katholische Glaube wurde zur gemeinsamen Religion der sieben angelsächsischen Königreiche. Diese Entscheidung hatte Auswirkung auf die Erschließung des ganzen Landes, bei der den Klöstern eine Schlüsselrolle zukam. Denn Klöster waren nicht nur Orte der Stille und des Gebets, sie übernahmen auch wichtige praktische Funktionen für die damalige Bevölkerung. Sie waren zugleich Krankenhäuser, Herbergen und Anlaufstellen für Arme und Hungernde. Außerdem wurden von den Klöstern aus die angrenzenden Ländereien in Wert gesetzt und bewirtschaftet.

In der heutigen Kulturlandschaft sind nur noch vereinzelt Spuren der angelsächsischen Klosterkultur zu finden. Einige Klöster, z. B. Lindisfarne, wurden von den heidnischen Wikingern, die ab ca. 800 in den Norden Britanniens und in Irland einfielen, zerstört. Andere dagegen wurden von den Normannen ab der Mitte des 11. Jahrhunderts erweitert, bis sie der Säkularisierung im 16. Jahrhundert unter Heinrich VIII. zum Opfer fielen.

Im Griff der „Nordmänner"

Das Werden Englands im Mittelalter wurde ganz maßgeblich von den sog. Nordmännern oder Wikingern, die aus dem Gebiet des heutigen Norwegens und Dänemarks stammten, beeinflusst. Die Wikinger überfielen zu Beginn des 9. Jahrhunderts, als der Siedlungsraum in ihrer Heimat knapp wurde, zunächst sporadisch, später in immer kürzeren Abständen küstennahe Landstriche. Über die Shetland- und Orkney-Inseln gelangten sie an die schottische Festlandküste, längs derer sie nach Süden, Richtung Humber-Mündung, und nach Westen, Richtung Irland, vordrangen. Die Dänen hingegen konzentrierten sich stärker auf Ostengland, insbesondere auf Gebiete südlich des Humber.

Die kriegerischen Attacken der Wikinger einten zunächst die angelsächsischen Könige. In der Folge kam es zu einem schrittweisen Zusammenschluss ihrer Königreiche, die einzeln zu schwach gewesen wären, um der politischen und militärischen Macht der Wikinger lange widerstehen zu können. Dennoch entstanden in der Osthälfte Englands drei dänische Königreiche – York, Danish Mercia und East Anglia –, während die Norweger Dublin zur Hauptstadt ihres gleichnamigen Königreichs machten, um von dort aus ihren Einfluss auf die Gebiete an der Westküste Großbritanniens auszudehnen.

Lediglich Wessex, das angelsächsische Königreich im Süden, erwies sich als stabiles Bollwerk gegen die Attacken der Skandinavier. Von hier aus erfolgte 1016 trotz einiger Rückschläge die Wiedereroberung der dänisch

Abb. 3.6 Ländlicher Raum in der Grafschaft Lincolnshire. Ihre Spuren haben die skandinavischen Eroberer im Namensgut von Siedlungen hinterlassen. Die zahlreichen Ortsnamensendungen -by und -thorpe sind sprachliche Relikte der dänischen Invasion im 9. Jahrhundert. Quelle: Road Atlas Britain and Ireland 2000, S. 42.

besetzten Gebiete. Von einem kleinen Gebiet im äußersten Nordwesten abgesehen, wurden die dänischen und angelsächsischen Territorien zu jenem Gebiet vereinigt, das heute als England bezeichnet wird.

Bereits ein halbes Jahrhundert später endete die skandinavische Epoche abrupt. Nach der berühmten Schlacht von Battle (in der Nähe von Hastings, East Sussex) im Jahre 1066 geriet England unter normannischen Einfluss. England wurde zu einem Feudalstaat, der radikale gesellschaftliche und räumliche Veränderungen erfuhr.

Weiterführende Literatur

Brodersen, K. (1998): Das römische Britannien. Spuren seiner Geschichte. Darmstadt.

De la Bédoyère, G. (2006): Roman Britain. A New History. London.

Gelfert, H.-D. (1999): Kleine Kulturgeschichte Großbritanniens. München.

Ordnance Survey of Great Britain (Hrsg.) (1985): The Ordnance Survey Atlas of Great Britain. Southampton.

3.3 Burgen und Kathedralen – kulturelles Erbe des Mittelalters und Tourismusziele der Gegenwart

„… the origins of Britain we know today really begin with the year zero of the Norman invasion in 1066. No single event has had a greater impact on the building of Britain than this victory and the construction programme that followed it" (David Dimbleby, BBC-Journalist).

„Well, I have travelled all over Europe in search of architecture, and I have seen nothing like this" (August Pugin, engl. Architekt im 19. Jahrhundert über Salisbury Cathedral).

Seit dem Zweiten Krieg hat sich Großbritannien von einer Industrienation zu einem Land mit einer postindustriell geprägten Wirtschaft und einer ausdifferenzierten, wissensbasierten Gesellschaft, die in zahlreiche Milieus gegliedert ist, gewandelt. Trotz unterschiedlicher Klassenzugehörigkeit, Lebensstile und Konsummuster ist nicht zu übersehen, dass milieuübergreifend das Bedürfnis großer Bevölkerungsteile an Informationen über die eigene Kultur und Geschichte deutlich zugenommen hat. Besonderer Wert wird von der Nachfrageseite heute auf eine attraktive, zeitgemäße und multimediale Vermittlung von historischen und kulturbezogenen Themen gelegt. Die großen britischen Kulturorganisationen haben diesen Trend erkannt und deutlich auf ihn reagiert.

In der Landschaft zeigt sich das historische und kulturelle Erbe Großbritanniens in vielfältiger Weise und berührt ganz unterschiedliche Themenkreise. Es umfasst Gärten, Landhäuser, Burgen, Museen, historische Schiffssammlungen, Besucherzentren, Naturparks, traditionelle Arbeitsstätten (z. B. *potteries*), Farmen sowie Kirchen, Klöster und Kathedralen. Alleine in England existieren ca. 7 000 staatlich oder von privaten Trägern verwaltete Freizeitstandorte. Es dürfte kaum ein anderes Land in Europa geben, in dem die Dichte von professionell aufbereiteten Kulturstätten auch nur annähernd so hoch ist wie in Großbritannien. Die braunen Hinweisschilder an den Rändern von Autobahnen und Nationalstraßen, die auf Attraktionen und andere *places of interest* verweisen, sind mittlerweile zu vertrauten Elementen ländlicher (und auch manch städtischer) Kulturlandschaften geworden.

English Heritage und National Trust als Hüter kulturellen Erbes

Die meisten Kulturstätten werden heute in der Regel von einer der beiden großen Kulturorganisationen English Heritage und National Trust betrieben und verwaltet (Abb. 3.7).

English Heritage ist eine halbstaatliche Organisation, gewissermaßen der verlängerte Arm des Ministeriums für Kultur, Medien und Sport, von dem es etwa drei Viertel seiner Mittel bezieht. Die Organisation wurde 1983 ins Leben gerufen und verwaltet mittlerweile 400 größere Kulturstätten in England. Wesentlich früher, nämlich schon im Jahre 1895, wurde der National Trust gegründet. Im Gegensatz zu English Heritage ist der National Trust eine rein private Organisation. Demzufolge bezieht er keine öffentlichen Mittel, sondern finanziert sich ausschließlich über Mitgliederbeiträge, Spenden und Eintrittsgelder. Wie weit der Einfluss des National Trust reicht, mögen einige Zahlen verdeutlichen. Die Organisation verwaltet insgesamt über 2 500 km² Land; der überwiegende Teil davon hat den Status einer *area of outstanding natural beauty*, was bedeutet, dass Attraktivität und Reiz der Landschaft ausgesprochen hoch eingeschätzt werden. Eine besondere Bedeutung kommt in diesem Kontext den Küsten Großbritanniens zu. Mehr als 1 100 km der zum Teil malerischen und reizvollen Küstenstriche Großbritanniens unterstehen dem National Trust. Ähnlich wie English Heritage verwaltet der National Trust auch Landsitze (350 an der Zahl), Gärten, Klöster und antike Monumente.

Unterschiede zwischen beiden Organisationen lassen sich zunächst im Hinblick auf ihre jeweiligen Zuständigkeitsgebiete ausmachen. Wie der Name bereits andeutet, beschränken sich die Aktivitäten von English Heritage ausschließlich auf England. Der National Trust hingegen betreut auch Objekte in Wales und Nordirland. In Schottland ist der National Trust allerdings nicht vertreten. Dort liegen Schutz, Betreuung und Förderung des kulturellen Erbes Schottlands in den Händen des 1931 gegründeten National Trust for Scotland.

Von den drei großen kulturellen Dachorganisationen ist der National Trust die bedeutendste. Dies lässt sich u. a. an der Zahl der Besucher ablesen. Im Jahre 2007 suchten ca. 12 Mio. Personen Kulturstätten des National Trust auf, während English Heritage auf ca. 5 Mio. Gäste verweisen konnte. 1,7 Mio. Besucher wurden an den Eingängen von Einrichtungen des National Trust for Scotland gezählt. Schon die Zahl von zusammen 18,7 Mio. Besuchern lässt erahnen, wie groß die wirtschaftliche Bedeutung des historischen und kulturellen Erbes in Großbritannien ist.

Von den Besuchern profitieren nicht nur die Kulturstätten selbst, sondern auch die benachbarten Dörfer, Städte und Regionen. Ein wesentlicher Grund hierfür ist die Vorliebe der Engländer für Tagesausflüge auf das Land. Insbesondere bei Familien ist *a day out in the country* sehr beliebt. Häufig bildet der Besuch eines Landhauses, einer Burg oder eines Gartens den Anlass für einen Tagesausflug, der mit einem anschließenden Einkauf in einer benachbarten Stadt, dem Besuch eines *tea room* oder einem Abendessen in einem Pub abgerundet wird.

Burgen – historische Landmarken aus der anglonormannischen Epoche

Von besonderer Bedeutung für die Repräsentation englischer Geschichte und Kultur sind seine Burgen (*castles*), von denen nur wenige noch vollständig erhalten sind (ein schönes Beispiel ist Carisbrooke Castle auf der Isle of Wight) (Abb. 3.8). Die meisten Burgen befinden sich in unterschiedlichen Stadien des Verfalls. Von einigen sind nur noch die Hügel, auf denen sie einst standen, oder ihre Grundmauern erhalten. Dass so viele Burgen verfallen sind, ist mit dem Verlust ihrer militärischen Funktion zum Ende des Mittelalters zu erklären. Spätestens im 16. Jahrhundert erforderte die innenpolitische Situation Englands keine befestigten Adelsresidenzen mehr. Da sie als reine Wohnstandorte nicht sehr attraktiv waren, wurden die meisten Burgen aufgegeben. An ihrer Stelle bevorzugten die Aristokraten nun Landsitze in Form von Herrenhäusern, die sie an landschaftlich attraktiveren Orten errichten ließen.

In der frühen Neuzeit und im Mittelalter interessierte sich kaum noch jemand für die scheinbar wertlosen

Abb. 3.7 English Heritage und National Trust sind die wichtigsten britischen Kulturorganisationen.

Abb. 3.8 Carisbrooke Castle auf der Isle of Wight ist eine der am besten erhaltenen Burgen Englands. Im Hintergrund ist die innere Verteidigungsanlage (Keep) zu sehen. Quelle: Zehner 2009.

Burgen bzw. Burgruinen. Mittlerweile jedoch spielen Burgen in der öffentlichen Wahrnehmung wieder eine größere Rolle, natürlich nicht mehr aus militärischer Sicht, sondern als reizvolle Ziele, sowohl für britische Touristen als auch für Gäste aus Übersee.

Vor allem die bekannteren Burgen haben sich zu attraktiven touristischen Destinationen entwickelt. Eine herausragende Bedeutung hat der Tower von London, durch dessen Räumlichkeiten und Kellergelasse jährlich ca. 2 Mio. Besucher geschleust werden. Auf den nächsten Plätzen folgen Leeds Castle (580 000), Dover Castle (300 000) und Hever Castle (250 000), alle in Südengland gelegen. Diese Zahlen lassen erahnen, wie bedeutend heute einige Burgen bzw. Burgruinen als regionale Anziehungspunkte für Touristen sind.

Verteidigungsanlage und Wohnsitz

Die Attraktivität englischer Burgen lässt sich zu einem erheblichen Teil durch ihre außerordentliche Bedeutung für die mittelalterliche Landes- und Kulturlandschaftsentwicklung erklären. Denn die Burgen repräsentieren zeitlich und räumlich das nach der normannischen Eroberung entstandene feudale England, dessen administrative, politische und gesellschaftliche Strukturen bis in die Gegenwart hinein reichen. Zwar hatte es bereits in vornormannischen Epochen der britischen Geschichte Befestigungen unterschiedlicher Größe, Funktion und Architektur gegeben. Die eisenzeitliche Befestigung Old Sarum auf der Salisbury Plain oder die zahlreichen römischen Kastelle an den westlichen und nördlichen

Grenzen des römischen Britanniens sind prominente Beispiele hierfür (Abschnitt 3.2). Doch waren es die Normannen, die nach ihrer Eroberung Englands im Jahre 1066 die Kulturlandschaft um ein neues Element bereicherten: die Burg. Unmittelbar nach der normannischen Eroberung hatte König Wilhelm II. den Bau von ca. 80 Burgen angeordnet, um die noch fragile innere Sicherheit Englands zu erhöhen. Nur die befestigte Burg galt als ein sicherer Wohnstandort für die neue aristokratische Oberschicht, die Ritter bzw. Barone. In der englischen Literatur wird deswegen die Burg auch als *fortified residence of a lord* bezeichnet. Sie thronte im wahrsten Sinne des Wortes über der älteren angelsächsischen Siedlungslandschaft, die durch kleine Dörfer und Weiler geprägt wurde. Es ist leicht nachvollziehbar, dass alleine die Lagebeziehung von Burg und Dörfern Macht und Stärke der normannischen Besatzer deutlich widerspiegelte. Denn die Burg war weithin sichtbar und flößte der einheimischen Bevölkerung Respekt ein. Außerdem führte sie der bäuerlichen Bevölkerung ständig vor Augen, dass England nun ein Feudalstaat geworden war, in dem sie nur noch wenige Rechte besaßen.

Grundlage des Feudalsystems war ein von Wilhelm II. eingeführtes Lehenswesen, das auf Loyalität, Vertrauen und gegenseitiger Abhängigkeit beruhte. Es basierte auf der großzügigen Schenkung von Gütern, für die der König von seinen Rittern im Notfall Kriegsdienste einfordern konnte. Es ist ein interessantes Detail der englischen Kulturgeschichte, dass die vergebenen Ländereien räumlich weit verstreut lagen. Auf diese Weise sicherte der König seine Machtposition geschickt ab. Ausnahmen in Form größerer zusammenhängender Territorien

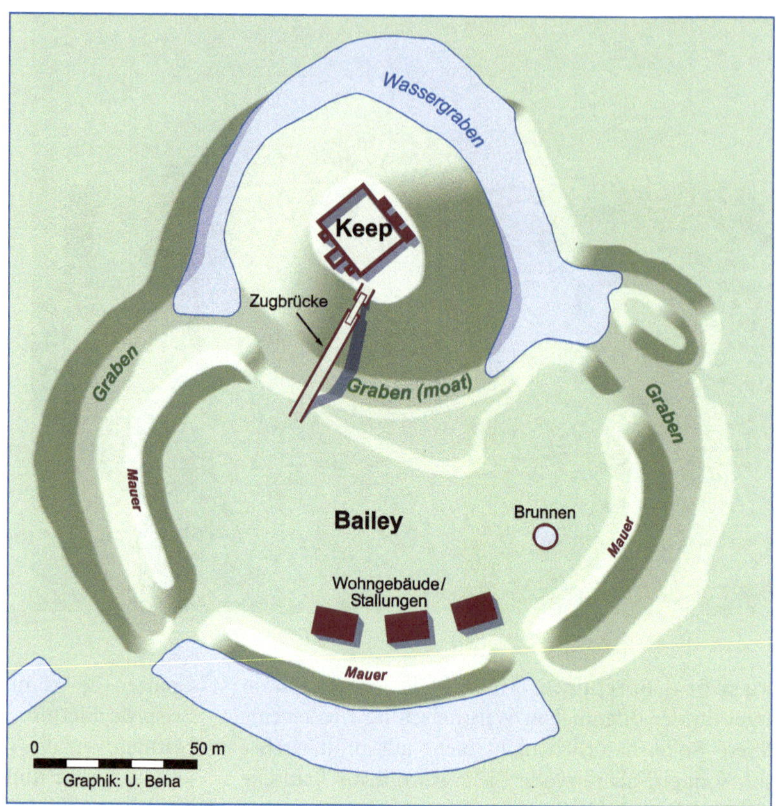

Abb. 3.9 Grundriss einer anglo-normannischen Keep- und Bailey-Burg. Quelle: Zehner 2009.

ließ er nur an den Grenzen zu Wales und Schottland zu, die effizienter als die Gebiete im Binnenland geschützt werden mussten.

Die Doppelfunktion der Burg, Verteidigungsanlage und Wohnsitz zu sein, hatte während des gesamten Mittelalters Bestand, wenngleich mit zunehmend stabiler werdenden innenpolitischen Verhältnissen der Grad der Burgbefestigungen abnahm. So verweist schon das Domesday Book auf den Typus des *fortified manor*, also eines Landhauses, das durch Verteidigungsanlagen gesichert war. Im späten Mittelalter hatten sich bereits zahlreiche Übergangsformen zwischen *castle* und *fortified manor* herausgebildet.

Die ersten englischen Burgen orientierten sich aus nachvollziehbaren Gründen an französischen Vorbildern. Die Gestalt der Burg wurde von stark befestigten Wohntürmen bestimmt, die auf zumeist künstlich erhöhten Erdhügeln errichtet worden waren. Diese Wohntürme werden als Keeps bezeichnet, die oftmals durch Gräben, sog. Motten (*moats*), gesichert wurden. Im Schutze der Keeps lagen die Burghöfe, die Baileys. Hier befanden sich u. a. der Brunnen und weitere Wohngebäude, die oft erst in späteren Jahrhunderten hinzugefügt wurden. Beide Elemente, Keep und Bailey, wurden von einem äußeren Verteidigungsring, bestehend aus

Mauern und Gräben, die auch mit Wasser gefüllt sein konnten, zusätzlich geschützt (Abb. 3.9).

Um 1200 gab es in England bereits 400 Burgen. Besonders hervorzuheben sind die fünf von Edward I. im späten 13. Jahrhundert angelegten Burgen an der Grenze zu Wales, Caernarvon, Conway, Harlech, Beaumaris und Caerphilly. Sie zählen zu den spektakulärsten und am besten erhaltenen Beispielen mittelalterlicher Verteidigungsanlagen in Europa und gehören heute zum UNESCO-Weltkulturerbe.

Kathedralen – Bischofssitze und Meisterwerke der Baukunst

Die berühmtesten englischen Kathedralen zählen zugleich zu den eindrucksvollsten und am besten erhaltenen Zeugnissen mittelalterlicher Baukunst. Für sie sind allerdings weder English Heritage noch der National Trust zuständig. Vielmehr werden sie in Eigenregie von den beiden großen in England vertretenen Kirchen, der anglikanischen Staatskirche und der römisch-katholischen Kirche, verwaltet.

Kathedralen sind die Hauptkirchen von Diözesen, d. h. Bistümern, und somit Bischofssitze. Zwar gibt es in

England auch durchaus andere attraktive Kirchenbauten, Gemeindekirchen (*churches*) und Klosterkirchen (*abbeys*), die aufgrund ihrer Größe und ihrer architektonischen Pracht den Vergleich mit Kathedralen nicht scheuen müssten. Sie sind aber keine Bischofssitze und haben somit einen anderen kirchenrechtlichen Status. Bekannte Beispiele hierfür sind die Westminster Abbey in London und Bath Abbey.

Bistumssitze dreier Religionsgemeinschaften

In Großbritannien gibt es insgesamt 82 Kathedralen. Diese Zahl erstaunt zunächst, weil sich die öffentliche Wahrnehmung auf die renommierten, international bekannten Kirchenbauwerke aus dem Mittelalter, etwa Durham, York oder Canterbury, konzentriert. Es wird gerne übersehen, dass die meisten Kathedralen gar nicht im Mittelalter, sondern erst im Industriezeitalter geweiht wurden, als die mittel- und nordenglischen Industriestädte starke Bevölkerungsgewinne verzeichneten. Ihre Gründung dort kann im Nachhinein als eine nachholende Entwicklung interpretiert werden, die erforderlich wurde, um mit der rasch anwachsenden Bevölkerung in den Industrieregionen Schritt zu halten. Beispiele hierfür sind die Kathedralen von Manchester, Liverpool und Newcastle upon Tyne.

Die britischen Kathedralen lassen sich zunächst nach ihrer Konfession gliedern. So gibt es in England und Wales 48 Kathedralen der anglikanischen Kirche; 42 entfallen auf England und sechs auf Wales (Abb. 3.10). Die 42 anglikanischen Kathedralen Englands verteilen sich wiederum auf zwei Erzbistümer, nämlich Canterbury und York. Das größere von beiden Erzbistümern ist Canterbury. Es umfasst 29 Bistümer in Süd- und Mittelengland, während zum Erzbistum York 13 überwiegend nordenglische Bistümer zählen.

Neben den Kathedralen der anglikanischen Staatskirche, auch Low Church genannt, gibt es in Großbritannien auch 23 Kathedralen der römisch-katholischen Kirche, die als High Church bezeichnet wird. Sie ging Mitte des 19. Jahrhunderts aus einer Abspaltung von der anglikanischen Staatskirche hervor, die von einer Gruppe Geistlicher an der Universität von Oxford initiiert worden war. Die Gründung der anglokatholischen Kirche kam vor allem den irischen Emigranten in den englischen Industriestädten zugute, deren Zahl nach den Hungersnöten der 1840er Jahre in ihrer Heimat sprunghaft zugenommen hatte.

Die anglikanische Staatskirche war das Ergebnis einer 1534 unter Heinrich VIII. durchgeführten Säkularisierung. Quasi über Nacht wurden alle katholischen Kathedralen der neu gegründeten anglikanischen Kirche zugeordnet. Darunter waren einige Kathedralen, die vor der Reformation Klöstern angegliedert gewesen waren. Zwar wurden diese Klöster von Heinrich aufgelöst, die Kathedralen jedoch blieben erhalten. Sie wurden unter einem neuen konfessionellen Status wiedereröffnet, wobei häufig der letzte Abt eines Klosters zum neuen Erzbischof der jeweiligen Kathedrale ernannt wurde. Beispiele für diesen Typ sind Canterbury, Carlisle, Durham, Ely, Norwich, Rochester, Winchester und Worcester.

Zudem wurden fünf größere Klosterkirchen, die bis dato keine Kathedralen gewesen waren – Bristol, Chester, Gloucester, Oxford und Peterborough –, zu Bischofskirchen ernannt. Sie waren zuvor einfache Klosterkirchen, also Abbeys, gewesen.

Zu einer dritten Gruppe lassen sich jene Bistumskirchen zusammenfassen, die nie Teile von Klöstern, also weder Kathedrale noch Abbey, gewesen waren, obwohl dies aufgrund ihrer ausgedehnten und prächtigen Kreuzgänge durchaus vermutet werden könnte. Zu dieser Gruppe gehören Bangor, Chichester, Exeter, Salisbury und St. Pauls in London.

Die meisten Kathedralen der katholischen Kirche wurden ebenfalls nicht neu erbaut. Aus Kostengründen wurden stattdessen ältere Kirchen in den Status einer Kathedrale erhoben.

Dennoch gibt es unter den katholischen Kathedralen auch einige Neubauten. Das bekannteste Beispiel ist die 1967 eingeweihte Liverpooler Metropolitan Cathedral of Christ the King. Liverpool ist eine der wenigen Städte in Großbritannien mit zwei Kathedralen verschiedener Konfessionen, was hier mit dem überdurchschnittlich hohen Anteil katholischer Einwanderer aus Irland und deren Nachkommen erklärt werden kann. Es entspricht dem etwas herben Humor der Liverpudlians – so die Bezeichnung für die Liverpooler Bevölkerung –, dass sie ihre katholische Kathedrale, deren Gestalt an ein überdimensioniertes Indianerzelt erinnert, mit dem Spitznamen Paddy's Wigwam („Paddy" war ein Schimpfwort für die eingewanderten Iren) belegt haben (Abb. 3.11).

Im Vergleich zu England und Wales ist die Zusammensetzung der Religionsgemeinschaften in Schottland etwas unübersichtlicher. Dies hat historische Gründe: Nach der Einführung des Presbyterianismus ab 1560 verloren die mittelalterlichen Kathedralen der katholischen Kirche ihren Status. Daher befinden sich die aufgegebenen Kathedralen heute zumeist in einem schlechten baulichen Zustand oder sind gar zu Ruinen geworden.

Neben dem Presbyterianismus konnte sich in Schottland später auch die episkopale Kirche, eine Schwesterkirche der anglikanischen Kirche, behaupten. Räumlich ist sie in sieben Bistümer gegliedert und wird durch eine entsprechende Zahl von Kathedralen aus dem 19. Jahr-

Abb. 3.10 Die britischen Kathedralen nach Konfession und Gründungszeit.

Abb. 3.11 Die römisch-katholische Metropolitan Cathedral of Christ the King in Liverpool. Quelle: Zehner 2008.

hundert repräsentiert. Die drittstärkste Religionsgemeinschaft in Schottland ist die römisch-katholische Kirche. Sie ist mit acht Kathedralen vertreten, die sich auf zwei Erzbistümer verteilen.

Funktionen, Besucher und Finanzierung von Kathedralen

In der heutigen Zeit erfüllen Kathedralen eine Vielzahl von Funktionen. In erster Linie sind sie selbstverständlich Gotteshäuser, Orte der Einkehr, des Gebets und der Stille. Sie sind aber auch kunsthistorisch und architektonisch wertvolle und einzigartige Bauwerke; für manche Gläubigen sind sie Pilgerorte, andere nehmen sie als Museen, in denen Kirchenkunst gezeigt wird, wahr. Für wiederum andere sind sie schlicht Touristenattraktionen, deren Besuch eine willkommene Option an einem verregneten Tag im Urlaub darstellt.

Für die meisten Besucher jedoch ist es vermutlich genau dieser Mix von Funktionen, der so faszinierend wirkt. Denn dass zumindest die bedeutenderen Kathedralen „Leuchttürme" des britischen Binnentourismus sind, belegt die Statistik eindeutig. In einer Zeit stagnierender Touristenzahlen verzeichnen viele Kathedralen sogar einen Zuwachs an Besuchern. Nach einer Schätzung von ICOMOS UK, der britischen Sektion jener UNESCO-Abteilung, die für das Weltkulturerbe zuständig ist, betreten jährlich knapp 20 Mio. Besucher eine britische Kathedrale (Tab. 3.1), bei zunehmender Tendenz. An der Spitze der Beliebtheitsskala liegt die Kathedrale von Canterbury. Sie wird jährlich von ca. 1 Mio.

Tabelle 3.1 Die Besucherzahlen von Kathedralen und anderen Kirchen in England

Kathedrale (K)/ Church (C)/Abbey (A)	Region	2005	2006	2007	2008	% 2007/08	Eintritt (GBP)
Westminster Abbey (A)	London	1 027 835	1 028 991	1 058 362	1 481 150	39,9	12
Canterbury Cathedral (K)	Südosten	1 054 886	1 047 380	1 068 244	1 004 149	–6,0	7
St Martin-in-the-Fields (C)	London	o. A.	700 000	o. A.	700 000	o. A.	f
Metropolitan Cathedral of Christ the King (K)	Nordwesten	150 768	262 946	269 984	364 347	35,0	f
Bath Abbey (A)	Südwesten	350 000	305 000	331 559	307 658	–7,2	f
Wells Cathedral (K)	Südwesten	300 000	300 000	300 000	300 000	0,0	f
Salisbury Cathedral (K)	Südwesten	268 834	248 795	233 890	233 021	–0,4	f
St Albans Cathedral (K)	Osten	200 000	200 000	200 000	200 000	0,0	f
Lincoln Cathedral (K)	östliche Midlands	o. A.	208 000	202 000	200 000	–1,0	4
Southwark Cathedral (K)	London	150 000	160 000	170 000	180 000	5,9	f

o. A.: ohne Angabe; f: freier Eintritt
Quelle: VisitEngland 2009

Menschen aufgesucht. Es folgen die beiden Kathedralen von Liverpool, Wells (Somerset), Salisbury (Wiltshire) und Southwark (Südlondon).

Obwohl die anglikanische Kirche eine sog. Staatskirche ist, finanzieren sich die Kathedralen nur zu einem kleinen Teil aus staatlichen Zuwendungen. Den überwiegenden Teil der für Instandsetzung, Betrieb und Verwaltung der Kathedralen benötigten Gelder müssen die Diözesen selbst aufbringen. Dies geschieht in der Regel durch Spenden, Einnahmen aus den in der Regel angegliederten *cathedral shops* und Eintrittsgeldern. Manche Besucher sind allerdings überrascht, einige sogar verärgert, dass ihnen an den Eingängen von Kathedralen Geld abverlangt wird. Im Durchschnitt beträgt die Eintrittsgebühr zwischen fünf und sieben britischen Pfund. Begründet wird dieser Beitrag mit den Hinweisen auf fehlende staatliche Unterstützung und tägliche Unterhaltskosten von mehreren Tausend Pfund.

Salisbury und seine Kathedrale

Salisbury ist eine Mittelstadt in der südenglischen Grafschaft Wiltshire, am südlichen Rand der Salisbury Plain gelegen. Die Hauptattraktion von Salisbury ist die 750 Jahre alte Kathedrale der Stadt. Sie zählt zu den schönsten Kirchenbauten der gesamten englischen Gotik. Ihren architektonischen Reiz bezieht die Kathedrale aus der Einheitlichkeit ihres Baukörpers, der (bis auf den später hinzugefügten Turm) nach den Maßwerkformen des Early English Style errichtet wurde. Die Homogenität des gesamten Bauwerks resultiert aus der außergewöhnlich kurzen Bauzeit von nur 38 Jahren. Großzügige finanzielle Unterstützungen des Königshauses hatten sichergestellt, dass die Kathedrale ohne Unterbrechungen gebaut und zügig vollendet werden konnte.

Die meisten anderen mittelalterlichen Kathedralen hingegen werden, bedingt durch längere Bauzeiten und Verzögerungen, durch eine Mischung verschiedener gotischer Stilphasen (nach dem Early English folgten der Decorated und der Perpendicular Style) geprägt und wirken dadurch wesentlich uneinheitlicher.

Ein zweites Alleinstellungsmerkmal von Salisbury Cathedral ist ihre topographische Lage: Die Kathedrale liegt inmitten einer großzügig bemessenen Domfreiheit, dem Cathedral Close, der nachts für die Öffentlichkeit gesperrt wird. Den inneren und weitaus größten Teil des Close nimmt eine gepflegte Rasenfläche ein. Sie stellt eine Respektzone dar, innerhalb derer kein anderes Gebäude steht, das die Wirkung der Kathedrale beeinträchtigen könnte. Gegenüber der quirligen und lauten Stadt stellt der Close eine Oase der Ruhe dar, die auf wohltuende Weise mit der Stadt kontrastiert. Aus diesem Gegensatz, dem geschäftigen Salisbury und seiner Ehrfurcht einflößenden Kathedrale, bezieht die Stadt ganz ohne Zweifel ihre große Attraktivität.

Zwar können sich andere Kathedralen wie Canterbury oder Exeter als Bauwerke sicher mit Salisbury messen. Auch sie sind hervorragende Meisterwerke der englischen Gotik. Da ihr jeweiliger Cathedral Close aber viel enger bemessen ist, kommen die Kathedralen bei weitem nicht so zur Geltung, wie es in Salisbury der Fall ist.

Abb. 3.12 Die Kathedrale von Salisbury. Quelle: Bob Croxford/ Atmosphere Picture Library.

Zusammenfassend ist festzuhalten, dass sowohl profane als auch säkulare Bauwerke, vor allem aus dem Mittelalter, auf die Menschen der Gegenwart einen großen Reiz ausüben. Um dem gesellschaftlichen Bedürfnis an Informationen und Wissen über Vergangenheit und Kultur des Landes gerecht werden zu können, wird die Vermarktung von historischem und kulturellem Erbe in Großbritannien zunehmend professionalisiert und von kompetenten Trägern durchgeführt. Die entscheidenden Akteure und somit Förderer wie Bewahrer britischer Kultur sind English Heritage, der National Trust und die großen Kirchen des Landes.

Informationen im Internet

http://www.nationaltrust.org.uk

Auf der Homepage der wichtigsten Kulturorganisation Großbritanniens, dem National Trust, findet man in übersichtlicher und attraktiv aufbereiteter Form Informationen zu den Objekten, die vom Trust verwaltet werden, sowie Hinweise auf aktuelle Veranstaltungen. Von besonderem Interesse sind Angebote für Oversea Visitors (Abruf: 27.01.2010).

Weiterführende Literatur

Brown, R. A. (1976): English Castles. London.
Fyall, A.; Garrod, B; Leask, A. (Hrsg.) (2003): Managing Visitor Attractions. New Directions. Oxford u. a.
Oster, u. a. (Hrsg.) (2003): Die großen Kathedralen. Gotische Baukunst in Europa. Darmstadt.
Pepin, D. (2004): Discovering Cathedrals. Risborough.

3.4 Der Adel als Landschaftsgestalter – Häuser, Parks und Parklandschaften

„God Almighty first planted a garden: and indeed it is the purest of human pleasures. It is the greatest refreshment of the spirits of man" (Francis Bacon 1625, englischer Philosoph und Staatsmann).

Die *splendid isolation* (wörtlich übersetzt: „großartige Isolation") Großbritanniens lässt sich an vielen Aspekten des Landschaftsbildes festmachen. Ein besonderes Merkmal britischer Landschaften, das so höchstens noch in Irland vorkommt, ist die Farbe Grün. Das maritime, gemäßigte Klima sorgt dafür, dass Grün in der Natur in den unterschiedlichsten Tönen und Schattierungen vorhanden ist. Wer vom Kontinent nach Großbritannien reist, bemerkt, dort angekommen, sofort den Unterschied: Während auf der belgisch-französischen Seite des Ärmelkanals ausgeräumte Ackerschläge sowie kahl und eintönig wirkende Parzellen das Landschaftsbild bestimmen, prägen auf der anderen Seite des Kanals, in Kent, Surrey und Sussex, artenreiche Hecken, kleine Waldstücke und mit einzelnen Bäumen bestandene Parzellen die ländlichen Fluren. Zu Recht wird dieser Landschaftstyp als Parkland bzw. Parklandschaft bezeichnet. Wenn Briten vom „Land", vom *country* oder von der *countryside* sprechen, dann assoziieren sie damit in aller Regel eben genau diese Parklandschaft.

Hecken und Baumgruppen verschiedenster Größen übernehmen in den waldarmen Tieflandgebieten Englands im Übrigen wichtige ökologische Funktionen. Zum einen bieten sie Schutz gegen die mitunter kräftigen Winde und verhindern somit Bodenerosion. Zum anderen sind sie Lebensräume für zahlreiche Tierarten. Das dichte Unterholz von Eichen, Buchen und Haselnussbäumen und die überwiegend aus Weißdorn, Schwarzdorn und Brombeersträuchern zusammengesetzten Hecken dienen Rebhühnern, Fasanen und anderen Vögeln als Ruhe- und Nistplätze. Die Hecken sind zudem Rückzugsräume für Kleinsäuger, z. B. Hasen, Mäuse und Eichhörnchen.

„Country und alles, was mit dem Worte mitschwingt, gibt es nur in England ... Grüne Weideflächen, von einem tiefen Grün, das nur in diesem feuchten Inselklima gedeiht, wellen sich zu Hügeln. Kreuz und quer, schachbrettartig durchziehen sie grüne, abgrenzende Hecken. Zwischen hohen grünen Hecken schlängeln sich die Straßen, quer über das grüne Gras laufen die Fußwege. Man geht in England selten auf staubigen Straßen, man geht über Wiesen, durch Hecken. Überall verstreut Baumgruppen, jeder Baum fast isoliert, ein Individuum, das sich frei entwickelt. Wenig Wälder – die gehören einem primitiveren Stadium an. Keine Baumreihen, die Straßen begleiten – das ist zu absichtlich. Baum-Individuen, die als gute Engländer jeder für sich leben. Überall weidendes Vieh: Schafe, Rinder, Pferde in scheinbarer Freiheit ... Das Country ist eine Schöpfung der Aristokratie Englands; das englische Volk in gewissem Sinne die Aristokratie des britischen Weltreiches, die sich den Luxus dieses Parks gestatten kann" (Cohen-Portheim 1931, S. 73 f.).

Das Parkland

Die Entstehung des Parklandes ist das Ergebnis der Veränderung wirtschaftlicher Rahmenbedingungen im England des 18. Jahrhunderts und entsprechender politischer Reaktionen. Überwiegend zwischen 1750 und

1850 wurden die offenen Gewannfluren, die sich seit dem Mittelalter herausgebildet hatten, in Blockfluren umgewandelt und eingehegt. Diese frühe Form der Flurbereinigung wird als Enclosure bezeichnet, was sinngemäß mit „Einhegung" übersetzt werden kann. Die rechtlichen Grundlagen der Enclosures bildeten fallweise, d. h. für jeden eigenen Landsitz separat, vom Parlament verabschiedete Gesetze (Enclosure Acts).

Ausgelöst wurde die Enclosure-Bewegung durch zu Beginn des Industriezeitalters steigende Kornpreise infolge einer starken Bevölkerungszunahme, wodurch eine effizientere Nutzung des Bodens notwendig wurde. Weiterentwicklungen landwirtschaftlicher Anbautechniken, Bodenverbesserungen, neue Fruchtfolgen und Zusammenlegungen landwirtschaftlicher Nutzflächen waren die Folge. Dem dadurch bewirkten Aufschwung der Landwirtschaft setzte allerdings die Aufhebung der Schutzzölle für importiertes Getreide in den Jahren 1860/61 ein jähes Ende. Preiswerteres Getreide aus Übersee ließ die Kornpreise drastisch fallen. Der Anbau von Getreide lohnte sich nun nicht mehr. Der Adel, dem der größte Teil der agrarischen Nutzflächen gehörte, legte Flächen still, verkaufte Land oder wandelte Ackerland in Grünland um. Mit der Vergrünlandung breitete sich die Schafhaltung aus, die bei geringerem Arbeits- und Kapitaleinsatz höhere Gewinne versprach.

Die nach vielen Jahrhunderten innenpolitischer Unruhen, Kriege und Epidemien ab 1750 einkehrende Stabilität und Ruhe ermöglichte es dem Adel zudem, sich nun verstärkt auf die Wahrnehmung seiner eigenen Interessen zu konzentrieren. Herrenhäuser wurden erweitert und ihre Fassaden wurden aufwendig renoviert. Außerdem wurde die unmittelbare Umgebung der Landhäuser in malerische Parks umgewandelt, wobei sich die Gestaltung der Parks an der aufkommenden Stilrichtung des englischen Landschaftsgartens orientierte (Abb. 3.13).

Zugleich bildete sich neben dem Adel eine neue Gesellschaftsschicht aus erfolgreichen und kapitalstarken Unternehmern heraus. Diese Neureichen waren bemüht, Lebensgewohnheiten und Lebensstil des Adels zu kopieren. Ihre Landsitze ließen sie in der Regel im näheren Umland der großen Städte errichten, wo sie wegen des Verfalls der Bodenpreise als Folge der Agrarrevolution preiswerte Grundstücke erwerben konnten. Mit dem Erwerb von Land bot sich der neuen Unternehmerschicht die Chance zum gesellschaftlichen Aufstieg. Fabrikbesitzer, Kaufleute und Bankiers konnten nun Landjunker (*squires*) werden. Auf ihrem neu erworbenen Land ließen auch sie Herrenhäuser errichten, deren unmittelbare Umgebung sie in Landschaftsparks umwandelten. So entstanden vor allem um die sog. *mushroom towns* – mit diesem Begriff sind die schnell wachsenden Industriestädte des 19. Jahrhunderts gemeint, die wie Pilze (*mushrooms*) aus dem Boden schossen – von Landhäusern durchsetzte Parkgürtel.

Insgesamt existieren in Großbritannien ca. 7 000 Herrenhäuser. Heute wird ein großer Teil des Bestands von Stiftungen verwaltet. Unter ihnen sind der National Trust und English Heritage die wichtigsten (Abschnitt 3.3). Beide Organisationen verwalten die Häuser und Gärten und machen sie der Öffentlichkeit zugänglich.

Parks und Parklandschaften sind vor allem in den Tieflandgebieten (Lowlands) Großbritanniens anzutreffen. Wenngleich es auch in den Hochlandgebieten

Abb. 3.13 Kenwood House, London. Kenwood House liegt auf einer Anhöhe im Norden Londons, im Gebiet der sog. Hampstead Heath. Das Haus wurde ursprünglich im 17. Jahrhundert errichtet. Zwischen 1764 und 1779 baute es Robert Adams für William Murray, den 1. Earl von Mansfield, um. Die Gestaltung der Außenfassaden erfolgte im Regency-Stil, der englischen Variante des Klassizismus. Typische Gestaltungselemente sind der dreiecksförmige Giebel (Mittelrisalith) und die Säulenstreifen (Pilaster). Quelle: Zehner 2004.

(Highlands) von Nordengland, Wales und Schottland Landschaftsgärten gibt, so häufen sie sich doch im südlichen und östlichen England, also in den Lowlands. Dies hat vor allem klimatische Gründe. Die meisten der in englischen Parks vorkommenden Bäume und Hecken gedeihen besonders gut in der untersten Höhenstufe, die bis zu einer absoluten Höhe von ca. 300 m reicht, manche sind sogar auf sie beschränkt. Oberhalb dieser Grenze, also in Mittelgebirgen wie etwa den Penninen, erfüllen oft Steinmauern die Funktion voń Hecken. Die Steine, die zu Feldmauern aufgeschichtet sind, sind Lesesteine, deren Vorhandensein den in den Kalkgebieten nur flachgründig entwickelten Böden zuzuschreiben ist. Steinmauern weisen in der Regel auf Schafhaltung hin, da sie eine wirksamere Begrenzung der Parzellen als Hecken darstellen.

Vom barocken Garten zum Naturpark

Zu jedem britischen Herrenhaus gehört ein Park. Beide Gestaltungselemente bilden eine Einheit, man könnte sagen, eine ästhetische und harmonische Gesamtkomposition.

Vereinfacht kann man sich die Herrenhäuser als Mittelpunkte von sechs konzentrischen Kreisringen vorstellen, die sich durch ihren Vegetationsbestand, ihre Funktionen und ihre Physiognomie klar voneinander unterscheiden. Die fünf inneren Ringe bilden den Landschaftspark, der mit dem Herrenhaus den eigentlichen Landsitz bildet. An ihn schließt sich, durch eine Parkmauer getrennt, der sechste Ring, die aus Äckern, Wiesen und Weiden bestehende Parklandschaft, an. Der Landschaftspark erfüllt in diesem System eine Brückenfunktion, indem er das kunstvoll gestaltete Herrenhaus und die den Landsitz umgebende Parklandschaft harmonisch miteinander verbindet.

Den inneren, unmittelbar an das Herrenhaus grenzenden Ring bilden die sog. Parterres. Mit dem französischen Begriff „Parterres" werden kleine Ziergärten bezeichnet, die nach strengen, geometrischen Regeln und Vorgaben angelegt wurden. In vielen Fällen sind die Parterres die Reste ursprünglich größerer formaler Gärten. Solche barocken Gärten wurden in der zweiten Hälfte des 17. Jahrhunderts, häufig unter der Anleitung italienischer, niederländischer oder französischer Gartenbaumeister, angelegt. Ihre Merkmale sind schnurgerade Alleen und sich sternförmig kreuzende Wege. Als Vorlage für die Grundrisswahl der Beete dienten geometrische Grundformen, etwa Quadrate, Kreise oder Ovale. Die Bäume wurden sorgfältig und mit viel Liebe zum Detail beschnitten; auch ihre Standorte wurden nach ästhetischen Gesichtspunkten ausgewählt. Als großes Vorbild für die Gestaltung und Bepflanzung barocker Gärten diente Versailles.

An der Wende vom 17. zum 18. Jahrhundert geriet in Großbritannien die barocke Gartengestaltung außer Mode. Die mathematische Strenge, die den Grundriss des Wegenetzes, die Anlage von Beeten und die Beschneidung von Hecken und Bäumen beherrscht hatte, wurde aufgegeben. Stattdessen orientierte man sich bei der Gartengestaltung stärker an der Natur selbst. Dieser Übergang erfolgte jedoch nicht abrupt, sondern er vollzog sich allmählich. Ein Pionier der sukzessiven Liberalisierung barocker Gartenbaukunst war Charles Bridge-

Abb. 3.14 Hestercombe Gardens, Somerset. Von der Terrasse des Hauses schaut man auf einen großen formalen Garten. Obwohl dieser Garten erst spät, zwischen 1904 und 1908, angelegt wurde, vermittelt er einen hervorragenden Eindruck von der Größe und Pracht der barocken Gärten, so wie sie vor der Entwicklung des englischen Gartenideals üblich und weit verbreitet waren. Landschaftsarchitekt in Hestercombe Gardens war Sir Edwin Lutyens, der als bedeutendster Architekt Großbritanniens nach Christopher Wren gilt. Quelle: Hestercombe Gardens.

man (1690–1738). Seine im Transitional Style gestalteten Gärten wiesen noch Elemente des barocken Gartens, wie Parterres oder Alleen, auf; sie zeigten aber auch bereits Elemente des späteren Naturgartens, z. B. antike und klassische Motive, wie Amphitheater, Gartentempel, Pavillons, Grotten und Statuen sowie gewundene Pfade durch kleine Waldstücke.

Diese Gestaltungselemente verdrängten schließlich in den 1820er und 1830er Jahren barocke Motive völlig. Zum entscheidenden Leitbild des englischen Parks wurde fortan die natürliche Landschaft selbst. Durch unterschiedliche und abwechslungsreiche, malerische Szenen strebten die Landschaftsgärtner eine Umwandlung der Parks zu „begehbaren Landschaftsgemälden" an. In diesem Sinne sollten englische Landschaftsgärten überwiegend einen ästhetischen Nutzen erfüllen.

Die Betonung von Natur als Vorbild der Gartengestaltung spiegelt einen deutlichen Wandel der englischen Moralphilosophie wider. Vorreiter dieser Bewegung war Lord Shaftesbury, der in seinen philosophischen Schriften Natur als Medium der Gotteserfahrung propagierte. Alexander Pope, dessen eigener Garten in Twickenham, südwestlich von London, als Ausgangspunkt des englischen Landschaftsgartens gilt, und William Kent, ein hochbegabter Landschaftsmaler, lieferten wichtige theoretische Beiträge zur räumlichen Umsetzung des neuen Ideals.

Abb. 3.15 „Capability Brown" war der berühmteste und wirkungsmächtigste Landschaftsgärtner des 18. Jahrhunderts in England. Sein Verdienst liegt in der Umgestaltung von Ländereien zu englischen Landschaftsparks. Quelle: National Portrait Gallery in London.

Der Meister:
Lancelot „Capablity Brown"

Für die Verwirklichung der Theorien vor Ort war jedoch ein anderer Gentleman verantwortlich, Lancelot Brown (1716–1783) (Abb. 3.15). Brown war Schüler William Kents und arbeitete zu Beginn seiner Karriere als Gärtner auf dem Landsitz Stowe in Buckinghamshire. Bekannt wurde Brown durch seinen Beinamen „Capability". Diesen Spitznamen hatte er sich schon in frühen Berufsjahren erworben, weil er die Eigenheit besaß, stets von den *capabilities*, also den Möglichkeiten, die er in einem Grundstück sah, zu reden. „Capability Brown" gestaltete bis zu seinem Tode insgesamt 211 Landschaftsgärten, so dass die kontinuierliche Umwandlung des südlichen und mittleren Englands in eine zusammenhängende Parklandschaft hauptsächlich als sein Werk anzusehen ist.

Von Brown angelegte Landschaftsgärten tragen seine ganz spezifische Handschrift: So zählt zu den Besonderheiten etwa die Anlage der Zufahrt zum Herrenhaus. Erreichte man die Herrenhäuser im 17. Jahrhundert noch frontal über eine schnurgerade Allee, so wählte

Brown seicht geschwungene Anfahrtswege, die sich dem Portal eher unauffällig von der Seite nähern.

Auch spielen in Browns englischem Naturgarten die hausnahen Ziergärten nur noch eine untergeordnete Rolle. Gelegentlich fehlen sie sogar ganz. Bedeutsamer sind großzügig angelegte Rasenflächen, die das ebenfalls dem Zeitgeist entsprechend umgestaltete und mit klassizistischen Fassaden versehene oder zumindest renovierte Herrenhaus zu besserer Geltung kommen lassen.

Charakteristisch sind des Weiteren sowohl natürliche als auch durch Aufschüttungen geschaffene Täler, deren Flanken saumartig bepflanzt wurden. Die diese Täler durchfließenden Bäche wurden in vielen Fällen zu Seen mit unregelmäßigen Uferlinien aufgestaut, die an schmalen Stellen von malerischen Steinbrücken gequert werden. Die Gärten von Stourhead in der Grafschaft Wiltshire liefern hierfür das Paradebeispiel.

Der Parkgarten –
das Herz des englischen Parks

Der Parkgarten bildet das Herzstück des englischen Parks. Der gepflegte Rasen wird hier durchsetzt von den am besten entwickelten und exotischsten Bäumen

Stourhead Gardens

Als vollkommenstes Beispiel des malerischen Landschaftsparks in England gelten die Stourhead Gardens in der südenglischen Grafschaft Wiltshire. Namengebend war das kleine Flüsschen Stour, dessen Quelle sich auf dem Grundstück des seinen Namen tragenden Landsitzes befindet. Das Herrenhaus, heute im Besitz des National Trust, hatte sich der Londoner Bankier Henry Hoare d. Ä. (1677–1725) durch den vom Palladianismus beeinflussten Architekten Colen Campbell errichten lassen. Es war jedoch das Verdienst seines Sohnes, Henry Hoares d. J. (1705–1785), den angrenzenden Landschaftsgarten zu entwerfen und anlegen zu lassen. Hoare war befreundet mit Alexander Pope, einem der Väter des englischen Naturgartens, dessen Einflüsse sich in der Anlage Stourhead Gardens deutlich widerspiegeln.

Die Umwandlung der hausnahen Gründe zu einem englischen Landschaftspark erfolgte in den 1740er und 1750er Jahren. Stourhead Gardens muss man sich zu dieser Zeit als eine Großbaustelle vorstellen. Unter der Aufsicht von 60 Gärtnern arbeiteten mehrere Hundert Männer, nur mit Hacken, Schaufeln und Schubkarren ausgestattet, an der Modellierung des Reliefs. Sie hoben zunächst das Becken für den neuen Stausee aus. Das abgegrabene Erdreich wurde zur Reliefierung der angrenzenden Flächen verwendet. Auf diese Weise entstand eine abwechslungsreiche Hügellandschaft, die mit immergrünen Gewächsen und Bäumen bepflanzt wurde.

Um den Stausee mit seinem unregelmäßigen Uferverlauf legte Hoare einen gewundenen Fußweg an, von dem aus der Blick des Betrachters immer wieder auf neue Parkszenen fällt, die wie Gemälde wirken. Wie alle jungen Adligen hatte auch Hoare eine längere Bildungsreise (Grand Tour) unternommen, die ihn nach Frankreich und Italien geführt hatte. Tief beeindruckt von den Bauwerken der Antike und Renaissance, die er auf seiner Reise gesehen hatte, begann Hoare nach seiner Rückkehr besonders eindrucksvolle Bauten, die ihm auf seiner Reise begegnet waren, Tempel, Statuen und Grotten, in Stourhead en miniature zu rekonstruieren.

Das erste Gebäude, das er errichten ließ, war der Tempel der Flora, ein Nachbau des Originals, das in Spoleto (Umbrien) steht. Bei der Gestaltung der fünfbogigen Steinbrücke ließ sich Hoare von einem größeren Vorbild inspirieren, das er ebenfalls in Italien, in Vicenza, gesehen hatte. Diese Brücke war von Andrea Palladio, dem berühmtesten italienischen Architekten des 16. Jahrhunderts, erbaut worden.

Abb. 3.16 Stourhead Gardens. Blick vom Zugang des Parks auf den künstlich angelegten See. Das Original der Steinbrücke steht in Vicenza (Italien). Quelle: Zehner 2007.

des gesamten Parks. Wegen ihres Wertes und ihrer Ästhetik wird ihnen eine individuelle und besondere Pflege zuteil. Typische Baumarten des Parkgartens sind die libanesische Zeder, der Mammutbaum und die hoch aufragende Araukarie. Solche Exoten waren im 18. Jahrhundert auch Ausdruck und Spiegel kolonialen Machtbewusstseins. In der aristokratischen Oberschicht gehörte es zum guten Ton, wertvolle Baumindividuen aus den britischen Kolonien in den eigenen Parks anzupflanzen.

Neben den Exoten finden sich im Parkgarten noch malerischere Baumarten, z. B. die Blutbuche, die Kastanie oder die Douglas-Fichte. Die einzelnen Bäume weisen untereinander eine angemessene Entfernung auf, so

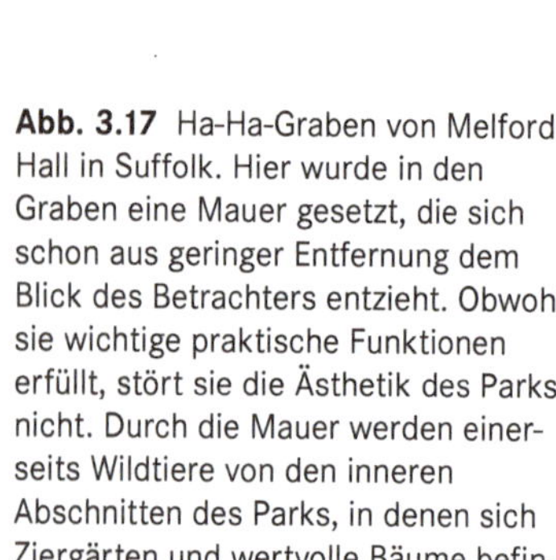

Abb. 3.17 Ha-Ha-Graben von Melford Hall in Suffolk. Hier wurde in den Graben eine Mauer gesetzt, die sich schon aus geringer Entfernung dem Blick des Betrachters entzieht. Obwohl sie wichtige praktische Funktionen erfüllt, stört sie die Ästhetik des Parks nicht. Durch die Mauer werden einerseits Wildtiere von den inneren Abschnitten des Parks, in denen sich Ziergärten und wertvolle Bäume befinden, ferngehalten. Andererseits ermöglichte sie den Hausbewohnern, ihre Hunde in Hausnähe frei laufen zu lassen. Quelle: Wikimedia Commons, Graham Bould 2006.

dass sie gut zur Geltung kommen und deutlich wahrgenommen werden. Ein besonderer Effekt ergibt sich beim Blick aus dem Herrenhaus, von wo aus der Betrachter die freistehenden Bäume nicht mehr als einzelne Objekte wahrnimmt, sondern auf einen scheinbar zusammenhängenden, vielgestaltigen und artenreichen Baumbestand zu blicken scheint.

Die Wahl der Mikrostandorte einzelner Bäume war keineswegs beliebig, sondern das Ergebnis ästhetisch motivierter Überlegungen. In einigen Fällen sollten große Bäume den Blick des Betrachters auf besonders attraktive Landschaftsausschnitte einengen. In anderen Fällen bestand ihr Zweck darin, die Silhouette kahler und steiler Hügel vor dem kritischen Blick des Betrachters zu verstecken.

Innerhalb des Parkgartens können zudem verschiedene kleinere Spezialgärten verborgen sein. So findet man in windgeschützten Lagen, oftmals von hohen Mauern eingefasst, gelegentlich Nutz- und Kräutergärten. Stark verbreitet sind auch Rosengärten, chinesische und japanische Gärten sowie Menagerien. Mitunter kommen auch Steingärten oder Zwergbaumgärten vor. Solche Spezialgärten wurden aus praktischen Gründen oft an einer Flanke des Herrenhauses angelegt.

Durchzogen wird der Parkgarten zumeist von einem Rundweg, von dem aus sich an einigen Stellen imposante Fernblicke auf attraktive Landschaftsausschnitte eröffnen. Nach außen wird er häufig durch einen sog. Ha-Ha- oder Ah-Ah-Graben begrenzt. Vermutlich geht die außergewöhnliche Bezeichnung für diesen Graben auf die erstaunten Ausrufe von Spaziergängern zurück, die plötzlich unvermittelt vor einem Graben standen und ihr Erstaunen mit dem Ausruf „Ah, Ah" bekunde-

ten. Diese Gräben, die wassergefüllt sein können oder in denen eine Mauer verborgen sein kann (Abb. 3.17), erfüllen zwei verschiedene Funktionen. Zum einen trennen sie den privaten, inneren Teil des Landsitzes von dem halböffentlichen, äußeren Teil des Landschaftsparks. Zum anderen hatte der Graben gegenüber einem Zaun oder einer ebenerdig angelegten Mauer den Vorteil, die Ästhetik des Landschaftsbildes kaum zu stören.

Dendrowiese und Waldgürtel

Auf den Parkgarten folgt nach außen die sog. Dendrowiese. Sie dient dem Wild als Weide. Aufgelockert wird die Dendrowiese von weniger wertvollen Bäumen oder Baumgruppen. Zumeist handelt es sich dabei um einheimische Eichen. Auf kalkhaltigen Böden kommt dagegen die Buche stärker zum Zuge, während auf sandigen Böden die Kiefer anzutreffen ist. In den im 19. Jahrhundert angelegten Parks wurden häufig Rosskastanien in kleinen Gruppen (*clumps*) angepflanzt.

Weiter außen geht die Dendrowiese in einen angepflanzten, „verbesserten" Wald über, der zwar forstwirtschaftlich genutzt werden kann, jedoch überwiegend ästhetische Funktionen erfüllt. Neben Eiche, Buche und Kiefer findet man, vor allem im südlichen England, in den äußeren Abschnitten von Parks gelegentlich auch die Araukarie. Daneben kommen Bestände mit immergrünen Gehölzen, vor allem Taxus, Ilex, Eibe und Efeu, vor. Die äußere Begrenzung des Landsitzes bildet die Parkmauer. Jenseits der Parkmauer beginnt die eigentliche Agrarlandschaft, die sich in England als eine vom Parkgedanken stark beeinflusste Nutzlandschaft zeigt.

Diese Nutzlandschaft ist es, die der Reisende in aller Regel wahrnimmt. Felder oder Weiden, die von Hecken abgeschirmt werden, und einzelne, weit auskragende Eichen auf den Parzellen bilden eine Gesamtkomposition, ein Landschaftsbild, das weltweit einzigartig ist und maßgeblich den Reiz der englischen Countryside bestimmt.

Weiterführende Literatur

von Buttlar, A. (1989): Der Landschaftsgarten. Gartenkunst des Klassizismus und der Romantik. Köln.

Cohen-Portheim, P. (1931): England – die unbekannte Insel. Berlin.

Dimbleby, D. (2007): How We Built Britain. London.

Hohnholz, J. (1964): Der englische Park als landschaftliche Erscheinung. Tübingen.

Sager, P. (2001): Südengland. Von Kent bis Cornwall. Architektur und Landschaft, Literatur und Geschichte. Köln.

Straßel, J. (1991): Englische Gärten des 20. Jahrhunderts. Ordnung und Fülle – eine Einladung zum Besuch. Köln.

3.5 Turnpike Roads, River Navigations und Kanäle – die Erschließung des Binnenlandes im frühen Industriezeitalter

„There be three things that make a nation great and prosperous: a fertile soil, busy workshops and easy conveyance for men and commodities from one place to another" (Francis Bacon, Philosoph und Staatsmann).

Turnpike Roads

Vor etwa 300 Jahren, als bereits erste Anzeichen für eine Industrielle Revolution in Großbritannien zu erkennen waren, entsprach die Verkehrsinfrastruktur des Landes noch dem Ausbauzustand, der bereits zum Ende des Mittelalters erreicht worden war. Allerdings war das Straßennetz in einem beklagenswerten Zustand. Insbesondere die Fernstraßen erlaubten ein zumeist nur langsames und beschwerliches Reisen. Da die Straßen außerhalb größerer Städte auf vielen Abschnitten unbefestigt waren, kam es vor allem im Winterhalbjahr häufig vor, dass Kutschen, die damals wichtigsten Personenverkehrsmittel, im Schlamm stecken blieben. Gelegentlich beeinträchtigten auch hart gefrorene Wege den Transport. Die Verkehrsverbindungen zwischen den größeren Städten waren infolgedessen unzuverlässig und kosteten viel Zeit und Geld.

Güter wurden zumeist mit Packpferden über Land transportiert (Abb. 3.18). Auch diese Form des Transports war teuer, und es konnten nur geringe Gütermengen befördert werden.

Die Ursache für diese unbefriedigende Situation lag in der gesetzlichen Regelung der Straßeninstandhaltung bzw. des Straßenbaus. Diese Aufgaben waren in der ersten Hälfte des 17. Jahrhundert noch keine staatlichen Angelegenheiten. Vielmehr lagen aufgrund eines Parlamentsbeschlusses von 1555 sowohl die Instandhaltung der Fernstraßen als auch deren Ausbau in den Händen jener Gemeinden, durch deren Gemarkungen diese Straßen verliefen. Da die Gemeinden jedoch oftmals kein Geld für den Straßenbau aufbringen konnten oder wollten, blieben die Straßen zumeist in einem schlechten Zustand.

Dies änderte sich erst ab den 1760er Jahren, als das Turnpike-System aufkam. Als Turnpikes wurden Schlag-

Abb. 3.18 Vor Beginn des Kanalzeitalters wurde der Güterverkehr zu Lande überwiegend mit Packpferden durchgeführt. George Walkers Gemälde von 1814 zeigt zwei Tuchhändler, die in Heimarbeit hergestelltes Tuch von zwei kleinen Robustpferden (Galloways) zur nächsten Marktstadt transportieren lassen. Quelle: Hey 2001, S. 109.

bäume bezeichnet, welche die Enden von privat finanzierten Straßen markieren. Sobald sich der Schlagbaum öffnete, um eine Kutsche oder ein ähnliches Gefährt passieren zu lassen, erhob der jeweils zuständige Turnpike Trust eine Benutzungsgebühr. Dieses Geld wurde überwiegend für die Instandhaltung und den weiteren Ausbau des von ihm betreuten Straßennetzes eingesetzt. Die Trusts waren zumeist kleine Gesellschaften, deren Aktivitäten auf eine Stadt oder Region beschränkt blieben. Sie bezogen ihre Mittel aus staatlichen Anschubfinanzierungen, Benutzungsgebühren und Einlagen von Aktionären, denen jeweils eine Dividende am Jahresende ausgezahlt wurde. Somit waren Turnpike Trusts in der Regel profitorientierte Gesellschaften.

Die ersten Turnpike Roads dienten der Verbesserung der Verkehrsbeziehungen zwischen Städten und ihren Umlandgebieten. Insbesondere wirtschaftlich bedeutende Standorte im Hinterland von Städten, z. B. Kohlegruben oder Steinbrüche, wurden schon bald durch Turnpike Roads besser an die städtischen Märkte angebunden. Um die Mitte des 18. Jahrhunderts breitete sich jedoch, von London ausgehend, ein landesweites Netz mautpflichtiger Straßen aus. Zwischen 1750 und 1770 kam es sogar zu einem regelrechten Boom von Genehmigungen neuer Straßenbauprojekte, sog. Turnpike Acts. Diese Gesetze hatten zum einen die Verdichtung des bereits bestehenden Straßennetzes zur Folge, zum anderen wurden auch periphere Regionen, wie Cornwall sowie Süd- und Nordwales, an das nationale Straßennetz angeschlossen. Um 1770 betrug die Gesamtlänge der mautpflichtigen Straßen in Großbritannien rund 16 500 Meilen.

Turnpike Roads verkürzten die Reisedauer zwischen britischen Großstädten ganz beträchtlich. Zudem ermöglichte ihr guter Ausbauzustand, dass Kutschen nun nach Fahrplänen verkehren konnten. Dies führte dazu, dass sich zwischen 1790 und 1835 die Zahl der mit Kutschen beförderten Fernreisenden nahezu versechzehnfachte.

Obwohl das Turnpike-System ein großer Erfolg war, profitierte hauptsächlich der Reiseverkehr von den neuen Fernstraßen. Für den Transport von Rohstoffen und anderen Wirtschaftsgütern war die Transportkapazität von Kutschen zu gering. Für solche Zwecke stellten Boote bzw. Kähne die geeignetere Alternative dar. Der Transport zu Wasser hatte jedoch einen wesentlichen Nachteil: Ein Großteil der Regionen im Binnenland war zu Beginn des 18. Jahrhunderts über Wasserwege noch nicht zu erreichen.

Der Ausbau der Flüsse: River Navigations

Zwar ist Großbritannien durchaus reich an Fließgewässern. Die meisten Flüsse sind jedoch kurz und konnten bis ins 17. Jahrhundert nur auf ihren Unterläufen mit größeren Booten oder Schiffen befahren werden. Auch die größeren Flüsse – Themse, Severn, Trent, Mersey, die Great Ouse und die Yorkshire Ouse – waren für die Schifffahrt nur abschnittweise nutzbar. Zudem kam es auch auf einigen prinzipiell schiffbaren Flussabschnitten durch Stromschnellen und sich gelegentlich verlagernde Sandbänke immer wieder zu Behinderungen und Einschränkungen. Die Beseitigung dieser Verkehrshindernisse und der Ausbau der Flussmittelläufe zu leistungsfähigen Schifffahrtsstraßen bildeten neben den Turnpike Acts die wichtigsten verkehrspolitischen Maßnahmen im 17. Jahrhundert. Derart ausgebaute Flussabschnitte werden als River Navigations bezeichnet.

„Die Barge, die Barke also, war der am häufigsten anzutreffende Bootstyp auf der Themse. … Die Barges waren die Arbeitspferde der Themse, robust, zuverlässig und geräumig. Sie hatten einen so geringen Tiefgang, dass es hieß, sie könnten überall dort fahren, wo starker Tau gefallen oder genügend Wasser vorhanden, dass eine Ente darauf schwimmen konnte … Sie transportierten jede denkbare Art von Fracht: Steine und Weizen ebenso wie Butter, Mist und Schießpulver. Sie beförderten sogar Briefe. Zwei erwachsene Männer und ein Junge bildeten die Besatzung; die größten von ihnen konnten fast zweihundert Tonnen Fracht laden. Im Durchschnitt hatten sie aber eine Ladung von sechzig bis achtzig Tonnen an Bord. … Barges kamen in allen möglichen Größen vor; von den Dimensionen her waren sie an die besonderen Bedingungen angepasst, die an und auf jenem Teil des Flusses herrschten, auf dem sie eingesetzt wurden. Die Segel aller dieser Kähne waren aber von einem typischen Rotbraun. Diesen speziellen Farbton erzielte man, indem in wohlabgewogenen Mengen Lebertran, roten Ocker, Pferdetalg und Seewasser miteinander mischte und diese Mixtur dann auf das Segeltuch auftrug. Dieses Rotbraun wurde die Farbe der Themse. Man sieht sie auf tausenden von Gemälden. Die Schiffsrümpfe waren oft bunt bemalt; besondere Farbzusammenstellungen und Ornamente dienten dazu, einem bestimmten Gefährt ein ganz eigenes, unverwechselbares Aussehen zu geben" (Ackroyd 2008, S. 161 f.).

Zunächst wurden die Mittelläufe von Themse, Trent sowie des Severn und einige seiner Nebenflüsse vertieft und begradigt. Später, in der ersten Hälfte des 18. Jahrhunderts, konzentrierten sich die Ausbaumaßnahmen auf kleinere, gleichwohl wirtschaftlich bedeutende

Flüsse. So wurden um 1700 durch die Aire and Calder Navigation die Zentren der Wollverarbeitung, Leeds und Wakefield, an den Seehafen Kingston upon Hull angeschlossen. Dies war ein wirtschaftlich bedeutsamer Schritt, da Wolle und Wollprodukte die wichtigsten nationalen Exportgüter darstellten. Der Ausbau des Don vom Humber nach Sheffield hingegen vereinfachte und beschleunigte die Einfuhr schwedischer Erze in die Montanregion von Sheffield und Rotherham.

In Nordwestengland wurde der Weaver ausgebaut, auf dem die in Cheshire abgebauten Salze kostengünstig zu ihrem Ausfuhrhafen Liverpool befördert werden konnten. Von großer Bedeutung war auch die Mersey and Irwell Navigation, die Manchester an den zweitwichtigsten Hafen Großbritanniens, Liverpool, anschloss. Über diesen Wasserweg konnte die in Liverpool angelieferte Rohbaumwolle zügig und in großen Mengen zu den Spinnereien in Manchester gebracht werden. (Abb. 3.19).

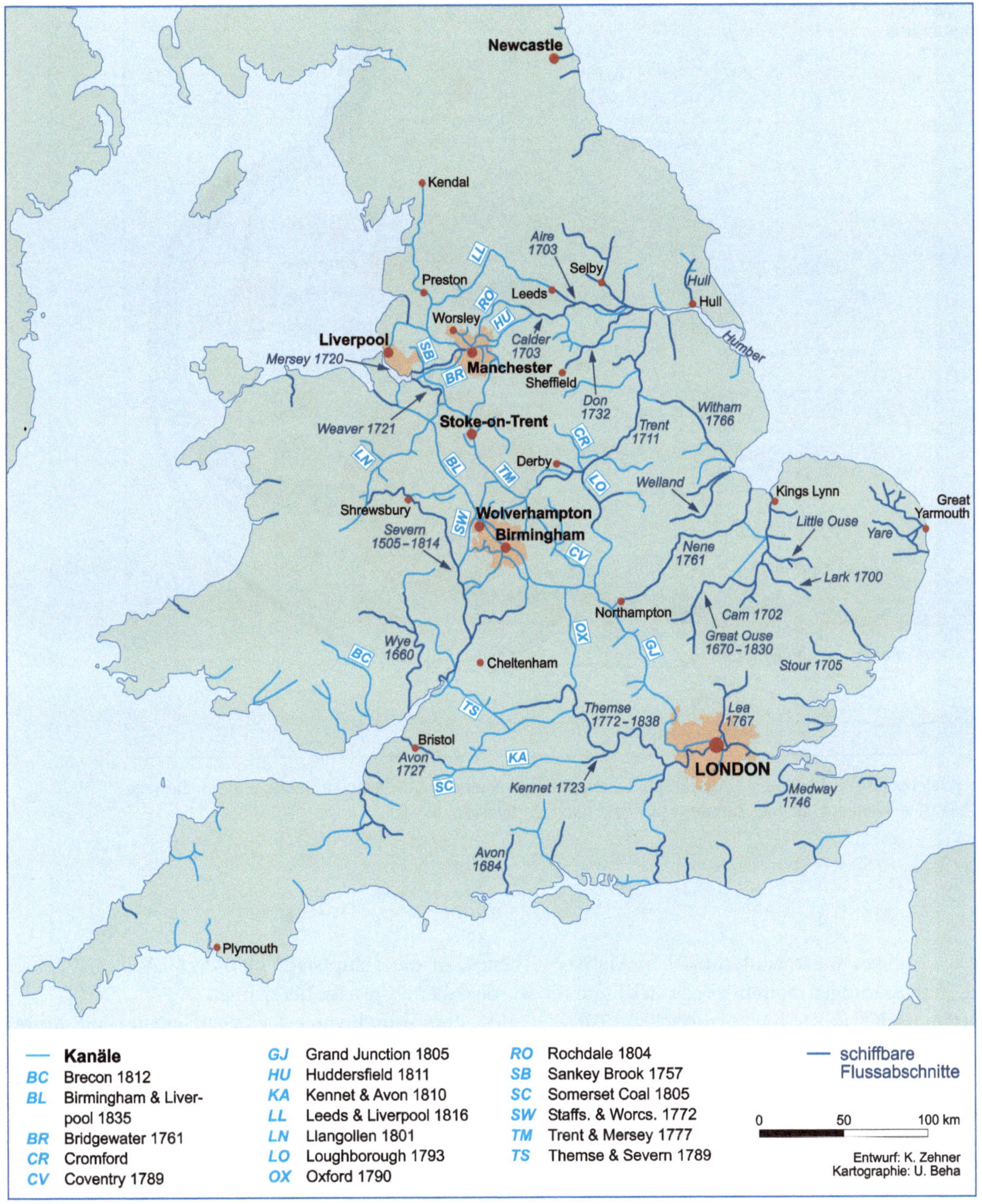

— **Kanäle**		GJ Grand Junction 1805	RO Rochdale 1804	— schiffbare Flussabschnitte
BC	Brecon 1812	HU Huddersfield 1811	SB Sankey Brook 1757	
BL	Birmingham & Liverpool 1835	KA Kennet & Avon 1810	SC Somerset Coal 1805	
BR	Bridgewater 1761	LL Leeds & Liverpool 1816	SW Staffs. & Worcs. 1772	0 50 100 km
CR	Cromford	LN Llangollen 1801	TM Trent & Mersey 1777	
CV	Coventry 1789	LO Loughborough 1793	TS Themse & Severn 1789	Entwurf: K. Zehner
		OX Oxford 1790		Kartographie: U. Beha

Abb. 3.19 River Navigations und Kanäle in England und Wales. Quelle: Zehner, verändert nach Moyes 1978, S. 410.

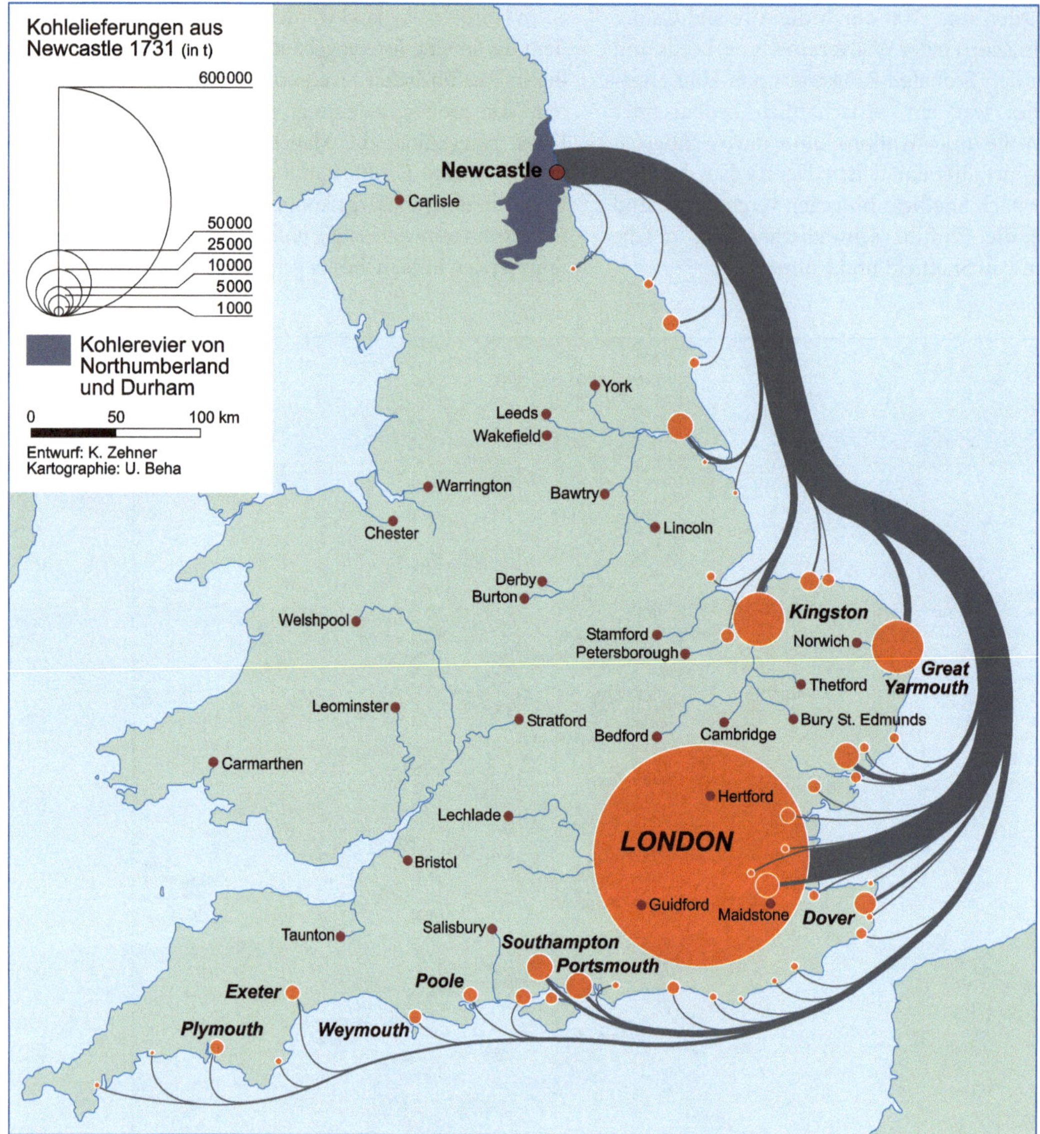

Abb. 3.20 Die Küstenschifffahrt bildete vor der Erschließung des Binnenlandes mit Turnpike Roads und Kanälen die wichtigste Art des Güterverkehrs. Quelle: Zehner, verändert nach Darby 1976, S. 78.

Trotz dieser wichtigen wasserbautechnischen Maßnahmen und Verbesserungen waren einige wichtige Wirtschaftsräume nach wie vor nur unzureichend für Güterverkehre erschlossen. So blieben das Black Country und die Potteries, eine Städtegruppe um Stoke-on-Trent, vorerst vom nationalen Wasserstraßennetz getrennt. Auch London war per Boot von Mittelengland nicht zu erreichen. So wurde bis in die 1880er Jahre die Kohle, die zur Versorgung Londons gebraucht wurde, von Newcastle mit Seeschiffen über Nordsee und Themse in die Hauptstadt befördert (Abb. 3.20). Sie wurde daher als *seacoal* bezeichnet.

Mit dem Aufschwung der Wirtschaft um die Mitte des 18. Jahrhunderts wurde zunehmend offensichtlich, dass River Navigations zur Erschließung des Binnenlandes nicht ausreichten, sondern dass das Wasserwegenetz grundlegend verbessert und weiterentwickelt werden musste. Der Druck auf die zuständigen politischen Gremien in London nahm deutlich zu.

Das Zeitalter der Kanäle

Der Bridgewater Canal – Pionierleistung und Vorbild

Es war jedoch nicht das Verdienst des Staates, sondern das eines Adligen, dass ab 1760 mehr Bewegung in den Ausbau des Wasserstraßennetzes kam. Die Rede ist hier von Francis Egerton, dem dritten Duke of Bridgewater, der zum Pionier der britischen Binnenkanalschifffahrt wurde. Der Duke betrieb in Worsley, einer 16 km westlich von Manchester gelegenen Stadt, ein profitables Steinkohlebergwerk. Was seinen Gewinn allerdings schmälerte, waren die unverhältnismäßig hohen Transportkosten für die Kohle. Sie wurde, nachdem sie mit Förderkörben ans Tageslicht befördert worden war, von Pferdefuhrwerken weiter zum Ufer des Flusses Irwell transportiert und von dort aus mit Booten nach Manchester getreidelt. Es war vor allem dieser letzte Transportabschnitt, der den Preis für Bridgewaters Kohle beträchtlich in die Höhe schnellen ließ. Der Grund hierfür waren ausgesprochen hohe Benutzungsgebühren, die von der Mersey and Irwell Navigation Company für die Passagen der Kohlebarken verlangt wurden. Diese Gebühren waren dem Duke ein Dorn im Auge, so dass er intensiv über alternative Transportwege nachdachte. Die einzige Lösung schien ein neuer Wasserweg, ein Kanal, zu sein. Die Idee dazu war dem Duke auf einer für die jungen Adligen üblichen Bildungsreise durch Frankreich, der Grand Tour, gekommen. Während dieser Reise besichtigte er den Canal du Midi, der Mittelmeer und Atlantik verbindet. Allerdings war in England eine künstliche Wasserstraße dieser Länge noch nie zuvor gebaut worden. Egerton betrat also Neuland und musste das Wagnis eingehen, mit der Umsetzung seiner Pläne zwei im Wasserbau recht unerfahrene Ingenieure, John Gilbert und James Brindley, zu beauftragen (Abb. 3.21). Gilbert war Bergbauingenieur und Brindley ein anerkannter Mühlenbauer. Während Gilbert sich stärker um die Planung und Trassenführung kümmern sollte, erhielt Brindley den Auftrag, die technischen Herausforderungen des Kanalbaus zu bewältigen. Das Vertrauen in beide Männer zahlte sich für den Duke jedoch in vollem Umfang aus.

Zunächst legte Gilbert die Trasse für die Hauptstrecke des neuen Kanals zwischen Worsley und Manchester fest. Der Clou bestand darin, dass der Kanal direkt in die Stollen von Bridgewaters Bergwerk führte, also unter Tage endete. Der Kanal entwässerte einerseits die Stollen, andererseits sorgte das Grubenwasser für einen stets ausreichenden Wasserstand des Kanals. Zudem konnte die aus den Flözen geschlagene Kohle direkt auf Kanal-

Abb. 3.21 Statue des Ingenieurs James Brindley in Etruria (Potteries). Quelle: http://www.thepotteries.org.

boote verladen und abtransportiert werden. Auch zusätzliche Gebühren für die Passage nach Manchester fielen nun nicht mehr an. Gegenüber dem zuvor praktizierten mehrmaligen Umladen der Kohle verbilligte und erleichterte diese Methode den Transport erheblich.

Neben der Hauptstrecke nach Manchester planten Gilbert und Brindley auch einen Abzweig in westliche Richtung, nach Runcorn. Ihr Ziel war es, den Kanal auch an den Mersey anzuschließen, um einen alternativen Transportweg zwischen Liverpool und Manchester zu schaffen. Dazu musste allerdings der Niveauunterschied zwischen Kanal und Mersey ausgeglichen werden. Um dieses Problem zu lösen, konstruierte der findige Brindley eine aus zehn Einzelschleusen bestehende Schleusentreppe, die bei Runcorn den Kanal zum Mersey herabführte. Dieser, wie die Briten sagen, *flight of locks*, stellte im Bereich der Wasserbautechnik eine Innovation dar, die schnell für großes Aufsehen sorgte.

Auch der Bau der Hauptstrecke hatte Gilbert und Brindley vor Probleme gestellt, da die Trasse nach Manchester mehrere Höhenzüge queren musste. Unter anderem musste der Mersey an einer geeigneten Stelle gekreuzt werden. Zu diesem Zweck konstruierte Brindley ein ca. 200 m langes Aquädukt. Dieses nach der nahe gelegenen Siedlung Barton benannte Aquädukt überspannte den Fluss in einer Höhe von rund 12 m (Abb. 3.22). Das Bauwerk stellte eine wasserbautechnische Pionierleistung dar, dem schon bald der Ruf eines technischen Weltwunders seiner Zeit vorauseilte. Dass der moderne Kanal in Gestalt eines eleganten Aquädukts

Abb. 3.22 Das Barton-Aqädukt überspannt den Fluss Mersey westlich von Manchester. Quelle: Hulton Archive.

den Mersey in luftiger Höhe überquerte, hatte auch symbolischen Charakter, da diese Anordnung die technische und wirtschaftliche Überlegenheit des neuen Wasserweges gegenüber der River Navigation eindrücklich in Szene setzte.

Nach zweijähriger Bauzeit wurde der Bridgewater-Kanal im Juli 1761 feierlich eröffnet. Bereits am ersten Tag seines Betriebs fielen die Preise für Steinkohle in Manchester um die Hälfte. Auch der Kanal selbst entpuppte sich als ein grandioser wirtschaftlicher Erfolg. Die 346 805 Pfund, die sein Bau verschlungen hatte, hatte der Duke schon bald wieder durch Kanalgebühren eingenommen. So betrugen beispielsweise die Nettoeinnahmen im Jahr 1803 65 952 Pfund, und für die 1820er Jahre wird eine jährliche Summe von 130 000 Pfund angenommen.

Schon bald erkannten Unternehmer, Politiker und Adlige die wirtschaftlichen Vorteile und Potenziale, die mit Kanälen erschließbar schienen. So ist es kaum überraschend, dass schon kurze Zeit später neue Kanalbauprojekte in Angriff genommen wurden.

Die Entwicklung des britischen Kanalsystems

Vor allem in den Midlands und in Lancashire wurde in den 1760er und 1770er Jahren mit dem Bau neuer Kanäle begonnen. Das wichtigste Vorhaben war der Bau eines Kanals, der Trent und Mersey miteinander verband und als Grand Trunk bezeichnet wird. Treibende Kraft hinter diesem Projekt war der Industrielle Josiah Wedgwood aus Burslem, einer Stadt in den Potteries. Wedgwood hatte 1769 in Burslem eine Porzellanmanu-

faktur eröffnet. Für Wedgwood war wichtig, die für die Herstellung von Porzellan benötigte Tonerde, Chinaclay, die er aus Cornwall bezog, preisgünstiger als bisher per Boot über den Mersey und den neuen Kanal zu seinem Werk befördern zu können. Zum anderen, so folgerte Wedgwood weiter, könnten über den neuen Kanal die zerbrechlichen und wertvollen Porzellangegenstände sicher und in größeren Mengen nach Liverpool und von dort aus weiter nach Amerika transportiert werden, während über Trent und Humber die Ausfuhr nach Europa möglich sein würde.

Um dieses Ziel zu verwirklichen, beauftragte Wedgwood James Brindley mit dem Bau des Trent-Mersey-Kanals. Der Kanal wurde 1777 vollendet und für den Verkehr freigegeben. Der Trent-Mersey-Kanal überwand im Übrigen als erste künstliche Wasserstraße die Großbritannien von Norden nach Süden durchziehende Wasserscheide zwischen Irischer See und Nordsee.

Ein zweites wichtiges Ziel war die Einbindung des Black Country, der damals wichtigsten Montanregion Großbritanniens, in das nationale Güterverkehrsnetz. Schlüsselrollen kamen dabei dem Staffordshire-Worcestershire-Kanal, der Trent und Severn (1777) miteinander verband, und dem Birmingham-Wolverhampton-Kanal zu. Mit dem Tag der Eröffnung beider Kanäle verbesserten sich schlagartig die Lage und wirtschaftliche Bedeutung des Black Country, dessen Industrieprodukte und Rohstoffe nun günstiger und in erheblich größeren Mengen landesweit abgesetzt werden konnten.

Das dritte wichtige Ziel war die Verbindung Londons mit den mittelenglischen Industrie- und Kohlerevieren. Ende des 18. Jahrhunderts war London bereits auf dem Weg zu einer Millionenstadt, die sowohl mit Kohle als auch mit anderen Rohstoffen und Handelsgütern versorgt werden musste. Die Belieferung der Hauptstadt mit Kohle war bis jetzt ausschließlich auf dem Seeweg erfolgt. Die Kohle kam überwiegend aus dem nordostenglischen Revier am Tyne und wurde per Schiff von Newcastle entlang der Ostküste und des Themse-Ästuars nach London befördert. Aber der Seeweg war weit und teuer, und die auf diese Weise herangeschafften Kohlemengen reichten gegen Ende des 18. Jahrhunderts nicht mehr für die Versorgung der Millionenstadt London aus. Daher wurden in kurzer Zeit vier neue Kanäle in Angriff genommen, die London an die Kohlereviere Mittelenglands anschlossen. Mit dem Thames-Severn-Kanal (1789) und dem Kennet-Avon-Kanal (1810) entstanden dabei zwei künstliche Wasserstraßen, die von Westen an die Themse herangeführt wurden, während der Oxford-Kanal (1790) und der Grand-Junction-Kanal (1805) London von Norden aus erreichten. Vom Grand-Junction-Kanal zweigt im Norden Londons, im Stadtteil Paddington, der Regents-Kanal ab. Er endet im Limehouse Basin, einem Dock östlich der City. Dieser Kanal wurde somit zu einem wichtigen Bindeglied zwischen der Themse und den mittelenglischen Wasserwegen.

Schließlich entstanden Kanäle, die längs drei verschiedener Routen das große, in Nord-Süd-Richtung verlaufende Mittelgebirge Englands, die Penninen, überwanden und somit Manchester und Liverpool mit den Zentren der Wollindustrie, allen voran Leeds, auf dem Wasserweg verbanden. Der längste und aufwendigste Kanal wurde der Liverpool-Leeds-Kanal (1806), der dem niedrigsten Abschnitt der Wasserscheide zwischen Aire und Ribble folgte. Ein finanzieller Erfolg wurde der Kanal jedoch nicht, denn die Bauzeit betrug über drei Jahrzehnte. Während dieser Zeit hatten finanzielle Rückschläge die Vollendung des Projekts mehrfach gefährdet. Als der Kanal schließlich 1806 seiner Bestimmung übergeben wurde, hatten ihm schon zwei andere Kanäle den Rang abgelaufen. Beide, der Huddersfield-Kanal und der Rochdale-Kanal, waren zu diesem Zeitpunkt schon fünf bzw. zwölf Jahre in Betrieb. Sie unterquerten die Penninen in Form von Tunneln, was zu erheblichen Zeiteinsparungen führte.

Während der Rezession, die durch den amerikanischen Bürgerkrieg (1775–1783) verursacht worden war, erlahmte kurzzeitig der Kanalbau in Großbritannien. In der zweiten Hälfte der 1780er Jahre erlebte er allerdings wieder einen kräftigen Aufschwung, der in einer regelrechten *canal-mania* gipfelte, die von 1791 bis 1794 andauerte. Alleine in diesen drei Jahren wurden 81 neue Gesetze zum Ausbau einzelner Wasserwege vom Parlament verabschiedet. Im Nachhinein können die frühen 1790er Jahre als die Boomzeit des Kanalbaus bezeichnet werden. Allerdings entstand auch ein mitunter ruinöser

Wettbewerb zwischen den Kanalgesellschaften, der manches Vorhaben scheitern ließ. In den 1830er Jahren endete schließlich das goldene Zeitalter der Kanäle. Der Eisenbahn, deren Streckennetz sich rasant ausbreitete, hatten die Kanäle nichts entgegenzusetzen. Der Transport auf der Schiene war einfach preiswerter und schneller.

Finanzierung und Standardisierung der Kanäle

In Großbritannien musste jedes einzelne Kanalbauprojekt durch ein eigenes Gesetz vom Parlament beschlossen werden. Der Staat selbst trat jedoch nicht als Investor auf. Planung, Finanzierung und Bau der Kanäle lag in den Händen sog. Canal Trusts, die rechtlich als Aktiengesellschaften geführt wurden und nach dem Prinzip der Turnpike Trusts organisiert waren. Damit sich die hohen Anfangsinvestitionen rechneten und die Trusts den Aktionären eine zufriedenstellende Dividende auszahlen konnten, erhoben die Gesellschaften Benutzungsgebühren für die Kanäle.

Da jedes Vorhaben von einer eigenen Gesellschaft durchgeführt wurde, verwundert es nicht, dass zu Beginn des Kanalzeitalters noch keine Standards hinsichtlich der Kanalabmessungen und Schleusenbreiten existierten. Dies wird besonders bei der ersten Generation von Kanälen sichtbar, die überwiegend landeinwärts gerichtete Verlängerungen der Navigations darstellten. Ihre Breite und Tiefe richtete sich nach den Abmessungen und Tiefgängen der Boote, die auf den jeweiligen Flüssen verkehrten und die auch die anschließenden Kanäle nutzen können sollten. Wäre das nicht der Fall gewesen, so hätten Waren an der Grenze von Fluss und Kanal umgeladen werden müssen, was die Transportkosten verteuert und die Transportzeit verlängert hätte.

Die Breite der damals üblichen Flusskähne schwankte zumeist zwischen 10 und 16 Fuß (3–4,8 m), während ihre Länge zwischen 50 und 80 Fuß (15–24 m) betrug. Die Flusskähne wurden als Leichter oder Barken bezeichnet.

Für den Bau der binnenländischen Verbindungskanäle war es jedoch sinnvoll, sich auf gemeinsame Standards zu einigen. Es ist das Verdienst von James Brindley, diese Standards definiert und auch durchgesetzt zu haben. Er ging von einem Bootstyp aus, der nur 7 Fuß (2,10 m) breit sein durfte. Die Länge der Boote variierte, konnte aber bis zu 70 Fuß (21 m) betragen. Für diese schmalen und langen Boote setzte sich schon bald die Bezeichnung Narrowboats durch. Sie hatten einen geringen Tiefgang und konnten bis zu 50 t Last tragen (Abb. 3.23).

Abb. 3.23 Typisches Narrowboat. Abmessungen und Größe der Narrowboats ergaben sich aus den wirtschaftlichen und technischen Rahmenbedingen. Die maximale Tonnage von 50 Tonnen entsprach dem Gewicht, das ein kräftiges Pferd gewöhnlich zu ziehen imstande war. Die lang gestreckte Form der Boote resultierte aus der geringen Breite der Kanäle, die aus Kostengründen angestrebt wurde. Quelle: http://www.freefoto.com.

Brindley leitete seine Norm zum einen von der Größe der Schleusen ab, die mit den um die Mitte des 18. Jahrhunderts technischen und wirtschaftlichen Mitteln gebaut werden konnten. Die Schleusen mussten so dimensioniert sein, dass sie von einer Bootsbesatzung geöffnet und geschlossen werden konnten. Zum anderen waren die Narrowboats hinsichtlich ihrer Tonnage so konzipiert, dass sie von einem Pferd mittlerer Größe ohne Probleme gezogen werden konnten. Denn in den Anfangsjahren des Kanalzeitalters wurden die Boote noch getreidelt, d. h. von Pferden gezogen, die auf einem separaten, unmittelbar neben dem Kanal angelegten Pfad liefen (Abb. 3.24).

Mitunter setzte man auch Esel oder Maultiere zum Treideln ein. Obwohl bis in die 1950er Jahre Zugtiere im Einsatz waren, begann ab 1870 die Motorisierung des Güterverkehrs auf den Kanälen. Zunächst wurden Dampfmaschinen als Antriebsaggregate eingesetzt, ab 1910 setzten sich Dieselmotoren durch.

Brindleys Kanäle waren meist so breit, dass zwei Narrowboats passieren konnten. Auf breitere Kanäle verzichtete Brindley, denn Kanalbau im 18. Jahrhundert beruhte auf (teurer) Handarbeit, die von Kanalbauern (*navvies*), geleistet wurde, deren einzige Werkzeuge Schaufel und Schubkarre waren. Nur dort, wo Kanäle eine ins Binnenland gerichtete Erweiterung von Flüssen bildeten, entschied man sich aus Gründen der Durchlässigkeit für eine größere Gewässerbreite. Auf diesen *broad canals* verkehrten Boote mit einer Breite zwischen 10 und 16 Fuß (3–4,8 m).

Kanäle und ihre Infrastruktur als Landschaftsbauwerke

Eines der zentralen Probleme, das die britischen Wasserbauingenieure lösen mussten, bestand in der Überwindung von Höhenzügen. Bei kurzen Distanzen und kleineren Anhöhen entschied man sich oft für einen Durchstich (*cut*). Seine Verwirklichung war zwar auf-

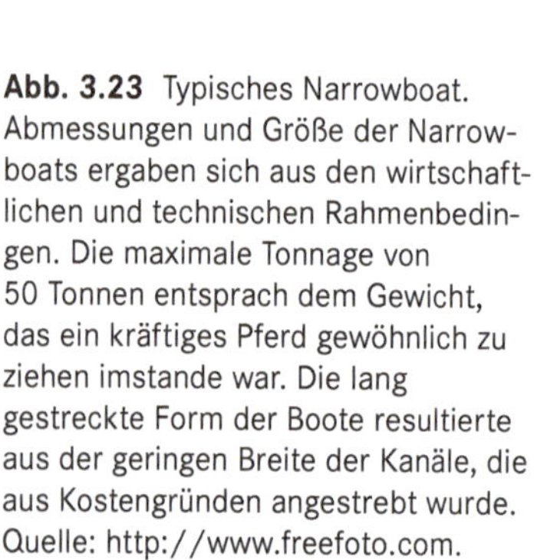

Abb. 3.24 Treidelpfad längs des Thames-Severn-Kanals bei Sapperton (Cotswolds). Quelle: Zehner 2004.

wendig, verursachte aber im Betrieb später keine zusätzlichen Kosten mehr.

Im Gegensatz dazu waren Schleusentreppen teuer, und das mühevolle Aufsteigen und Absteigen durch die Schleusen kosteten die Bootsfahrer viel Zeit (Abb. 3.25).

Vor allem aber musste die ausreichende Zufuhr von Wasser am höchsten Punkt gewährleistet sein. Dazu musste Wasser in der Regel hochgepumpt werden, was den Betrieb weiter verteuerte. Um diesem Problem zu begegnen, wurden verschiedene wasserbautechnische Methoden entwickelt.

Wo größere Höhenunterschiede zu meistern waren, bot sich der Bau von Tunnels an. Die frühen Tunnels waren gerade so bemessen, dass ein Narrowboat durch sie hindurch passte. Damit der Verkehr reibungslos fließen konnte, sammelten sich vor den Einfahrten Boote, die in Verbänden die Tunnel durchquerten. Nach einer solchen Passage wurde der entgegenkommende Verkehr durch den Tunnel geleitet.

Eine gängige Methode, die Boote durch die Tunnel zu bugsieren, war das sog. *legging*. Dabei legten sich zwei *legger* auf ein Brett, das quer über das Boot gelegt worden war. Auf dem Rücken liegend und etwas nach vorn gedreht stießen sie sich mit den Füßen an der Seitenwand des Tunnels ab. Auf diese Weise bewegten sie das Boot nach vorn. Wo die Tunnel breiter waren, mussten sich die *legger* weit über den Bootsrand lehnen, um die Tunnelwand zu erreichen. Dies erforderte einiges Geschick, so dass mancherorts professionelle *legger* ihre Dienste anboten. Später wurden mit Dampf-, Diesel- oder Elektromotoren angetriebene Schleppkähne (*tugs*) eingesetzt, die mehrere Boote durch den Tunnel ziehen konnten.

Am Ende des Kanalzeitalters, um 1835, wurden die ersten Schiffshebewerke in Betrieb genommen. In Großbritannien entstanden zwei Grundformen von Hebewerken. Die eine, als Lift bezeichnet, basiert ausschließlich auf der vertikalen Hebung von mit Wasser gefüllten Stahlboxen, in die Schiffe einfahren konnten und die anschließend auf ein höheres Niveau angehoben wurden. Ein sehr anschauliches Beispiel eines Lifts findet sich in der Grafschaft Cheshire, in Anderton, an der Nahtstelle vom Weaver und dem Trent-Mersey-Kanal (Abb. 3.26).

Abb. 3.25 Die Schleusentreppe bei Foxton. Quelle: Zehner 2006.

Abb. 3.26 Das Schiffshebewerk in Anderton (Cheshire) verbindet den Trent-Mersey-Kanal mit dem Weaver. Dabei wird ein Höhenunterschied von ca. 15 m überwunden. Der Lift wurde 1875 gebaut. 1983 musste er aus Sicherheitsgründen stillgelegt werden. In den späten 1990er Jahren wurde das Hebewerk restauriert und ist seit 2002 wieder in Betrieb. Quelle: Anderton Boat Lift.

Die zweite Form ist die *plane*. Darunter ist eine steile Rampe zu verstehen, auf der, in verschiedenster Weise fixiert, Narrowboats an Stahlseilen aufgehängt und in Schienen geführt, hochgezogen bzw. abgelassen werden konnten. Reste einer Plane sind bei den Foxton Locks, einer aus zehn Schleusen für Narrowboats bestehenden Schleusentreppe, zu finden.

Obwohl Kanäle lineare Landschaftselemente sind und gemessen an ihrer Länge eine verschwindend kleine Breite aufweisen, haben sie doch die britische Kulturlandschaft geprägt und mancherorts erheblich bereichert. Orte, wo Kanäle zusammentreffen oder von Flüssen abzweigen, wo Kanäle andere Wasserstraßen kreuzen oder wo sie Höhenzüge überwinden, haben stets eine besondere Bedeutung gehabt. Früher kamen hier Schiffer aus allen Landesteilen zusammen, um Neuigkeiten auszutauschen und Vorräte aufzunehmen. Das ist im Grunde so geblieben. Schleusentreppen, Schiffshebewerke oder Tunneleinfahrten sind auch in der Gegenwart noch beliebte Treffpunkte von Bootsleuten. Zudem haben sie sich zu beliebten Touristenzielen entwickelt. Ehemalige Schleusenwärterhäuschen wurden zu kleinen Cafés ausgebaut, und an einigen Schleusentreppen, z. B. bei Devizes, am Kennet-Avon-Kanal, oder bei den Foxton Locks, einer Schleusentreppe an einem Abzweig des Grand-Union-Kanals, wurden kleine Museen eingerichtet.

Dass das Kanalnetz sich auch in der Gegenwart noch einer solchen Beliebtheit erfreut, ist durchaus verständlich, denn der Bau neuer Wasserstraßen war im 18. Jahrhundert eine Pionierleistung, die auch den Menschen des 21. Jahrhunderts Respekt abringt. Kreativität und Wagemut zeichneten Ingenieure wie Brindley aus, die stets auf neue Herausforderungen reagieren mussten.

Fazit

In der ersten Phase des Industriezeitalters, zwischen 1750 und 1820, verbesserten sich die Verkehrsverhältnisse in Großbritannien erheblich. Der Personenverkehr erhielt wesentliche Impulse durch den systematischen Ausbau des Straßennetzes. Güterverkehre hingegen profitierten zunächst vom Ausbau der Flüsse und später von Kanälen. Die Erschließung des Binnenlandes stellte eine entscheidende Voraussetzung für die wirtschaftliche Entfaltung Großbritanniens im Industriezeitalter dar. Ohne den Bau von Kanälen wäre die Entwicklung des Landes in der ersten Phase des Industriezeitalters deutlich moderater verlaufen.

Informationen im Internet

http://www.bridgewatercanal.co.uk
Auf dieser Seite findet man sowohl historisch relevante als auch aktuelle Informationen und Links zum Bridgewater-Kanal. Die Seite wird gepflegt von der Manchester Ship Company, in deren Besitz sich der Kanal heute befindet (Abruf: 28.01.2010).

http://www.britishwaterways.co.uk
British Waterways ist die nationale Behörde, die für den Erhalt und die Pflege der britischen Inlandwasserwege zuständig ist. Auf der Internetseite findet man u. a. detaillierte Informationen zur Geschichte der einzelnen Kanäle (Abruf: 28.01.2010).

Weiterführende Literatur

Ackroyd, P. (2008): Die Themse. München.
Cumberlidge, J. (2003): Gewässerkarte Großbritannien. Hamburg.
Darby, H. C. (Hrsg.) (1986): A New Historical Geography of England after 1600. Cambridge u.a.
Moyes, A.: Transport 1730–1900. In: Dodgshon, R. A.; Butlin, R. A. (Hrsg.) (1978): An Historical Geography of England and Wales. London/New York/San Francisco, S. 401–429.
Dyos, H. J.; Aldcroft, D. H. (1974): British Transport: An Economic Survey from the Seventeenth Century to the Twentieth. Harmondsworth.
Hadfield, C. (1965): The Canals of the British Isles. Newton Abbott.
Hey, D. (2001): Packmen, Carriers & Packhorse Roads. Trade and Communications in North Derbyshire and South Yorkshire. Ashbourne.
Porteous, J. D. (1977): Canal Ports: The Urban Achievement of the Canal Age. London/New York/San Francisco.
Rolt, L. T. C. (1969): Navigable Waterways. London/Harlow.

3.6 Der atlantische Dreieckshandel – eine zentrale Voraussetzung für die Industrielle Revolution

„I am apt to suspect the negroes and in general all other species of men, to be naturally inferior to the whites. There never was a civilized nation of any complexion than white nor even any individual eminent in action of speculation. No ingenious manufacturer among them, no arts, no sciences. There are negro slaves dispersed all over Europe of which none ever displayed any symptoms of ingenuity" (David Hulme 1734, schottischer Philosoph, Ökonom und Historiker).

Rahmenbedingungen der Industriellen Revolution – ein kurzer Überblick

Bereits in der zweiten Hälfte des 18. Jahrhunderts und somit deutlich früher als andere europäische Staaten entwickelte sich Großbritannien von einem Agrarstaat zu einer Industrienation. Diesem Prozess, den man auch als Industrielle Revolution bezeichnet, liegen zwar einzelne, klar unterscheidbare Faktoren zugrunde, aber erst deren Zusammenwirken hat zu den bahnbrechenden wirtschaftlichen, gesellschaftlichen und städtebaulichen Transformationen geführt, die Großbritannien zur bedeutendsten Nation im Industriezeitalter werden ließen und dem Land ca. 150 Jahre seine weltweite Vormachtstellung sicherten.

Es ist unstrittig, dass bedeutende technische Erfindungen die Industrielle Revolution angestoßen haben. Beispiele hierfür lassen sich vor allem im Bereich der sog. paläotechnischen Industrien, d. h. der Textil- und Montanindustrie, finden. In der zweiten Hälfte des 18. Jahrhunderts wurden neuartige Produktionstechniken zur Verarbeitung von Wolle und Baumwolle entwickelt. Am Beginn dieses Prozesses (1776) stand die Erfindung der mechanischen Spinnmaschine, James Hargreaves' Spinning Jenny. Diese zunächst mit Wasserkraft, später mit Dampfkraft angetriebene Maschine ermöglichte erstmals die industrielle Produktion von Garn, was zu einem schlagartigen Anstieg der Garnmenge führte. Dem daraus resultierenden Überangebot begegnete Richard Arkwright im Jahre 1769 mit der Entwicklung des mechanischen Webstuhles. Beide Erfindungen führten letztlich zu einer erheblichen Produktionssteigerung feiner Baumwolltuche. Um deren Absatz sicherzustellen, erließ die britische Regierung ein Importverbot für billige indische Baumwollstoffe. Damit war der Weg Großbritanniens zum weltweit führenden Produzenten von Baumwollprodukten frei.

Für nahezu alle Industriezweige von Bedeutung war die Weiterentwicklung von Thomas Newcomens' einfacher Dampfmaschine durch Matthew Boulton und James Watt im Jahre 1776. Entscheidend war, dass die verbesserte Dampfmaschine nicht nur als Pumpe eingesetzt werden konnte, sondern dass die vertikalen Zylinderbewegungen nun auch in Drehbewegungen umsetzbar waren, so dass über Räder und Transmissionsriemen Maschinen angetrieben werden konnten. Erstmals löste sich damit die Fabrikproduktion von der Energieressource Wasser. Geeignete Standorte der Textilindustrie waren folglich nicht mehr die engen Flusstäler an den Flanken der Penninen, eines Mittelgebirges, das Nord- und Mittelengland in Nord-Süd-Richtung durchzieht.

Vielmehr waren für die Fabrikbesitzer nun Orte von Bedeutung, wo billige Kohle verfügbar war.

Dampfmaschinen revolutionierten auch den Bergbau. Dort trieben sie Pumpen an, die tiefer gelegene Stollen von eindringendem Grundwasser freihielten. Zum wichtigsten Einsatzgebiet der Dampfmaschine entwickelte sich jedoch die Eisenbahn, die ab den 1830er Jahren das britische Transportwesen nachhaltig und unumkehrbar revolutionierte.

Als dritte wichtige Basisinnovation des Industriezeitalters ist die Herstellung von Gusseisen zu nennen, von der insbesondere das Gebiet um das Städtchen Coalbrookdale am Severn profitierte. Wie sein Name es bereits andeutet, wurde hier, an den Talhängen des Severn, Steinkohle gefördert. Diese Kohle wurde anstelle der bisher üblichen Holzkohle zur Eisenschmelze eingesetzt. Dadurch entwickelte sich Coalbrookdale in der zweiten Hälfte des 18. Jahrhunderts zum wichtigsten Standort der eisenschaffenden und -verarbeitenden Industrie in Großbritannien. Entscheidend vorangetrieben wurde die Entwicklung der Gusseisenherstellung von der Familie Darby. Ihre Schaffenskraft spiegelt noch heute Iron Bridge, die erste ganz aus Eisen zusammengesetzte Brücke der Welt, wider. Sie wurde zum Symbol des wirtschaftlichen Erfolgs Großbritanniens und zum Wahrzeichen der Industriellen Revolution (Abb. 3.27).

Dass solch bahnbrechende Entwicklungen in England und nicht auf dem Kontinent oder gar in einem anderen Großraum der Erde erfolgten, ist allerdings kein Zufall. Denn die genannten Erfindungen waren das Ergebnis intensiver Bemühungen von Unternehmern, die Leistungsfähigkeit ihrer Maschinen und somit die Qualität der in ihren Fabriken hergestellten Güter zu verbessern. Der liberale Wirtschaftsgeist, der Großbritannien im 19. Jahrhundert prägte, bot hierfür eine ideale Rahmenbedingung.

Wichtig war freilich auch, dass die Rohstoffe, die sowohl zur Gewinnung von Energie als auch für die industrielle Weiterverarbeitung benötigt wurden, in großer Menge und preiswert verfügbar waren. Diese Voraussetzung erfüllte Großbritannien in geradezu perfekter Weise. So hatte England bereits im Mittelalter über ein hinreichendes Angebot an preiswerter Wolle verfügt und sogar Überschüsse produziert, die von flandrischen Webern aufgekauft worden waren. Baumwolle dagegen konnte preiswert aus den Kolonien eingeführt werden. Kohle und Eisenerze für die eisen- und stahlerzeugende Industrie waren dagegen im eigenen Land vorhanden.

Eine weitere wichtige Voraussetzung für die Industrielle Revolution war die Verfügbarkeit von billigen Arbeitskräften. Großbritannien war in der Lage, diese Arbeitskräfte in hinreichender Zahl zu stellen. Bereits in

Abb. 3.27 Iron Bridge (1779). Die erste aus Gusseisen gefertigte Brücke überspannt den Severn bei Coalbrookdale in der Grafshaft Shropshire. Quelle: Wikimedia Commons, James Humphreys 2008.

den letzten Jahrzehnten des 18. Jahrhunderts erlebte das Land eine starke Bevölkerungszunahme, die aus dem Rückgang der Sterberate, bedingt durch Fortschritte in Hygiene und Medizin, bei gleichbleibend hoher Geburtenrate resultierte. Für die Landbevölkerung gab es aber nicht mehr genügend Arbeit. Denn durch die Agrarrevolution und die damit einhergehende Extensivierung der Landwirtschaft war die Arbeitslosigkeit auf dem Lande stark angewachsen. Somit bildete sich in ländlichen Regionen ein gewaltiges Arbeitskräftepotenzial heraus, das aufgrund der schlechten wirtschaftlichen Lage vor Ort in großer Zahl in die Industriestädte abwanderte.

Die bisher erörterten Prozesse bildeten zweifellos zentrale Rahmenbedingungen für die Industrielle Revolution. Ihre Wirkung wäre jedoch deutlich geringer ausgefallen, wäre nicht über mehrere Jahrhunderte Kapital akkumuliert worden, das mit hohen Renditeerwartungen in Industrieunternehmen investiert werden konnte. Ohne die Verfügbarkeit von Kapital wäre der Aufbau von Industrieunternehmen in großem Stil gar nicht möglich gewesen. Ein erheblicher Teil dieses Kapitals stammte aus Gewinnen, die im 18. Jahrhundert aus dem Sklavenhandel und der Plantagenwirtschaft in Übersee erzielt wurden. Beide Wirtschaftszweige waren Teil des ersten, über drei Kontinente hinweg greifenden Handels- und Produktionssystems der Neuzeit, des atlantischen Dreieckshandels.

Entwicklung und Struktur des Dreieckshandels

Der atlantische Dreieckshandel basierte auf dem Streben nach Macht und Gewinn in erster Linie europä-

ischer Unternehmer, Bankiers, Händler und Adliger. Kennzeichen des Dreieckshandels waren Unmenschlichkeit, Gewalt und Ausbeutung. Antriebsfeder war die starke Nachfrage nach Rohstoffen (Diamanten, Gold, Baumwolle) und Genussmitteln (Zucker, Rum, Tabak, Kaffee), die es in Europa nicht gab und die deshalb wertvoll waren. Die Gewinne der beteiligten Akteure resultierten allerdings nicht nur aus den hohen Preisen, die sich für die begehrten Handelsgüter auf europäischen Märkten erzielen ließen. Sie waren auch eine Folge der Minimierung von Arbeitskosten, die durch den Einsatz von Sklaven möglich wurde. Die Gefangennahme, Zwangsverschleppung und der Handel mit ca. 11 Mio. Afrikanern war eines der schlimmsten Verbrechen in der Neuzeit. Aus heutiger Sicht ist kaum nachzuvollziehen, dass Kaufleute und Politiker lange sogar versuchten, die Sklaverei zu rechtfertigen.

In seinem Tagebuch notierte der Bristoler Kaufmann und Plantagenbesitzer John Pinney 1764: „I have purchased nine negroe slaves … and can assure you I was shocked at the first appearance of human flesh exposed for sale. But surely God ordained them for the use and benefit of us; otherwise his divine will would have been made manifest by some particular sign or token" (Dimbleby 2007, S. 167).

Glücklicherweise bildete sich gegen Ende des 18. Jahrhunderts in Großbritannien eine breite gesellschaftliche Opposition heraus, die Sklavenhandel und Sklaverei rigoros ablehnte und sich für deren Verbot einsetzte. Es sollte jedoch bis zum Jahre 1807 dauern, bis das Parlament reagierte und den Handel mit Sklaven per Gesetz verbot.

Zeitlicher Verlauf und Akteure

Der atlantische Dreieckshandel wurde im 16. Jahrhundert von den Portugiesen aufgenommen und zunächst dominiert. Portugiesische Seefahrer hatten bereits während des 15. Jahrhunderts die westlichen Küsten Afrikas auf ihrem Seeweg nach Südasien ausgekundschaftet und dort zahlreiche befestigte Stationen angelegt. Diese Stationen, die sich vom Gebiet des heutigen Senegal über die Sklavenküste in Togo bis nach Angola aufreihten, übernahmen die Funktion wichtiger Sklavenmärkte.

Die führende Rolle Portugals ergab sich u. a. aus dem 1479 mit Spanien geschlossenen Vertrag von Alcaçovas, der den Spaniern wirtschaftliche Aktivitäten südlich des nordwestafrikanischen Cap Bojador (Spanisch-Sahara) untersagte. Um den Bedarf an Sklaven in den Bergwerken und Plantagen in den spanischen Überseegebieten zu befriedigen, übernahmen portugiesische Handelsgesellschaften im Auftrag Spaniens den Sklavenhandel. Des Weiteren war die eigene Kolonie Brasilien, wo die Zuckerproduktion in der zweiten Hälfte des 16. Jahrhunderts stark expandierte, ein wichtiges Fahrtziel portugiesischer Schiffe.

Im Verlauf des 17. Jahrhunderts entwickelten sich zwischenzeitlich die Niederländer zu ernsthaften Rivalen der Portugiesen. Im 18. Jahrhundert stieg schließlich Großbritannien zur führenden Macht im Sklaven- und atlantischen Dreieckshandel auf. Zunächst wurde der Sklavenhandel von London und Bristol aus organisiert. Spätestens ab 1740 übernahm Liverpool die führende Position im Rahmen des britischen und somit auch europäischen Dreieckshandels. Zwischen 1695 und 1807 wurden von Liverpool aus 5 300 Passagen nach Afrika organisiert und durchgeführt. London kam nur auf eine Zahl von 3 100 Fahrten, und im Falle Bristols waren es 2 200. Für das Jahr 1795 ist beispielsweise dokumentiert, dass 60 % aller britischen und 40 % aller europäischen Sklavenschiffe ihre Fahrt in Liverpool begonnen hatten. Jedes vierte Schiff, das in jenem Jahr den Liverpooler Hafen verließ, war ein Sklavenschiff, das Kurs auf Westafrika einschlug.

Auch die Franzosen waren in den Sklavenhandel involviert, obwohl sie nie die führende Rolle in Europa einnahmen. Dennoch sind sie für die Verschleppung von mehr als einer Million Sklaven verantwortlich. Zur französischen Drehscheibe des atlantischen Sklavenhandels entwickelte sich die südwestfranzösische Stadt Nantes.

Akteure des Dreieckshandels waren zunächst staatlich privilegierte Handelsmonopolgesellschaften. Die wichtigsten britischen Gesellschaften waren die Guinea Company (gegründet 1651), die Royal Adventurers into Africa (1660) und die Royal African Company (1672).

Auf französischer Seite war die Compagnie de Senegal führend, während niederländische Interessen hauptsächlich von der Westindien-Kompanie vertreten wurden. Auf Seiten der Portugiesen war das Monopol auf mehrere Handelsgesellschaften verteilt. Im 18. Jahrhundert fielen jedoch nach und nach die Monopole der Handelsgesellschaften, so dass sich nun freie Unternehmer legal an diesem Geschäft beteiligen konnten. Diese neuen Freiheiten wurden insbesondere von Liverpooler Geschäftsleuten wahrgenommen.

Im 15. und in der ersten Hälfte des 16. Jahrhunderts entwickelte sich der Sklavenhandel zunächst noch zaghaft. In der zweiten Hälfte des 16. Jahrhunderts gewann er jedoch zunehmend an Bedeutung. Bis zum Ende des 16. Jahrhunderts waren bereits 900 000 Afrikaner nach Brasilien und in die Karibik verschleppt worden. Für das 17. Jahrhundert sind 3,8 Mio. verschleppte Sklaven belegt, während für das 18. Jahrhundert die Angaben zwischen 6 und 7 Mio. schwanken.

Nach dem Verbot des Sklavenhandels durch das britische Parlament im Jahre 1807 ebbte der Sklavenhandel allmählich ab. Allerdings wurden im Verlauf des 19. Jahrhunderts noch weiter Sklaven nach Amerika verschifft, was auf den verstärkten Einsatz der Portugiesen, die auch englische Schiffe und Besatzungen verpflichteten, zurückzuführen ist. Erst mit der Illegalisierung der Sklaverei im Allgemeinen im Jahre 1833 zogen sich die Briten stärker aus dem schmutzigen Geschäft mit der Handelsware „Mensch" heraus.

Insgesamt sind ca. 40 000 Fahrten mit Sklaven im Rahmen der Mittleren Passage, d. h. des Fahrtgebiets von Westafrika zur amerikanischen Gegenküste, belegt. Dabei wurden schätzungsweise 11 Mio. Afrikaner nach Amerika verschleppt. Es ist jedoch davon auszugehen, dass eine nicht minder große Zahl ihr Ziel gar nicht erst erreichte. Viele starben bereits auf den Märschen von den afrikanischen Hinterlandgebieten zu den Sklavenmärkten in den Hafenstädten oder während der Wartezeit in einem der eigens zu diesem Zweck errichteten Sklavenforts. Viele überlebten auch die Strapazen der Schiffsreise nach Amerika nicht oder starben an einer Krankheit.

„Eckpunkte" des Dreieckshandels

Eckpunkte des Dreieckshandels waren Europa, Westafrika und – auf amerikanischer Seite – zunächst Brasilien und die Antillen; später war auch, allerdings in geringerem Maße, der Südosten der USA mit eingebunden (Abb. 3.28). Organisiert wurde der Dreieckshandel von Europa aus. Europa war zugleich der Absatzmarkt für Agrarprodukte und industrielle Rohstoffe, die auf amerikanischen Plantagen hergestellt wurden. Produziert wurden dort vor allem Zucker, Rum, Tabak und ab der zweiten Hälfte des 18. Jahrhunderts vermehrt Baumwolle. Afrika diente in diesem System in erster Linie als Liefergebiet für billige Arbeitskräfte. Teilweise jedoch gelangten die Güter, die auf der Grundlage von Plantagenprodukten gefertigt wurden, insbesondere Tuche und Kleider, wieder in den Kreislauf des Dreieckshandels. Sie wurden als Handelsware nach Afrika ausgeführt und dort gegen Sklaven eingetauscht. In diesem Sinne war der Dreieckshandel ein teilweise in sich geschlossenes Handelssystem, an dem in erster Linie die Plantagenbesitzer, die Schiffseigner, die Sklavenhändler und die Banken verdienten.

Ihre Gewinne konnten sie mit der Erwartung hoher Renditen in die neu entstehenden Industrieunternehmen reinvestieren. Ohne dieses Kapital hätte die Industrielle Revolution in Großbritannien einen deutlich moderateren Verlauf genommen (Abb. 3.28).

Der zentrale Erfolgsfaktor des Dreieckshandels waren die relativ großen Gewinnmargen innerhalb jedes ein-

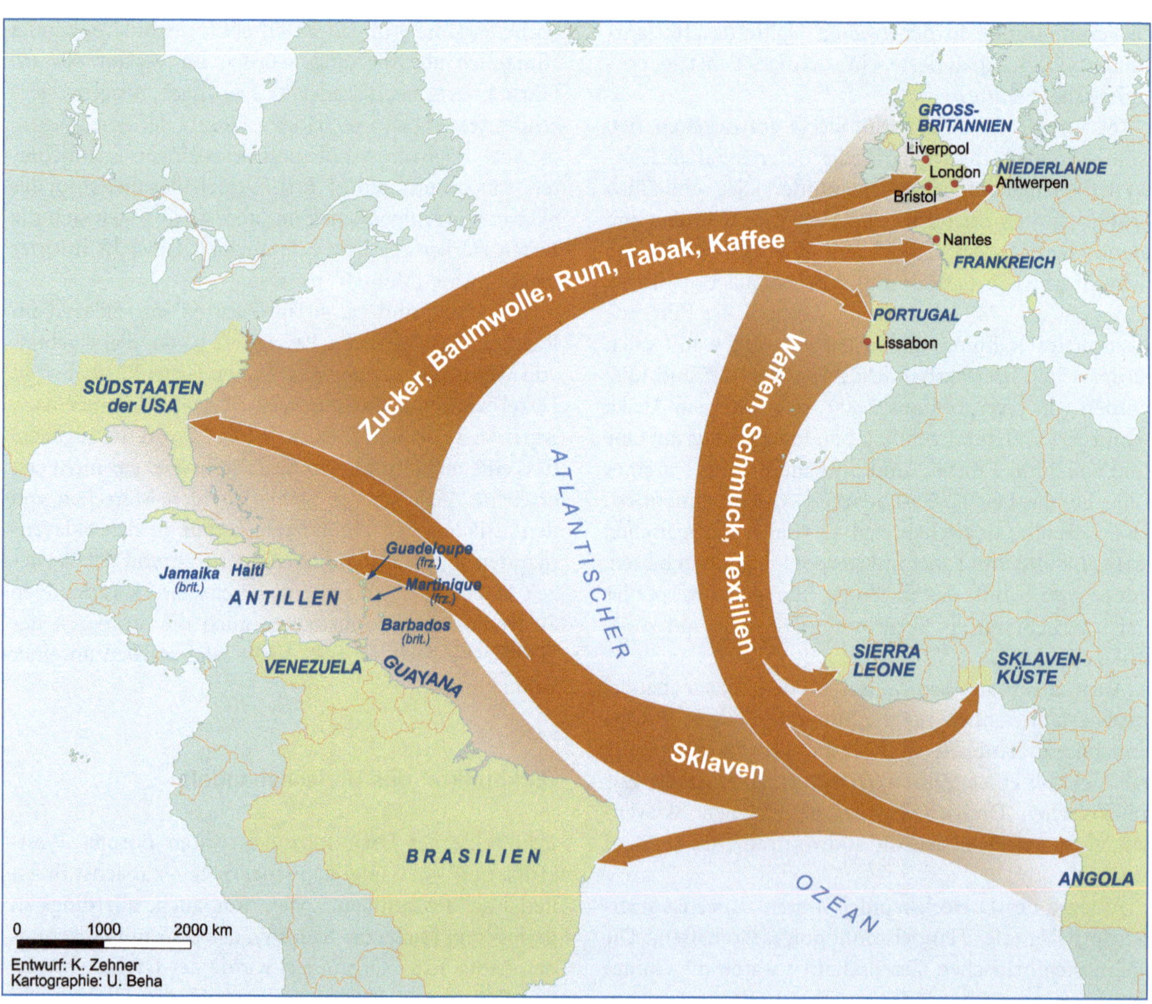

Abb. 3.28 Der atlantische Dreieckshandel.

Abb. 3.29 Ehemaliges Sklavenfort Gorée (Senegal). Das Fort liegt auf einer 36 ha großen Insel im Atlantik, 3 km vor der Küste von Senegals Hauptstadt Dakar. Hier wurden afrikanische Sklaven bis zu ihrer Passage nach Amerika festgehalten. Das Fort wurde bis 1848 genutzt. Quelle: Wikipedia 2006.

zelnen Geschäftsvorgangs. So waren gemessen an ihrem Wiederverkaufswert in Afrika Sklaven zu sehr niedrigen Preisen erhältlich. Bezahlt wurden die Sklavenhändler u. a. mit Rum, Feuerwaffen, Buschmessern und anderen nützlichen Eisenprodukten. Auch Baumwollkleider, Glasperlen Schmuck, Keramik und eine Reihe anderer Konsumgüter waren äußerst begehrte Tauschware. Die Sklaven wurden in der Regel im Landesinneren rekrutiert und in eine der Hafenstädte an den westafrikanischen Küsten verschleppt (Abb. 3.29).

Dieses Geschäft lag sowohl in der Hand europäischer als auch wohlhabender afrikanischer Sklavenhändler. Gelegentlich kam es auch vor, dass ganze Stämme Sklaven zum Verkauf anboten, die sie während kriegerischer Auseinandersetzungen als Gefangene genommen hatten.

Die Stützpunkte des Sklavenhandels erstreckten sich von der senegalesischen Küste bis zur Grenze zwischen Angola und Namibia. Insgesamt lassen sich von Norden nach Süden sieben zentrale Liefergebiete benennen. Das nördlichste ist Senegambia und umfasst die küstennahen Landstriche der heutigen Staaten Senegal und Gambia. Südlich daran schließt sich die Küste von Sierra Leone an. Ein dritter durch den Sklavenhandel geprägter Küstenstrich war die Windward Coast, deren deutsche Bezeichnung „Pfefferküste" geläufiger ist. Es folgten in östliche Richtung die Goldküste, die sog. Sklavenküste, die Bucht von Biafra und das zentrale Westafrika. Zu Schwerpunkten des Sklavenhandels bildeten sich die Gold- und Sklavenküste sowie die zentrale westafrikanische Küste heraus. Von hier wurden beispielsweise zwischen 1701 und 1725 90 % aller Sklaven verschifft (Abb. 3.30).

In jedem dieser sieben Gebiete gab es zentrale Stützpunkte mit Sklavenmärkten. An der Goldküste bei-

spielsweise konzentrierte sich der Handel auf Cape Coast und Elmina, während sich im westlichen Zentralafrika Luanda als Hauptort des Sklavenhandels etablierte. Von diesen Sklavenmärkten aus wurden die Gefangenen auf Schiffe verschleppt und unter menschenunwürdigen Transportbedingungen nach Amerika verschifft. Waren zunächst die nordöstliche Küste Brasi-

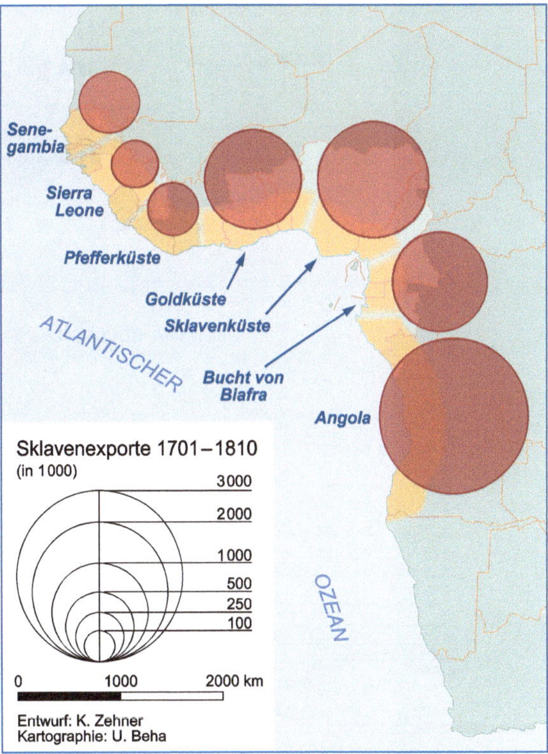

Abb. 3.30 Sklavenexporte aus dem westlichen Afrika im 18. und frühen 19. Jahrhundert.

liens, die heutigen Guayana-Staaten und Venezuela bevorzugte Zielgebiete der portugiesischen Sklavenschiffe, so verlagerte sich spätestens seit dem Aufstieg Englands zur Hegemonialmacht der Schwerpunkt in die Karibik. Zunächst steuerten britische Schiffe Barbados an, mit der Ausbreitung der Zuckerplantagen nach Jamaika wurde diese Insel ab den 1660er Jahren zum bevorzugten Ziel. Die Franzosen, die hinter den Briten und Portugiesen die drittstärkste am Dreieckshandel beteiligte Fraktion bildeten, konzentrierten sich dagegen stärker auf Martinique, Guadeloupe und Saint-Dominique (Haiti) (Abb. 3.31).

Die Sklaven wurden auf süd- und mittelamerikanischen Plantagen als Zwangsarbeiter eingesetzt. Zunächst hatte man zu diesem Zweck einheimische Arbeiter rekrutiert, die sich aber als in zu geringem Maße belast-

bar erwiesen. Für eine kurze Zeit wurde auch auf Zwangsarbeiter aus den europäischen Mutterländern zurückgegriffen. Dabei handelte es sich oft um Kriminelle, um Waisen oder um Menschen, die durch die Arbeit auf den Plantagen ihre Schulden abtrugen. Diese hatten sie auf sich geladen, um sich die Passage nach Amerika überhaupt leisten zu können. Vielen jedoch machte das tropische Klima zu schaffen, so dass die Ausfälle durch Erkrankungen beträchtlich waren. Vor diesem Hintergrund schienen afrikanische Sklaven anpassungsfähiger und belastbarer zu sein.

Auf den Plantagen in Brasilien und der Karibik wurde überwiegend Rohrzucker angebaut. Zucker hatte sich im 17. und 18. Jahrhundert von einer sehr speziellen Handelsware zu einem mehr und mehr alltäglichen Grundnahrungsmittel in Europa entwickelt. Zunächst

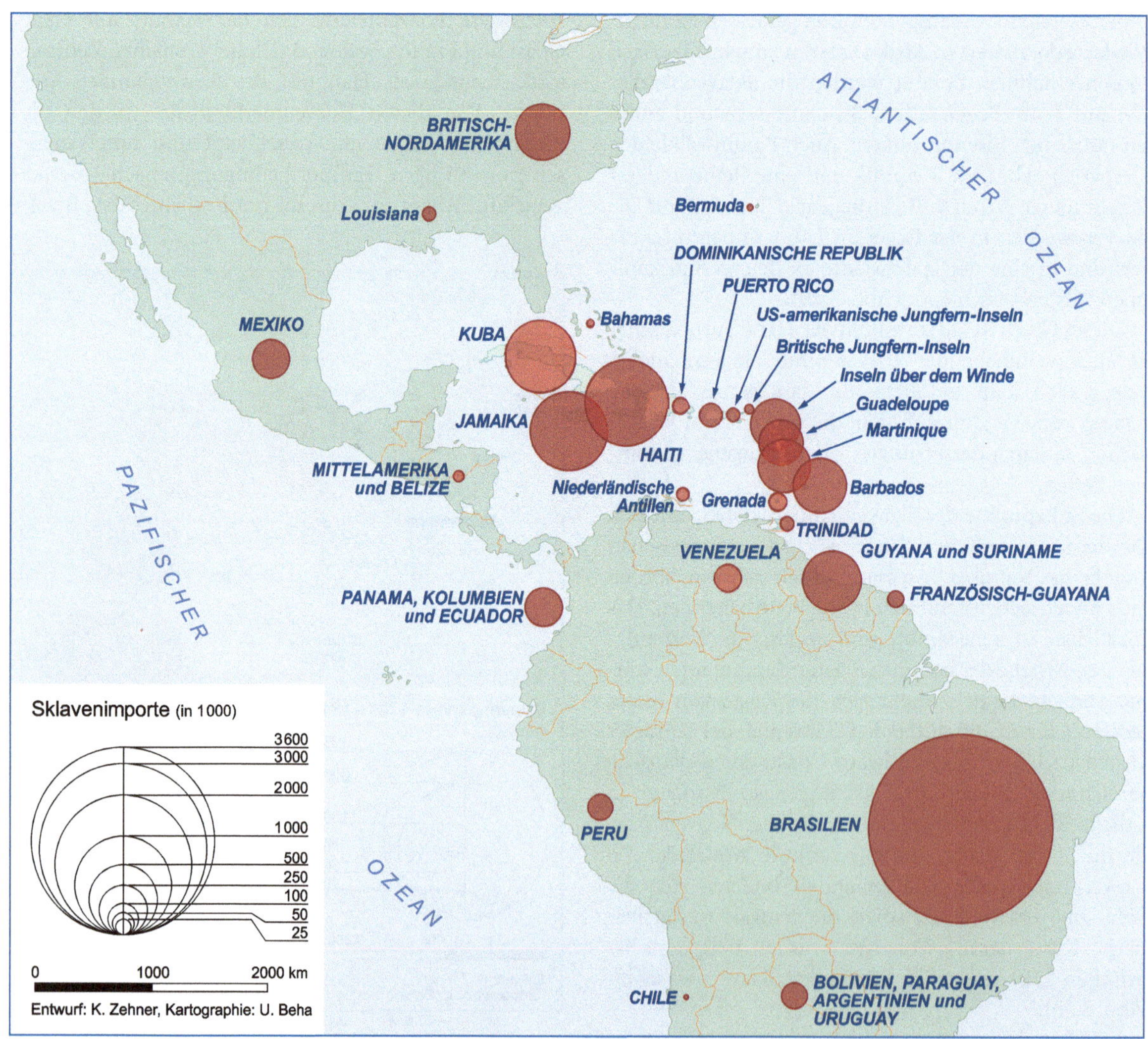

Abb. 3.31 Sklavenimporte vom 17. bis zum 19. Jahrhundert in Amerika.

war Zucker ein rares Gut gewesen, das nur als Medizin und „Gewürz" verwendet wurde, doch im Laufe des 18. Jahrhunderts fanden zunehmend breitere Schichten Geschmack an dem süßen Produkt. Als Nebenprodukte bei der Zuckerherstellung fielen Melasse, Sirup und Rum an. Insbesondere Rum wurde zu einem wichtigen Handelsgut, das sowohl in Europa als auch bei den afrikanischen Sklavenhändlern hohe Wertschätzung genoss.

In der zweiten Hälfte des 19. Jahrhunderts brach der Dreieckshandel zusammen. Der entscheidende Grund lag in der Illegalisierung des Sklavenhandels und der Sklaverei in Europa und ab 1865 auch in den USA. Damit war Arbeit ein realer Kostenfaktor geworden, der die Gewinnmargen der an diesem Geschäft Beteiligten deutlich schmälerte.

Die Bedeutung des Dreieckshandels für Bristol und Liverpool

Innerhalb Großbritanniens profitierte im späten 17. und in der ersten Hälfte des 18. Jahrhunderts neben London zunächst auch Bristol vom Dreieckshandel. Insbesondere als das Monopol der Londoner Royal Africa Company für den Handel mit den Westindischen Inseln fiel, blühte Bristol wirtschaftlich auf. Schon bald nahm der Sklavenhandel eine Schlüsselstellung im Wirtschaftsgefüge Bristols ein. Bristol entwickelte sich zu einem wichtigen Umschlagplatz für den Handel mit Afrika. Die Waren wurden teilweise importiert, teilweise kamen sie auch aus anderen britischen Regionen. So wurde bis um 1700 Baumwolle aus Indien eingeführt, später wurde sie aus Lancashire bezogen. Dorthin war sie ursprünglich über den Importhafen Liverpool gelangt. Gewehre besorgten sich Bristoler Kaufleute überwiegend in Birmingham. Eine große Zahl an Produkten wurde auch in Bristol selbst hergestellt, z. B. Glas, Töpferwaren, Schmuck, Scheren und Messer. Zugleich entwickelten sich in Bristol Wirtschaftszweige, die sich auf die Weiterverarbeitung von Plantagenprodukten, im Wesentlichen Zucker und Tabak, spezialisierten. Der diversifizierte Arbeitsmarkt, der sich in Bristol entfaltet hatte, war die Voraussetzung für ein kräftiges Wachstum der Stadt. Während des 18. Jahrhunderts nahm die Bevölkerung Bristols von 20 000 auf 60 000 zu.

Allerdings mussten Bristoler Kaufleute ab 1740 zur Kenntnis nehmen, dass Liverpool ihrer Stadt den Rang ablief. Seine wirtschaftliche Blüte verdankte Liverpool einer Reihe von Lagevorteilen. Trotz der Tide war der Hafen am Mersey leichter für Seeschiffe erreichbar als Bristol. Hier bildete die Zufahrt durch das enge Tal des Avon stets ein natürliches Hindernis, da Bristol nur

bei Flut erreichbar war. Bei Ebbe verengt sich der Avon zu einem schmalen Rinnsal. Zudem konnte von Liverpool schneller und preiswerter als von jeder anderen englischen Hafenstadt Baumwolle nach Manchester, dem Zentrum der baumwollverarbeitenden Industrie in Großbritannien, weitertransportiert werden. Dieser Transport erfolgte zunächst über die Flüsse Mersey und Irwell, ab 1761 auch über den ersten Kanal des Industriezeitalters, den Bridgewater-Kanal (vgl. Abschnitt 3.5). Ab 1830 gelangte die Baumwolle auch mit der Eisenbahn nach Manchester. Schließlich stand mit dem Manchester Ship Canal ab 1894 sogar eine direkte Wasserstraße zur Verfügung, die es auch kleineren Seeschiffen ermöglichte, direkt und ohne Güterumschlag in Liverpool, ihre Güter nach Manchester zu transportieren. Gleichwohl schwächte der neue Kanal die wirtschaftliche Stellung Liverpools kaum.

Als dritter Grund für die Hegemonie Liverpools ist die Nähe zur Isle of Man zu nennen. Die Isle of Man zählte auch damals nicht zu England bzw. Großbritannien und erhob, was für Liverpooler Händler wichtig war, keine Steuern für eingeführte Produkte. Dies war aus wirtschaftlicher Sicht von Bedeutung, da ein erheblicher Anteil der Waren, die im Rahmen des Dreieckshandels nach Afrika gelangten, nicht in Großbritannien hergestellt, sondern aus europäischen Nachbarländern, z. B. aus den Niederlanden, eingeführt wurden. Bei der Einfuhr fielen Steuern an, die sich die Liverpooler Kaufleute jedoch sparen konnten, indem sie Waren nicht nach Liverpool, sondern nach Douglas, der Hauptstadt der Isle of Man, orderten, wo sie diese auf ihren Fahrten nach Afrika aufnahmen. Diese Lücke wurde per Gesetz zwar 1765 geschlossen, bis dahin hatte Liverpool seine Vormachtstellung gegenüber London und Bristol aber schon ausbauen und festigen können.

In Liverpool entstanden auch weiterverarbeitende Betriebe für andere Handelsgüter, z. B. für Zucker. Bis zum Jahre 1981 hatte in Liverpool Großbritanniens bedeutendste Zuckerraffinerie Tate & Lyle ihren Sitz. Im Liverpooler Hafen entstand zudem das größte jemals aus Ziegelsteinen errichtete Lagerhaus, das Stanley Dock, in dem Tabak gestapelt wurde. Zudem entwickelte sich Liverpool zu einem Zentrum des Schiffbaus. Hier bildete sich ein kreatives Milieu heraus, in dem technisches und wirtschaftliches Wissen generiert und angewendet wurde. Ein Beispiel hierfür ist der Dockbau. Um den zwar nicht dramatischen, gleichwohl lästigen negativen Auswirkungen des Tidenhubs zu begegnen, entwickelten Liverpooler Ingenieure ein System von 150, untereinander vernetzten Hafenbecken, die sich längs des östlichen Mersey-Ufers über 12 km erstreckten und mit Schleusen abgeschottet werden konnten. Auch im Bau von Lagerhäusern setzten Liverpooler Architekten, allen

Abb. 3.32 Der berühmte Pier Head Liverpools mit dem Royal Liver Building (links). Das Royal Liver Building entstand in der Ära der wirtschaftlichen Blüte Liverpools zu Beginn des 20. Jahrhunderts und ist heute noch das Wahrzeichen der Stadt. Quelle: Zehner 2009.

voran Jesse Hartley, der zwischen 1841 und 1846 das bekannte Albert Dock erbaute, Standards.

Zu Beginn des 19. Jahrhunderts war die wirtschaftliche Basis Liverpools bereits so stark diversifiziert, dass trotz der Illegalisierung des Sklavenhandels Liverpool zur zweitgrößten und -wichtigsten Stadt Großbritanniens aufstieg, die in den folgenden 100 Jahren ihre Bevölkerungszahl nahezu versiebenfachte. Seine Blüte erreichte Liverpool vor dem Ersten Weltkrieg, während des edwardianischen Zeitalters. In diesen Jahren entstand der berühmte Pier Head mit den drei prächtigen grauen Verwaltungsgebäuden, die Liverpools Waterfront ihr Gesicht gegeben haben und 2004 zum Weltkulturerbe der UNESCO erklärt wurden (Abb. 3.32).

Weiterführende Literatur

Dimbleby, D. (2007): How We Built Britain. London.

Frenzel, F. (2007): Entlassung ohne Entschädigung. Vor 200 Jahren erklärte das britische Empire die Abschaffung des Sklavenhandels. In: Iz3w, 303, S. 7–9.

Harms, R. (2007): Das Sklavenschiff. Eine Reise in die Welt des Sklavenhandels. München.

Hobhouse, H. (1985): Fünf Pflanzen erobern die Welt. Stuttgart.

Klein, H. (1999): The Atlantic Slave Trade (= New Approaches to the Americas 3). Cambridge.

Le Tallec, J. (1996): La vie paysanne en Bretagne centrale sous l'Ancien Régime. Spézet.

Marx, K. (1846): Marx-Engels-Werke, Bd. 27. Berlin.

McCusker, J. (Hrsg.) (1985): History of World Trade since 1450, Bd. I. Detroit u. a.

Mintz, S. W. (2007): Die süße Macht. Kulturgeschichte des Zuckers. Frankfurt/New York.

Richardson, D., Schwarz, S.; Tibbles, A. (Hrsg.) (2007): Liverpool and Transatlantic Slavery. Liverpool.

Stapelfeldt, G. (2001): Der Merkantilismus. Die Genese der Weltgesellschaft vom 16. bis zum 18. Jahrhundert. Freiburg.

3.7 Vom Land der Dörfer zur Nation der Städte – wirtschaftliche Umbrüche und Stadtentwicklung in Großbritannien während der Industriellen Revolution

In den 1870er Jahren und somit etwa 80 Jahre früher als die Staaten auf dem Kontinent begann in Großbritannien eine etwa 200 Jahre andauernde Epoche, die durch Industrialisierung, gesellschaftliche und politische Reformen sowie Verstädterung geprägt war. Diese Veränderungen werden im Allgemeinen unter der Bezeichnung „Industrielle Revolution" zusammengefasst. Allerdings greift der Begriff etwas zu kurz, da die Einführung der industriellen Produktionsweise nur eine Facette des mannigfaltigen Umbruchs darstellt, durch den die Bevölkerungs- und Wirtschaftsstruktur sowie die Kulturlandschaften Großbritanniens unumkehrbar verändert wurden.

Erfindungen und Weiterentwicklungen im Produktionsprozess

Zudem ist die Bezeichnung „Revolution" irreführend, da die Industrialisierung Großbritanniens nicht mit einem Umsturz begann. Den Anfang des Industriezeitalters markieren vielmehr einige wenige, aber entscheidende technische Innovationen in wirtschaftlichen Schlüsselsektoren. Diese Erfindungen bewirkten einschneidende Veränderungen gewerblicher Produktionsweisen. Davon betroffen waren als Erste die Textil- und die Montanindustrie. Sie werden daher auch als paläotechnische Industriezweige bezeichnet.

Ein sektorenübergreifendes Merkmal der Industrialisierung ist die Ablösung der Handarbeit durch Maschinenarbeit. Die Einführung der Maschinenarbeit im letzten Drittel des 18. Jahrhunderts war an die Entstehung des Fabriksystems gekoppelt. In den Fabriken wurden unter Einsatz von Energie und Maschinen standardisierte Güter für Massenmärkte produziert. Ein wesentliches Kennzeichen der industriellen Herstellungsweise war die systematische Zergliederung von Arbeit in einzelne Produktionsschritte. In der Automobilindustrie wurde dieses Prinzip später perfektioniert. In Anlehnung an den Fahrzeughersteller Ford, der als erstes Unternehmen in der frühen Zwischenkriegszeit die Fließbandtechnik einführte, hat sich hierfür der Begriff „Fordismus" etabliert.

Die monotonen Arbeitsabläufe in den Fabriken verlangten den Arbeitern viel ab. Jahrhundertelang hatten sie auf dem Land im Einklang mit der Natur gelebt. Die Jahreszeiten und die individuellen Bedürfnisse hatten ihren Lebens- und Arbeitsrhythmus vorgegeben. Die Fabrik muss für diese Menschen eine völlig neue, mitunter sogar beängstigende Welt dargestellt haben. In ihr gab der Takt der Maschinen die Produktionsschritte und Arbeitsabläufe vor, denen sich die Arbeiter bedingungslos unterzuordnen hatten. Auch das pünktliche Erscheinen an Arbeitsplätzen und das minutiöse Einhalten von Pausen müssen für sie eine ungewohnte und nicht immer angenehme Erfahrung dargestellt haben.

Für den Betrieb der Maschinen waren allerdings nicht nur menschliche Arbeitskräfte notwendig, sondern es musste auch Energie verfügbar sein. Dies galt insbesondere für die Textilindustrie. Zu Beginn der Industriellen Revolution, in den letzten Jahrzehnten des 18. Jahrhunderts, wurde die benötigte Energie aus der Fließkraft von Wasser bezogen. Wasser trieb auf unterschiedliche Weise Wasserräder an; die Wassermenge und die Fließgeschwindigkeit des Wassers bestimmten die Leistung der Wasserräder, deren Drehbewegungen über Transmissionsriemen und mechanische Getriebe auf die Spinnmaschinen und Webstühle übertragen wurden.

Aus geographischer Perspektive bedeutete die Abhängigkeit von Wasser, dass geeignete Standorte für Textilfabriken hauptsächlich an den Mittelläufen von Flüssen zu finden waren. Denn nur dort waren sowohl das Gefälle als auch die Wassermengen so groß, dass ein einigermaßen kontinuierlicher Betrieb der Maschinen gewährleistet war. Die Fabriken neigten daher nicht zur räumlichen Konzentration, sondern reihten sich entlang von Flüssen auf. So entstanden Spinnereien, Webereien und sog. *integrated mills*, wo sowohl Garne hergestellt als auch weiterverarbeitet wurden, hauptsächlich an den Flanken der gefällereichen Penninentälern. Als Rohstoffe dienten Wolle und Baumwolle. Östlich der Penninen, im Gebiet von Leeds, Bradford und Wakefield, wurde überwiegend Wolle verarbeitet, während sich westlich der Penninen, in Manchester und seinem Umland, die industrielle Verarbeitung von Baumwolle etablierte.

Baumwollindustrie

Dort, im Südosten von Lancashire, entwickelte sich die Baumwollindustrie zum wichtigsten Zweig der Textilindustrie. Im Gegensatz zur Wollverarbeitung, die sich nur langsam aus dem traditionellen Verlagssystem herauszulösen vermocht hatte, fehlte der Baumwollindustrie des 18. Jahrhunderts ein auf manueller Verarbeitung ruhendes Fundament. Denn Baumwolle war ein Rohstoff, der erst im Kolonialzeitalter nach Großbritannien eingeführt wurde. Dies hatte den Vorteil, dass sich technische Innovationen und fabrikmäßige Formen der Verarbeitung von Baumwolle leichter als bei der Verarbeitung von Wolle durchsetzen ließen.

Im Südosten von Lancashire trafen zwei Gunstfaktoren zusammen. Erstens liegt der Großraum Manchester im Hinterland des damals wichtigsten Einfuhrhafens für Baumwolle, Liverpool. Zweitens ist dieses Gebiet reich an Fließgewässern, die sowohl als Energielieferanten von Bedeutung waren als auch für das Walken und Färben, nachgelagerte Fertigungsstufen bei der Tuchherstellung, benötigt wurden.

Die Konzentration der Baumwollverarbeitung in Südostlancashire hatte zur Folge, dass in diesem Industriegebiet wichtige Innovationen der Spinn- und Webmaschinentechnik erfolgten. Wegweisend war die Erfindung der ersten Maschine zum Verspinnen von Baumwolle zu Garn, Hargreaves' Spinning Jenny (1764). Sie wurde durch Arkwright (1769) zur Waterframe und durch Crompton zur Spinning Mule (1775) weiterentwickelt (Abb. 3.33). Vor allem die Mule ermöglichte die

Abb. 3.33 Waterframe-Spinnmaschine. Die Maschine befindet sich im Museum of Science and Industry in Manchester. Quelle: Zehner 2008.

Herstellung von Garnen hoher Festigkeit und Qualität. Durch die rasche Verbreitung von Mules nahm die Garnherstellung sprunghaft zu. Alleine zwischen 1764 und 1794 stieg die Garnmenge um das 30-fache an. Dieser Überschuss konnte zunächst nicht zeitnah weiterverarbeitet werden, da die Kapazitäten der noch manuell betriebenen Webstühle bei weitem nicht ausreichten. Erst mit Cartwrights Erfindung des durch Wasserkraft angetriebenen Webstuhles, des Power Loom (1785), wurde dieser Engpass überwunden.

Sowohl Spinnmaschinen als auch Webstühle wurden bis ins späte 18. Jahrhundert von Wasserkraft angetrieben. Erst zu Beginn des 19. Jahrhunderts setzte sich allmählich die Dampfmaschine als Antriebsaggregat durch. Die meisten Dampfmaschinen wurden ebenfalls im Großraum Manchester fabriziert, so dass sich der Maschinenbau neben Spinnerei und Weberei zu einer dritten industriellen Säule der Wirtschaft in Südostlancashire entwickelte.

Basisinnovation Dampfmaschine

Hintergrund der Verbreitung von Dampfmaschinen zu Beginn des 19. Jahrhunderts (Newcomen 1709, Boulton und Watt 1776) war ihre größere Zuverlässigkeit bei der Energiegewinnung. Es hatte sich mittlerweile gezeigt, dass die Wasserführung der Flüsse in manchen Jahren beträchtlich schwankte. Längere Trockenphasen während der *thirsty season* im Sommer oder Eisgang im Winter konnten sogar zu mehrwöchigen Produktionsausfällen führen.

Die Dampfmaschine hingegen garantierte entweder als Wasserpumpe oder als direktes Antriebsaggregat die regelmäßige und gleichförmige Lieferung von Energie. Zum kritischen Standortfaktor wurde nun die Verfügbarkeit preiswerter Kohle, so dass ab ca. 1800 neue Fabriken nicht mehr in Flusstälern, sondern auf Kohlefeldern errichtet wurden.

Die Baumwollindustrie war allerdings nicht der einzige Industriezweig, der von der Basisinnovation Dampfmaschine profitierte. Nachdem sie schon viele Jahrzehnte im Bergbau zum Abpumpen von Grubenwasser eingesetzt worden war, hielt die Dampfmaschine in den ersten Jahrzehnten des 19. Jahrhunderts Einzug in nahezu allen Industriezweigen. Von ihr profitierten neben Spinnereien, Webereien und Walkmühlen auch Schmieden, Gießereien, Hammerwerke, Töpfereien, Glaswerke, Mühlen, Brauereien und Destillerien.

Eisen- und Stahlindustrie

Neben der Textilindustrie und der Dampfmaschine entwickelte sich die Eisen- und Stahlindustrie zum dritten Eckpfeiler der Industriellen Revolution. Die Vorläufer dieser Industrie, kleine Eisenschmelzen, die mit Holzkohle befeuert wurden, waren in der vorindustriellen Zeit noch an waldreiche Gebiete gebunden gewesen. Erst nachdem es zu Beginn des 18. Jahrhunderts gelungen war, aus Steinkohle Koks herzustellen, ging die Bindung von Eisenschmelzen an waldreiche Regionen verloren. Koks ersetzte nun die Holzkohle und revolutionierte die Produktionsweise von Eisen grundlegend.

Abb. 3.34 Die Textilfabrik des Fabrikanten Samuel Greg, Quarry Bank Mill, am River Bollin ist ein typisches Beispiel für die flussorientierte Lage der ersten *mills*. Ihre Spinnmaschinen und Webstühle wurden ausschließlich von Wasserkraft angetrieben. Erst um 1800 wurde Wasserkraft durch die Dampfmaschine ersetzt. Quelle: Zehner.

Die eisenschaffende Industrie fand fortan in den Kohlerevieren die besten Standortvoraussetzungen.

Wesentliche Impulse für die Eisen- und Stahlindustrie gingen von Coalbrookdale, einer kleinen Stadt am Severn in den westlichen Midlands, aus (Abschnitt 3.6). Coalbrookdale war Heimat der Unternehmerfamilie Darby. Im Verlaufe des 18. Jahrhunderts gelangen Abraham Darby, seinem Sohn und seinem Enkel wesentliche Durchbrüche bei der Herstellung von Eisen und Stahl. Ihre Qualität verbesserte sich zunehmend, und beide Produkte wurden billiger. Der Preisverfall von Eisen und Stahl stimulierte wiederum die Investitionsgüterindustrie, insbesondere den Maschinenbau. Preiswerte und qualitativ hochwertige Stähle begünstigten auch den Ausbau des binnenländischen Schienennetzes in Großbritannien ab ca. 1840. Die Entwicklung der Verkehrsinfrastruktur verbesserte die Qualität der Güterverkehre. Rohstoffe kamen mit der Eisenbahn noch schneller und in größeren Stückzahlen zu den Fabriken, während die Fertigwaren per Eisenbahn zügig in die Wirtschaftszentren gelangten.

Es waren insbesondere die Erfolge und Durchbrüche in der Montanindustrie, die Großbritannien eine deutliche wirtschaftliche Vormachtstellung in der Welt sicherten. Der Entwicklungsvorsprung, den Großbritannien gegenüber anderen europäischen Nationen und Amerika besaß, wurde auf der ersten Weltausstellung 1851 in London für jeden sichtbar. Diese Ausstellung festigte für mehrere Jahrzehnte den Ruf Großbritanniens als „Werkstatt der Welt". Erst als sich das viktorianische Zeitalter an der Wende vom 19. zum 20. Jahrhundert seinem Ende zuneigte, büßte Großbritannien seine führende Rolle ein und gab sie nach dem Ersten Weltkrieg schließlich an die USA ab.

Weitere Voraussetzungen der Industriellen Revolution

Allerdings waren die technischen Erfindungen nicht die einzigen Triebfedern der Industriellen Revolution. Sie war vielmehr das Ergebnis eines reibungsarmen Ineinandergreifens sehr unterschiedlicher Einflussfaktoren. Diese Faktoren haben nicht nur einzeln den Industrialisierungsprozess begünstigt, sondern sie haben sich zum Teil auch gegenseitig verstärkt. Ohne diese Synergien wären sowohl der Industrialisierungsprozess als auch die gesellschaftlichen Veränderungen moderater verlaufen. Es ist aus heutiger Sicht schwierig, wenn nicht gar unmöglich, diese Faktoren gemäß ihrer Bedeutung zu gewichten. Deshalb werden sie im Folgenden gleichberechtigt aufgeführt und erörtert.

Kapitalakkumulation

Eine wichtige allgemeine Voraussetzung für den frühen Eintritt in das Industriezeitalter war der Aufstieg Großbritanniens zur führenden Kolonialmacht in Europa. Sowohl militärisch als auch wirtschaftlich übernahm Großbritannien im 18. Jahrhundert die dominierende Rolle in der Welt. Als Kolonialmacht setzte es sich gegen seine Konkurrenten Spanien, die Niederlande und Frankreich entscheidend durch und erweiterte sein

Kolonialreich zum British Empire. Das Britische Weltreich bildete ein geschlossenes Handels- und Verwal-
tungssystem, das den Zufluss wichtiger Rohstoffe nach
Großbritannien sicherstellte und gleichzeitig einen alle
Kontinente erfassenden Absatzmarkt für britische Produkte darstellte.

Durch den globalen Handel wurden im 18. und 19.
Jahrhundert in Großbritannien große Kapitalmengen
akkumuliert. Allerdings beruhten die Grundlagen des
wirtschaftlichen und finanziellen Vorsprungs, den sich
Großbritannien in dieser Epoche verschaffte, auf der
Ausbeutung von Sklaven und Kolonien. Insbesondere
der Dreieckshandel hatte neben dem Adel eine neue
wohlhabende Schicht von Bankiers, Schiffseignern und
Händlern hervorgebracht, die nach lukrativen Anlage-
möglichkeiten für ihr Kapital suchten. Bergwerke und
Fabriken boten sich dieser neuen Unternehmerschicht
als lohnende Renditeobjekte an. Umgekehrt erforderte
der Aufbau einer leistungsfähigen Industrie größeren
Zuschnitts die Investition großer Kapitalmengen. Dieses
Kapital und die Bereitschaft, es in neue Bergbau- und
Industrieprojekte zu investieren, waren in Großbritannien vorhanden.

Rohstoffe

Baumwolle, Zucker und Tabak

Ein weiterer Faktor, der den Prozess der Industriellen
Revolution begünstigte, war die Verfügbarkeit wichtiger
Rohstoffe. Einige Rohstoffe, vor allem Steinkohle und
Eisenerz, waren in hinreichender Menge im eigenen
Land vorhanden.

Andere Rohstoffe mussten dagegen aus den Kolonien
eingeführt werden. Das wichtigste Importgut, Baumwolle, kam aus dem ehemaligen Cottonbelt im Südosten
der USA und – in geringerer Menge – aus Ägypten.
Während des 19. Jahrhunderts stieg die Einfuhrmenge
von Rohbaumwolle von 56 Mio. Pfund auf 2 Mrd.
Pfund, wobei mehr als 80 % der Baumwolle aus Nordamerika stammten.

Zum wichtigsten Einfuhrhafen für Rohbaumwolle
entwickelte sich Liverpool. Entscheidend für den Aufstieg Liverpools war seine Lage an der britischen Gegenküste Nordamerikas. Gegenüber London und anderen
Häfen an der englischen Südküste profitierte Liverpool
von dem Vorteil, dass die Transatlantikpassagen an die
britische Westküste deutlich weniger Zeit in Anspruch
nahmen. Zudem traf die napoleonische Kontinental-
sperre Liverpool nicht.

Von Liverpool aus gelangte die Rohbaumwolle über
den Mersey und über Kanäle, ab den 1830er Jahren auch
verstärkt per Eisenbahn, zu den Textilfabriken in Man-

Abb. 3.35 Den Turm des Rathauses von Manchester ziert das
Modell einer Baumwollkapsel. Sie ist Ausdruck der Bedeutung,
den die Verarbeitung von Baumwolle für die Entwicklung der
Stadt im 19. Jahrhundert erlangte. Quelle: Wikipedia, Juliux
2008.

chester und seinen Randstädten. Begünstigt durch hohe
Einfuhrzölle auf importierte Baumwolltuche aus Indien
konnte sich die Baumwollindustrie im Nordwesten Englands ungehindert entfalten. Innerhalb weniger Jahrzehnte festigte Manchester seine Rolle als führendes
Zentrum der britischen Baumwollverarbeitung, was
der Stadt im Übrigen den Spitznamen Cottonopolis
bescherte (Abb. 3.35).

Neben der Baumwolle entwickelten sich auch Roh-
zucker und Tabak zu wichtigen Importgütern. Ihre
Weiterverarbeitung hatte zwar nur indirekt mit der
Industriellen Revolution zu tun. Allerdings ließ die
Zunahme der Bevölkerung die Nachfrage nach Nah-
rungs- und Genussmitteln ansteigen. Bedingt durch die
Verstädterung und sinkende Preise für Konsumgüter
und Nahrungsmittel bildeten sich neue Lebensstile und
Konsumgewohnheiten breiterer Bevölkerungsschichten
heraus, so dass der Verbrauch von Zucker, Tee, Kaffee
und Tabak stark zunahm. Im Übrigen gelangten auch
Zucker und Tabak überwiegend via Liverpool nach England. In Liverpool entstand die bedeutendste Zuckerraffinerie Großbritanniens, Tate & Lyle, sowie das weltweit
größte Dock zur Lagerung von Tabak, das Stanley Dock.

Kohle und Eisenerz

Kohle und Eisenerz waren dagegen im eigenen Land in ausreichender Menge vorhanden. Mit Beginn des 19. Jahrhunderts wurde die britische Industrie nahezu vollständig abhängig von Steinkohle. Des Weiteren wurde Kohle zu einem wichtigen Energieträger im Verkehrssektor. Mit Kohle wurden Eisenbahnen, Dampfschiffe und Schleusen betrieben. Zudem wurde Kohle zu einem wichtigen Rohstoff für die chemische Industrie. Schließlich erwies sich Steinkohle auch als ein wichtiges Exportgut. Bis zum Beginn des Ersten Weltkrieges wurde knapp ein Drittel der jährlichen Produktion exportiert.

Der Bergbau war zunächst an die Ausstrichzonen der Kohleflöze gebunden. Die Förderung von Steinkohle verteilte sich zu Beginn des Industriezeitalters auf 17 Reviere. Von diesen entfielen vier auf Schottland, wo sich der Kohleabbau auf die mittelschottische Senke konzentrierte, und zwei auf Wales. Das größere der beiden walisischen Reviere lag im Süden, das kleinere im Norden, westlich der Deesmündung. Die englischen Reviere befanden sich im Wesentlichen beiderseits der Penninen. Räumliche Schwerpunkte bildeten die Reviere von Nottingham und Südyorkshire sowie das nordostenglische Kohlerevier (Abb. 3.36). Kleinere Felder existierten im südlichen England, in Kent und Somerset.

Für die eisenschaffende Industrie waren regionale Eisenerzlagerstätten von großer Bedeutung. Während zu Beginn des Industriezeitalters der Sussex Weald und der Forest of Dean die wichtigsten Fördergebiete waren, verlagerte sich der Erzabbau im frühen 19. Jahrhundert auf die Reviere in Südwales, Staffordshire und in der mittelschottischen Senke, wo Eisenerzbänder gemeinsam mit Kohleflözen (*coal measures*) auftraten. Mit der allmählichen Erschöpfung dieser Vorräte gegen Ende des 19. Jahrhunderts konzentrierte sich die Eisenerzförderung auf die mesozoischen Lagerstätten im Bereich der Jurastufe. Teesside, Nordlincolnshire und Northamptonshire entwickelten sich in der Zwischenkriegszeit zu den wichtigsten Erzrevieren Großbritanniens.

Arbeitskräfte

Neben Kohle und Erzen bildete auch Verfügbarkeit preiswerter Arbeitskräfte eine wesentliche Voraussetzung für die Industrielle Revolution. In den neuen Fabriken und Bergwerken wurden dringend Arbeitskräfte gebraucht, die zunächst in den betreffenden Städten nicht zur Verfügung standen. Aus makroökonomischer Perspektive kann es daher als eine glückliche Fügung betrachtet werden, dass im Zuge der Agrarrevolution, die der Industriellen Revolution einige Jahrzehnte vorausgeeilt war, viele Arbeitskräfte in ländlichen Gebieten freigesetzt worden waren. Dieses ländliche Proletariat bildete das entscheidende Reservoir, aus dem sich die Fabrikarbeiterschaft der britischen Industrie- und Bergbaureviere speiste.

Die Not der durch Landreformen ihrer Existenz beraubten Kleinbauern und der landlosen Bevölkerung war so groß, dass sie ohne weiteres zur Abwanderung in die aufkeimenden Industriestädte bereit waren. Die rasche Bevölkerungszunahme der Industriestädte Mittel- und Nordenglands war im Wesentlichen das Ergebnis regionaler Zuwanderungen. Besonders starke Zugewinne verzeichneten die Textilindustriegebiete in Lancashire und Yorkshire, die Zentren der Eisen- und Stahlverarbeitung in den westlichen und östlichen Midlands sowie im südlichen Yorkshire und die Bergbaureviere in Südwales und Nordostengland.

Neben den Industriestädten profitierte noch ein ganz anderer Stadttyp von der Industriellen Revolution, nämlich das Seebad. Die Einführung organisierter Arbeiterreisen durch Thomas Cook im Jahre 1841 und der Bau neuer Bahnlinien von London, Manchester und anderen Großstädten an attraktive Küstenabschnitte wirkten stimulierend auf die Entwicklung von Badeorten. Blackpool, Scarborough oder Brighton sind diesbezüglich die renommiertesten Beispiele und verkörpern noch heute mit ihren Piers und Vergnügungseinrichtungen auf anschauliche Weise den Typ des viktorianischen englischen Seebades.

Liberales Milieu und Wirtschaftsethik

Der Aufstieg Großbritanniens zur weltweit bedeutendsten Industriemacht wurde auch durch unternehmerfreundliche gesellschaftliche Rahmenbedingungen begünstigt. Vor allem während der zweiten Hälfte des 18. Jahrhunderts hatte sich ein gesellschaftliches Milieu herausgebildet, das Kreativität und freies Unternehmertum begünstigte. Davon profitierten vor allem nach Reichtum, politischer Macht und gesellschaftlicher Anerkennung strebende Industrielle, die überwiegend aus den Lagern nonkonformistischer Protestanten stammten. Zu den bedeutendsten Gruppen zählten Baptisten, Presbyterianer, Quäker und Methodisten. Die Säulen ihrer Wirtschaftsethik waren Entbehrung, Fleiß und harte Arbeit. Dies sind im Übrigen jene Werte, die auch später in Angloamerika zur Ausbildung der WASP-Kultur führten (WASP: White Anglo-Saxon Protestants).

Die selbst auferlegten Zwänge ließen Unternehmer und Industrielle unermüdlich über Verbesserungen von technischen Lösungen und Arbeitsabläufen sowie über

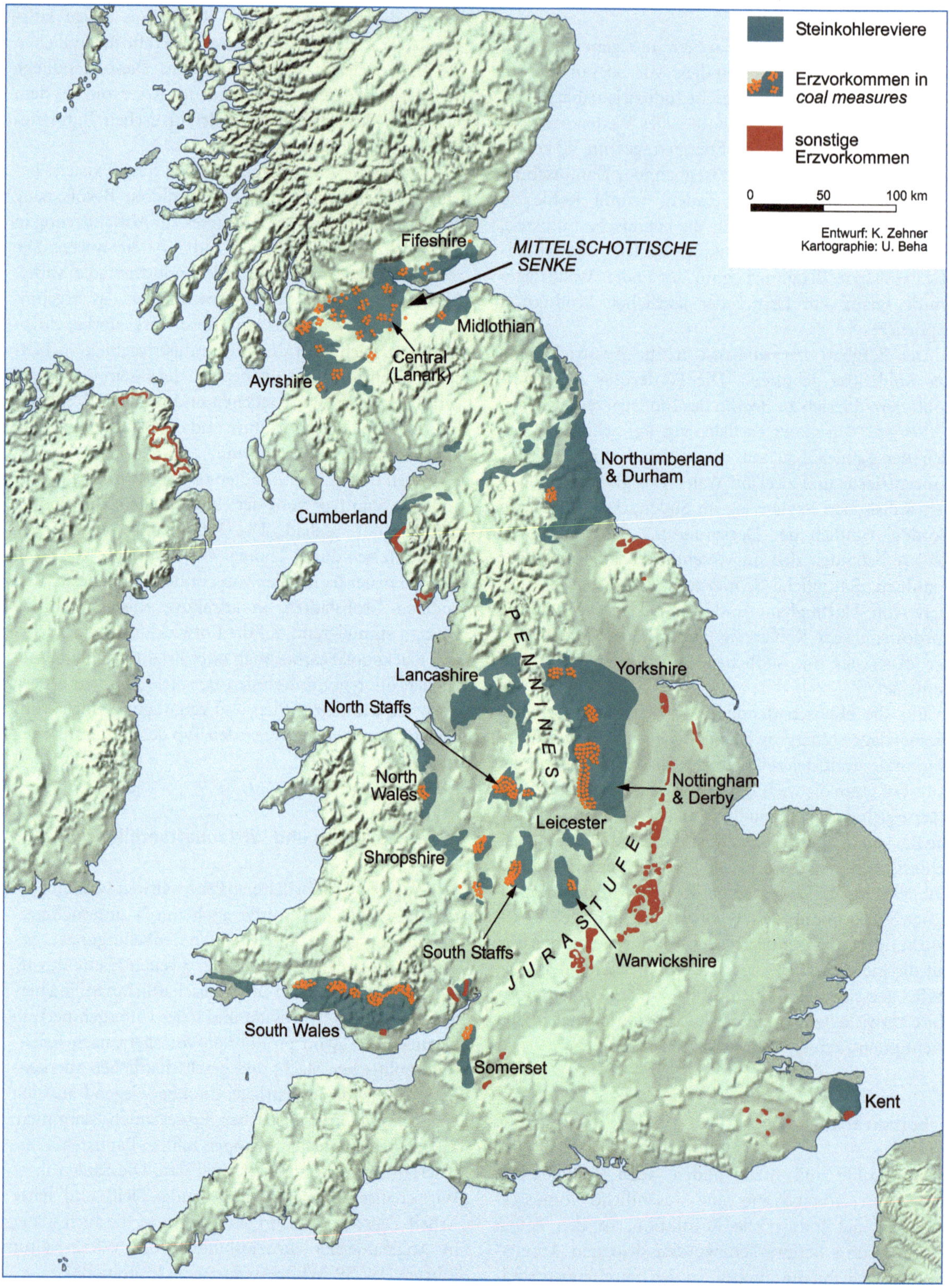

Abb. 3.36 Historische Steinkohlereviere und Eisenerzlagerstätten im Industriezeitalter. Die hier dargestellten Fördergebiete von Steinkohle sind mittlerweile ausgekohlt. Der Bergbau konzentriert sich heute auf nur fünf Zechen in Yorkshire, Nottinghamshire und Warwickshire. Quelle: Zehner, leicht verändert nach Stamp und Beaver 1971, S. 283 und 382.

Fragen der Kostenminimierung von Produktionsprozessen nachdenken. In einem politischen Milieu von Laisser-faire und Deregulierung konnten sie die Ergebnisse ihrer Überlegungen stets direkt und uneingeschränkt in ihren Fabriken umsetzen. Allerdings bedeutete die unternehmerfreundliche politische Kultur auch, dass Arbeitern nur wenige Rechte eingeräumt wurden, sie keine politischen Vertretungen besaßen und ihnen bis in die 1860er Jahre das Wahlrecht verwehrt blieb. Mit anderen Worten: Die Arbeiter in britischen Fabriken wurden rigoros ausgebeutet. Manche kritischen Zeitgenossen verglichen ihre Lebenssituation sogar mit jener der Plantagenarbeiter in der Karibik.

Zum Regime der Ausbeutung zählte auch Kinderarbeit. Kinder wurden sowohl in der Textilindustrie als auch im Bergbau für Hilfstätigkeiten eingesetzt. In den Spinnereien etwa bestand ihre Aufgabe darin, gerissene Fäden zusammenzuknüpfen, während sie unter Tage Stollen verriegelnde Tore öffnen und wieder schließen mussten, wenn Kohle auf Waggons abtransportiert wurde. Ihre Arbeit war preiswert, und sie waren leichter als Erwachsene zu reglementieren. In vielen Spinnereien betrug der Anteil der Kinderarbeiter an der Wende vom 18. zum 19. Jahrhundert mehr als 50 %. Kinder durften schon mit sechs Jahren in Fabriken und unter Tage arbeiten. Ihr Arbeitstag betrug oft 13 bis 15 Stunden an sechs Tagen in der Woche, das ganze Jahr hindurch. Erst 1833 kam es zu einer Begrenzung der Arbeitszeit von Kindern und Jugendlichen.

Verkehr und Märkte

Eine wesentliche Voraussetzung für den Transport von Rohstoffen zu den Fabriken und den Abtransport der Fertigwaren von den Fabriken zu den städtischen Märkten und Häfen war eine leistungsfähige binnenländische Verkehrsinfrastruktur. Allerdings befanden sich die meisten Landwege noch zu Beginn des 18. Jahrhunderts in einem völlig desolaten Zustand, der den Anforderungen des allmählich heraufziehenden Industriezeitalters in keinster Weise entsprach. Die Folge war, dass wichtige Wirtschaftsgüter trotz geringer Landentfernungen über See transportiert werden mussten. So gelangte beispielsweise Getreide aus Hampshire und Sussex über den Seeweg nach London. Gleiches galt für Kohle aus dem nordostenglischen Newcastle. Sie wurde mit Seeschiffen längs der ostenglischen Küste und über die Themse nach London gebracht (Abschnitt 3.5).

Dem Manko einer leistungsschwachen Verkehrsinfrastruktur setzte der Staat zunächst ein von privaten Akteuren aufgebautes Netz gebührenpflichtiger Straßen, die Turnpike Roads, entgegen. Die neuen Straßen führten vor allem zu Verbesserungen des Postwesens und des Personenverkehrs. Den Gütertransport beeinflussten sie dagegen kaum. Dieser verbesserte sich erst grundlegend mit dem Ausbau von Flüssen und dem Bau von Kanälen. Zwischen 1760 und 1830 entstand in Großbritannien ein leistungsfähiges Kanalnetz, das die Länge der schiffbaren Wasserwege auf 4 000 Meilen erweiterte. Erst die Erfindung der Eisenbahn und die ab Mitte der 1830er Jahre erfolgende Ausbreitung des Schienennetzes setzten dem Kanalbau ein Ende (Abschnitt 3.5)

Die Auswirkungen der Industriellen Revolution auf die Entwicklung von Städten

Die Industrielle Revolution Großbritanniens führte zu einer Umverteilung wirtschaftlicher Aktiv- und Passivräume. Der einst reiche Süden des Landes der durch wohlhabende Grafschaftsstädte und eine solide, auf Landwirtschaft und Handwerk fußende Wirtschaftsstruktur geprägt war, büßte innerhalb weniger Jahrzehnte seine wirtschaftliche Vormachtstellung ein, während die rapide wachsenden Industriestädte Mittel- und Nordenglands zu neuen wirtschaftlichen Aktivräumen Großbritanniens aufstiegen.

Die Nachfrage nach billigen Arbeitskräften in den Städten und der Wegfall landwirtschaftlicher Arbeitsplätze hatten in den Bergbau- und Industrierevieren Großbritanniens einen massiven Verstädterungsprozess in Gang gesetzt. Allerdings waren die Verwaltungen der einst kleinen Marktorte, die in den Sog der Industriellen Revolution gerieten, auf die Probleme, mit denen sie sich plötzlich konfrontiert sahen, nicht im entferntesten vorbereitet. Ihre Städte entwickelten sich in den ersten Jahrzehnten des Industriezeitalters zu ordnungslos wuchernden Industriesiedlungen, für die sich die Bezeichnung *shock cities* zu Recht durchgesetzt hat.

Überbauung der Altstädte

Die in die Städte strömenden Arbeiter benötigten wegen der ungeregelten Arbeitszeiten zentral gelegene und wegen ihrer geringen Löhne vor allem preiswerte Unterkünfte. Um diesem Bedarf entsprechen zu können, wurden in den Stadtkernen zunächst noch vorhandene freie Flächen auf Hinterhöfen und in Gärten überbaut. Dennoch war die Nachfrage größer als das Angebot, so dass jeder verfügbare Wohnraum, unabhängig von seiner Qualität, vermietet wurde. Dazu zählten auch Dachgeschosse und Kellerräume. In Liverpool etwa lebten um

1840 ca. 39 000 Menschen zusammengepfercht in ca. 7 800 Kellerräumen.

Die hohen Bevölkerungsdichten, vor allem aber mangelnde Hygiene und Umweltverschmutzung, führten zur Ausbreitung von Krankheiten und Epidemien. Die katastrophale Wohnungssituation in den britischen Industriestädten um die Mitte des 19. Jahrhunderts wird durch die geringe Lebenserwartung der damaligen Stadtbewohner auf bedrückende Weise widergespiegelt. So betrug 1843 das Durchschnittsalter der Gestorbenen in Liverpool 26 Jahre. In Sheffield und Manchester wurden die Menschen im Mittel nur 24 Jahre alt, und in Leeds erreichten sie ein Lebensalter von nur 21 Jahren.

Back-to-Back-Quartiere

Als es gegen Mitte der 1930er Jahre in den Altstädten keinen Raum mehr für weitere Expansionen gab, setzte ein starkes Wachstum der Städte an den Rändern ein. Vorangetrieben wurde der Ausbau durch Fabrikbesitzer, die am Rande der Altstädte ihre Werke gründeten und unmittelbar an das Fabrikgelände grenzend Siedlungen für ihre Arbeiter bauen ließen. Zum dominanten Haustyp entwickelte sich das Back-to-Back-Reihenhaus. Engständige Zeilen von Back-to-Back-Häusern gewährleisteten, dass in geringer Entfernung zu den Fabriken eine große Zahl von Familien untergebracht werden konnte.

„Das ‚back-to-back'-Haus ist ein an der Firstlinie zusammengebautes Doppelhaus. Die beiden Häuser stehen also Rücken an Rücken (‚back-to-back'), was Querlüftung a priori ausschließt. Allerdings hatten selbst die Reihen aus halben Doppelhäusern [‚half-backs' oder ‚blind-backs'; Anmerkung des Autors], mit denen man sehr schmale Parzellen oder sonstige Restgrundstücke besetzte, ursprünglich keine Querlüftung. Die ‚back-to-backs' kommen ausschließlich im Reihenbau vor … Die Reihen stehen unmittelbar an der Straße. Die rückwärtigen Häuser sind, je nach der Flächengliederung, entweder von einer Parallelstraße oder von einem Hof aus zugängig, den man durch eine offene oder eingebaute Passage erreicht. Die Haustür führt sofort in die Wohnküche, von der eine schmale gewendelte Stiege nach oben geht. Denn die Wohnung besteht aus 2 bis 2½, selten 3 übereinander gestellten, quadratischen Räumen von 14 m², hat also in jedem Geschoss nur einen Raum.

Als ihren größten Vorzug boten diese Doppelhäuser jeder Familie eine abgeschlossene Wohnung mit separatem Eingang. Die Unterkellerung wurde möglichst gespart – zum Vorteil der heutigen Regeneration. … Investitionskonkurrenz und Grundstückspreise drängten auf möglichst intensive Flächennutzung, so daß die Bruttowohndichten in Sheffield bis zu 650 E/ha, in anderen Städten, je nach der herrschenden Anordnung der Doppelhäuser, auch höhere Werte erreichten" (Leister 1970, S. 47 f.).

Allerdings degenerierten die Back-to-Back-Quartiere innerhalb kurzer Zeit zu Slums, die durch erhebliche Umweltbelastungen beeinflusst wurden. Es gab keine Müllabfuhr, Abfälle warf man in eine offene Grube im Hinterhof, um sie dort zu verbrennen. Ebenso fehlte eine Kanalisation, Abwässer wurden offen in die Seitengosse eingeleitet. In den Hinterhöfen befanden sich auch die Latrinen, die sich oftmals mehr als 30 Parteien teilen mussten, so dass Back-to-Back-Quartiere zu Brutstätten für Seuchen und Epidemien wurden.

„Today these houses seem cosy enough. They have had inside toilets and bathrooms installed. When they were built they had no such luxuries. You either used a portable toilet inside the house, which had to be carried out of the front door to be emptied, or you walked down the street to the shared public toilets. The disadvantage of the toilet block was that you might have to queue and everyone in the street would have to know when you needed to go" (Dimbleby 2007, S. 190).

Erst gegen Ende der 1860er Jahre hatte sich in allen Gesellschaftsschichten ein Bewusstsein für die negativen Auswirkungen, die von dieser Form des Städtebaus ausgingen, gebildet. Die Unternehmer hatten mittlerweile realisiert, dass sich die sozialen Missstände auch negativ auf die Arbeitsproduktivität in ihren Fabriken auswirkten.

Der gesellschaftliche Druck auf die politischen Entscheidungsträger nahm auf breiter Front zu. Die Bedenken und Klagen der Bevölkerung schlugen sich schließlich in der Gesetzgebung nieder. Gegen Ende der 1860er bzw. zu Beginn der 1870er Jahre revolutionierten neue Gesetze den Städtebau grundlegend. So räumten die Torrens Acts (1868) den Kommunen das Recht ein, von den Eigentümern unzureichend ausgestatteter Altstadt- und Back-to-Back-Häuser entsprechende Sanierungen zu verlangen. Kamen die Eigentümer diesen Aufforderungen nicht nach, durften die Kommunen den Abriss der Häuser anordnen. 1871 wurde der Local Government Act verabschiedet, der den Kommunen weitreichende Kompetenzen bei der Flächennutzungsplanung zusprach und ihre exekutiven Funktionen stärkte. Ein Jahr später verabschiedete das Parlament die Public Health Acts, die eine umfassende Reorganisation des britischen Gesundheitswesens einleiteten. Vor dem Hintergrund dieser gesetzlichen Reformen erließen Städte nun strengere Bauvorschriften, denen Back-to-Back-Häuser nicht mehr entsprachen. Sie wurden folglich nicht mehr genehmigt.

Abb. 3.37 Back-to-Back-Häuser-
zeilen in Leeds in den 1950er Jahren.
Quelle: Leeds County Council.

Bye-Law-Quartiere

An ihre Stelle trat ab ca. 1872 ein neuer Haustyp, das
Bye-Law-Haus. Im Gegensatz zu seinem Vorläufer wies
das Bye-Law-Haus entscheidende Vorzüge auf. Als frei-
stehendes Haus war es gegenüber dem Back-to-Back-
Haus wesentlich besser belüftet. Außerdem war es an
Wasser- und Gasleitungen sowie an die Kanalisation
angeschlossen.

Die neue Bauweise hatte aber den Nachteil, dass sich
die Bebauungsdichte gegenüber der Back-to-Back-
Bauweise um ein Drittel bis um die Hälfte reduzierte.
Dies bedeutete, dass die bebauten Flächen der Städte
schnell zunahmen und Eingemeindungen notwendig
wurden.

Vorläufer der Gartenstadt

Zumindest punktuell wurde der Städtebau in England
auch durch die Ideen und Projekte von Philantropen
beeinflusst. Bereits Ende des 18. Jahrhunderts entstanden zwei humane Industriesiedlungen: Mellor in Lancashire (1790) und New Lanark im mittelschottischen
Clydetal (1800). Es ist aus heutiger Sicht kaum zu verstehen, warum diese Mustersiedlungen von den gesellschaftlichen Eliten und politischen Entscheidungsträ-
gern damals abgelehnt wurden und mehr als ein halbes
Jahrhundert keine Nachahmer fanden.

Erst Sir Titus Salt, ein Textilfabrikant aus Bradford,
griff das Konzept der humanen Arbeitersiedlung 1853
wieder auf. Im Tal des River Aire ließ er eine Textilfabrik

Abb. 3.38 Bye-Law-Häuser in
den Potteries (Stoke-on-Trent).
Quelle: Zehner 2000.

Die Mustersiedlung New Lanark

Das Dorf New Lanark wurde 1785 von David Dale als völlig neue Industriesiedlung gegründet. Die Baumwollspinnereien (mit Wasserantrieb durch den Clyde) und Mietwohnungen für die Arbeitskräfte wurden aus örtlich vorkommendem Sandstein errichtet. Im Jahre 1820 hatte die Einwohnerzahl des Dorfes ca. 2 500 erreicht, und New Lanark war damals das größte Baumwollfabrikationszentrum im Lande. Heute ist es eine populäre Sehenswürdigkeit für Touristen.

Unter der weitblickenden Leitung von David Dales Schwiegersohn Robert Owen wurde New Lanark zwischen 1800 und 1825 als Mustergemeinschaft berühmt. Owen machte sich daran, das Geschäft weiter zu verbessern und zu expandieren. Mit dem Gewinn finanzierte er eine Reihe von Sozial- und Bildungsreformen zur Verbesserung der Lebensqualität seiner Arbeiter. Kleine Kinder durften nicht in seiner Fabrik arbeiten: Er richtete für das Dorf fortschrittliche Schulen in einem Gebäude ein, das als Institute for the Formation of Character („Charakterbildungsinstitut") bekannt wurde. Außerdem führte er die erste Kleinkindschule der Welt sowie eine Abendschule ein. Es wurde großer Wert auf musikalische Aktivitäten gelegt, wie auch auf Kunst, naturwissenschaftliche Studien, Geschichte und Geographie, Lesen, Schreiben und Rechnen. Strafen waren nicht zulässig. Darüber hinaus konnten die Dorfbewohner kostenlos ärztliche Versorgung sowie einen Krankheitsfonds in Anspruch nehmen. Es gab auch eine Sparkasse. Die Arbeitsstunden wurden reduziert, und im Dorfladen gab es Nahrungsmittel und Haushaltwaren zu niedrigen Preisen (http://www.newlanark.org).

und eine Siedlung für die 3 000 Fabrikarbeiter und ihre Angehörigen errichten. Die Fabrik wurde nach den damals fortschrittlichsten sozialen und sanitären Grundsätzen gebaut. Neben den Wohnhäusern der Arbeiter entstanden zahlreiche Gemeinschaftseinrichtungen, zu denen eine Kirche, eine Schule, eine Parkanlage, ein Krankenhaus, Wasch- und Badehäuser, ein Armenhaus, Kleingärten und ein Bildungsinstitut mit Bibliothek, Leseraum, Konzertsaal und Gymnastikraum zählen.

Trotz ihres Erfolgs blieb auch Saltaire eine Singularität und fand zunächst keine Nachfolger. Die Einstellung politischer und wirtschaftlicher Eliten änderte sich erst nach den bereits genannten Gesetzesreformen zu Beginn der 1870er Jahre. Erst jetzt erfuhr die humane Seite des Städtebaus eine größere gesellschaftliche Akzeptanz. Viel größere Beachtung als Saltaire wurde den Mustersiedlungen Bournville, die der Schokoladenfabrikant George Cadbury 1879 unweit von Birmingham errichten ließ, und Port Sunlight, einer Gründung des Seifenherstellers Lord Leverhulme (1888 bei Birkenhead), entgegengebracht (Abb. 3.40)

Bournville und Port Sunlight gelten als Vorläufer der britischen Gartenstadt, deren theoretische Grundlagen Ende des 19. Jahrhunderts von Ebenezer Howard for-

Abb. 3.39 Häuserzeile in Saltaire. Saltaire zählt seit 2001 zum UNESCO-Weltkulturerbe. Quelle: Zehner 2000.

Abb. 3.40 Häuserzeile in Port Sunlight (1888), einem Vorläufer der englischen Gartenstadt. Auffällig ist, dass die Gliederung und Gestaltung der Fassaden von Haus zu Haus variiert. Die Monotonie des Arbeiterwohnungsbaus, die noch typisch für die ältere Mustersiedlung Saltaire gewesen war, wurde in Port Sunlight durchbrochen. Quelle: Zehner 2004.

muliert wurden. Es ist zweifellos ein interessantes Detail, dass Lord Leverhulme an der Universität Liverpool einen Lehrstuhl für Stadtplanung stiftete, an dem Patrick Abercrombie ausgebildet wurde. Abercrombie wurde in den 1930er und 1940er Jahren zu einem der wichtigsten britischen Stadtplaner. Er war maßgeblich an der raumplanerischen Neuordnung von Groß-London beteiligt und verhalf dem New-Town-Gedanken zu seiner Realisierung. Seine Leistungen für die britische Raumplanung verhalfen ihm schließlich 1945 zu einem Adelstitel.

Fazit

Mit der Industriellen Revolution beginnt in Großbritannien in der zweiten Hälfte des 18. Jahrhunderts eine Zeit enormer Umbrüche. Diese beziehen sich vordergründig auf grundlegende Veränderungen wirtschaftlicher Strukturen und Produktionsweisen, schließen jedoch einen tief greifenden sozialen und städtebaulichen Wandel mit ein. Das Zustandekommen der Industriellen Revolution lässt sich nur durch das Zusammenwirken wirtschaftlicher, technischer und sozialer Faktoren erklären. Technische Innovationen in Schlüsselindustrien führten zur Entstehung standardisierter Produktionsweisen. Diese Innovationen gediehen in einem Milieu, in dem sich Wirtschaftsethik und Kreativität überwiegend protestantischer Eliten frei entfalten konnten.

Das Industriezeitalter bescherte der Stadt ein wesentliches neues Element, die Fabrik. Die Arbeit in Fabriken sicherte der verarmten Landbevölkerung, die durch die Agrarrevolution ihre Existenzgrundlage verloren hatte ein, ein neues Auskommen.

Wesentliche Impulse erhielt die Industrielle Revolution auch durch zu günstigen Bedingungen erhältliche Rohstoffe und durch Absatzmöglichkeiten für Industrieprodukte im gesamten Britischen Weltreich. Dass die Industrielle Revolution deutlich früher als in anderen Teilen Europas stattfand, hing auch mit der frühzeitigen Entwicklung der Verkehrsinfrastruktur zusammen.

Aus heutiger Sicht fällt eine Bewertung der Industriellen Revolution ambivalent aus. Einerseits sicherte die frühe Industrialisierung Großbritannien bis zum Ersten Weltkrieg seine Position als Hegemonialmacht, andererseits bedeutete die Industrielle Revolution für die Mehrheit der Bevölkerung, ausgebeutet zu werden und ein Leben in Armut, Krankheit und ohne Perspektive führen zu müssen.

Weiterführende Literatur

Beckert, S. (2006): Cotton. In: McCusker, J. (Hrsg.): History of World Trade since 1450, Bd. I. Detroit u. a., S. 170–173.

Conzen, M. R. G. (1952): Geographie und Landesplanung in England (Colloquium Geographicum, Bd. 2). Bonn.

Dimbleby, D. (2007): How We Built Britain. London.

Hoskins, W. G. (1952): The Making of the English Landscape. London.

Leister, I. (1970): Wachstum und Erneuerung britischer Industriegroßstädte. Wien/Köln/Graz.

Pawson, E. (1979): The Early Industrial Revolution. Batsford.

Stamp, L. D.; Beaver, S. H. (1971): The British Isles. A Geographic and Economic Survey. New York.

Witz, C. (1993): Großbritannien-Ploetz. Freiburg.

Kapitel 4

London – Herz und Kopf Großbritanniens

„Für mich ist London die interessanteste, die schönste und die wundervollste Stadt der Welt, zart und zierlich in ihrer beiläufigen und unübersehbar mannigfaltigen Kleinheit und überwältigend in ihrer trächtigen Gesamtheit …" (H. G. Wells 1911).

4.1 Einführung

KLAUS ZEHNER

London zählt unbestritten zu den Alpha Global Cities, d. h. den Weltstädten auf der höchsten Stufe des globalen Städtesystems. Diese Städte, zu denen stets New York und Tokio, mitunter auch Hongkong und Singapur, gerechnet werden, bilden gewissermaßen die Epizentren der Weltwirtschaft. Sie sind die wichtigsten Knotenpunkte des Welthandels und die bedeutendsten Standorte der globalen Finanz-, Versicherungs- und Immobilienwirtschaft. Auch im Hinblick auf Stadtarchitektur, Kultur, Kunst und Bildung nehmen diese Global Cities höchster Rangstufe eine herausragende Position im weltweiten Städtesystem ein.

Es ist vor allem die angesprochene kulturelle und, eng damit verknüpft, auch ethnische Vielfalt, durch die London, gemeinsam mit New York, unter den Global Cities hervorsticht. So ist die britische Hauptstadt Heimat von über 30 ethnischen Gemeinden. Zudem werden mehr als 300 Sprachen in London gesprochen, was u. a. die einstige Funktion als Hauptstadt des British Empire widerspiegelt.

In Europa ist London das wichtigste Finanzzentrum und zugleich, gemessen an der Bevölkerungszahl, die mit Abstand größte Stadt (Abb. 4.1). Zurzeit leben in London 7,6 Mio. Menschen, bei steigender Tendenz. Der große Abstand zur zweitgrößten Stadt des Landes, Birmingham (ca. 1 Mio. Einwohner), weist London zudem als Primatstadt aus. Dieser Status wird untermauert durch ein breites und tiefes Angebot an Bildungs- und Forschungseinrichtungen, das in dieser Form und Qualität in keiner anderen Stadt Großbritanniens auch nur annähernd vorhanden ist. So ist London Standort von 40 Universitäten, an denen insgesamt 400 000 Studierende eingeschrieben sind. Vor diesem Hintergrund ist es kaum überraschend, dass die britische Hauptstadt einen exzellenten Nährboden für die unterschiedlichsten kreativen Milieus darstellt.

Schließlich hat London einen offensichtlichen, gleichwohl nur selten direkt genannten Vorteil gegenüber den meisten anderen Weltstädten. Die Muttersprache der Stadt ist Englisch, die wichtigste internationale Sprache, die heute in der Welt gesprochen wird.

Im Gegensatz zu New York und Tokio und erst recht gegenüber Hongkong und Singapur ist London jedoch auch eine alte, von Traditionen geprägte Weltstadt. Diesen Status besitzt sie seit rund zweieinhalb Jahrhunderten, spätestens aber seit 1795, als durch die spanische Besetzung der Niederlande Amsterdam seine führende Position in der Welt einbüßte und sie an London abgeben musste. Dieser Wechsel war das Resultat einer neuen globalen Machtverteilung und Weltordnung, aus der zunächst England, später Großbritannien, als Hegemonialmacht hervorging.

Von London aus wurde bis zum Ersten Weltkrieg das britische Weltreich beherrscht und verwaltet, hier wurden weitreichende, die ganze Welt, zumindest aber das Empire betreffende militärische, politische und wirtschaftliche Entscheidungen getroffen.

Obwohl also Londons Status als Weltstadt nicht neu ist, so hat doch die ökonomische Globalisierung der postfordistischen Ära London entscheidende Impulse verliehen. Mit diesem Thema setzt sich Abschnitt 4.2 auseinander. Die Globalisierung hat die städtische Wirtschaft der Metropole in den letzten drei Jahrzehnten massiv verändert. Von besonderer Bedeutung war die Öffnung des Londoner Finanzmarktes in der zweiten Hälfte der 1980er Jahre, als sich zahlreiche ausländische Banken und andere Finanzdienstleister in London niederließen. Mit der Stärkung des Bankenwesens nahm

Abb. 4.1 Großbritannien als *people powered map*. Die außergewöhnliche kartographische Darstellung vermittelt einen Eindruck von der Gestalt, die Großbritannien bekäme, würde man die Flächen der einzelnen Landesteile mit ihrer jeweiligen Bevölkerungszahl gewichten. Quelle: Benjamin Hennig, Worldmapper, University of Sheffield 2009.

auch der Sektor der unternehmensbezogenen Dienstleister, z. B. Wirtschaftsprüfer, Unternehmensberater, Notare, Juristen und EDV-Spezialisten, an Bedeutung zu.

Zudem korrespondierte der massive Aufschwung der Dienstleistungsökonomie mit einer sich beschleunigenden Deindustrialisierung, die tiefe, an manchen Stellen sogar hässliche Spuren in Form von Industriebrachen (*brownfields*), in der Stadt hinterlassen hat.

Zugleich wirkte sich die Veränderung des städtischen Arbeitsmarktes auf die Sozialstruktur der Londoner Bevölkerung aus. Vor allem die obere Mittelschicht profitierte von den neuen gut bezahlten Arbeitsplätzen in der aufstrebenden Dienstleistungswirtschaft. Zugleich nahm auch der Anteil der in schlecht bezahlten Berufen oder sogar prekären Beschäftigungsverhältnissen arbeitenden Personen überdurchschnittlich zu. Dieser Wandel der Sozialstruktur wird ausführlich in Abschnitt 4.3 diskutiert.

Besonderes Augenmerk wird dabei auf die räumlichen Aspekte des soziostrukturellen Wandels gelegt. Schon im Industriezeitalter war London eine Stadt krasser sozialer Gegensätze, die sich räumlich in einem West-Ost-Kontrast ausdrückten. Dieser Unterschied beherrschte die Sozialstruktur Londons bis in die ersten Nachkriegsjahrzehnte. Noch in den 1960er Jahren war der Gegensatz zwischen dem vornehmen West End mit seinen noblen Stadthäusern, breiten Boulevards und begrünten Plätzen und den von Hafenwirtschaft, Industrie und Slums geprägten Armenvierteln des East End unübersehbar.

Tiefe soziale Spaltungen der Stadtbevölkerung und sozialräumliche Kontraste prägen London nach wie vor, man muss jedoch genauer hinschauen, um sie wahrzunehmen. Zwar existieren auch gegenwärtig noch immer Unterschiede zwischen dem Westen und dem Osten der Stadt, sowohl im Hinblick auf Einkommen, Bildung als auch Herkunft der Stadtbewohner. In vielen Fällen sind heute allerdings die sozialräumlichen Kontraste innerhalb einzelner Stadtteile größer als die zwischen dem West und East End. Dies gilt insbesondere für Inner London. Stadtviertel wie Islington, Wandsworth oder Shadwell, die bis in die frühe Nachkriegszeit überwiegend durch Industrie und Arbeitersiedlungen geprägt wurden, sind in den letzten Jahrzehnten beliebte Zuzugsgebiete für junge urbane Eliten geworden. Als besonders attraktiv erwiesen sich Grundstücke in der Nähe von Parks oder am Wasser, sei es an der Themse oder an einem der Hafenbecken. In Wapping beispielsweise, einem Stadtteil in Ostlondon, werden für Uferparzellen exorbitant hohe Bodenpreise verlangt und entsprechende Mieten bezahlt, während nur wenige Straßenzüge von der Waterfront entfernt kommunale Mietblöcke anzutreffen sind, in denen marginalisierte Bevölkerungsgruppen leben.

Wie bereits angedeutet wurde, lassen sich Kontraste innerhalb von Stadtteilen besonders gut im Londoner Osten studieren. Nach 200 Jahren wirtschaftlicher Abhängigkeit von Industrie und Hafenwirtschaft erfuhr dieses Stadtgebiet erstmals in den 1980er Jahren eine neue Belebung. Ausgelöst wurden die Impulse durch die politisch und in der Öffentlichkeit umstrittene Umwandlung des stillgelegten Hafengebiets zu einer Nebencity mit Wolkenkratzern und Luxusappartments. Die Planung, Entwicklung und Durchführung dieses weltweit wohl einzigartigen Stadterneuerungsprojektes werden in Abschnitt 4.4 aufgearbeitet.

Eine besondere Rolle in der Stadtentwicklungsplanung Londons spielen seit etwa drei Jahrzehnten Groß- oder Flaggschiffprojekte. Sie sind einerseits Landmarken städtebaulicher Erneuerungen, zum anderen wirken sie in die angrenzenden Stadträume hinein, indem sie dort weitere Transformationen anstoßen. Das bedeutendste Großprojekt wird derzeit im Lea Valley, im Osten Londons, durchgeführt. Das Lea Valley wird 2012 Schauplatz der Olympischen Spiele sein. Welche Bedeutung die Spiele im Vorfeld für London haben und welche Wirkungen von ihnen ausgehen können, erörtern Christian Dietsche und Boris Braun in Abschnitt 4.5.

4.2 London im Jahre 2010 – Prozesse und Projekte der Stadtentwicklung

Klaus Zehner

„To me the life of the businessman who eats his breakfast early in the morning, catches a train for the city, stays there in the dingy, dusty atmosphere of the commercial world, and goes back to his house in the evening, and after supper to sleep, is worse than the life of the galley slave. His chains are golden instead of iron" (Oscar Wilde 1882).

In seinem wohl bekanntesten Werk *The World Cities*, das 1966 veröffentlicht wurde, würdigte der renommierte britische Stadtgeograph Sir Peter Hall London als eine der wirtschaftlich, gesellschaftlich und kulturell bedeu-

tendsten Städte der Erde. Heute, viereinhalb Jahrzehnte später, ist Halls Einschätzung nicht nur immer noch zutreffend, sondern sogar erheblich zu bekräftigen. Denn London hat sich in den zurückliegenden 44 Jahren von einer traditionellen Weltstadt mit Kontrollfunktionen, die im Wesentlichen auf Westeuropa und das Commonwealth gerichtet waren, zu einer der drei wichtigsten Global Cities entwickelt. Mit Tokio und New York steht London gegenwärtig auf der obersten Sprosse der globalen Städtehierarchie. Legt man als Indikator für die ökonomische Bedeutung den Schlüsselsektor des Banken- und Finanzwesens zugrunde, dann nimmt die britische Hauptstadt sogar unangefochten den Spitzenplatz ein. Der wesentliche Grund hierfür ist die starke Globalität des Finanzsektors. Auf ihrer Website hebt die City of London Corporation hervor: „While a substantial proportion of New York and Tokyo's business is domestic in origin, London is pre-emenently an international centre and can be regarded as the only true world center" (City Research Project 1995, xviii).

Aus heutiger Sicht hat sich die Londoner Wirtschaft in den 1980er Jahren am stärksten gewandelt. In jenem Jahrzehnt entwickelte sich London vom wichtigsten politischen und wirtschaftlichen Zentrum Europas und der – gemessen an der absoluten Zahl der Beschäftigten – größten Industriestadt Großbritanniens zu einem Finanzzentrum von globaler Bedeutung. Dieser Bedeutungszugewinn ist hauptsächlich der sich in dieser Zeit verstärkenden wirtschaftlichen Globalisierung zuzuschreiben. Eine Folge der Globalisierung war die Konzentration globaler Steuerungs- und Kontrollfunktionen in einer kleinen Gruppe von Städten von herausragender Bedeutung, den Global Cities. London zählte von Beginn an zu diesem „erlauchten Kreis".

Obwohl die Hauptstadt Großbritanniens und des Commonwealth bis in die Gegenwart ein hochrangiges politisches Zentrum geblieben ist, so hatte die Entwicklung Londons zu einer Global City vor allem wirtschaftliche Ursachen. Ab Mitte der 1980er Jahre übernahm die Finanzwirtschaft die Funktion eines Wachstumspols für den Großraum London. Eine genauere Betrachtung des Bankensektors, der in der amtlichen Statistik Großbritanniens unter der schlichten Bezeichnung *banking and finance* geführt wird, enthüllt ein ausgesprochen heterogenes Spektrum unterschiedlichster Finanzdienstleistungen. Zu den Akteuren dieses Wirtschaftssektors zählen Unternehmen aus der Anlagen- und Vermögensberatung, der Vermögensverwaltung sowie aus dem Kreditkarten- und Emissionsgeschäft. Von dem wirtschaftlichen Erfolg dieser Branche profitierte wiederum ein spezielles Segment unternehmensbezogener Dienstleister, die diesem Sektor zuarbeiten und ihn unterstützen. Dazu zählen im Wesentlichen juristische

Tabelle 4.1 Veränderung des Londoner Arbeitsmarktes zwischen 1981 und 1991

| | Beschäftigte nach Wirtschaftszweigen | | | | Veränderung der Beschäftigung nach Wirtschaftszweigen 1981–1991 | | |
| | 1981 | | 1991 | | | | |
	abs.	%	abs.	%	abs.	% (bezogen auf abs. 1981)	% (bezogen auf % 1981)
Wirtschaftszweige des primären Sektors gesamt	57 725	1,6	41 364	1,3	– 15 911	–27,8	–0,3
Industrie	683 951	19,2	358 848	11,0	–325 103	–47,5	–8,2
Baugewerbe	161 407	4,5	118 367	3,6	–43 040	–26,7	–0,9
Hotelgewerbe etc	686 598	19,3	645 955	19,8	–40 643	–5,9	0,5
Transport- und Kommunikationswesen	368 288	10,3	307 682	9,5	–60 606	–16,5	–0,8
Banken, Finanzdienstleistungen, Versicherungen etc.	565 876	15,9	733 513	22,5	167 637	29,6	6,6
sonstige Dienstleistungen	1 034 526	29,1	1 049 015	32,2	14 489	1,4	3,1
Dienstleistungen gesamt	2 655 288	74,6	2 736 165	84,1	80 877	3,0	9,5
Beschäftigte gesamt	3 560 688	100,0	3 254 744	100,0	–305 944	–8,6	0

Quelle: Leicht verändert nach Hamnett 2003, S. 31

und unternehmensbezogene Beratungsdienste, wie beispielsweise Anwaltskanzleien, Wirtschaftsprüfer, Notariate, EDV-Dienstleister und Unternehmensberater (Tab. 4.1).

Diese Unternehmungen waren allerdings nicht die einzigen Gewinner der ökonomischen Bedeutungszunahme Londons: Mit dem wirtschaftlichen Aufstieg Londons ging eine in vielen Teilen des zentralen Stadtgebiets und der inneren Vororte zu beobachtende städtebauliche Transformation einher, wodurch die Attraktivität der Stadt erheblich gesteigert wurde. Dadurch erhielt die Tourismusbranche Impulse, so dass auch im Freizeitsektor, im Hotelgewerbe und anderen, eng mit dem Städtetourismus verknüpften Branchen neue Arbeitsplätze entstanden. Starke Zugewinne konnte zudem der höherwertige Einzelhandel verbuchen, da im Sog der zunehmenden Globalisierung Arbeitskräfte nach London kamen, die gut ausgebildet und vor allem kaufkräftig waren.

Der Aufstieg des Finanzsektors

Erste Anzeichen eines signifikanten Wandels der wirtschaftlichen Struktur Londons konnten aufmerksame Beobachter schon in den frühen 1960er Jahren erkennen, als der Eurokreditmarkt für Wertpapiere sich zu etablieren begann. In den 1970er Jahren wurden die Finanzmärkte schrittweise dereguliert. Von besonderer Bedeutung waren das Aufbrechen fester Währungswechselkurse und die Aufhebung von Devisenkontrollen (1979). Entscheidend für die jüngere Entwicklung Londons war jedoch der sog. Big Bang im Oktober 1986. Der Begriff Big Bang ist ein Synonym für eine Reihe schlagartig eingeführter grundlegender Innovationen und Veränderungen im Bereich des Wertpapierhandels an der Börse. Eine wichtige Innovation war die Aufhebung der rechtlichen Stellungen zwischen Stockjobbern (Saalhändlern), die auf eigene Rechnung Börsengeschäfte durchführen konnten, und fest angestellten Stockbrokern (Börsenhändlern). Im Jahre 1997 wurde

Tabelle 4.2 Beschäftigtenzahlen in der City, ausgewählten inneren Vororten und Canary Wharf

Wirtschaftssektoren	City		City Umgebung***		Canary Wharf (Blackwell & Cubitt Town, Millwall)	
	abs. (in 1 000)	%	abs. (in 1 000)	%	abs. (in 1 000)	%
Banken und andere Finanzdienstleister (1)*	134,6	43,8	49,5	6,3	56,0	54,1
unternehmensbezogene Dienstleister (2)**	66,1	21,5	67,5	8,6	7,6	7,3
Summe (1) und (2)	200,7	65,3	117,0	14,9	63,6	61,4
sonstige unternehmensbezogene Dienstleister	48,2	15,7	146,6	18,6	16,1	15,6
Hotels und Restaurants	14,0	4,6	49,1	6,2	3,9	3,8
öffentliche Verwaltung, Gesundheits- und Bildungswesen	12,7	4,2	181,0	22,9	3,6	3,5
Transport- und Kommunikationswesen	9,4	3,1	61,8	7,8	3,1	3,0
Groß- und Einzelhandel	9,6	3,1	66,5	8,4	4,0	3,9
Industrie	3,4	1,1	41,1	5,2	4,3	4,1
Baugewerbe	1,3	0,4	19,7	2,5	2,7	2,6
sonstige Sparten	7,8	2,5	106,9	13,5	2,2	2,1
Summe	307,1	100	789,7	100	103,5	100

*   Einschließlich Versicherungswirtschaft
**   Juristische Dienstleistungen, Unternehmensberatungen
*** Stadtbezirke Camden, Hackney, Islington, Southwark und Tower Hamlets (ohne Canary Wharf)

Quelle: cityoflondon.gov.uk (Abruf: 19.11.09)

der Wertpapierhandel vollends von der klassischen, durch Ausrufen durchgeführten Handelsweise auf das ausschließlich elektronisch abgewickelte Kaufen und Verkaufen von Wertpapieren umgestellt. Diese technischen und organisatorischen Reformen öffneten den Börsenplatz London für international tätige, insbesondere US-amerikanische Investmentbanken und andere global operierende Finanzdienstleister, die in den folgenden Jahren mit Macht auf den Londoner Markt drängten.

Die Suche nach geeigneten Standorten für diese neuen Marktteilnehmer gestaltete sich zunächst jedoch schwierig, weil die City nur wenig Spielraum für bauliche Erneuerungen bzw. Erweiterungen bot. Zum einen existierten kaum Baulücken, die hätten geschlossen werden können, zum anderen verhinderte eine Bauhöhenbeschränkung, die von der City of London Corporation und der nationalen Denkmalschutzorganisation English Heritage erlassen worden war, lange Zeit eine Expansion in die Höhe.

Infolge dieser Einschränkungen nahm der Druck auf den Immobilienmarkt der City zu. Ende der 1980er Jahre hatten die Mieten und Bodenpreise bereits merklich angezogen, so dass ansiedlungswillige Unternehmen nun auch andere Standorte in Betracht zogen. Die Funktion eines Ventils übernahmen in diesem Kontext zunächst die benachbarten Stadtbezirke nördlich und östlich der City (City Fringe), die bis dahin überwiegend

Zehn ausgewählte Strukturkennziffern der City of London für das Jahr 2007

- 1,679 Mrd. US-Dollar ist die mittlere Summe des täglichen Auslandsdevisenumsatzes, der in London generiert wird. Dieser Wert entspricht 35 % des globalen Umsatzes.
- 22 % der auf dem globalen Auslandsaktienmarkt erzielten Umsätze wurden 2007 in London generiert.
- 70 % des gesamten Eurobondhandels des Jahres 2007 entfiel auf London.
- 93 Mio. Aufträge pro Jahr wurden an der Londoner Metallbörse abgewickelt.
- 1,050 Mio. Aufträge pro Jahr wurden an der Londoner Filiale von NYSE Liffe, der bedeutendsten internationalen Terminbörse, abgewickelt.
- 50 % des globalen Anteils frei verkäuflicher Derivate wurden in London gehandelt.
- 75 % aller Fortune-500-Unternehmen unterhalten Büros in London. Als solche werden die 500 umsatzstärksten, fast ausschließlich börsennotierten Unternehmen der Welt bezeichnet. Entsprechende Aufstellungen werden regelmäßig vom US-amerikanischen Wirtschaftsmagazin Fortune veröffentlicht.
- 250 ausländische Banken sind in London vertreten.
- 618 ausländische Unternehmen sind an der Londoner Börse (London Stock Exchange (LSE)) gelistet.
- 20 % Anteil des weltweiten Umsatzes von Schiffsversicherern entfallen auf London.

(http://www.cityoflondon.gov.uk/Corporation/LGNL_Services/Business/Business_support_and_advice/Economic_information_and_analysis/Research+and+statistics+FAQ.htm, Abruf: 16.11.2009)

industriell geprägt gewesen waren. Neue Bürostandorte entstanden vor allem in Camden, Hackney, Islington, Southwark and Tower Hamlets. Mit dem Eindringen neuer Nutzer und Nutzungen ging in Teilen dieser Bezirke eine soziale und bauliche Aufwertung (Gentrifizierung) einher. Nach außen wurde sie durch eine auf die neuen Bewohner aus der oberen Mittelschicht zugeschnittene Form des Einzelhandels und der Gastronomie sichtbar. Teure Boutiquen und Restaurants, Wine Bars und Bistros sowie Convenience Stores begannen zunehmend die traditionellen Pubs und Lebensmittelgeschäfte zu ersetzen.

Aufgrund ihres neuen und attraktiven Bestands an Bürogebäuden und ihrer Nähe zum Wasser (Themse, Docks) entwickelte sich jedoch vor allem die Isle of Dogs im Londoner Osten, und hier insbesondere Canary Wharf, zu einem wichtigen Ausweichstandort für die Unternehmen der Londoner Finanz- und Versicherungswirtschaft (Abschnitt 4.4).

Allerdings hatte es in den Jahren nach der Fertigstellung des ersten Bauabschnitts von Canary Wharf (1991–1993) seitens der traditionsbewussten britischen Banken mit einer Adresse in der Londoner City noch größere Vorbehalte gegen einen potenziellen neuen Standort im einstigen Hafengelände Londons gegeben. Daher lagerten britische Banken und Versicherungen zunächst nur ihre Backoffices, wo im Wesentlichen Routinearbeiten erledigt wurden, nach Canary Wharf aus. Die interne Aufspaltung und räumliche Trennung von Unternehmensbereichen nach Wertigkeitskriterien waren mittlerweile wegen des technischen Fortschritts im Bereich der Telematik für viele Finanzdienstleister und Versicherer zu einer betriebswirtschaftlich interessanten Option geworden. Während sie ihr Beratungsgeschäft und andere kundenbezogene Dienstleistungen noch in der City beließen, verlegten sie Routineoperationen an preiswertere Standorte. Und der attraktivste Ausweichstandort war mittlerweile Canary Wharf geworden, nicht zuletzt, weil die Wirtschaftskrise dort zwischenzeitlich für Leerstände gesorgt hatte und infolgedessen die Mieten hier besonders niedrig angesetzt wurden.

Bei der Funktionszuweisung als *back-office location* blieb es jedoch nicht lange. Ab 1993, nach dem Ende der Finanzkrise, setzte der Aufstieg von Canary Wharf zum zweitwichtigsten Standort der Finanzwirtschaft in London ein. Zu den ersten Unternehmen, die Canary Wharf als Hauptsitz für ihre Londoner Niederlassung wählten, zählten die global operierenden amerikanischen Investmentbanken Lehman Brothers, Citigroup und die Bank of America sowie die in Hongkong basierte HSBC; ihnen folgten wenig später auch einheimische Banken, wobei Barclays Bank eine Vorreiterrolle übernahm.

Seit etwa fünf Jahren hat die City ihre Funktion als wichtigster Standort der Finanzwirtschaft innerhalb Londons wieder stärken können. Ein wesentlicher Grund dafür ist, dass die City of London Corporation mittlerweile ihre starre Haltung gegenüber dem Bau höherer Gebäude aufgegeben hat. Im Jahre 2004 hat sie einen Masterplan veröffentlicht, der auch den Bau von

Abb. 4.2 Die Skyline der City von London. Im Hintergrund des Bildes sind der Tower 42 (links) und The Gherkin (rechts) zu erkennen. Quelle: Zehner 2006.

Hochhäusern, zum Teil sogar spektakulären Wolkenkratzern, vorsieht. Dass der Bau höherer Häuser auch wirtschaftlich einen Sinn macht, belegt eine jüngst veröffentlichte Studie des Londoner Immobilien-Dienstleistungsunternehmens Savills. Danach sind in Bürohochhäusern deutlich geringere Leerstände festzustellen. Außerdem lassen sich hier höhere Mieten als in kleineren Büroimmobilien erzielen. Während der letzten Jahre, so betonen die Makler, hätte der Mietpreis für Hochhäuser in Toplagen um 17 % höher gelegen als bei normal hohen Gebäuden.

Bis vor kurzem überragten allerdings nur zwei Bürotürme die im Vergleich mit anderen Weltstädten eher unspektakuläre Stadtsilhouette Londons. Das ältere von beiden Gebäuden ist der sog. Tower 42, ein 30 Jahre altes, schmuckloses Hochhaus, in dem früher die National Westminster Bank residierte. Durch einen Anschlag der IRA 1993 wurde das Gebäude so stark in Mitleidenschaft gezogen, dass es geräumt und komplett saniert werden musste. Sein wenig attraktives Äußeres hat es jedoch beibehalten.

Unweit des Tower 42, ebenfalls mitten im Finanzdistrikt der City, befindet sich der zweite Londoner Wolkenkratzer, 30 St Mary Axe, der aufgrund seiner spektakulären Gestalt der Öffentlichkeit wesentlich bekannter ist. Das Gebäude wurde vom Stararchitekten Sir Norman Foster entworfen, Investor war die Schweizer Rückversicherungsgesellschaft Swiss-Re. Die außergewöhnliche Gestalt des Hochhauses hat die Fantasie der Londoner stark angeregt und dem Gebäude eine Reihe von Spitznamen beschert. Im Volksmund durchgesetzt hat sich die Bezeichnung The Gherkin („Die Gurke") (Abb. 4.2).

Seit die Höhenbegrenzung für Bürogebäude gelockert wurde, entstehen vor allem in der City eine Reihe deutlich höherer Bürogebäude. Diese Häuser werden in Zukunft nicht nur Büroflächen bieten, die repräsentativ sein und dem neuesten technischen Stand im Hinblick auf Bürokommunikation entsprechen werden; vielmehr werden sie sich auch durch ihre spektakuläre Architektur voneinander abheben. Damit sie als individuelle Bauwerke deutlich wahrgenommen werden, haben die Investoren die weltweit renommiertesten Architektenbüros, unter ihnen Renzo Piano und Richard Rogers, engagiert. Zurzeit sind im zentralen Stadtgebiet sechs Wolkenkratzer im Bau, die eine Bauhöhe von mehr als 170 m erreichen und der City eine neue Silhouette verleihen werden (Tab. 4.3).

Das spektakulärste Hochhaus Londons entsteht derzeit allerdings nicht in der City, sondern auf dem Südufer der Themse. Unweit des südlichen Brückenkopfes der Tower Bridge sind seit März 2009 die Arbeiten an Europas höchstem Gebäude im Gange, das nach seiner Fertigstellung im Jahre 2012 eine Höhe von 310 m erreicht haben wird. Der Name dieses von saudiarabischen Investoren finanzierten Vorhabens lautet „Shard (= Scherbe, Anm. d. Hrsg.) London Bridge". Durch seine Gestalt, die an eine Pyramide erinnert, und seine Höhe

Tabelle 4.3 Im Bau befindliche Hochhäuser in Central London

Gebäudename	Standort	Gebäudehöhe (m)	Stockwerkzahl	Jahr der Fertigstellung	Architekt	Bemerkung
Shard London Bridge	Southwark	310	76	2012	Renzo Piano	zurzeit höchstes Gebäude in der EU
Bishopsgate Tower	Bankenviertel	288	64	2012	Kohn Perderson Fox	Im Volksmund als The Pinnacle („Die Mauerzinne") bekannt
Heron Tower	Bankenviertel	246	47	2011	Kohn Perderson Fox	
Riverside South Tower 1	Canary Wharf	236	45	2012	Richard Rogers	
The Leadenhall Building	Bankenviertel	225	50	2012	Rogers Stirk Harbour & Partners	Verzögerungen durch Baustopp aufgrund der Wirtschaftskrise
Riverside South Tower 2	Canary Wharf	189	34	2012	Richard Rogers	

Quelle: Eigene Zusammenstellung auf der Grundlage von Angaben der jeweiligen Projektentwickler

wird das Gebäude eine Ausnahmestellung in London einnehmen. Zudem wird es – im Gegensatz zu anderen Hochhäusern in der City und in Canary Wharf – für die Öffentlichkeit zugänglich sein. In 230 m Höhe wird eine Aussichtsplattform Besuchern einen vermutlich einzigartigen und faszinierenden Blick auf die gegenüberliegende City gestatten (Abb. 4.3).

Die Finanzkrise im Herbst 2008 hat in allen Teilen Londons, in denen Unternehmen aus der Finanzwirtschaft ansässig waren, ihre Spuren hinterlassen. In besonderer Weise war die City betroffen, wo drei Viertel aller registrierten Unternehmen dem Finanzsektor zugeordnet werden können. Unternehmenskonkurse ließen dort die Mieten, die zuvor in guten Lagen bei 90 Euro pro Quadratmeter und Monat gelegen hatten, um bis zu 50 % einbrechen. Nur New York hatte noch höhere Rückgänge zu verkraften. Die jüngsten Zahlen lassen jedoch wieder eine bescheidene Zunahme der Mietpreise erkennen. Dieser Aufschwung könnte allerdings 2012, falls nach der Fertigstellung der neuen Hochhäuser ein Überangebot an Büroflächen existiert, wieder gebremst werden.

Deindustrialisierung

Der stetige Aufstieg Londons zur global führenden Finanzmetropole wurde allerdings von einer massiven Deindustrialisierung begleitet. Insbesondere während der letzten drei Jahrzehnte verschwanden erhebliche Teile der industriellen Basis von London. Begonnen hatte der Abbau industrieller Arbeitsplätze bereits schleichend in der zweiten Hälfte der 1960er Jahre, um in den 1980er Jahren deutlich an Fahrt aufzunehmen.

Noch bis in die 1960er Jahre war London die bedeutendste Industriestadt Großbritanniens, wenngleich der Charakter der Industrie ein anderer war als jener der Industriestädte des Nordens und der Midlands, etwa Manchesters, Liverpools oder Birminghams. In London gab es kaum Schwerindustrie, keine *textile mills*, keine Hütten- und Stahlwerke und nur wenige Schiffswerften. Stattdessen hatten sich bereits im 19. Jahrhundert kleinere, zum Teil hoch spezialisierte Industriecluster aus dem Bereich der Konsumgüterproduktion, herausgebildet. Für sie war London nicht nur Produktionsstandort, sondern zugleich ein wichtiger Absatzmarkt, der schon an der Wende vom 19. zum 20. Jahrhundert 6,6 Mio.

Abb. 4.3 Das neue Hochhaus Shard London Bridge und seine Umgebung auf dem Südufer der Themse (Fotomontage). Die Fertigstellung des Wolkenkratzers ist für das Jahr 2012 geplant. Quelle: http://www.shardlondonbridge.com.

Einwohner umfasste. Als Beispiele für kleinräumige Industriekonzentrationen lassen sich die Möbelindustrie, die Bekleidungsindustrie, die Papierherstellung sowie die Uhren- und Schmuckindustrie nennen. Auch die Nahrungsmittelindustrie war in London schon zu Beginn des Industriezeitalters stark vertreten. Für sie stellte der Hafen, wo Agrarprodukte aus allen Regionen des British Empire gelöscht wurden (vor allem Zucker, Getreide), einen wichtiger Standortfaktor dar.

Den stärksten Besatz mit Industrien wies stets der nördliche und östliche Sektor des Kranzes innerer Vororte auf. Stadtteile wie Islington, Finsbury, Holborn, Bethnal Green und Stepney wurden bis in die 1970er Jahre durch ein dichtes Geflecht von Fabriken und Arbeiterquartieren geprägt. Auch Southwark, südlich der Themse, entwickelte sich durch seine Nähe zum Hafen zu einem bedeutenden Industriestandort (Abschnitt 4.3).

Die wichtigste Industriekonzentration bildete sich jedoch im Osten Londons heraus. Während der Zwischenkriegszeit entwickelte sich das dortige Lea Val-

ley, in Kürze Austragungsort der Olympischen Spiele (Abschnitt 4.5), zu einer regelrechten Industriegasse. Hier siedelten sich Unternehmen der Konsumgüterindustrie, insbesondere der Elektroindustrie, an. Zu den wichtigsten Produkten, die im Lea Valley hergestellt wurden, zählten noch in den ersten beiden Jahrzehnten nach dem Ende des Zweiten Weltkrieges diverse Haushaltsgeräte, z. B. Fernsehgeräte, Radios, Kühlschränke, Herde, Lampen und elektrische Heizungen. Auch Betriebe der chemischen Industrie und der Automobilindustrie mit ihren Zulieferern waren im Lea Valley ansässig.

In der Nähe der Docks und der Themse hingegen war schon im 18. Jahrhundert ein industrielles Milieu u. a. aus Schiffsausrüstern, Reparaturwerften, Öl- und Getreidemühlen, Zuckerraffinerien und Sägewerken entstanden. In der Nähe dieser Standorte lagen häufig auch Güterbahnhöfe mit den dazugehörigen Gleisanlagen, Kraftwerken und Gasometern.

Obwohl die Industriestruktur Londons stets durch Betriebe mittlerer Größe geprägt wurde, entstanden in den ersten Jahrzehnten des 20. Jahrhunderts auch einige Großbetriebe. Zu den größten Arbeitgebern zählten die Eisenbahnwerke in Stratford mit 7 000 Beschäftigten, die Thames Ironworks in Canning Town mit 6 000 Mitarbeitern, Siemens in Woolwich mit 7 000 Beschäftigten, Woolwich Arsenal, eine Rüstungsfabrik, mit 70 000 und Ford in Dagenham mit etwa 15 000 Beschäftigten.

Noch bis in die erste Hälfte der 1960er Jahre nahm die Entwicklung der Londoner Industrie einen positiven Verlauf. Im Jahre 1961 stellte sie rund ein Drittel aller Arbeitsplätze. Mitte der 1960er Jahre jedoch erfasste eine zunächst noch flache, ab Mitte der 1970er Jahre an Höhe und Geschwindigkeit zunehmende Welle der Deindustrialisierung die Stadt. Sie schlug breite Schneisen in den industriellen Bestand Londons, was zwischen 1961 und 1981 zu einem Rückgang der Industriearbeitsplätze von 1,45 Mio. auf 681 000 führte. In den 1980er Jahren ging die Zahl der Industriearbeitsplätze auf 359 000 zurück, und weitere 160 000 wurden in den letzten beiden Jahrzehnten aufgegeben. Heute sind der Londoner Industrie noch ca. 200 000 Beschäftigte geblieben. Angesichts einer Gesamtzahl von 4,08 Mio. Arbeitsplätzen (2007) bedeutet diese Zahl, dass nur noch etwa jeder 20. Beschäftigte in London in einem Industrieunternehmen arbeitet.

Mit der Ausnahme des Verlags- und Druckereiwesens hat die Deindustrialisierung alle Sparten der Londoner Industrie getroffen. Die Verschonung von Verlagen und Druckereien liegt darin begründet, dass diese, im Englischen mit dem Etikett *publishing and print* versehene Industriesparte direkt und unmittelbar an nahezu alle Dienstleistungssektoren gekoppelt ist und infolgedessen von deren positiver wirtschaftlicher Entwicklung profitieren konnte.

Ansonsten werden in London heute nur noch in kleinem Maßstab „Dinge", also Güter im traditionellen Sinne, hergestellt. Vielmehr stehen – auch in der Industrie – die Produktion und Verbreitung von Wissen und Informationen im Vordergrund. Zu den wichtigsten Produktgruppen zählen neben Zeitungen und Zeitschriften Fernseh-, Video- und Internetproduktionen, Software- und Musikproduktionen.

Für den radikalen Wandel der Industriestruktur Londons gibt es eine Reihe von Gründen. Entscheidend war die zunehmende Abhängigkeit von Unternehmen der klassischen Konsumgüterindustrie von Rentabilitätskriterien, die den Standort London mit seinen hohen Produktions- und Lohnkosten zunehmend unattraktiv erscheinen ließ. Allerdings haben auch britische Regierungen keine entscheidenden Anstrengungen unternommen, der Deindustrialisierung entgegenzuwirken. Im Gegenteil: Bis Mitte der 1980er Jahre versuchten Regierungen durch eine auf Südostengland bezogene restriktive Industriestandortkontrolle mit sog. Industrial Development Certificates (IDCs) die Ansiedlung neuer und die Erweiterung bestehender Fabriken zu steuern. Dieses Instrument war 1947 in die Regionalentwicklungspolitik eingeführt worden. Mit der Industriestandortkontrolle sollten strukturschwache Gebiete in Altindustrieregionen gefördert werden, was nur zum Teil gelang. Entscheidend für London war, dass durch die bis Anfang 1982 praktizierte IDC-Vergabepolitik neue industrielle Entwicklungen in London gesetzlich verhindert wurden (Abschnitt 7.2).

Neue Großprojekte auf *brownfields*

Räumlich spiegelte sich der Niedergang der Industrie in einer rapiden Zunahme von Industrie- und Verkehrsbrachflächen wider. Besonders augenfällig wurde dieser Prozess in bahnhofsnahen Gebieten. Das Gelände zwischen den nördlichen Bahnhöfen King's Cross und St. Pancras ist diesbezüglich ein besonders prominentes Beispiel. Dieses Areal war bis in die Mitte der 1990er Jahre eine klassische No-go-Area. Ein Gasversorger, Schrottplätze, Zementwerke und vernachlässigte Reihenhäuser aus der viktorianischen Ära prägten das Bild dieses typischen Bahnhofsviertels, in dem sich zusätzlich Drogenhandel und Prostitution ausgebreitet hatten. Im Zusammenhang mit dem Ausbau der neuen Hochgeschwindigkeitsstrecke des Eurostar (Channel Tunnel Rail Link), die 2007 komplettiert wurde und in dem erweiterten und modernisierten Bahnhof St. Pancras endet, hat man sich der Neugestaltung des Geländes nördlich des benachbarten Bahnhofs King's Cross angenommen. Nachdem Mitte der 1990er Jahre die Entscheidung getroffen worden war, dass St. Pancras der Londoner Terminal für den Channel Tunnel Rail Link mit Verbindungen nach Lille und Brüssel bzw. nach Paris werden würde, wurde schnell die strategische Bedeutung dieses Standortes klar. Denn hier verlassen bzw. besteigen nicht nur jährlich ca. 8 Mio. Gäste die schnellen Züge aus bzw. nach Frankreich und Belgien, ein erheblicher Teil von ihnen reist von hier oder vom benachbarten Bahnhof Euston weiter in die mittleren und nördlichen Landesteile Großbritanniens. Mit anderen Worten: St. Pancras ist durch den Eurostar-Terminal zu einem der bedeutendsten Hubs im Londoner Verkehrssystem geworden (Abb. 4.4).

Abb. 4.4 Der 2007 wieder eröffnete Bahnhof St. Pancras ist Endhaltepunkt des Eurostar. Mit ca. 8 Mio. Passagieren zählt St. Pancras zu den wichtigsten Verkehrsknotenpunkten in London. Quelle: Wikipedia, Peter Skuce 2008.

Abb. 4.5 Das Gebiet um die beiden Kopfbahnhöfe King's Cross und St. Pancras. Deutlich zu erkennen an seinem Flachdach ist der neue Terminal für die 400 m langen Eurostar-Züge. Im Mittelpunkt des Bildes ist – als Fotomontage (weiß dargestellt) – das in der Entstehung begriffene gehobene Quartier nördlich des Bahnhofs King's Cross. Quelle: King's Cross Central Limited Partnership, © Miller Hare.

Abb. 4.6 Paddington Basin Redevelopment – eines der aktuellen städtebaulichen Flaggschiffprojekte Londons. Quelle: Wood 2006.

Als entsprechend hochwertig wurden nun die benachbarten Flächen eingestuft, die bis schätzungsweise 2015 revitalisiert sein werden. Auf rund 27 ha entsteht zurzeit in der Nähe von King's Cross ein neues Quartier mit einem Mix aus Einzelhandel und Gastronomie, kulturellen Einrichtungen, Büronutzung und hochpreisigem Wohnungsbau (Abb. 4.5).

Ein weiteres städtebauliches Großprojekt wird zurzeit in Paddington verwirklicht. Das Projekt firmiert unter dem Namen Paddington Basin Redevelopment. Um den gleichnamigen Bahnhof und beiderseits des weiter nördlich verlaufenden Grand-Union-Kanals werden Bürokomplexe und Appartmenthäuser errichtet (Abb. 4.6).

Insgesamt entstehen hier 3 000 neue Wohnungen und 23 000 Arbeitsplätze. Die Standortvorteile dieses Gebiets liegen in der ausgezeichneten Anbindung an den Flughafen Heathrow, der nur 15 Zugminuten von Paddington entfernt liegt. Zugleich verkehren in Paddington die Hochgeschwindigkeitszüge, die London mit Städten innerhalb des M4-Korridors verbinden. Der M4-Korridor ist ein streifenförmiges Gebiet, das sich von Heathrow in westliche Richtung längs der Autobahn M4 bis etwa Bristol erstreckt. Es zeichnet sich durch eine besonders hohe Entwicklungsdynamik aus.

Die Bedeutung städtischer Governance: Der London Plan

Die dargestellten Entwicklungen nahe Paddington und King's Cross betten sich ein in ein umfassendes städtebauliches Gesamtkonzept, das 2004 von der Greater London Authority (GLA) verabschiedet wurde und unter dem schlichten Namen London Plan veröffentlicht wurde. Die GLA ist eine 1999 von der Labour-Regierung eingesetzte Behörde, die administrative und planungsbezogene Aufgaben für Greater London wahrnimmt. Obwohl sie schlanker als der 1986 von der Thatcher-Administration aufgelöste Greater London Council (GLC) ist, übernimmt sie doch ähnliche Aufgaben, insbesondere im Bereich der strategischen Planung.

Der London Plan zeichnet sich dadurch aus, dass er nicht nur ein thematisches Leitbild für die künftige Entwicklung Londons enthält, sondern noch einen Schritt weiter geht und konkret benennt, welche Projekte an welchen Orten zu bestimmten Zeitpunkten verwirklicht sein sollen. Dazu weist der Plan 28 sog. *opportunity areas* aus (Abb. 4.7). Unter diesem Etikett werden Standorte in

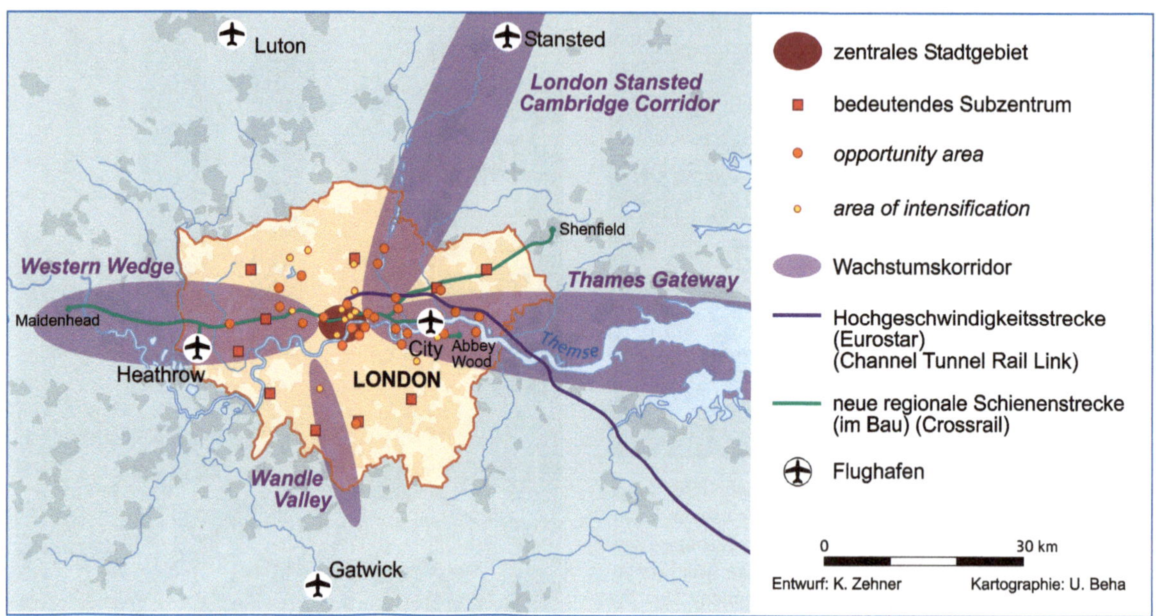

Abb. 4.7 Entwicklungsschwerpunkte und Entwicklungsachsen im Großraum London. Die dieser vereinfachten Kartenskizze zugrunde liegende Originalkarte ist Bestandteil des London Plan, der 2004 von der Greater London Authority (GLA) veröffentlicht wurde. Quelle: Greater London Authority 2004.

verkehrsgünstiger Lage zusammengefasst, die zurzeit brachliegen bzw. mindergenutzt sind, denen jedoch ein großes Entwicklungspotenzial bescheinigt wird. Damit verbindet sich die Einschätzung, dass in jeder *opportunity area* mittelfristig mindestens 5 000 neue Arbeitsplätze oder 2 500 neue Wohnungen entstehen können. Ziel ist es, diese Standorte zu kompakten Subzentren zu entwickeln. Hieran wird deutlich, dass sich der London Plan sehr stark am Leitbild der kompakten Stadt bzw. Stadt der kurzen Wege orientiert. Auf einer zweiten Hierarchiestufe weist der Plan sog. *areas for intensification* aus. Damit werden bereits bestehende Zentren bezeichnet, die durch Verdichtung bestehender Nutzungen in ihrer Funktion weiter gestärkt werden können.

Schließlich werden vier Wachstumskorridore definiert. Diese sind der Thames Gateway, der London Stansted Cambridge Corridor, der Western Wedge und das Wandle Valley. Sie folgen wichtigen Verkehrsachsen und schließen Verkehrsknotenpunkte von überregionaler und nationaler Bedeutung ein. Auf sie sollen sich in Zukunft das wirtschaftliche und städtebauliche Wachstum der Stadt konzentrieren.

Fazit

In der jüngeren Entwicklung Londons können aus heutiger Sicht die 1980er Jahre als das entscheidende Jahrzehnt des Wandels bezeichnet werden. In diesem Zeitfenster vollzog sich ein massiver Wandel der Wirtschaftsstruktur Londons. Es gab im Wesentlichen drei Faktoren, die diesen Umbruch begünstigten. Erstens führte die sich stark beschleunigende wirtschaftliche Globalisierung zu einer räumlichen Konzentration von Unternehmen des FIRE-Sektors (FIRE = Finance, Insurance und Real Estate) auf weltweit wenige Städte, zu denen auch London zählte. Zweitens bot das neoliberale Wirtschaftsklima unter der Thatcher-Regierung einen geeigneten politischen Rahmen für den Ausbau Londons zum international bedeutendsten Finanzzentrum. Die bis Ende der 1970er Jahre straffe Regulierung von städtischer Planung, Architektur und Finanzsystem wurde sukzessive gelockert, um London im globalen Wettbewerb Standortvorteile zu sichern. Drittens führten die Deindustrialisierung Londons sowie die Schließung der Docks zu einem attraktiven Angebot an Flächen, auf denen eine stark durch die Finanzwirtschaft geprägte Nebencity entwickelt werden konnte. Schließlich wird die aktuelle Stadtentwicklung Londons durch verschiedene Großprojekte geprägt, die den Bau neuer spektakulärer Hochhäuser einschließen. Von entscheidender Bedeutung ist dabei, dass die Einzelvorhaben Teil eines Masterplans sind, der von einer demokratisch legitimierten Körperschaft erarbeitet und verabschiedet wurde.

Informationen im Internet

http://www.cityoflondon.gov.uk
Website der City of London Corporation, die für die räumliche und wirtschaftliche Entwicklung der berühmten Square Mile als städtische Behörde mitverantwortlich ist. Die Seite ist u. a. ein Portal, in dem Pfade zu einer Fülle von relevanten Daten und Informationen gelegt werden, die die Entwicklung des citybasierten FIRE-Sektors dokumentieren (Abruf: 28.01.2010).

Weiterführende Literatur

Bugler, J. (1985): The Changing Face of London: A Tale of Two Cities, The Listener, 11. April.

Corporation of London (Hrsg.) (1995): City Research Project. The Competitive Position of London's Financial Services: Final Report. London.

Cohen, P.; Rustin, M. J. (Hrsg.) (2006): London's Turning. The Making of Thames Gateway. Aldershot.

Gossop, C. (2008): Towards a More Compact City – The Plan for London. In: disP 173, 2, S. 47–55.

Greater London Authority (Hrsg.) (2004): The London Plan. Spatial Development Strategy for Greater London. London.

Hamnett, C. (2003): Unequal City. London in the Global Arena. London/New York.

Heineberg, H. (2007): Die Global City London im Rahmen der Weltwirtschaftsentwicklung. In: Geographie und Schule 165, S. 9–18.

Imrie, R.; Lees, L.; Raco, M. (Hrsg.) (2009): Regenerating London. Governance, Sustainability and Community in a Global City. London/New York.

Massey, D. (2007): World City. Cambridge.

4.3 Geteilte Stadt: Soziale Gegensätze und sozialräumliche Kontraste in London

KLAUS ZEHNER

„Man kann kilometerweit gehen, ohne auch nur einem einzigen nicht zerlumpten Rock oder nicht durchlöcherten Schuh zu begegnen. Diese Verwahrlosung des Aeußern erstreckt sich auf beide Geschlechter und jede Altersstufe. Dazu die Einförmigkeit der Häuserreihen, der Schmutz der Straße und dann vor allem der Umstand, daß das Auge hier und da auf einen Repräsentanten jener unglücklichen Armee von sogenannten ‚Arabern' fällt, die so ziemlich die abschreckendsten menschlichen Wesen sind, die das Auge des kontinentalen Arztes zu sehen bekommen hat. Langsam schleppen sich diese gebückten, nur aus Knochen, Haut und Lumpen bestehenden Wesen an den Häuserreihen dahin [...]" (Beschreibung des Londoner

East End von Grotjahn 1904, S. 768, zit. nach Schubert 1997, S. 119).

„When the magnates purchased houses near London it was not town-houses in narrow streets but country-houses with a series of different buildings and vast gardens. The arrival of each noble family increased the population not only by the family itself and its many servants with their relatives but also by merchants, artisans and others who lived on the aristocracy. Besides London, the town of producers, the capital of the world trade and industry, there arose another London, the town of consumers, the town of the Court, of the nobility, of the retired capitalists" (Rasmussen 1934, S. 165).

Treffender, als es diese beiden einleitenden Zitate vermitteln, lassen sich wohl kaum die sozialen und sozialräumlichen Disparitäten beschreiben, die London noch bis weit ins 20. Jahrhundert hinein geprägt haben. Die Stadt war sozial und sozialräumlich tief gespalten, und zwar in einen armen Osten und einen reichen Westen. Wesentliche Einflussgrößen dieses räumlichen Musters waren die Lage des Hafens und der Industrien in der östlichen Stadthälfte und der Sitz von Krone und Parlament im Westen der Stadt.

Das aristokratische London

Wirklich ausschlaggebend für die Entwicklung eines West End war allerdings ein einziges wirkungsmächtiges Ereignis, der Große Brand Londons. Er wütete vom 2. bis zum 5. September 1666 und legte vier Fünftel der damaligen Stadt, deren Umriss in etwa mit dem der heutigen City identisch war, in Schutt und Asche. Nach dem Feuer kehrten die reichen Familien aus Angst vor einer möglichen Wiederholung des schrecklichen Brandes dem alten London den Rücken. Es galt als gefährlich, schmutzig und unsicher. Als Standort für ihre neuen Häuser bevorzugten sie Gebiete westlich der alten Stadt. In einer Zeit, in der persönliche Kontakte und Kommunikation entscheidend für das gesellschaftliche und politische Leben waren, wirkte Westminster mit seinen Regierungsfunktionen und seinem aristokratischem Ambiente wie ein Magnet, um den sich neue Stadtviertel wie St. James, Soho, Mayfair, Marylebone und Bloomsbury herausbildeten. Dabei konzentrierte sich die Bebauung auf 35 größere, zusammenhängende Grundstücke (*estates*), die sich auf einen ca. 5 km breiten Streifen zwischen Westminster im Süden und dem Parliamentary Hill im Norden verteilten. Die Estates waren im Besitz von Krone, Kirche und Adel und bis Mitte des 17. Jahrhunderts überwiegend landwirtschaftlich oder zur Jagd genutzt worden. Nach dem Großen Brand Londons erfuhren die Estates mit einem Male eine neue

Das Londoner Stadthaus

Die eleganten Stadthäuser des Londoner West End waren die ersten Wohngebäude in der Stadtbaugeschichte Londons, die komplett aus Ziegelsteinen gebaut wurden. Ihre Farbe variierte von einem dunklen Rot, das man an der Wende vom 17. und 18. Jahrhundert bevorzugte (Queen Anne Style), bis zu einem bräunlichen Gelb, das ab der Mitte des 18. Jahrhunderts in Mode kam (Georgian Style). Holz und Fachwerk spielten als Baumaterialien praktisch keine Rolle mehr, denn nach dem Großen Brand waren neue Bauvorschriften erlassen worden, die aus Sicherheitsgründen den Bau von Holzhäusern ausschlossen. Ein charakteristisches Merkmal war der Ausbau des Kellergeschosses, das in vollem Umfang durch Küche und Vorratsräume genutzt werden konnte, weil es durch einen Schacht, der das Haus vom Bürgersteig absetzte, Licht erhielt. Zur rückwärtigen Seite führte der Keller ohne Niveauunterschied direkt in den Garten, der ein Stockwerk tiefer lag als die Straßen an der

Vorderseite der Häuser. Insofern macht der Begriff *terrace houses* wirklich einen Sinn, weil die Hausreihen auf künstlich erhöhten Streifen, die man als Terrassen bezeichnen könnte, errichtet wurden. Weitere typische Gestaltungsmerkmale der Häuser waren zum Teil verzierte Gesimsbänder sowie von Stockwerk zu Stockwerk variierende Proportionen der Fenster. Das ausgeprägteste Verhältnis von Fensterhöhe zu -breite wies das erste Stockwerk, die sog. Beletage, auf. Sie erhielt daher das meiste Tageslicht, was ihrer Bedeutung – hier lagen die repräsentativen Räume des Hauses – gerecht wurde. Zu den typischen Merkmalen des Londoner Stadthauses zählen auch die verzierten Türportale sowie die Mansardendächer. Die Reduzierung auf einen Haustyp und dessen Weiterentwicklung im Detail lassen heute noch differenzierte Rückschlüsse auf die städtebauliche Entwicklung Londons im 17. und 18. Jahrhundert zu.

Form der Wertschätzung, und zwar als potenzielles Bauland.

Die Estates wurden von Baugesellschaften erschlossen, die eng mit den Landbesitzern kooperierten. Grundlage dieses *speculative building* bildete die Vergabe von Baulizenzen durch den König, wodurch dieser einen gewissen Einfluss auf Gestaltung und Architektur ausüben konnte. Dennoch konnte auch er nicht verhindern, dass jeder Estate nach eigenen Grundrissmustern und Gestaltungsprinzipien entwickelt wurde, so dass sich auch heute noch das West End als ein kaum zusammenhängender Flickenteppich von Stadtvierteln zeigt.

Ausgangspunkte der Erschließungen bildeten in der Regel sog. Squares. Als Squares wurden rechteckige oder ovale Plätze bezeichnet, die begrünt und mit Rasenflächen, Beeten und Baumindividuen verschönert wurden. In diesem Sinne bildeten die Squares verkleinerte Abbilder bzw. Ausschnitte aus der englischen Countryside, die der Adel so sehr schätzte. Neben der schönen Aussicht boten sie des Weiteren die gesellschaftlich wichtige Möglichkeit des Promenierens. Viele Squares wurden mit Eisenzäunen eingefasst und auf diese Weise vor ungeliebten Besuchern geschützt. Zutritt hatten nur die Bewohner der an sie grenzenden Häuser. Manche Squares sind bis heute nur einem ausgewählten Personenkreis zugänglich, was an den Eingangstoren durch entsprechende Schilder deutlich angezeigt wird (Abb. 4.8).

Die Squares wurden nach den adligen Familien benannt, deren Stadtpaläste vis-a-vis der Grünflächen standen. So ist beispielsweise die Entwicklung des Stadtteils Bloomsbury im Wesentlichen den Herzögen von

Bedford zuzuschreiben, was sich im Namensgut der Squares widerspiegelt. So gibt es außer dem Bedford Square einen Russell Square und einen Woburn Square. Letzterer ist nach Woburn Abbey benannt, die bis zur Reformation ein Kloster war und im 17. Jahrhundert zum Landsitz des Duke of Bedford umgebaut wurde. Der Russell Square erhielt dagegen seinen Namen von der Russell-Familie, aus der im späten 17. und 18. Jahrhundert die Herzöge von Bedford stammten.

East und West End verkörperten bereits vor dem Beginn der Industriellen Revolution zwei völlig verschiedene Stadtwelten mit gänzlich unterschiedlichen Funktionen, Bebauungsformen und Bevölkerungsgruppen. Den meisten Bürgern aus dem West End war die Osthälfte der Stadt vollkommen unbekannt. Der Osten Londons war gewissermaßen eine Terra incognita, die man wenn irgend möglich mied. In Engels Buch über *Die Lage der arbeitenden Klasse in England* wird ein Pfarrer aus dem East-End-Viertel Bethnal Green zitiert, der geäußert haben soll, dass man von der Wohnungsnot im East End Londons „am Westende der Stadt ebensowenig … wußte wie von den Wilden Australiens oder der Südsee-Inseln" (zit. nach Schubert 1997, S. 36).

Londons dunkle Seite – das East End

Das East End, der Londoner Osten, war bereits lange vor Beginn der Industriellen Revolution ein Schauplatz gewerblicher Produktion. Vor allem längs des Flüsschens

Abb. 4.8 Das Hinweisschild am Eingang zum Bedford Square zeigt an, dass der Aufenthalt auf dem Square nur „Keyholders", also Schlüsselbesitzern, möglich ist. Die meisten Squares sind heute jedoch für die Öffentlichkeit zugänglich. Quelle: Zehner 2009.

Lea, das sich durch den Nordosten Londons schlängelt, um östlich der Isle of Dogs in die Themse zu münden, hatten sich nach 1600 etliche Mühlenbetriebe und Manufakturen angesiedelt. Der von diesen Betrieben ausgehende Rauch, Dampf und Gestank belastete schon im 17. Jahrhundert den Londoner Osten und beeinträchtigte die Gesundheit seiner Bewohner, die häufiger als in anderen Teilen Londons wohnende Bürger an Schwindsucht und Fieber erkrankten, wie Peter Ackroyd in seiner lesenswerten Biografie über London feststellt. Hinzu kamen Färbereien, Gerbereien, Glockengießereien, Pulverfabriken, Schlachthöfe und Bäckereien (Abschnitt 4.2).

Und doch bildeten die Verhältnisse im späten 17. und 18. Jahrhundert erst die Vorhut zu einer dramatischen Zuspitzung der sozialen Problematik während des 19. Jahrhunderts. Entscheidend hierfür war der massive Ausbau des Hafens zu Beginn des 19. Jahrhunderts. Die Hafenerweiterung durch Docksysteme war notwendig geworden, da mit dem Aufstieg Großbritanniens zur Weltmacht und der Entwicklung des British Empire der Seeverkehr zwischen England und seinen Kolonien stark zugenommen hatte, und die Kais und Liegeplätze im Fluss nicht mehr ausreichten. Mit dem vermehrten Frachtaufkommen nahm auch die Zahl der hafengebundenen und rohstoffverarbeitenden Industrien im Londoner Osten stark zu.

Für die Entwicklung des East End war entscheidend, dass die Bevölkerung Londons im 19. Jahrhundert von 1 Mio. auf 6,5 Mio. zunahm. Dadurch stieg die lokale Nachfrage nach Konsumgütern unterschiedlichster Art kräftig an, was sich im Bau neuer Fabriken, die überwiegend in Ostlondon entstanden, niederschlug. Unter ihnen waren zahlreiche Betriebe, deren Abfälle bzw. Abwässer die Umwelt stark belasteten, z. B. Chemiewerke und Düngemittelhersteller, Färbereien, Leim- und Paraffinhersteller und Farbenfabriken.

Von besonderer Bedeutung waren die Seidenweber im East End, die sich schwerpunktmäßig in Spitalfields, Mile End und Bethnal Green niedergelassen hatten. In den späten 1830er Jahren waren in diesem Industriezweig mehr als 9 000 Arbeitskräfte tätig.

Das East End entwickelte sich immer mehr zu einem Gebiet, in dem sich Menschen verschiedenster Herkunft und Glaubens sammelten. Von besonderer Bedeutung waren jüdische Immigranten aus Osteuropa, vor allem aus Russland. Um die Wende vom 19. zum 20. Jahrhundert lebten vermutlich 100 000 Juden im Londoner East End. Die Neuankömmlinge waren in den meisten Fällen mittellos und fanden in der Nähe der Docks sowohl eine preiswerte Bleibe als auch Arbeit. Die Sparsamkeit und der Arbeitswille der Juden waren zentrale Voraussetzun-

Das West End im Wandel

Der Adel selbst wohnt heute nicht mehr in den vornehmen Häusern rund um die Squares. Die repräsentativen Stadthäuser werden mittlerweile kommerziell genutzt. Manche sind Sitze von Botschaften und Konsulaten. Auch renommierte Organisationen und Verbände, Verlage, Rechtsanwälte, Notare und Wirtschaftsprüfer haben hier ihre Kanzleien eröffnet. Rund um den Bedford Square haben sich z. B. Architekten und Verlage niedergelassen, unter ihnen die Architectural Association, British Museum Publications, The Publishers Association und Heinemann International, während in den Palais um den St. James's Square die Botschaften Zyperns und Libyens untergebracht sind. Dort haben auch die Hauptverwaltung von BP und einige der renommierten Londoner Clubs ihren Sitz.

Nicht in allen Fällen blieb die Originalbebauung erhalten. Einige Squares wurden durch Bomben während des Zweiten Weltkrieges zerstört, in anderen Fällen hat man die Stadthäuser der ersten Generation abgerissen, um sie durch zweckmäßigere Gebäude, wie Hotels, zu ersetzen. Der Russell Square, an dessen Nordostseite 1894 das Russell-Hotel errichtet wurde, liefert hierfür das Musterbeispiel.

Komplett erhalten ist dagegen die Randbebauung um den Bedford Square, was daran liegt, das der gesamte Platz noch den Herzögen von Bedford gehört. Seine Gesamtkomposition vermittelt in anschaulicher Weise einen Eindruck von der Stadtgestalt Bloomsburys im späten 18. Jahrhundert, zumal auch der PKW-Verkehr (wieder) weitgehend von dem Platz verbannt wurde (Abb. 4.9). In seiner Hommage an Lon-

Abb. 4.9 Der Bedford Square im Stadtteil Bloomsbury ist nahezu in seinem Originalzustand von 1780 erhalten geblieben. Quelle: Zehner 2009.

gen für deren sozialen Aufstieg, der dazu führte, dass sie das East End verlassen konnten. Ihre Zielgebiete waren vor allem nördliche Londoner Vororte, wie Hackney, Golders Green und Hampstead.

Der Kontrast zwischen West End und East End hatte bis ins 20. Jahrhundert Bestand. Erst in der Zwischenkriegszeit begannen sich die Gegensätze allmählich abzuschwächen. Die Transformation setzte zunächst im West End ein, das zunehmend seine Wohnbevölkerung verlor und stattdessen von kommerziellen Nutzungen durchsetzt wurde. Verlage, Redaktionen, Anwaltskanzleien sowie kulturelle und Bildungseinrichtungen ließen sich in Kensington und Bloomsbury nieder, während Mayfair zum bevorzugten Sitz von Unternehmenszentralen und Werbeagenturen wurde. Dieser Prozess ver-

stärkte sich nach dem Zweiten Weltkrieg weiter, vor allem in den 1960er Jahren, als die Nachfrage nach Büroraum in zentralen Lagen zunahm.

Zu dieser Zeit hatte der Londoner Osten noch weitestgehend seine alten Funktionen inne, wenngleich sich der Charakter der Industrien mittlerweile deutlich gewandelt hatte. London hatte sich in der ersten Hälfte des 20. Jahrhunderts zu einem Zentrum der *light industry*, der Konsumgüterindustrie, gewandelt. Diese hatte ihre wichtigsten Standorte im Lea Valley. Zu Standorten von Industriebetrieben waren aber auch nördlich und südlich der City gelegene Vororte geworden, in denen sich zum Teil hoch spezialisierte Industriecluster herausgebildet hatten. So hatte sich Camden Town zu einem Zentrum der Herstellung von Musikinstrumenten ent-

don würdigt David Piper den Bedford Square als „noch immer ein geradezu wie eine Halluzination wirkendes, vollkommen erhaltenes Stück London aus dem späten 18. Jahrhundert" (Piper 1966, S. 301 f.).

In besonders gutem Zustand befinden sich vor allem die Gebäude an seiner südwestlichen Seite. Unschwer zu erkennen ist das ehemalige Haus der Adelsfamilie, das aus weißem Stein gebaut ist und sich durch die Pilaster (Säulenstreifen) und den Mittelrisalithen (dreieckförmigen Giebel) farblich und architektonisch deutlich von den benachbarten Gebäuden abgrenzt. Hinter den Stadtpalais befanden sich die Gärten der Häuser, die nach außen durch niedrigere Häuserzeilen begrenzt wurden. In diesen Häusern waren ebenerdig die Pferdeställe und die Unterstellplätze für die Kutschen untergebracht, während im ersten Stock das Personal wohnte und das Heu für die Pferde eingelagert wurde. Zugänglich waren diese Häuser zumeist über die ehemaligen Stallstraßen, kleine Stichstraßen, die als Mews bezeichnet werden. Mittlerweile wurden die Pferdeställe in Garagen umgewandelt, und im ersten Stock finden sich hochwertige Zweizimmerwohnungen mit Bad, WC und Küche. Heute zählen die Mews zu den beliebtesten Wohnstandorten im zentralen Stadtgebiet von London (Abb. 4.10). Hier wohnt man zentral und ruhig, profitiert also von zwei Eigenschaften, die auf den ersten Blick in der Londoner Innenstadt unvereinbar erscheinen.

Der Bedford Estate war im Übrigen eine Gated Community des 18. und 19. Jahrhunderts. Das Wohngebiet wurde durch bewachte Schranken von den großen Hauptverkehrsstraßen, die den Bezirk einfassen, abgeschirmt. Zugang hatten nur Bewohner, angemeldete Besucher und Lieferanten. Erst im Jahre 1893 wurde die Zutrittsbeschränkung durch ein Gesetz aufgehoben.

Abb. 4.10 Die Gower Mews im Stadtteil Bloomsbury. Die ehemaligen Unterstellplätze für die Kutschen dienen heute als Garagen. Die einstigen Wohnungen des Personals zählen heute zu den teuersten Wohnlagen in Central London. Quelle: Zehner 2007.

wickelt, während in Clerkenwell überwiegend Präzisionsgeräte fabriziert wurden. In Hatton Garden hatte sich ein Schwerpunkt der Uhren- und Schmuckindustrie herausgebildet, und in Shoreditch war ein Druckereiviertel entstanden. Dort, wie auch in Bethnal Green, wurden auch Möbel hergestellt, während in Whitechapel die Bekleidungsindustrie ansässig war. Für die Sozialgeographie der Stadt war entscheidend, dass die Arbeitskräfte zumeist in unmittelbarer Nachbarschaft zu den Produktionsstätten wohnten und somit das zentrale Stadtgebiet Londons von einem Kranz von Arbeiterquartieren eingefasst wurde.

Semidetached London

Außerhalb dieses Industrie- und Arbeitergürtels hatten sich zwischen den beiden Weltkriegen Wohngebiete geringerer Dichte entwickelt. Dieser suburbane Gürtel schloss Inner London komplett ein und breitete sich in den 1930er Jahren an seinen Rändern immer weiter aus. Kurz vor Ausbruch des Zweiten Weltkrieges bedeckte das suburbane London etwa das Vierfache der Fläche Inner Londons, wies aber noch nicht einmal die doppelte Bevölkerungszahl auf. Entscheidend für seine Entwicklung war zunächst das Aufkommen der Eisenbahn gewesen und ab 1900 der elektrifizierten Vorortzüge und der Motorbusse. Zum Sinnbild der (eintönigen) Vorortentwicklung wurde das Doppelhaus (*semidetached house*). Der Londoner Vorortring entwickelte sich zum Wohngebiet hauptsächlich mittlerer Einkommensgruppen. Die charakteristische Bebauungsdichte orientierte sich an dem von Ebenezer Howard, dem Vater der Gartenstadtidee, vorgeschlagenen Richtwert von zwölf Häusern pro Acre (1 Acre entspricht 4 000 qm). Mittelpunkte der neuen Vororte waren häufig ältere Dorfkerne, die im Zuge der Suburbanisierung in Subzentren umgewandelt wurden. Hier entstanden neue Haltepunkte für die Vorortzüge oder die Londoner U-Bahn, die Tube, deren Trassen in den Außenbereichen zumeist oberirdisch geführt wurden. Um die Bahnhöfe gruppierten sich Geschäfte, die Post, die Bücherei und in den größeren Orten auch das eine oder andere Kino. Ealing, Croydon, Harrow und Ilford sind gute Beispiele für solche suburbanen Zentren. In anderen Stadtrandgebieten wurden komplett neue Subzentren errichtet, beispielsweise Rayners Lane und Hendon Central (Abb. 4.11).

Der äußere Vorortring blieb weitestgehend von Industrieansiedlungen verschont. Allerdings veränderte

Abb. 4.11 Poster, mit dem in der Zwischenkriegszeit Werbung für die neuen Wohngebiete Londons an der Peripherie gemacht wurde. Betont werden die neuen Ideale vom Wohnen im Grünen bei gleichzeitig schneller und preiswerter Erreichbarkeit der Londoner Innenstadt. Quelle: http://london-underground.blogspot.com/2009/03/moving-to-metro-land-bus-back-to-1950s.html.

sich in der Zwischenkriegszeit unter dem Einfluss zunehmender Motorisierung das Muster der Industrieansiedlung und somit auch das der sozialräumlichen Struktur. Bis zum Zweiten Weltkrieg hatte sich vor allem längs der großen Ausfallstraßen nach Westen, der Great West Road, der Western Avenue und der Edgware Road, ein Band von Fabriken angesiedelt. In östliche Richtung reihten sich Industriebetriebe nördlich der Themse bis nach Dagenford zu den Fordwerken. Erwähnt wurde bereits die Industriegasse des Lea Valley im Nordosten, während sich auch in Südlondon, längs des Flusses Wandle, Industrie angesiedelt hatte. Diese Industriegasse zog sich von Wandsworth in südwestliche Richtung nach Merton und Mitcham. In den tiefer gelegenen Arealen längs der Flüsse lagen auch die Arbeiterquartiere, während sich auf den etwas höher gelegenen Arealen zwischen diesen Bändern die Wohngebiete der Mittelschichten ausgebreitet hatten.

Ende der 1950er Jahre begann sich die Sozialgeographie Londons erneut zu verändern. Die mittleren Schichten wanderten zunehmend aus Inner London ab. Ihre Zielgebiete lagen entweder im suburbanen Vorortgürtel oder in einer der New Towns, die in den ersten Jahren nach dem Zweiten Weltkrieg in 30–40 km Entfernung von der Londoner Innenstadt entstanden waren. Kompensiert wurde dieser Bevölkerungsverlust durch den Zuzug ärmerer Bevölkerungsgruppen, unter ihnen zunächst hauptsächlich Iren und Kariber.

Trotz dieser Verschiebungen war Mitte der 1960er Jahre noch immer ein deutliches soziales Gefälle zwischen der westlichen und der östlichen Stadthälfte zu erkennen. Eine im Auftrag des Greater London Council durchgeführte sozialgeographische Untersuchung belegt, dass Mitte der 1960er Jahre der Osten Londons überdurchschnittliche Anteile an Sozialwohnungen und Arbeitern aufwies, während das West End durch eine junge, mobile und in Eigentumswohnungen bzw. privat gemietetem Wohnraum lebende Bevölkerung gekennzeichnet war.

Gentrifizierung und sozialräumliche Fragmentierung

Dieses sozialräumliche Muster blieb bis Mitte der 1960er Jahren gültig. Dann jedoch setzte ein dramatischer Wandel der städtischen Wirtschaft ein. Es waren im Wesentlichen drei sich zum Teil überlagernde Prozesse, die Londons Ökonomie in ihren Grundzügen veränderte. Erstens schrumpfte der industrielle Sektor signifikant. Zwischen 1961 und 1981 büßte London 770 000 industrielle Arbeitsplätze ein. Dieser Rückgang führte dazu, dass der Anteil der in der Industrie Beschäftigten von 32,4 % (1961) auf 19 % (1981) zurückging. Zweitens führten wirtschaftliche Überlegungen zur Schließung des Londoner Hafens, die zwischen 1969 und 1981 vollzogen wurde. Dadurch gingen zwischen 1961 und 1981 23 000 Arbeitsplätze in der Hafenwirtschaft verloren (Abschnitt 4.4).

Drittens konnte London seine Position innerhalb des globalen Städtesystems im Zuge des Umbaus der Weltwirtschaft im späten 20. Jahrhundert weiter ausbauen, was sich in einer signifikanten Zunahme von höherwertigen und gut bezahlten Arbeitsplätzen widerspiegelte. Von besonderer Bedeutung war der sog. Big Bang, der im Oktober 1986 die wirtschaftliche Stellung der City von London maßgeblich beeinflusste. Geschäftsabläufe an der Börse wurden vereinfacht, was sich positiv auf ihre internationale Bedeutung auswirkte. Dies führte auch zu einem Bedeutungszuwachs des Bankensektors, der vom Zuzug internationaler Investmentbanken profitierte (Abschnitt 4.2). Von seiner gewachsenen Bedeutung profitierten unmittelbar unternehmensbezogene Dienstleister, wie Unternehmensberatungen, EDV-Fachleute, Wirtschaftsprüfer, Notare und Juristen. Aber auch die Dienste von Boten, Gebäudereinigern, Wachleuten etc. wurden verstärkt nachgefragt. Zudem erfuhr die Bauwirtschaft neue Impulse, denn viele der alten Gebäude in der City entsprachen nicht mehr den Anforderungen an die neue Bürokommunikation. Gefragt waren neue Gebäude, die dem Stand der EDV-Technik entsprechend verkabelt waren und eine flexible Gestaltung von Büroräumen gestatteten.

Der dramatische Wandel des Arbeitsmarktes schlug sich auf den Wohnungsmarkt nieder. Insbesondere stieg die Nachfrage nach attraktivem Wohnraum für die gut verdienenden Angestellten des FIRE-Sektors und der unternehmensbezogenen Dienstleistungen. Besonders auffällig war, dass die Stadtbezirke im Osten und Südosten Londons die höchsten Zuwächse an Besserverdienenden zu verzeichnen hatten. So nahm zwischen 1981 und 1991 der Anteil jener Berufsgruppen, die in der amtlichen Statistik auf der höchsten Hierarchiestufe stehen und als *professionals and managers* bezeichnet werden, in Tower Hamlets um 72 % zu, in Southwark um 46 %, in Lambeth um 43 % und in Hackney um 42 %.

Dabei sind diese generellen Zuwachsraten das Ergebnis von in der Regel räumlich begrenzten Aufwertungsprozessen. So wurden insbesondere im Osten Londons ehemalige Lagerhäuser bzw. industriell genutzte Gebäude nach kurzen Phasen der Stilllegung und Zwischennutzung in luxuriöse Wohnanlagen umgewandelt (Abb. 4.12).

Dieser Prozess nahm seinen Anfang während der späten 1970er Jahre in Wapping, östlich der City, und setzte sich auf dem Südufer der Themse fort, wo alte Wharfs in moderne Lofts konvertiert wurden. Das prominenteste Beispiel dürfte Butler's Wharf auf der sog. South Bank sein. Mittlerweile gibt es in nahezu allen Stadtteilen Inner Londons Beispiele für konvertierte Lager- und Industriehallen. Des Weiteren entstand hochwertiger Wohnraum als Geschosswohnungsbau an Standorten mit besonderen Qualitäten. Bevorzugt wurden Lagen in der Nähe von Wasserflächen, also am Themseufer oder einem der Docks. Von hohem Wert waren auch Standorte, die besondere Vorzüge hinsichtlich der Verkehrsanbindung boten. Das zurzeit im Werden begriffene Quartier im Schatten des erweiterten und umgestalteten St.-Pancras-Bahnhofs liefert hierfür das Paradebeispiel (Abschnitt 4.2).

Das wohl imposanteste Neubauprojekt der letzten Jahre an der Themse entstand allerdings nicht im Londoner Osten, sondern westlich der City, im Stadtteil Vauxhall. Am südlichen Brückenkopf der Vauxhall Bridge wurde auf dem Gelände eines ehemaligen Gaswerkes zwischen 1998 und 2005 ein spektakulärer Neubaukomplex, die St. George's Wharf, errichtet. Die Anlage besteht aus fünf miteinander verbundenen Häusern, die stufenförmig bis zu 22 Stockwerken ansteigen. Die obersten Stockwerke bestehen jeweils aus seegrasgrünen Penthäusern. Architektonisch bemerkenswert sind die extravaganten Dachkonstruktionen in Form von riesigen Flügeln, die ein maritimes Ambiente vermitteln. Die St. George's Wharf umfasst über 750 Luxuswohnungen, ein Hotel sowie zahlreiche Dienst-

Abb. 4.12 Butler's Wharf ist ein konvertiertes historisches Lagerhaus, unweit der Tower Bridge, am Südufer der Themse gelegen. Die Wharf wurde 1972 außer Betrieb gestellt und drohte zu verfallen. In den 1980er Jahren wurde aus dem einstigen Lagerhaus ein Komplex mit Lofts der Luxusklasse. Heute ist Butler's Wharf auch durch ihre gehobene Gastronomie bekannt. Quelle: Wikimedia Commons, Colin Gregory Palmer 2005.

leistungseinrichtungen und gastronomische Betriebe (Abb. 4.13).

Eine dritte Form der Gentrifizierung repräsentieren neue größere Wohngebiete mit einer verdichteten Bebauung, die sowohl Ein- und Zweifamilienhäuser als auch einen moderaten Geschosswohnungsbau umfassen. Ihr Wohnungsangebot richtet sich weniger an Spitzenverdiener als vielmehr an die gehobenen Mittelschichten, die ihren Arbeitsplatz in der City oder den Docklands haben. Ein Beispiel hierfür ist wiederum Wapping, wo in der zweiten Hälfte der 1980er Jahre auf

dem Areal der verfüllten London Docks ein solches Quartier entstanden ist (Abb. 4.14). Des Weiteren findet man diese Form der Gentrifizierung auch auf der Südseite der Themse im Gebiet der einstigen Surrey Docks.

Am Beispiel Wapping lässt sich im Übrigen deutlich erkennen, wie feinkörnig sozialräumliche Muster in London mittlerweile geworden sind. Nur wenige Straßenzüge von den Luxusappartments an der Waterfront und den neuen Quartieren der oberen Mittelschicht entfernt liegen heruntergekommene Wohnblöcke mit Sozialwohnungen, in denen Angehörige ethnischer Minder-

Abb. 4.13 St. George's Wharf ist ein architektonisch spektakuläres Großprojekt in Vauxhall mit guten innerstädtischen Verbindungen. Die hier verwirklichte Kombination von Wohnen und Arbeiten entspricht dem aktuell präferierten Leitbild von der Stadt der kurzen Wege. Quelle: Zehner 2006.

Abb. 4.14 Wohngebiet für die obere Mittelschicht in Wapping. Der Kanal erinnert noch an die ehemalige Nutzung des Geländes als Dock. Quelle: Zehner 2004.

heiten zur Miete wohnen. Vor allem Bangladeshi sind hier in der Mehrheit.

Wie Wapping ist ganz Inner London heute stark segregiert und fragmentiert. Ähnliche Kontraste findet man auch in Islington, in Wandsworth und in Camden Town. Dort ist eine aus städtebaulicher Sicht vierte Variante der Gentrifizierung zu beobachten. Sie besteht in der Aufwertung älterer Reihenhäuser, sog. *terrace houses*. Äußerlich spiegelt sich der Wandel der Sozialstruktur häufig in den bunt gestrichenen Hausfassaden wider (Abb. 4.15).

Die ausgeprägte Viertelsbildung in Inner London erklärt auch scheinbare Widersprüche in der amtlichen Statistik. Der sog. Index of Multiple Deprivation, eine statistische Kennziffer, die aus insgesamt 38 Variablen zur Beschreibung sozialer, ökonomischer und ökologischer Benachteiligungen entwickelt wurde, weist die im Osten liegenden Stadtbezirke Newham, Hackney und Tower Hamlets der Gruppe der am stärksten benachteiligten Local Authorities in ganz England zu. Auf der anderen Seite weist die EU-Statistik Inner London als reichste Region innerhalb der EU aus. Ungefähr ein Fünftel der Einwohner Inner Londons gehört mittlerweile zur neuen urbanen Mittelschicht, deren mittleres Jahreseinkommen über 70 000 Pfund liegt.

Abb. 4.15 Gentrifiziertes Wohngebiet in Notting Hill. Quelle: Zehner 2004.

Die amtliche Statistik in Großbritannien

Grundlage für alle Formen sozialgeographischer Analysen sind zuverlässige und aktuelle Daten über die Bevölkerung. Solche Daten sind in Großbritannien zentral verfügbar und können zumeist kostenlos bezogen werden. Grundlage der meisten Bevölkerungsdaten ist der Zensus. Seit dem Jahr 1801 wird regelmäßig, d.h. stets im ersten Jahr eines neuen Jahrzehnts, eine Volkszählung durchgeführt. Die einzige Ausnahme bildet das Kriegsjahr 1941. Die kurzen Abstände zwischen zwei Totalerhebungen bedeuten, dass das Zahlenmaterial stets aktuell ist und die Fortschreibungen sich auf ein Zeitintervall von maximal zehn Jahren erstrecken, so dass statistische Fehler und Ungenauigkeiten klein und kalkulierbar bleiben. Da es in Großbritannien keine Meldepflicht gibt, werden Migrationen innerhalb des Landes zumindest direkt nicht erfasst. Dennoch lassen sie sich seriös abschätzen. Ein wichtiges Instrument für die Ermittlung von Wanderungsströmen innerhalb Großbritanniens liefert die Meldedatei des National Health Service. Bürger, die ihren Wohnstandort innerhalb des Landes wechseln, müssen sich beim örtlichen Gesundheitsamt ihres neuen Wohnortes anmelden, bevor sie dort zum ersten Mal eine ärztliche Leistung in Anspruch nehmen dürfen. Ein weiterer Vorzug der amtlichen Statistik in Großbritannien ist, dass die Daten zentral, und zwar beim Office for National Statistics (ONS) mit Sitz in London, gesammelt, aufbereitet und von dort abgegeben werden. Sein Zuständigkeitsbereich umfasst uneingeschränkt England und Wales und mit gewissen Limitierungen auch Schottland und Nordirland. Deren Datenbestände werden zwar von eigenen Ämtern gepflegt, sie sind allerdings in die Homepage des ONS eingebunden, so dass der Nutzer in der Praxis die verschiedene Herkunft der Daten kaum bemerkt. Schließlich ist hervorzuheben, dass die meisten Daten regional tief gegliedert vorliegen. Der Nutzer kann in Abhängigkeit von den Variablen und Daten, an denen er ein Interesse hat, zwischen verschiedenen räumlichen Gliederungssystemen wählen. Die kleinste Einheit, für die Daten verfügbar sind, sind die *lower super output areas*, statistische Bezirke, die in der Regel Haushalte mit 1 000 bis 1 500 Einwohnern zusammenfassen.

Fazit

Hafen und Regierungssitz waren schon in der frühen Neuzeit ausschlaggebend für die Entfaltung eines tief greifenden sozialgeographischen West-Ost-Kontrasts in London. Das Grundmuster eines aristokratisch geprägten Westens und eines durch Handel und Gewerbe geprägten Ostens verstärkte sich im Industriezeitalter weiter. Heute – unter dem Einfluss von Deindustrialisierung und der Stärkung des FIRE-Sektors sowie unternehmensbezogener Dienstleistungen – ist die Struktur der sozialräumlichen Gliederung viel feinkörniger geworden. Dies betrifft vor allem Inner London, wo ethnisch und sozial sehr unterschiedliche Stadtviertel in oft enger räumlicher Nachbarschaft liegen und aneinander stoßen. Aus ehemaligen Arbeiterquartieren haben sich einerseits Gebiete, die durch spezifische ethnische und soziale Merkmale ihrer Bevölkerung geprägt werden, entwickelt, während andererseits, an Standorten mit besonderen Qualitäten, durch Gentrifizierung Wohngebiete für urbane Eliten entstanden sind.

Weiterführende Literatur

Ackroyd, P. (2002). London. Die Biographie. München.

Ackroyd, P. (2007). Die Themse. Biographie eines Flusses. München.

Buck, N.; Gordon, I.; Hall, P.; Harloe, M.; Kleinman, M. (2002): Working Capital. Life and Labour in Contemporary London. London/New York.

Engels, F. (1845): Die Lage der arbeitenden Klasse in England. Leipzig.

Grotjahn, A. (1904): Soziale Hygiene und Entartungsproblem. In: Soziale Hygiene, Handbuch der Hygiene, 4. Supplement-Band. Jena.

Hamnett, C. (2003): Unequal City. London in the Global Arena. London/New York.

Höfle, G. (1977): Das Londoner Stadthaus. Heidelberg.

Piper, D. (1966): London, München.

Rasmussen, S. E. (1934): London. The Unique City. Cambridge (Mass.).

Schubert, D. (1997): Stadterneuerung in London und Hamburg. Eine Stadtbaugeschichte zwischen Modernisierung und Disziplinierung. Braunschweig/Wiesbaden.

4.4 Vom maroden Hafen zur glitzernden Nebencity: Die London Docklands – eine Bilanz nach drei Jahrzehnten Strukturwandel

Klaus Zehner

Noch vor 30 Jahren endete London auf handelsüblichen Stadtplänen am Tower bzw. an der Tower Bridge. Warum auch hätte man weiter flussabwärts gelegene Stadtteile auf Stadtplänen verzeichnen sollen, lagen doch hier die Hafen- und Industriegebiete der Hauptstadt. In das Gewirr aus Lagerhäusern, Schuppen, Getreidemühlen, Werften und den Wohnquartieren von Hafen- und Industriearbeitern hätte sich ohnehin kein Tourist freiwillig begeben.

Heute dagegen ist auch der Ostteil der Metropole auf Stadtplänen dargestellt. Manche Touristen kommen hier sogar an, wenn sie London besuchen. Einige landen mit dem Flugzeug auf dem nur wenige Kilometer östlich der City gelegenen Stadtflughafen im Gebiet der ehemaligen Royal Docks. Andere wiederum durchqueren mittlerweile, von Paris oder Brüssel kommend, mit den schnellen Eurostar-Zügen den Ostteil der Stadt und steigen entweder in Stratford oder am Endhaltepunkt, dem modernisierten St.-Pancras-Bahnhof, aus dem Zug.

2012 wird der Osten Londons dann vollends aus dem Schatten der City und des vornehmen Regierungsviertels Westminster herausgetreten sein. Denn hier, unweit von Stratford, entsteht zurzeit auf einer ehemaligen Industriebrachfläche der Schauplatz für die Olympischen Sommerspiele (Abb. 4.16).

Dass sich der Londoner Osten heute deutlich attraktiver als vor 30 Jahren präsentiert, ist einem tief greifenden Strukturwandel zuzuschreiben, der vor etwa 25 Jahren einsetzte und bis heute andauert. Besonders eindrucksvoll spiegelt sich dieser Wandel in den Docklands wider. Die Entwicklung des einstigen Hafens zu einem neuen Stadtteil mit spektakulären Bürohochhäusern, aber auch Luxuswohnungen in umgebauten Lagerhäusern, fiel hauptsächlich in die 1980er und in die erste Hälfte der 1990er Jahre. Die damalige Premierministerin Margaret Thatcher mit dem Spitznamen „Eiserne Lady" hatte die Hafenerneuerung zu ihrem Prestigeprojekt erklärt. Dementsprechend flossen erhebliche Mittel aus der Staatskasse in das Projekt „Hafenerneuerung". Allerdings waren die Maßnahmen der Regierung umstritten, da sie die Interessen und Belange der lokalen Bevölkerung kaum berücksichtigten.

Die erfolgreiche Umwandlung des Hafens in eine pulsierende Nebencity Londons war an drei Voraussetzungen gebunden:

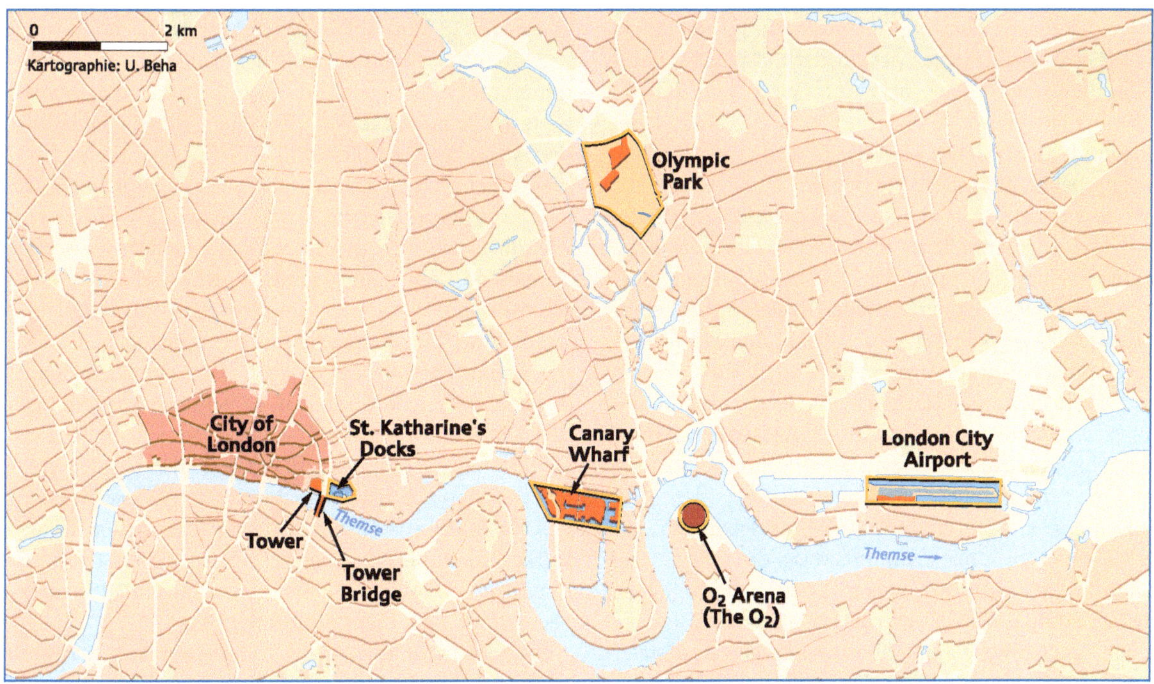

Abb. 4.16 Touristische Landmarken im Osten Londons. Quelle: Zehner 2009.

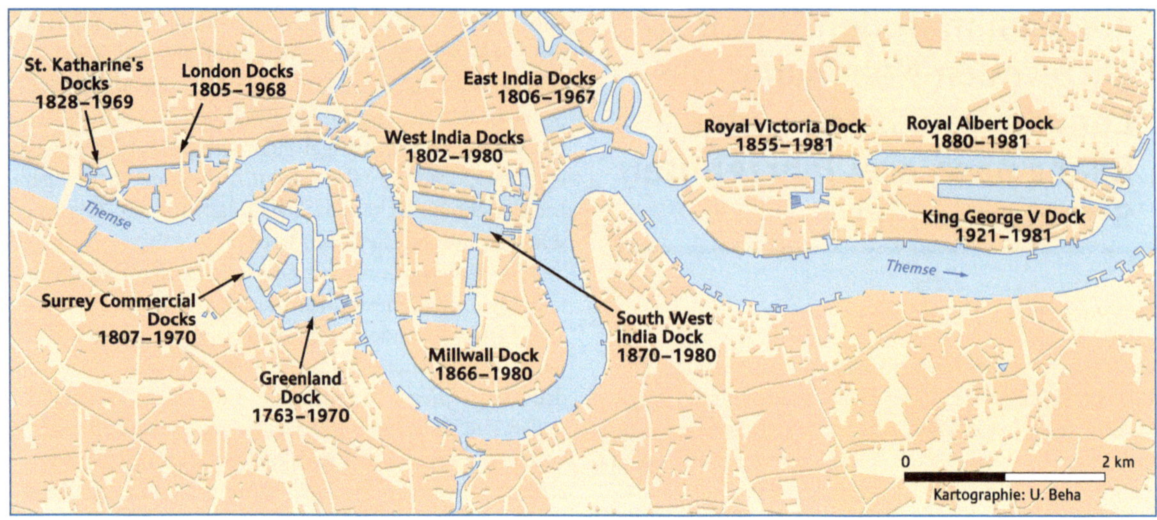

Abb. 4.17 Eröffnung und Schließung der Schleusendocks im Londoner Hafen. Quelle: Zehner 2009.

Erstens musste die Nutzung des Gebiets als Hafen komplett aufgegeben werden. Diese Voraussetzung war 1981 erfüllt, als die Londoner Hafenbehörde mit den Royal Docks die letzten, noch in Betrieb befindlichen Hafenareale innerhalb der Stadtgrenzen aufgab (Abb. 4.17). Als einziger Hafen Londons verblieben die Tilbury Docks, die jedoch nicht in London selbst liegen, sondern Ende des 19. Jahrhunderts als Vorhafen, 35 km Themse-abwärts, angelegt worden waren.

Zweitens war es zwingend notwendig, das beschädigte Image der Docklands aufzubessern. Insbesondere die Isle of Dogs im Herzen des einstigen Hafens litt noch bis in die frühen 1980er Jahre unter dem zweifelhaften Ruf einer No-go-Area. Die Isle of Dogs war nahezu zwei Jahrhunderte ein Gebiet gewesen, in dem ausschließlich Hafenarbeiter und Seeleute lebten und verkehrten. Investoren für städtebauliche Großprojekte in einem solchen Gebiet zu finden, war deswegen sehr schwierig. Daher war das Marketing der Docklands eine zentrale Aufgabe der 1981 von der Thatcher-Regierung ins Leben gerufenen Entwicklungsgesellschaft London Docklands Development Corporation (LDDC). In ihre Hände hatte die Regierung die Entwicklung der gesamten Londoner Docklands gelegt. Sie sollte für das Gebiet werben und seine Vorzüge als zukunftsfähiger Bürostandort im Schatten der Londoner City herausstellen.

Drittens mussten technische Voraussetzungen für den Umbau zu einem zukunftsweisenden Dienstleistungsstandort geschaffen werden. Dazu zählte vor allem die Verlegung eines Glasfasernetzes, das eine leistungsfähige und schnelle Datenübertragung gewährleistete. Denn man wollte vor allem Finanzdienstleister, Versicherer und andere Unternehmen, für die elektronische Kommunikation und Information wichtige Standortvoraussetzungen sein würden, als zukünftige Nutzer gewinnen.

Rückblick:
Vom Welthafen zur Hafenbrache

Wie aber war es überhaupt dazu gekommen, dass der noch Mitte der 1960er Jahre florierende Londoner Hafen nur 15 Jahre später nicht mehr existierte?

Durch den Seehandel mit den Kolonien, aber auch durch die zahlreichen Kohleschiffe und Kanalboote, hatte der Schiffsverkehr auf der Themse im 18. Jahrhundert stark zugenommen und teilweise chaotische Formen angenommen. Daher war aus wirtschaftlicher Sicht eine Erweiterung des Hafens unumgänglich geworden. Allerdings reichten hierfür die Kaimauern zwischen Tower und London Bridge nicht mehr aus. Daher entschloss sich der Stadtrat, dem Drängen Londoner Kaufleute und Handelsgesellschaften nachzugeben und den Bau neuer Hafenbecken östlich der damaligen Stadt zu genehmigen. So wurden ab 1776 flussabwärts zu beiden Ufern der Themse neue sog. Flutdocks in Betrieb genommen. Sie boten gegenüber den Flusskais den Vorteil, dass sich mit den Dockschleusen der Wasserstand in den Hafenbecken konstant halten ließ. Somit konnte der starke Tidenhub der Themse, der im Osten Londons über 6 m beträgt, die manuelle Be- und Entladung von Seeschiffen nicht mehr beeinträchtigen.

Der kostspielige Bau der Docks war von privaten Handelsgesellschaften finanziert worden. Diese Gesellschaften kümmerten sich nach der Inbetriebnahme zunächst auch um die Bewirtschaftung der Docks. Zu Beginn des 20. Jahrhunderts wurde diese Aufgabe aus wirtschaftlichen Gründen in die Hände einer neu gegründeten Hafengesellschaft, der Port of London Authority (PLA), gelegt. Mit dem stetigen Wachstum Londons und dem (noch) regen Handel mit den Kolonien des British Empire stiegen auch die Umschlagszahlen des Londoner Hafens weiter an.

Einen derben Rückschlag musste der Hafen in den Jahren 1940 und 1941 hinnehmen, als durch Luftangriffe erhebliche Teile der Hafenanlagen zerstört wurden. Nach dem Ende des Krieges erholte sich die Hafenwirtschaft zwar zunächst rasch wieder, und 1964 verzeichnete der Londoner Hafen sogar einen Rekordumschlag.

Ab diesem Zeitpunkt jedoch verlor der Hafen Jahr für Jahr an Bedeutung. Bis 1970 nahm die umgeschlagene Gütermenge zunächst nur allmählich, ab 1970 jedoch sehr deutlich ab. Ein wesentlicher Grund war der Siegeszug des Containers, von dem die alten Docks leider nicht profitieren konnten. Denn zum einen waren, wie im Falle der St. Katharine's und London Docks, die Hafenbecken für die neuen Generationen von Containerschiffen schlicht zu klein. Zum anderen fehlten jenseits der Kaimauern die notwendigen Flächen zum Stapeln und Manövrieren der Container.

Die PLA sah sich daher genötigt, sich von ihren stadtnahen Flutdocks zu trennen. Zwar wurde dieser Entschluss insbesondere von den direkt betroffenen Hafenarbeitern heftig kritisiert. Trotzdem war der Einschnitt wirtschaftlich notwendig und vernünftig. Denn London war auch von einem generellen Rückgang des Handelsvolumens betroffen. Mittlerweile waren andere britische Häfen mit modernerer Infrastruktur und günstigerer Lage zu Kontinentaleuropa, wie etwa Felixstowe, Harwich, Southampton und Dover zu ernsthaften Konkurrenten der Hauptstadt aufgestiegen. Im internationalen Seeschifffahrtshandel hatten Häfen auf dem Kontinent, wie Rotterdam, Antwerpen, Le Havre, Bremerhaven und Hamburg, London den Rang abgelaufen.

Als dritter Grund für die Schließung der Häfen ist das Themsesperrwerk bei Woolwich zu nennen. Man befürchtete, dass durch das sperrige Bauwerk die Erreichbarkeit der stromaufwärts gelegenen Docks zusätzlich erschwert werden würde.

Von den Docks zu den Docklands: Erste Konzepte und Strategien der Transformation

Obwohl bereits Mitte der 1960er Jahre absehbar war, dass zumindest die kleineren Docks keine Zukunft als Umschlag- und Handelsplätze mehr haben würden, reagierten weder Politiker noch Planer auf diese – auch städtebauliche – Herausforderung. Erst 1971, vier Jahre nach Schließung der East India Docks, erteilte die Regierung einem privaten Planungsbüro den Auftrag, alternative Pläne für Nachfolgenutzungen in den stillgelegten Hafenteilen zu erarbeiten.

Sowohl im Stadtparlament als auch im Unterhaus besaßen damals die Konservativen die Mehrheit. Diese Machtverhältnisse erklären, warum ausgerechnet ein Plan mit dem Titel „City New Town" favorisiert wurde. Dieser Plan sah nämlich vor, den Güterumschlag und die wenig zukunftsfähigen Industrien in den Docklands durch den Bau einer „Neuen Stadt in der Stadt" mit ca. 60 000 Büroarbeitsplätzen zu ersetzen. Aus heutiger Sicht ist bemerkenswert, dass ein Jahrzehnt später dieser Plan tatsächlich verwirklicht wurde.

Bis dahin allerdings bewegte sich nur wenig im alten Hafen, denn mittlerweile hatten sich erneut die politischen Kräfteverhältnisse verändert. Bei den Kommunalwahlen im April 1973 hatte die Labour Party in London mit deutlichem Vorsprung vor den Konservativen gewonnen, und ein Jahr später wiederholte sie ihren Erfolg auch auf nationaler Ebene.

Die neuen politischen Mehrheiten schlugen sich auch in den Docklands nieder. 1974 wurde eine durch Labour kontrollierte Planungsbehörde, das Docklands Joint Committee, eingesetzt. Sie verfolgte das Ziel, in den Docklands sozialen Wohnungsbau voranzutreiben und neue Industrien anzusiedeln. In einer Zeit jedoch, in der in Großbritannien und insbesondere in London Industriebetriebe zunehmend aus dem Stadtbild verschwanden, waren derartige Ziele sehr realitätsfern. Demzufolge fiel nach sechs Jahren die Bilanz des Docklands Joint Committee ernüchternd aus: Eine wirtschaftliche Neubelebung des Hafens war ausgeblieben und der soziale Wohnungsbau aus Kostengründen über ein bescheidenes Anfangsstadium nicht hinausgekommen.

Paradigmenwechsel: Die LDDC und die Enterprise Zone

Seine Aufgaben übernahm ein Jahr später die staatlich kontrollierte Entwicklungsgesellschaft London Docklands Development Corporation (LDDC) (Abb. 4.18). Die LDDC war die erste von 14 Urban Development Corporations, die zwischen 1981 und 1993 zur Lösung wirtschaftlicher und städtebaulicher Entwicklungsprobleme in englischen und walisischen Städten eingesetzt wurden. Aus politischer Perspektive spiegelt der Einsatz von Urban Development Corporations ein tiefes Miss-

Abb. 4.18 Gründungsmitglieder der LDDC. Quelle: London Docklands Development Corporation (Hrsg.): Annual Report and Accounts 1981/82, S. 3.

trauen, das die Regierung gegenüber den lokalen Parlamenten und Stadtverwaltungen hegte, wider. Denn die Regierung hielt die lokalen politischen Akteure nicht mehr für fähig, die anstehenden Probleme zeitnah und effektiv zu lösen.

Zugleich machte die Thatcher-Administration mit dem Einsetzen staatlich kontrollierter Entwicklungsgesellschaften deutlich, welche Auffassung von räumlicher Entwicklungsplanung sie vertrat. „Privatisierung" und „Deregulierung" lauteten die entscheidenden Schlagworte, die den Planungsansatz der LDDC wohl am treffendsten beschreiben. Durch eine flexible, bedarfsorientierte Arbeitsweise wollte man Investoren anlocken. Sie sollten ihre städtebaulichen und wirtschaftlichen Vorstellungen und Interessen einbringen können, ohne dabei auf so trockene und restriktive Dinge wie Nutzungspläne, städtebauliche Konzepte oder gar demokratische Planungsverfahren Rücksicht nehmen zu müssen.

Räumlich sollte sich der überwiegende Teil der privaten Investitionen auf die Isle of Dogs konzentrieren, da ihr die Rolle eines Entwicklungspols für die gesamten Docklands zugedacht worden war. Um dieses Ziel möglichst rasch zu erreichen, richtete die Regierung hier eine Sonderwirtschaftszone, eine sog. Enterprise Zone, ein. Enterprise Zones waren kleine Steuerparadiese, die nach dem Vorbild Hongkongs konzipiert waren. Sie gingen auf eine Idee des Geographen und Stadtplaners Sir Peter Hall zurück. In diesen Zonen konnten Investoren bereits im ersten Jahr ihre Ausgaben in vollem Umfange steuerlich abschreiben, und Unternehmen wurden zehn Jahre von Gewerbesteuern befreit.

> „Wenn wir den Innenstädten tatsächlich helfen wollen, wie den Städten insgesamt, müssen wir vielleicht höchst unorthodoxe Methoden anwenden, [...] Das letzte mögliche Mittel möchte ich als die Freihafen-Lösung bezeichnen. [...] Kleine, ausgewählte Bereiche der Innenstädte würden einfach für jegliche Art von Initiativen geöffnet, mit minimalen Kontrollen. Mit anderen Worten, wir würden die Situation Hongkongs in den 1950er und 1970er Jahren in den Zentren von Liverpool oder Glasgow neu erschaffen" (Hall 1977, S. 5).

Damit die LDDC die Wünsche von Investoren berücksichtigen konnte, musste sie sich ein Höchstmaß an Flexibilität vorbehalten. Daher verzichtete sie auf konkrete Flächennutzungs- und Bebauungspläne und konzentrierte sich in der Praxis auf die Moderation und Koordination von Projekten. Leider bedeutete ein solches Planungsverständnis auch, dass die Interessen der lokalen Bevölkerung hinten angestellt wurden. Soziale und ökologische Aspekte wurden kaum beachtet. Profitieren konnte die angestammte Bewohnerschaft der Docklands nur durch spärliche „Sicker-Effekte", die sich aus einer allgemeinen Verbesserung der Wirtschaftslage ergaben.

Eine wesentliche Voraussetzung zur wirtschaftlichen Neubelebung war die Erschließung der Isle of Dogs durch neue Verkehrssysteme und Straßen. Dabei kam der Docklands Light Railway (DLR), einer computergesteuerten Stadtbahn, eine Vorreiterrolle zu (Abb. 4.19). Die DLR schloss ab 1987 die Isle of Dogs an die Londoner City an. Obwohl die DLR zunächst noch stark verhöhnt und ihr Wert in Frage gestellt wurde, zeigte sich schon unmittelbar nach ihrer Eröffnung im Herbst

Die London Docklands Development Corporation (LDDC)

Unter allen Instrumenten, die in den 1980er Jahren von der konservativen Regierung unter Margret Thatcher zur Entwicklung von Stadt und städtischer Wirtschaft zum Einsatz kamen, nehmen die städtischen Entwicklungsgesellschaften (Urban Development Corporations) eine besondere Rolle ein. Sie drücken, noch deutlicher als andere Maßnahmen, aus, dass Stadtentwicklung von der damaligen Regierung überwiegend im Sinne wirtschaftlicher und städtebaulicher Entwicklung interpretiert wurde.

Urban Development Corporations sollten in besonders problematischen Stadträumen kurzfristig die Voraussetzung für eine im Wesentlichen von privaten Investoren finanzierte Stadtentwicklung schaffen. Im Kern bedeutete ihre Einsetzung die politische Entmachtung von Gemeinden bzw. Stadtbezirken. Die Regierung konnte sich dabei auf Erfahrungen stützen, die ihre Vorgänger seit Mitte der 1940er Jahre beim Bau von New Towns gemacht hatte, für den ebenfalls staatliche Entwicklungsgesellschaften und nicht die Gemeinden verantwortlich gewesen waren.

Unter allen Urban Development Corporations wurde die LDDC rasch die bekannteste. Ihr kam die Aufgabe zu, innerhalb von zehn Jahren das damals weitgehend brachliegende Gebiet des einstigen Londoner Hafens neuen Nutzungen zuzuführen. Eine entscheidende Voraussetzung hierfür war die Möglichkeit der Akquisition von Land. Dieses hatte sich zu über 80 % im Besitz staatlicher oder kommunaler Körperschaften (British Gas, Port of London Authority, Greater London Council) befunden, so dass Grundstücke zügig erworben, erschlossen, parzelliert und mit Gewinn am Markt veräußert werden konnten. Eine zweite zentrale Aufgabe bestand in der Entwicklung einer leistungsfähigen Verkehrsinfrastruktur. Das Hafengebiet war damals nicht an das Londoner U-Bahnnetz angeschlossen, und auch die Anbindung an das Straßennetz war unzureichend. Drittens spielte das Marketing eine zentrale Rolle, da der Hafen zum Zeitpunkt seiner Schließung als No-go-Area galt, in die zumindest britische Anleger nicht zu investieren bereit waren.

Die LDDC geriet schon bald nach ihrer Gründung in das Kreuzfeuer öffentlicher Kritik, weil sie Planung ausschließlich als wirtschaftliche und städtebauliche Aufgabe begriff; soziale Verantwortung und die Nachhaltigkeit raumwirksamer Entscheidungen spielten für sie dagegen nur eine untergeordnete Rolle.

Trotz ihres offensichtlich fehlenden Gespürs für politische Zwischentöne und ihrer geringen sozialen Kompetenz gelang es der LDDC, durch beachtliche Vorleistungen in Straßenbau und Grundstückserschließung sowie durch intensive Bewerbung, vor allem die Isle of Dogs innerhalb von gut anderthalb Jahrzehnten von einem maroden Hafengebiet in eine attraktive Nebencity umzuwandeln.

Abb. 4.19 Die Docklands Light Railway (DLR) – computergesteuerte Stadtbahn ohne Fahrer. Quelle: Zehner 2002.

1987, dass sie nicht nur ausgelastet war, sondern sogar so stark frequentiert wurde, dass ihr Ausbau aus wirtschaftlicher Sicht dringend geboten erschien.

Parallel zur Erweiterung der DLR wurde mit dem Limehouse Link, dem damals teuersten Tunnelprojekt Großbritanniens, eine leistungsfähige Straßenverbindung zwischen der Isle of Dogs und der City geschaffen. Der Limehouse Link ist Teil des Docklands Highway, einer Schnellstraße, die unter dem Limehouse Basin verläuft und die City mit den Docklands verbindet sowie beide Wirtschaftszentren an das regionale Autobahnnetz anschließt. Das dritte, aus heutiger Perspektive wohl wichtigste Verkehrsprojekt war die Verlängerung der U-Bahnstrecke Jubilee Line, die nach einer Bauzeit von rund zehn Jahren im Jahre 2000 fertig gestellt wurde und Canary Wharf an die Londoner U-Bahn anschloss.

Entwicklungsphasen und städtebauliche Ergebnisse auf der Isle of Dogs

Die unter dem Patronat der LDDC einsetzenden städtebaulichen Entwicklungen lassen sich drei Phasen zuordnen.

Der „architektonische Zoo"

Kennzeichnend für das Initialstadium der Revitalisierung war die fehlende Bereitschaft, klar zu formulieren, wie sich die Isle of Dogs städtebaulich und wirtschaftlich entwickeln sollte. Zwar hatte die LDDC eigene Überlegungen zu Form und Qualität der neuen Gebäude angestellt. Gleichwohl fehlte ihr der Mut, diese Konzepte offensiv zu vertreten. Aus heutiger Sicht gewinnt man den Eindruck, dass der Erfolgsdruck sehr hoch war und man Angst hatte, mit zu restriktiven Vorgaben potenzielle Investoren zu verschrecken.

Dabei blieben in der Anfangszeit die Projekte noch bescheiden. Bis 1986 entstanden im Wesentlichen mehrere kleine Gewerbehöfe (Workshops), in denen sich Dienstleistungs-, Handwerks- und Gewerbebetriebe niederließen. Weder architektonisch noch städtebaulich waren diese Projekte jedoch aufeinander abgestimmt, so dass vor allem im südlichen Teil der Enterprise Zone eine Mischung aus Gebäuden unterschiedlicher Qualitäten und Baustile entstand.

Bemerkenswert war, dass die meisten Investoren nicht aus London kamen, da offensichtlich in der Hauptstadt das Risiko eines finanziellen Fehlschlags in dieser frühen Phase des Umbaus noch als zu hoch eingeschätzt wurde.

Das erste größere Einzelprojekt entstand 1984 auf dem östlichen Kai des Millwall Inner Docks. Hier wurde die London Arena, eine Mehrzweckhalle für Sport- und kulturelle Großveranstaltungen, errichtet. Sie wurde jedoch schon im Jahre 2006 wieder abgerissen, weil von Beginn an PKW-Parkplätze gefehlt hatten, was sich als schweres Handikap für die Akzeptanz der Halle erwiesen hatte.

Die Boomphase

Die zweite Phase der Revitalisierung setzte ab Mitte der 1980er Jahre ein, als es zu einem abrupten funktionalen und städtebaulichen Wandel in der Enterprise Zone kam. Mittlerweile hatte sich das Image der Docklands in der öffentlichen Wahrnehmung deutlich verbessert. Investoren schienen sich mit einem Male des Wertes von Grundstücken in diesem Gebiet bewusst zu werden. Die veränderte Bewertung hatte zugleich andere Bauweisen zur Folge. Die Zeit des Baus kleinteiliger Gewerbehöfe war beendet. Insbesondere auf den Grundstücken mit unmittelbarem Anschluss an die Docks entstanden in kurzer Zeit imposante Bürogebäude, zumeist Hochhäuser mit Glas- und Stahlfassaden. Da es jedoch noch immer keine Gesamtkonzeption gab, entstand innerhalb kurzer Zeit ein Konglomerat unterschiedlichster Gebäudetypen, was an manchen Orten sogar zu regelrecht absurden städtebaulichen Kontrasten führte.

Allerdings gab es auch ganz konkrete und handfeste Gründe für die gesteigerte Nachfrage nach Büroflächen. So bot die Londoner City mittlerweile keine Expansionsmöglichkeiten mehr. Ein aus Perspektive des Denkmalschutzes zwar nachvollziehbares, aus wirtschaftlicher Sicht jedoch fatales restriktives Höhenkonzept verhinderte dort den Bau neuer Bürohochhäuser. Angesichts des gestiegenen Bedarfs nach hochwertigen Büroflächen, insbesondere durch US-amerikanische Investmentbanken, waren Firmen aus der Finanz- und Versicherungsbranche gezwungen, nach Ausweichstandorten zu suchen. Zwar hatte sich das Image der Docklands damals noch nicht so weit zum Positiven verändert, dass sich führende Wirtschaftsunternehmen hätten vorstellen können, hierhin ihren Hauptsitz zu verlagern. Dennoch deutete sich ein Stimmungsumschwung an. Auch hochrangige Dienstleister aus der Finanz- und Versicherungsbranche fühlten sich ermutigt, zumindest einen Teil ihrer Büros in die Docklands zu verlagern. Die Hauptsitze ihrer Unternehmen verblieben zwar nach wie vor in der City. Routinearbeiten jedoch, sog. *back-office activities*, wurden wegen der deutlich günstigeren

Mieten nun in die Docklands ausgelagert. Die inzwischen weiterentwickelte Datenkommunikationstechnik bot für diese Entscheidungen den technischen und organisatorischen Rahmen.

Canary Wharf

Hierdurch entfaltete die Entwicklung auf der Isle of Dogs eine Eigendynamik. Diese gipfelte 1985 in der Genehmigung von Canary Wharf, einer auf dem Reißbrett entworfenen Bürostadt nordamerikanischen Zuschnitts. Canary Wharf sollte das größte städtebauliche Einzelprojekt in ganz Europa werden.

Nur zwei Jahre später begannen im Norden der Isle of Dogs die Bauarbeiten. Sie leiteten die dritte und wirkungsmächtigste Phase der Revitalisierung ein. Bis 1992 wurden zwischen den beiden nördlichen Becken der West India Docks zunächst 13 Bürohäuser hochgezogen (Abb. 4.20). In ihrer Fassadengestaltung spiegelt sich deutlich wider, dass Investoren und Projektentwickler ihre Erfahrungen bisher überwiegend in Nordamerika gesammelt hatten.

Trotz der zügigen und professionell organisierten Durchführung des Baus konnte im Falle von Canary Wharf von einer geordneten Stadtentwicklungspolitik nicht die Rede sein. Ein großes Manko war die fehlende Kompatibilität des Großprojekts mit der damals vorhandenen Verkehrsinfrastruktur. Schon nach den ersten Beratungen mit den Projektentwicklern war klar geworden, dass angesichts der erwarteten 75 000 neuen Arbeitsplätze in Canary Wharf eine Nachbesserung der Verkehrsinfrastruktur notwendig sein würde. Dazu war in erster Linie die Weiterführung der U-Bahnstrecke Jubilee Line nach Osten erforderlich.

Wie wichtig dieses Verkehrsprojekt war, zeigte sich, als die neue Strecke im Jahre 2000 schließlich eröffnet wurde. Nun setzte ein zweiter Entwicklungsschub ein, der sich im Bau zwölf weiterer Bürohochhäuser widerspiegelt. Sie wurden zwischen 2002 und 2004 fertig gestellt. Die beiden größten Gebäude sind die Wolkenkratzer zweier Banken, der britischen HSBC und der

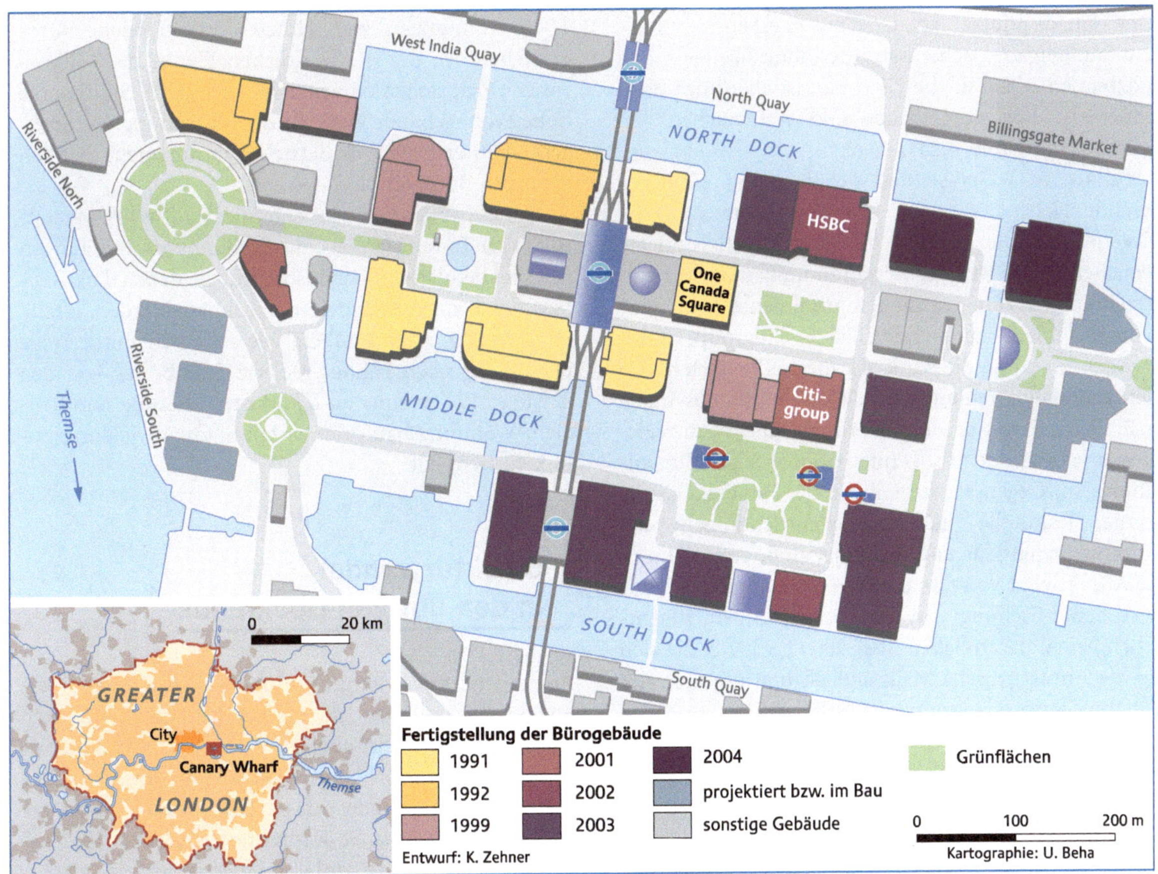

Abb. 4.20 Entwicklung des städtebaulichen Großprojekts Canary Wharf. Quelle: Zehner 2009, verändert nach http://www.canarywharf.com.

Abb. 4.21 Canada One Square (Mitte) und die beiden neuen Hochhäuser von HSBC und der Citygroup. Quelle: Zehner 2007.

US-amerikanischen Citygroup. Beide Türme flankieren den bereits 1991 fertig gestellten Canary Wharf Tower (One Canada Square). Letzterer, gut zu erkennen an seinem auffälligen Dachaufsatz, der ihm übrigens den Spitznamen „Obelisk" beschert hat, ist allerdings noch immer das höchste Gebäude und Wahrzeichen von Canary Wharf (Abb. 4.21).

Canary Wharf präsentiert sich heute als eine pulsierende Nebencity mit 75 000 Arbeitsplätzen, überwiegend aus den Branchen Finanzdienstleistungen, Versicherungen, Medien, Telekommunikation und Unternehmensberatungen. Zu den prominentesten Unternehmen der Finanzbranche zählen die Citigroup, HSBC, Barclays Bank und die Bank of America. Vertreten sind hier aber auch renommierte Wirtschaftshochschulen (z. B. Teach First) sowie Regierungs- und Nichtregierungsorganisationen (z. B. International Sugar Organization). Im Gegensatz zur City, in der Handel, Gastronomie, kulturelle und Freizeiteinrichtungen den Büronutzungen klar untergeordnet sind, definiert sich die Attraktivität von Canary Wharf aus einer durchaus reizvollen Mischung von Funktionen. Einen wesentlichen Anteil daran haben über 200 Geschäfte, die sich auf zwei unterirdische Malls südlich und nördlich der U-Bahn-Station Canary Wharf verteilen.

Zwar kann trotz Erweiterungsvorhaben, vor allem am westlichen Rand, die Entwicklung von Canary Wharf als weitgehend abgeschlossen betrachtet werden. Im Süden der Enterprise Zone jedoch, wo in den frühen 1980er Jahren die ersten Gewerbehöfe entstanden waren, steht bereits eine neue Generation von Gebäuden vor ihrer Vollendung. Auf dem Areal der einstigen Lon-

don Arena werden derzeit acht bis zu 43 Stockwerke aufragende Gebäude errichtet. In ihnen werden mehr als 1 000 Wohnungen, zwei Hotels und zahlreiche Büros entstehen. An der nordwestlichen Flanke des Millwall Inner Dock stehen zurzeit zwei 39 und 48 Stockwerke hohe Wohngebäude kurz vor der Vollendung. Sie ersetzen einen erst 1987 in Betrieb genommenen, deutlich kleineren Bürokomplex.

Ironischerweise ist es heute die Stadtbezirksverwaltung von Tower Hamlets, die Planungsgenehmigungen für spektakuläre Hochhausbauten, in denen Luxusappartments zu Spitzenpreisen angeboten werden, erteilt. Diese Politik zeigt deutlich, wie weit sich mittlerweile der immer noch Labour-regierte Stadtbezirk von den einstigen Zielen einer an Reindustrialisierung und sozialem Wohnungsbau orientierten Stadtentwicklungspolitik entfernt hat.

Strukturwandel in den übrigen Docklands

Auch wenn die strukturellen und städtebaulichen Veränderungen auf der Isle of Dogs am augenfälligsten sind, darf doch nicht übersehen werden, dass die übrigen Areale der Docklands ebenfalls von einem erheblichen Nutzungswandel erfasst wurden. Eine besondere Rolle kam dabei den St. Katharine's Docks zu. Sie wurden bereits in den 1970er Jahren in einen privaten Jachthafen umgewandelt, der durch eine Sammlung historischer Segelschiffe aufgewertet wurde.

St. Katharine's Docks

Obwohl die St. Katharine's Docks in fußläufiger Entfernung zur Londoner City liegen, wurden sie erst ca. 25 Jahre später als die East und West India Docks erbaut. Letztere waren in respektabler Entfernung vor den Toren der Stadt, auf der sog. Isle of Dogs, angelegt worden. Aus dieser abseitigen Lage resultierte jedoch ein massives Sicherheitsproblem. Diebstähle von wertvollen Gütern, die hier gelagert wurden, waren an der Tagesordnung. Daher wurde die Forderung Londoner Kaufleute nach stadtnäher gelegenen Docks zunehmend lauter. Dass die Stadtverwaltung dem wirtschaftlichen Druck relativ lange standhielt und erst 1825 dem Bau der St. Katharine's Docks zustimmte, lag darin begründet, dass sich auf ihrem Areal ein dicht besiedeltes Stadtviertel befand. Dieses Quartier, in dem über 11 000 Menschen lebten, musste einschließlich eines Krankenhauses abgerissen und für seine Bewohner Wohnersatz gefunden werden. Obwohl diese Entscheidung keineswegs einvernehmlich stattfand, entschied sich der Rat der Stadt schließlich für den Bau der Docks.

Nach dreijähriger Bauzeit wurden die St. Katharine's Docks 1828 eröffnet. Die Anlage setzte sich aus zwei größeren und einem kleineren Becken zusammen. Unmittelbar an die Kaimauern schlossen sich sechsstöckige aus gelbgrauem Ziegelstein erbaute Lagerhallen an, in denen wertvolle Güter, z. B. Elfenbein, Wein und Gewürze, aufbewahrt wurden. Aus Platzgründen hatte man auf die damals übliche Trennung zwischen Transitschuppen und Lagerhäusern verzichten müssen.

Im Jahre 1968 wurde nach nur 140 Jahren der Hafenbetrieb in den St. Katharine's Docks eingestellt. Die kleine Hafenanlage war mittlerweile nicht mehr in der Lage, moderne Frachtschiffe aufzunehmen; die Schleusenzufahrt war für diese Schiffe zu eng, und auch die Größe der Hafenbecken entsprach nicht mehr den Abmessungen der neuen Generation von Frachtschiffen. Zudem hatte sich mittlerweile die Umschlagtechnik verändert. Bedingt durch die Containerisierung der Warentransporte hatten sich seit den 1960er Jahren viele arbeitskraftintensive Häfen zu kapitalintensiven Logistikstandorten entwickelt. Die St. Katharine's Docks gehörten zu dieser Gruppe allerdings nicht, da ihnen die notwendigen Landflächen fehlten. Damit hatten die Docks als Hafenstandorte das Ende ihres Lebenszyklus erreicht. Der Weg für neue Nutzungen war damit frei.

Noch im gleichen Jahr verkaufte die Londoner Hafenbehörde, die Port of London Authority (PLA), die St. Katharine's Docks für 1,25 Mio. Pfund an den Greater London Council (GLC), der einen städtebaulichen Wettbewerb für die Docks unter privaten Entwicklungsgesellschaften ausschrieb. Als Sieger aus diesem Wettbewerb ging das Unternehmen Taylor Woodrow hervor, das den einstigen Wirtschaftshafen in einen privaten Jachthafen umwandelte. Durch eine Sammlung historischer Schiffe wurde der Hafen aufgewertet, wodurch seine Attraktivität als Freizeitstandort gesteigert wurde. Die alten Lagerhallen wurden mit Ausnahme des Ivory House abgerissen und durch ein Hotel, ein sog. World Trade Center, weitere Bürogebäude und durch eine Mischung von privat und mit öffentlichen Mitteln finanzierten Wohngebäuden ersetzt. Das Ivory House wurde in ein Wohn- und Geschäftshaus mit Luxuswohnungen, Büros, Gastronomie und hochwertigen Einzelhandelsgeschäften umgewandelt.

Allmählich entwickelten sich die St. Katharine's Docks zu einer neuen touristischen Attraktion, die zweifellos von der unmittelbaren Nachbarschaft zu zwei Hauptsehenswürdigkeiten Londons, dem Tower und der Tower Bridge, profitierte. In den Blickpunkt einer breiten Öffentlichkeit gerieten die Docks allerdings erst 1985, als der erstmals ausgetragene London Marathon durch die Anlage führte und ihre Qualitäten einer breiten Öffentlichkeit über das Fernsehen vermittelt wurden (Abb. 4.22).

Abb. 4.22 St. Katharine's Docks – Oase der Ruhe im hektischen London. Quelle: Zehner 2004.

Unweit der Kais, wo einst mehrstöckige Lagerhallen standen, säumen heute Restaurants, Bistros und Luxuswohnungen die Hafenbecken. Diese Form der Revitalisierung war allerdings nicht unumstritten, fiel sie doch in eine Zeit, in der dringend Industriearbeitsplätze gebraucht wurden. Der erfolgreiche Umbau der St. Katharine's Docks zu einer reizvollen Freizeitstätte lässt sich zweifellos mit ihrer unmittelbaren Nähe zu den touristischen Attraktionen Tower und Tower Bridge erklären.

Nur wenige Meter östlich der St. Katharine's Docks enden die Touristenströme jedoch abrupt. Hier, im Stadtteil Wapping, wurde auf dem Areal der verfüllten London Docks ein neues Wohngebiet errichtet, in dem überwiegend Angehörige der oberen Mittelschicht wohnen. Dieses Quartier kontrastiert wiederum in starkem Maße mit den nur wenige Straßenzüge entfernten, trist wirkenden Mietskasernen, in denen überwiegend Einwandererfamilien aus Bangladesh leben. Ein wiederum völlig anderes Bild zeigt sich direkt am Themseufer. Hier wurden ehemalige Lagerhäuser in moderne Lofts umgewandelt. Bestehende Baulücken wurden durch luxuriöse Wohnanlagen geschlossen (Abb. 4.23).

Zusammenfassend bleibt festzuhalten, dass das alte Hafenviertel Wapping sich zu einem Stadtteil starker sozialer Kontraste gewandelt hat. Ausschlaggebend für die Zugehörigkeit zu einem bestimmten Quartier ist die Mikrolage, deren Qualität sich entscheidend über die unmittelbare Nähe zu Wasserflächen, sei es die Themse oder seien es die Reste eines Docks, definiert.

Ganz andere Nachfolgenutzungen sind im Gebiet der sog. Royal Docks zu erkennen. Hier dominieren Großprojekte, von denen Londons fünfter Flughafen, der London City Airport, wohl am bekanntesten sein dürfte. Er wurde 1987 eröffnet. Als Start- und Landebahn bot sich die von Lagerhäusern und Getreidespeichern geräumte Landzunge zwischen Albert Dock und King George V Dock an. Der wirtschaftliche Erfolg des kleinen Stadtflughafens resultiert aus seinem attraktiven Angebot für Geschäftsreisende. Entscheidende Erfolgsfaktoren sind zum einen die räumliche Nähe zu Canary Wharf und zur City, zum anderen die mittlerweile gute Anbindung an das öffentliche Nahverkehrsnetz.

Ein weiteres Großprojekt, das im Jahre 2000 eröffnet wurde, ist Excel, Londons größte Messehalle. Sie liegt nördlich des Victoria Dock, in Nachbarschaft zum Cam-

Abb. 4.23 Luxuswohnungen in umgebauten Lagerhäusern im Stadtteil Wapping. Quelle: Zehner 2002.

pus der East London University, der ebenfalls im Jahr 2000 seiner Bestimmung übergeben wurde.

Fazit

Ob die Umwandlung der London Docklands von einem abgewirtschafteten Hafengebiet in einen prosperierenden Wirtschaftsstandort als gelungen zu bezeichnen ist, hängt entscheidend von der Interpretation des Planungsbegriffs ab. Planung im Sinne der damals verantwortlichen konservativen Regierung bedeutete schlicht Deregulierung von planungsrechtlichen Rahmenbedingungen. Physische und wirtschaftliche Erneuerung hatten absolute Priorität, während soziale und umweltbezogene Belange nahezu unberücksichtigt blieben.

Nimmt man die neoliberale Auslegung des Planungsbegriffs als Messlatte, so war die Arbeit der LDDC ein voller Erfolg, denn ihr gelang es, innerhalb von nur zwei Jahrzehnten das „Herz" der London Docklands, die aufgelassenen Hafenareale der West India und Millwall Docks, in ein architektonisch spektakuläres Dienstleistungszentrum mit dem Flair einer angloamerikanischen City umzuwandeln.

Die Stärke des neoliberalen Planungsansatzes lag zweifellos in seiner Flexibilität, die zeitnah „vorzeigbare" Ergebnisse förderte. Im Laufe der Zeit wurden jedoch eine Reihe erheblicher Schwächen sichtbar. Dass letztendlich die Transformation der alten Docks zu einer Nebencity – zumindest vordergründig – zu einer Erfolgsgeschichte wurde, lag aber nur zum Teil an der konkreten Arbeit der LDDC. Vielmehr wurde die Entwicklung der Docklands auch durch externe Entwicklungen, insbesondere die Deregulierung des Finanzmarktes in der City und die Stärkung der Position Londons als Global City höchster Stufe, stark beeinflusst. Der LDDC ist anzurechnen, ein gutes Gespür für Richtung und Ausmaß des globalen Wirtschaftsstrukturwandels entwickelt zu haben. Im Gegensatz zum Docklands Joint Committee hatte sie die Zeichen der Zeit, nämlich eine massive Deindustrialisierung sowie eine Tertiärisierung der städtischen Wirtschaft erkannt und diese Tendenzen durch entsprechende Entscheidungen und Handlungen unterstützt.

Dennoch ist die Frage, ob der für London gewählte Planungsansatz auch Vorbild für Aufwertungsprozesse in anderen Metropolen sein kann, klar zu verneinen. Selbst unter der Prämisse eines neoliberalen Verständnisses räumlicher Entwicklungsplanung sind die Risiken und potenziellen Schäden, die mit einem derartigen Ansatz in Kauf genommen werden, zu groß. London hat großes Glück gehabt, dass die Geschichte der Transformation eines maroden Hafens zu einer glitzernden Nebencity ein so gutes Ende genommen hat.

Informationen im Internet

http://www.london2012.com
Auf der offiziellen Homepage des Organisationskommittees der Olympischen Spiele in London im Jahr 2012 werden zahlreiche Vorabinformationen zu Sportstätten, Infrastruktur, Technik und Sicherheitsfragen präsentiert (Abruf: 28.01.2010).

http://www.museumindocklands.org.uk
Die Website des Museums in Docklands bietet eine Fülle von Informationen zu den Themen Hafenentwicklung und Nachfolgenutzungen in den ehemaligen Docks (Abruf: 28.01.2010).

http://www.lddc-history.org.uk
Die London Docklands Development Corporation (LDDC) war zwischen 1981 und 1998 für die Entwicklung der stillgelegten *upstream docks* des Londoner Hafens zuständig. Viele der in dieser Zeit entstandenen Dokumentationen zu Aufgaben, Zielen und Erfolgen der LDDC sind auf dieser Website in übersichtlicher Form zusammengestellt worden. Sie ist eine wahre Fundgrube für Journalisten, Wissenschaftler und interessierte Laien, die den Wandel der Docks zu den Docklands im Detail erkunden bzw. nachvollziehen möchten (Abruf: 28.01.2010).

http://www.tfl.gov.uk/dlr
Unter dieser Adresse lassen sich umfassende Informationen über die Docklands Light Railway recherchieren. Von besonderem Wert sind die Daten zu aktuellen und geplanten Ausbauvorhaben (Abruf: 28.01.2010).

http://www.canarywharf.com
Auf der Website von Londons städtebaulichem Megaprojekt finden sich zahlreiche Karten, Bilder und Daten u. a. zur Entwicklung des Gebiets sowie zur Gebäudenutzung (Abruf: 28.01.2010).

http://www.skdocks.co.uk
Auf dieser Homepage ist viel Wissenswertes über die Entwicklung, aktuelle Nutzung und Zukunft von Londons kleinster Dockgruppe im Schatten des Tower zusammengestellt (Abruf: 28.01.2010).

Weiterführende Literatur

Brownill, S. (1990): Developing London's Docklands. Another Great Planning Disaster? London.

Entmayr, W. (1977): Der Hafen von London. Ein Welthafen im Strukturwandel. Wiener Geographische Schriften 49/50. Wien.

Church, A. (1988): Urban Regeneration in London Docklands: A Five Year Policy Review. In: Environment and Planning C: Government and Policy, 6, S. 44–61.

Davey, P. (1988): Die Docklands. Eine gründlich mißverstandene Herausforderung. In: Bauwelt 48, S. 2070–2074.

Foster, J. (1999): Docklands. Cultures in Conflict, Worlds in Collision. London/Philadelphia.

Hall, P. (1977): Green Fields and Grey Areas. In: Proceedings Royal Town Planning Institute, Annual Conference. London, S. 1–12.

Hamnett, C. (2003): Unequal City. London in the Global Arena. London u. a.

Home, R. (1990): Planning Around London's Megaproject. Canary Wharf and the Isle of Dogs. In: Cities, 7, 4, S. 119–124.

Klotzhuber, I. (1995): Die Isle of Dogs in den Londoner Docklands. Management und Zukunft eines derelikten innenstadtnahen Hafengebietes. In: Nagel, F. (Hrsg.): Stadtentwicklung und Stadterneuerung. Hamburg-London-Singapur. Mitteilungen der Geographischen Gesellschaft Hamburg, Bd. 95. Stuttgart, S. 143–290.

Oc, T.; Tiesdell, S. (1991): The London Docklands Development Corporation (LDDC), 1981–1991. A Perspective on the Management of Urban Regeneration. In: Town Planning Review 62, 3, S. 311–330.

Pudney, J. (1975): London's Docks. London.

Schubert, D. (2002): Vom Traum zum Alptraum? Von den Docks zu den Docklands – Strukturwandel und Umbau ehemaliger Hafenareale in London. In: Schubert, D. (Hrsg.): Hafen- und Uferzonen im Wandel. Analysen und Planungen zur Revitalisierung der Waterfront in Hafenstädten. Berlin, S. 195–218.

Smith, A. (1989): Gentrification and the Spatial Constitution of the State. The Restructuring of London's Docklands. In: Antipode 21, S. 3.

Zehner, K. (1999): Enterprise Zones in Großbritannien. Eine geographische Untersuchung zu Raumstruktur und Raumwirksamkeit eines innovativen Instruments der Wirtschaftsförderungs- und Stadtentwicklungspolitik in der Thatcher-Ära. Stuttgart.

4.5 London als globale Bühne: Flaggschiffprojekte und die Planungen für die Olympischen Spiele 2012

CHRISTIAN DIETSCHE UND BORIS BRAUN

Global ausgerichtete Städte wie London stehen in einem weltweiten Wettbewerb um hochrangige Dienstleistungsfunktionen, qualifizierte Arbeitskräfte, Investitionen, Touristen und mediale Aufmerksamkeit. Nicht zuletzt sind Städtenamen globale „Marken", die gepflegt und immer wieder mit neuen Inhalten versehen werden müssen. International beachtete Großereignisse (*mega events*) sind deshalb beliebte Möglichkeiten, nicht nur lokal bedeutsame Attraktionen zu schaffen, sondern auch im Sinne des Stadtmarketings Branding oder Rebranding zu betreiben. Somit entstehen für Kommunen neue Aufgaben, denen die traditionellen, oft unbeweglichen Verwaltungsstrukturen und die althergebrachte Stadtplanung mit ihren langwierigen Abwägungsprozessen immer weniger gewachsen sind.

Vor diesem Hintergrund konnte sich ab den 1980er Jahren mit der „Festivalisierung" weltweit ein Politiktyp etablieren, mit dem Städte versuchen, Investitionsmittel, Menschen und Medien auf ein klar umrissenes Ziel hin zu mobilisieren. Massen- und medienwirksame Selbstinszenierungen sollen dabei jenseits der langfristigen Flächennutzungsplanung als zeitliche Kristallisationspunkte der Stadtentwicklung dienen. So sollen Wachstumspotenziale geschaffen, Ikonen produziert und Zukunftsvisionen transportiert werden. Letztlich lassen sich mit Großereignissen aber nicht nur Imagevorteile schaffen und privates Kapital anziehen, sondern auch Blockaden in unübersichtlichen Interessenlagen durchbrechen und die sonst üblichen Planungszeiten verkürzen.

Eine zentrale Rolle spielen bei dieser Strategie große Bauvorhaben, sog. *flagship developments* (Flaggschiffprojekte). Als solche werden große städtische Entwicklungsprojekte bezeichnet, die eine bedeutsame Katalysatorwirkung für die Stadterneuerung haben und aufgrund ihrer kritischen Masse weitere öffentliche und private Investitionen nach sich ziehen. Dabei werden häufig brachliegende Industrieflächen in städtischen Randlagen revitalisiert. Viele Projekte dienen aber auch dazu, den funktionalen Wandel in innerstädtischen Gebieten zu beschleunigen und das Image der Städte bei Touristen und potenziellen Investoren zu verändern.

Londons Flaggschiffprojekte der letzten Jahre

In London wurden im Zusammenhang mit den Millennium-Feierlichkeiten im Jahre 2000 gleich mehrere Flaggschiffprojekte realisiert. Zu den bekanntesten gehören die Millennium Bridge, eine Fußgängerbrücke als Verbindung zwischen St Paul's Cathedral und dem ebenfalls in einem umgebauten Kraftwerk neu gestalteten Museumskomplex der Tate Gallery of Modern Art, das insbesondere bei Touristen beliebte, 135 m hohe Riesenrad London Eye sowie vor allem der Millennium Dome im Osten der Stadt. Die Planungen für die Bauprojekte begannen noch unter der konservativen Regierung Major. Damals bestand in breiten politischen Kreisen die Sorge, dass London im Wettbewerb mit anderen europäischen Metropolen wie Paris, Frankfurt, Berlin oder Barcelona langfristig an Boden verlieren könnte. Die Millennium-Projekte – und besonders der Dome – sollten als Vehikel dienen, London um die Jahrtausendwende ins Zentrum der weltweiten Aufmerksamkeit zu rücken. Auch nach dem Regierungswechsel im Jahre 1997 wurden die Pläne trotz aller ideologischen Gegensätze in der Planungspolitik von der Labour-Regierung unter Tony Blair weitergeführt. Durch die Millennium-Feierlichkeiten und die damit verbundenen Bauvorhaben sollte der Welt zu Beginn des neuen Jahrtausends ein modernes, multikulturelles und „cooles" Großbritannien präsentiert werden.

Keines der Millennium-Projekte löste so heftige Kontroversen aus wie der Millennium Dome, der mit Geldern der Staatlichen Lotterie eigens für eine multimediale Ausstellung zur Menschheitsgeschichte (The Millennium Experience) am Nordende der Greenwich-Halbinsel im Londoner East End gebaut wurde (zur Lage des heute The O$_2$ genannten Projekts siehe Abb. 4.16). Der Dome hat einen Durchmesser von 365 m und überdacht eine Fläche von 100 000 m². Er galt zeitweilig als die größte Baustelle Europas. Kritiker wiesen von Anfang an auf die isolierte Lage im Stadtraum – durch die Halbinsellage ist der Dome auf drei Seiten von der Themse umgeben – sowie die mangelnde Integration des Großprojekts in einen längerfristigen strategischen Planungskontext hin. Im Grunde wurde der Millennium Dome ohne wirkliche Einbindung in den ihn umgebenden städtischen Kontext geplant und verwirklicht. Erschwert wurde die Situation auch durch die sich überlagernden Kompetenzen der eigens gegründeten Millennium Experience Company sowie verschiedener öffentlicher und halböffentlicher Stellen. Dies gilt insbesondere im Hinblick auf die Verkehrsanbindung des Großprojekts. Zwar konnte rechtzeitig vor dem Beginn

Abb. 4.24 Innengestaltung The O$_2$ (ehemals Millennium Dome). Quelle: Dietsche/Braun 2009.

der Ausstellung im Mai 1999 eine U-Bahn-Station an der verlängerten Jubilee Line eröffnet werden. Als problematisch erwies sich aber die Erreichbarkeit des Dome für Autofahrer. Obwohl dies den Vorstellungen der Millennium Experience Company von einem autofreien Großereignis entsprach, wurde damit für viele Besucher aus dem weiteren Londoner Umland die Anreise schwierig, zumal auch die Einrichtung entsprechender Park-and-Ride-Parkplätze nicht problemlos vonstatten ging. Als die Ausstellung Ende Dezember 2000 ihre Tore schloss, konnten zwar insgesamt mehr als 6 Mio. Besucher gezählt werden. Die angepeilte Zielgröße von 12 Mio. wurde jedoch deutlich verfehlt, so dass auch die Einnahmen weit hinter den Erwartungen zurückblieben.

Was nach dem Ende der knapp einjährigen Ausstellung mit dem Dome geschehen sollte, war lange Zeit unklar. Die Weiternutzung des Gebäudekomplexes erwies sich als ausgesprochen schwierig. Private Investoren waren kaum interessiert, und für viele Jahre fanden im Millennium Dome nur sehr vereinzelt größere Veranstaltungen statt. Erst nachdem mit der Anschutz Entertainment Group Europe ein potenter privater Investor gefunden wurde, konnte der Dome im Juni 2007 unter dem Namen The O$_2$ mit einem Popkonzert von Bon Jovi wieder eröffnet werden. Geblieben ist vom ursprünglichen Millennium Dome aber nur die zeltartige Außenhülle mit ihren auffälligen Pylonen. Das Zentrum des völlig neu gestalteten Innenraumes bildet heute eine 20 000 Zuschauer fassende Indoor-Arena für Konzerte und Sportveranstaltungen. Darum gruppieren sich ein großer Ausstellungsbereich sowie eine Restaurant- und Shoppingzeile (Abb. 4.24). Viele Probleme sind aber geblieben. Bis heute gibt es keine tragfähige

Lösung für die bei Großveranstaltungen immer wieder problematische Verkehrssituation, und auch das städtebauliche Umfeld bleibt weiterhin unbefriedigend.

Die Geschichte des Millennium Dome zeigte deutlich die Probleme und Risiken auf, die mit öffentlich finanzierten Großprojekten und einer Politik der Festivalisierung verbunden sein können. Dessen ungeachtet wurden in den letzten Jahren weitere Flaggschiffe verwirklicht. Große Beachtung fand etwa der spektakuläre Bau der City Hall von Norman Foster, der als Sitz des Londoner Bürgermeisters und der im Jahre 2000 nach 14-jähriger Unterbrechung wieder eingerichteten Verwaltung für Greater London dient. Auch aktuell werden in London weitere Großprojekte umgesetzt, beispielsweise die Revitalisierung des 27 ha großen Geländes um die beiden aufwendig modernisierten Kopfbahnhöfe St. Pancras (seit 2007 Endpunkt der Eurostar-Verbindung von Brüssel und Paris) und King's Cross (Umbau zum modernen Bahnknotenpunkt für den nationalen Verkehr bis 2012). Auf dem Gelände sollen in einer Mischung von neuen und sorgfältig renovierten historischen Gebäuden hochwertige Büroflächen, Einkaufsmöglichkeiten und Wohnungen entstehen.

Das größte Bauvorhaben findet allerdings nicht in der Innenstadt der Metropole, sondern im bislang industriell geprägten Nordosten bei Stratford statt. Dort im Lower Lea Valley rüstet sich London für das größte Ereignis von allen – die Olympischen Spiele im Jahre 2012.

London und die Olympischen Spiele 2012

Nachhaltige Stadtentwicklung durch Olympische Spiele

London bekam die Olympischen und Paralympischen Spiele auf der Sitzung des International Olympic Committee (IOC) in Singapur im Juli 2005 nach einer intensiven Bewerbungsphase zugesprochen. Die Stadt setzte sich mit ihrer Bewerbung gegen eine starke Konkurrenz anderer Weltstädte wie Paris, Madrid, New York und Moskau durch. Die französische Hauptstadt wurde lange Zeit als Favorit gehandelt, während der Londoner Bewerbung nur Außenseiterchancen eingeräumt wurden. Viele Kommentatoren gehen davon aus, dass London vom Erfolg der Commonwealth Games in Manchester 2002 profitierte, weil sich Großbritannien dadurch einen guten Ruf als Ausrichter von Großereignissen verschaffen konnte. Ein weiterer Pluspunkt von London war, dass die Bewerbungsunterlagen den Aspekt der *legacy*, der nachhaltigen Wirkung der für die Spiele geschaffenen Infrastruktur, am deutlichsten herausarbeiteten. Dies kam den Vorstellungen des IOC sehr entgegen. Um den kritischen Stimmen entgegenzutreten, die den zunehmenden Gigantismus der olympischen Bewegung und die nach den Spielen kaum mehr genutzten Olympiaanlagen in Sydney und Athen anprangerten, legte das IOC zunehmenden Wert auf die Nachhaltigkeit der geschaffenen Infrastruktur.

Der Anspruch an eine dauerhafte olympische *legacy* spielte im Londoner Olympiakonzept von Anfang an eine zentrale Rolle. Von der Austragung der Olympischen Spiele erhoffen sich die Veranstalter entscheidende Impulse für die Stadtentwicklung (Tab. 4.4). Dabei kommt insbesondere dem gewählten Standort innerhalb Londons eine entscheidende Bedeutung zu (siehe Abb. 4.16). Die Olympischen Spiele werden in den wirtschaftlich und sozial am stärksten benachteiligten Stadtbezirken Londons durchgeführt und sollen zu einer Revitalisierung dieser Wohngebiete beitragen. Zudem liegt das zukünftige Olympiagelände auf einer der größten industriellen Brachflächen Londons, die im Vorfeld der Spiele umfassend ökologisch saniert wird. London kann hierbei von den Erfahrungen in Sydney profitieren, wo im Rahmen der sog. Green Games im Jahre 2000 ebenfalls eine industrielle Brache mit großem Aufwand von Altlasten befreit werden musste.

Darüber hinaus kann London auf die Erfahrungen anderer Olympiastädte zurückgreifen. Mit ihren ambitionierten Zielen für eine nachhaltige Stadtentwicklung stellt sich die Stadt bewusst in die Tradition vorheriger Austragungsorte. Einen ganz wesentlichen Referenzpunkt für die Londoner Planungen stellen die Spiele von Barcelona 1992 dar. Ähnlich wie später in Atlanta 1996 versuchte man dort, durch die Olympischen Spiele das Image der Stadt zu verbessern und vor allem sozial benachteiligte Stadtteile aufzuwerten. Während dieses Vorgehen in Atlanta weniger erfolgreich war, haben die Olympischen Spiele in der katalanischen Stadt vielfältige positive Impulse für die Stadtentwicklung ausgelöst, die bis heute nachwirken. Aktuelle Bauprojekte wie die Entwicklung eines als 22@ bezeichneten Hightech-Stadtteils im Südosten der Innenstadt, die Erweiterung des Flughafens oder verschiedene Verkehrsgroßprojekte wären ohne die Katalysatorwirkung der Olympischen Spiele kaum denkbar gewesen. Die ökonomischen Impulse für Barcelona werden ebenfalls positiv bewertet. So vervierfachte sich die Zahl der Auslandstouristen

Tabelle 4.4 Erwartete Impulse für die Stadtentwicklung

Wohnungsbau	Stadterneuerungsprogramm für Stratford City: Bau von 4 000 Wohnungen, davon 3 000 im olympischen Dorf (z. T. Sozialwohnungen)
Wirtschaft und Beschäftigung	bis zu 20 000 Arbeitsplätze im Bausektor, Ausbildung von 70 000 Freiwilligen, 2,1 Mrd. Pfund Einnahmen durch 7,9 Mio. Zuschauer
Verkehrsinfrastruktur	Anbindung an die London Underground, Docklands Light Railway und nationale Eisenbahnlinien; neuer Bahnhof Stratford International als Haltestelle für Shuttlezug Olympic Javelin und Eurostar-Züge mit Verbindung nach Paris und Brüssel
Sportanlagen	Olympiastadion, London Velopark, Aquatics Centre, Olympic Hockey Centre, vier temporäre Sporthallen für Volleyball, Basketball, Handball, Fechten
Umwelt	ökologische Sanierung von Brachflächen im Lower Lea Valley, Beseitigung wilder Mülldeponien und chemischer Verunreinigungen

zwischen 1992 und 2000 auf 3,5 Mio. Besucher pro Jahr. Zugleich profitierte die Stadt von deutlich ansteigenden Auslandsinvestitionen.

Infrastruktur für das Großereignis

Als zentraler Schauplatz der Olympischen Spiele wird der Olympic Park im Lower Lea Valley dienen (Abb. 4.25). Auf einer knapp 2,5 km² großen Baustelle wird im Vorfeld der Spiele unter anderem das später etwa 80 000 Zuschauer fassende Olympiastadion errichtet, in dem die Eröffnungs- und Abschlussfeier sowie die Leichtathletikwettbewerbe stattfinden werden (Abb. 4.26). In fußläufiger Distanz vom Olympiastadion werden mehrere Sportstätten erreichbar sein. Neben dem olympischen Dorf, das ca. 17 500 Athleten und Offizielle beherbergen wird, zählen hierzu das Aquatics Centre, der London Velopark, das Olympic Hockey Centre sowie mehrere Sportarenen für die Wettbewerbe im Volleyball, Handball, Basketball und Fechten. Weitere Sportanlagen liegen in Themsenähe südlich des Olympiaparks sowie im zentralen und westlichen London.

Als Teil der olympischen *legacy* sollen die errichteten Sportstätten über die Spiele hinaus der lokalen Bevölkerung zugute kommen. Allerdings wird gerade angesichts der negativen Erfahrungen mit dem Millennium Dome großer Wert darauf gelegt, dass die Olympischen Spiele keine kostenintensiven Altlasten hinterlassen. Um die finanzielle Belastung zu minimieren, wird daher zum einen auf bereits bestehende Veranstaltungsorte zurückgegriffen – darunter The O$_2$ (Turnen und Endspiele des Basketballturniers) und bekannte Sportstätten wie Wimbledon (Tennis) oder das seit dem Umbau von 2003 bis 2007 rund 90 000 Zuschauer fassende Wembley-Stadion (Fußball). Zum anderen wird schon bei der Planung darauf geachtet, die Folgekosten der neu errichteten Anlagen in Grenzen zu halten. So werden das Olympiastadion und das Aquatics Centre nach Beendigung der Spiele zurückgebaut und in verkleinerter Form weitergenutzt. Einige Sporthallen sollen nach den Spielen abgebaut und an anderen Orten Großbritanniens wieder aufgestellt werden.

Um während der Olympischen Spiele eine reibungslose An- und Abreise der täglich bis zu 500 000 erwarteten Zuschauer zu gewährleisten, wurde ein umfassendes Verkehrskonzept erstellt. Durch die weitgehende Zentralisierung der Veranstaltungsorte im Olympiapark werden die Wege kurz gehalten und auf diese Weise überwiegend autofreie Spiele ermöglicht. Um Verkehrsprobleme im Stadtbereich vorzubeugen, sollen auswärtige Besucher Park-and-Ride-Parkplätze am Stadtrand Londons nutzen und in den öffentlichen Nahverkehr

umsteigen. An den Sportstätten selbst werden lediglich Behindertenparkplätze zur Verfügung stehen. Damit tatsächlich alle Besucher die Sportstätten mit öffentlichen Verkehrsmitteln erreichen können, wird der Vorortbahnhof Stratford zum zentralen Verkehrsknotenpunkt ausgebaut. Über den Bahnhof wird der Olympiapark von zwei Linien der London Underground, der Docklands Light Railway und mehreren nationalen Eisenbahnlinien angefahren. Nach dem Neubau eines zusätzlichen internationalen Bahnhofs wird Stratford außerdem Haltepunkt des Shuttlezuges Olympic Javelin sowie der Eurostar-Züge aus Paris und Brüssel. Zusätzlich wird ein umfangreiches Netz von Fuß- und Fahrradwegen angelegt, über das der Olympiapark von Stratford aus erreichbar sein wird.

Die Lage des Olympiaparks im Lower Lea Valley bietet aus planerischer Sicht große Vorteile. Trotz der zentralen Lage war das Gebiet größtenteils unbewohnt, so dass die Umsiedlung von Anwohnern weitestgehend vermieden werden konnte. Allerdings mussten zahlreiche kleine und mittelständische Unternehmen den Bauarbeiten weichen. Zwischen alten Industriekanälen und Gleisanlagen zog sich bis vor wenigen Jahren ein großes Industrie- und Gewerbegebiet durch das Tal des Lea-Flusses, in dem beispielsweise Recyclingbetriebe, Großhändler und Busdepots, aber auch industrielle Kleinbetriebe angesiedelt waren (Abb. 4.27). Von den etwa 400 im Bereich des Olympiageländes ansässigen Unternehmen wurden im Zuge der Baumaßnahmen etwa 300 umgesiedelt. Abseits der Unternehmen ist das Lower Lea Valley vor allem von industriellen Brachflächen geprägt, die zum Teil zur illegalen Ablagerung von Abfällen verwendet wurden. Der Boden ist dadurch stellenweise stark mit Schadstoffen wie Quecksilber oder Blei belastet. Im Zuge der Olympiavorbereitungen werden diese ökologisch degradierten Brachflächen saniert und zukünftig als Grünanlagen öffentlich zugänglich gemacht. Auf diese Weise soll im Lea Valley ein 12 km langer Korridor entstehen, in dem Freizeitnutzung und Naturschutz harmonisch verbunden werden sollen.

Aufwertung der olympischen Stadtbezirke

Die Olympischen Spiele sollen helfen, das markante Entwicklungsgefälle zwischen dem Westen und dem Osten Londons abzubauen. Die zentralen Veranstaltungsorte der Olympischen Spiele liegen im Grenzbereich der Stadtbezirke (*boroughs*) Hackney, Newham und Tower Hamlets. In diesen Bezirken liegt der alte industrielle Kern der Stadt, der schon seit einigen Jahrzehnten einem fundamentalen Strukturwandel unter-

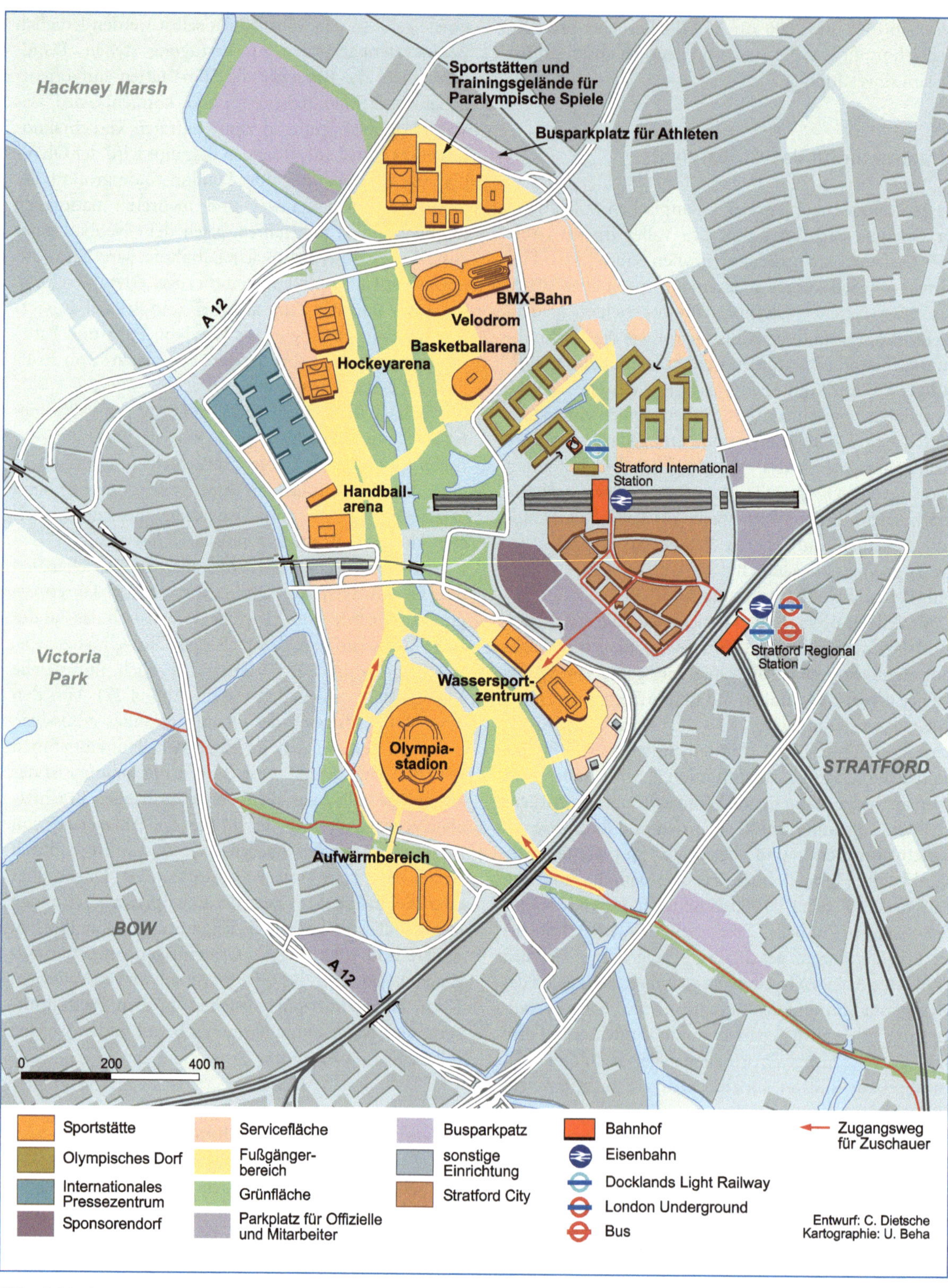

Abb. 4.25 Olympic Park und Stratford City. Quelle: Dietsche/Braun 2009.

Abb. 4.26 Baustelle des Olympia-stadions (Stand April 2009). Quelle: Dietsche / Braun 2009.

worfen ist (Abschnitt 4.2). Anfang der 1970er Jahre waren im Osten Londons noch fast 30 % der Erwerbstätigen in der Industrie beschäftigt. Mit der Schließung der Londoner Hafenanlagen und der zunehmenden globalen Verlagerung industrieller Produktion ging der Großteil dieser Arbeitsplätze verloren. Zwar wurde der Niedergang der Industrie von einem rasanten Aufschwung des Finanzsektors in den Docklands begleitet. Dennoch blieben insbesondere in Newham und Tower Hamlets altindustrielle Inseln bestehen, die von den Aufwertungsprozessen nicht erreicht wurden. Diese Stadtteile zählen nach wie vor zu den am stärksten benachteiligten Bezirken Großbritanniens (Abb. 4.28) und führten im Jahr 2007 zusammen mit dem Nach-

barbezirk Hackney den englischen Deprivationsindex an. Die soziale Lage der Bewohner Ostlondons drückt sich beispielsweise in einem relativ geringen Einkommensniveau, hoher Arbeitslosigkeit, schlechter Gesundheitsversorgung und einer hohen Kriminalitätsrate aus (Tab. 4.5).

Der größte Teil der olympischen Infrastruktur entfällt auf Newham, insbesondere auf das im Norden des Bezirks gelegene Verkehrs- und Einkaufzentrum Stratford (Abb. 4.29). Newham ist ein ethnisch heterogener Bezirk mit einer sehr jungen Bevölkerung – 41 % der Bewohner sind jünger als 24 – und dem größten Anteil allein erziehender Eltern in ganz Großbritannien. Das Bildungsniveau ist niedrig, und das durchschnittliche

Abb. 4.27 Ehemals gewerblich genutztes Gebäude im Lower Lea Valley unweit des Olympic Park. Quelle: Dietsche / Braun 2009.

Abb. 4.28 Einfaches Wohnviertel mit Erneuerungsbedarf in Tower Hamlets. Quelle: Dietsche/Braun 2009.

Jahreseinkommen liegt lediglich bei einem Fünftel des Gehaltsniveaus von Stadtteilen wie Richmond-on-Thames im Westen Londons. Die Armut wirkt sich unmittelbar auf die Gesundheitsversorgung der Bewohner aus. So ist die durchschnittliche Lebenserwartung in Newham um ganze sechs Jahre niedriger als in manchen Westlondoner Stadtteilen. Wie große Teile des East End ist auch Newham durch prekäre Wohnverhältnisse gekennzeichnet. Obwohl die Wohnungsmieten für Londoner Verhältnisse auf vergleichsweise niedrigem Niveau liegen, sind sie für Geringverdiener kaum bezahlbar. Da sich gerade große Familien kaum ausreichend große Wohnungen leisten können, ist etwa jedes vierte Haus im Osten Londons überbelegt.

Stratford City – ein Flaggschiffprojekt für das East End

In direkter Nachbarschaft des Bahnhofs von Stratford wird das größte Stadtentwicklungsprojekt im Umfeld der Olympischen Spiele verwirklicht. Am Rande des Olympiaparks wird mit Stratford City ein neues Stadtzentrum geschaffen, von dem wichtige Entwicklungsimpulse für ganz Ostlondon ausgehen sollen. Stratford City ist in die übergreifenden Bemühungen der britischen Regierung zur Entwicklung des Thames Gateway eingebunden, einer Entwicklungsachse, die sich vom östlichen London bis zur Themsemündung in den Grafschaften Essex und Kent erstreckt. Der Entwicklung des Thames Gateway wird von den Planungsbehörden

Tabelle 4.5 Indikatoren sozialer Benachteiligung in den olympischen Stadtbezirken

	Einwohner, in 1 000 (2005)	Arbeitslosenquote, in % (2005/06)	wöchentliche Durchschnittseinkommen, in GBP, Median (2006)	Empfänger von Einkommenszuschüssen, in % (2006)	Anteil der Grundschüler mit einer anderen Muttersprache als Englisch, in % (2006/07)
Newham	246	8,7	460,4	11,3	71,0
Hackney	208	10,7	489,5	13,3	53,7
Tower Hamlets	213	12,9	546,1	10,7	75,5
London	**7 518**	**7,6**	**540,8**	**7,7**	**39,1**

Quellen: Daten des UK Office for National Statistics 2007 und 2008 sowie des Department for Children, Schools and Families 2007

Abb. 4.29 Stadtzentrum Stratford.
Quelle: Dietsche / Braun 2009.

höchste Priorität eingeräumt, da hier der Großteil des zukünftigen Wachstums im Großraum London erwartet wird. Bis zum Jahr 2016 sollen in einer Vielzahl von Einzelprojekten etwa 160 000 neue Wohnungen gebaut und 180 000 Arbeitsplätze geschaffen werden. Dank der Olympischen Spiele und der Planung von Stratford City wird die Entwicklung des Thames Gateway zumindest im westlichen Teil erheblich beschleunigt. Dabei kann allerdings nicht völlig ausgeschlossen werden, dass durch die Fokussierung auf diesen relativ kleinen Abschnitt des Thames Gateway Ressourcen aus anderen Teilprojekten abgezogen werden.

Mit dem Flaggschiffprojekt Stratford City wird in unmittelbarer Nähe zum Olympiagelände eine prägnante und weithin sichtbare Landmarke entstehen. Die Skyline des u. a. von dem australischen Shopping-Centre-Betreiber Westfield errichteten Zentrums wird von mehreren bis zu 50-stöckigen Hochhäusern dominiert werden. Ein gigantisches Einkaufszentrum mit drei großen Warenhäusern und einer Gesamteinzelhandelsfläche von 175 000 m² soll Stratford City zu einem der wichtigsten Einzelhandelsstandorte im Großraum London machen. Zusätzlich werden umfangreiche Flächen für Büroräume, Hotels und Tagungsstätten bereitgestellt. Mit dem Bau von 4 000 Wohnungen soll zudem das Angebot von günstigem Wohnraum ausgebaut werden. Hierzu wird vor allem das als Teil von Stratford City errichtete olympische Dorf beitragen. Die Athletenunterkünfte werden nach Beendigung der Olympischen Spiele in Wohnungen umgewandelt – ein Teil davon in Sozialwohnungen.

Mit der Fertigstellung von Stratford City soll sich London weiter in Richtung einer polyzentrischen Stadtregion entwickeln. Die Hoffnung der Planer ist, dass durch Stratford City auch in den Nachbarstadtteilen Aufwertungsprozesse in Gang gesetzt werden und deren Bewohner durch neu geschaffene Arbeitsplätze und ein verbessertes Wohnungs- und Versorgungsangebot profitieren.

Ein Beitrag zur Revitalisierung des Londoner Ostens soll auch von dem olympischen Verkehrskonzept ausgehen. Das East End ist traditionell nur schlecht an das Londoner Verkehrsnetz angebunden. Durch den Bau der Docklands Light Railway Ende der 1980er Jahre und die Verlängerung einer Linie der London Underground (Jubilee Line) im Jahre 1999 konnte die Situation zwar verbessert werden. Dennoch stellte die oft mangelhafte Erreichbarkeit von Wohnungen und Arbeitsplätzen bis zuletzt ein wesentliches Merkmal der Benachteiligung des Londoner Ostens dar. Durch den Ausbau des Verkehrsknotenpunktes Stratford bietet sich nun die Chance, diese Probleme zu lösen.

Chancen und Risiken für die Stadtentwicklung

In der öffentlichen Diskussion erhoben sich bislang überraschend wenige kritische Stimmen gegen die Olympischen Spiele und die damit verbundenen Stadterneuerungsmaßnahmen. Selbst im unmittelbaren lokalen Umfeld des zukünftigen Olympiaparks bleiben die Proteste bis zum heutigen Tag relativ gemäßigt und weitgehend unkoordiniert. Dass sich kaum öffentlicher Protest gegen die Planungen formierte, lässt sich u. a. mit dem Außenseiterstatus begründen, den London in der Bewerbungsphase innehatte. Da das Sanierungsgebiet größtenteils aus Brachland und ehemaligen Gewerbeflächen besteht, beschränkte sich der Widerstand vor allem auf die von Umsiedlungsmaßnahmen betroffenen Kleinunternehmen.

Die Bewohner der umliegenden Stadtteile werden von den Planungsbehörden und Entwicklungsgesellschaften nur wenig zu aktiven Beiträgen ermuntert. Es werden zwar Veranstaltungen wie die Cultural Olympiad durchgeführt, die helfen sollen, die Identifikation der Bevölkerung mit den Spielen zu stärken und ehrenamtliche Mitarbeiter für die Großveranstaltung zu gewinnen. Doch letztendlich sind, wie bei vielen Großprojekten der letzten Jahre, die Planungen der Olympischen Spiele überwiegend zentralistisch organisiert.

Die deutschen Stadtsoziologen Häußermann und Siebel haben bereits 1993 darauf hingewiesen, dass ein wichtiges Merkmal für eine „Politik der Festivalisierung" die Schaffung von Sonderorganisationen zur Projektdurchführung ist. Diese stehen außerhalb der regulären Verwaltungsstrukturen und werden mit besonderen Rechten ausgestattet. Die Londoner Olympiaplanungen sind da keine Ausnahme. Eine zentrale Rolle spielen die von der Regierung beauftragten und mit umfassenden Befugnissen ausgestatteten Sonderorganisationen. Das London Organising Committee for the Olympic Games and Paralympic Games (LOCOG) ist für die Durchführung der Spiele verantwortlich. Die Olympics Delivery Authority (ODA) ist zuständig für die Planung und den Bau der Infrastruktur und der Sportstätten. Fragen der Verkehrsplanung und der regionalen Entwicklungsstrategie werden auf der Ebene des Großraum Londons durch die Greater London Assembly entschieden. Die London Development Agency (LDA) hat einen bestimmenden Einfluss auf die Umsiedlung der Gewerbebetriebe von dem zukünftigen Olympiagelände an andere Standorte. Lokale Behörden und die unmittelbar betroffene Bevölkerung werden dagegen nur in geringem Umfang in Entscheidungen eingebunden. Im Wesentlichen reduziert sich die Rolle der lokalen Councils auf die Durchführung von Genehmigungsverfahren. Der von der Labour-Partei geführte Gemeinderat von Newham hat die Planungen dennoch positiv aufgenommen und erhofft sich für seinen Stadtbezirk eine Zunahme von bezahlbarem Wohnraum sowie wichtige Impulse für den Ausbildungs- und Arbeitsmarkt.

Die für die Olympischen Spiele benötigten Investitionssummen können nur durch eine Mischung von staatlichen und privaten Mitteln (*public private partnerships*) und die Einbindung privater Konsortien in die baulichen Aufgaben aufgebracht werden. Kritiker bemängeln vor diesem Hintergrund, dass die Stadterneuerungsmaßnahmen in erster Linie von wirtschaftlichen Erwägungen getragen werden und die sozialen Aspekte – vor allem die Bereiche Wohnungsmarkt, Bil-

dung und Arbeit – zu sehr in den Hintergrund treten. Als zentrales Problem könnte sich der durch die Stadtentwicklungsprojekte ausgelöste Anstieg der Immobilienpreise und der Wohnungsmieten erweisen. Die mit der Durchführung der Projekte beauftragten privaten Entwicklungsgesellschaften haben grundsätzlich ein Interesse an einer schnellen Gentrifizierung und der damit einhergehenden Wertsteigerung ihrer Immobilien. Bereits nach der Bekanntgabe der Bewerbung Londons im Jahr 2001 und vor allem nach der Entscheidung des IOC im Jahr 2005 kam es in Stratford zu deutlichen Preissprüngen bei Häusern und Wohnungen. Mittel- bis langfristig könnten weitere Preisschübe dazu führen, dass einkommensschwache Schichten verdrängt werden.

Um Gentrifizierungsprozesse zu Lasten sozial benachteiligter Bevölkerungsgruppen zu verlangsamen, soll ein erheblicher Teil des neu errichteten Wohnraumes in Form von preiswerten Miet- oder Eigentumswohnungen angeboten werden. Dennoch wird der neue olympische Stadtteil im Wesentlichen die Konsum- und Wohnansprüche der Mittelschicht befriedigen. So werden sich in der für Stratford City geplanten Shopping Mall vor allem Einzelhandelsgeschäfte des gehobenen Preissegments niederlassen. Im Umfeld des Olympiaparks wurden von privaten Immobilienunternehmen bereits hochpreisige Wohnanlagen und erste Gated Communities (z. B. das sog. Bow Quarter) errichtet (Abb. 4.30). Es scheint fraglich, ob sich dabei die erhofften Ausstrahlungseffekte einstellen werden und eine Revitalisierung der Nachbarstadtteile in Gang gesetzt wird oder ob vielmehr Wohlstandsinseln in einem nach wie vor armen und benachteiligten Umfeld entstehen und die soziale Segregation auf diese Weise weiter zunimmt. Bei früheren Stadterneuerungsprojekten lässt sich genau diese Entwicklung beobachten. Ein Beispiel hierfür ist der Stadtteil Canning Town im Süden von Newham, der in direkter Nachbarschaft von Canary Wharf liegt und auch heute noch, viele Jahre nach Fertigstellung des boomenden Wirtschaftszentrums in den Docklands, zu den ärmsten Stadtteilen Londons zählt.

Neben infrastrukturellen Verbesserungen bieten die Olympischen Spiele für London die Chance, das Stadtimage neu auszurichten. Durch ein Rebranding soll die Stadt nicht mehr vorrangig mit ihrem historischen Erbe identifiziert, sondern vielmehr als vielfältige, bunte und multikulturelle Stadt wahrgenommen werden. Gerade die mit einem überwiegend negativen Image belegten olympischen Stadtbezirke im Londoner Osten könnten ihre durch den industriellen Niedergang unterhöhlte Identität neu ausrichten und ihr öffentliches Bild zum Positiven wenden. Hierdurch ergibt sich die Chance, durch die internationale Aufmerksamkeit einen höheren Stellenwert bei Touristen und Investoren zu gewinnen.

Abb. 4.30 Neue hochwertige Wohn-anlagen am Rande des entstehenden Olympic Park. Quelle: Dietsche / Braun 2009.

Dennoch birgt die Ausrichtung der Olympischen Spiele für die Weltstadt London auch Risiken. Anders als Barcelona ist London auch ohne die Ausrichtung der Spiele eine weltbekannte „Marke" und ein wichtiges Tourismus- und Investitionsziel. Während sich Barcelona und Sydney durch die Spiele erstmals vor einem weltweiten Publikum als attraktive, weltoffene Metropolen präsentieren konnten, hat London dieses Vehikel kaum nötig. Andererseits steigen die Risiken, wenn etwas nicht oder schlecht funktioniert. Noch bekannter kann die Marke London kaum werden, aber jedes während der Spiele auftauchende Organisations- oder Sicherheitsproblem schlägt negativ auf das Image der Stadt zurück. So erscheint trotz allen berechtigten Optimismus auch die Einschätzung nicht abwegig, dass London hinsichtlich der internationalen Reputation durch die Spiele wenig gewinnen, aber einiges verlieren kann. Dass Olympische Spiele keinesfalls immer mit einem Imagegewinn verbunden sein müssen, sondern vielmehr auch Anlass für eine schlechte Presse sein können, mussten in der Vergangenheit schon Städte wie Montreal (1976), Atlanta (1996) oder teilweise auch Peking (2008) erleben. Erfahrungen früherer Ausrichterstädte belegen zudem, dass der Umgang mit der für Olympische Spiele geschaffenen Infrastruktur nicht immer einfach ist. Insbesondere die Weiternutzung der teuren Sportstätten und Olympiaparks erweist sich nach Beendigung der Spiele oft als problematisch.

Fazit

Schon heute lässt sich sagen, dass die Londoner Olympischen Spiele ein weiteres und sehr typisches Beispiel für eine Stadtpolitik der Festivalisierung sind. Jedoch wurde in London, nicht zuletzt den Vorstellungen des IOC folgend, ein besonderer Wert auf die *legacy*, also die dauerhaft positiven Wirkungen, des Großereignisses gelegt. Inwieweit sich die Hoffnungen auf nachhaltige Impulse für London und insbesondere für den benachteiligten Osten der Stadt erfüllen, lässt sich aus heutiger Sicht nicht zuverlässig abschätzen. Die Voraussetzungen sind aber relativ günstig. Anders als einige frühere Flaggschiffprojekte und insbesondere der Millennium Dome sind die Stadterneuerungsprojekte der Olympischen Spiele in übergreifende Stadt- und Regionalplanungsstrategien eingebunden. Die Spiele sind insbesondere für das Thames-Gateway-Entwicklungsprogramm von zentraler Bedeutung und bieten für die Realisierung der Aufwertungsziele im bislang oft vernachlässigten Osten von Greater London einen unersetzlichen Stimulus. Auch darf nicht vergessen werden, dass es viele weiche Faktoren gibt, über die sich die Olympischen Spiele langfristig positiv für die Menschen in London auswirken können. So kann das Sportereignis etwa dazu beitragen, dass Teile der Bevölkerung eine größere Affinität zum Sport und zu einem gesunden Lebensstil entwickeln. Auch das soziale Miteinander der Menschen kann durch gemeinsame bewegende Erlebnisse während der Spiele gefördert werden.

Flaggschiffprojekte und Megafestivals können zweifellos dazu beitragen, regionale Entwicklungspotenziale zu mobilisieren. Dennoch: Großprojekte und urbane „Festivals" wirken letztlich auch in London überwiegend als Trendverstärker von ohnehin ablaufenden ökonomischen und sozialen Umstrukturierungsprozessen. Korrekturen von Fehlentwicklungen sind mit einer Politik der Festivalisierung erfahrungsgemäß sehr viel schwieriger zu erreichen. Erst die Zukunft wird zeigen, inwieweit es in London gelingt, die ökonomischen Potenziale der Metropole dauerhaft zu mobilisieren, ohne die sozialen und ökologischen Probleme aus dem Blick zu verlieren. Wirklich erfolgreich wird auch eine Stadtentwicklungspolitik neuen Stils nur sein können, wenn sie die Lebenssituation großer Bevölkerungsteile spürbar verbessert.

Weiterführende Literatur

Clark, G. (2008): Local Development Benefits from Staging Global Events. Paris: OECD.

Digby, B. (2008): This Changing World: The London Olympics. In: Geography 93, 1, S. 40–47.

Dziomba, M. Matuschewski, A. (2007): Großprojekte in der Stadtentwicklung – Konfliktbereiche und Erfolgsfaktoren. In: disP 171, 4, S. 5–11.

Fainstein, S. S. (2008): Mega-Projects in New York, London and Amsterdam. In: International Journal of Urban and Regional Research 32, 4, S. 768–785.

Gold, J. R.; Gold, M. M. (2008): Olympic Sites: Regeneration, City Rebranding and Changing Urban Agendas. In: Geography Compass 2, 1, S. 300–318.

Gossop, C. (2008): Towards a More Compact City – the Plan for London. In: disP 173, 2, S. 47–55.

Häußermann, H.; Siebel, W. (1993): Die Politik der Festivalisierung und die Festivalisierung der Politik. In: Häußermann, H.; Siebel, W. (Hrsg.): Festivalisierung der Stadtpolitik. Stadtentwicklung durch große Projekte. Leviathan Sonderheft 13. Opladen, S. 7–31.

Keith, M. (2009): Figuring City Change: Understanding Urban Regeneration and Britain's Thames Gateway. In: Imrie, R.; Rees, L.; Raco, M. (Hrsg.): Regenerating London. Governance, Sustainability and Community in a Global City. London/New York, S. 75–91.

Poynter, G. (2009): The 2012 Olympic Games and the Reshaping of East London. In: Imrie, R.; Rees, L.; Raco, M. (Hrsg.): Regenerating London. Governance, Sustainability and Community in a Global City. London/New York, S. 132–148.

Smyth, H. (1994): Marketing the City. The Role of Flagship Developments in Urban Regeneration. London.

Thornley, A. (2000): Dome Alone: London's Millennium Project and the Strategic Planning Deficit. In: Journal of Urban and Regional Research 24, 3, S. 689–699.

Kapitel 5

Deindustrialisierung, neue Industrien und das Erstarken des Dienstleistungssektors

5.1 Einführung

Gerald Wood

Großbritannien gilt vielen nicht nur als *first industrial nation*, also als Pionier der Industriellen Revolution, sondern gleichermaßen als Vorreiter in der nachfolgenden – und wiederholten – Umgestaltung der wirtschaftlichen Basis des Landes. Auf der Grundlage wichtiger technischer Entwicklungen (Mechanisierung von Produktionsprozessen, Weiterentwicklung der Dampfmaschine etc.) und organisatorischer Neuerungen (insbesondere Einführung des Fabriksystems) entwickelte sich Großbritannien von einer agrarisch-feudalen Gesellschaft zur führenden Industrienation, die vor allem über das Empire mit weiten Teilen der Welt ökonomisch, politisch, sozial und kulturell verbunden war (Abschnitt 3.7). Diese engen Verbindungen waren eine wichtige Voraussetzung für den frühen industriellen Take-off Großbritanniens im 18. und beginnenden 19. Jahrhundert und für die große internationale Bedeutung, die die heimischen Industrien über Jahrzehnte hatten. So wurden im Rahmen des atlantischen Dreieckshandels große Geldmengen akkumuliert, die in den Aufbau der Industrien flossen (Abschnitt 3.6). Gleichzeitig waren die überseeischen Besitzungen wichtige Rohstofflieferanten und Absatzmärkte der in Großbritannien hergestellten Produkte.

Seit den frühen Tagen der industriellen Entwicklung hat sich die wirtschaftliche Basis des Landes vor dem Hintergrund veränderter Rahmenbedingungen mehrfach tief greifend verändert. Die sog. Altindustrien, also vor allem Textil- und Montanindustrie, waren als Erste mit strukturellen Veränderungen konfrontiert, und zwar bereits in der Zeit der Weltwirtschaftskrise in den 1930er Jahren und dann vor allem seit den 1960er Jahren. Die

Regionen, in denen diese Wirtschaftszweige angesiedelt waren, haben in diesem Umgestaltungsprozess erhebliche Einbußen an Erwerbsmöglichkeiten, Wohlstand und Zukunftsperspektiven hinnehmen müssen. Als großes Problem erwies sich in der Zeit der Weltwirtschaftskrise die hochgradige ökonomische Spezialisierung dieser Regionen und die damit verbundene besondere Verletzlichkeit gegenüber konjunkturellen oder strukturellen Problemen der Leitindustrien. Eine Konsequenz, die der Zentralstaat aus der großen Notlage gerade dieser Regionen zog, war die Etablierung staatlicher Programme zur Verbreiterung der ökonomischen Basis (Abschnitt 7.2). So kam es, vor allem in der unmittelbaren Nachkriegszeit, zu einer staatlich geförderten Ansiedlung von neuen Industrien, nämlich den Konsumgüterindustrien in den Entwicklungsgebieten (*special areas*) des Landes. Ein besonderes Merkmal dieser Phase war das große Engagement US-amerikanischer multinationaler Unternehmen, von deren Ansiedlung man sich vor allem ein Anknüpfen an die alte wirtschaftliche Größe versprach.

In der Nachkriegszeit besaßen sowohl die Altindustrien als auch die Konsumgüterindustrien zunächst eine große volkswirtschaftliche Bedeutung. Im Zuge des Wiederaufbaus und der steigenden Nachfrage durch die Konsumgüterindustrien erlebte die Montanindustrie eine Zeit erneuter Blüte. Der Boom der Konsumgüterindustrien ist im Wesentlichen auf die Ausweitung des allgemeinen Wohlstands sowohl in Großbritannien als auch in anderen Ländern zurückzuführen, in die die heimischen Waren exportiert wurden (Commonwealth und in zunehmendem Maße EG/EU).

Ab den 1960er Jahren allerdings endete diese Phase. Für die meisten Industriezweige des Landes war die Zeit zwischen den 1960er und den frühen 1990er Jahren durch Schrumpfungsprozesse gekennzeichnet. Sowohl die Altindustrien als auch neuere Wirtschaftszweige, allen voran die Automobilindustrie, verzeichneten bei Produktion und Absatz zum Teil erhebliche Einbußen, die einen massiven Arbeitsplatzabbau zur Folge hatten. So ging die Zahl der Arbeitsplätze in der britischen Textilindustrie von 843 000 im Jahr 1960 auf 179 000 im Jahr 1994 zurück (−79 %). Ähnlich gravierend war die Entwicklung im Bergbau und in der Stahlindustrie. Mit dem Rückgang der absoluten Beschäftigtenzahlen ging ein relativer Bedeutungsverlust des industriellen Sektors einher. Mitte der 1980er Jahre waren ca. 5 Mio. Menschen (UK) in der Industrie beschäftigt, was einem Anteil von 23,4 % an der Gesamtbeschäftigtenzahl entspricht. Bis 1993 verringerten sich die Werte auf 3,9 Mio. bzw. 18,1 %. In den Folgejahren, bis zum Jahr 2000, kam es zwar zu einem erneuten Anwachsen der Beschäftigtenzahlen auf ca. 4,5 Mio., doch der Beschäftigtenanteil verringerte sich weiter auf 15,1 %. 2008 lag er bei 10,5 % (ca. 3,3 Mio. Beschäftigte). Hinter diesen wenigen schlaglichtartigen Zahlen verbergen sich komplexe Zusammenhänge, die in Abschnitt 5.2 und 5.3 anhand eines regionalen (Wales) und eines sektoralen Beispiels (Automobilindustrie) exemplarisch beleuchtet werden.

Die positive Entwicklung der Beschäftigtenzahlen in der Zeit zwischen 1994 und 2000 verweist u. a. auf eine wachsende Bedeutung neuerer Wirtschaftszweige (sog. Hightech-Industrien wie Pharma- und IT-Unternehmen) sowie fernöstlicher, vor allem japanischer Unternehmen, die nicht zuletzt auf die Politik der offenen Tür für ausländische Investitionen durch den Zentralstaat bzw. durch regionale Entwicklungsagenturen und -gesellschaften zurückzuführen ist. In Abschnitt 5.3 über das Engagement japanischer Unternehmen in der britischen Automobilindustrie greift Christoph Scheuplein diesen Entwicklungstrend auf und beleuchtet die Folgen, die sich für die Geographie der Automobilwirtschaft, die Arbeitsorganisation und das Verhältnis zwischen Unternehmensleitung, Beschäftigten und staatlichen Akteuren ergeben haben. Im Zusammenhang mit der Einführung neuer Produktionsweisen und den Strategien ihrer Durchsetzung durch die japanischen (Automobil-)Unternehmen ist es sicherlich kaum übertrieben, von einem tief greifenden kulturellen Wandel zu sprechen, der sich in den letzten Jahrzehnten in der britischen (Automobil-)Industrie vollzogen hat. Ob dies die Überlebensfähigkeit der Automobilproduktion in Großbritannien auf Dauer sichert, ist eine offene Frage. Allerdings stehen die Chancen angesichts der ökonomischen und politischen Rahmenbedingungen auch nicht schlecht.

Ein weniger rosiges Bild der Entwicklung der britischen Industrie seit den 1980er Jahren zeichnet Phil Cooke am Beispiel der Entwicklungen in Südwales (Abschnitt 5.2). Die *lost worlds* lassen sich nicht nur auf die frühen Leitindustrien Weißblech, Kohle und Stahl und ihren Niedergang beziehen, sondern durchaus auch auf die neueren Konsumgüterindustrien (Automobilbau und Elektronikindustrie) und ihre wechselvolle Entwicklung. Ein zentraler Erklärungszusammenhang für den absoluten wie relativen Bedeutungsverlust der Industriezweige in Südwales wird in den Defiziten des regionalen Innovationssystems gesehen, vor allem in seiner mangelnden Stabilität und institutionellen wie organisatorischen Kontinuität. Im Zusammenhang mit hoheitsstaatlichen Formen der Steuerung und Intervention (als zentralem Bestandteil des walisischen Innovationssystems) kommt Phil Cooke zu der ambivalenten Einschätzung, dass staatliche Eingriffe auf der einen Seite zu einer deutlichen Stabilisierung von Ökonomie und Arbeitsmarkt beigetragen haben, auf der anderen Seite aber durch die mangelnde Kontinuität britischer und walisischer Wirtschaftspolitik essenzielle Voraussetzungen für das dauerhafte Funktionieren des regionalen Innovationssystems in Wales nicht gegeben sind.

Ein weiterer interessanter Aspekt, der in Abschnitt 5.2 angesprochen wird, dreht sich um die Frage der Innovationsfähigkeit des für die Region so wichtigen Energiesektors, wobei nicht nur die Optionen für „saubere Kohle" ausgelotet werden, sondern auch die Entwicklungspotenziale erneuerbarer „grüner" Energien.

Parallel zu den hier angerissenen Entwicklungen im Bereich der Industrie haben sich mindestens ebenso gravierende Veränderungen bei den Dienstleistungen vollzogen, und zwar sowohl in quantitativer als auch in qualitativer Hinsicht. Ein zentrales Merkmal der britischen Gesellschaft ist die Tatsache, dass Dienstleistungen heute die wichtigsten Wirtschaftszweige des Landes darstellen. Dies lässt sich an einer Reihe von Indikatoren aufzeigen, beispielsweise an der Bruttowertschöpfung, den Arbeitsmarktzahlen oder dem Außenbeitrag (Erläuterung s. Abb. 5.2). Ein Blick auf die Bruttowertschöpfung unterschiedlicher Wirtschaftszweige für das Jahr 2007 (Abb. 5.1) verdeutlicht die generelle volkswirtschaftliche Bedeutung der Dienstleistungen und die besonders herausgehobene Rolle der Finanzdienstleistungen. An diesen Zahlen lässt sich u. a. die exponierte Rolle Großbritanniens bzw. Londons als einem der wichtigsten Knotenpunkte der Weltwirtschaft ablesen.

Auch anhand der Arbeitsmarktzahlen lässt sich die besondere Bedeutung der Dienstleistungen dokumentieren. So lag der Beschäftigtenanteil im Jahr 2008 bei etwa 81 %, bei einer Beschäftigtenzahl von 24,5 Mio. in diesem Sektor (UK). Es waren auch die Dienstleistungen, die dazu beigetragen haben, den Außenbeitrag ab den frühen 1970er Jahren zu stabilisieren (Abb. 5.2, grüne Linie). Allerdings war der Importüberschuss bei Waren in den letzten Jahren so außergewöhnlich hoch,

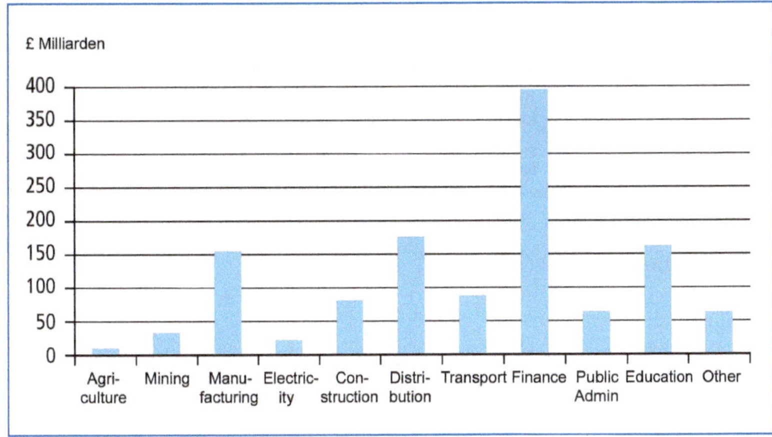

Abb. 5.1 Bruttowertschöpfung nach Branchen 2007 (Angaben in Milliarden Pfund). Quelle: UK National Accounts: The Blue Book, 2009, S. 80.

dass trotz sprunghaft gestiegener positiver Bilanz bei den Dienstleistungen der Außenbeitrag insgesamt hohe negative Werte aufwies.

Hinter diesen Zahlen und der außergewöhnlich dynamischen Entwicklung des Dienstleistungssektors in der zweiten Hälfte des 20. Jahrhunderts verbergen sich eine Vielzahl von Einzeltrends, die in ihrer Summe zu einem tief greifenden Umbau der britischen Wirtschaft und Gesellschaft beigetragen haben. Die Bedeutung der Finanzdienstleistungen für die gesamte Wirtschaft und

für die weltwirtschaftliche Stellung des Landes wurde bereits angesprochen und in Abschnitt 4.1 am Beispiel Londons gesondert betrachtet. Auch für andere Städte des Landes sind Finanzdienstleistungen von großer Bedeutung, vor allem für deren Wirtschaftsleistung und Arbeitsmärkte (vgl. Abschnitt 8.5, in dem die Transformation Manchesters von einer Industrie- zu einer postindustriellen Dienstleistungsmetropole diskutiert wird).

Ein weiterer bedeutsamer Punkt ist die erhebliche Ausweitung des Staatshandels in unterschiedlichen

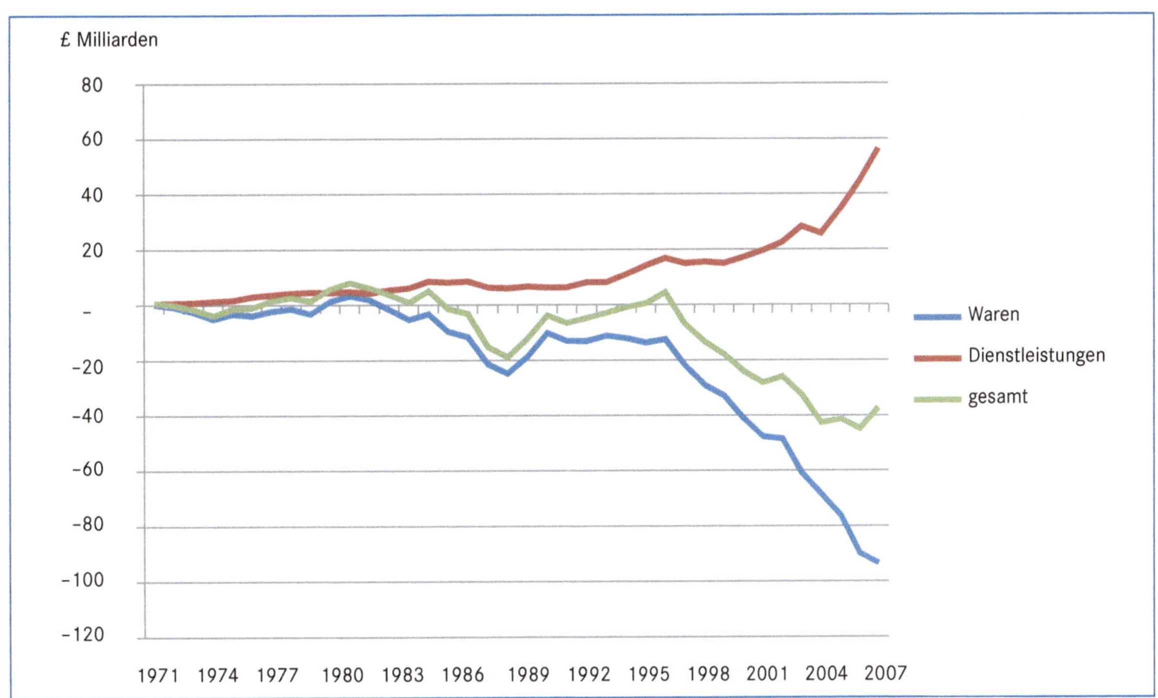

Abb. 5.2 Saldi der Exporte und Importe von Waren (blaue Linie) und Dienstleistungen (rote Linie) sowie Außenbeitrag (Addition beider Saldi = grüne Linie) 1971–2008 (UK; Angabe in Milliarden Pfund). Quelle: Eigene Berechnungen, auf der Basis von http://www.statistics.gov.uk/StatBase/tsdataset.asp?vlnk=219&More=N&All=Y (Abruf: 10.07.2009).

Handlungsfeldern. Hierzu lassen sich beispielhaft zählen: Bildungs- und Gesundheitswesen, Verkehr, Kulturpolitik, Beschäftigungsförderung, Wirtschaftspolitik, Technologie- und Forschungsförderung, Wohnungsbau, Raumordnung und Städtebau, Verbraucherschutz und Marktregulierung. Die Etablierung des öffentlichen Gesundheitsdienstes (National Health Service) im Jahr 1948, der Ausbau des Schul- und Hochschulsystems, die Bereitstellung öffentlich geförderter Sozialwohnungen und andere Entwicklungen haben nicht nur zu einer Umverteilung des (wachsenden) Sozialprodukts beigetragen, sie haben auch erhebliche Beschäftigungseffekte nach sich gezogen und einen wesentlichen Beitrag zur Transformation der Arbeitsmärkte geleistet. Mit deutlich über 200 Mrd. Pfund Bruttowertschöpfung (Abb. 5.1) belegten die öffentlichen Dienstleistungen nach den Finanzdienstleistungen in der Wirtschaftsstatistik des Jahres 2007 den zweiten Rang und in der Beschäftigtenstatistik des Jahres 2008 mit 31,6 % Beschäftigungsanteil sogar den ersten Platz (Finanzdienstleistungen: 21 % bzw. dritter Rang). In Abschnitt 5.2 greift Phil Cooke die Bedeutung der von der öffentlichen Hand ausgelösten Beschäftigungseffekte für eine periphere Region Großbritanniens auf und diskutiert in diesem Zusammenhang die grundsätzliche Frage, wie die Belebung des Arbeitsmarktes durch staatliche Eingriffe zu bewerten ist.

Die wirtschaftlichen Transformationsprozesse des 20. und frühen 21. Jahrhunderts waren begleitet von ebenso fundamentalen gesellschaftlichen Veränderungen, zu denen sich vor allem eine gestiegene räumliche und soziale Mobilität, eine erhebliche Ausweitung von Haushaltseinkommen und Freizeit, veränderte Sozialstrukturen und die Neubestimmung des Geschlechterverhältnisses rechnen lassen. In ihrer Summe haben diese Trends, im Verbund mit anderen Entwicklungen, zu einer weitreichenden Modernisierung der alltäglichen Lebensführung beigetragen. Ein wichtiger Trend, auf den auch in Kapitel 8 eingegangen wird, betrifft die zunehmende Ausdifferenzierung der Gesellschaft in sog. Lebensstile, mit denen in der Sozialforschung verhältnismäßig stabile und regelmäßig wiederkehrende Muster der alltäglichen Lebensführung bezeichnet werden. Diese Ausdifferenzierung hat u. a. Auswirkungen auf das Konsumverhalten und damit auch auf ökonomische Entwicklungen. In Abschnitt 5.4 spürt Doris Schmied den Entwicklungen des britischen Binnentourismus in Abhängigkeit von gesellschaftlichen Trends nach und bezieht dabei auch die jüngere sozialwissenschaftliche Debatte über die Auswirkungen einer zunehmenden sozialen Ausdifferenzierung auf das Konsumverhalten ein.

5.2 *Lost worlds* – Altindustriegebiete und ihre Zukunft: Das Beispiel Südwales

PHIL COOKE
Übersetzung und Redaktion: GERALD WOOD

Im Mittelpunkt dieses Abschnitts steht Südwales – eine Altindustrieregion Großbritanniens, die bereits gegen Ende des 18. Jahrhunderts eine ausgeprägte industrielle Struktur aufwies und insofern als eine der frühesten Industrieregionen überhaupt angesehen werden kann. Die ökonomischen Strukturen haben sich seit der Zeit der frühen Industrialisierung im 18. Jahrhundert gleich mehrfach grundlegend gewandelt, und es ist abzusehen, dass dies auch in Zukunft so bleiben wird. Dieser Abschnitt zeichnet die ökonomischen Entwicklungslinien in groben Zügen nach, konzentriert sich dabei auf das späte 20. und frühe 21. Jahrhundert und unternimmt vor dem Hintergrund der Wirtschaftsgeschichte der Region abschließend den Versuch eines Ausblicks auf die nahe Zukunft.

Die Industrielle Revolution in Wales begann in den 1770er Jahren mit der Verhüttung von Eisenerzen, die man westlich des Tals des Flusses Usk abbaute. Diese Linie markiert bis heute die Grenze zwischen dem industrialisierten und dem ländlichen Südwales. Bis zum heutigen Tag ist das Gebiet östlich des Tales ländlich strukturiert, während sich westlich eine historische Industrielandschaft befindet, die in das UNESCO-Welterbe aufgenommen worden ist. Hier wurde das Gilchrist-Thomas-Verfahren zur Stahlherstellung weiterentwickelt, für das Andrew Carnegie im Jahre 1880 250 000 US-Dollar bezahlte, um es in seinem Großbetrieb in Pittsburgh, USA, einzusetzen. In unmittelbarer Nachbarschaft zu den Erzlagerstätten befanden sich auch Kohlevorkommen. Diese wurden zunächst in horizontalen Stollen abgebaut, die man in die Steilhänge der engen Täler von Südwales trieb. Im Jahre 1847 wurde dann der erste Tiefbauschacht im Rhondda-Tal (Rhondda Valley) durch das Unternehmen von Walter Coffin abgeteuft. Mit über 56 Zechen wurde das Rhondda Valley zum Schwerpunkt des Kohleabbaus in Südwales (Abb. 5.3). Cardiff stieg zum größten Kohleumschlaghafen der Welt auf, da von hier die in den südwalisischen Tälern abgebaute Kohle in alle Welt verschifft wurde.

Zum wirtschaftlichen Erbe von Wales gehörte ganz maßgeblich die Weißblechindustrie. Zu Beginn des 19. Jahrhunderts betrug der Anteil des in Wales hergestell-

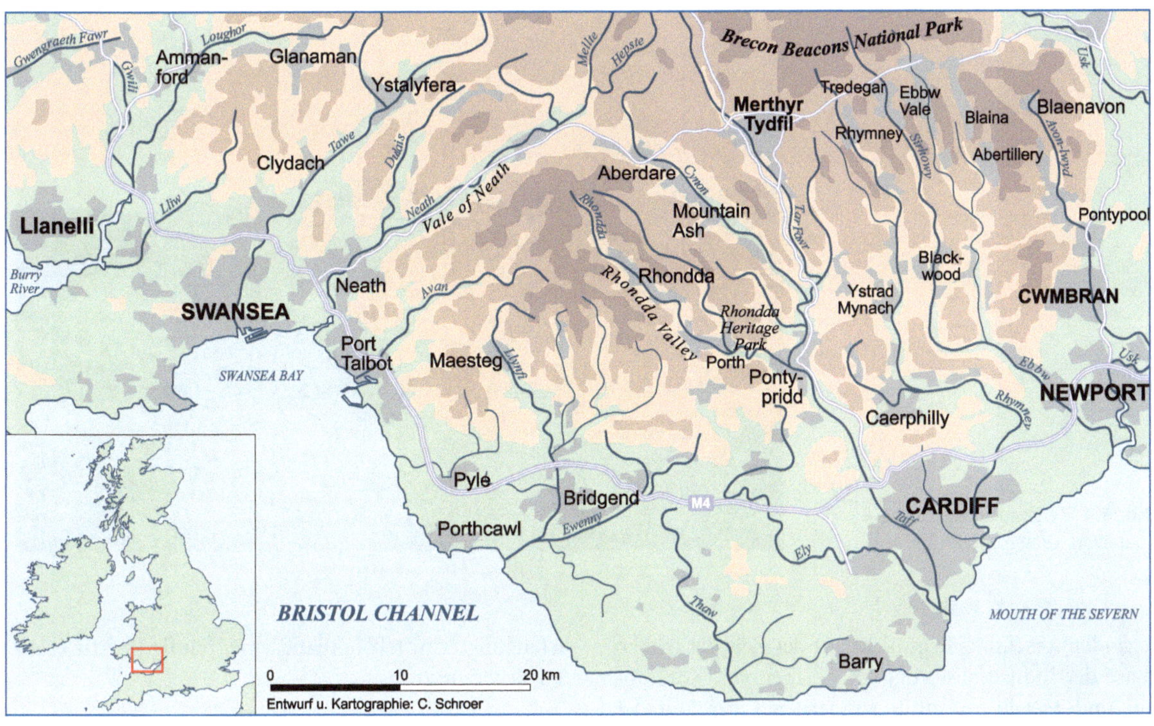

Abb. 5.3 Südwales.

ten Weißbleches an der Gesamtproduktion des Vereinigten Königreiches 95 %, und auch der Weltmarktanteil war beträchtlich. Lokalisiert war dieser Wirtschaftszweig in Südwestwales, wo er von Alfred Marshall untersucht und als ein Beispiel seiner „Industriebezirke" bekannt wurde. Der wichtigste Ort dieses *industrial district* war Llanelli, den man noch heute unter dem Namen Tinopolis kennt (*tin* = Weißblech). In zahlreichen kleineren Orten und Dörfern befanden sich die Unternehmen und Betriebe der Weißblechindustrie, die hier auf die für die Herstellung von Weißblech notwendige Anthrazitkohle zurückgreifen konnten. Im nahe gelegenen Swansea hatte man sich auf die Kupfer- und Zinkverhüttung spezialisiert. Ursprünglich wurden die zur Verhüttung notwendigen Erze per Schiff aus Cornwall in Llanelli und Swansea angelandet. Später verlagerte sich die Rohstoffbasis und reichte bis nach Antofagasta in Chile. Im Folgenden soll Tinopolis näher betrachtet werden, vor allem sollen die Hintergründe für den Aufstieg und Niedergang dieses *industrial district* in Augenschein genommen werden.

Südwales war eine der ersten Regionen der Welt, deren ökonomische, soziale, landschaftliche, bauliche und auch politische Strukturen von der Industrialisierung grundlegend umgestaltet worden sind. In Gang gesetzt und gehalten wurde die Industrialisierung von Südwales durch die vorhandenen Kohle- und Eisen-

erzvorkommen, aus denen Energie, Eisen und Stahl gewonnen wurden (Abb. 5.4). Aufgrund des steigenden Arbeitskräftebedarfs wanderten Bewohner der umliegenden ländlichen Regionen zu, die zur Erntezeit jedoch häufig wieder in ihre Heimatorte zurückkehrten, um ihren Familien bei der Ernte zu helfen. Aufgrund des steigenden Lebensmittelbedarfs durch die Industrialisierung bei gleichzeitiger Abwanderung eines Teiles der ländlichen Bevölkerung vollzog sich in der Landwirtschaft eine spürbare Steigerung der Arbeitsproduktivität.

Die Industrialisierung führte auch im Siedlungssystem zu Veränderungen, im Falle von Südwales nahm diese Entwicklung jedoch zum Teil merkwürdige Züge an. An den Mündungen der großen Flüsse bildeten sich wichtige Hafenstädte, wie das bereits erwähnte Cardiff. Dieser Ort erhielt erst im Jahr 1905 das Stadtrecht, und im Jahr 1955 folgte die Ernennung zur Hauptstadt von Wales, vor allem wegen der ökonomischen Vorherrschaft, die Cardiff durch den Kohlehandel erlangt hatte. Im Kohlerevier entstanden hingegen keine neuen Städte. Vielmehr entwickelten sich aus den bestehenden landwirtschaftlich geprägten Siedlungen Industriedörfer, die aufgrund der bandartigen Bebauung entlang der engen Täler häufig zusammenwuchsen (Abb. 5.5).

So interessant diese und auch weitere historische Entwicklungen gewesen sind, der eigentliche Fokus des vor-

Abb. 5.4 Bergbaulandschaft bei Blaenavon. Quelle: Wood 2004.

liegenden Abschnitts liegt nicht auf der Zeit der frühen Phase der Industrialisierung im Zeichen von Kohleabbau und Metallverhüttung, sondern auf der Zeit der wirtschaftlichen Entwicklung in der zweiten Hälfte des 20. Jahrhunderts. Vor allem wird der Bedeutungsverlust der Industrie, der sich seit Ende der 1990er Jahre vollzogen hat, genauer untersucht. Im Anschluss wird die aktuelle wirtschaftliche Situation betrachtet, die im Wesentlichen durch eine starke Ausweitung des Dienstleistungssektors bestimmt wird. Für diese Diskussion werden offizielle staatliche Statistiken herangezogen, in denen die Situation für Wales insgesamt angegeben ist. Die Zahlen für Südwales werden im Rahmen einer

Schätzung ermittelt (anhand einer häufig praktizierten 2/3-Schätzung).

Tinopolis: Ein frühes Beispiel eines Wirtschaftsclusters in Südwales

Wie bereits erwähnt, leitete sich der Beiname „Tinopolis" für Llanelli aus der Tatsache ab, dass sich die Stadt und ihr Umland auf die Erzeugung von Weißblechprodukten spezialisiert hatten und damit den Markt im Vereinigten Königreich lange Zeit dominieren konnten. Ein hoher Anteil der Belegschaft in den Fabriken war weib-

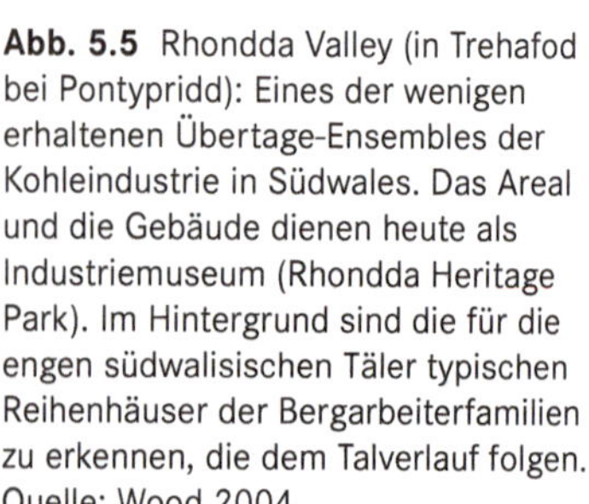

Abb. 5.5 Rhondda Valley (in Trehafod bei Pontypridd): Eines der wenigen erhaltenen Übertage-Ensembles der Kohleindustrie in Südwales. Das Areal und die Gebäude dienen heute als Industriemuseum (Rhondda Heritage Park). Im Hintergrund sind die für die engen südwalisischen Täler typischen Reihenhäuser der Bergarbeiterfamilien zu erkennen, die dem Talverlauf folgen. Quelle: Wood 2004.

lich. Mit der Verstaatlichung der britischen Stahlindustrie ab den 1950er Jahren änderte sich dies deutlich (die Stahlindustrie wurde später wieder privatisiert, im Jahre 1967 erneut verstaatlicht und 1980 schließlich, in der Regierungszeit von M. Thatcher, ein letztes Mal privatisiert). Im Rahmen der ersten Verstaatlichung wurde die Produktion von Tinopolis in zwei großen Werken zusammengefasst, von denen heute noch eines existiert. Für das Phänomen der frühen wirtschaftlichen Spezialisierung lassen sich weitere Beispiele in Großbritannien finden: Leicester als Stadt der Herstellung von Wirkwaren und Northampton als Schuhe produzierende Stadt. Nottingham hingegen war bekannt für die Herstellung von Spitze. In den Städten setzte sich die räumliche Spezialisierung im kleineren Maßstab fort. So war beispielsweise Clerkenwell der Uhrmacherdistrikt in London, in Birmingham gab es einen Bezirk zur Herstellung von Schusswaffen sowie einen noch heute bestehenden Bezirk zur Schmuckherstellung. In anderen Teilen Europas waren ähnliche Phänomene zu beobachten, beispielsweise in Leipzig mit seinem Graphischen Viertel, in dem sich heute ein Mediencluster befindet.

Moderne Cluster haben viel mit Industriebezirken gemein, allerdings lassen sich aber auch zahlreiche Unterschiede aufzeigen. Im Falle von Tinopolis gehörten hierzu die fehlenden Technologie- und Wissenstransferzentren, das fehlende Risikokapital sowie die bis heute nicht vorhandene Hochschule. Es gab hingegen Banken, Häfen, die Eisenbahnen und ab 1873 die Independent Tinplate Makers Association, einen Vorläufer der späteren Gewerkschaften, sowie ab 1939 die Llanelli Associated Tinplate Companies, einen Zusammenschluss der fünf (von ehemals zehn) Weißblech verarbeitenden Unternehmen der Stadt. Die Spezialisierung von Stadt und Umland war im 19. Jahrhundert so weit vorangeschritten, dass die Verwundbarkeit gegenüber wirtschaftlichem Abschwung oder institutionellem Wandel deutlich hervortrat. Industriedistrikte in Großbritannien waren oft geprägt von Konflikten zwischen den unterschiedlichen gesellschaftlichen Lagern. Der Grad gewerkschaftlicher Organisation war häufig hoch, um die Arbeitnehmer vor starken Einkommensverlusten zu schützen; gleichzeitig handelte es sich häufig um *company towns*, die von den Unternehmerfamilien gesteuert wurden. Diese Kontrolle wurde dadurch erleichtert, dass die Unternehmerfamilien einen weitreichenden Einfluss in den Kommunalparlamenten hatten. Tinopolis war nicht sonderlich konfliktorientiert, anders als beispielsweise der Bergbau in Südwales, dessen Gewerkschaft das 20. Jahrhundert hindurch fast durchweg kommunistisch geprägt war.

Aufstieg und Niedergang des industriellen Sektors in Südwales

In der Nachkriegszeit hatten diverse Förderprogramme der britischen Regierung Industrieunternehmen dazu ermutigt, sich im Industriegürtel von Südwales niederzulassen. Dies führte zu einer Ansiedlung einer Vielzahl namhafter Unternehmen, darunter Ford (Automobile), Hoover (Haushaltsgeräte), GEC (Haushaltsgeräte) und Borg-Warner (Automobilzulieferer). Zudem profitierte die britische Wirtschaft vom Marshallplan. An dieser Entwicklung lässt sich die Abhängigkeit der britischen Nachkriegswirtschaft von amerikanischem Engagement ablesen, mit dem nicht zuletzt angestammte Märkte auf der gesamten Welt zurückerobert werden sollten. In dieser Zeit (1945–1975) wiesen die ausländischen Direktinvestitionen kein erkennbares Muster auf, mit der Ausnahme, dass es sich bei den Betrieben um sog. verlängerte Werkbänke Konsumgüter herstellender Unternehmen handelte, die vor allem auf der Suche nach einer großen Zahl von angelernten Beschäftigten waren. Diese Betriebe gingen nur wenige Zuliefererbeziehungen zu lokal ansässigen Unternehmen ein, z. B. mit Verpackungs- oder Transportunternehmen. Von großer Bedeutung für die walisische Wirtschaft waren in dieser Zeit aber auch noch die Montanindustrie. So bildete die Kohle eine wichtige Energiegrundlage der wieder in Schwung gekommenen britischen Nachkriegswirtschaft, und die Hüttenwerke spielten mit ihrer Spezialisierung auf die Herstellung von Bandstahl eine wichtige Rolle in der dynamischen Entwicklung der britischen Konsumgüterindustrien.

Im Jahre 1976 wurde die Welsh Development Agency (WDA) eingerichtet, wodurch Wales zum ersten Mal über eine Einrichtung zur strategischen Planung der Wirtschaftsentwicklung verfügte. Obwohl die WDA niemals einen Wirtschaftsplan für Wales erstellt hat – und bis zum Jahr 1992 auch keine Unternehmensstrategie –, schälte sich eine mehr oder weniger stillschweigende sektorale Strategie zur Intensivierung britischer und ausländischer Investitionen im Bereich der Automobil- und Elektronikindustrie heraus. Diese Strategie verzeichnete in den 1980er Jahren einen spektakulären Erfolg – allerdings vor dem Hintergrund des Niedergangs der Montanindustrie sowie der ersten Betriebe, die in der Nachkriegszeit angesiedelt worden waren. Zwischen 1983 und 1993 entfielen auf Wales etwa 15–20 % aller ausländischen Direktinvestitionen im Vereinigten Königreich – gemessen am Anteil an der Gesamtbevölkerung und dem Bruttoinlandsprodukt (BIP) in Höhe von 5 % ein ausgesprochen eindrucksvoller Wert.

Ein Großteil der ausländischen Investitionen stammt aus Japan, Amerika und Europa (hier vor allem aus Deutschland). Sony kam bereits im Jahre 1974, es folgten Hitachi, Panasonic (Matsushita), Aiwa und Orion, die alle Büro- und Unterhaltungselektronik herstellten. Später schlossen sich LG (Korea), die Siliziumwafer-Hersteller International Rectifier (USA) und Trikon (UK) sowie die Hersteller elektronischer Bauteile aus Hongkong und Singapur dem Elektronikcluster in Südwales an. Allerdings haben sich seitdem auch negative Entwicklungen vollzogen. So haben Sony und Panasonic ihre Beschäftigtenzahl auf jeweils 500 gesenkt, und im Falle von Hitachi, Aiwa und Panasonic kam es zu Teil- oder Komplettschließungen der Betriebe.

Im Bereich der Automobilindustrie hat Ford im Jahr 1978 ein Motorenwerk in Bridgend eröffnet. Dieser Ansiedlung folgten weitere, zumeist durch Zulieferer (Calsonic, Valeo, Lucas-SEI, Robert Bosch, Trico, ITT-Alfred Teves, Ina Bearings, Sekisui, Yuasa, Gillet, Grundy und Hoesch-Camford). Aber auch in der Automobilindustrie gab es in der Zwischenzeit Rückschläge. So haben sich Valeo und Lucas-SEI ganz aus Wales zurückgezogen (Lucas-SEI hat sich stattdessen in der Slowakei und Polen angesiedelt). Seit 1999 ist das Ford-Motorenwerk in Bridgend der einzige Hersteller des Zetec-Motors, von dem jährlich 700 000 Stück gefertigt werden. Außerdem produziert das Werk weitere 55 000 Jaguar-AJ26-V8-Motoren. So hat sich Südwales als ein wichtiges Zentrum zur Herstellung qualitativ hochwertiger Automobilmotoren in Europa etabliert, in dem über 2 400 qualifizierte Mitarbeiter beschäftigt sind. Ähnlich wie in der Elektronikindustrie hat sich die Automobilindustrie zu einem wichtigen regionalen Wirtschaftscluster entwickelt.

Nach Rhys (2001) lassen sich diesem Cluster 150 Zuliefererbetriebe zurechnen, von denen 40 unmittelbare Lieferbeziehungen zu Automobilproduzenten unterhalten. Hierzu gehören auch Weltmarktführer wie Bosch oder Calsonic. Die walisischen Automobilzulieferer unterhalten Lieferbeziehungen zu Herstellern in Großbritannien (Ford, Jaguar, Nissan, Toyota, Honda und GM) wie auch in anderen europäischen Ländern (u. a. Volvo, Saab, Fiat, Opel und Renault). Dennoch besteht für die walisische Automobilindustrie ein Problem in der unterdurchschnittlichen Pro-Kopf-Wertschöpfung (7 % unter dem Mittelwert für das Vereinigte Königreich) und den Nettoinvestitionen (20 % unter dem landesweiten Mittelwert), was auf eine geringere Produktivität des gesamten Sektors schließen lässt und ein möglicher Grund für dessen Schrumpfung ab den späten 1990er Jahren ist.

Auch im Bereich der Elektronik und der Informations- und Kommunikationstechnologie (IKT) hatte sich, wie bereits erwähnt, ein Wirtschaftscluster herausgebildet. Im Jahre 1990 waren Büro- und Unterhaltungselektronik die wichtigsten Produkte dieses Clusters, andere wichtige Produkte waren Telekommunikationsausrüstung, Instrumente, elektronische Bauteile und Software. Die Dynamik dieses Clusters lässt sich u. a. an der Entwicklung der Beschäftigtenzahl aufzeigen, die zwischen 1980 und 1990 um 110 % wuchs. Die Mehrzahl der Betriebe sind Endmontagebetriebe und zudem meist im Besitz japanischer Unternehmen wie Panasonic, Orion oder Sony. Die Zulieferer sind überwiegend in Südwales lokalisiert. Ein Beispiel hierfür ist das japanisch-deutsche Joint Venture NEC-Schott in Cardiff zur Herstellung von Bildschirmen für Fernsehgeräte und Computermonitore, das später vollständig von NEC übernommen worden ist. Dieser Betrieb arbeitete mit anderen ausländischen Betrieben der Elektronikbranche in Südwales (Matsushita Components, Diaplastics, Ninkaplast und Meiki) eng zusammen, musste jedoch Mitte der 2000er Jahre schließen, als die Sony-Trinitron-Bildschirmröhre gegenüber der Flachbildschirmtechnologie immer stärker ins Hintertreffen geriet.

Der hohe Anteil an ausländischen Direktinvestitionen in Wales ist verantwortlich dafür, dass die Bedeutung der Industrie für die walisische Wirtschaft in den 1990er Jahren deutlich größer war als im Falle des Vereinigten Königreiches. In der Zwischenzeit hat sich die positive Entwicklungslinie der walisischen Industrie jedoch umgekehrt.

Besonders anschaulich lässt sich der Wandel von Wachstum zu Stagnation und Schrumpfung mit Beschäftigtenzahlen verdeutlichen. Interessanterweise konnte sich die Beschäftigtenbasis in der Industrie im Zeitraum zwischen 1991 und 1998 gegenüber Großbritannien und allen anderen britischen Regionen durch einen leichten Zuwachs weiter stabilisieren. In den nachfolgenden Jahren bis 2001 kam es allerdings auch in Wales zu einem Abbau der Beschäftigtenzahlen in der Industrie, der absolut mit etwas weniger als 10 000 Arbeitsplätzen zwar nicht außerordentlich hoch ausfiel, aber dazu führte, dass der Anteil der Industriebeschäftigten an den Gesamtbeschäftigten um 4,6 Prozentpunkte abnahm. Einen ähnlich hohen Rückgang gab es nur noch in zwei anderen britischen Regionen, nämlich in dem traditionell ökonomisch schwachen Nordostengland sowie in den West Midlands. Durch diesen Rückgang rutschte Wales beim Anteil der Industriebeschäftigten an den Gesamtbeschäftigten vom zweiten auf den vierten Platz im Vergleich mit den englischen Wirtschaftsregionen und Schottland. Verantwortlich hierfür waren im Wesentlichen die Entwicklungen in großen Firmen, wie sich anhand der offiziellen Statistiken für das Vereinigte Königreich nachweisen lässt.

Danach bauten große Firmen im Vereinigten Königreich (d. h. Betriebe mit mehr als 250 Beschäftigten) etwa 228 000 Arbeitsplätze von insgesamt 348 000 ab, was einem Anteil von ca. zwei Dritteln entspricht (Office for National Statistics 2003), und es gibt keinen stichhaltigen Grund für die Annahme, dass die Situation in Wales eine grundlegend andere gewesen sein soll. In Tab. 5.1 sind die absoluten Zahlen der Industriebeschäftigten in den englischen Regionen sowie in Wales und Schottland von 1998 bis 2008 aufgeführt, ebenso der Anteil der Industriebeschäftigten an den Gesamtbeschäftigten für denselben Zeitraum. Aus ihr lassen sich einige interessante Entwicklungen ablesen. Es ist zu erkennen, dass der Verlust an Arbeitsplätzen in Wales zwischen 1998 und 2002 – weniger in absoluten Zahlen als vielmehr in Prozentwerten – der größte in ganz Großbritannien gewesen ist. Unter Zugrundelegung der Annahme, dass der Beschäftigtenverlust in Großbetrieben etwa zwei Drittel betrug, entfielen von den insgesamt 44 000 verloren gegangenen Arbeitsplätzen in Wales zwischen 1998 und 2002 allein 30 000 auf solche Betriebe. Im Hinblick auf den Anteil der Industriebeschäftigten an den Gesamtbeschäftigten verschlechterte sich die Position von

Wales abermals, diesmal vom vierten auf den sechsten Rang (innerhalb eines Jahres). Damit liegt das ökonomische Profil von Wales nun deutlich näher an dem der „postindustriellen" Regionen im Südosten und Südwesten des Landes als an den Profilen von Industrieregionen wie den Midlands. Dies markiert eine sehr deutliche Abkehr von den Entwicklungslinien der 1990er Jahre, als Wales strukturell viel mehr Gemeinsamkeiten mit den Industrieregionen East und West Midlands aufwies als mit dem Süden Englands. Im Jahr 2008 lag der Anteil der Industriebeschäftigten an den Gesamtbeschäftigten nur noch einen halben Prozentpunkt über dem Mittelwert für Großbritannien.

Hinter diesen Veränderungen stehen vor allem die Entwicklungen in den Industriebetrieben der ausländischen multinationalen Unternehmen sowie in den übrig gebliebenen Betrieben der walisischen Metallindustrie, die entweder die Zahl ihrer Arbeitsplätze reduzierten oder aber den Standort in Wales komplett aufgaben (z. B. Hitachi). LG, das mit großem PR-Aufwand und staatlicher Unterstützung seinen Betrieb aufgenommen hatte, musste angesichts seiner schlechten Ertragslage und unter erheblichem Druck der südkoreanischen

Tabelle 5.1 Industriebeschäftige in Großbritannien 1998–2008 (November) – absolute Werte und Anteil der Industriebeschäftigten an den Gesamtbeschäftigten

Region	2008 in 1 000	%	2006 in 1 000	%	2002 in 1 000	%	1998 in 1 000	%
E. Midlands	359	16,7	366	17,2	434	21,0	481	24,1
Eastern	343	12,2	355	12,9	430	15,5	465	17,6
London	280	7,5	256	7,1	287	8,0	319	9,4
North East	163	14,1	167	14,5	194	17,6	233	21,7
North West	452	14,3	449	14,3	557	17,4	622	20,4
Scotland	267	10,5	264	10,6	336	13,9	375	16,1
South East	450	10,8	480	11,6	569	13,6	656	16,3
South West	296	11,6	307	12,3	366	14,7	378	16,2
Wales	**173**	**12,9**	**187**	**14,2**	**206**	**15,8**	**250**	**20,4**
W. Midlands	398	16,1	436	17,6	563	22,5	639	25,8
Yorks. & H.	356	14,5	363	15,0	444	18,7	477	20,8
GB	3 622	12,4	3 728	12,9	4 386	15,7	4 893	18,2

Quelle: Office of National Statistics

Abb. 5.6 LG. Philips-Werk bei Newport zur Herstellung von Röhrenmonitoren (Schließung August 2003). Quelle: Wood 2004.

Regierung seine Halbleiterherstellung und Forschungsabteilung an den Konkurrenten Hyundai verkaufen, dessen Tochterfirma Hynix schließlich versuchte, den Betrieb an die WDA zurückzuverkaufen, die ihn ursprünglich errichtet hatte (Abb. 5.6). Im Jahr 2004 wurde die WDA durch die walisische Regierung aufgelöst, nicht zuletzt wegen dieses Desasters und ähnlicher Missgeschicke.

Die dargestellte ökonomische Entwicklung ist Teil bzw. Ergebnis globaler Wettbewerbsstrategien multinationaler Konzerne, die angesichts sich verändernder Marktbedingungen die Qualitäten bestehender und potenzieller Standorte ständig neu bewerten. Bei einer solchen Betrachtungsweise wird allerdings leicht übersehen, dass regionale Innovationssysteme, auch solche, die durch ausländische Direktinvestitionen geschaffen worden sind, auf Stabilität und institutionelle und organisatorische Kontinuität angewiesen sind. Die für den Fortbestand von Unternehmen wichtigen Innovationen erzeugen gleichzeitig Unsicherheit und haben tendenziell eine destabilisierende Wirkung. Besonders regionale Innovationssysteme müssen hochsensibel gegenüber Wandel sein, um sich auf Dauer behaupten zu können, und auch sie sind gleichzeitig auf ein stabiles, stützendes institutionelles und organisatorisches Umfeld angewiesen. Ein gutes Beispiel hierfür ist Massachusetts, wo Kleincomputer verschwanden und stattdessen Biowissenschaften zu globaler Bedeutung heranreiften. Der Erfolg dieses regionalen Innovationssystems hängt eng mit dem Umstand zusammen, dass es schnell und flexibel auf Marktveränderungen und die daraus resultierenden Chancen reagieren konnte. Dies ist typisch für unternehmensgesteuerte regionale Innovationssysteme (Entrepreneurial Regional Innovation Systems, ERIS).

In dem für Europa und vor allem für Wales typischen institutionellen regionalen Innovationssystem (Institutional Regional Innovation System, IRIS) hingegen ist eine solche flexible und kurzfristige Anpassungsleistung deutlich schwieriger zu erreichen.

Der folgende Abschnitt wendet sich der Frage zu, wie das Innovationssystem in Wales auf die wirtschaftlichen Herausforderungen der späten 1990er Jahre reagierte und wie erfolgreich diese Reaktion gewesen ist.

Die Reaktion des Wohlfahrtsstaates

Für ein Verständnis der Entwicklungen in der Wirtschaft und auf dem Arbeitsmarkt von Wales ab ca. 2001 ist es wichtig, zwei Dinge vorwegzuschicken. Erstens war es aufgrund der Etablierung des walisischen Parlaments im Jahre 1999 und der damit verbundenen zentralstaatlichen Mittelzuweisungen notwendig geworden, die wirtschaftlichen Leistungsunterschiede auf der regionalen Ebene (also unterhalb der Ebene von Gesamtwales) neu zu fassen. Die so entstandene neue Karte der wirtschaftlichen Leistungsfähigkeit der walisischen Regionen brachte als Nebeneffekt die Erkenntnis mit sich, dass über die Hälfte des gesamten Landes Anspruch auf Förderung nach Maßgabe der EU-Strukturfonds (Ziel 1) hatte. Konkret bedeutete dies: Anspruch auf 1,2 Mrd. Pfund zur ökonomischen Restrukturierung für die Dauer von sechs Jahren, plus einen weiteren Betrag in der gleichen Größenordnung für weitere sechs Jahre (Gesamtlaufzeit: 2001–2013). Zweitens führte die Planung der Verwendung von EU-Mitteln zu einer deutlichen Veränderung der bisherigen ökonomischen Planungsstrategien. Im Wesentlichen bedeutete dies die

Beendigung der von der WDA verfolgten Direktinvestitionsstrategie und stattdessen einen massiven Ausbau der Mittelstandsförderung (Small and Medium-Sized Enterprisses, SMEs). Das neue Mantra hieß: die Unterstützung des sog. endogenen Potenzials, wenn möglich verbunden mit einer Stärkung bestehender oder der Schaffung neuer Wirtschaftscluster.

Das neu geschaffene walisische Parlament führte eine Reihe administrativer Reformen durch, mit denen bestehende staatliche Einrichtungen neu organisiert oder – im Falle der WDA – abgeschafft worden sind. Im Verbund mit einer außerordentlich großen Menge neuer Finanzhilfen (EU-Förderung, UK-Mittel für die Aufgaben des neu geschaffenen walisischen Parlaments, erhebliche Ausweitung des Gesundheitsfonds für Wales von 3,8 Mrd. Pfund im Jahre 2003 auf 5,8 Mrd. Pfund im Jahre 2008/09) ergaben sich hieraus deutliche ökonomische Effekte, die einen besonders spürbaren Niederschlag am Arbeitsmarkt fanden. In Tab. 5.2 sind diese Veränderungen am Arbeitsmarkt zwischen 1998 und 2008 dargestellt, und zwar zum einen in Form der absoluten Beschäftigtenzahlen im Bereich des Bildungs- und Gesundheitswesens und der öffentlichen Verwaltung (*public administration*), sowie, zum anderen, in Form des Anteils dieser Beschäftigten an der Gesamtbeschäftigtenzahl. Interessant an dieser Tabelle sind mehrere Dinge. Erstens bekleidet Wales seit 1998 unangefochten den ersten Platz im Hinblick auf den Anteil aller Beschäftigten an den Gesamtbeschäftigten. Zweitens stieg die Zahl der Beschäftigten in Wales in diesem Bereich zwischen 1998 und 2002 um über 67 000. Damit wurden erheblich mehr neue Arbeitsplätze geschaffen, als in der gleichen Zeit in den Industrieunternehmen verloren gingen (44 000). Drittens setzte sich der Wachstumskurs ungebrochen bis zum Jahr 2008 fort, so dass nach zehn Jahren annähernd 100 000 neue Arbeitsplätze durch die öffentliche Hand geschaffen worden waren. Auch bei den privaten Dienstleistungen fand ein Wachstum statt, allerdings war es nicht annähernd so signifikant. Diese Entwicklung wirft die Frage danach auf, wie eine von der öffentlichen Hand ausgehende Belebung des Arbeitsmarktes zu bewerten ist. In der öffentlichen Debatte werden vor allem zwei Positionen deutlich. Die erste unterstellt, dass die Einmischung des Staates der „realen Ökonomie" Wachstumsimpulse entzieht, die andere, dass eine solche Intervention der Ausgangs-

Tabelle 5.2 Beschäftigte in der öffentlichen Verwaltung 1998–2008 (November) – absolute Werte und Anteil der Beschäftigten in der Public Administration an den Gesamtbeschäftigten

Region	2008 in 1000	2008 %	2006 in 1000	2006 %	2002 in 1000	2002 %	1998 in 1000	1998 %
E. Midlands	572	26,5	571	26,7	502	24,3	438	21,4
Eastern	732	26,1	695	25,3	640	23,1	570	21,6
London	929	25,0	975	27,2	850	23,8	769	22,7
North East	375	32,4	356	31,1	326	29,6	283	26,4
North West	918	29,0	942	29,9	874	27,4	756	24,8
Scotland	803	31,6	783	31,4	690	28,6	635	27,2
South East	1 153	27,6	1 096	27,0	1 004	24,0	960	23,8
South West	728	28,6	728	29,9	653	26,1	588	25,2
Wales	**445**	**33,3**	**431**	**32,7**	**415**	**31,8**	**348**	**28,4**
W. Midlands	681	27,5	688	27,7	606	24,2	559	22,5
Yorks. & H.	680	28,4	688	28,5	634	26,7	552	24,1
GB	8 031	28,2	7 989	28,4	7 193	25,7	6 459	24,1

Quelle: Office for National Statistics

punkt für eine sozial gerechtere und nachhaltigere regionale Wirtschaftsentwicklung sein kann. Im Falle von Wales lässt sich festhalten, dass die Ausweitung der Beschäftigtenzahlen im öffentlichen Dienst im Wesentlichen drei positive Effekte mit sich gebracht hat: Sie hat die Arbeitslosenstatistik positiv beeinflusst, sie hat vielen Frauen Erwerbsmöglichkeiten eröffnet, gerade auch solchen Frauen, die ihren Arbeitsplatz in der Industrie verloren haben, und schließlich hat sie die Lebensqualität vieler Menschen in Wales verbessert, indem die Qualität des Bildungs- und Gesundheitssystems erheblich gesteigert worden ist. Allerdings muss auch hervorgehoben werden, dass die durch die öffentliche Hand ausgelöste Arbeitsmarktbelebung keine weiteren ökonomischen Wachstumsimpulse mit sich gebracht hat. Außerdem kam die ganze Entwicklung im Jahr 2009 zu einem abrupten Halt, als die Zentralregierung in London das walisische Parlament zu einer 5 %igen Haushaltskürzung zwang.

Fazit

Südwales war bis zur Mitte der 1980er Jahre, als die damalige Regierung den Ausstieg aus der Kohleförderung in Südwales beschloss, eine klassische schwerindustrielle Region gewesen. Über lange Zeit trieb die Kohle aus Südwales ganze Schiffsflotten an und trug zur Energieversorgung anderer europäischer Länder bei, die selbst (noch) keinen eigenen Kohleabbau betrieben, z. B. Frankreich, Spanien oder Italien. Darüber hinaus war die Kohle aus Südwales wichtig für die Metallgewinnung und -verarbeitung in den südwalisischen Hüttenwerken. Das hier produzierte Eisen wurde im 18. und 19. Jahrhundert zunächst in der Rüstungsindustrie verwendet, doch später, als die großen Eisenbahnprojekte in Nord- und Südamerika realisiert wurden, verlagerte sich die Produktion. So kommt es, dass sich noch heute Schienen aus Merthyr Tydfil in den Eisenbahnstrecken Kanadas, der USA und Argentiniens wiederfinden. Die Stahlindustrie spezialisierte sich auf die Herstellung von Bandstahl, einem wichtigen Werkstoff in der Automobil- und Haushaltsgeräteindustrie. Beide Industriezweige boomten ab den 1950er Jahren und waren, nicht zuletzt durch staatliche Fördermaßnahmen, auch in Südwales angesiedelt worden. Im Laufe der Zeit wurden diese Konsumgüterindustrien für die Wirtschaft und den Arbeitsmarkt Südwales wichtiger als die einst so dominante Kohlewirtschaft.

Das Wachstum der Konsumgüterindustrien erhielt einen weiteren wichtigen Impuls durch die ausländischen Direktinvestitionen aus anderen europäischen, aber auch aus asiatischen Ländern in den 1980er und 1990er Jahren. Japanische Investitionen waren besonders hoch und zahlreich; so siedelten sich in Südwales über 50 japanische Betriebe an, viele davon im Kohlerevier. Diese Investitionen im Bereich der Büro- und Unterhaltungselektronik und die Investitionen im Bereich des Automobilbaus führten zu einer spürbaren Zunahme von Wertschöpfungsketten innerhalb der Region, da die neu angesiedelten Betriebe Zulieferer in räumlicher Nähe bevorzugten, sofern die Qualität der gelieferten Produkte stimmte. Auf diese Weise bildeten sich clustertypische Interaktionen zwischen Zulieferern und Endmontagebetrieben aus, wobei ein nicht unerheblicher Teil der Innovationsleistungen von den Zulieferern übernommen wurde. Das entstehende regionale Innovationssystem von Kunden, Zulieferern, Hochschulen und Einrichtungen der beruflichen Bildung wurde u. a. gesteuert durch Zusammenschlüsse der Zulieferer (*supplier associations*), deren Entstehung in vielen Fällen auf die Initiative der WDA zurückzuführen ist. Der historische Vorläufer dieses regionalen Innovationssystems war der Industriedistrikt gewesen, der sich um den Werkstoff Weißblech herum gebildet hatte.

Den Höhepunkt seiner Entwicklung erreichte das „neue", Konsumgüter produzierende Südwales Ende der 1990er Jahre – von da an befindet es sich in einem kontinuierlichen Schrumpfungsprozess. Parallel zum Rückzug der großen Unternehmen vollzog sich vor dem Hintergrund der Devolution (Abschnitt 7.5) eine tief greifende Verwaltungsreform, die vor allem in die Abschaffung der WDA und in eine Neuausrichtung der Wirtschaftspolitik für Wales mündete. In dieser Zeit flossen zudem umfangreiche öffentliche Mittel nach Wales, die mit dazu beitrugen, den Beschäftigungsverlust in der Industrie durch Schaffung neuer Arbeitsplätze im öffentlichen Sektor aufzufangen. Allerdings muss in diesem Zusammenhang auch hervorgehoben werden, dass die Beschäftigungsverluste in vielen anderen, wenngleich auch kleineren Revieren Großbritanniens in erheblich größerem Umfang aufgefangen werden konnten als in Südwales. Dort wurden zwischen 50 und 100 % aller verloren gegangenen Arbeitsplätze ersetzt, in Südwales hingegen nur 19 %. Gerade auch vor diesem Hintergrund ist es verständlich, dass das Erbe des Kohlezeitalters bei den „ökonomisch inaktiven" ehemaligen Bergarbeitern weiterlebt, deren große Zahl in der Ära Thatcher durch statistische Kniffe aus der Arbeitslosenstatistik herausgerechnet worden ist. Der doppelte ökonomische Strukturbruch in Südwales ab den 1970er Jahren hat neue Erwerbsmöglichkeiten geschaffen, aber auch neue „Verwerfungen" hervorgebracht, da für einen erheblichen Teil der männlichen Bevölkerung der Zugang zu den neuen Arbeitsplätzen deutlich schwieriger ist als für den weiblichen Teil. In einer Befragung anlässlich des 25. Jahrestages des denkwürdigen Bergarbeiterstreikes von 1984/85 gaben viele ehemalige Bergarbeiter an, bei einer Wiederaufnahme der Kohleförderung sofort wieder unter Tage fahren zu wollen. Warum? In großer Einmütigkeit erklärten die Befragten, dass sie seit dem Ausscheiden aus dem Bergbau nie wieder ein solches Maß an Verbundenheit, Zusammenhalt und Gemeinschaftsgefühl erfahren haben wie hier und dass kein noch so hohes Einkommen den Verlust dieser sozialen Bindungen ausgleichen könne.

Angesichts der Entwicklungen der Kohlepreise auf dem Weltmarkt erscheinen die Aussichten auf einen wiederbelebten walisischen Bergbau jedoch eher bescheiden. Allerdings machen seit einiger Zeit Überlegungen von „sauberer Kohle" die Runde, bei der ein Großteil des emittierten CO_2 und anderer Treibhausgase nicht in die Luft gelangen, sondern durch neue (technisch aufwendige und damit teure) Verfahren unterirdisch deponiert werden soll. Derzeit zeichnet sich durch das Statoil-Experiment in Norwegen ab, dass die technischen Probleme bei der sicheren Einlagerung der Treibhausgase in den Griff zu bekommen sind. Sollte sich auch die Kostenfrage lösen lassen, könnte die Wiederaufnahme der Kohleförderung in Südwales also durchaus eine sinnvolle (ökonomische) Option darstellen. Wahrscheinlicher als dieses Szenario ist hingegen die (Weiter-)Entwicklung von Technologien im Bereich erneuerbarer, „sauberer" Energien in neuen Unternehmen (Photovoltaik, Biokraftstoffe, Brennstoffzellen und Energiegewinnung aus dem Meer). Viele der in Südwales ansässigen Unternehmen sind bereits heute in der Herstellung solcher Technologien aktiv. Von daher zeichnet sich für Südwales eine neue Zukunft im Energiesektor ab. Wie immer sich diese Zukunft konkret ausgestaltet, eines ist heute schon sicher: Sie ist „sauber" und „grün" und entspricht nicht mehr dem sprichwörtlichen „schwarzen Gold", das sich einst aus den Tälern des industrialisierten Südwales ergoss.

Weiterführende Literatur

Bathelt, H. (2002): The Re-Emergence of a Media Industry Cluster in Leipzig. In: European Planning Studies, 10, S. 583–612.

Cooke, P. (Hrsg.) (1995): The Rise of the Rustbelt. London.

Cooke, P. (2004): Introduction: Regional Innovation Systems, an Evolutionary Approach. In: Cooke, P., Heidenreich, M.; Braczyk, H. (Hrsg.): Regional Innovation Systems. London.

Cooke, P.; De Laurentis, C.; Wilson, R. (2003): The Future of Manufacturing Jobs In Europe: Wales as a Case Study. A Report for the Green Alliance MEP Group, European Parliament. Brüssel/Straßburg.

Crooks, E. (2009): Mining Recovery Needs Longer-Term Aid. In: Financial Times, 12. März 2009, S. 4.

Office for National Statistics (2003): Small Business Statistics. London.

Pritchard, J. (2003): Warning as Jobs Move away from Industry, In: Western Mail, 13. Februar 2003.

Rees, W.; Rees, B. (2004): Llanelli – Birth of a Town, ART Designs, CD-ROM.

Rhys, G. (2002): The Automotive Sector in Wales: Still Alive and Well. Report to Third Autoconference, London, November 2002 (http://www.autoconference.co.uk).

5.3 Japanische Direktinvestitionen in der britischen Automobilindustrie – das Beispiel Nissan

CHRISTOPH SCHEUPLEIN

In der britischen Automobilindustrie dreht sich seit langem das Karussell des Kaufens und Verkaufens. In den letzten Jahren aber fanden Verkäufe mit besonderer Symbolik statt: MG Rover wurde im Jahr 2005 an den chinesischen Konzern Nanjing Automobile Corporation veräußert, und die beiden Marken Land Rover und Jaguar wurden im Jahr 2008 von dem indischen Unternehmen Tata Motors übernommen. Jaguar war seit 1989 im Besitz des US-Unternehmens Ford gewesen, das im Jahr 2000 auch Land Rover von dem deutschen Automobilbauer BMW gekauft hatte. BMW besaß zuvor auch MG Rover, bevor die Firma ebenfalls im Jahr 2000 an ein britisches Konsortium abgegeben wurde. All dies wirft ein neues Schlaglicht auf die externe Steuerung der Branche in Großbritannien und markiert den „zweiten Untergang" der britischen Automobilindustrie.

Dennoch ist die Automobilproduktion in Großbritannien weiterhin eine feste Größe. Das Land hielt auch im Jahr 2008 den Platz des viertgrößten Herstellerlandes an Automobilen im erweiterten Europa. Gemessen an den Beschäftigten lag Großbritannien mit 173 000 Beschäftigten noch knapp vor Italien auf dem dritten Platz. Äußere Abhängigkeit bei relativer Stabilität von Produktion und Beschäftigung – dies ist die Grundtendenz im letzten Jahrzehnt in der britischen Automobilindustrie. Was aber hat diese Stabilisierung möglich gemacht? Und wie hat sich dabei die Geographie der Industrie verändert?

Niedergang und Neubeginn

Der erste Niedergang der britischen Automobilindustrie geschah bereits vor drei Jahrzehnten. Im Jahr 1975 war der größte Produzent, die British Leyland Motor Corporation, bankrott. In den staatlich geführten Nachfolgefirmen wurden 25 Fabriken geschlossen, die Beschäftigtenzahl sank zwischen 1977 und 1982 von 176 000 auf 82 000. Ebenso wurden 1978 die Werke der ehemaligen Rootes-Gruppe an Peugeot verkauft und später weitgehend zerschlagen. Die Gründe für diesen Niedergang lagen vor allem in einem unzulänglichen Management, in konfliktreichen Auseinandersetzungen mit den Beschäftigten und in einer ungenügenden Industriepolitik.

Die Zahl der produzierten PKW-Einheiten sank dramatisch. Im Jahr 1972 wurde das höchste Produktionsvolumen erzielt: 1,9 Millionen Stück. Im Jahr 1980 war hiervon nur noch die Hälfte übrig. Die Talfahrt konnte jedoch auf diesem Niveau gestoppt werden (Abb. 5.7). In den folgenden Jahren wurden wieder deutliche Zugewinne verzeichnet. Der bisherige neue Höhepunkt wurde im Jahr 1999 mit 1,78 Mio. PKW-Einheiten erreicht; nach einigen Höhen und Tiefen der Folgejahre lag die Produktion im Jahr 2008 noch bei 1,44 Mio. Stück. Die Abbildung zeigt zugleich, dass die Branche sich im Rahmen dieser Entwicklung enorm auf ausländische Märkte orientiert hat. Der Exportanteil bei Personenkraftwagen lag bereits Ende der 1990er Jahre bei fast 60 %; seitdem wurde der Anteil bis zum Jahr 2008 auf 78 % gesteigert.

Mit den Verkäufen an Peugeot und später an Ford und BMW gingen die letzten britischen Massenhersteller in ausländischen Besitz. Auch in dem spezialisierten Segment der Luxuswagen, in dem die britische Automobilindustrie seit vielen Jahrzehnten zu den Marktfüh-

rern gehört, dominieren inzwischen ausländische Eigentümer. So hat Ford die Marke Aston Martin gekauft, Lotus wird von General Motors geführt, Bentley befindet sich im Besitz von Volkswagen und Rolls-Royce im Besitz von BMW.

Daneben existiert bereits eine lange Präsenz ausländischer Automobilunternehmen mit eigenen Marken und Produktionsstätten im Vereinigten Königreich. Der britische Automobilproduzent Vauxhall war bereits 1925 von General Motors übernommen worden. Vier Jahre später errichtete Ford eine erste Fabrik in Dagenham/London. Der erneute Aufschwung ab der Mitte der 1980er Jahre ging allerdings von einem neuen Spieler in der globalen Automobilindustrie aus: den japanischen Unternehmen. Nachdem sich die Industriekonzerne Japans in den 1970er Jahren mit ihren Produkten auf zahlreichen europäischen Märkten etabliert hatten, gingen sie zu Beginn der 1980er Jahren zur Produktion innerhalb dieser Märkte über. Die Investitionen wurden im Bereich der Industrie vor allem in den Branchen hochwertiger Konsumgüter mit Massenproduktion getätigt, d. h. vorwiegend in den Bereichen wie Elektronik, Telekommunikation und Automobilbau. Ein wichtiger Impuls ging von der Herstellung eines gemeinsamen Binnenmarktes durch die Europäische Union im Jahr 1993 aus. Dies verlangte von den nichteuropäischen Konzernen, sich bereits in den vorausgehenden Jahren zu positionieren. Dabei war Großbritannien innerhalb Europas das bevorzugte Zielland. Es eignete sich besonders durch seine traditionell investorenfreundliche Politik, die von der Thatcher-Regierung Anfang der 1980er noch einmal forciert wurde. Zudem waren die japanischen Manager am stärksten mit der englischen Sprache und der britischen Kultur vertraut. Insgesamt konnte Großbritannien in den Jahren vor der Herstellung des Binnenmarktes 1993 zeitweise 30–40 % der ausländischen Direktinvestitionen in Europa auf sich ziehen.

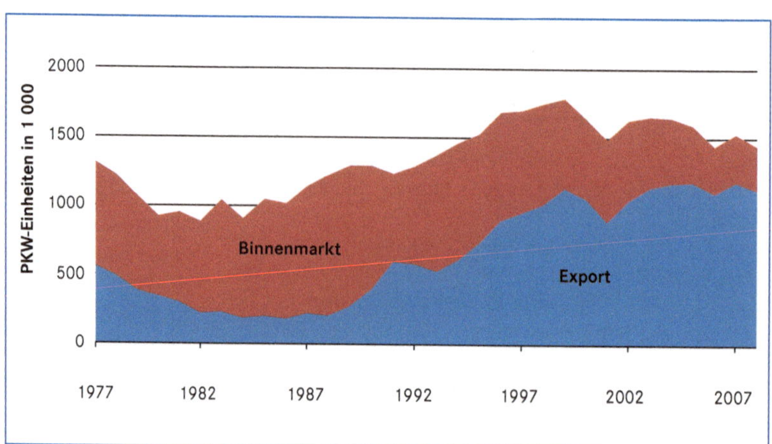

Abb. 5.7 PKW-Produktion in Großbritannien 1977–2008 (in 1 000). Quelle: National Statistics Authority (für 1977–2007); SMMT (für 2008).

Japanisierung

Der Investitionsprozess der japanischen Automobilindustrie begann in den 1970er Jahren mit der Eröffnung einiger kleinerer Zulieferbetriebe. Ab dem Anfang der 1980er Jahre, als erst etwas mehr als 30 Betriebe in Großbritannien tätig waren, nahm der Zustrom stark zu. Den entscheidenden Katalysator für diese Entwicklung stellte im Jahr 1984 die Investitionsentscheidung von Nissan dar, eine neue Automobilfabrik im englischen Nordosten bei der Stadt Sunderland zu errichten. Ein zweites japanisches Unternehmen, Honda, gründete 1985 eine Tochterfirma in Großbritannien, die seit 1992 in Swindon (Wiltshire) produziert. Schließlich wurde 1989 die Toyota Manufacturing UK etabliert, die 1992 ein *transplant* (ausländische Fertigungsstätte) in Burnaston (Derbyshire) in Betrieb nahm. Außerdem betreibt Toyota ein Motorenwerk bei Deeside in Nordwales. Nach der Ansiedlung der japanischen Automobilbauer zogen diese weitere Zulieferer des Automobilsektors nach Großbritannien. Dabei handelte es sich zum einen um japanische Zulieferer, die bereits in festen Lieferbeziehungen zu den Autoherstellern standen. Zum anderen gelang es jedoch auch einigen europäischen Zulieferunternehmen, Lieferant von Nissan, Toyota oder Honda zu werden und erstmals Betriebsstandorte in Großbritannien zu eröffnen. Bis 1990 nahmen weitere 140 Unternehmen den Betrieb auf, und Mitte der 1990er

Jahren waren rund 270 Betriebe mit mehr als 80 000 Beschäftigten im Vereinigten Königreich tätig. Wie Befragungen gezeigt haben, waren dabei weniger die allgemeinen Standortfaktoren wichtig – der ausschlaggebende Grund für fast alle Ansiedlungen war die Anwesenheit der großen japanischen Finalwerke.

Nissan, Toyota und Honda sind seit der Mitte der 1990er Jahre die drei größten Automobilproduzenten in Großbritannien. Im Jahr 2007 lag ihr gemeinsamer Anteil an den in Großbritannien hergestellten PKW bei 56,5 %, wie Tab. 5.3 zeigt. Auf den beiden folgenden Plätzen finden sich zwei traditionelle Marken (Mini, Land Rover), die heute in ausländischem Besitz sind.

In dem kleineren Bereich der Nutzfahrzeuge, in dem zuletzt jährlich etwa 200 000 Einheiten produziert wurden, dominieren dagegen weiterhin die amerikanischen Unternehmen. Hier sind die beiden mit Abstand größten Unternehmen IBC, eine Tochter von General Motors, und Ford.

Die Japanisierung zeigt sich auch in der veränderten Geographie der britischen Automobilindustrie. Über viele Jahrzehnte waren die West Midlands die dominierende Region. Noch 1990 lag der Anteil der Firmen aus dieser Region bei der Hälfte des Volumens. Hier sind weiterhin die Werke von Jaguar, Rover und Land Rover angesiedelt, deren Produktionszahlen jedoch zurückgehen. Inzwischen werden noch etwa 35 % der britischen Automobile in den West Midlands produziert. Dagegen sind die drei größten Werke der japanischen Hersteller

Tabelle 5.3 Produktion von PKW in Großbritannien 2007

Rang	Unternehmen	PKW	
		in 1 000	in v. H.
1	Nissan Motor Manufacturing UK	353	23,0
2	Toyota Manufacturing UK	277	18,1
3	Honda	237	15,4
4	BMW (MINI)	237	15,4
5	Land Rover	232	15,1
–	sonstige Unternehmen (u. a. Vauxhall/GM, Jaguar, Aston Martin, Bentley, Rolls-Royce)	198	12,9
	Summe	1 534	100
	Summe von 1–3	867	56,5

Quelle: SMMT: Motor Industry Facts 2008 und eigene Berechnungen

außerhalb dieses Kerngebiets lokalisiert. Während das Werk von Nissan an der Nordseeküste liegt (North East), ist der Standort von Honda in Swindon im Südwesten (Wiltshire) (Abb. 5.8). Die Produktionsstätte von Toyota in Burnaston (Derbyshire) in den East Midlands befindet sich noch am nächsten zum alten Zentrum.

Die Zulieferindustrie war ebenfalls vor allem in den West Midlands stark, daneben hatte sie Zentren zum einen im Nordwesten im Umkreis der Werke von GM (Ellesmere Port) und Ford (Halewood). Zum anderen hatte sich eine Reihe von Zulieferern im Umkreis von London angesiedelt. Auch dieses räumliche Konzentrationsmuster ist abgeschwächt, weil sich eine Reihe von Zulieferern in direkter Nähe zu den neuen Montagewerken angesiedelt hat. Insgesamt ging also die Japanisierung mit einer räumlichen Dekonzentration einher. Man kann dies auch deuten als einen Trend zur Neubelebung traditioneller Industriestandorte, die bis zur Investitionsentscheidung bereits stark deindustrialisiert waren.

Neben dieser Japanisierung der Direktinvestitionen und der Produktion wird auch von einer Japanisierung in einem weiteren Sinne gesprochen. Damit ist die Übernahme der Arbeits- und Produktionsorganisation gemeint, die den Aufstieg Japans in vielen Industriezweigen ermöglicht hat. In der westlichen Diskussion spricht man in diesem Zusammenhang auch von dem System der Lean Production, das sich durch eine hohe Flexibilität auszeichnet. Mit diesem Produktionssystem kann schneller, mit einem geringeren Materialverbrauch und mit weniger Fehlern produziert werden. In der Tat ging von den japanischen Arbeitsmethoden wohl ein wichtiger Einfluss auf das britische industrielle System aus als von den japanischen Investitionen in Bauten und Maschinen. Hierbei ist allerdings zu beachten, dass dem „japanischen Syndrom" manchmal viele Prozesse der Modernisierung und Flexibilisierung zugeordnet werden, die ohnehin in der Industrie stattgefunden hätten und durch die Ankunft der japanischen Firmen nur beschleunigt wurden.

Diese Arbeits- und Produktionsorganisation ist in Japan innerhalb eines kulturellen Rahmens entstanden, der in Europa nicht vorhanden war und auch nicht einfach übernommen werden konnte. Auch im Wirtschaftssystem sind deutliche Unterschiede vorhanden, so etwa die einflussreiche Industriepolitik in Japan oder die Organisation der Industrie in netzwerkartigen Gruppen („Keiretsu"). Umso spannender ist es zu sehen, wie in Großbritannien einzelne Elemente der Lean Production innerhalb einer andersartigen Wirtschafts- und Sozialordnung sowie Kultur angewandt worden sind.

Lean Production

Lean Production bezeichnet ein in Japan erfundenes System der Arbeits- und Produktionsorganisation. Es hat seine historischen Wurzeln im Wiederaufbau nach dem Zweiten Weltkrieg, als Japan mit geringen Ressourcen seine Industrie wieder in Gang brachte. Dies gelang durch eine material- und zeitsparende Produktion, die sich strikt an der aktuellen Nachfrage orientierte. Hierdurch wurde jede Form von Überproduktion vermieden. Die Lean Production wird u. a. durch folgende Elemente gekennzeichnet:

- Umkehrung der Prozessflusssteuerung: Die Logik der Produktion beginnt am Ende des Montagebandes, d. h., die dort tätigen Arbeiter holen sich das Werkstück der davor gelagerten Produktionseinheit; diese wiederum bedient sich bei der vorigen Einheit usw. Dies vermeidet, dass produziert wird, ohne dass die Produkte an einer späteren Stelle wieder benötigt werden.
- Just-in-Time: Sitze, Inneneinrichtung, Leuchten usw. werden erst dann beim Zulieferer bestellt, wenn sie für die Produktion eines von einem Kunden bereits bestellten Modells benötigt werden. An das Montageband werden diese Teile in genau dem Moment angeliefert, in dem sie dort eingebaut werden sollen. Die Lager dieser Werke befinden sich gewissermaßen „auf der Straße".

- Keine Zwischenpuffer: Jedes Teil wird bearbeitet und sofort wieder in den Arbeitsprozess gegeben.
- Kaizen: Der Produktionsprozess wird kontinuierlich verbessert. Dies wird durch permanente Qualitätskontrollen, Diskussion der Ergebnisse und durch Anreizsysteme für Verbesserungsvorschläge gewährleistet.
- Null-Fehler-Prinzip: Wird ein Fehler festgestellt, soll dieser unmittelbar in der laufenden Produktion beseitigt werden. Dies vermeidet eine teure Nachbearbeitung am Ende des Montagebandes.
- Gruppenarbeit: Die Organisation und Erledigung der Arbeit werden nicht von einzelnen Vorgesetzten, sondern von Gruppen verantwortet. Dies ermöglicht eine starke Motivation und soziale Kontrolle der Beschäftigten.

Die Lean Production verlangt von den Arbeitern eine hohe Flexibilität und Lernbereitschaft. Im Ausgleich garantieren die japanischen Unternehmen den Stammbelegschaften eine lebenslange Beschäftigung.

Im Westen wurde die Lean Production bekannt durch das 1990 veröffentlichte Buch *The Machine That Changed the World: The Story of Lean Production* der Autoren James P. Womack, Daniel T. Jones und Daniel Roos.

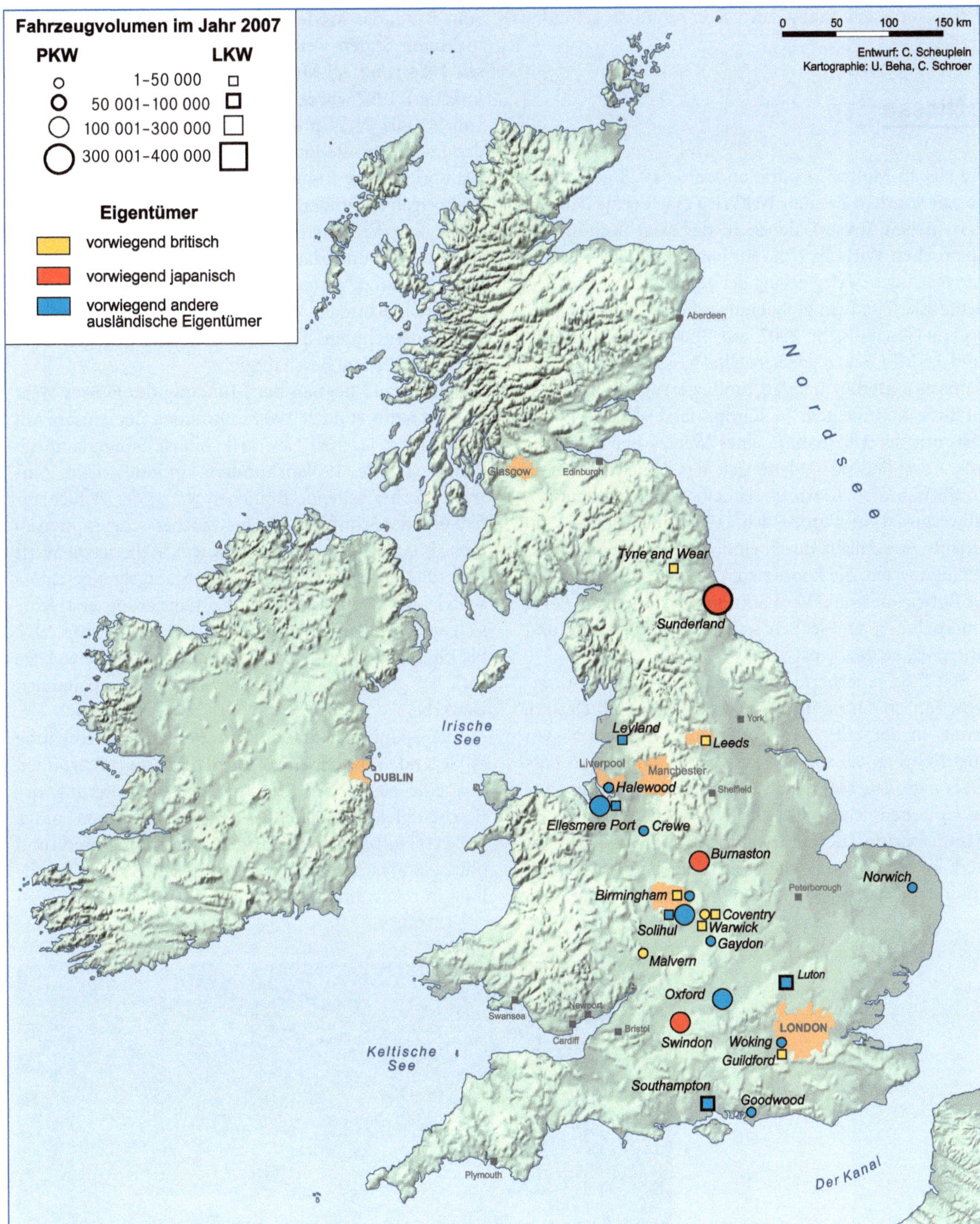

Abb. 5.8 Produktionsstandorte der britischen Automobilindustrie. Quelle: SMMT und eigene Recherchen.

Hierbei mussten häufig auch Kompromisse gefunden werden.

Nissan

Die Nissan Motor Corporation wurde 1928 gegründet. Sie war vor dem Zweiten Weltkrieg eine der beiden Firmen (neben Toyota), denen in der staatsdominierten japanischen Wirtschaft die Automobilindustrie erlaubt war. Nach dem Krieg gelang der zügige Wiederaufstieg. Heute ist Nissan ein global aufgestelltes Unternehmen, das im Geschäftsjahr 2007 mit 180 000 Beschäftigten rund 3,5 Mio. Fahrzeuge herstellte. Nissan hat seine Heimatbasis weiterhin in Japan, produziert aber inzwischen auf fünf Kontinenten. In Europa fasste Nissan zuerst 1980 mit der Übernahme eines Werkes bei Barcelona Fuß. Anschließend siedelte sich das Unternehmen in Großbritannien an, wo es seitdem seinen eindeutigen Schwerpunkt in Europa hat. 1999 ging Nissan mit Renault eine Allianz durch eine wechselseitige Kapitalbeteiligung ein. Sie kooperieren seitdem vor allem bei der Entwicklung und Vermarktung von Modellen. Beide Unternehmen sind jedoch weiterhin eigenständig und führen eigene Marken.

Seit 1968 exportierte Nissan Autos nach Großbritannien, zunächst noch unter dem Markennamen Datsun. Bereits in der Mitte der 1970er Jahre erlangte Nissan einen Marktanteil von 6 % in Großbritannien, so dass dieser nationale Markt eine zunehmende Bedeutung für das Unternehmen erhielt. 1984 wurde die Nissan Motor Manufacturing UK Ltd. gegründet. Sie errichtete ein Werk im Nordosten Englands auf dem Gebiet der Stadt Sunderland (Abb. 5.9). 1986 rollte dort das erste Auto vom Band, das Modell „Bluebird". Das Werk wurde in mehreren Stufen weiter ausgebaut. Insgesamt wurden seit 1984 rund 2,5 Mrd. Pfund in Bauten und Anlagen investiert. 1992 wurde bereits eine Produktionskapazität von 175 000 PKW pro Jahr erreicht. Seit 1998 ist Sunderland die größte Produktionsstätte für Automobile in Großbritannien. Insgesamt sind fast 5 Mio. Personenkraftwagen in Sunderland hergestellt worden, und jeder fünfte im Vereinigten Königreich gefertigte Wagen stammt aus Sunderland. Im Jahr 2008 wurden dort die Modelle „Micra", „Qashqai" und „Note" produziert. Insgesamt sind in dem Werk fast 5 000 Beschäftigte tätig. Die Unternehmen der Zuliefererkette verfügen über weitere ca. 15 000 Beschäftigte.

Sunderland liegt an der Mündung des Flusses Wear und hat heute rund 280 000 Einwohner. Gemeinsam mit dem nahe gelegenen Newcastle bildete Sunderland seit dem Beginn des 19. Jahrhunderts ein industrielles Zentrum. Vorherrschende Branchen waren der Kohlebergbau und der Schiffsbau. Beide Branchen schrumpften ab den 1970er Jahren rasant. 1988 wurde die letzte Werft und 1994 die letzte Kohlezeche im Stadtgebiet geschlossen. Dieser Trend der Deindustrialisierung erstreckte sich auf die gesamte Region. Insgesamt waren von 1977 bis 1985 in Englands Norden rund 230 000 Arbeitsplätze verloren gegangen, davon 146 000 im verarbeitenden Gewerbe.

Die japanischen Standorte in Europa wurden häufig in Gegenden mit einer hohen Arbeitslosigkeit eröffnet, was eine starke Selektion bei der Rekrutierung der Beschäftigten ermöglichte. Bevorzugt wurden junge Arbeiter mit einem niedrigen Ausbildungsgrad und ohne gewerkschaftliche Bindung eingestellt. Die Bezahlung in den *transplants* ist gemessen an den jeweiligen

Abb. 5.9 Das Nissan-Werk in Sunderland. Quelle: Nissan.

lokalen Lohnverhältnissen überdurchschnittlich. Im Vergleich zu anderen Großunternehmen, speziell ausländischen Unternehmen, sind die Löhne jedoch niedrig. Nissans Lokalisierung in Sunderland ist ein Paradebeispiel für eine derartige Strategie. Die arbeitslosen, eher niedrig qualifizierten Berg- und Werftarbeiter bildeten einen wichtigen Pool an Arbeitskräften bei der Werkseröffnung.

Die Fabrik ist teilweise auf dem Gelände des ehemaligen Sunderland Airfield angesiedelt; östlich liegt die eigentliche Stadt Sunderland, westlich die New Town Washington. Der Standort ist gut an das Fernstraßennetz angebunden und liegt in der Nähe von zwei Nordseehäfen, dem Port of Teesside und dem Port of Tyne. Beides ist für einen Standort außerhalb der traditionellen Automobilregionen unerlässlich. In unmittelbarer Nähe des Werkes wurden bedeutende Zulieferbetriebe angesiedelt, so etwa der Unternehmen Valeo, Tacle Seating, Magna Kansei, Johnson Control, Hashimoto und Unipres.

Ein weiterer wichtiger Grund für die Investition in Großbritannien war die Subventionierung des Werkes mit 125 Mio. Pfund (bei einer Gesamtinvestition von 1,2 Mrd. Pfund bis Anfang der 1990er Jahre). Dabei wurde die Höhe der Subvention sicherlich von den Sympathien der Thatcher-Regierung mit den neuen Produktionsmethoden und der gewerkschaftsfernen Haltung von Nissan beeinflusst. Allerdings hätte das Unternehmen wohl ähnliche Subventionssummen auch für andere Standorte in Großbritannien und vermutlich auch für Standorte in anderen europäischen Ländern erhalten. Somit ist diese industriepolitische Förderung kaum als ausschlaggebender Grund für die Ansiedlung zu bewerten.

Modellfabrik Sunderland

Nissan gelang es im Werk Sunderland, die oben aufgeführten Prinzipien der Lean Production an die britischen Verhältnisse anzupassen. Sunderland bot als ein neu errichtetes Werk (*greenfield sites*) gute Voraussetzungen für eine solche Übertragung. Dagegen wirkten in älteren, übernommenen Werken (*brownfield sites*) zahlreiche Widerstände gegen die neuen Managementmethoden. Es ist kein Zufall, dass die japanischen Investoren – im Unterschied etwa zu Peugeot, Ford und BMW – eine Übernahme bestehender Fabriken fast immer vermieden haben.

Eine unabdingbare Voraussetzung für die Verwirklichung der Lean Production war eine möglichst weitgehende Kontrolle über die Beschäftigten, die Zulieferer und die lokale Administration. In der Tat kann man

davon sprechen, dass das Nissan-Werk eine starke Position in der lokalen Ökonomie Sunderlands gewonnen hat. Die Kontrolle über die lokale Verwaltung zu gewinnen, fällt Investoren von der Größe Nissans in wirtschaftlich geschwächten Regionen nicht schwer. Das Unternehmen schaffte es mit seinem Versprechen vieler Arbeitsplätze, in kurzer Zeit alle Genehmigungen zur Errichtung des Werkes zu erhalten. Zugleich konnte Nissan eine sehr große Freifläche von fast 300 Hektar (733 Acres) kaufen, auf der es nicht nur die eigenen Betriebsgebäude unterbringen konnte, sondern auch Flächen für Zulieferer vorhielt. Dieser Grundstückserwerb, der in mehreren Schritten vor sich ging und an dem verschiedene öffentliche Grundstückeigner beteiligt waren, wird als Schlüsselfaktor für den Erfolg Sunderlands gegenüber anderen britischen Alternativstandorten betrachtet. Interessanterweise stellte die Kommune nach der Veröffentlichung der Investitionsentscheidung auch ein Programm mit Ausstellungen und Festivals zusammen, mit dem der Bevölkerung die japanische Kultur nahegebracht wurde.

> „The Nissan car factory in Sunderland is an indication of a new style of industrial relations that has been imported from Japan in recent years. The company, which has Japanese directors but only British workers on the factory floor has attempted to avoid an ‚us and them' attitude which is common in manufacturing. There is no traditional division between Nissan ‚management' and ‚workers'. Everyone uses the same car park and canteen, has the same sickness scheme and perks. There is only one union allowed in the plant – the Amalgamated Engineering Union (AEU), which represents about 35 % of the staff. Workers elect represantatives to a Company Council to deal with their problems" (The Guardian, 11.9.1990).

Die Kontrolle über den zweiten Akteur, die Beschäftigten, zu gewinnen, war komplizierter. Bereits im Vorfeld der Werkseröffnung wurde ein Abkommen mit der Gewerkschaft Amalgamated Engineering Union geschlossen. Dies eröffnete der Gewerkschaft einen exklusiven Zutritt zu dem Betrieb. Sie sicherte im Gegenzug zu, den Betriebsfrieden zu sichern. Für ein Abkommen mit dieser Gewerkschaft sprach, dass sie einen starken Einsatz von Robotern in der Produktion erlaubte.

Innerbetrieblich wurde sehr viel Wert gelegt auf Ausbildung und Training. Die Beschäftigten trugen Arbeitsuniformen, und sie wurden in Teams gegliedert. Jedes Team wurde angehalten, eigenverantwortlich und mit interner Diskussion die Arbeitsziele zu erfüllen. Zudem wurde mit den Beschäftigten über die Gruppenleiter, über Ansprachen und Betriebszeitungen auf vielfältige Weise kommuniziert. Insgesamt hat es Nissan mit dieser

Arbeitspolitik geschafft, das Werk Sunderland streikfrei zu halten.

Eine dritte Arena waren die Beziehungen zu den Zulieferern. Traditionell war ein Großteil der Zulieferindustrie in den West Midlands angesiedelt. Nissan setzte dagegen als erstes Automobilunternehmen in Großbritannien auf eine eigene Logistik im Umkreis des Finalwerkes. Nach dem Just-in-Time-Prinzip werden die Zuliefererteile je nach ihrer Stückzahl und Besonderheit stundengenau oder tagesgenau angeliefert. Um dies sicherzustellen, müssen sich die Zulieferer entsprechend nah beim Endhersteller ansiedeln. Diese Strategie wurde von Nissan beim Aufbau des Werkes Sunderland konsequent umgesetzt, und die Zulieferer wurden straff in den Produktionsprozess eingebunden. Eine besondere Rolle spielten hierbei japanische Zulieferer, mit denen Nissan seit Jahrzehnten auf dem Heimatmarkt vertraut war. Mit Ikeda-Hoover, einem Hersteller von Autositzen, erwarb 1987 ein japanisch-amerikanisches Unternehmen eine erste Parzelle auf dem Nissan-Industriegelände. Auf diese Weise zog das Endmontagewerk Sunderland die Schaffung eines ganzen Unterbaus an Zulieferern in der Region nach sich. Bis zum Ende der ersten Aufbaustufe des Nissan-Werkes 1992 waren 25 von insgesamt 120 der in Großbritannien befindlichen Nissan-Zulieferer im Nordosten des Landes angesiedelt.

Es ist zu beachten, dass die unterschiedlichen Elemente der Steuerung und Kontrolle ineinandergreifen. Die Kontrolle der Zuliefererkette baut auf die Kontrolle der lokalen Ökonomie und auf die Kontrolle der Arbeitsbeziehungen auf bzw. unterstützt diese. Denn erst die großen Freiflächen in Sunderland ermöglichten es Nissan, Zulieferer in unmittelbarer Werksnähe anzusiedeln. Und mit den wachsenden Umsatz- und Beschäftigtenzahlen des Nissan-Komplexes wuchs seine Bedeutung in der Region. Zugleich konnte man solche (japanischen) Unternehmen ansiedeln, die gleiche Modelle in der Arbeitsorganisation und im Umgang mit den Beschäftigten anwandten. Damit gelang es Nissan, neue Management- und Arbeitsstrategien nicht nur im eigenen Unternehmen anzuwenden, sondern sie auch im unternehmerischen Umfeld zu verbreiten.

Diese Strategie hat Früchte getragen. Dem Werk Sunderland wurde bereits seit den späten 1980er Jahren die höchste Produktivität aller Automobilwerke in Europa attestiert. Auch in späteren Studien hat die Fabrik immer wieder hervorragend abgeschnitten.

Zukünftige Perspektiven

Zu Beginn der 1990er Jahre wurde befürchtet, dass sich Großbritannien mit den japanischen Automobilunternehmen zu einer Art „Taiwan" von Europa entwickeln wird, d. h. zu einer verlängerten Werkbank mit niedrigen Qualifikationen und wenigen Entscheidungsmöglichkeiten. Dieses negative Szenario wich jedoch bald einer positiveren Sicht. Mitte der 1990er hatten sich die drei japanischen Werke zum Rückgrat der britischen Automobilindustrie entwickelt. Die moderne industrielle Produktion und die flexible, kundennahe Modellpolitik wirkten als Vorbild auf viele andere Industrieunternehmen.

Zunehmend wurde Großbritannien von Nissan auch als Standort für hochwertige Arbeitsschritte ausgewählt. Bereits 1988 wurde die Nissan European Technical Centre Ltd. mit Sitz in Bedford gegründet. 2003 wurde dann das europäische Design-Zentrum von Deutschland nach London verlegt.

Deutlich wird der qualifikatorische Zugewinn bei dem im September 2006 auf den Markt gebrachten Modell „Qashqai". Dieses Modell, angesiedelt zwischen einer Limousine und einem sportlichen Geländewagen, zielt auf ein wählerisches Kundensegment. Das Auto wurde gemeinsam mit dem Partner Renault entworfen. Soweit Nissan für Technik und Design verantwortlich war, wurden diese Funktionen vollständig in Großbritannien geleistet. Das Modell wurde zu einem Erfolg. Im Verlauf des Jahres 2008 wurde eine dritte Produktionslinie für den „Qashqai" im Werk Sunderland eingerichtet, und damit entstanden 800 weitere Arbeitsplätze im Werk. Erstmals exportiert Nissan dieses Modell auch von Europa auf den japanischen Markt (unter dem Namen „Dualis"). Für das Jahr 2010 ist geplant, eine etwas kleinere Version unter dem Namen „Qazana" anzubieten. Auch diese Weiterentwicklung wurde überwiegend in Großbritannien entworfen und soll in Sunderland produziert werden.

Von der derzeitigen weltweiten Finanz- und Wirtschaftkrise wird auch die britische Wirtschaft stark getroffen. Im Jahr 2008 ist die Produktion in der britischen Automobilproduktion insgesamt nur um 5,8 % gefallen. Dies beruhte jedoch auf deutlichen Zugewinnen in der ersten Jahreshälfte und einem rasanten Verlust im letzten Quartal. Für das Gesamtjahr 2009 zeichnet sich eine Halbierung der Produktionszahlen ab. Ähnlich wie in allen Ländern mit einer bedeutenden Automobilindustrie kam es damit zu einer intensiven politischen Debatte über staatliche Unterstützung. Die Interessenorganisation der Automobilindustrie, die Society of Motor Manufacturers and Traders (SMMT) rief vehement nach Maßnahmen, die besondere Kreditzugänge bei der Bank of England, eine Senkung der Kfz-Steuern und eine finanzielle Hilfe für die Forschungs- und Entwicklungsarbeiten der Branche umfassen sollte. Unabhängig davon, ob staatliche Interventionen erfolgen, werden die Folgen der Krise für die gesamte Branche tief greifend sein.

Bislang absehbar ist, dass in kurzer bis mittlerer Frist Autos gefragt sein werden, die preiswert in der Anschaffung und im Verbrauch sind. Zusätzlich werden die politisch Verantwortlichen auf nationaler und auf europäischer Ebene die Weichen für umweltverträgliche Autos stellen. Die japanischen Hersteller sind in den niedrigpreisigen Marktsegmenten gut vertreten, und sie zählen zu den Technologieführern bei spritsparenden Antrieben. All dies bietet ihnen gute Chancen im schärfer gewordenen Wettbewerb. Den kleineren britischen Marken MG Rover, Land Rover und Jaguar steht dagegen eine neue Existenzkrise bevor. Dies könnte die räumliche Umstrukturierung noch einmal dramatisch beschleunigen. Es zeichnet sich ab, dass das überkommene Zentrum der Automobilindustrie in den West Midlands noch weiter ausgedünnt wird, während sich an den vormals peripheren Standorten Sunderland, Swindon und Burnaston die Finalwerke mindestens stabilisieren und sich eine immer tiefer gestaffelte Automobilzulieferindustrie in ihrem Umkreis ansiedelt.

Informationen im Internet

http://www.smmt.co.uk
Auf dieser Seite der Society of Motor Manufacturers and Traders Ltd sind aktuelle Zahlen zur Automobilindustrie für Großbritannien zu beziehen.

http://www.acea.net
Auf dieser Seite der European Automobile Manufacturers Association stehen entsprechende Informationen für Europa.

http://www.oica.net
Auf dieser Seite der Internationale des Constructeurs d'Automobiles finden sich Angaben zur weltweiten Automobilindustrie.

http://www.nissan-global.com
http://www.nissaneurope-newsbureau.com
Diese beiden offiziellen Unternehmensseiten enthalten Informationen zu Nissan.

Weiterführende Literatur

Church, R. (1995): The Rise and Decline of the British Motor Industry (= New Studies in Economic and Social History). Cambridge.

Foreman-Peck, J., Bowden, S. McKinlay, A. (1995): The British Motor Industry. Manchester/New York.

Garrahan, P.; Stewart, P. (1992): The Nissan Enigma: Flexibility at Work in a Local Economy. London.

Loewendahl, H. B. (2001): Bargaining with Multinationals. The Investment of Siemens and Nissan in North-East England. Basingstoke.

Pickernell, D. (1998): FDI in the UK Car Component Industry: Recent Causes and Consequences. In: Tijdschrift voor Economische en Sociale Geografie, 89, 3, S. 239–252.

Turnbull, P.; Delbridge, R. (1994): Making Sense of Japanisation: A Review of the British Experience. In: International Journal of Employment Studies, 2, 2, S. 343–365.

Wood, J. (1988): Wheels of Misfortune: The Rise and Fall of the British Motor Industry. London.

5.4 Von Thomas Cook zum Fünf-Sterne-Cottage: Der britische Binnentourismus im Wandel

DORIS SCHMIED

Vom Elite- zum Massentourismus

Großbritannien war das erste Land der Welt, das im Zuge der Industrialisierung einen Massentourismus entwickelte. Und obwohl es hier viele Entwicklungen gab, die den Tourismus weltweit beeinflusst haben (z. B. Cox & Kings als älteste Reiseagentur der Welt, deren Anfänge bis in das Jahr 1758 zurückreichen), hat der Binnentourismus in Großbritannien bis heute eigene Charakteristika bewahrt.

Die Vorläufer des britischen Tourismus waren die Pilgerreisen während des Mittelalters. Der auf sie zurückgehende Begriff *holy day* zeigt, dass sie nicht nur als religiöse Pflicht, sondern auch als Erfahrung außerhalb des Alltagslebens begriffen wurden. Beliebte Ziele waren im Inland u. a. Canterbury (vgl. die *Canterbury Tales* von Geoffrey Chaucer), Walsingham, St Albans oder im Ausland Santiago de Compostela und Palästina. Die Pilgerreisen wurden aus Sicherheitsgründen meist in Gruppen durchgeführt und waren so beschwerlich, dass sich Wohlhabende manchmal gegen Entgelt von Ärmeren „vertreten" ließen.

Nichtreligiöses, nichtgeschäftliches Reisen war für lange Zeit ein Privileg der gehobenen sozialen Schichten. Seit der Renaissance besuchten Angehörige des Adels die europäischen Höfe, aber bereits vom Ende des 16. Jahrhunderts bis ca. 1840 unternahmen auch Angehörige des gehobenen Bürgertums die sog. Grand Tour, auf der sie vor allem Frankreich, die Schweiz, Italien, Deutschland und die Niederlande besuchten. Dabei handelte es sich um eine Kultur- oder Bildungsreise, die mehrere Monate oder mehrere Jahre dauerte und durch die junge Männer – später auch Frauen (vgl. E. M. Forsters Roman

Room with a View) – in einer Art Übergangsritual ihren Status als Angehörige der „herrschenden Klasse" und der „zivilisierten Westeuropäer" etablierten.

Reisen innerhalb des eigenen Landes gab es natürlich auch. Die englische Oberschicht besaß ohnehin meist zwei Wohnsitze (ein Haus in London, eines auf dem Lande) und wechselte zwischen beiden. Daneben zeigten die Angehörigen des höheren und niedrigeren Adels (*nobility* bzw. *gentry*), aber auch das gehobene Bürgertum Interesse an Herrenhäusern oder Naturschönheiten in Großbritannien, wie es z. B. in *Pride and Prejudice* von Jane Austen dargestellt ist. Im 18. Jahrhundert kamen dann Heil- und Seebäder in Mode, ebenfalls von Jane Austen in *Persuasion* oder *Northanger Abbey* beschrieben. Diese wurden vorwiegend, aber nicht ausschließlich von *persons of leisure* (Adeligen, oberen Rängen des Militärs in Friedenszeiten) aufgesucht, um Gicht, Leberleiden, Bronchitis und andere Krankheiten zu behandeln.

Aber die wirkliche soziale Ausweitung und gewissermaßen „Demokratisierung" des Tourismus erfolgte erst in der zweiten Hälfte des 19. Jahrhunderts im Zuge des Aufbaus des Eisenbahnnetzes. Klassenunterschiede wurden von nun auch dadurch markiert, wie und wohin jemand fuhr.

An dieser touristischen Revolution war Thomas Cook (1808–1892) maßgeblich beteiligt. Der Buchhändler organisierte 1841 die erste Pauschalreise (Zugfahrt mit Tee und Rosinenbrötchen als Verköstigung für einen Schilling) für 570 Kollegen der lokalen Abstinenzbewegung von Leicester ins nahe gelegene Loughborough zu einem Treffen der Mitglieder. Dieser erste Ausflug war für einen sozialen Zweck bestimmt und nur kostendeckend. Doch später veranstaltete Cook immer mehr vergnügungs- und profitorientierte Reisen: 1845 nach Liverpool und 1851 zur Weltausstellung in London, 1855 auf das europäische Festland nach Paris, 1866 nach Amerika und 1872 die erste Weltreise. 1865 eröffnete Thomas Cook ein Reisebüro, das von ihm, seinem Sohn John Mason Cook und später seinen Enkeln geleitet wurde und bis 1928 in Familienbesitz blieb. Auf Cook und seine Nachfahren gehen neben dem Beginn der Pauschalreisen so wichtige Innovationen wie die Einführung von Reisebroschüren, Reiseschecks und Hotelcoupons zurück. Heute ist die Thomas-Cook-Gruppe einer der größten global agierenden Tourismuskonzerne und innerhalb des Vereinigten Königreiches das zweitgrößte Reiseunternehmen.

Eine wichtige Rolle bei der Ausdehnung des Tourismus spielten die steigenden Einkommen, die Verbesserung der Verkehrsverbindungen und der Infrastrukturausstattung sowie die allmählich wachsende Freizeit. Ein erster Schritt war der Bank Holiday Act von 1871,

der Arbeitern das Recht auf einige freie Tage zugestand. Gab es vorher nur zwei freie Tage pro Jahr (Karfreitag und Weihnachtsfeiertag), erhöhte sich damals die Zahl der Tage, an denen in Banken nicht gehandelt wurde, auf vier öffentliche Feiertage in England, Wales und Irland sowie auf fünf in Schottland (heute acht in England, Wales und Nordirland, zehn in Schottland). Im letzten Viertel des 19. Jahrhunderts begannen einige Industriezweige zudem, ihren Beschäftigten eine freie Woche mit Lohnzahlung pro Jahr zu gewähren. 1925 erhielten 1,5 Mio. Arbeiter bezahlten Urlaub, 1939 waren es bereits 11 Mio., was bedeutete, dass ca. 30 % der Bevölkerung in Familien mit bezahltem Urlaub lebten. Die Situation verbesserte sich nach dem Zweiten Weltkrieg für alle Arbeitnehmer, allerdings blieb es sehr lange bei Vereinbarungen für bestimmte Gruppierungen der Arbeitnehmerschaft; eine allgemeine gesetzliche Regelung wurde erst sehr spät eingeführt. Auch heute ist Großbritannien mit nur 28 Tagen pro Jahr eines der Schlusslichter in Europa.

Ungeachtet dessen wuchs die Bedeutung des Tourismussektors rasch an, auch wenn der Aufstieg durch zwei Weltkriege unterbrochen wurde. Den Höhepunkt erreichte der Binnentourismus in den 1950er und 1960er Jahren, als der Urlaub an der Küste in Seebädern und Holiday Camps blühte. In den 1980er Jahren waren mehr Menschen in der Hotellerie beschäftigt als in der Bergbau- und Autoindustrie zusammengenommen. Dabei hatte bereits eine schwierige Phase für den britischen Tourismussektor begonnen, denn der – mitunter in Analogie zur industriellen Produktion als modern oder fordistisch bezeichnete – Massentourismus ging immer mehr in eine postmoderne oder postfordistische, d. h. an verschiedene Touristengruppen oder sogar Individuen angepasste, Form über. Durch die Globalisierung bzw. die Internationalisierung der Tourismusökonomie erweiterte sich die Palette der touristischen Produkte ständig, und immer mehr Ziele, darunter auch „exotische", traten in zunehmende Konkurrenz mit den einheimischen Angeboten. Dabei spielten die viel zitierten *budget airlines* (Billigfluglinien), *package holidays* (Pauschalreisen) und später All-inclusive-Reisen ins Ausland eine entscheidende Rolle. Es kam teilweise zur Überproduktion auf dem Binnenmarkt, dem nur zögerlich eine Anpassung und territoriale Reorganisation folgten.

Spas – ein untergenutztes Potenzial

Die wahrscheinlich längste touristische Geschichte in Großbritannien haben die Heilbäder. So nutzten bereits die Kelten und Römer die Quellen von Bath. Doch der wirkliche Aufstieg der im Binnenland gelegenen Spas –

benannt nach dem gleichnamigen belgischen Kurort Spa – begann erst im 18. Jahrhundert, als die medizinische Behandlung mit mineralhaltigem Wasser in Bath, Buxton und Tonbridge Wells zur Mode unter der Oberschicht wurde. Mit der Zeit besuchten immer mehr Personen die *watering places*, um zu sehen und gesehen zu werden, und Heilbäder galten als *resorts of frivolity and fashion*. Die Orte wuchsen, entwickelten eigene architektonische und stadtgeographische Merkmale (mit therapeutischen und kulturellen Einrichtungen ebenso wie gehobenen Einkaufsmöglichkeiten), was besonders am Beispiel von Bath deutlich wird.

1841 erstellte Dr. A. B. Granville eine Karte mit den wichtigsten britischen Heil- und Seebädern. Darauf sind 70 Orte mit wichtigen Mineralquellen verzeichnet, während heute – abhängig von der Zählung – nur noch 18 als echte bzw. aktive *Spa towns* gelten, nämlich Bath, Boston Spa, Buxton, Cheltenham, Droitwich, Epsom, Harrogate, Ilkley, Knaresborough, Leamington Spa, Malvern, Matlock Bath, Shearsby, Tenbury Wells, Tunbridge Wells, Woodhall Spa in England, Builth Wells und Llandidrod Wells in Wales. Dies ist im Vergleich zu Deutschland, wo das Kurwesen ein wichtiger Bestandteil des Gesundheitssystems ist und es über 300 Heilbäder und Kurorte gibt, nicht viel. Unter den britischen Heilbädern gibt es zudem nur zwei Orte mit Thermalquellen (Bath, Matlock), während die anderen nur über kalte Mineralquellen verfügen.

Erst in den vergangenen Jahren scheint sich der Bädertourismus im Zuge des Wellness-Gedankens wieder etwas zu beleben. So konnte der medizinische Badebetrieb in Bath, der 1978 aufgrund von gesundheitlichen Bedenken eingestellt werden musste, 2006 nach vielen fehlgeschlagenen Wiederbelebungsversuchen und nach zehnjährigem Baubetrieb im neuen Thermalbad wieder aufgenommen werden.

Allerdings erfolgt die gesundheitsfördernde Nutzung von Wasser in Großbritannien relativ wenig in Form von traditionellen Heilkuren, viel beliebter ist der Besuch von *destination spas,* wozu Gesundheitsfarmen oder spezialisierte Hotels gehören, in denen medizinische, Schönheits- und Entspannungsanwendungen miteinander kombiniert werden. In der Regel wird ein mehrere Tage (meist eine Woche oder ein Wochenende) dauerndes Programm aus Wasseranwendungen, Fitnessaktivitäten, gesunder Ernährung, Beratung oder Kursen für spezielle Interessen geboten. Daneben gibt es auch die *day spas* mit verschiedenen Gesundheits- und Schönheitsbehandlungen, aber ohne angegliederte Übernachtungsmöglichkeit.

Trotz der jüngeren Wiederbelebung und der Entwicklung neuer Varianten gilt, dass der Gesundheits- bzw. Wellness-Tourismus in Großbritannien im Vergleich zu anderen europäischen Ländern bisher relativ unterentwickelt ist; es wird ihm allerdings eine positive Entwicklung in der Zukunft vorausgesagt.

Seaside resorts – zwischen Niedergang und Wiederbelebung

Die ersten Ansätze eines zunächst vor allem medizinisch begründeten Tourismus an der Küste gehen auf das 18. Jahrhundert zurück. Ärzte empfahlen damals das Trinken von Meerwasser und das Baden im Meer – eigentlich das Ins-Meer-getaucht-Werden mithilfe von Bademaschinen – als wirksame Heilmittel. Dabei entwickelten sich zunächst Scarborough in North Yorkshire (ab 1730) und dann Brighton (ab 1736) zu den ersten Seebädern.

Im 19. Jahrhundert waren die Küsten nach dem Ende der napoleonischen Kriege nicht mehr gefährdet und wurden zudem nach und nach durch den Aufbau des Eisenbahnnetzes erschlossen. So verzeichneten die meisten englischen Seebäder in der ersten Hälfte des 19. Jahrhunderts ein sprunghaftes Bevölkerungswachstum, das zum Teil über dem von London oder vieler anderer Industriestädte lag. Nach der bereits erwähnten Karte von Dr. A. B. Granville gab es 1841 36 bedeutende Seebäder, 1911 war die Zahl der wichtigen Seebäder mit mehr als 2 000 Einwohner auf über 100 gestiegen. Die Küste von South Devon um Torquay, Paignton, Brixham erhielt den Beinamen „englische Riviera", die Küste in Cornwall mit den Orten St Ives, Newquay, Penzance, Hayle and Perranporth „cornische Riviera". Auch Küstenorte in Wales, Nordirland und Schottland entwickelten sich zu viel besuchten touristischen Zielen.

Der elitäre Charakter der Erholung am Meer ging Ende des 19. Jahrhunderts verloren und wurde durch das Konzept des bürgerlichen Familienurlaubs abgelöst. Jahrzehntelang war der prototypische Urlaub einer britischen Familie ein Aufenthalt in einem englischen oder walisischen Seebad. Dazu gehörte, am Strand zu liegen, spazieren zu gehen oder Sandburgen zu bauen und ab und zu – bei akzeptablem Wetter – im Meer oder im Falle der sog. Lidos in einem Salzwasser-Swimmingpool zu schwimmen, Fish & Chips, Candyfloss oder eine der vielen anderen Süßigkeiten zu essen, die Vergnügungshallen zu besuchen und Karten mit der Aufschrift *Wish you were here* zu schreiben.

Auch die Seebäder entwickelten eigene stadtgeographische Merkmale, zu denen die klare Ausrichtung auf das Meer mit den Stränden, Strandpromenaden und in vielen Seebädern den sog. Pleasure Piers – in der viktorianischen Zeit erbaute, aus Gusseisen bestehende Vergnügungspiers (Abb. 5.10) – gehörten. Dort und an anderen zentralen Stellen der Seebäder gab es ein breites Unterhaltungsangebot (Theater, Tanzsäle, Musik- und Bingohallen usw.), das später durch Einkaufsmeilen ergänzt wurde. Dabei zeigt sich schon früh, dass gesundheitliche Aspekte für die Seebäder zwar wichtig waren, aber Erlebnis- und Konsumwelten schnell gleichberech-

tigt und bald sogar dominierend wurden. Für die Übernachtung der Besucher sorgte eine Auswahl an gehobenen Hotels mit Meerblick bis hin zu einfachen Unterkünften. Allerdings entwickelte sich unter den Seebädern auch eine gewisse Spezialisierung: Brighton galt – aufgrund der Präsenz von Mitgliedern der königlichen

Blackpool und Brighton – britische Seebäder im Wandel

Blackpool

Aufgrund seiner Nähe zu den großen Industriestädten Nordenglands war Blackpool in Lancashire eine der Geburtsstätten des modernen Massentourismus. Spätestens seitdem die Eisenbahn Mitte des 19. Jahrhunderts Blackpool erreichte, erlebte das Seebad einen außergewöhnlichen Aufstieg. Fabriken in den nahe gelegenen Industriestädten sprachen ihre jährliche einwöchige Schließung der Produktion, in der die Maschinen gewartet, repariert oder erneuert wurden, untereinander ab, damit die Unterkünfte in Blackpool optimal ausgelastet wurden, und sorgten so für eine lange gleichmäßige Saison. In den 1890er Jahren verfügte Blackpool bei 35 000 Einwohnern über eine Kapazität von 250 000 Betten und verzeichnete ca. 3 Mio. Besucher pro Jahr. In der ersten Hälfte des 20. Jahrhunderts wuchs das Tourismusgeschäft noch weiter an und erreichte unmittelbar nach dem Zweiten Weltkrieg mit jährlich ca. 17 Mio. Besuchern seinen Höhepunkt.

In dieser Zeit entwickelte sich Blackpool als eine fast ausschließlich auf die Bedürfnisse von Touristen – vor allem aus der Arbeiterklasse – ausgerichtete Stadt. Durch den Bau von drei Piers – dem North Pier (1863), dem Central Pier (1868) und dem South Pier (1893) – gelang es Blackpool, seine Seebadkonkurrenten zu übertrumpfen. Zwischen Nord- und Zentralpier bildete sich die entlang des Sandstrandes verlaufende Golden Mile mit Amüsierbetrieben, Spielautomaten und Imbissständen heraus, die das Kernstück der touristischen Aktivitäten bis heute bildet. Im Jahr 1894 wurde der 158 m hohe Blackpool Tower eröffnet, der als die größte touristische Sehenswürdigkeit des Nordens galt und unter Denkmalschutz steht. In der Nähe des Südpiers liegt Blackpool Pleasure Beach, der 1896 als Vergnügungspark im amerikanischen Stil für Jung und Alt angelegt wurde und heute beispielsweise die höchste Achterbahn Europas bietet. In der Liste der beliebtesten touristischen Sehenswürdigkeiten rangierte der ca. 20 ha große Freizeitpark mit mehr als 5,5 Mio. Besuchern 2007 noch vor dem British Museum in London.

Große touristische Anziehungskraft haben auch die sog. Blackpool Illuminations, die bereits seit 1879 abgehalten werden. Bei dieser jährlichen Lichtershow, die als die größte der Welt beworben und durch bekannte Stars eröffnet wird, leuchten heute auf über 9 km in der Nacht über 1 Mio. Glüh-

birnen. Ursprünglich fanden die Illuminationen nur eine Woche lang im September statt, jetzt aber ungefähr von Ende August/Anfang September bis Anfang November, wodurch es gelang, die Saison deutlich zu verlängern.

Doch trotz der etablierten touristischen Infrastruktur begann mit dem Niedergang der alten Industrien in England in den 1960er Jahren auch in Blackpool der Abstieg; die Besucherzahlen, die Aufenthaltsdauer und die Einnahmen pro Besucher begannen zu sinken. Die Zahl der Beherbergungsbetriebe nahm von 1990 bis 2005 um 40 % ab, viele der weiter betriebenen Hotels haben nur noch eine Auslastungsquote von 25 %. Blackpool ist zwar immer noch das größte und beliebteste Seebad Großbritanniens, aber die Besucherzahlen sanken auf ca. 7,2 Mio. pro Jahr, und die Abnahme beschleunigte sich.

Heute hat die Stadt große wirtschaftliche und soziale Probleme. Blackpool erzielt das zwölftniedrigste Bruttosozialprodukt aller britischen Gemeinden. Das Lohnniveau ist das zweitniedrigste Großbritanniens, die Arbeitslosenquote ist deutlich höher, die Qualifikationen der arbeitsfähigen Bevölkerung deutlich niedriger als der nationale Durchschnitt. Abseits von der immer noch attraktiven Golden-Mile-Strandpromenade finden sich in den Einkaufsstraßen Ein-Pfund-Läden, Pfandleihen und billige Alkoholläden. Geschäfte und Unterkünfte stehen leer, immer mehr Pensionen sind in möblierte Zimmer oder kleine Wohnungen umgewandelt worden. Der Anteil der alten und/oder armen Bevölkerung in Blackpool ist sehr hoch.

Obwohl es Blackpool in der Vergangenheit durch Innovationen immer wieder geschafft hat, sich zu erneuern, haben die Versuche zur Wiederbelebung in den letzten Jahren wenig Erfolg gezeigt. In einem Masterplan von 2003 formulierte Blackpool das ambitionierte Ziel, die Stadt zum Seebad Nummer 1 in Europa aufzuwerten. Dies sollte vor allem durch ein Projekt erreicht werden, dessen Kernstück das erste in Großbritannien erbaute Supercasino im Las-Vegas-Stil sein sollte. Dies hätte Investitionen angelockt, neue Arbeitsplätze geschaffen und garantiert, dass die touristischen Kapazitäten des Seebades ganzjährig ausgelastet worden wären. Doch die Bewerbung von Blackpool fiel durch; Manchester erhielt 2007 die begehrte Lizenz für das Großprojekt, die im Zuge der Liberalisierung der Glücksspiel-Gesetzgebung in Großbritannien vergeben wurde. Nun versucht die neu gegründete Stadterneuerungsgesellschaft

Familie – als vornehm-dezent, aber gleichzeitig auch als *gay* (ein Image, das sich bis heute – parallel zur Wandlung des Wortes von „fröhlich", „ausschweifend" zu „homosexuell" – gehalten hat). Southend galt anfänglich als ruhig, Margate als bürgerlich und Blackpool und Ramsgate als eher proletarisch.

In den Jahrzehnten nach dem Zweiten Weltkrieg erreichten die Erholungsorte an der Küste ihre größte Bedeutung und zogen 75 % des britischen Binnentourismus an; aber in den 1970er Jahren begann der Abschwung, der sich in den 1980er Jahren fortsetzte. Immer mehr Destinationen im In- und Ausland traten

ReBlackpool eine veränderte Variante der Wiederbelebung zu verwirklichen. Dazu gehören Maßnahmen zur Erhöhung der touristischen Attraktivität wie die der Strandpromenade, aber auch die Verbesserung des Stadtzentrums, insbesondere die Aufwertung der Einkaufsmöglichkeiten und die des Lebens in Blackpool allgemein.

Brighton

Das an der Südküste Englands gelegene Brighton gehört zu den Seebädern, die von wohlhabenden Landeigentümern angelegt wurden, um relativ wohlhabende Badeurlauber anzuziehen. Brightons Aufstieg zum Tourismusort begann Anfang der 1750er Jahre, als Dr. Richard Russell eine Praxis in Brighthelmstone (heute Brighton) eröffnete und für seine Meerwasserkuren eine adelige Klientel gewinnen konnte. Der Ort entwickelte sich zum Kur-/Bade- und Wohnort und wurde zum beliebten Aufenthaltsort für Mitglieder der königlichen Familie. Besonders wichtig für die Entwicklung der Stadt und ihres Tourismus war, dass der Prinzregent, der spätere George IV., 1783 erstmals nach Brighton kam, hier seine Freizeit mit seiner Langzeitgeliebten verbrachte und ab 1787 den Royal Pavilion bauen ließ. Dieser wurde von 1815 bis 1822 mit indisch-chinesischen Stilelementen endgültig gestaltet und entwickelte sich zum Symbol von Brighton. In den 1850er Jahren wurde die Zahl der Besucher von Brighton auf 1 Mio. pro Jahr geschätzt. Aufgrund der Nähe zu London handelte es sich allerdings häufig nur um Tagesgäste, die mit der 1841 fertig gestellten Eisenbahnlinie ankamen, was Brighton auch den Spitznamen „London by the Sea" eintrug.

In viktorianischer Zeit wurde eine ganze Reihe von Bauten errichtet, die die touristische Infrastruktur des Seebades erhöhten. Brightons Beliebtheit als Seebad setzte sich auch im 20. Jahrhundert fort, obwohl immer mehr besser gestellte Touristen Seebäder auf dem Kontinent aufsuchten. Nach dem Zweiten Weltkrieg wurde Brighton durch wenig attraktive Neubauviertel erweitert. In den 1960er und 1970er Jahren kam es zu einer Phase des Niedergangs, und die Stadt zeigte Zeichen von Verfall, an den Stränden kam es zu Kämpfen von Jugendbanden. Doch dann erholte sich die Stadt wieder, als sich immer mehr Arbeitskräfte und Unternehmen aus London ansiedelten und Teile der Stadt gentrifiziert wurden.

Besonders wichtig für die Renaissance der Stadt ist die *creative class*, also Angehörige kreativer Berufe (z. B. Film-

schaffende, Verleger, Galeristen, Designer), die vom bereits in georgianischer Zeit begründeten Bohemien-Image Brightons angelockt werden. Diese suchen und verstärken die alternativ-künstlerische Atmosphäre und sind wichtig für das breite kulturelle Angebot, das eine Vielzahl an Theatern, Galerien, Kunst- und Musikveranstaltungen und 400 Pubs und Nachtclubs einschließt. 1962 eröffnete hier im Metropole Hotel das erste Casino in Großbritannien. Daneben gibt es kulturelle Großveranstaltungen, die sehr viele Besucher anziehen: Brighton Festival ist das zweitgrößte Kulturfestival des Vereinigten Königreiches nach Edinburgh, und Brighton Fringe, das gleichzeitig stattfindet, soll angeblich das zweitgrößte Rahmenprogramm der Welt sein.

Eine wichtige Rolle spielt auch die Kultur der dort lebenden homo-, bi- und transsexuellen Gemeinschaften. Brighton gilt nach London und Manchester als wichtige Destination des britischen *gay tourism*. Höhepunkt dieses Tourismus ist ein von Pride in Brighton & Hove veranstaltetes einwöchiges Sommerfestival in der ersten Augustwoche, das jährlich ca. 120 000 Besucher anzieht und in einer eintägigen Karnevalsparade gipfelt.

Trotz (oder zum Teil auch wegen) dieses bunten bis leicht anrüchigen Images hat Brighton es geschafft, gleichzeitig ein wichtiger Standort des Konferenztourismus zu werden. So finden insbesondere im Brighton Centre, dem größten Mehrzweckgebäude in Südengland, und im Grand viele Kongresse, Geschäftstreffen, gesellschaftliche Ereignisse von Unternehmen oder Ausstellungen statt. Daneben wirbt Brighton mit seiner Erfahrung im Gruppen- und im Sprachtourismus (zahlreiche Sprachschulen, die Englischkurse für internationale Besucher anbieten, haben sich aufgrund der Lage am Meer und der Nähe zum Kontinent und zum Flughafen Heathrow hier niedergelassen). Außerdem bietet das Tourismusbüro in Brighton spezielle Dienste für Journalisten, Reporter, Fotografen oder Werbefachleute, z.B. auch bei der Suche nach geeigneten Standorten für Aufnahmen für Film oder Fernsehen, und erhöht so indirekt seinen touristischen Bekanntheitsgrad.

Heute ist Brighton, das zur Jahrtausendwende zusammen mit Hove zur City erhoben wurde, zwar weiterhin ein Tourismusort, aber gleichzeitig auch Standort anderer nur zum Teil mit dem Tourismus in Verbindung stehender Wirtschaftszweige. Brighton besitzt also - im Gegensatz zu Blackpool - eine diversifizierte Wirtschaft und konnte so dem Niedergang entgehen, der so viele britische Seebäder betroffen hat.

Abb. 5.10 Brighton Pier bzw. Palace Pier, der 1891–1899 erbaute dritte und als Einziger noch genutzte Pier in Brighton. Quelle: Schmied 2005.

in Konkurrenz mit den britischen Seebädern, die Aufenthalte der verbliebenen, nun fast ausschließlich der Unter- oder unteren Mittelschicht angehörenden Besucher wurden immer kürzer. Eine Abwärtsspirale setzte ein: Viele kleinere Hotels und Gästehäuser mussten schließen oder an eine wachsende Zahl von Sozialhilfeempfängern billig vermieten, die touristische Einnahmen wurden immer geringer, es wurden kaum noch Investitionen getätigt, die Attraktivität der touristisch monostrukturierten Orte verringerte sich deutlich, und das Image der Seebäder sank trotz des Aufkaufs von frei werdenden Häusern als Zweitwohnung durch relativ wohlhabende Städter. Diese Entwicklung der Seebadeorte in England und Wales ist eine gute Illustration des 1980 von Butler vorgeschlagenen Modells des *Tourism Area Life Cycle* (TALC), in dem er die Idee des Produktlebenszyklus auf touristische Destinationen übertrug (Abb. 5.11).

Viele Seebäder haben Versuche unternommen, den Tourismus wiederzubeleben, was ihnen aber in sehr unterschiedlichem Maße gelungen ist. Größere Seebäder wie Blackpool oder Brighton bemühen sich um Geschäfts-, Konferenz-, Bildungs-, Sprach- oder Casinotourismus, kleinere Küstenorte versuchen bestimmte Gruppen (ältere Menschen, Familien mit Kindern, Surfer usw.) anzusprechen und ein an die veränderten Bedürfnisse angepasstes Angebot aufzubauen.

Ein anderer touristischer Trend in einigen Seebädern ist die Party-isierung. Öffentliche wie private Vergnügungen waren schon immer ein wichtiger Bestandteil der Aufenthalte in Seebädern; bei letzteren handelte es

sich nicht selten um das *dirty weekend* (Liebeswochenende, das meist nicht oder nicht miteinander verheiratete Paare an der Küste verbrachten). Heute gehören zu den immer beliebter gewordenen Vergnügungsaufenthalten die *hen and stag parties*. Bei diesen „Hennen- und Hirsch-Partys" handelt es sich traditionell um die Verabschiedung vom Junggesellendasein, die die Braut mit weiblichen bzw. der Bräutigam mit männlichen Freunden und Verwandten feiert. Die Partys finden meist nicht mehr zu Hause oder im Stammlokal statt, sondern

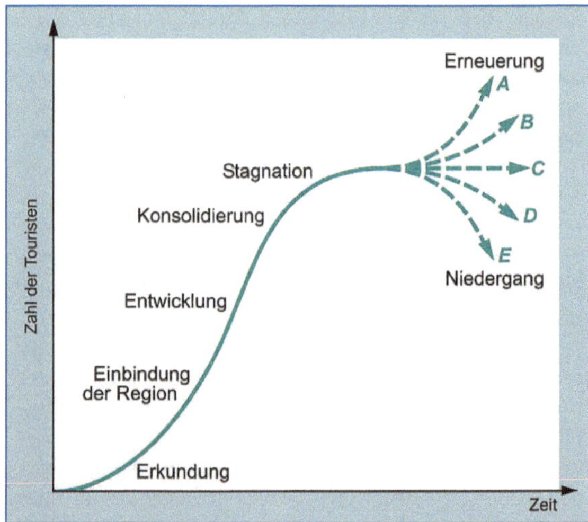

Abb. 5.11 Das Modell von Butler zur Entwicklung von Destinationen. Quelle: Schmied und Zehner, leicht verändert nach Agarval 1997, S. 66.

werden oft mit einer Reise verbunden. Unter den Zielorten sind besonders häufig Seebäder, die spezielle Angebote für diese Anlässe bieten. Allerdings werden *hen and stag parties* auch in anderen britischen Städten und ein Drittel bis über die Hälfte sogar im Ausland abgehalten, vor allem an Orten mit billiger Flugverbindung und billigem Alkohol (Amsterdam, Bratislava, Prag, Krakow, Riga, Tallinn usw.). Eine Studie von Morgan Stanley's Consumer Banking Group aus dem Jahr 2004 schätzte, dass bei diesen Vorhochzeitsfeiern pro Jahr mehr als 530 Mio. Pfund ausgegeben werden.

Es gibt spezialisierte Reiseveranstalter, die eine ganze Reihe von besonderen Aktivitäten anbieten. Dazu gehören Fahrten in Stretch-Limousinen, Shows mit männlichem oder weiblichem Striptease (Abb. 5.12), Go-Kart-Wettrennen, Paintball (Gotcha), Verwöhn- bzw. Luxustage, Unterricht im Tanzen an der Stange, Querfeldeinfahrten mit Quads, Bungee-Springen usw. Allerdings werden *hen*- und *stag*-Gäste nicht bei allen Hotels oder Unterkünften geschätzt, da aufgrund des meist übermäßigen Alkoholkonsums Konflikte mit anderen Gästen an der Tagesordnung sind. Überhaupt ist *binge drinking* (Kampftrinken bzw. übermäßiger Alkoholkonsum), gerade von Jugendlichen und jungen Erwachsenen auch außerhalb von Junggesellenpartys, ein Problem für Seebäder (allerdings auch für andere Städte), das enorme Kosten für Polizei und Stadtverwaltung verursacht.

Abb. 5.12 Werbung für *hen parties* mit dem Blackpool Tower als Phallus-Symbol. Quelle: crapwebdesign.

Comeback der Holiday Camps, Parks und Villages?

Nicht ausschließlich, aber doch überwiegend an der Küste, zum Teil sogar in oder in der Nähe von Seebädern gelegen sind Holiday Camps, Holiday Parks bzw. Holiday Villages, wobei es keine klare Abgrenzung der Begriffe gibt. Bei diesen Ferienparks handelt es sich um großflächige, abgegrenzte Ferienkomplexe, die Übernachtungsmöglichkeit für eine große Zahl von Personen sowie eine breite Palette an Unterhaltung und anderen Serviceleistungen bieten.

Der erste Vorläufer der klassischen Holiday Camps war Cunningham Young Men's Holiday Camp auf der Isle of Man, das Ende des 19. Jahrhunderts als einfacher Campingplatz begann, aber bereits 1908 viele Merkmale des organisierten Holiday Camps entwickelte: billige Unterkunft, großer Speisesaal, Konzerthalle, Bäckerei, Friseur, Reinigungsdienst, Bank, Swimmingpool. In den folgenden Jahrzehnten wurde eine Reihe ähnlicher Komplexe in Betrieb genommen, aber als die prototypischen britischen Holiday Camps schlechthin gelten die Ferienanlagen von Butlins. Billy Butlin eröffnete 1936 in Skegness sein erstes Camp, das sich durch verbesserte Qualität, Ausmaß und Angebot von den früheren unterschied.

In den Jahrzehnten nach dem Zweiten Weltkrieg, in denen der Höhepunkt dieser Ferienform lag, dominierte Butlins vor seinen Konkurrenten Pontin's und Warner den Markt. Die Gäste übernachteten in sog. Chalets und konnten zwischen Selbstverpflegung, Halb- oder Vollpension wählen. Dazu war die Nutzung vieler Einrichtungen im Preis enthalten, z. B. Tanzsäle, Vergnügungsparkanlagen, Kinos und Swimmingpools. Zusätzliche Gebühren wurden nur in Bars, Restaurants und Spielhallen verlangt. Außerdem gab es Betreuung für Kinder in Krippen und Clubs. Für die Unterhaltung der Gäste waren bei Butlins die Redcoats, bei Pontin's die Bluecoats und bei Warner die Greencoats zuständig, eine Mischung aus normalen Angestellten, Kellnern und Unterhaltern, aus der eine ganze Reihe berühmter britischer Entertainer (z. B. Cliff Richard, Michael Barrymore) hervorging.

In den 1970er Jahren, als bereits billige Pauschalreisen nach Spanien und Griechenland den Abstieg dieser Ferienform einläuteten, gelang es durch ausgedehnte Werbekampagnen gegenzusteuern. Damals verbrachten bis zu 10 000 Menschen pro Woche pro Camp ihren Urlaub bei Butlins. In den 1980er Jahren kam es zu Schließungen, aber in den 1990er Jahren wurden wieder Investitionen getätigt, um den Standard der noch übrig gebliebenen Camps zu heben. Außerdem erhöhte der

Markteintritt des niederländischen Unternehmens Center Parcs den Wettbewerb. Heute werden von Butlins drei, Center Parcs UK vier, Haven Parks 35, von Pontin's sechs, von Parkdean Holidays 24 und von Warner Leisure Hotels vier Holiday Camps unterschiedlicher Größe und Ausstattung (zum Teil in Kombination mit Hotels oder Anlagen für feste oder mobile Wohnwagen oder Wohnmobile) betrieben. Die geographische Verteilung der Holiday Camps (Abb. 5.13) zeigt deutlich die Bevorzugung der Küstenlage.

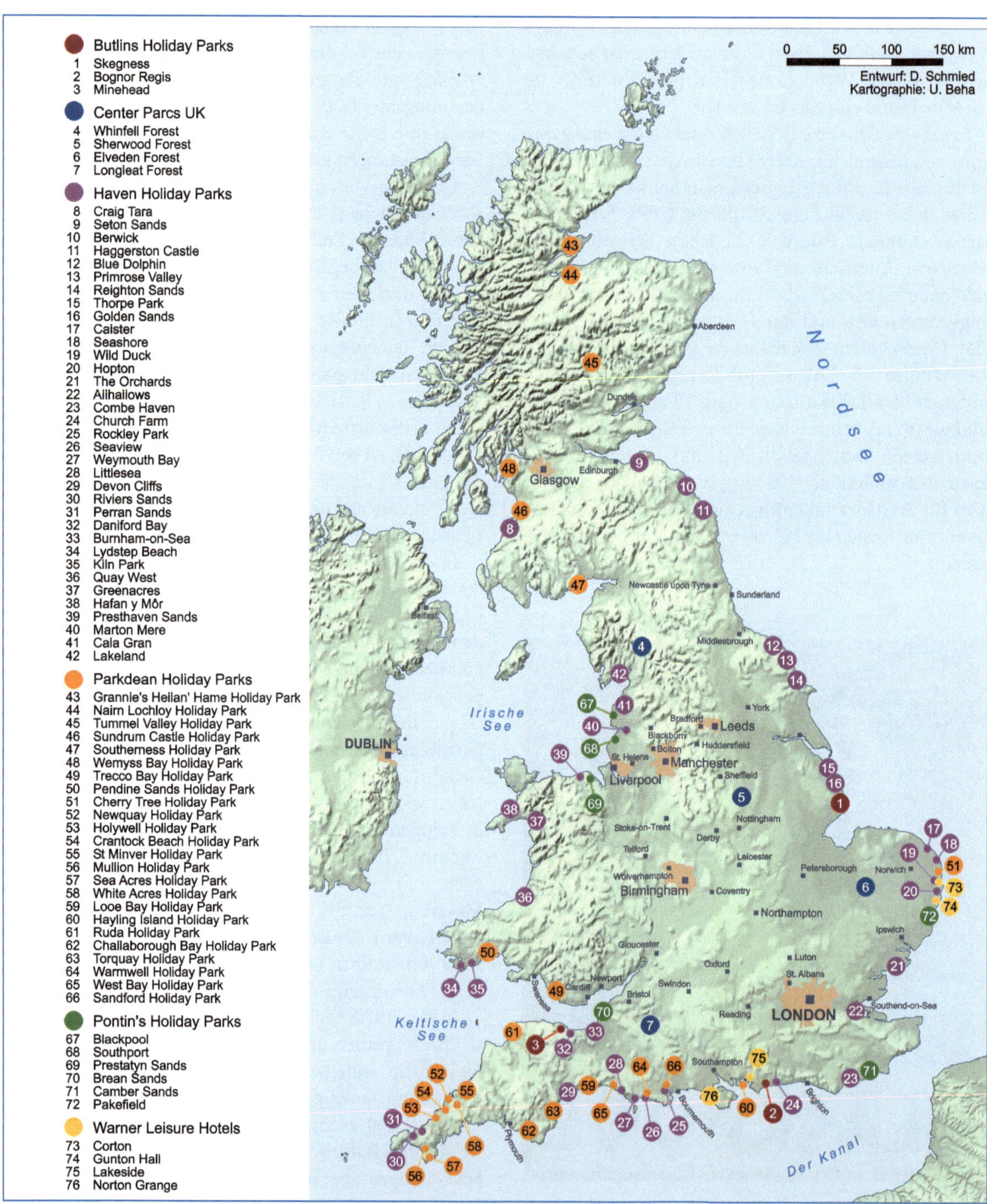

Abb. 5.13 Holiday Camps, Holiday Parks und Holiday Villages in Großbritannien. Quelle: Schmied und Zehner 2009.

Zu den neueren Trends der Ferienparks gehört die Flexibilisierung, d. h. die Verbreiterung des Angebots bei gleichzeitiger Schwerpunktsetzung, um den Bedürfnissen der sich weiter ausdifferenzierenden Nachfrage gerecht zu werden. So gibt es Ferienanlagen mit Ausrichtung auf Familien mit Kindern (mit Kinderbetreuung, -disko oder Treffen der Eltern mit einer bekannten Erziehungsexpertin/Autorin), Anlagen ausschließlich für Erwachsene oder solche, die bewusst verschiedene Generationen mischen. Das Spektrum an Unterhaltungsmöglichkeiten kann bewusst beschränkt bis sehr breit sein, es kann etablierte und modische Ferienparkvergnügungen umfassen und dabei Komponenten des Abenteuerurlaubs (Ballonfahrten) oder des Wellness-Urlaubs (Luxus-Badekomplexe) aufnehmen. Die Variationsbreite bei den Übernachtungsmöglichkeiten reicht von normalen Caravans und Caravans für spezielle Bedürfnisse über Chalets, Holzhütten und kleine Häuser bis hin zu Superzelten und Jurten. Auch ökologische Belange werden aufgegriffen. So wirbt ein Anbieter in klarer Antithese zu den Auslandsflugreisen unter dem Motto „Urlaub näher an Zuhause" mit der Reduzierung des ökologischen Fußabdrucks durch eine kurze, umweltfreundliche Anreise, die umweltschonende Gestaltung der Anlage (Wassersparvorrichtungen, Recycling) ebenso wie mit speziellen „grünen Wochenenden" mit Workshops zu Natur und Umwelt.

Durch diese inhaltlichen Innovationen, die Anpassung an die gestiegenen Standardbedürfnisse, eine gewisse zeitliche Flexibilisierung (Möglichkeit von Wochenend- oder Kurzaufenthalten), die Einführung der Internetbuchungsmöglichkeit sowie ein gutes Preis-Leistungs-Verhältnis haben Holiday Parks wieder an Attraktivität gewonnen und in den letzten Jahren einen Zuwachs an Urlaubern verzeichnen können.

Eine Variante der Holiday Camps/Parks/Villages sind die Camping- und Caravanplätze, die sich verwirrenderweise manchmal ebenfalls als Holiday oder Touring Parks bezeichnen, aber nicht die Größe und das Angebot der Ferienparks erreichen, obwohl sich die Ausstattung (zum Teil auch mit Swimmingpools) deutlich verbessert hat. Auf der Liste der British Holiday & Home Parks Association stehen über 2 700 solcher Parks. Sie bieten vorübergehend oder permanent Stellplätze, aber vermieten auch Caravans, Chalets und Cottages.

Ende 2008/Anfang 2009 besaßen Briten etwa 300 000 feste, 500 000 mobile Wohnwagen und 164 000 Wohnmobile. Das heißt, dass mehr als 1 Mio. Menschen ihre Freizeit und ihren Urlaub in eigenen „vier Wänden auf Rädern" verbringen. Viele dieser Eigentümer von Wohnwagen oder Wohnmobilen sind auch Mitglied in einem der beiden größten Organisationen, dem Camping and Caravanning Club (ca. 230 000 Mitgliedshaus-

halte, über 400 000 Personen) und dem Caravan Club (370 000 Mitgliedsfamilien, fast 1 Mio. Menschen).

Heritage tourism – die britische Variante des Kulturtourismus

Eine sehr wichtige Rolle für den Tourismus in Großbritannien spielt die Suche nach *heritage*, dem von Generation zu Generation weitergegebenen Erbe. Diese Suche ist zwar nur selten ausschließlicher, häufig aber Hauptzweck und fast immer ein Bestandteil von britischen Urlaubsreisen im Inland. Die Welttourismusorganisation (WTO) definiert *heritage tourism* als das Eintauchen in das menschliche Erbe, die Künste, Philosophie und Institutionen eines Landes/einer Region. Er schließt – im Gegensatz zum Kulturtourismus, der meist als Beschäftigung mit Hoch-, Massen- und Alltagskultur definiert wird – auch das Naturerbe mit ein. In diesem Abschnitt werden der Einfachheit halber *heritage tourism* und Kulturtourismus als Synonyme verwendet, und das Naturerbe wird getrennt dargestellt.

Zu den touristischen *heritage*-Attraktionen gehören Museen, Galerien, Kathedralen, Kirchen, Klöster, Burgen, Schlösser und andere Herrensitze, Gärten, Dampfeisenbahnen usw., die immer mehr als Event bzw. erlebnisorientiert vermarktet werden, was in der Form von Themenparks besonders deutlich wird. In den 1970er Jahren erlebte der *heritage tourism*, der im Prinzip ein Besichtigungstourismus ist, seinen großen Aufschwung, und Spötter meinten, dass die *heritage industry* in dieser Zeit, als Großbritannien aufgrund der Deindustrialisierung eine schwierige wirtschaftliche Umstrukturierung durchmachte, die einzige Wachstumsindustrie war. Auch im neuen Jahrtausend sind Ausstellungen, historisierte Produkte und Themeninszenierungen weiterhin wichtige Vermittlungsformen eines kulturorientierten Tourismus.

Großbritannien hat eine Fülle von Burgen, Schlössern und Herrensitzen, von denen viele nach dem Zweiten Weltkrieg der Öffentlichkeit zugänglich gemacht wurden, weil deren Eigentümer nach gewinnbringender Nutzung aufgrund von hoher Erbschaftssteuer suchten. Richtungweisend war die Entwicklung von Longleat, in der Grafschaft Wiltshire im Südwesten Englands gelegen, das 1949 als erster Landsitz für Besichtigungen geöffnet wurde; 1966 wurde hier der erste Safaripark außerhalb Afrikas eingerichtet. Auch heute macht Longleat durch ungewöhnliche Veranstaltungen (z. B. Red Bull Air Race) oder als Filmkulisse von sich Reden, was die touristische Vermarktung weiter fördert.

Ein anderes wichtiges Ziel für *heritage*-Touristen sind Gärten. Dazu gehören Gartenanlagen, die sich an historische Häuser anschließen (z. B. Sissinghurst Castle Gardens), Gärten ohne historische Häuser (z. B. Stourhead) oder botanische Gärten (z. B. Kew Gardens in London). Großbritannien soll heute die größte Anzahl an Gärten besitzen, die für touristische Besuche offen stehen. Allein in England und Wales beläuft sich die Zahl auf über 3 500 Gartenanlagen.

Eine große Zahl von historischen Häusern und Gärten gehört heute nicht mehr Privatpersonen, sondern halbstaatlichen oder allgemein nützigen Organisationen, die einen wichtigen Beitrag zur Popularisierung des britischen Erbes leisten. Die bekannteste ist wohl der National Trust, der 1895 gegründet wurde, heute England, Wales und Nordirland abdeckt und über 300 historische Häuser und Gärten sowie 49 Industriemonumente bzw. Mühlen, daneben auch Wälder, Küstenabschnitte, Inseln, Moor- und Heideland, Agrarland, archäologische Überreste, Naturreservate und ganze Dörfer betreut. Die Wohlfahrtsorganisation zählte 2007/08 3,5 Mio. Mitglieder und 52 000 Freiwillige, 12 Mio. Besucher bei gebührenpflichtigen Objekten und 50 Mio. bei Freiluftobjekten. Der National Trust for Scotland, der 1931 gegründet wurde, betreut 128 Objekte und 76 000 ha Land, hatte im gleichen Zeitraum etwa 270 000 Mitglieder, 2 500 Freiwillige und 1,7 Mio. Besucher.

Ein wichtiges Element des *heritage tourism* ist im Mutterland der Industriellen Revolution auch das industrielle Erbe, das gerade in der Phase der Deindustrialisierung an Popularität gewann und neue touristische Arbeitsplätze schaffen half. Überall in Europa werden derzeit die genannten ERIH (European Routes of Industrial Heritage bzw. Europäische Themenrouten der Industriekultur) in den Bereichen Bergbau, Eisen/Stahl, Textil, Produktion, Energie, Transport & Kommunikation, Wasser, Wohnen & Architektur, Dienstleistungssektor & Freizeitindustrie sowie industrielle Landschaften aufgebaut. Das Ziel ist, Regionen, Orte und Objekte der Industriegeschichte bekannt zu machen und im Freizeit- und Tourismusbereich als Ausflugs- und Reiseziele zu etablieren. Neben den zehn europäischen Routen gibt es auch regionale Routen; in Großbritannien, das über eine vergleichsweise lange Erfahrung im Industrietourismus verfügt, sind dies die Northwest England Regional Route, die „Heart of England" Regional Route, die South Wales Regional Route, die Industrious East Regional Route. Insgesamt wurden in Europa bisher in 29 Ländern 845 Standorte industriellen Erbes ausgewiesen, 219 allein in Großbritannien. Davon wurden wiederum 27 als Ankerpunkte eingestuft, die industriegeschichtlich als besonders wichtig angesehen und gleichzeitig touristisch als besonders attraktiv gelten. Dazu gehören z. B. Ironbridge bei Telford (das oft als

Wiege der Industriellen Revolution überhaupt bezeichnet wird und wo die gusseiserne Telford Bridge zum Symbol der technischen Entwicklung wurde), das Big Pit National Coal Museum bei Blaenavon (das den Besuchern die frühere Bedeutung des Kohlebergbaus und der Eisenverhüttung für die regionale Entwicklung sowie die Lebens- und Arbeitswelt in Südwales veranschaulicht) oder New Lanark (die schottische Textilarbeitersiedlung, in der bereits im 18. Jahrhundert entscheidende soziale Verbesserungen für Arbeiter realisiert wurden). Alle drei genannten Standorte sind übrigens auch auf der Liste des UNESCO-Welterbes, auf der in Großbritannien 22 Kultur-, vier Natur- und eine gemischte Welterbestätten stehen.

Immer größerer Beliebtheit innerhalb des *heritage tourism* erfreuen sich auch Stätten des militärischen Erbes wie Schlachtfelder (z. B. Hastings bzw. „1066 Country"), Soldatenfriedhöfe, Gedenkstätten oder -monumente, militärische Paraden (z. B. Edinburgh Tattoo). Besonders ausgeprägt ist der *battlefield tourism*, der allein in England auf über 500 Schauplätze von Schlachten oder anderen kriegerischen Auseinandersetzungen zurückgreifen kann, in Schottland auf etwa 350. Das wohl am meisten besuchte Schlachtfeld ist Culloden, der Schauplatz der Schlacht von 1746 zwischen englischen Regierungstruppen und den aufständischen Jakobiten um Prinz Charles Edward Stuart (genannt Bonnie Prince Charlie), die das Ende des alten gälischen Clansystems und die endgültige Eingliederung Schottlands in ein englisch dominiertes Vereinigtes Königreich bedeutete. Das nahe Inverness gelegene Gelände entwickelte sich zu einem Fokus des schottischen Romantizismus und einer Art Pilgerort für Schotten bzw. Personen schottischer Abstammung auf Identitätssuche. Culloden wird aber nicht nur von diesen aufgesucht, sondern auch von Engländern, Walisern und Nordiren mit Interesse an Wendepunkten der nationalen Geschichte – ebenso wie von vielen internationalen Touristen.

Heritage tourismus ist häufig die Besichtigung von einzelnen Objekten. Aber in einigen Städten ist das kulturelle historische Erbe so entscheidend für den Tourismus, dass sie häufig als *heritage cities* bezeichnet werden und bei Kulturreisenden besonders beliebt sind. Dazu gehören in England beispielsweise Städte wie Bath, Brighton, Bristol, Cambridge, Canterbury, Dover, Liverpool, Oxford, Nottingham, Portsmouth, Salisbury, Stratford-upon-Avon und York. Aber auch oder gerade kleinere Orte wie Haworth (für literaturbegeisterte Anhänger der Bronte-Schwestern) oder Wells (aufgrund seiner Kathedrale) werden fast völlig vom *heritage tourism* bestimmt.

Natur-/Landtourismus – wenig beachtet, aber wichtig

Naturnahe bzw. ländliche Räume haben auch in der postindustriellen Zeit ihre Bedeutung nicht verloren, die sie als Gegenpol zum städtischen Leben und seinen Problemen in der Phase der Industrialisierung gewonnen hatten. Ruralität, „das Ländliche" und ländliche Aktivitäten haben einen hohen Stellenwert auch in der Freizeit und bei den Urlaubsreisen der Briten.

Natur-/Landtourismus wird hier verstanden als Tourismus in freier Natur bzw. im ländlichen Raum und umfasst eine Vielzahl touristischer, insbesondere sportlicher Aktivitäten (*outdoor activities*), z. B. Wandern, Bergsteigen, Klettern, Wassersport, Luftsport und Skifahren. Besonders britisch sind die Beobachtung von Vögeln und anderen Tieren oder das *Munro-bagging*, d. h. das Sammeln von Besteigungen der 284 schottischen Berge, die höher als 3 000 Fuß (914,4 m) sind und Munros genannt werden. Zu den Vergnügungen der Oberschicht und ihrer Aspiranten gehören die (2004 verbotene und seitdem variierte) Fuchsjagd, die Jagd auf Rotwild, das Schießen von Moorhühnern oder – etwas weniger klassenmarkiert – das Angeln von Lachs und Forellen.

Große Attraktivität für den Naturtourismus haben seit langem die Nationalparks, die derzeit als „Großbritanniens Räume zum Atmen" bezeichnet werden. Der National Parks and Access to the Countryside Act 1949 ermöglichte den Schutz landschaftlich besonders schöner Gegenden und – in heftigen Auseinandersetzungen mit Landeigentümern erstritten – auch den gesetzlich garantierten Zugang von Erholungssuchenden zu diesen Gebieten. Damit wurde die Vision des romantischen Dichters William Wordworth von einer Art Nationalbesitz, an dem jedermann ein Anrecht und Interesse hat, der ein Auge zum Wahrnehmen und ein Herz zum Genießen hat, Realität („a sort of national property in which every man has a right and interest who has an eye to perceive and a heart to enjoy"). Seit den 1950er Jahren wurden nach und nach Nationalparks in Großbritannien (aber bis heute nicht in Nordirland) ausgewiesen. Durch die Anerkennung von Loch Lomond & the Trossachs (2002) und den Cairngorms (2003) nach der Devolution in Schottland sowie den South Downs in England (2009) hat sich die Zahl der Nationalparks auf 15 erhöht (Tab. 5.4). Sie besitzen in der Regel eine gute touristische Infrastruktur und bieten ein breites „gelenktes" Angebot (Management von Wanderwegen, geführte Wanderungen, Informationsveranstaltungen und -material usw.). Denn die Parkverwaltungen bemühen sich, die Erholungsinteressen der vielen Besucher,

Naturschutzbelange sowie die Interessen der Landeigentümer/-nutzer (insbesondere der Farmer) in Einklang zu bringen.

Andere Reiseziele des Naturtourismus sind neben den Nationalparks besonders attraktive Küstenabschnitte. Steigender Beliebtheit erfreut sich die Jurassic Coast (Juraküste) in Dorset und Devon, seit sie 2001 in die Liste des UNESCO-Weltnaturerbes aufgenommen wurde. Außerdem ist etwa ein Drittel der englischen Küste (1 027 km) und der walisischen Küste (500 km) national als Heritage Coast klassifiziert (ein Teil davon liegt in Nationalparks). Vor allem im Binnenland finden sich außerdem die sog. „Gebiete außergewöhnlicher Naturschönheit" (Areas of Outstanding Natural Beauty, AONBs), eine ganze Reihe anderer geschützter Gebiete und zahlreiche Country Parks, die bei Erholungssuchenden sehr beliebt sind.

Eine wichtige Variante des Natur-/Landtourismus ist der Farmtourismus, bei dem die Urlauber auf Bauernhöfen übernachten und/oder an von landwirtschaftlichen Betrieben angebotenen Aktivitäten (z. B. Reiten, Tier- und Streichelzoos, Bauernhofcafés) teilnehmen. Bauernhoftourismus, der vor allem bei Familien mit Kindern sehr beliebt ist, ist im letzten Jahrzehnt gewachsen, da viele britische Agrarbetriebe aufgrund abnehmender Einnahmen aus der Nahrungsmittelproduktion u. a. in den touristischen Bereich diversifiziert haben.

Destinationen des britischen Binnentourismus

Bei den Destinationen lag England 2007 mit 81 % aller Reisen deutlich vor Schottland mit 11 %, Wales mit 7 % und Nordirland mit 2 %. Allerdings ist der prozentuale Anteil Englands und Nordirlands an den unternommenen Reisen geringer als der prozentuale Anteil ihrer Bevölkerung, der von Schottland und Wales dagegen größer. Die Mehrheit der Binnenreisen wurde in England von den Engländern, in Schottland von den Schotten und in Nordirland von den Nordiren durchgeführt. Nur in Wales dominierten die Engländer den Tourismus deutlich vor den Walisern.

England ist das wichtigste Zielgebiet des britischen Binnentourismus. Beim Städtetourismus liegt London mit seinen vielfältigen kulturellen Attraktionen (z. B. Tate Modern, British Museum, London Eye, Tower of London) wie bei den internationalen Touristen unangefochten an erster Stelle, erst dann folgen historische Städte im Rahmen des *heritage tourism* und Industriestädte im Rahmen des *business tourism*. Der Küstentourismus und Natur-/ländlicher Tourismus sind ebenfalls

Tabelle 5.4 Nationalparks in Großbritannien (Stand: Mai 2009)

Name	Lage	Gründungsjahr	Besucher pro Jahr (Millionen)
Brecon Beacons	Wales	1957	7,0
Broads	England	1989	5,4
Cairngorms	Schottland	2003	1,5
Dartmoor	England	1951	4,0
Exmoor	England	1954	1,4
Lake District	England	1951	22,0
Loch Lomond & the Trossachs	Schottland	2002	4,1
New Forest	England	2005	k. A.
Northumberland	England	1956	1,5
North York Moors	England	1952	9,5
Peak District	England	1951	22,0
Pembrokeshire Coast	Wales	1952	4,7
Snowdonia	Wales	1951	10,5
South Downs	England	2009	39,0
Yorkshire Dales	England	1954	9,0

k. A.: keine Angaben
Quelle: Angaben nach http://www.nationalparks.gov.uk (Abruf: 07.08.2009)

von großer Bedeutung und sind schon an anderer Stelle ausführlicher beschrieben worden.

Die Anfänge des Tourismus in Wales gehen wohl auf Pastor William Gilpin zurück, der das Tal des Wye mit seiner Ruine von Tintern Abbey 1782 im ersten illustrierten Reiseführer Großbritanniens als „pittoresk" beschrieb. Die bergigen Teile von *Wild Wales* (Titel eines Buches von George Borrow, 1862) wurden erst 80 Jahre später als Reiseziel entdeckt. In viktorianischen Zeiten kamen auch Hotels an der Küste in Llandudno, am Fluss bei Betwys-y-Coed und der Kurort Llandidrod Wells in Mode. Mit der Zeit weitete sich der Küstentourismus immer weiter aus und spielt bis heute eine große Rolle, wobei überraschend viele Übernachtungen in Wohnwagen und Wohnmobilen oder Zweitwohnsitzen erfolgen. Beim Naturtourismus ziehen vor allem die drei Nationalparks (Snowdonia, Brecon Beacons, Pembrokeshire Coast) die Besucher an, die dort traditionelleren Aktivitäten oder moderneren Extremsport-

arten nachgehen. Beim Städtetourismus führt Cardiff mit seinen Museen deutlich vor den anderen größeren Städten.

Schottland wurde im 18. und 19. Jahrhundert zunächst von Bildungsreisenden und Künstlern als touristisches Ziel „entdeckt". Durch die Reiseberichte von Dr. Samuel Johnson bzw. seinem Begleiter James Boswell, die Romane von Sir Walter Scott und viele andere literarische Texte wurde ein spezielles Image geschaffen, das die Landschaft, das Leben und die Kultur der Highlands & Islands in heroischer und romantischer Verklärung zu dem Schottland-Bild schlechthin hochstilisierte. Auftrieb erhielt der Schottland-Tourismus zudem 1822 durch den Besuch von King George IV. in Edinburgh und vor allem 1842 durch den Kauf des Großgrundbesitzes Balmoral durch Prince Albert für Queen Victoria. Hier wurde in den 1850er Jahren ein romantisches Schloss gebaut, das seit dieser Zeit der Sommersitz der königlichen Familie ist. Die königliche Präsenz in Royal

Deeside hat bis heute ungebrochene Anziehungskraft auf Touristen. Die wichtigsten Bereiche des Tourismus in Schottland sind der Naturtourismus mit verschiedensten Aktivitäten, insbesondere Wandern, Fischen, Jagen und Golfen, und der *heritage tourism* mit Besuchen von Schlössern und Gärten. Erst in den letzten Jahrzehnten hat der Städtetourismus immer größere Bedeutung erlangt. So kommen alljährlich zum dreiwöchigen Edinburgh Festival (das eigentlich mehrere Festivals in sich vereint) im August/September fast 2 Mio. Menschen. Doch auch Glasgow hat sich zur Stadt mit reichem Kulturangebot gewandelt, in der über 20 Museen und Galerien kostenlos zugänglich sind.

Nordirland litt lange Jahre unter dem politischen Konflikt, der die Entwicklung des Tourismus stark behinderte. Erst seit greifbaren Erfolgen im Friedensprozess verläuft die Tourismusentwicklung in Nordirland sehr positiv. Die größten Besuchermagneten sind Giant's Causeway, die zoologischen und botanischen Gärten in Belfast und W5 bzw. das Science and Discovery Centre in Belfast.

Nach Regionen betrachtet ist Südwestengland die am meisten besuchte Region Großbritanniens (20,5 Mio. Besuche 2007), gefolgt von Südostengland (17,9 Mio.), Schottland (14,5 Mio.), Nordwestengland (13,0 Mio.), Ostengland (10,6 Mio.), Yorkshire & Humberside (10,4 Mio.) und London (10,1 Mio.). In allen anderen Regionen – einschließlich Wales – lagen die Besucherzahlen deutlich unter 10 Mio.

Die britische Statistik unterscheidet die Reiseziele aber auch nach der Grobeinteilung Küste – Groß-/Mittelstadt – Kleinstadt – ländlicher Raum/Dorf. Für sich genommen ist der Binnentourismus in großen Städten am stärksten: Er machte 2007 39 % aller touristischen Reisen, aber nur 30 % aller Urlaubsreisen aus. Erstaunlich wichtig waren die Städtereisen in Schottland (45 % aller Reisen) und England (40 %), aber kaum in Wales (17 %). Allerdings war die durchschnittliche Aufenthaltsdauer vergleichsweise kurz, dafür waren die Ausgaben leicht überdurchschnittlich.

21 % aller touristischen Reisen (also einschließlich Geschäfts- und Besuchsreisen) in Großbritannien gingen an die Küste, in England 20 %, aber deutlich mehr in Wales (37 %) und sehr viel weniger in Schottland (12 %). Bei den Urlaubsreisen waren die Werte deutlich höher (England 28 %, Wales 43 %, Schottland 18 %, Großbritannien 28 %). Und bei den Einzeldestinationen behaupten die Seebäder weiterhin eine führende Position: Blackpool (zweite Stelle nach London), Scarborough, Isle of Wight, Bournemouth, Skegness, Torquay, Great Yarmouth, Newquay, Brighton and Hove, Portsmouth und Southampton rangierten unter den 20 wichtigsten Reisezielen.

Die kleineren Städte hielten sich erstaunlich gut und konnten fast ein Viertel der Reisen und Übernachtungen verbuchen. Der ländliche Raum konnte nur weniger als ein Fünftel aller und etwas mehr als ein Fünftel der Urlaubsreisen verzeichnen, doch dürfte dies am vergleichsweise geringen Übernachtungsangebot liegen, das sich eher in den kleinen Städten findet.

Die wirtschaftliche Bedeutung des Binnentourismus ist damit außerhalb der metropolitanen Gebiete größer als innerhalb: Während in den großen Städten 2007 direkt ein Bruttosozialprodukt von 15,9 Mrd. Pfund erwirtschaftet wurde, betrug dies in den nichtmetropolitanen Gebieten, also an der Küste, 8,9 Mrd. Pfund, in kleineren Städten 7,8 Mrd. Pfund und im ländlichen Raum 6,2 Mrd. Pfund, zusammengenommen 22,9 Mrd. Pfund (Oxford Economics).

Beherbergungsarten

Die Erfassung der touristischen Angebotsseite, also des Beherbergungsgewerbes (das eigentlich auch das Gaststättengewerbe einschließt), ist in Großbritannien wenig entwickelt, da z. B. eine zentrale Registrierung der Betriebe gesetzlich nicht vorgeschrieben ist. In England gab es laut einer Erhebung von VisitBritain 2007 etwa 30 600 Hotelleriebetriebe mit 1,062 Mio. Betten. Davon waren ca. 41 % Bed & Breakfast, 24 % Hotels, 18 % Guesthouses und der Rest andere Beherbergungsformen. Das untermauert die oft zitierte Annahme, dass ca. drei Viertel der britischen Tourismusbetriebe zu den kleinen und mittleren Unternehmen zählen.

Statistisch besser erfasst ist die Inanspruchnahme der verschiedenen Beherbergungsarten durch die Binnentouristen. Die Beherbergungssituation wird von der Nachfragerseite her durch die Befragung von in Großbritannien lebenden Personen zu ihrem touristischen Verhalten erschlossen. Problematisch ist allerdings, dass durch die weite Definition von Binnentourismus, die auch Besuche von Freunden und Verwandten einschließt, kommerzielle und nichtkommerzielle Übernachtungen nicht voneinander getrennt werden, was aber wünschenswert wäre.

So kommt es, dass bei allen 2007 statistisch erfassten Reisen [Urlaubsreisen in Klammern] 44 % [42 %] der Unterkünfte im Prinzip nicht oder allenfalls teilweise kommerziell waren. Dabei handelte es sich um Besuche von Verwandten, Freunden oder um Aufenthalte in einer Zweit-/Ferienwohnung, die den Reisenden zumindest teilweise gehört, im eigenen Caravan, Boot usw.

Nur etwa ein Drittel, nämlich 36 % aller Reisenden [33 %], nahmen kommerzielle Betriebe des Beherbergungsgewerbes mit Service (Hotel, Motel, Guesthouse,

Tourismus im Vereinigten Königreich – eine kurze Übersicht

Das Vereinigte Königreich ist ein beliebtes Reiseland bei In- und Ausländern. Beim sog. *in-bound tourism* hielten sich 2007 32,8 Mio. ausländische Besucher im Land auf und gaben dabei vor Ort 16 Mrd. Pfund aus. Damit nahm das Vereinigte Königreich Platz 6 der Rangliste bei den Einnahmen durch internationalen Tourismus ein, hinter den Vereinigten Staaten, Spanien, Frankreich, Italien und China. Die wichtigsten Herkunftsländer nach Zahl der Touristen waren die USA, Frankreich, Deutschland, Irland und Spanien, nach touristischen Ausgaben die USA, Deutschland, Irland, Frankreich und Spanien.

Im Rahmen des Binnentourismus, dem *domestic tourism*, unternahmen im gleichen Jahr 53,7 Millionen in Großbritannien lebende Menschen eine Urlaubsreise im eigenen Land mit mindestens einer Übernachtung außerhalb von Zuhause und gaben dabei 11,5 Mrd. Pfund aus. Hinzu kamen Geschäftsreisen (18,7 Mio. Reisende und 4,5 Mrd. Pfund Ausgaben) sowie Übernachtungsbesuche von Freunden und Verwandten (47,8 Mio. Reisende und 4,8 Mrd. Pfund Ausgaben).

Doch immer mehr Briten reisen privat oder geschäftlich ins Ausland. Der sog. *out-bound tourism* überholte bei den Urlaubsreisen im Jahr 2000 zahlenmäßig erstmals sogar die Binnenurlaubsreisen mit einer Dauer von vier und mehr Tagen.

Die Tourismusindustrie ist einer der wichtigsten wirtschaftlichen Sektoren des Vereinten Königreiches. 2007 waren etwa 1,45 Mio. Menschen bzw. 5 % aller Arbeitnehmer direkt in diesem Sektor beschäftigt. Berücksichtigt man die indirekten Arbeitsplatzeffekte, so waren mehr als 2 Mio. Briten vom Tourismus abhängig. Die Bruttowertschöpfung betrug in diesem Jahr etwa 86,3 Mrd. Pfund (2,7 % der Gesamtbruttowertschöpfung), wovon 18,7 Mrd. Pfund (16,0 Mrd. Pfund Ausgaben im Land und 2,7 Mrd. Pfund für britische Fluggesellschaften) auf den *in-bound tourism* und 67,6 Mrd. Pfund auf den *domestic tourism* entfielen. Die Verluste durch *out-bound tourism* betrugen dagegen ungefähr 35,0 Mrd. Pfund. Hieran wird klar, dass die Balance zwischen internationalem Ein- und Ausreisetourismus mit 16,3 Mrd. Pfund deutlich negativ war.

Farmhaus, Bed & Breakfast), also die klassische Hotellerie, in Anspruch. 17 % der Reisen [25 %] entfielen auf kommerzielle Beherbergungsstätten ohne Service (Self-Catering in gemieteten Appartments/Wohnungen oder in einem Haus/Chalet/Villa/Bungalow/Cottage) und 1 % [1 %] auf Hostels (einschließlich Holiday Camps, Universitäten oder Schulen), die in Deutschland zur sog. Parahotellerie zusammengefasst werden.

Auffallend an diesen Zahlen ist die große Bedeutung des nichtkommerziellen Sektors und der Parahotellerie. Dies dürfte zumindest teilweise auf die gehobenen Preise bzw. das mitunter nicht zufriedenstellende Preis-Leistungs-Niveau der kommerziellen Beherbergungsbetriebe mit Service zurückzuführen sein. Erst in den letzten Jahren wurden auch in Großbritannien mehrere relativ preiswerte Budget Hotels eröffnet, deren Zahl sich im Hinblick auf den erwarteten Ansturm internationaler Touristen im Zuge der Olympischen Spiele in London (2012) noch stark erhöhen dürfte.

Aufgrund der Kritik am Beherbergungswesen und der steigenden ausländischen Konkurrenz wurden in den vergangenen Jahren im Tourismussektor im Vereinigten Königreich klare Anstrengungen unternommen, um die internationale Wettbewerbsfähigkeit zu stärken. Dazu gehört der Versuch, die Qualität des Beherbergungsgewerbes durch die Einführung von National Quality Assurance Standards zu verbessern und transparent zu machen, so dass potenzielle Gäste an der Einstufung erkennen können, was sie erwartet. In den meisten Beherbergungskategorien (z. B. Hotels, Budget Hotels, Guest Accommodations usw.) werden ein bis fünf Sterne vergeben, außergewöhnliche Leistungen werden mit Gold- und Silbermedaillen ausgezeichnet. Allerdings erfolgt die Klassifizierung nur auf Antrag und ist für die Antragssteller mit Kosten verbunden.

Probleme und Chancen des britischen Binnentourismus

Der britische Binnentourismus kämpft seit Jahrzehnten gegen die Verluste durch den nach außen gerichteten Tourismus an. Obwohl Großbritannien beim internationalen *in-bound tourism* relativ erfolgreich ist, bevorzugen viele Briten für ihre Ferien andere Länder. Das große Manko des Binnentourismus ist, dass viele Briten bei einheimischen Zielen den Reiz des Andersartigen bzw. die Exotik eines fremden Reiszieles vermissen. Andere Briten sehen allerdings gerade in der Vertrautheit einen Vorteil.

Negativ wirkte es sich auch aus, dass das touristische Angebot in Großbritannien in der Vergangenheit und zum Teil bis heute deutliche Mängel zeigte. So wurde immer wieder beanstandet, dass es nicht nur eine ganze Reihe Unterkünfte zweifelhafter Qualität gibt, sondern vor allem auch, dass das Preis-Leistungs-Verhältnis in Großbritannien häufig schlechter ausfällt als bei internationalen Destinationen. So ist ein Binnenurlaub nicht selten teurer als ein Aufenthalt im Ausland bei gleichzeitig geringerer „Sonnengarantie".

Problematisch ist auch, dass der britische Binnentourismus in der Vergangenheit immer wieder durch einschneidende Ereignisse beeinflusst wurde und deutlich von der allgemeinen wirtschaftlichen Entwicklung abhängig ist. So erlebte der Binnentourismus 2001 starke Einbrüche, als weite Gebiete im ländlichen Raum während des sechsmonatigen Auftretens der Maul- und Klauenseuche abgesperrt wurden und der Imageschaden aufgrund der Massenschlachtungen von 3 Mio. Tieren und der Ängste um die eigene Gesundheit enorm war. Unmittelbar darauf erfolgte der Einbruch des Tourismus im Zuge der 9/11-Anschläge in den USA und in geringerem Maße auch nach den Anschlägen von London vom Sommer 2005.

Auch die Finanz- und Wirtschaftskrise, die im Juli 2007 in den USA begann und sich mit der Zeit global ausbreitete, hat deutliche Spuren hinterlassen. 2008 brachen die britischen Binnenreisen im Sommer deutlich ein, da bei vielen Haushalten der finanzielle Spielraum für touristische Ausgaben geschrumpft war. Viele potenzielle Touristen entschieden sich für *staycation(s)*. Dieser Begriff, der in den USA geprägt wurde, ist eine Kombination aus den Wörtern *stay* and *vacation(s)*. Bei dieser Urlaubsvariante machen Einzelpersonen oder Familien zu Hause Urlaub, d.h., sie übernachten in ihrem Haus oder ihrer Wohnung und unternehmen von dort Tagesausflüge bzw. Exkursionen. Streng genommen gehören *staycations* also nicht zum Tourismus, sondern zum Freizeitsektor. Dennoch gibt es deutliche Auswirkungen auf den Tourismussektor. Denn diese Art von Urlaubern verzichtet auf ihre – bisher üblichen – längeren Erholungsaufenthalte im In- und Ausland. Für die touristische Industrie in Großbritannien bedeutet das, dass der Beherbergungssektor weitere Einbußen erleben wird und allenfalls der Gaststätten- und Unterhaltungssektor mit gewissen Zuwächsen rechnen kann, sollte dieser Trend anhalten.

Trotz der genannten Probleme gibt es Aspekte, die sich positiv auf die zukünftige Entwicklung des Binnentourismus in Großbritannien auswirken dürften. So wächst die Hoffnung, dass das steigende Bewusstsein der Umweltkosten von Auslandsreisen, die ökologischen und Sicherheitsbedenken gegenüber Flugreisen und die Schwächung des britischen Pfundes zu einer Stärkung des Binnentourismus führen könnten.

Außerdem wird argumentiert, dass sich der Klimawandel positiv auswirken dürfte. Die Erfahrung in der Vergangenheit hat gezeigt, dass der Anteil der Binnentouristen im Vereinigten Königreich relativ starken Schwankungen von Jahr zu Jahr unterlegen ist. Eine der wichtigsten Gründe hierfür ist die Witterung vor allem in den Sommermonaten. Agnew und Palutikof (2006) fanden heraus, dass die Zahl der touristischen Auslandsreisen von der Variabilität des vorhergegangenen Jahres beeinflusst wird, während die der Binnentouristen auf die Variabilität des jeweiligen Jahres reagiert. Mit anderen Worten: Nach einem Jahr mit nassem/schlechtem Wetter entscheiden sich mehr Briten für eine Auslandsreise; sollte es aber eine überdurchschnittlich warme oder trockene Wetterperiode im Frühling/Sommer geben, so optieren viele, meist Kurzentschlossene, für einen Binnenurlaub. Auf lange Sicht gehen die Forscher davon aus, dass sich die Zahl der warmen Sommer erhöhen wird und somit auch die Zahl der Binnentouristen.

Doch nur wenn es gelingt, die notwendigen Anpassungen an die – sehr heterogenen – Bedürfnisse der „postmodernen" Touristen des 21. Jahrhunderts vorzunehmen, kann sich der britische Binnentourismus angesichts der globalen Konkurrenz behaupten. Eine einfache Wiederbelebung der Urlaubsformen aus der Hochzeit in den Jahrzehnten nach dem Zweiten Weltkrieg ist keine Lösung, aber beliebte britische Tourismusformen an heutige Wertevorstellungen und Lifestyle-Formen anzupassen, wie es z.B. in einigen Holiday Parks getan wird, dürfte einer der zukunftsweisenden Wege sein.

Informationen im Internet

http://www.erih.net/de/willkommen.html
  Unter dieser Adresse lassen sich detaillierte Informationen zur European Route of Industrial Heritage (ERIH) abrufen.
http://whc.unesco.org/en/statesparties/gb
http://www.ukworldheritage.org.uk/
  Diese beiden Webseiten enthalten genauere Informationen zu World Heritage Sites in Großbritannien.
http://www.tourismtrade.org.uk/MarketIntelligenceResearch/default.asp
http://www.statistics.gov.uk/statbase/Product.asp?vlnk=1905
  Auf diesen Seiten finden sich detaillierte Informationen zum Tourismus im Vereinigten Königreich.

Weiterführende Literatur

Agnew, M. D.; Palutikof, J. P. (2006): Impacts of Short-Term Climate Variability in the UK on Demand for Domestic and International tourism. In: Climate Research 31, S. 109–120.

Butler, R. W. (1980): The Concept of a Tourist Area Cycle of Evolution: Implications for Management Resources. In: The Canadian Geographer 24, 1, S. 5–16.

Middleton, V. T. C.; Lickorish, L. J. (2005): British Tourism. The Remarkable Story of Growth. Amsterdam.

Timothy, D. J.; Boyd, S. (2002): Heritage Tourism. Harlow, Essex.

Torkildsen, G. (2005): Leisure and Recreation Management. London/New York.

Walton, J. K. (2000). The British Seaside. Holidays and Resorts in the Twentieth Century. Manchester.

Williams, S. (1998): Tourism Geography. London/New York.

Wehling, H.-W. (2000): Tourismus in Schottland. Historische Entwicklungen und Images, aktuelle Strukturen und Marketingstrategien. In: Geographische Rundschau 51, 1, S. 27–34.

Kapitel 6

Neue Geographien der Macht und Ohnmacht

6.1 Einführung

Gerald Wood

In Großbritannien haben sich seit der Mitte des 20. Jahrhunderts tief greifende gesellschaftliche Transformationsprozesse vollzogen, von denen hier beispielhaft drei Trends vorgestellt und analysiert werden sollen. Abschnitt 6.2 beschäftigt sich mit Zuwanderung und Multikulturalismus, Abschnitt 6.3 mit dem Thema Videoüberwachung in britischen Städten, und Abschnitt 6.4 nimmt sich der Transformationsprozesse in britischen Hafenstädten an. Im Mittelpunkt der Betrachtung des gesamten Kapitels stehen zwei miteinander verbundene Aspekte. Zum einen wird das Verhältnis zwischen sozialem Wandel und seinen räumlichen Kontexten ausgelotet, zum anderen die Frage, wer an diesem Wandel teilhaben und ihn mitgestalten kann – und wer nicht.

Eine der in diesem Kapitel eingenommenen Perspektiven auf das komplexe Wirkungsgefüge von Sozialem und Räumlichen ist die Fokussierung auf empirische Phänomene, z. B. in der Betrachtung des Zusammenhangs von sozialem Wandel und den korrespondierenden Mustern veränderter Raumnutzungen und -aneignungen. Diese Betrachtungsweise durchzieht dieses Buch wie ein roter Faden und wird u. a. am Beispiel des Umgangs mit wirtschaftlichem Strukturwandel in Manchester eingenommen. Kennzeichnend für die Stadtentwicklung Manchesters ab den 1960er Jahren ist das Brachfallen weiter Bereiche der Innenstadt durch massive Deindustrialisierungsprozesse, die im Zuge einer Wiederbelebung der lokalen Ökonomie jedoch in nicht unerheblichem Umfang neuen Nutzungen zugeführt werden konnten.

Eine zweite, symbolische Perspektive auf das Geflecht von Sozialem und Räumlichem, die die Autoren in diesem Kapitel einnehmen, abstrahiert vom Empirischen und fokussiert auf individuelle Sichtweisen und gesellschaftliche Deutungsmuster: Welche Räume sind durch wen mit welchen Deutungen und Bildern belegt bzw. „aufgeladen"? Diese Betrachtungsweise wird auch in anderen Kapiteln eingenommen, im vorliegenden Kapitel bildet sie jedoch einen essenziellen Bestandteil der einzelnen Beiträge.

Beide hier angerissenen Perspektiven verweisen auf Fragen der Macht, also im Wesentlichen auf die unterschiedliche Verteilung von Ressourcen in einer Gesellschaft. So geht die Wiederinwertsetzung deindustrialisierter Räume häufig mit einem Austausch ihrer Nutzer und auch ihrer Bewohner einher, da sich die ressourcenreicheren Akteure am (Immobilien-)Markt besser durchsetzen können. In den meisten Fällen korrespondiert dieser sozialräumliche Wandel mit einem veränderten Blick auf die betroffenen Räume: Aus schlecht beleumundeten Hafenvierteln beispielsweise wurden Quartiere, die in Hochglanzbroschüren der Immobilienbranche und in Lifestyle-Magazinen der „neuen urbanen Mittelklasse" als neue Orte modernen Arbeitens und Wohnens sowie der Freizeitgestaltung angepriesen werden (Abschnitt 6.4). Dieser Gedanke verdeutlicht, dass es im Zusammenhang mit sozialräumlichen Strukturen und ihren Veränderungen neben der materiellen Verfügungsgewalt und Gestaltungsmacht stets auch um die Deutungshoheit über Räume geht. Wer verbreitet mit welchem Interesse, mit welchen Ressourcen und mit welchen Folgen spezifische Bilder über bestimmte Räume? Zu welchem Zweck wird beispielsweise ein vornehmlich von Bangladeshi bewohntes Quartier im Osten Londons von der Stadtverwaltung als „Banglatown" vermarktet, und welche Folgen ergeben sich hieraus für die mit diesem Stempel versehenen Menschen?

Claire Dwyer beschäftigt sich in Abschnitt 6.2, in dem diese Frage aufgeworfen wird, mit dem Thema Migration und Multikulturalismus in der britischen Gesellschaft und mit den „multikulturellen Geographien", die sich im Rahmen des massenhaften Zuzugs von Migranten im 20. Jahrhundert herausgebildet haben. Es wird auf der einen Seite deutlich, dass Multikulturalismus in Großbritannien weit in die Historie zurückreichende

Wurzeln hat. Auf der anderen Seite wird unterstrichen, dass Migration und Multikulturalismus nicht nur empirische Phänomene darstellen, sondern auch einen gesellschaftlichen Diskurs, der zum Teil zutiefst mit Werturteilen und Konflikten geladen ist. Dies wird an mehreren Beispielen anschaulich dargestellt, etwa im Zusammenhang mit der Errichtung von Sakralbauten für nichtchristliche Glaubensgemeinschaften der Zuwanderer. Hierbei kommt es häufig zu Problemen und Konflikten mit der lokalen Bevölkerung und der (Planungs-)Politik, die sich insbesondere an der Präsenz dieser Symbole der Migranten entzünden. Dieses und andere Beispiele illustrieren sehr eindrücklich das Zusammenspiel von materieller Verfügungsgewalt und symbolischer Deutungshoheit über Räume und die Prozesse der gesellschaftlichen Aushandlung von Macht im Kontext von Zuwanderung und Multikulturalität.

Im Zentrum des vielschichtigen Beitrags von Claire Dwyer steht die Frage nach dem Umgang der „Zielgesellschaft" mit *dem* bzw. *den* „Fremden". Dieser Umgang reicht von einer Bejahung von Multikulturalität bis zu einer Favorisierung des umstrittenen Konzepts der Integration. In den frühen 1980er Jahren und im Jahr 2001 kam es zu gewalttätigen innerstädtischen Unruhen (*urban riots*), an denen jugendliche Migranten maßgeblich beteiligt gewesen waren. Diese Unruhen haben eine Diskussion über räumlich segregierte „Parallelgesellschaften" aufkommen lassen, die sich durch die Bombenanschläge im Zentrum Londons im Sommer 2005 intensiviert und zudem einen starken islamophoben Unterton angenommen hat. Auf Seiten der politischen Akteure haben die geschilderten Ereignisse und deren öffentliche Erörterung zu einer Favorisierung von Maßnahmen zur Integration der Migranten geführt, weil man davon ausgeht, dass nur so die mit Parallelgesellschaften assoziierten gesellschaftlichen Probleme dauerhaft zu lösen sind. Wie die Autorin zeigt, ist diese Diskussion mit schwerwiegenden Problemen behaftet. So wird die Lösung ethnischer Segregation einseitig auf die Gruppe der Migranten verlagert, z. B. durch die Integrationspolitik im Rahmen des *community cohesion*-Programms (mit den inhaltlichen Eckpunkten Bürgerschaftskunde und englische Sprachkurse). Demgegenüber belegen Studien, dass ethnische Segregation nicht selten eine Folge diskriminierender gesellschaftlicher Praktiken ist, die Migranten daran hindern, Altstadtquartiere und ältere Vororte zu verlassen. Das Beispiel ethnische Segregation veranschaulicht, ähnlich wie das bereits angesprochene Beispiel der von Migranten errichteten Sakralbauten, die Funktionsweisen der Geographien der Macht – und Ohnmacht –, das Zusammenwirken von materieller Gestaltungsmacht und symbolischer Deutungshoheit über Räume.

Während sich das Thema von Abschnitt 6.2 durchaus auch auf andere europäische Länder übertragen lässt, z. B. auf Frankreich, thematisieren Gesa Helms und Bernd Belina in Abschnitt 6.3 einen gesellschaftlichen Entwicklungstrend, der in Europa seinesgleichen sucht: die Überwachung des öffentlichen Raumes durch Videoüberwachungsanlagen (Closed Circuit Television, CCTV). Im Vereinigten Königreich kontrollieren gegenwärtig über 40 000 CCTV-Anlagen öffentliche Räume, während in fünf anderen europäischen Ländern (Norwegen, Dänemark, Ungarn, Deutschland und Österreich) zusammengerechnet weniger als 1 000 solcher Systeme im Einsatz sind. Gerade auch in Großstädten nimmt das Ausmaß der Kontrolle umfassende Dimensionen an: So werden in London ca. 40 % des öffentlichen Raumes videoüberwacht, während der entsprechende Wert für Wien bei lediglich 18 % liegt. Gesa Helms und Bernd Belina rekonstruieren die Hintergründe, die zum umfangreichen Ausbau von CCTV geführt haben, und beleuchten als aktuellen Trend den Versuch, im Rahmen einer nationalen CCTV-Strategie nicht nur eine landesweite Angleichung von CCTV-Standards herbeizuführen, sondern auch die zunehmende Vernetzung der zumeist lokal arbeitenden

Abb. 6.1 Deckblatt der vom Innenministerium herausgegebenen Broschüre National CCTV Strategy 2007. Quelle: © Home Office, www.doktorjon.co.uk.

CCTV-Systeme voranzutreiben. Diese Entwicklungen wecken Assoziationen an die klaustrophobischen Visionen des Romans *1984* von George Orwell („Big brother is watching you"). Der Schritt von einer Vernetzung lokaler CCTV-Systeme, auch die privater Betreiber, mit polizeilichen Ermittlungsbehörden hin zu einer Überführung der verinselten Anlagen in eine flächendeckende Überwachungsarchitektur ist möglicherweise viel kleiner, als man meinen mag. In diesem Zusammenhang mutet es besonders paradox an, dass ein Land, in dem es keine gesetzliche Meldepflicht gibt, auf dem besten Weg in einen CCTV-Überwachungsstaat ist.

CCTV hat nachweislich nicht zu einer Verhinderung schwerer Verbrechen geführt, obschon gerade dies das zentrale Argument für den umfangreichen Ausbau gewesen ist. Vielmehr ist es zu einer Verlagerung solcher Delikte in nichtüberwachte Räume gekommen. Aus der Sicht der Autoren ist CCTV daher weniger ein Mittel der Kriminalpolitik als vielmehr ein wichtiger Bestandteil der Politik symbolischer Gesten (der Staat ist aktiv, und zwar bereits im Vorfeld unerwünschter Vorkommnisse) und der Ordnungspolitik. Damit verfügen die im Rahmen von CCTV etablierten Kooperationsstrukturen und Netzwerke aus Polizei, Einzelhandel und Stadtverwaltungen in weiten Teilen der (Innen-)Städte über umfassende Machtinstrumente, ihre spezifischen Vorstellungen öffentlicher Ordnung durchzusetzen, gegen die sich Einzelpersonen in der Regel nicht wehren können.

Über lange Zeit (vor allem während des Empires) waren die politische und ökonomische Geltung Großbritanniens in der Welt auf das Engste mit dem Aufbau und Unterhalt einer leistungsfähigen Schifffahrt verknüpft, zu der auch die landseitige Infrastruktur in den Häfen zu rechnen ist. Die Veränderungen im Bereich des Güter- und Personenverkehrs, die Verschärfung des globalen Wettbewerbs im Bereich der (Güter-)Logistik und nicht zuletzt technologische Umwälzungen (Containerisierung des Güterverkehrs) im Verlauf des 20. Jahrhunderts haben nicht nur die Schifffahrt nachhaltig verändert, sondern auch die Häfen selbst. In Abschnitt 6.4 greift Dirk Schubert diesen Umbruch auf und diskutiert vor dem Hintergrund der sich verändernden technischen, ökonomischen und politischen Rahmenbedingungen sozialräumliche Veränderungstendenzen in britischen Hafenstädten. Ein wesentliches Merkmal des Wandels ist die Schrumpfung, die verschiedene Facetten umfasst, so den Verlust von Arbeitsplätzen, städtebaulicher Substanz und Entwicklungsperspektiven. Vor allem in London, aber auch in anderen Hafenstädten, haben sich in der Folgezeit die Vorzeichen der Entwicklung jedoch umgekehrt. Wichtig hierfür waren zum einen die positive Entwicklung der gesamtwirtschaftlichen Situation des Landes, von der auch die (ehemali-

gen) Hafenstädte profitierten, und zum anderen die politischen Weichenstellungen ab den späten 1970er Jahren unter der damaligen Premierministerin Margaret Thatcher. Im Rahmen einer deregulierten Stadtentwicklungspolitik (vgl. Abschnitt 7.4), zu der die Entmachtung der Kommunen ebenso gehörte wie die „Freisetzung der Marktkräfte", haben sich zum Teil außergewöhnliche Entwicklungen vollzogen. Ein Paradebeispiel hierfür sind die Londoner Docklands, deren Entwicklung sowohl in Abschnitt 6.4 als auch in Abschnitt 4.4 erörtert wird. Aber auch andere Hafenstädte haben nicht minder bemerkenswerte Entwicklungen hinter sich, z. B. Liverpool und Cardiff (Abschnitt 5.2) oder Newcastle/Gateshead, zu denen auch tief greifende sozialräumliche Veränderungen zu rechnen sind. Hafenquartiere, darunter auch ehemalige No-go-Areas, haben sich, nicht zuletzt durch den massiven Einsatz von staatlichen Fördermitteln, zu Orten des Arbeitens, Wohnens und der Freizeitgestaltung von Mittel- und Oberschichten entwickelt. Diese Veränderungen gingen Hand in Hand mit einer Wertsteigerung der Immobilien. Eine Folge hiervon war die Verdrängung einkommensschwacher Haushalte durch Mittelschichthaushalte. Für viele der angestammten Bewohner der betroffenen Quartiere bedeuteten der doppelte ökonomische Strukturbruch – Schrumpfung und anschließendes Wachstum – und die veränderten politischen Rahmenbedingungen nicht nur den Verlust von Erwerbsmöglichkeiten und des vertrauten Wohnumfelds, sondern auch die Einbuße von Einfluss- und Gestaltungsmöglichkeiten.

Weiterführende Literatur

Norris, C.; McCahill, M.; Wood, D. (2004): The Growth of CCTV: A Global Perspective on the International Diffusion of Video Surveillance in Publicly Accessible Space. In: Surveillance & Society, 2, 2/3, S. 110–135.

6.2 *Them and us* – Migranten und Multikulturalismus in Großbritannien

Claire Dwyer
Übersetzung und Redaktion: Gerald Wood

Migration nach Großbritannien und Multikulturalismus spielen für die britische Gesellschaft eine große Rolle. Dies liegt nicht nur an dem Faktum der Zuwanderung selbst, sondern gerade auch an den Debatten, die

Polizei räumt den „Dschungel"

Flüchtlingslager. Französische Behörden greifen in illegalem Camp 280 Menschen auf

Calais. Als die Polizei im Morgengrauen anrückte, waren die meisten Flüchtlinge schon weg aus dem so genannten Dschungel. Rund 500 Polizisten führten 280 illegale Einwanderer ab, darunter 135 Minderjährige, bevor Planierraupen das Lager am Ärmelkanal einebneten. Die Siedlung in den Dünen müsse weg, weil sie ein Schleuserstützpunkt sei, hatte (der französische) [Anm. d. Hrsg.] Einwanderungsminister Eric Besson gesagt. ... In dem als „Dschungel" bekannten Lager im Nordosten von Calais hatten die Menschen teils monatelang in Zelten gehaust, die sie behelfsmäßig aus Decken und Planen zwischen Bäumen und Sträuchern aufzogen. Tagsüber saßen sie vor den Unterkünften, rauchten, tranken Tee und machten Feuer, um ihre Kleidung zu trock-

nen. Vor allem planten sie die Flucht nach Großbritannien, wo sie auf Arbeit und Geld hofften. Als blinder Passagier auf einen der LKW zu gelangen, die auf den Parkplätzen der umliegenden Unternehmen standen, das war ihr Ziel. Bis die Flüchtlinge aus Krisenländern wie Afghanistan, Irak, Somalia und Sudan es soweit geschafft hatten, hatten sie tausende Dollar an Menschenhändler gezahlt.

Der britische Innenminister Alan Johnson hat ausgeschlossen, Flüchtlinge aus dem Camp aufzunehmen. Sie müssten in den Ländern Asyl suchen, über die sie in die EU gekommen seien, betonte er – meist Griechenland. Zuletzt hielten sich bis zu 1 000 Migranten rund um Calais auf. Sie bezahlen Schlepper, um durch den Tunnel nach England zu kommen. Viele wollen dorthin, weil sie Englisch sprechen und dort Verwandte haben.

(*Kölner Stadt-Anzeiger*, Mittwoch, 23. September 2009, S. 6)

sich um die gesellschaftlichen Folgen von Migration und um Fragen des Zusammenlebens mit den Zugewanderten drehen. Diese Debatten sollen in diesem Abschnitt aufgegriffen und in einen geographischen Kontext gesetzt werden. Konkret sollen historische Eckpunkte der Zuwanderung und der Entstehung eines multikulturellen Großbritannien aufgezeigt werden. Daran anschließend soll auf die räumlichen Aspekte der Migration näher eingegangen werden, vor allem vor dem Hintergrund der gegenwärtigen politischen Diskussionen darüber, wie mit Migration sowie sozialer Differenz und Vielfalt umgegangen werden kann.

„Migrationsgeschichten"

In öffentlichen Diskussionen über das multikulturelle Großbritannien wird dessen Anfang häufig mit der Ankunft der Empire Windrush im Jahr 1948 gleichgesetzt, als 417 jamaikanische Immigranten nach Großbritannien einreisten, um den sich ausweitenden Arbeitskräftemangel der britischen Nachkriegsökonomie eindämmen zu helfen. Dieses Datum ist bei genauerer historischer Betrachtung aber hinfällig, denn bereits die Soldaten-Siedler des Römischen Reiches, die im 2. bis 4. Jahrhundert eine römische Diaspora auf britischem Boden bildeten, oder aber die afrikanischen Seeleute, die seit dem 17. Jahrhundert in Städten wie Liverpool oder Cardiff sesshaft wurden, sind Belege für frühe Formen der Multikulturalität, die sich in Großbritannien durch Zuwanderung ergeben haben. Persönlich-

keiten wie der Komponist und Schriftsteller Ignatius Sancho, der im 18. Jahrhundert in London lebte, oder die Krankenschwester Mary Seacole aus Jamaika, die sich während des Krimkrieges aufopferungsvoll um britische Soldaten kümmerte, sind herausragende historische Belege für die ethnische Vielfalt der britischen Gesellschaft. Geographen wie Caroline Bressey (2008) haben versucht, die „übersehene Verortung" Menschen dunkler Hautfarbe in der britischen Gesellschaft sichtbar zu machen – und haben damit eine weitere Lesart von „Britishness" den bereits bestehenden hinzugefügt.

Die Stellung Großbritanniens als Kolonialmacht stellte durch den beständigen Zufluss von Gütern, Ideen und Menschen die Vielfalt im metropolitanen Zentrum des Empires sicher. Andererseits wurden Beziehungen zu Ländern etabliert und gefestigt, aus denen in der postkolonialen Zeit Menschen nach Großbritannien emigrierten. Eine historische Betrachtung des Lebens in kolonialen Städten, wie beispielsweise London, verdeutlicht, in welch umfassendem Maße das Alltagsleben einfacher Briten durch die bestehenden kolonialen Verbindungen beeinflusst war, sei es durch die Nahrung, die man aß, durch die (exotischen) Blumen, die man in den Gärten der Vorstädte züchtete, oder aber durch die Veränderungen, die sich in der englischen Sprache, in Straßennamen und Festivals vollzogen. Diese wenigen Überlegungen verdeutlichen den hohen Stellenwert, den eine Berücksichtigung der historischen Dimension der Migration für eine angemessene Betrachtung aktueller Fragen des Multikulturalismus in Großbritannien besitzt. Von daher soll in den folgenden Überlegungen der Blick auf zwei Prozesse im 19. und frühen 20. Jahrhundert gelenkt werden, die kennzeichnend für die Einwanderung nach Großbritannien waren.

Der erste Strom wurde von Iren getragen, die im Wesentlichen nach Schottland und England einwanderten. Hierbei handelte es sich um eine Arbeitskräftewanderung, die durch zwei Faktoren ausgelöst worden war: zum einen durch den großen Arbeitskräftebedarf im Rahmen der Industriellen Revolution in England und Schottland ab der Mitte des 18. Jahrhunderts und zum anderen durch die Obdach- und Arbeitslosigkeit irischer Landarbeiter, die durch Bodenreform und Kartoffelmissernten verursacht worden waren. Der Höhepunkt dieser Zuwanderung war um 1845 erreicht. Gegen 1851 waren 2,9 % der Bevölkerung Englands und 7,2 % der Bevölkerung Schottlands in Irland geboren. Trotz der zahlenmäßigen Bedeutung der irischen Zuwanderung wurde und wird sie häufig übersehen – die Iren besaßen die Staatsbürgerschaft des Vereinigten Königreiches (seit dem Gesetz zur staatlichen Einheit (Act of Union) im Jahr 1800) und behielten auch nach der Unabhängigkeit der Republik Irland im Jahr 1922 das Recht der freien Einreise. Dennoch waren auch die Iren nicht gefeit vor Vorurteilen und rassistisch motivierten Stereotypen und Diskriminierungen.

Wie bereits angedeutet wurde, vollzog sich die irische Migration nach Großbritannien vor dem Hintergrund ökonomischer Prozesse und kolonialer sowie postkolonialer Bindungen zwischen Großbritannien und Irland. Im Gegensatz hierzu wurde der zweite große Migrationsstrom nach Großbritannien im Wesentlichen durch politische Zusammenhänge bestimmt. Hierbei handelt es sich um den Zuzug jüdischer Migranten, die sich bereits seit dem 15. Jahrhundert in einigen britischen Städten niedergelassen hatten, dann aber in großer Zahl in der Folge politischer Unterdrückung ab dem 19. Jahrhundert zuwanderten. Zwischen 1870 und 1914 flohen etwa 120 000 jüdische Migranten, zumeist aus osteuropäischen Ländern, nach Großbritannien. Obwohl die jüdischen Migranten in erheblich geringerer Zahl zuwanderten als die irischen, sorgte ihre Ankunft für beträchtliche politische Unruhen, die im Jahr 1905 zur Verabschiedung des ersten Gesetzes zur Begrenzung der Zuwanderung führten (Aliens Act). Sowohl die irischen als auch die jüdischen Migranten sind in den offiziellen Statistiken zumeist „unsichtbar", da diese vorwiegend auf „sichtbare" Kriterien abheben (z. B. „nichtweiße" Migranten). Diese Erfassungsweise änderte sich erst im Rahmen der Volkszählung aus dem Jahr 2001, da hier eine Frage zur ethnischen Zugehörigkeit eingeführt wurde, die den Antwortenden die Möglichkeit bot, sowohl ihre religiöse Identität als auch „weiße-irische ethnische Wurzeln" anzugeben.

Die Beispiele der irischen und jüdischen Migration nach Großbritannien im 19. Jahrhundert unterstreicht die enge Verknüpfung von Arbeitsmärkten, der politischen Steuerung der Zuwanderung und dem Verhältnis ethnisch unterschiedlicher Bevölkerungsgruppen zueinander. Diese Verbindungen traten auch in der Nachkriegszeit deutlich hervor. Die boomende Nachkriegswirtschaft hatte Engpässe auf den Arbeitsmärkten zur Folge, die man durch Zuwanderung aus den ehemaligen Kolonien abzustellen versuchte – ähnlich wie auch in anderen europäischen Ländern. Migranten aus der Karibik und Südasien wurden zunächst angeworben, um im öffentlichen Sektor zu arbeiten, beispielsweise im Gesundheitswesen oder bei der Eisenbahn, später wurden sie zudem für Arbeiten in (privaten) Industrieunternehmen angeheuert, z. B. in der Textilindustrie in Nordwestengland. Außerdem emigrierten Asiaten aus Uganda nach Großbritannien, nachdem sie 1968 von Idi Amin ausgewiesen worden waren. Migranten aus den Commonwealth-Ländern besaßen anfänglich das Recht, sich in Großbritannien niederzulassen; später wurde dieses Recht jedoch stark eingeschränkt. Das Einwanderungsgesetz (Immigration Act) aus dem Jahr 1971 unterband die weitere Zuwanderung nach Großbritannien aus den Commonwealth-Ländern. Ausgenommen hiervon war lediglich die Einwanderung zum Zweck der Familienzusammenführung. Der größte Teil der Migration nach Großbritannien in den 1970er und 1980er Jahren ist vor diesem Hintergrund zu sehen. Die restriktiveren Einwanderungsgesetze lassen sich als politische Reaktion deuten, und zwar zum einen auf die Sorge über die Beziehungen zwischen unterschiedlichen ethnischen Gruppen in Großbritannien und zum anderen auf die Wahrnehmung der gesellschaftlichen Probleme der „Integration" der Migranten. Besondere Vorkommnisse, wie die sog. „Rassenunruhen" in Notting Hill im Jahr 1958 – einer Gegend in London mit überwiegend billigem Mietwohnungsbestand für Immigranten –, hatten zur Folge, dass sich die Debatte im öffentlichen Raum auf die Integration „sichtbarer Minderheiten" und die Reduzierung „ethnischer Konflikte" konzentrierte. Gleichzeitig wurden jedoch auch Fragen zur Benachteiligung durch das Bildungssystem thematisiert, was im Jahr 1965 zur Verabschiedung eines Gesetzes führte, das ethnische Diskriminierung für gesetzeswidrig erklärte. Im Jahr 1975 folgte der Race Relations Act, der die Einrichtung der Commission for Racial Equality zur Folge hatte (die im Jahr 2007 in der mit weiter gefassten Aufgaben betrauten Equalities Commission aufging). Öffentliche Debatten über Integration sind seitdem fester Bestandteil der Diskussion über Immigration und Multikulturalismus in Großbritannien.

Aktuelle Trends der Migration

Migrationsmuster unterlagen seit der Nachkriegszeit erheblichen Veränderungen. Zwischen 1971 und den späten 1980er Jahren spielte die Zuwanderung aufgrund der wirtschaftlichen Rezession eine geringere Rolle als zuvor. Ab den frühen 1990er Jahren hat sich dies jedoch erneut gewandelt, vor allem vor dem Hintergrund des volkswirtschaftlichen Wachstums und der Entstehung neuer Arbeitsmärkte im Dienstleistungsbereich. Die wieder ansteigenden Zuwanderungsströme wurden jedoch auch in nicht unerheblichem Maß durch das neoliberale Wirtschaftscredo und die Ausweitung der Globalisierung beeinflusst. Die Arbeitskräftewanderung ist heute stärker auf Europa und weniger auf den Commonwealth hin ausgerichtet, was vor allem an der Aufenthaltsfreiheit für EU-Bürger liegt. Die Osterweiterung der EU im Jahre 2004 war begleitet von Zuwanderungen aus den damaligen Beitrittsländern Estland, Lettland, Litauen, Polen, Slowakei, Slowenien, Ungarn und der Tschechischen Republik. Schätzungen gehen von einer Zuwanderung von einer Million Menschen seit 2004 aus diesen Ländern aus, von denen jedoch viele das Land bereits wieder verlassen haben. Nichtsdestotrotz haben diese neuen Migranten zu einer Ausweitung der kulturellen und sozialräumlichen Vielfalt Großbritanniens beigetragen und gleichzeitig die Debatte über „Integration" neu entfacht. Parallel zu dieser Bewegungsfreiheit für EU-Bürger hat es eine restriktivere Politik der kontrollierten Zuwanderung für andere Gruppen gegeben, beispielsweise für Hochqualifizierte oder für Menschen mit nachgefragten Qualifikationen. So wurden zwischen 2000 und 2004 20 000 philippinische Krankenschwestern für das britische Gesundheitswesen angeworben.

Eine weitere Form der Zuwanderung ist die der Asylsuchenden, deren Zahl von 32 800 im Jahr 1994 auf 80 000 im Jahr 2000 angestiegen ist. Dieser Zuwachs verdeutlicht zweierlei: zum einen die Zunahme von gewalttätigen Konflikten weltweit, z. B. in Jugoslawien in den 1990er Jahren sowie im Irak und Somalia und zum anderen die Bedeutung der restriktiven Zuwanderungsregelungen, die eine legale Zuwanderung nach Großbritannien für viele Menschen nur durch einen Asylantrag möglich werden lässt. Allerdings sind die Ablehnungsquoten hoch und liegen derzeit bei 80 %, so dass sich viele Asylsuchende mit Festnahme und Ausweisung durch ein System konfrontiert sehen, das sich schwer damit tut, mit den sich verändernden Strömen Asylsuchender umzugehen. Hinzu kommen die Probleme, die durch die Deregulierungen der Arbeitsmärkte entstanden sind, denn die Möglichkeiten zu illegaler Beschäftigung sind allgegenwärtig und verlocken zu illegaler

Migration, wie der tragische Tod von 18 chinesischen Muschelsammlern in Morecambe Bay im February 2004 bezeugt (Geddes 2005).

Die Migrationsströme in das Vereinigte Königreich seit dem Ende des Zweiten Weltkrieges offenbaren sowohl Wandel als auch Kontinuitäten. Während die Zuwanderung in der Nachkriegszeit vor allem aus den Ländern des Commonwealth erfolgte, haben sich die Muster während der letzten Jahrzehnte erheblich verändert. In der jüngeren Vergangenheit hat sich die Zahl der Zugewanderten aus dem Mittleren Osten und Afrika deutlich ausgeweitet. Der Zusammenhang zwischen Migrationsströmen, Arbeitsmärkten und rechtlichen Rahmensetzungen spielt nach wie vor eine wichtige Rolle. Die politische Steuerung der Migration hat sich jedoch gewandelt, da die Regierung heute versucht, jeglicher Nachfrage nach ungelernten Arbeitskräften durch Zuwanderung aus der EU zu entsprechen, während andere Zuwanderungsströme durch strenge Asylbestimmungen und die Beschränkung der Arbeitskräftewanderung auf Hochqualifizierte stark kontrolliert werden.

Die Berichterstattung in den Medien und die politische Debatte über Immigration haben den Eindruck entstehen lassen, dass die Zuwanderung zahlenmäßig erheblich größer ist als die Abwanderung. Das Gegenteil ist jedoch der Fall, denn erst in jüngster Zeit ist die Zahl der Zugewanderten größer als die der Auswanderer. Die Veränderungen in den Formen der politischen Steuerung der Zuwanderung wurden begleitet von einer neuen sozialpolitischen Debatte über den Einbezug sowohl der neuen Migranten als auch der etablierten Gruppen „ethnischer Minderheiten" in Großbritannien, wobei im öffentlichen Diskurs stärker die „Integration" betont wird als „Multikulturalität" oder „Antirassismus", den früher gebräuchlichen Sprachregelungen in der sozialpolitischen Debatte.

Multikulturelle Geographien

Vor einer eingehenderen Betrachtung dieser politischen Debatten ist es sinnvoll, sich mit den räumlichen Aspekten von Zuwanderung und ethnischer Diversität auseinanderzusetzen. In der letzten Volkszählung aus dem Jahr 2001 wurden 12,5 % der Bevölkerung einer „ethnischen Minderheit" zugerechnet. Dabei ist die räumliche Verteilung der „ethnischen Minderheiten" bzw. der Migranten sehr uneinheitlich. So ist London die mit Abstand heterogenste britische Stadt, deren Bevölkerung zu 40,3 % ethnischen Minderheiten angehört. Die Verschiedenheit der Orte, mit denen diese Menschen weltweit in Verbindung stehen, hat zu der Bezeichnung *super diversity* geführt (Vertovec 2007). Im Allgemeinen sind Gruppen ethnischer Minderheiten eher in städtischen als in ländlichen Räumen anzutreffen, und sie leben eher in England als in einem anderen Teil des Vereinigten Königreichs. In London ist eine sehr große Vielfalt unterschiedlicher Migrantengruppen beheimatet, andere britische Städte hingegen sind eher geprägt durch die Zuwanderung spezifischer Immigrantengruppen. So haben beispielsweise britische Hafenstädte wie Liverpool oder Cardiff lang etablierte schwarze und ethnisch gemischte Communities. Leicester wiederum ist bekannt als erste britische Stadt mit einer überwiegend asiatischen Bevölkerung, die zum größten Teil indische Wurzeln besitzt (nämlich als Nachfahren früherer Zuwanderer aus Indien bzw. als Nachkommen sog. *twice migrants*, die zunächst in Afrika lebten, ehe sie nach Großbritannien einwanderten). Dieses Erbe spiegelt sich auf verschiedene Weise in der Stadt wider, beispielsweise in Form von Geschäften, die indische Lebensmittel oder Kleidung anbieten, oder in Form neuer religiöser Bauten, beispielsweise Tempel (*mandirs*). Weiter nördlich, in Bradford, besitzen 16 % der Bevölkerung einen pakistanisch-muslimischen Hintergrund, in dem sich die Bedeutung der Zuwanderung aus dem ländlichen Mirpur (Nordostpakistan) in den 1960er und 1970er Jahren ausdrückt, als die Textilunternehmen in Bradford Arbeitskräfte suchten. Hier bilden sich neue Identitäten britischer Muslime durch Jugendgruppen oder Moscheen, auf dem Cricket-Feld oder durch den Konsum von „Bollywood"-Filmen aus.

Geographen haben die Ausbildung multikultureller räumlicher Muster auf sehr unterschiedliche Weise festgehalten. In frühen Arbeiten wurden Veranstaltungen wie der Notting Hill Carnival beschrieben, der aus dem Widerstand gegen den Rassismus der 1950er Jahre hervorging und der heute eine jährlich wiederkehrende Feier ist, die von vielen auch außerhalb der britisch-karibischen Bevölkerung besucht wird. Andere haben sich mit der Ausbreitung neuer Orte der Religionsausübung für die vielen neuen religiösen Gemeinschaften beschäftigt. Während sich die erste Einwanderergeneration häufig mit Provisorien als Moscheen oder Tempel begnügte, konnten etablierte und wohlhabende Gemeinden in der Zwischenzeit zum Teil spektakuläre Sakralbauten errichten, z. B. den Swaminarayan-Tempel in London oder den Jain-Tempel in Potters Bar (Abb. 6.2). Dabei müssen Gemeinden nicht selten erheblichen Widerstand bei den Planungsbehörden und in der lokalen Bevölkerung überwinden. Häufig sind die religiösen Bauwerke Ausdruck der komplexen transnationalen Verbindungen, die die Migranten mit den Mitgliedern ihrer verzweigten Verwandtschaft in aller Welt aufrechtzuerhalten versuchen.

Der Einfluss der Migranten auf die räumliche Umwelt lässt sich aber nicht nur anhand spektakulärer Sakralbauten aufzeigen, sondern auch an einer Vielzahl anderer, zum Teil wenig aufsehenerregender Phänomene. Ein Beispiel hierfür ist Brick Lane, eine Straße im Herzen eines von Bangladeshi bewohnten Gebiets im Osten Londons. Die gesamte Gegend ist symptomatisch dafür, wie unterschiedliche Ströme von Migranten die Stadt London mitgeprägt haben. Sie liegt unmittelbar außerhalb der Ostseite der ursprünglichen Londoner

Abb. 6.2 Jain-Tempel, Potters Bar. Quelle: Institute of Jainology (IoJ).

Abb. 6.3 Londoner Moschee Jamme Masjid, Brick Lane. Quelle: Wood 2004.

Stadtmauer, die die Stadt von ihrer Umgebung getrennt hatte. Die erste Migrantengruppe, die der Gegend ihren Stempel aufdrückte, waren Flüchtlinge aus Frankreich, die Hugenotten, die sich hier im 17. Jahrhundert niederließen und ihren Lebensunterhalt als Seidenweber verdienten. In der Mitte des 19. Jahrhunderts kamen jüdische Migranten aus Osteuropa hinzu, die in der Textilindustrie Arbeit fanden. Ab den 1970er Jahren, als die jüdischen Migranten in die wohlhabenderen Vororte gezogen waren, ließen sich Migranten aus Ostpakistan (später Bangladesh) hier nieder, die zunächst in der Bekleidungsindustrie und später auch in der Gastronomie arbeiteten. Ein Gebäude, die Londoner Moschee Jamme Masjid (Abb. 6.3) an der Kreuzung Fournier Street und Brick Lane, ist ein besonders beredtes Zeugnis der Migrationsgeschichte der Gegend. Im Jahre 1742 wurde es als Kirche von der Hugenottengemeinde errichtet, im Jahre 1898 in eine Synagoge umgewandelt, ehe es 1976 zur Moschee wurde. Seit kurzem engagiert sich die lokale Politik in der Revitalisierung der Gegend um die Brick Lane, um sie für Touristen und potenzielle Restaurantbesucher attraktiver zu machen. Zu diesem Zweck wird die gesamte Gegend als „Banglatown" vermarktet (Abb. 6.4). Unterstützende Elemente dieser Marketingkampagne sind ein symbolischer Eingang, Straßennamen in Bengali und ein jährlich stattfindendes Fest. Dieser Ansatz weist Parallelen zu anderen Orten auf, an denen ebenfalls ethnisches *place making* betrieben wird, darunter Soho in London. Häufig werden solche Initiativen als positive Beispiele für die Bejahung von Multikulturalität angesehen. Andererseits

wird kritisiert, dass sie die Kultur der anderen damit einseitig festschreiben und außerdem an den bestehenden drängenden Problemen der Ungleichheit, wie sie ethnische Minoritäten betreffen, z. B. schlechte Wohnbedingungen und schulische Leistungen, vorbeizielen.

Ein weiterer Aspekt der multikulturellen Geographie Großbritanniens sind die transnationalen Verbindungen zwischen den unterschiedlichen Migrantengemeinden und deren Heimatländern. Verbesserte Telekommunikationsmöglichkeiten sowie einfachere und billigere Reisemöglichkeiten haben dazu beigetragen, dass Migranten ihr Leben zunehmend transnational, d. h. grenzüberschreitend organisieren können. Zur Illustration dieses Phänomens lässt sich eine Reihe von Beispielen heranziehen, z. B. britisch-asiatische Unternehmer, die transnationale Mode-Industrien aufgebaut haben, deren Wertschöpfungsketten zwischen Großbritannien und dem indischen Subkontinent organisiert sind. Ein anderes Beispiel sind Migrantennetzwerke aus Kamerun und Tansania in Großbritannien, die Geld sammeln, um damit ihre Herkunftsorte zu unterstützen oder aber anderen Migranten die Rückkehr in ihr Heimatland zu ermöglichen (z. B. bei Hochzeiten oder nach deren Tod). Und als letztes Beispiel schließlich lassen sich die verschiedenen kulturellen Medien anführen, die grenzüberschreitend funktionieren, wie beispielsweise die Filmindustrie „Bollywood". Alle diese Beispiele deuten darauf hin, dass sich Großbritannien selbst zu einer Diaspora gewandelt hat, in der Menschen und Orte zunehmend durch Netzwerke transnationaler Identifikationen geprägt werden.

Abb. 6.4 Straßenszene in der „Banglatown", London. Quelle: Wood 2004.

Die umstrittene Politik der Integration

Das Heranwachsen einer zweiten, etablierten Migrantengeneration in Großbritannien hat sich nicht nur in den bereits diskutierten räumlichen Mustern von Multikulturalität niedergeschlagen, sondern auch in zahlreichen Situationen des Alltagslebens, angefangen bei der Sicherstellung eines Angebots an nach muslimischen Regeln produziertem Fleisch („Halal"-Fleisch) in Schulen und Krankenhäusern bis hin zur Rücksichtnahme auf die unterschiedlichen asiatischen Bekleidungsstile bei der Uniformierung der Polizei. Trotz alledem ist die umstrittene Politik der Integration zurück auf der Tagesordnung, ähnlich wie in anderen europäischen Ländern auch. Ein wichtiger Ausgangspunkt hierfür waren die Unruhen in den nordenglischen Städten Bradford, Burnley und Oldham im Sommer des Jahres 2001, als sich junge weiße und asiatische Männer Straßenschlachten lieferten, in die auch die Polizei hineingezogen wurde. Eine Folge dieser Unruhen waren Untersuchungen über das Verhältnis der verschiedenen ethnischen Bevölkerungsgruppen untereinander. Eine dieser Untersuchungen, der Cantle Report (Home Office 2001), kam u. a. zu dem Schluss, dass unterschiedliche Communities, in diesem Fall solche mit einem weißen britischen Erbe (*heritage*) und solche mit einem pakistanisch-muslimischen Erbe, „parallele und polarisierte Leben" führten. Diese Erkenntnis wog angesichts der Bombenattentate in London im Juli 2005 – in

der Folge der Angriffe vom 11. September 2001 – umso schwerer, als beide Ereignisse ein Klima der Angst geschaffen hatten. In Großbritannien ging die Sorge über die gesellschaftliche Integration ethnischer Minderheiten, vor allem der muslimischen, um.

Diese Debatte weist einige Parallelen zu den Diskussionen der 1980er Jahre auf, die durch die Unruhen in den Innenstädten von Liverpool (Toxteth) und London (Brixton) ausgelöst worden waren, an denen sich hauptsächlich junge weiße und afrokaribische Männer beteiligt hatten. Analysen dieser Ereignisse verdeutlichten, wie bestimmte Gruppen und Orte mit ethnischen Stigmata versehen werden. In Großbritannien richten sich die öffentlich artikulierten Ängste derzeit vor allem auf Muslime, und zwar in Form eines „kulturellen Rassismus", der behauptet, der Islam sei nicht vereinbar mit dem Mainstream britischen Lebens. Die Aufmerksamkeit ist dabei vor allem auf den „muslimischen Separatismus" in seinem Verhältnis zu Institutionen wie muslimischen Schulen gerichtet. Auch umstrittene Symbole spielen hierbei eine wichtige Rolle, z. B. das Tragen bestimmter Kleidungsstücke (Kopftuch, *hijab*). In dieser Debatte haben u. a. Geographen versucht, die große Spannbreite muslimischen Lebens in Großbritannien herauszustellen, gerade auch in seinen räumlichen Bezügen, und hervorzuheben, welch mächtige Form des gesellschaftlichen Ausschlusses die Islamophobie darstellt.

Empfehlungen des Cantle Report aus dem Jahr 2001 sind in die Entwicklung eines neuen sozialpolitischen Ansatzes der Regierung eingeflossen, der die Bezeichnung *community cohesion* („Zusammenhalt der Community") trägt. Der Schwerpunkt dieses Ansatzes liegt auf der Integration sowohl der „älteren" ethnischen Minderheiten als auch der neuen Migranten. Inhaltliche Eckpunkte sind der Erwerb der englischen Sprache und die Bürgerschaftskunde (*citizenship education*). Trotz seiner Popularität in der Politik bleibt das Konzept der *community cohesion* jedoch umstritten, und zwar im Hinblick darauf, wie der Begriff inhaltlich und empirisch zu fassen ist. Dem Konzept der *community cohesion* liegen ganz bestimmte Vorstellungen von den Geographien des multikulturellen Großbritannien zugrunde. Eine davon ist die auf geographische Untersuchungen zurückgehende Feststellung, dass ethnische Segregation in britischen Städten zunehme und damit zur Entstehung von „Parallelgesellschaften" beitrage. Diesem Befund wurde in anderen Studien jedoch widersprochen. Zum einen wird hervorgehoben, dass die Feststellung einer zunehmenden Segregation die aktuellen demographischen Veränderungen nicht angemessen berücksichtige. Zum anderen wird darauf hingewiesen, dass die beobachtete Segregation vor dem Hintergrund ethnischer Stigmatisierung bei der Wohnungssuche und der Angst asiatischer Familien vor Diskriminierung zu bewerten sei. Beides hindere asiatische Familien daran, die Altstadtquartiere und älteren Vororte zu verlassen und in gemischte Quartiere in den äußeren Vororten zu ziehen.

Geographen haben auch die Diskussion über die Ausgestaltung von *community cohesion* mitgeprägt, z. B. indem sie Vorschläge zur Ausweitung des interethnischen Austauschs an öffentlichen und quasiöffentlichen Orten in multiethnischen Städten unterbreitet haben.

Fazit

Ein Verständnis der gegenwärtigen Formen von Multikulturalität in Großbritannien setzt ein Verständnis geographischer Zusammenhänge voraus. Dies ist an mehreren Punkten deutlich geworden, z. B. daran, wie bestimmte Gruppen und Orte mit ethnischen Stigmata versehen werden, oder daran, wie unterschiedlich das Phänomen der ethnischen Segregation bewertet wird. Die zunehmende Bedeutung räumlicher Aspekte von Ethnizität und Multikulturalität findet eine Entsprechung in der stärkeren Ausdifferenzierung und Theorieorientierung der Debatte zentraler Begriffe und Konzepte (*race, ethnicity*). So hat die Diskussion über die Kategorien, die bei Volkszählungen herangezogen werden, um ethnische Unterschiede zu erfassen, deutlich gemacht, dass *whiteness* ein historisch und räumlich verankerter Diskurs ist. Dies hat zu einer Infragestellung der in Großbritannien gebräuchlichen Formen der Definition von Ethnizität als Konglomerat von Geburtsort, religiöser Überzeugungen und *heritage* geführt. In diese Debatten haben sich Geographen intensiv eingemischt, ebenso in die Diskussion darüber, wie gelebte ethnische Identitäten im Schnittpunkt von Klasse, Gender und Ort entstehen. All das unterstreicht die Vitalität und Komplexität von Multikulturalität und ihrer räumlichen Bezüge, aber auch die Notwendigkeit, sich dem Thema mit differenzierten theoretischen und methodischen Konzepten zu nähern.

Weiterführende Literatur

Brah, A. (1996): Cartographies of Diaspora. London.

Bressey, C. (2008): It's Only Political Correctness – Race and Racism in British History. In: Dwyer, C.; Bressey, C. (Hrsg.) (2008): New Geographies of Race and Racism. Aldershot, S. 29–39.

Driver, F.; Gilbert, D. (1998): Heart of Empire? Landscape, Space and Power in Imperial London. In: Environment and Planning D: Society and Space, 16, S.11–28.

Dwyer, C. (2008): Geographies of Veiling. In: Geography 93, 3, S. 140–147.

Dwyer, C. (2004): Tracing Transnationalities Through Commodity Culture: A Case Study of British-South Asian Fashion. In: Crang, P.; Dwyer, C. und P. Jackson (Hrsg.): Transnational Spaces. London, New York, S. 60-77.

Dwyer, C.; Bressey, C. (2008): New Geographies of Race and Racism. Aldershot.

Geddes, A. (2005): Chronicle or a Crisis Foretold: The Politics of Irregular Migration, Human Trafficking and People Smuggling in the UK. In: British Journal of Politics and International Relations, 7, S. 324–339.

Home Office (2001): Community Cohesion (= Cantle Report). London.

Hopkins, P.; Gale, P. (Hrsg.) (2009): Muslims in Britain: Race, Place and Identities. Edinburgh

Keith, M. (2005): After the Cosmopolitan? Multicultural Cities and the Future of Racism. London.

Lewis, P. (2007): Young, British and Muslim. London.

Nayak, A. (2003): Race, Place and Globalization: Youth Cultures in a Changing World. Oxford.

Phillips, D. (2006): ‚Parallel Lives?' Challenging Discourses of British Muslim Self-Segregation. In: Environment and Planning D: Society and Space, 24 1, S. 25–40.

Vertovec, S. (2007): Superdiversity and Its Implications. In: Ethnic and Racial Studies 30, 6, S. 1024–1054.

6.3 „The friendly eye in the sky" – Neuordnungen der Städte durch Kontrollpolitik in Großbritannien

GESA HELMS UND BERND BELINA

„Surveillance is an inescapable part of life in the UK."

Mit dieser Feststellung beginnt der unlängst erschienene Bericht des House of Lords (2009, S. 5), der sich unter dem Titel *Surveillance: Citizens and the State* kritisch mit verschiedenen Überwachungstechnologien und -politiken in Großbritannien befasst. Neben der nationalen DNA-Datenbank (in der über 7 % der Bevölkerung registriert sind, was weltweit den höchsten Wert bedeutet) und der umfangreichen Sammlung von personenbezogenen Daten durch öffentliche Verwaltungen steht dabei die Videoüberwachung durch öffentliche und private Akteure im Vordergrund. In Großbritannien ist hierfür der Begriff Closed Circuit Television (CCTV) gebräuchlich, womit ein geschlossener Kreislauf von Sende- und Empfangsanlagen gemeint ist, der aus Kameras und einer Überwachungszentrale mit Monitoren, Bedienungs- und Aufzeichnungstechnik besteht. Die auf CCTV bezogene Feststellung, nach der die „britischen Bürger die meistüberwachten der Welt [sind]" (Norris und Armstrong 1999, S. 39), gilt auch nach zehn Jahren nach wie vor. Inzwischen hat sich auch Grahams These bewahrheitet, nach der CCTV zum „fünften öffentlichen Versorgungsnetzwerk" (1998, S. 107) neben Elektrizität, Gas, Wasser und Telefon avanciere, das zur Selbstverständlichkeit werde und die Gestalt der Städte maßgeblich beeinflusse. Laut David Maclean, dem britischen Innenminister von 1993 bis 1997, stellt CCTV für rechtschaffene Bürger kein Problem dar, sondern allenfalls für diejenigen, die Gesetze übertreten haben: „There is nothing sinister about it and the innocent have nothing to fear. It will put criminals on the run and evidence will be clear to see" (*The Times*, 6.7.1994)

Gegenstand dieses Abschnitts sind die jüngere Entwicklung der Videoüberwachung – insbesondere des öffentlichen Raumes – in Großbritannien, ihre Zwecke und (Miss-)Erfolge sowie ihr gesellschaftlicher und politischer Rahmen.

Zur Entwicklung der Videoüberwachung in Großbritannien

Zu Beginn der 1990er Jahre gab es in verschiedenen Städten und Gemeinden Großbritanniens erste lokale CCTV-Systeme. Für die anschließende, rasante Verbreitung, die im Rest der Welt ihresgleichen sucht, gibt es im Wesentlichen zwei Gründe: eine „Moralpanik" und Geldmittel seitens der Zentralregierung.

Am 12. Februar 1993 wird in Bootle bei Liverpool der zweijährige James Bulger aus einem Einkaufszentrum entführt und anschließend ermordet. Kurz darauf können die beiden zehnjährigen Täter gefasst werden. Das CCTV-System des Einkaufszentrums spielt für die Relevanz dieses Verbrechens eine entscheidend Rolle – wenn auch nicht in der vielleicht zu vermutenden und oft behaupteten Hinsicht. Denn die Aufklärung des Falles gelang nicht wegen der vorliegenden Videobilder, sondern weil die Polizei von einem Nachbarn den Hinweis auf Farbflecken an der Jacke eines der Täter erhielt, die sich auch an der Leiche fanden. Auf den Aufzeichnungen der Videoüberwachungskameras, auf denen zu sehen ist, wie zwei Kinder mit einem Kleinkind das Einkaufszentrum verlassen, konnten die beiden Entführer nicht identifiziert, mittels ihrer konnte lediglich der Tathergang innerhalb des Einkaufszentrums minutiös rekonstruiert werden. Sie wurden gleichwohl in der „Moralpanik", die dem Verbrechen folgte, vieltausendfach als Foto in den Printmedien (Abb. 6.5) und als Film im Fernsehen reproduziert. Mit „Moralpaniken" werden im Anschluss an Arbeiten aus den 1970er Jahren öffentliche Debatten bezeichnet, in denen bestimmte Personen oder Gruppen als von der Mehrheitsmoral abweichende *folk devils* porträtiert und über jedes Maß hinaus kriminalisiert werden, weil sie als Indikator für den Zerfall der sozialen Ordnung angesehen werden. Eben dies geschah nach dem Mord an James Bulger, und hierbei spielte CCTV eine entscheidende Rolle. Nach Hay (1995, S. 201) wurde dieser Fall – im Gegensatz zu ähnlich schrecklichen, von Kindern begangenen Verbrechen – gerade wegen der Videoaufzeichnungen zum Auslöser einer riesigen Moralpanik, in der es gelang, eine „vereinfachte Darstellung zu liefern, die ausreichend flexibel ist, um eine Vielzahl düsterer Symptome zu ‚erzählen' und gleichzeitig eindeutig Kausalität und Verantwortung zuzuschreiben" (ebd., S. 217). Inhalt der Moralpanik waren die „Jugendkriminalität" und der „Niedergang der Familie".

Abb. 6.5 Die Entführung von James Bulger; CCTV-Aufnahme.

Abb. 6.6 Hinweis auf CCTV in einem Pendlerzug zwischen Liverpool und Manchester. Quelle: Wood 2008.

Bezüglich der Verbreitung von CCTV schätzen Norris, McCahill und Wood (2004, S. 111) dieses Ereignis folgendermaßen ein:

„It is possible that the diffusion of CCTV would have continued in this gradual manner, but in 1993, the fuzzy CCTV images of toddler Jamie Bulger being led away from a Merseyside shopping mall by his two ten-year old killers placed CCTV in the spotlight. These images were replayed night after night on the national news, achieving an iconic status in the subsequent moral panic about youth crime. While CCTV had not managed to prevent the killing, the ghostly images at least held out the prospect that the culprits would be caught."

Doch wäre diese Moralpanik möglicherweise im Bezug auf CCTV folgenlos geblieben, hätte nicht das Home Office (Innenministerium) 1994 begonnen, die Finanzierung lokaler CCTV-Systeme zu unterstützen. Bis 1999 wurden 38,5 Mio. Pfund für die Einrichtung von 585 Anlagen ausgegeben, zwischen 1999 und 2003 weitere 170 Mio. Pfund für 680 Anlagen. Daneben wurde CCTV im Rahmen anderer Programme zur Kriminalitätsbekämpfung finanziell unterstützt. Hinzu kamen Mittel seitens des lokalen Einzelhandels, von Städten und Gemeinden sowie aus europäischen Fördertöpfen. Da zudem auch nationale Programme zur Förderung von CCTV an Schulen, Krankenhäusern und in öffentlichen Verkehrsmitteln (Abb. 6.6) aufgelegt

wurden, kann von geschätzten 250 Mio. Pfund an öffentlichem Geld für CCTV für die zehn Jahre bis 2004 ausgegangen werden.

Mitte der 1990er Jahre machte die Förderung lokaler CCTV-Systeme drei Viertel der gesamten Ausgaben der Zentralregierung im Bereich Kriminalprävention aus. Dies unterstreicht einerseits die hohe Bedeutung von CCTV und verweist andererseits darauf, dass sich für Städte und Gemeinden kaum andere kriminalpräventive Aktivitäten anboten. Ihnen, den Betreiberinnen der Mehrzahl der Systeme (House of Lords 2009, S. 18), wurde CCTV von der Zentralregierung geradezu aufgedrängt. So kam es, dass nicht nur in Großstädten und im Rahmen von prestigeträchtigen Stadtentwicklungsprojekten (Abb. 6.7 und Abb. 6.8), sondern auch z. B. im mittelwalisischen Cardigan mit seinen stolzen 4 500 Einwohnern ein CCTV-System eingerichtet wurde, dessen einzige Daseinsberechtigung dem Umstand geschuldet zu sein scheint, dass seine Einrichtung vom Home Office finanziert wurde. Die Hintergründe des CCTV-Systems der Kleinstadt Berwick-upon-Tweed (Abb. 6.9) kennen wir zwar nicht, zu vermuten ist eine ähnliche Entstehungsgeschichte.

Neben den enormen Summen, die seitens der Zentralregierung für lokale CCTV-Systeme zur Verfügung gestellt wurden, hat auch die kompetitive Art und Weise ihrer Verteilung den Boom weiter verstärkt. Denn um an die zentralstaatlichen Gelder zu kommen, mussten Anträge geschrieben werden, wobei sich in vielen Städten neuartige Kooperationsstrukturen und einflussreiche Netzwerke von Polizei, Einzelhandel und Stadtverwaltung etablierten. Diese bestanden auch im Falle der Erfolglosigkeit des Antrags weiter, und weil sie auf CCTV gegründet waren, blieben sie auch darauf fixiert. Dabei gilt es zu betonen, dass eine Zusammenarbeit der genannten Akteure in Großbritannien bis in die 1990er Jahre hinein keine Selbstverständlichkeit war. So erfuh-

Abb. 6.7 CCTV in Manchester. Quelle: Wood 2008.

ren wir in Experteninterviews, die wir 2002 in Sheffield führten, dass die linke Labour-Stadtverwaltung bis in die 1980er Jahre hinein explizit nicht mit der Polizei zusammenarbeitete.

Manche Beobachter gehen angesichts der beschriebenen Konstellationen so weit zu folgern, dass Kriminalprävention bestenfalls der Anlass, nicht aber das Ziel der großflächigen Installierung von CCTV-Systemen ab 1994 gewesen sei. Städte und Gemeinden hätten es vor allem auf die zentralstaatlichen Fördermittel abgesehen gehabt und hätten ihr neu entdecktes Interesse an Kriminalprävention nur vorgeschoben. Vor dem Hintergrund, dass insbesondere die traditionell Labour-orientierten großen Städte während der konservativen Regierungen Thatcher und Major unter massiven Budgetkürzungen sowie auch politischen Einflussverlusten zu leiden hatten, erscheint diese Einschätzung als zwar zugespitzt, jedoch nicht ganz von der Hand zu weisen.

Um die Mitte des ersten Jahrzehnts des neuen Milleniums pegelt sich die Verbreitung seitens der öffentlichen Hand betriebener CCVT-Systeme rein quantitativ betrachtet auf hohem Niveau ein. In qualitativer Hinsicht beginnt nun erstens eine Diskussion um Probleme mit den laufenden Kosten und der an vielen Orten anstehenden grundlegenden, kostspieligen Erneuerung der Systeme. Zweitens wird CCTV zunehmend als Baustein der „nationalen Sicherheitsarchitektur" und des „Kampfes gegen den Terror" betrachtet, insbesondere nach den Anschlägen vom 7.7.2005 in London. Während die nationale Ebene bis dahin lokale CCTV-Systeme unterstützt hatte, wird mit der *national CCTV strategy* eine landesweite Standardisierung und damit Zentralisierung angestrebt. So wird implizit die bishe-

Abb. 6.8 CCTV in London, Docklands. Quelle: Wood 2006.

Abb. 6.9 CCTV in Berwick-upon-Tweed. Quelle: Wood 2005.

rige, inkrementelle Praxis kritisiert, die zu einem Flickenteppich lokaler CCTV-Systeme geführt hat.

Zwecke und (Miss-)Erfolge von CCTV

Im Vorwort zur erwähnten *national CCTV strategy* schreibt der für Sicherheit zuständige britische Minister Tony McNulty: „I see CCTV as an important tool in the Government's crime-fighting strategy" (Gerrard et al. 2007, S. 4, [Übers. d. Hrsg.]). Hier – wie fast immer in öffentlichen Debatten – wird CCTV als Mittel der Kriminalitätsbekämpfung verstanden. Hierzu soll CCTV auf unterschiedliche Art und Weise beitragen, insbesondere indem es Menschen präventiv daran hindern soll, Straftaten zu begehen, und bei begangenen Straftaten Beweismittel für Gerichtsverfahren liefern soll. Von offizieller Seite wird daneben häufig die Verbesserung des „Sicherheitsgefühls" der Bevölkerung genannt sowie, in jüngster Zeit, der „Kampf gegen den Terrorismus". Seltener genannt, in der Polizeipraxis aber von großer Bedeutung, ist die Funktion der Videoaufnahmen „als Indizien, als Hinweise, die auf die richtige Fährte führen oder Delinquenten – wenn während des Verhörs vorgelegt – geständig machen" (Töpfer 2009). Außerdem wird CCTV bei der Einsatzleitung bei Großereignissen, der Koordinierung der Streifentätigkeit und, von den Polizeigewerkschaften häufig beklagt, zur Personaleinsparung eingesetzt (ebd.). Alle genannten Zwecke zielen in der einen oder anderen Weise auf die Bekämpfung von Kriminalität ab.

Seit Beginn der Installierung von CCTV-Systemen wurden deren Effekte auf die Kriminalitätsentwicklung untersucht. Hierbei konnte teils ein Rückgang der registrierten Straftaten, teils keine Veränderung und teils deren Anstieg belegt werden. Das grundlegende Problem dieser Art von Evaluierungen unter Verwendung der polizeilichen Kriminalstatistik, in die alle angezeigten Straftaten eingehen, liegt darin, dass Kriminalität (also Strafrechtsverstöße) ebenso wie jede andere Form der Devianz (also von Normen abweichendes Verhalten) nicht etwas ist, das einem Akt innewohnt, sondern eine Qualität, die diesem Akt erst durch Institutionen der Kontrolle *zugeschrieben* wird. Erst wenn ein Akt als Rechtsbruch wahrgenommen und angezeigt und die Anzeige auch aufgenommen wird, wird er zu polizeilich gemessener Kriminalität. Deshalb dokumentieren Kriminalstatistiken nicht die Quantität von „Kriminalität" oder die „Kriminalitätsbelastung", sondern das Anzeigeverhalten der Bevölkerung, die Kontroll- und Anzeigenaufnahmepraxis der Polizei sowie – auf allgemeinerer Ebene – das gesellschaftliche Strafbedürfnis. Wo also mittels Videoüberwachung eine intensivere Kontrolle stattfindet, kann bei gleichbleibender realer Kriminalitätsbelastung entweder durch die Entdeckung eines größeren Teiles der Straftaten eine Zunahme der registrierten Kriminalität eintreten; oder es kann zu einer Abnahme kommen, weil die Polizei den Ort wegen der Videoüberwachung als weniger kontrollierenswert einschätzt.

Wegen dieser Zusammenhänge wird in einer Meta-Evaluierung vorliegender Evaluierungen der Effekte von CCTV auf die Kriminalitätsbelastung dafür plädiert, zusätzlich zu den polizeilichen Daten auch Viktimisierungssurveys heranzuziehen, also repräsentative Befragungen, bei denen erhoben wird, wer wann Opfer welcher Art von Straftat wurde. Allerdings stehen auch solche Studien vor demselben Grundproblem: Das, was den Befragten widerfahren ist, werden sie nur dann als „Kriminalität" zu Protokoll geben, wenn sie dem Geschehen den Status „kriminell" *zuschreiben*. Manche Befragte mögen jeden disharmonischen Wortwechsel unter Mitmenschen als Beleidigung oder Nötigung wahrnehmen, sich also häufig als Kriminalitätsopfer wähnen, andere hingegen mögen Schlägereien oder sexuelle Belästigung als Harmlosigkeit und nicht der Rede wert einschätzen und sich deshalb nie als Kriminalitätsopfer sehen.

In einem ersten Versuch, neben polizeilichen Kriminalitätsdaten auch Viktimisierungssurveys einzubeziehen, kommen Farrington, Bennett und Welsh (2007) zu dem Ergebnis, dass in der videoüberwachten Gegend nur die polizeiliche Kriminalstatistik, nicht aber die Viktimisierung anstieg, was sie als eine Zunahme der registrierten bei gleichbleibender tatsächlicher Kriminalitätsbelastung interpretieren. In einer größer angelegten Untersuchung von 14 unterschiedlichen CCTV-Systemen, bei der ebenfalls (zumindest teilweise) mit Viktimisierungsdaten gearbeitet werden konnte, kommen sie zu dem Ergebnis: „CCTV was effective in reducing crimes in car parks but not in city centers or residential areas, seemed to be most effective in reducing vehicle crimes but not other types of crimes, and may have been most effective when combined with improved lighting" (Farrington et al. 2007, S. 33).

Die Ergebnisse dieser umfangreichen und methodisch belastbaren Untersuchungen aus dem Home Office, das seit Jahren Hauptgeldgeber und Befürworter von CCTV ist, kommen also zu dem Schluss, dass CCTV nur in sehr begrenztem Ausmaß dazu beiträgt, ganz bestimmte Formen von Kriminalität zu verhindern – und zwar gerade nicht die schweren Verbrechen gegen Leib und Leben, die beim Lob von CCTV üblicherweise im Mittelpunkt stehen.

Die erwähnten und andere Studien versuchen häufig auch, Verdrängungseffekte zu messen. Dies ist mit den vorliegenden Daten aus genannten Gründen wenig erfolgversprechend – Ab- oder Zunahmen der gemessenen Kriminalität in einem Raumausschnitt können alles Mögliche bedeuten. Ob sie dorthin verdrängt wurde oder nicht, geben sie nicht her. Der Umstand, dass bestimmte innerstädtische Plätze videoüberwacht werden, ändert nichts an den Gründen, die Menschen haben, Straftaten zu begehen oder illegalisierte Substanzen zu sich zu nehmen. Mit der Videoüberwachung werden lediglich die Rahmenbedingungen verändert, die es beim Rechtsbruch zu berücksichtigen gilt. Wer einen Mord begehen oder Heroin konsumieren will, wird das dann zwar vermutlich nicht mehr an den videoüber-

wachten Plätzen tun, aber deshalb noch lange nicht von seinem Plan ablassen, sondern ihn eben anderswo in die Tat umsetzten. Die logische Konsequenz der Videoüberwachung ist also nicht die Verhinderung von kriminalisierten Akten, sondern deren Verdrängung in andere, nicht videoüberwachte Teile der Stadt.

Angesichts dieses Stands der Forschung bezeichnet etwa Webster (2009, S. 19) die Vorstellung, dass CCTV in Großbritannien ein Mittel der Kriminalpolitik sei, dass mit ihm also Verbrechen im Sinne des Strafrechts verhindert, verfolgt oder aufgeklärt werden sollen, als Mythos. Er verweist darauf, dass es sich bei CCTV um ein Mehrzweckinstrument handelt, dessen weitere Zwecke kaum diskutiert würden, weil die Begleitforschung sich stets auf kriminalitätsreduzierende Effekte konzentriere. Angesichts der wenig überzeugenden Daten bezüglich der Kriminalitätsreduzierung werden von ihm und anderen Kommentatoren vor allem zwei Zwecke von CCTV diskutiert.

Zum einen wird argumentiert, im Zentrum von CCTV in Großbritannien stehe der „symbolic value that something was being done about the problem of crime" (Norris, McCahill und Wood 2004, S. 123). Manche Kommentatoren gehen angesichts vorliegender Evaluierungen ihrer kriminalpräventiven Erfolge (bzw. Misserfolge) so weit, in der Videoüberwachung öffentlicher Räume ausschließlich Symbolpolitik zu sehen, die Handlungsfähigkeit demonstrieren soll und ansonsten keine Auswirkungen hat.

Zum anderen betonen viele Beobachter, dass der Zweck von CCTV sich im Lauf der Zeit de facto von *Kriminal*politik zu *Ordnungs*politik verschoben hätte (Webster 2009). Im Mittelpunkt stünde – auch in der offiziellen Begründung von CCTV – nicht mehr nur die Bekämpfung von Strafrechtsverstößen, sondern zunehmend die Durchsetzung einer Vorstellung von öffentlicher Ordnung. Damit aber sind Bereiche angesprochen, aus denen der Staat sich in westlichen Gesellschaften zunehmend herausgezogen hatte, Fragen des Lebensstils nämlich, des Benehmens und Aussehens etc. Durch den neuen Fokus auf Ordnungspolitik, die sich um eben solche Themen kümmert, mischt sich der Staat wieder verstärkt in den Alltag seiner Bürgerinnen und Bürger ein, und zwar auch dort, wo sie sich an alle geltenden Gesetze halten.

Hintergründe

Den Hintergrund für die enormen Investitionen in CCTV in Großbritannien bilden die Folgen der Krise des Fordismus seit Beginn der 1970er Jahre und das nach einigen Suchbewegungen vollzogene Einschwenken auf neoliberale Rezepte unter Thatcher. Eine Erscheinungsform der Krise war und ist der ökonomische Niedergang altindustrialisierter Städte und Regionen, der ganze Stadtteile mit tendenziell überflüssig gemachten (Armuts-)Bevölkerungen entstehen ließ, sowie – dort wie auch in den weniger hart getroffenen Städten – der Verfall der Innenstädte als Folge der Suburbanisierung von Bevölkerung, Gewerbe und, etwas später, Konsum. Auf beide, teils durch die neoliberale, gegen sozialen und räumlichen Ausgleich gerichtete Politik selbst hervorgebrachte Entwicklungen, wird mit Politiken reagiert, die auf Prävention und die Herstellung öffentlicher Ordnung im oben genannten Sinn abzielen.

Parallel zu Entwicklungen in anderen westlichen Staaten lässt sich auch in Großbritannien eine Verstärkung von Prävention und Risikominimierung feststellen. Situative Kriminalitätsprävention, die über die Gestaltung von (gebauter) Umwelt und Gelegenheitsstrukturen Verbrechen verhindern will, hat in Großbritannien ihren Ursprung Anfang der 1980er Jahre in Thatchers Home Office und dessen Studien zur Effizienz bestimmter Präventionsmethoden und -mittel. Anstatt als Basis von Kriminalpolitik die Ursachen von Kriminalität zu erforschen, was regelmäßig zu dem Ergebnis führt, dass diesen mit Kriminalpolitik nicht beizukommen ist, sondern nur mit Sozialpolitik, Bildung, der Bekämpfung von Rassismus und Sexismus sowie mit materieller Umverteilung, beschränkte man sich nunmehr auf die Verhinderung von Tatgelegenheiten. In dieser einfachen Logik wurde nur noch untersucht, was „funktioniert". Wenn dies für die Verdrängung von Randgruppen oder die staatliche Herstellung von Ordnungsvorstellungen zutrifft, sind potenzielle negative Folgen dieser Vorgehensweisen unbedeutend. Gleichzeitig wurden die Strafen für überführte und verurteilte Delinquenten verschärft. Ähnlich wie in den USA ist als Folge dessen auch das britische Justizsystem überlastet, und es werden Rufe nach neuen (und oftmals privatisierten) Gefängnissen laut. Neben diesen Tendenzen zu Prävention und Ausschluss existiert innerhalb des Justizsystems weiterhin der emotionale Wunsch nach Bestrafung. Letzterer wird vor allem in einem kommunitaristischen Kontext artikuliert, d.h., er wird als im Sinne der Gemeinschaft (*community*) dargestellt.

Insbesondere innerhalb der sozialdemokratischen Politik von New Labour werden beide Aspekte eng miteinander verknüpft. Soziale Gerechtigkeit und besonders soziale Integration (*social inclusion*) sind seit Beginn der Labour-Regierung 1997 Leitthemen öffentlicher Diskussionen. Zu einem wesentlichen Teil stellt diese Politik eine Fortführung quartiersorientierter Stadterneuerungspolitik der 1960er Jahre dar. Sicherheit wird hierbei als ein Maßnahmenbereich eingesetzt, mit dessen Hilfe soziale Gerechtigkeit innerhalb der Stadtteile erreicht werden soll – insbesondere durch die Bekämpfung von Ordnungsdelikten, die Lebensqualität mindernde Straftaten sowie Gewalt- und Drogenkriminalität. Obschon diese Politik also auf Integration abzielt, beschränkt sie sich in der Praxis auf die Exklusion von „Störern" der öffentlichen Ordnung und hat wenig gemein mit dem *penal welfarism* der 1970er Jahre, in dem nur diejenigen dem Strafsystem übertragen wurden, die für eine sozialstaatliche Integration nicht ansprechbar waren.

Da Kriminalpolitik stets nur im Zusammenhang mit den größeren gesellschaftlichen Entwicklungen zu verstehen ist (Garland 2001), sei deren unseres Erachtens entscheidender Aspekt kurz im Bezug auf CCTV skizziert: die Politik der unternehmerischen Stadt.

Da die Städte seitens der Zentralregierung einerseits weniger finanzielle Mittel, andererseits zusätzliche Aufgaben und Verantwortungen übertragen bekamen, setzte sich in den 1980er Jahren ein neuer Typus städtischer Politik durch, für den Harvey (1989) den Begriff der unternehmerischen Stadt prägte. Ihm zufolge besitzt die wie ein Unternehmen geführte Stadt vier Möglichkeiten, sich zusätzliche Einkommensquellen zu erschließen: 1) Schaffung einer vorteilhaften Position in der internationalen Arbeitsteilung durch gute physische und soziale Infrastruktur; 2) Anwerbung von Kontroll- und Herrschaftsfunktionen im Finanzwesen, in der Verwaltung und im Technikbereich; 3) Anziehen hochwertiger Konsumption; 4) Erschließen von Fördermitteln. Wie weiter oben betont, ist CCTV zunächst ein Fall von Option 4. Da die Stadt im Rahmen von Option 3 „als ein innovativer, aufregender, kreativer und *sicherer* Ort erscheinen [muss]", fällt CCTV auch hierunter. Insbesondere der Aspekt des „Scheinens" ist dabei zentral: Während Kriminalität im engeren Sinn, wie gesehen, durch Videoüberwachung kaum bis gar nicht verhindert wird, kann mittels Symbolpolitik und Verdrängung sichtbarer Unordnung (einschließlich unordentlich aussehender Menschen) dieser Eindruck gleichwohl erweckt werden. CCTV als Strategie zur Konsumsteigerung schlägt sich nieder in dem selektiven Blick der Überwachungskameras, der nur bestimmte Straßen und Plätze erfasst und eine sehr ungleiche Geographie innerhalb des öffentlichen Raumes britischer Städte hervorbringt. Mittels CCTV werden die Folgen neoliberaler Politik in der Stadt sortiert und versteckt. Auf diese Weise können CCTV und andere lokale Maßnahmen der Kriminalpolitik außerdem zu Option 1 und 2 beitragen, indem sie die Stadt für Investoren und Entscheider angenehmer, einladender und sicherer erscheinen lassen („weiche Standortfaktoren"); dieser Punkt dürfte

Abb. 6.10 *No drinking*-Manchester. Quelle: Wood 2004.

bei tatsächlichen Standortentscheidungen, zumal innerhalb eines Industriestaates wie Großbritannien, allerdings bestenfalls eine marginale Rolle spielen.

Die Bedeutung der weiter oben diskutierten Zwecke der auf öffentliche Ordnung abzielenden Politik, die mittels CCTV in der Stadt ins Werk gesetzt werden, wird erst vor diesem Hintergrund deutlich. Sie werden erkennbar als Teil einer unternehmerischen Stadtpolitik, die den lokalen Standort auf der einen Seite attraktiv gestalten muss, dazu auf der anderen Seite aber nur wenige tatsächliche Möglichkeiten in der Hand hat.

CCTV ist in dieser Hinsicht vor allem lokale Standortpolitik.

Dabei ist CCTV zwar die sichtbarste und teuerste, aber nicht die einzige Strategie, die störende Gestalten aus Innenstädten verdrängen soll. Hierzu gehören auch Verbote des Alkoholkonsums im öffentlichen Raum (Abb. 6.10) oder die Anti-Social Behaviour Orders (ASBOs), mittels derer Personen, die gegen die öffentliche Ordnung verstoßen haben, Auflagen gemacht werden, denen etwa das Betreten bestimmter Räume verboten werden kann (Abb. 6.11).

Diese und weitere kriminal- bzw. ordnungspolitische Initiativen sind integraler Bestandteil der Stadtpolitik unter New Labour, die vor allem unter dem Titel der *regeneration* stattfinden. In groß angelegten Programmen wie dem New Deal for Communities und dem Housing Renewal Pathfinder wird der Fokus explizit auf die Umweltqualität gelegt, womit teilweise Fragen ökologischer Nachhaltigkeit gemeint sind, großteils aber solche der *environmental crime prevention*, die nach der Logik der oben genannten situativen Prävention funktioniert. Parallel zu diesen risikominimierenden Strategien werden solche mit Fokus auf öffentliche Ordnung verfolgt, in denen es um *anti-social behaviour*, Respekt und (durch Störer eingeschränkte) Lebensqualität geht. Der Zusammenhang zwischen „Kriminalität" und „Stadt" ist damit in Großbritannien inzwischen an einem Punkt angelangt, an dem der oberflächliche Fokus auf Risikominimierung und öffentliche Ordnung zur unhinterfragten Wahrheit zentralstaatlicher und städtischer Politik geworden ist. Weil diese Politik an der Oberfläche verbleibt, so befürchten Kritiker, wird sie Kriminalitätsprobleme mittelfristig eher verstärken als tatsächlich bekämpfen.

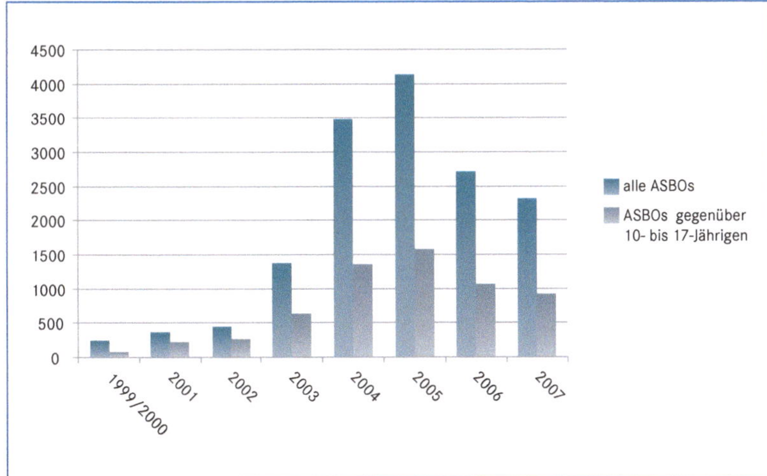

Abb. 6.11 Entwicklung der Anti-Social Behaviour Orders (ASBOs) in England. Quelle: Home Office (http://www.crimereduction. homeoffice.gov.uk/asbos/asbos2.htm; Abruf: 27.08.2009).

Fazit

CCTV ist ein wesentlicher Bestandteil der Städte in Großbritannien. Seine rapide Ausbreitung und heutige Bedeutung haben, so lassen sich die vorliegenden Forschungen zusammenfassen, mit tatsächlicher Verhinderung und Aufklärung von Kriminalität nur am Rande zu tun. Weit stärker geht es um gesellschaftliche Ängste, hierauf reagierende Symbolpolitik, um unternehmerische Stadtpolitik sowie den staatlichen und städtischen Umgang mit den Folgen des Neoliberalismus, die in den Städten in Form einer Politik der öffentlichen Ordnung betrieben wird. Britische Städte werden u. a. mittels CCTV räumlich neu geordnet, und auf diesem Wege, also mittels Kontrollpolitik, geschieht dasselbe auch mit gesellschaftlichen Ein- und Ausschlüssen.

Nach der revanchistischen und autoritären britischen Kriminalpolitik seit Ende der 1970er Jahre bedeutet dies eine Modernisierung und eine Ausweitung von Polizeikompetenzen und Überwachungsinstrumenten unter der Labouradministration seit 1997. Das qualitativ Neue besteht in New Labours Fähigkeit, Sicherheitsempfindungen und die Bedürfnisse von Kriminalitätsopfern aufzugreifen und in ihre Variante einer Politik der sozialen Stadt (*social inclusion*, New Deal for Communities) innerhalb umfangreicher Stadtumbauprogramme zu integrieren. Kernelement dieser Modernisierung ist die Koppelung der sozialen Stadt an einen modernisierten *underclass*-Diskurs, der sich an neokommunitaristischen Gemeinschaftsbildern orientiert, die das (präventive, exkludierende) Vorgehen gegen „antisoziale" Bevölkerungsteile als Dienst an der Gemeinschaft darstellt.

Young (2007) bezeichnet diese neue Form gesellschaftlicher Integration und gleichzeitiger selektiver Exklusion als „bulimische Gesellschaft", die Individuen in unstillbarem Hunger mittels Erziehung, Medien und Marktwirtschaft in sich hineinfrisst, ihnen dabei einen „normalen Lebensstil" suggeriert, den allermeisten aber die Mittel vorenthält, diesen wirklich werden zu lassen, und sie deshalb als Störende, Antisoziale und Verbrecher wieder ausscheidet, exkludiert. Dabei ist keine eindeutige Trennung vorzunehmen zwischen In- und Exkludierten, keine räumliche, da die Mittel- und Oberschichten von den Dienstleistungen der Unterschicht abhängen, wegen derer diese tagtäglich aus den Ghettos in die wohlhabenden Stadtteile kommen, und auch keine des kulturellen Bezugssystems, das alle gleichermaßen aus den Massenmedien beziehen. Eben weil Arme und Reiche denselben, medial verbreiteten Lebensstil anstreben und weil sie also nicht in parallelen Welten nebeneinander leben, sondern sich andauernd begegnen, kommt es in den Städten zu Ängsten und Konflikten (Young 2007, S. 30–38), denen politisch mit Kontrolle, Prävention und der Herstellung „öffentlicher Ordnung" begegnet wird.

Auch wenn sowohl Inklusion als auch Exklusion schon immer Bestandteile staatlicher Kontrollpolitik waren – nichts anderes meint das bekannte Bild des italienischen Philosophen Antonio Gramsci von der „Hegemonie, gepanzert mit Zwang" –, so wäre das Besondere an der aktuellen Situation die andauernde Verwischung vieler Grenzen – räumlicher, kultureller etc. – bei gleichzeitiger Aufrechterhaltung und Verschärfung der Reichtumsgegensätze. In dieser Situation, so unser Fazit, bieten Methoden wie CCTV eine Möglichkeit, in einer von Widersprüchen und Konflikten durchzogenen Gesellschaft flexibel Kontrolle auszuüben.

Weiterführende Literatur

Atkinson, R.; Helms, G. (Hrsg.) (2007): Securing an Urban Renaissance. Bristol, S. 1–22.

Belina, B.; Helms, G. (2003): Zero Tolerance for the Industrial Past and Other Threats: Policing and Urban Entrepreneurialism in Britain and Germany. In: Urban Studies, 40, 4, S. 1845–1867.

Töpfer, E. (2009): Videoüberwachung als Kriminalprävention? Plädoyer für einen Blickwechsel. In: Kriminologisches Journal, 41, 4 (im Druck).

Farrington, D. P.; Bennett, T. H.; Welsh, B. C. (2007): The Cambridge Evaluation of the Effects of CCTV on Crime. In: Farrell, G.; Bowers, K.; Johnson, S.; Townsley, M. (Hrsg.): Imagination for Crime Prevention: Essays in Honor of Ken Pease. Monsey, S. 187–201.

Farrington, D. P.; Gill, M.; Waples, S. J.; Argomaniz, J. (2007): The Effects of Closed-Circuit Television on Crime: Meta-Analysis of an English National Quasi-Experimental Multi-Site Evaluation. In: Journal of Experimental Criminology, 3, 1, S. 21–38.

Garland, D. (2001): The Culture of Control. New York.

Gerrard, G.; Parkins, G.; Cunningham, I.; Jones, W.; Hill, S.; Douglas, S. (2007): National CCTV Strategy, London (http://www.crimereduction.homeoffice.gov.uk/cctv/National%20CCTV%20Strategy%20Oct%202007.pdf, Abruf: 28.06.2009).

Graham, S. (1998): Towards the Fifth Utility? On the Extension and Normalisation of Public CCTV. In: Norris C.; Morgan, J.; Armstrong, G. (Hrsg.): Surveillance, Closed Circuit Television and Social Control. Aldershot, S. 89–111.

Hall, S.; Critcher, C.; Jefferson, T.; Clarke, J.; Roberts, B. (1978): Policing the Crisis. London.

Harvey, D. (1989) From Managerialism to Entrepreneurialism: The Transformation in Urban Governance in Late Capitalism. In: Geografiska Annalers, 71 B, S. 3–17.

Hay, C. (1995): Mobilization Through Interpellation: James Bulger, Juvenile Crime and the Construction of a Moral Panic. In: Social & Legal Studies, 4, S. 197–223.

Helms, G. (2008): Towards Safe City Centres? Aldershot.

House of Lords (2009): Surveillance: Citizens and the State. Vol. I: Report. London.

Norris, C.; Armstrong, G. (1999): The Maximum Surveillance Society. Oxford/New York.

Norris, C.; McCahill, M.; Wood, D. (2004): The Growth of CCTV: A Global Perspective on the International Diffusion of Video Surveillance in Publicly Accessible Space. In: Surveillance & Society, 2, 2/3, S. 110–135.

Webster, W. (2009): CCTV Policy in the UK: Reconsidering the Evidence Base. Surveillance & Society, 6, 1, S. 10–22.

Welsh, B. C.; Farrington, D. P. (2002): Crime Prevention Effects of Closed Circuit Television: A Systematic Review. London.

Williams, K. S.; Johnstone, C. (2000): The Politics of the Selective Gaze: Closed Circuit Television and the Policing of Public Space. In: Crime, Law & Social Change, 34, 1/2, S. 183–200.

Young, J. (2007): The Vertigo of Late Modernity. London.

6.4 Von der *sailor town* zu schicken Quais – Transformationsprozesse in Hafenstädten und ihre Rahmenbedingungen

Dirk Schubert

Seit den letzten Dekaden des letzten Jahrtausends zeichnet sich – nicht nur in Großbritannien – ein rascher Wandel in innenstadtnahen älteren Hafenbereichen ab. Diese Areale, zuvor von Warenumschlag und Hafennutzungen dominiert, werden neuen Nutzungen zugeführt. Die Waterfronts sind begehrte Standorte für Büros, Wohnungen, touristische Einrichtungen sowie für „Leuchtturmprojekte" und werden gezielt von Yuppies, Dinks und den *creative classes* nachgefragt. Diese Transformationen stehen paradigmatisch für ähnliche Konversionen im Kontext des Übergangs von der industriellen (Hafen-)Stadt zur postindustriellen Stadt der Wissensgesellschaft. Die Umbauprozesse an den Hafen- und Uferzonen sind nur zu verstehen vor dem Hintergrund globaler Restrukturierungen, die teilweise dramatische Veränderungen des stadträumlichen Kontexts von Stadt und Hafen bewirkt haben. Auch in den britischen Häfen lassen sich Trends der Entkopplung von Umschlag und Wertschöpfung belegen. Die Arbeit im Hafen hat sich qualitativ verändert, und die Hafenstandorte haben sich räumlich – in der Regel seewärts – verlagert. Die Schnittstellen zwischen Hafen und Stadt weisen gravierende Veränderungen von Flächennutzungen, wirtschaftlichen Aktivitäten und baulichen Strukturen auf.

Körperlich anstrengende, gefährliche und schmutzige Hafenarbeit und die hafennahen Wohnquartiere der „Docker" wurden durch Büroarbeitsplätze und hochpreisige Wohnprojekte „ersetzt".

Historische Rahmenbedingungen der Hafenentwicklung

Großbritannien weist als Insel eine relativ lange Küstenlinie mit vielen Häfen auf. Kein Ort in England liegt mehr als 120 km vom Meer entfernt (Abb. 6.12). Um 1870 gab es in Großbritannien 110 Häfen, 1960 wurden für die Zollstatistik 112 gezählt, von denen aus Handel mit dem Ausland betrieben wurde (Bird 1963, S. 21). Dabei sind unterschiedliche geographische Gegebenheiten, Spezialisierungen und Betreiberformen zu unterscheiden. Die bedeutendsten Häfen (London, Liverpool, Newcastle, Belfast, Glasgow) liegen im Mündungsbereich größerer Flüsse, andere wiederum sind mittels Kanälen mit der See verbunden (Manchester–Salford) und andere Häfen liegen direkt an Küstenbuchten (Hull, Southampton, Portsmouth, Cardiff, Dundee). Der See-, Küsten-, Fluss- und Kanalschifffahrt und den entsprechenden Häfen kam stets eine große Bedeutung zu.

Mitte des 19. Jahrhunderts wurde über die Hälfte des britischen Imports über London und Liverpool abgewickelt. Andere Häfen waren auf Handel mit bestimmten Regionen (Hull: baltischer Raum), besonderen Gütern (Cardiff: Kohle „Coal Metropolis", Liverpool: Baumwolle), Schiffbau (Glasgow), Fischerei (Grimsby), Passagierschifffahrt (Southampton) oder Marine (Portsmouth) spezialisiert. Während die Häfen in einigen Orten nicht die lokale Ökonomie dominierten (London), gab es in anderen starke Abhängigkeiten: In Cardiff und Merseyside waren zwischen 30 und 50 % der Beschäftigten vom Hafenbetrieb und von Zulieferergewerben abhängig.

Sehr unterschiedlich ausgeprägt waren in den Seehäfen auch die Eigentumsverhältnisse und die Betreiberstrukturen. Neben privaten Dockgesellschaften gab es kommunale/öffentliche Eigentümer, Trusts und häufig auch Bahngesellschaften als Eigentümer und Betreiber der Kais und Hafenanlagen. Vor dem Hintergrund der Industrialisierung und Urbanisierung zu Beginn des 19. Jahrhunderts sowie der raschen Zunahme und Internationalisierung des Handels galt es, unter erheblichem Zeitdruck kostspielige infrastrukturelle Weichenstellungen vorzunehmen, die bis heute für Stadt- und Hafenentwicklung nachwirken.

Integraler Bestandteil des Hafengefüges waren auch „besondere" hafennahe Viertel (*sailor towns*). Höchst international orientiert bildeten sie ein Konglomerat aus

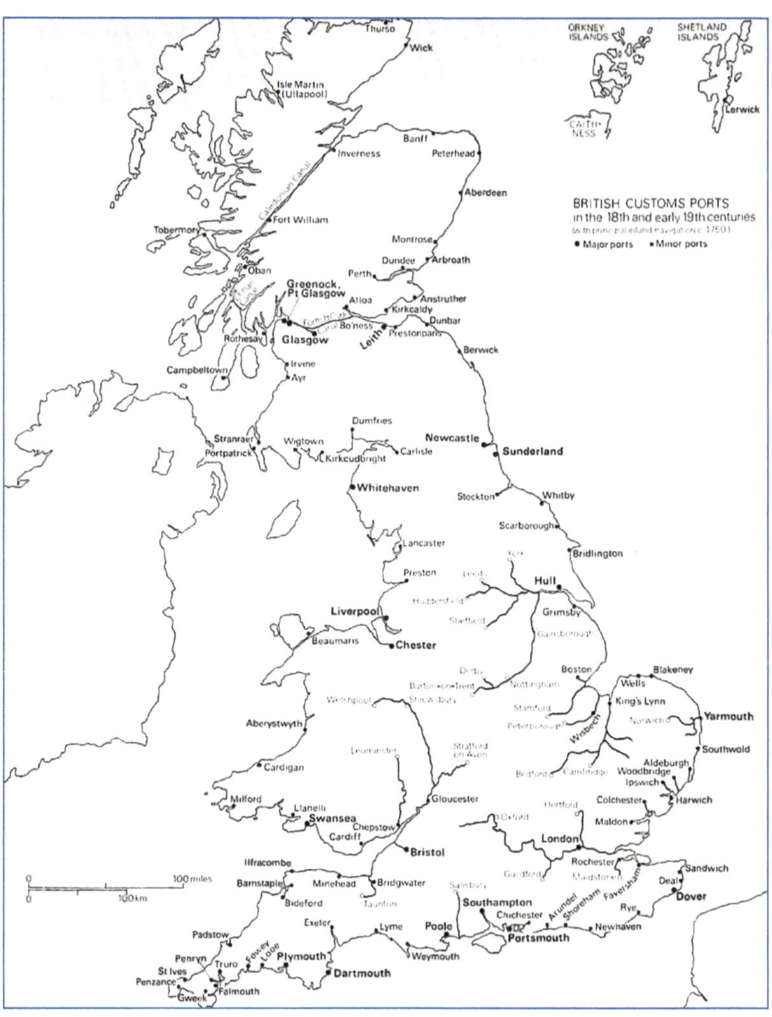

Abb. 6.12 Britische Seehäfen zu Beginn des 19. Jahrhunderts. Quelle: Gordon Jackson, The History and Archeology of Ports, Kingswood 1983, S. 32.

einer Fülle von Funktionen und Dienstleistungen, das Geschäfte für Bekleidung, Genussmittel und Souvenirs, Seemannskirchen, Unterkünfte, Wirtshäuser, Tätowierstuben, Tanzpaläste und Bordelle umfasste. Jüdische, chinesische, schwarze und dunkelhäutige Menschen anderer Kulturen waren mit ihren Lebens-, Ess-, Arbeits- und Wohnweisen in Seehäfen längst präsent, während sie im Binnenland noch als „exotisch" bestaunt wurden. Hafenviertel galten zudem als „gefährlich" und hatten häufig den Ruf unsicher und „unmoralisch" zu sein, bildeten sie doch erste „Trittsteine" für die Neuankömmlinge, die Optionen für die Herausbildung informeller und ethnischer Ökonomien eröffneten.

Ursprünge der Häfen

Großbritannien ist ein Inselstaat mit starker Abhängigkeit vom Welthandel. In den Häfen liegt daher der Schlüssel zum Verständnis der britischen Wirtschaft und auch des britischen Lebens. Von den Siegen über konkurrierende Kolonialmächte im 18. und 19. Jahrhundert hatte unter den englischen Häfen London den größten Nutzen. Sein Aufstieg ist verknüpft mit der Ausbreitung der britischen Weltherrschaft. London wurde Beherrscher des Welthandels und war im Jahr 1801, dem Datum des ersten Zensus, mit einer Bevölkerung von 1,12 Mio. Menschen die größte Stadt der Welt. Die Hafenstädte wurden zu Kulminationspunkten von Neuerungen aus Wirtschaft, Gesellschaft und Kultur. Sie können als Orte gelten, wo Phänomene der späteren Globalisierung vorweggenommen wurden.

Bis weit in das 19. Jahrhundert hinein wurden die größeren Schiffe vorwiegend im Strom mittels Schuten be- und entladen. Von den Schuten wurden die Waren dann landseits weiter verladen oder in Speicher verbracht. Zu Beginn des 19. Jahrhunderts entstanden die ersten Typen von tideabhängigen Schiffsanlegeplätzen, bei denen die Schiffe nicht mehr im Strom gelöscht wurden. Die Uferbereiche waren mit Gebäuden, die vom Wasser aus erreichbar waren, fast vollständig besetzt. Zur vielfachen Überlastung der Hafenbassins kamen landseitige Staus auf den Straßen hinzu. Aufgrund fehlender Lagerkapazitäten wurden Waren offen auf dem Kai oder in Leichtern gelagert.

Mit dem Bau der Docks – künstlich angelegten Hafenbecken mit Schleusen – ab 1800 wurde der Grundstock für die weitere Expansion der britischen Häfen gelegt. Zwei Gründe führten zu Beginn des 19. Jahrhunderts zu der Neuerung der Dockhäfen. Die wertvollen Güter auf den Schiffen und an Land waren zuvor nur unzureichend gegen Diebstahl geschützt. Spezialisierte Gangs, „River Pirates", „Night Plunderers" und „Mudlarks" betrieben organisierten Diebstahl.

In London wurden seit 1800 hohe Mauern zum Schutz der wertvollen Güter angelegt. Mit den Docks war es außerdem möglich, den großen Tidenhub von über 6 m auszugleichen und damit das Be- und Entladen der Schiffe zu beschleunigen und zugleich sicherer zu machen. Entsprechend dem Stand der Hafenbautechnologie und der Schiffsgrößen entstanden zunächst kleinere Docks, später wurden größere Dockkomplexe meist flussabwärts gebaut. Hafenbetrieb, -planung und Güterumschlag wurden nicht von den Städten, sondern privatwirtschaftlich organisiert. Häfen wie Liverpool, Lancester, Plymouth , Grimsby, Hull, Newhaven und Glasgow folgten dem Londoner Vorbild mit dem Bau von Dockhäfen, wo die bedeutenden Handelsgesellschaften ihre eigenen Infrastrukturen errichteten und ihre betrieblichen Abläufe optimierten.

So entstand nach 1800 die Konzeption, künstliche Hafenbecken als Einheit mit Speichern und Schutzmauern anzulegen. Die Schiffe mussten eine Schleuse passieren und konnten dann bei konstantem Wasserstand be- und entladen werden. Die Dockbereiche waren nur durch einen Zugang erreichbar. Unbefugten war der Zugang zum Gelände verwehrt, und alle Passanten und Hafenarbeiter wurden kontrolliert. Die Zollmodalitäten wurden an den Eingängen der Docks erledigt, und die Firmen unterhielten firmeneigene Polizei und Wachmannschaften. Die Docks übten zugleich eine Schutzfunktion für die Schiffe aus. Die Dockgruppen hatten eigene Verwaltungen, die Bau, Finanzierung, Betrieb und Bewirtschaftung organisierten. Monopole sicherten den Gesellschaften eine Verzinsung des hohen eingesetzten Kapitals für den Bau der Dockanlagen.

„Ich kenne nichts Imposanteres als den Anblick, den die Themse darbietet, wenn man von der See nach London Bridge hinauffährt", schrieb 1845 bewundernd Friedrich Engels (1845, S. 256). Der Bau der Docks ermöglichte eine Beschleunigung des Güterumschlags.

Dauerte die Entladung eines Schiffes zuvor häufig einen Monat, war sie nun in drei bis vier Tagen zu bewerkstelligen. Zudem waren die Waren gegen Witterungseinflüsse und Diebstahl geschützt.

Nicht nur in London war der Hafenbetrieb bis zu Beginn des 20. Jahrhunderts privatwirtschaftlich organisiert. Verschiedene Handelsgesellschaften betrieben unabhängig voneinander Dockanlagen, bauten, erweiterten und betrieben Umschlags- und Lagereinrichtungen. Diese privatwirtschaftliche Organisation führte zu erheblichen Unzulänglichkeiten. Eine übergeordnete und vorausschauende Hafenentwicklungsplanung gab es nicht, sondern nur konkurrierende Unternehmensstrategien. Chaotische Zustände und fehlende oder unzureichende Infrastrukturen waren die Folge. Einst modernster Hafen der Welt, war auch der Londoner Hafen durch überholte Strukturen und Vernachlässigung von Modernisierungen um die Wende zum 20. Jahrhundert nicht mehr auf dem neuesten Stand der Technik und Organisation.

Unzulänglichkeiten und Veränderungen der Hafenarbeit

Mit dem Bau der Docks waren auch neue Arbeitsteilungen und eine ausdifferenzierte Klasse von Hafenarbeitern entstanden. Die Arbeit der Docker unterschied sich zwar zunächst qualitativ nicht von jener Arbeit, die zuvor darin bestanden hatte, Schiffe zu be- und entladen. Aber Umfang und Intensität der Arbeit nahmen zu, und die stadtfernere Lage der Docks brachte neue Entwicklungen mit sich. Während bis zum Beginn des 19. Jahrhunderts die Schiffsanlegestellen innenstadtnah gelegen waren, lagen die neuen Docks weiter entfernt von bestehenden Wohnquartieren. Um häufiger, je nach Arbeitsanfall „vor Ort" zu sein, war es wichtig, in der Nähe der Docks zu wohnen.

> Während in Deutschland Docks als Werftanlagen zur Trockenlegung von Schiffen bezeichnet werden, sind im Englischen die Kais zum Laden und Löschen von Schiffen damit umschrieben. Docker und *stevedores* sind Bezeichnungen für qualifizierte Hafenarbeiter an den Kais. Werftarbeiter werden als *shipyard-worker* bezeichnet.

Der saisonabhängige Umfang und die Art des Warenumschlages, bedingt durch Erntezeiten in Übersee, Winde, Gezeiten und Nebel, machten die Ankünfte der Schiffe bis zum Ende des Segelschiffzeitalters kaum planbar und für die Hafenarbeiter eine Dauerbeschäftigung unmöglich. Die Überkapazitäten im Hafen und die Konkurrenzsituation der Dockgesellschaften wurden bis ins 20. Jahrhundert als Druckmittel auf die Hafenarbeiter benutzt, die Umschlagsarbeiten als Gelegenheitsarbeiten für Hungerlöhne durchführen mussten. Um 1850 gab es hinreichend Beschäftigung im Hafen in London für ca. 4 000 Personen, aber ca. 12 000 Personen waren auf Arbeit im und am Hafen angewiesen. 1892 ergaben sich in der Untersuchung von Charles Booth folgende Relationen: 21 353 Arbeiter suchten regelmäßig Arbeit im Hafen nach, die maximale Beschäftigung täglich lag bei 17 994, die minimale bei 11 967 Personen.

Mit dem fluktuierenden Arbeitskräftebedarf hatte sich ein entsprechendes Anstellungssystem herausgebildet. Dies bestand darin, dass die Arbeitswilligen sich mehrmals täglich auf dem Dockgelände versammelten und dort gegebenenfalls von einem Vormann für eine Arbeit angeheuert wurden. Dieses „Call-on-System" machte es den Arbeitgebern bei der großen Zahl der Arbeitssuchenden leicht, die Löhne niedrig zu halten. Die Dockgesellschaften vergaben teilweise Arbeiten an „Subunternehmer", die wiederum die Arbeiter noch skrupelloser behandelten. Die Docker suchten sich gegen die schlechte Bezahlung und das willkürliche Anwerbesystem zu wehren. Die Unzulänglichkeiten der Arbeitsorganisation und die niedrigen Löhne hatten immer wieder zu Arbeitskonflikten im Hafen geführt. Der große Hafenarbeiterstreik 1889 hatte die Situation eskalieren lassen. Streikbrecher wurden von den Schifffahrtslinien und Dockgesellschaften nach London gebracht, um den Widerstand der Docker zu brechen. Die nach dem Streik erreichten Lohnverbesserungen und die verbesserte Stellung der Gewerkschaften hielten allerdings nicht lange an.

Mit dem Größenwachstum der Schiffe und der Umstellung zur Dampfschifffahrt wurden immer größere Dockanlagen erforderlich. Die Umstellung auf mechanische Entladungssysteme erfolgte in London äußerst langsam – nicht zuletzt wegen der billigen Arbeitskräfte. Viele alte Traditionen der Hafenarbeiter, die teilweise über drei Generationen hinweg ähnlichen Arbeiten nachgegangen waren, sollten bald der Vergangenheit angehören.

Lebens- und Wohnbedingungen der Hafenarbeiter

Die Hafenviertel bildeten einen Flickenteppich und ein Nebeneinander von Hafenanlagen, Infrastrukturen, Pubs, Jobvermittlungen, Läden und Wohnungen der „kleinen Leute". Der Hafen war der Ankunftsort für Seeleute, die eine neue Heuer oder an Land bessere Lebens- und Einkunftsmöglichkeiten suchten, wie für Flüchtlinge, die hier Schutz vor Verfolgungen und Progromen

erhofften. Da der Hafen eine Vielzahl von Beschäftigungs- und Arbeitsmöglichkeiten bot, waren hafennahe Wohnungen sehr begehrt.

Die hohen Mauern um die Docks bildeten nicht nur eine physische, sondern auch eine mentale und soziale Barriere. Der Zugang zum Wasser war verstellt, kontrolliert und nur den Hafenarbeitern gestattet. Die Männerwelt der Docks bildete mit ihrem Umfeld die Keimzelle von prekären Einkommensmöglichkeiten. Sie korrespondierte mit der weiblichen Lebenswelt der Wohnungen, überbelegten Quartieren, von Nebenerwerbsmöglichkeiten, von Netzwerken der Selbsthilfe und Subkulturen. Die Gelegenheitsarbeiten am Hafen boten vielen Arbeitssuchenden ein spärliches Auskommen, einen ersten (Teil-)Einstieg in den lokalen Arbeits- und Wohnungsmarkt und ließen auf eine sicherere Arbeit später hoffen.

> William B. Jerrold und Gustave Doré beschrieben diesen Mikrokosmos 1872 folgendermaßen: „Die Docks [...]. Hier zeigt sich London von einer seiner großartigsten Seiten. [...] Der Anblick des Beobachters, der gerade die langweilige äußere Mauer des großen Docks entlang gelaufen ist und sich dort den niedrigen und schäbigen Geschäften gegenübersah, die den Erzfeinden des armen Matrosen gehören [...]. Shadwell: Straßenzüge mit Gebäuden, die von Armut gekennzeichnet sind; geräuschvolle Kneipen und Bierlokale [...] alles durchzogen von Trunkenheit [...] entlang der Straßen, die Dock mit Dock verbinden, [...] wo der Reichtum des Orients auf unsere Ufer geworfen wird. [...] das Geld, das auf Nachtwachen in den Nordmeeren und auf den kammlosen, schwarzen Wogen der Ostsee verdient wurde, freigiebig und unbedacht ausgegeben. [...] Ein Spaziergang im Dunkeln am Fluss entlang ist ein Unterfangen, das Vorsicht gebietet und nur in sicherer Begleitung geschehen sollte" (zit. nach Kohl, 1979, S. 260).

Neue Techniken im Güterumschlag, das Ende der Docks und einer Lebenswelt

Um 1914 arbeiten in London ca. 20 000 Personen täglich in den Docks; die Zahl der weiter mittelbar vom Hafen abhängigen Arbeitsplätze ist schwierig zu beziffern. Schon vor dem Ersten Weltkrieg hatte sich die unzulängliche und veraltete Infrastruktur vieler britischer Häfen herausgestellt. Die überkommenen Docksysteme wurden auch bis in die Zeit nach dem Zweiten Weltkrieg kaum verändert. Die Kräne waren veraltet und genügten nicht den modernen Ansprüchen des Güterumschlags. Vielfach war kein direkter Umschlag vom Schiff zum Kai möglich, und es mussten Leichter eingesetzt werden, die den Umschlag verlangsamten und verteuerten. Viele Docks hatten keinen Eisenbahnanschluss, und auch die Straßenanbindungen waren unzulänglich.

Erst während des Zweiten Weltkrieges wurde die Anmeldepflicht für Hafenarbeiter eingeführt. 1947 folgte dann die Einführung des National Dock Labour Scheme (NDLS), das in 83 größeren Häfen Großbritanniens angewandt wurde. Es gab damit eine Eintragungspflicht für Arbeitgeber und Arbeitnehmer, was eine Begrenzung der Gesamtzahl der Hafenarbeiter ermöglichte. Nur die registrierten Docker durften Hafenarbeit verrichten. Ein Mindestlohn für alle Docker, die sich regelmäßig zur Arbeit einfanden (auch wenn keine Arbeit vorhanden war), wurde festgelegt, medizinische Versorgung gesichert und eine zentrale Vermittlungsstelle eingerichtet. Die weitere Mechanisierung des Hafenumschlags – zunächst mit Gabelstaplern – führte zu einem schnellen Rückgang der Arbeitsplätze für Docker. Viele Hafenarbeiter hatten allerdings auch Schwierigkeiten, sich an geregelte Arbeitszeiten zu gewöhnen und beliebte Gewohnheiten, z. B. Lebens-, Essens- und Trinkgewohnheiten, aufzugeben.

In Großbritannien wurden 1947 von der Labour-Regierung die Häfen, die sich im Eigentum von Eisenbahngesellschaften befanden – wie auch alle privaten Eisenbahnen – verstaatlicht. 1981 wurde die privatrechtlich organisierte Associated British Ports (ABP) geschaffen, die nun die zuvor verstaatlichten Häfen übernahm und sie schließlich sukzessive privatisierte. Neben der Organisation des Hafenbetriebs betrieb ABP zunächst nur die Vermarktung frei werdender Hafengrundstücke, bald aber auch anderer Grundstücke und Immobilien. Nicht die Gemeinden „vor Ort" (*local authorities*), sondern die Verwertungsinteressen von Kapitalgesellschaften entschieden damit über Art und Umfang von städtebaulichen Vorhaben in den Häfen.

Seit den 1970er Jahren beförderte die „Containerisierung" des Güterumschlags den raschen Niedergang vieler britischer Häfen. Zwischen 1945 und 1955 gab es 37 Streiks der Hafenarbeiter, die sich vor allem gegen den Abbau der Arbeitsplätze richteten. Ein nationaler Streik der Dockarbeiter legte 1970 für drei Wochen alle britischen Häfen lahm. Die Hafenarbeiter erkämpften für die Stammarbeiterschaft feste Anstellungen und durchgehende Bezahlung. Nach dem Streik 1989 wurde die Anzahl der Beschäftigten in britischen Seehäfen insgesamt von 9 319 auf 4 830 halbiert. 1989 wurde das NDLS wieder abgeschafft und die Deregulierung der Beschäftigungsverhältnisse vorangetrieben.

Die Schließung vieler Hafenanlagen zog in allen Seehafenstädten den Konkurs von Industrien, Werften, Reparaturbetrieben, Schiffsausrüstern und weiterer Gewerbe nach sich (Abb. 6.13). „For every docker made redundant by riverside revolution, three workers in the dock-related industries lost their jobs" (Palmer, 2000, S. 160). Arbeitslosigkeit, Obdachlosigkeit und Perspektivlosigkeit prägten die Hafengebiete, wo einst der Wohlstand Englands erwirtschaftet worden war. Zwischen 1961 und 1971 gingen über 80 000 Arbeitsplätze in den Londoner East-End-Bezirken, in den Docklands zwischen 1978 und 1983 noch einmal 12 000 Arbeitsplätze verloren. 1981 waren 60 % der Fläche der Londoner Docklands ungenutzt.

Die Raumanforderungen des zunehmend containerisierten Güterumschlags waren in den Docks mit den schmalen Fingerpiers nicht mehr zu gewährleisten. Tiefere Lager- und Dispositionsflächen wurden landseits für den Containerumschlag erforderlich. Die Schleuseneinfahrten in die Docks waren zudem für die Containerschiffe zu eng, und die älteren Docks waren nur unzureichend in das innerstädtische Verkehrsnetz eingebunden. Nach der Reorganisation der britischen Häfen bildet

Abb. 6.13 Hafenidylle, London Isle of Dogs um 1980. Quelle: Mike Seaborne in Bentley 1997, S. 85.

ABP mit einem Zusammenschluss von 21 britischen Häfen inzwischen die größte Gruppe von Hafenbetreibern, davon zwölf Häfen mit Containerterminals.

Von den Docks zu den Docklands

Vernachlässigte Modernisierungen und dringend erforderliche Infrastrukturinvestitionen setzten viele Hafenbetreiber, auch die Hafenbehörde Port of London Authority (PLA) unter Druck, neue Geldquellen zu erschließen. Der Verkauf der ehemaligen Hafenareale erschien der PLA dabei als eine lukrative Perspektive. Allerdings stieß diese Umwandlung auf heftige Proteste der lokalen Bevölkerung. Die besonderen Sozialbeziehungen und Netzwerke der Hafenarbeiter wurden bedeutungslos. Sozialgruppen, die einst mit der boomenden Weltökonomie und dem Aufstieg des Hafens verbunden waren, fühlten sich durch die mit der raschen Globalisierung verbundene Revolutionierung der Transporttechnologien isoliert, vergessen, verlassen und einer ungewissen Zukunft ausgesetzt. Noch 1980 hatten 40 % der Bevölkerung im Hafenbereich der Londoner Isle of Dogs seit Jahrzehnten hier gelebt. Die „Insulaner" bildeten eine Gemeinschaft, ein „Dorf in der Stadt", wo jeder jeden kannte.

Zur zügigen und ungehinderten Durchführung von Entwicklungsprojekten (*property-led development*) wurden nach der Regierungsübernahme von Margaret Thatcher 1979 Enterprise Zones für heruntergekommene Gewerbe- und Hafenbereiche eingeführt, wo mit Steuernachlässen oder Steuerfreiheit Investitionen angeregt werden sollten. Urban Development Corporations sollten eine unkomplizierte und rasche Umstrukturierung der Vorhaben auf den Weg bringen. Räumliche Planung wurde fast bedeutungslos, und mit Privatisierung, Deregulierung und Zentralisierung wurden neue Governance-Strukturen eingeführt (Abschnitt 7.4).

Die Londoner Docklands bildeten das Schlüsselexperiment der freien Marktwirtschaft, das Juwel in der Krone, das Flaggschiff einer deregulierten, marktorientierten Transformation. Früher und radikaler als sonst in Europa wurde damit auf die neuartigen Macht- und Konkurrenzverhältnisse im Kontext der Globalisierung reagiert. Dieser Paradigmenwechsel brach mit dem britischen Nachkriegskonsens, der Planung als Gesellschaftsreform verstand. Die Konservativen begriffen Globalisierung als Chance, London mittels des Docklands-Projekts mit einem Schlag ins 21. Jahrhundert zu versetzen, und die Docklands wurden zum Laboratorium deregulierter Stadtentwicklungspolitik.

Die Abschaffung des Greater London Council (GLC) 1986 war ein weiterer Meilenstein auf dem Wege zu einer raschen Umstrukturierung der Docklands. Die Konservativen begriffen diese radikale Modernisierung als nationale Aufgabe, die auf lokaler Ebene nicht möglich sei. Betrug der Anteil des kommunalen Wohnungsbaus in den Londoner Docklands 1981 noch über 80 %, so lag der Anteil der Eigentumswohnungen damals unter 10 %. Zehn Jahre später lag ersterer Anteil bei nur noch 25 %, während der Eigentumssektor bereits über 50 % ausmachte. Dabei stiegen die Preise für Eigentumswohnungen allein zwischen 1984 und 1988 um durchschnittlich 200 %. Das Angebot ging damit an der lokalen Nachfrage vorbei. Inseln des Luxuswohnungsbaus entstanden am Wasser neben alten Sozialwohnungsbauten (Abb. 6.14). Die Umstrukturierung der Docklands und die Politik der London Docklands Development Corporation (LDDC) lässt sich in mehrere Phasen einteilen, bei denen die Schwerpunkte unterschiedlich akzentuiert waren (Abschnitt 4.4).

Die Hafengebiete östlich der Tower Bridge galten als schmutzige Arbeiter- und Hafengegend mit schlechten Verkehrsanbindungen. Durch eine aggressive Werbekampagne und neue Namensgebungen für alte Einrichtungen suchte man das Image aufzuwerten. „Why move to the middle of nowhere when you can move to the middle of London" hieß es in der Werbung Anfang der 1980er Jahre; später wurde der Slogan „Looks like Venice. Feels like New York" geboren. Die intendierte Renaissance des East End wurde mit kuriosen Werbekampagnen untermauert. So wurde ausgeführt, dass es im Osten Londons mehr Golfplätze geben würde als im Westen Londons.

Das Konzept der Deregulierung löste in der Folge eine rasante Entwicklung in den Docklands aus. Die physische Regeneration sollte seit Ende der 1980er Jahre – so zumindest politischen Verlautbahrungen zufolge – durch eine soziale Regeneration ergänzt werden. Die Entwicklungsgesellschaften sicherten den Bezirken vertraglich Arbeitsplätze und neue, preiswerte Wohnungen für die lokale Bevölkerung zu. *Planning gains* wurden ausgehandelt.

Für die „alten" Bewohner der Docklands und ihre tradierten Milieus entpuppten sich die Versprechungen einer besseren Zukunft als Alptraum. Die Vorzüge der Lage am Wasser, die Waterfront und das „Hafenambiente" wurden rasch in eine Imagestrategie integriert, um die Wasserlagen zu vermarkten und um die wohlhabenden Zielgruppen anzuziehen. So entstand ein fragmentiertes Patchwork von Einzelbauten und Nutzungen ohne kohärenten Zusammenhang. Die Widersprüchlichkeit und das direkte Nebeneinander von privatem Reichtum und öffentlicher Armut, von Gated Communities neben Armutsvierteln, Wohnungsleerstand im oberen Marktsegment und Obdachlosigkeit für untere

Abb. 6.14 London: Abriss auf der Isle of Dogs Ende der 1980er Jahre. Quelle: Mike Seaborne in Bentley 1997, S. 85.

Bevölkerungsschichten in den Docklands sind neue Erscheinungen sozialer Ungleichheit.

Culture-led development – das Südufer der Themse

Am Südufer der Themse entstanden zu Beginn der 1980er Jahre im Kontext der boomenden Dienstleistungsgesellschaft in der Nähe der Tower Bridge neue Bürogebäude gegenüber der City of London. Das Hafenbecken von Hay's Wharf zwischen den Lagergebäuden wurde zugeschüttet und überdacht, so dass eine großzügige Einkaufspassage nach mailändischem Vorbild entstand (1986). Erstmals wurden historische Dockanlagen erhalten und Lagergebäude in Büros umgenutzt.

Im Zuge des aus den USA importierten Booms des *loft living* wurden konvertierte historische Lagerhäuser mit Blick auf die Themse als Wohnraum für urban orientierte Mittelschichten attraktiv. Zu den ersten realisierten Projekten gehörte der Umbau der New Concordia Wharf von 1981 bis 1984 östlich der Tower Bridge. Die Gebäude waren 1982 unter Denkmalschutz gestellt worden – ein Novum in der damals noch weitgehend abrissorientierten Städtebaupolitik – und wurden mit geringfügigen, äußerlich sichtbaren Modifikationen auf die neue Nutzung vorbereitet. Die Umnutzung von Butler's Wharf als Design Museum mit gehobener Gastronomie fungierte als Pionier des Stadtumbaus und för-

derte den Zuzug von kleinen Unternehmen der Kultur- und Medienbranche sowie von „Yuppies". Das Zentrum des Areals bildet die aufwendig umgestaltete Straße Shad Thames, die durch ihre dichte, schluchtartige Struktur und die Einbeziehung von alten Speichern in die Umgestaltung besticht. Die konvertierten Lagerhäuser wurden um einige postmoderne Interventionen ergänzt, z. B. das rot leuchtende Wohngebäude China Wharf (1982–1988) und den mit blauen Fliesen verkleideten auffälligen Appartmentblock The Circle in „zweiter Reihe"(1989).

Als Katalysator für die positive Entwicklung der Themse dienten zweifelsohne wichtige Infrastrukturprojekte, die maßgeblich zur besseren Erschließung des Standortes beitrugen. In seiner Eigenschaft als Hafen- und Industriestandort hatte das Südufer über Jahrzehnte unter schlechter Erreichbarkeit auf dem Landweg gelitten, Uferbereiche waren auch für die Bewohner der angrenzenden Quartiere nicht zugänglich. Die Integration wichtiger Zentrumserweiterungsgebiete, wie Southwark, in das öffentliche Nahverkehrssystem wurde durch die 1999 in Betrieb genommene U-Bahn-Linie (Jubilee Line Extension) wesentlich verbessert. Für Besucher Londons war nun das Südufer der Themse schnell von etablierten Tourismusdestinationen wie Bond Street oder Westminster zu erreichen.

Spektakuläre Leuchtturmprojekte leiteten den Strukturwandel am Südufer der Themse ein. Der Big Bang für die Revitalisierung des südlichen Themseufers erfolgte im Jahr 1994 mit der Ankündigung, eine Galerie für zeitgenössische Kunst in dem leer stehenden Kraftwerk

(Bankside Power Station) unterzubringen. 2000 wurde die unter der Leitung des schweizerischen Architekturbüros Herzog & de Meuron umgebaute Tate Modern eröffnet und entwickelte sich sofort zu einem wahren Publikumsmagneten und zum Wahrzeichen der Regeneration von Bankside. Der Umbau des Industriekolosses in einen Tempel der Kunst versinnbildlichte in deutlicher Form den Wandel von der industriellen zur postindustriellen Dienstleistungsgesellschaft. Tagsüber ist sein markanter Backsteinturm von weitem sichtbar und weist den Weg durch die wenig einladenden Straßen Southwarks. Die umfangreiche Berichterstattung über die Neueröffnung verhalf Bankside zu weltweiter Bekanntheit und lockt Touristen in bis dahin schlecht erschlossene Gebiete. Die Tate Modern kann zweifellos als Paradebeispiel des in England beliebten Leitbildes der *culture-led regeneration* bezeichnet werden.

Eine besondere Rolle bei der Neudefinition des südlichen Themseufers spielt die Fußgängerbrücke Millennium Bridge. Die erste nur für Fußgänger vorgesehene Brücke über die Themse überhaupt schuf eine neue Fußgängerachse zwischen der Tate Modern sowie der St Paul's Cathedral und dem 2004 eröffneten neu gestalteten Quartier Paternoster Square.

Von der Hafennutzung zur „Urban Renaissance"

Nicht nur in London, sondern in fast allen britischen Häfen sind inzwischen Umstrukturierungsmaßnahmen von Hafenbereichen erfolgt: Liverpool Waterfront (Abb. 6.15), Ocean Village Southampton, Chatham Maritime, Bristol Docks, Newcastle Quayside, Bristol Harborside, Temple Quay Bristol, Exeter Riverside, Cardiff Bay und Swansea Marina – um nur die bekanntesten zu benennen. Diese Vorhaben bilden einen Teil der nationalen Nachhaltigkeitsstrategie, bis 2008 60 % des Wohnungsbaus auf innerstädtischen Brachflächen, sog. *brownfields*, zu errichten.

Die Stadtumbauprojekte an den Hafen- und Uferzonen sind Ausdruck eines städtebaulichen Paradigmenwechsels in Großbritannien mit dem Zauberwort Urban Renaissance. Ziel ist die Attraktivitätssteigerung der Innenstädte, die den Mittelschichten als Orte des Arbeitens, der Freizeitgestaltung und des Wohnens nähergebracht werden sollen. Mit der Einsetzung der Urban Task Force (UTF) unter Leitung von Richard Rogers (1998) demonstrierte New Labour die hohe Bedeutung, die nun Städtebau und Architektur beigemessen wurde. 1999 wurde unter dem Titel *Towards an Urban Renaissance* der Bericht vorgelegt, der eine Ausrichtung auf das Ziel nachhaltiger Stadtentwicklung mit Konzepten der

Abb. 6.15 Das Zentrum von Liverpool um 1990, vor dem Umbau: Princes Dock, Pier Head Docks und Albert Docks (Blickrichtung südwärts). Quelle: Merseyside Development Corporation, Liverpool Waterfront, Area Strategy. Liverpool 1990, S. 5.

Innenentwicklung, Nachverdichtung, der Stadt der kurzen Wege und der Revitalisierung von Brachflächen vorsieht. Damit wurde eine Abkehr von der Laisser-faire-Stadtentwicklung eingeleitet und ein Wandel zum *plan-led system*, also zur „plangesteuerten Entwicklung", vorgenommen. Der Status der Planung wird damit deutlich aufgewertet.

Staat und Kommune haben über die Finanzierung und Initiierung wichtiger Infrastrukturprojekte neue Handlungsfelder besetzt. Attraktive und belebte Innenstädte und vor allem Wasserlagen werden als weiche Standortfaktoren gesehen. Die vormaligen innenstadtnahen Hafen- und Uferzonen werden nach Prinzipien des nachmodernen Städtebaus wie Mischnutzung, Fußgängerfreundlichkeit, Bewahrung und Umnutzung des historischen Bestands, Schaffung neuer Anziehungspunkte durch spektakuläre Neubauten, den „Wow"-Städtebau, der auf architektonisch spektakuläre Einzelgebäude abzielt, umgebaut.

Durch Gentrifizierung und Umnutzung hat es in den letzten Jahrzehnten erhebliche Verdrängungseffekte von einkommensschwächeren Haushalten aus innenstadtnahen Gebieten gegeben. Da die Funktionsfähigkeit der lokalen Ökonomie dadurch zunehmend infrage gestellt war, wurde das Key Worker Living Programme von der Regierung aufgelegt, um diese Zielgruppen bei der Wohnungssuche- und versorgung zu unterstützen. Daneben hat es in den letzten Jahren einen enormen Bauboom in den Innenstädten gegeben, vor allem Geschosswohnungsbau in attraktiven (Wasser-)Lagen mit dem *buy-to-let*-Modell florierte (private Käufer vermieten Wohnungen). Es bleibt abzuwarten, wie sich die globale Finanzkrise auf diese Teilmärkte auswirken wird.

Fazit

Die Mittelschicht mit urban orientiertem Lifestyle gilt als Zielgruppe, die in attraktiven Eigentumswohnungen neben den prestigeträchtigen Kultureinrichtungen mit Blick auf Flüsse und Wasserbereiche leben möchte. Auf dem Wasser haben inzwischen die Frachtschiffe und Leichter Restaurantdampfern und Ausflugsbooten Platz gemacht. Man „flaniert" oder joggt entlang der Flüsse und vormaligen Hafenbereiche, sitzt trotz Regen, Wind und Wolken draußen, am liebsten auf einer „Piazza" und trinkt dabei einen „Coffee to go". Das Ideal des mediterranen Lebensstiles ist auch in Großbritannien angekommen und fester Bestandteil der städtebaulichen Konzeptionen geworden. Über Jahrhunderte kaum zugängliche Uferbereiche sind durch Promenaden neu gestaltet, die Uferzonen revitalisiert und aufgewertet worden. Seemannsromantik und Hafenidylle, Rotlichtviertel, das soziale Umfeld und Beziehungsgeflecht von Schifffahrt und Hafen haben sich grundlegend gewandelt. Die früher gemiedenen No-go-Areas wandeln sich zu Flanierzonen der Mittel- und Oberschicht. Das authentische Hafenambiente ist vielfach einer nostalgischen Inszenierung gewichen. Die „neuen" Waterfronts spiegeln in besonderem Maße Globalisierungsprozesse und sind bevorzugte Stand-, Arbeits-, Wohn- und Aufenthaltsorte der *creative classes* der Wissensgesellschaft geworden.

Informationen im Internet

http://www.abports.co.uk
  Auf dieser Seite werden Daten und Informationen zu britischen Häfen bereitgestellt.
http://www.lddc-history.org.uk
  Diese Seite vermittelt einen Einblick in die Geschichte der London Dockland Development Corporation und in die Umnutzung der Hafenareale.
http://www.pla.co.uk
  Auf dieser Seite finden sich Informationen zum Hafen von London.
http://www.thamesweb.com
  Diese Homepage stellt umfangreiche Informationen zur Themse und zu Entwicklungen im Themsekorridor bis zur Flussmündung bereit.
http://www.wharf.co.uk
  Diese Seite informiert über aktuelle Entwicklungen in den Docklands.

Weiterführende Literatur

Bentley, J. (1997): East of the City. The London Dockland Story. London.

Bird, J. (1963): The Major Seaports of the United Kingdom. London.

Brownill, S. (1993): Developing London's Docklands – Another Great Planning Disaster? London.

Engels, F. (1845): Die Lage der arbeitenden Klasse in England. Nach eigner Anschauung und authentischen Quellen. In: Marx, K.; Engels, F. (1976): Werke, Bd. 2. Berlin.

Foster, J. (1999): Docklands. Cultures in Conflict, World in Collision. London.

Hebbert, M. (1998): London. Chichester.

Kohl, N. (1979): London. Eine europäische Metropole in Texten und Bildern. Frankfurt am Main, S. 260 ff.

Palmer, A. (2000): The East End. Four Centuries of London Life. London.

Palmer, S. (2000): Ports. In: Daunton, Martin (Hrsg.), The Cambridge Urban History of Britain, Vol. III: 1840–1950. Cambridge.

Schubert, D. (2008): Hafen- und Uferzonen im Wandel, Analysen und Planungen zur Revitalisierung der Waterfront in Hafenstädten, 3. Aufl. Berlin.

Zehner, K. (2008): Vom maroden Hafen zur glitzernden Nebencity: Die Londoner Docklands. Eine Bilanz nach drei Jahrzehnten Strukturwandel. In: Raumforschung und Raumordnung, 3.

Kapitel 7
Politik und Raumplanung

7.1 Einführung

Gerald Wood

Gesellschaftlicher Wandel und seine räumlichen Folgen sind ein zentrales Thema dieses Buches. Das gilt auch für das vorliegende Kapitel. Großbritannien hat, ähnlich wie andere fortgeschrittene Volkswirtschaften, in einer relativ kurzen Zeitspanne von gut 200 Jahren mehrere bemerkenswerte Transformationsprozesse durchlaufen, die begleitet waren von mindestens ebenso bemerkenswerten bzw. einschneidenden räumlichen Folgen. Diese Prozesse haben staatliche Akteure und Institutionen immer wieder herausgefordert und ihnen ein Eingreifen abgenötigt. Wie kaum eine andere Phase britischer Geschichte haben das 19. Jahrhundert – im Zuge der Industrialisierung und des Ausbaus des Empire – und dann das späte 20. Jahrhundert – im Zuge von Deindustrialisierung und Dienstleistungsorientierung – weite Bereiche der britischen Gesellschaft umgestaltet. Die folgenden Abschnitte setzen sich mit den Reaktionsformen des britischen Staates auf diese Veränderungen auseinander und fokussieren dabei auf die raumbezogenen Formen staatlicher Intervention. Ähnlich interessant wie der sozialräumliche Wandel selbst sind die Veränderungen, die sich sowohl in den politischen Instrumenten als auch in den ihnen zugrunde liegenden Grundhaltungen staatlicher Akteure vollzogen haben.

Abschnitt 7.2 vermittelt einen Überblick über zwei zentrale staatliche raumbezogene Politikfelder, die *town and country planning* (TCP; Raumplanung) und die *regional policy* (RP; Regionalpolitik/regionale Strukturpolitik), deren Anfänge im 19. (TCP) bzw. im 20. Jahrhundert (RP) liegen. Aus heutiger Sicht erscheint manches an der Ausgestaltung dieser beiden Politikfelder nicht immer ganz nachvollziehbar bzw. kritikwürdig. Im Mittelpunkt des Abschnitts steht daher neben einer Darstellung der Entwicklung beider Politikfelder die Frage nach ihren gesellschaftlichen, kulturellen und politi-

schen Rahmenbedingungen. Die Berücksichtigung des zeitgeschichtlichen Hintergrunds ist eine wichtige Voraussetzung für ein vertieftes Verständnis der Entwicklung beider Politikfelder. Nur vor diesem Hintergrund wird beispielsweise verständlich, warum Phasen des tastenden, inkrementellen Vorgehens abgelöst wurden von Zeiten der „großen Entwürfe", die auch noch heute als bahnbrechend angesehen werden (z. B. der Town and Country Planning Act des Jahres 1947).

Eine ähnliche – methodische – Grundhaltung nehmen auch die übrigen drei Abschnitte ein. In Abschnitt 7.3 untersucht Richard Stinshoff am Beispiel des Phänomens des Nord-Süd-Gefälles (im Englischen bezeichnenderweise *North-South Divide* genannt) die tief greifenden jüngeren Veränderungen in den planungspolitischen Grundorientierungen in Großbritannien, die sich seit der Regierungszeit von Margaret Thatcher (ab 1979) feststellen lassen. Die politische Programmatik der konservativen Partei unter Margaret Thatcher, die Richard Stinshoff als *free economy and strong state* zusammenfasst, stellte eine Abkehr vom sozialstaatlichen Nachkriegskonsens dar. In dieser Programmatik bilden Markt und Wettbewerb die zentralen gesellschaftlichen Regulative; in der Raumentwicklung vor allem in Form des sog. *property-led development* (Entwicklung über Grundstücks- und Immobilienmärkte). Damit sich die Marktkräfte auch möglichst frei entfalten können, ist ein starker Zentralstaat nötig, der privatwirtschaftlichen Akteuren größere Handlungsspielräume verschafft und gleichzeitig die sozialen Folgen des ökonomischen Liberalismus eindämmt. Während privatwirtschaftlichen Akteuren seit den späten 1970er Jahren ein größeres Maß an Einflussmöglichkeiten durch den Staat eingeräumt wurde, mussten andere Akteure zum Teil empfindliche Einbußen hinnehmen, insbesondere die Gewerkschaften und die Kommunen. Die Rückschau auf die Eckpfeiler der Thatcher-Programmatik dient in diesem Abschnitt vor allem dem Ziel, die aktuelle Forderung nach einer Verknüpfung des Markt- und Wettbewerbsregulativs (aus der Thatcher-Ära) mit einer Dezentralisierungsstrategie der zentralstaatlichen Mittel zur Raumentwicklung auf die kommunale Ebene kritisch zu hinterfragen.

Im Mittelpunkt des Abschnitts 7.4 von Rainer Danielzyk stehen zwei Instrumente der Raumentwicklung, die in der Amtszeit von Margaret Thatcher eingeführt worden sind: städtische Entwicklungsgesellschaften (Urban Development Corporations, UDCs) und Sonderwirtschaftszonen (Enterprise Zones, EZ). Beide Instrumente waren eine Antwort auf die als wenig erfolgreich erachteten vorangegangenen Ansätze zur Stadterneuerung, und sie wurden gleichzeitig als Korrektiv gegen die als inkompetent erachtete Ebene der Lokalpolitik implementiert. Wie in keinem anderen Land Europas wurde in Großbritannien die Programmatik von *free economy and strong state* durchgesetzt, gerade auch in der zentralstaatlichen Kommunal- und Planungspolitik. Interessanterweise brach die Thatcher-Programmatik durch ihren Kampf gegen den Einfluss der lokalen Ebene mit klassischen konservativen Vorstellungen, in denen die Gemeinde den bevorzugten gesellschaftlichen Integrationsort darstellt.

In seiner Bewertung von Urban Development Corporations und Enterprise Zones greift Rainer Danielzyk auf die Prämissen des Thatcherismus zurück und kommt in beiden Fällen zu einer ambivalenten Einschätzung. Zwar haben beide Instrumente in nicht unerheblichem Maße zu einer Regenerierung der betroffenen Gebiete beigetragen, doch hatten sie dabei kaum einen umfassenderen, gesamtstädtischen Entwicklungszusammenhang im Blick gehabt (vor allem im Falle der EZ), und sie haben beide zu einer Zentralisierung und Ökonomisierung der Erneuerungspolitik innerstädtischer Problemgebiete beigetragen.

Abschnitt 7.5 greift ein Thema auf, das seit dem Wahlsieg der Labour Party und dem Amtsantritt von Tony Blair im Jahre 1997 Gegenstand sowohl lebhafter öffentlicher Auseinandersetzungen als auch politischer Aktivitäten der Regierung gewesen ist: die Devolution. Hierunter versteht man im Allgemeinen eine Umverteilung von Funktionen von der (zentral-)staatlichen auf die regionale Ebene. Im Falle des Vereinigten Königreiches bezieht sich die Devolution zum einen auf Schottland, Nordirland (Übertragung gesetzgeberischer Kompetenzen = legislative Devolution) und Wales (Transfer von Aufgaben = administrative Devolution), zum anderen auf die Schaffung von zehn Government-Office-Regionen in England. Mit dieser Strategie verfolgt die Regierung mehrere Absichten. Zum einen geht es um eine Entschärfung des politischen Druckes der „keltischen Peripherie" gegenüber der Zentralregierung in London. Zum anderen soll Politik durch eine verstärkte Ausrichtung auf die Interessen vor Ort insgesamt aufgewertet und in ihrer Legitimation gestärkt werden. Und schließlich gilt es, durch die politische Aufwertung der regionalen Ebene zusätzliches Potenzial zur positiven Entwicklung des gesamten Landes zu erschließen. Der Abschnitt skizziert die Entwicklung der Diskussion über die Devolution und bilanziert die bisherigen Erfahrungen in der Umsetzung. Dabei werden auch soziale und politische Besonderheiten Großbritanniens thematisiert, beispielsweise die Tatsache, dass Schottland, Wales und Nordirland mittlerweile ein eigenes Parlament bzw. eine Nationalversammlung besitzen, England hingegen weder ein eigenes Parlament noch gewählte Regionalversammlungen, die nach der Labour-Programmatik eigentlich hätten etabliert werden sollen.

7.2 Raumbezogene Politik und Planung im Wandel der Zeit – von der Zwischenkriegszeit bis zu den 1970er Jahren

GERALD WOOD

Das Handeln staatlicher Akteure hat immer auch räumliche Bezüge. Das gilt für die Ebene der Kommunalpolitik ebenso wie für die Ebene der regionalen oder zentralstaatlichen Politik. Und dies betrifft auch solche Politikfelder, die primär bestimmten Sachthemen bzw. -problemen zuzuordnen sind, etwa die Arbeitsmarkt- oder Gesundheitspolitik. Um solche generellen bzw. impliziten räumlichen Bezüge von Politik geht es in diesem Abschnitt allerdings nicht, sondern um Politikfelder, die einen expliziten räumlichen Bezug aufweisen.

Großbritannien hat sich in den letzten 200 Jahren mehrmals tief greifend gewandelt; zunächst von einer agrarisch-feudalen zu einer Industriegesellschaft und dann, in den letzten Jahrzehnten des 20. Jahrhunderts, zu einer spätmodernen Dienstleistungsgesellschaft. Mit diesen Veränderungen gingen folgenschwere räumliche Entwicklungen einher: Verstädterung, Suburbanisierung, das Anwachsen sozialräumlicher Disparitäten sowie die Ausbreitung neuer Verkehrssysteme (Kanäle, Eisenbahn, Straßen und Flughäfen). Dieser soziale und räumliche Wandel hat die politischen Akteure immer wieder vor neue Herausforderungen gestellt, auf die sie häufig nicht oder nur schlecht vorbereitet waren. Um diesen Herausforderungen zu begegnen, wurden ab dem 19. Jahrhundert Formen und Instrumente der politischen Steuerung weiterentwickelt bzw. neu erdacht.

Parallel zu den gesellschaftlichen Veränderungen vollzogen sich auch in den Handlungsorientierungen des Staates, die diesen Entwicklungen zugrunde liegen, mehrfache Umschwünge: von einer allmählichen Lockerung der ausgeprägten Laisser-faire-Haltung im 19. Jahrhundert über eine starke interventionistische, sozialstaatliche Haltung in der Nachkriegszeit bis hin zu einer energisch betriebenen Politik des starken Staates und einer *free economy* ab den späten 1970er Jahren, die in Abschnitt 7.3 und 7.4 näher in den Blick genommen wird.

In diesem Abschnitt sollen zwei zentrale raumbezogene Politikfelder von ihren Anfängen (im 19. bzw. frühen 20. Jahrhundert) bis in die späten 1970er Jahre vorgestellt und die ihnen zugrunde liegenden Handlungsorientierungen der staatlichen Akteure analysiert werden. Hierbei handelt es sich zum einen um *town and country planning* (TCP), was dem deutschen Begriff „Raumplanung" weitgehend entspricht, und zum anderen um *regional policy* (RP), für die in Deutschland der Begriff „Regionalpolitik" gebräuchlich ist. Im Folgenden werden die englischen Begriffe verwendet, um Verwirrungen zu vermeiden, die sich durch andere Bedeutungsgehalte der entsprechenden deutschen Termini ergeben können.

Town and country planning

Von der Hygienepolitik zur Stadtplanung

Die Anfänge des *town and coutry planning* liegen in den im 19. Jahrhundert erlassenen Gesetzen zur Gesundheitsvorsorge, mit denen das britische Parlament versuchte, die Lebensbedingungen der städtischen Bewohner zu verbessern. Infolge der rapiden Industrialisierung, verbunden mit einem enormen Anstieg der Bevölkerung und einem weitgehenden Verzicht auf eine politische Steuerung dieser Entwicklungen, war es in den Städten zu zahlreichen Missständen gekommen, zu denen vor allem Wohnraummangel, Luftverschmutzung, unhaltbare sanitäre Zustände und – in deren Folge – Cholera- und Typhus-Epidemien zu rechnen sind (Abschnitt 3.7). Die Public Health Acts der Jahre 1848 und 1875 eröffneten den Kommunen die Möglichkeit, die Wasserver- und -entsorgung durch den Bau entsprechender kommunaler Anlagen zu regeln, Flächensanierungen (*slum clearances*) durchzuführen sowie Bauvorschriften zu erlassen, mit denen Höhe und Ausrichtung von Gebäuden und die Breite von Straßen festgesetzt werden konnten. Die Schaffung dieser Eingriffsmöglichkeiten war mit einer Abkehr von der bislang praktizierten Laisser-faire-Haltung verbunden, was sich jedoch nicht (ausschließlich) als Ausdruck einer philanthropischen Haltung der politischen Eliten interpretieren lässt. Vielmehr spielte auch die Überlegung eine wichtige Rolle, durch den Erhalt bzw. die Wiederherstellung der Gesundheit und Arbeitskraft der arbeitenden Bevölkerung die Unternehmen zu unterstützen und gleichzeitig die öffentlichen Haushalte zu entlasten.

Eine der wichtigsten – und noch heute sichtbaren – Veränderungen, die diese Gesetze mit sich brachten, war die Entstehung eines neuen vorherrschenden Wohnhaustyps, des Bye-Law-Hauses. Diese Gebäudeform löste die bislang vorherrschenden und ab der ersten Hälfte des 19. Jahrhunderts errichteten Back-to-Back-Häuser ab (Abschnitt 3.7), die mitverantwortlich für die problematischen Wohn- und Lebensbedingungen in den Städten gewesen waren. Beide Hausformen wurden in Reihenhausform ausgeführt, nämlich als sog. *terraces,* allerdings war das *terrace house* keine Erfindung des 19. Jahrhunderts. Es lässt sich bereits im 17. Jahrhundert in London finden, als große Teile der Innenstadt dem Great Fire des Jahres 1666 zum Opfer gefallen waren und wieder aufgebaut werden mussten. Durch die flächenhafte Verbreitung der Bye-Law-Häuser ab der zweiten Hälfte des 19. Jahrhunderts entstanden die mit britischen Städten oft assoziierten und kritisierten uniformen, trostlosen Stadtlandschaften, in denen das Leben zwar weitaus gesünder war als zuvor, deren Anmutungsqualitäten allerdings zu wünschen übrig ließen.

Die oben angesprochenen gesundheitspolitischen Maßnahmen zur Verbesserung der Lebensbedingungen in den Städten gingen Anfang des 20. Jahrhunderts in Stadtplanung (*town planning*) über.

Das erste Stadtplanungsgesetz aus dem Jahr 1909 (Housing and Town Planning Act) untersagte ausdrücklich den weiteren Bau von Back-to-Back-Häusern und ermöglichte den Gemeinden die Erstellung von Nutzungsordnungen (*schemes*) neuer Wohngebiete. Allerdings war auch dieses erste Stadtplanungsgesetz stark von hygienepolitischen Vorstellungen geprägt, denn als allgemeines Ziel wurde u. a. die Sicherstellung „angemessener sanitärer Bedingungen" gesetzlich festgeschrieben.

Da das Gesetz lediglich auf *neue* Wohngebiete ausgerichtet war, stand der Umbau bestehender Siedlungsflächen nicht zur Debatte, ebenso wenig die Anlage neuer Straßen durch die älteren Teile einer Stadt oder die Neuplanung solcher Gebiete, deren bestehende Planung als mangelhaft erachtet wurde. Außerdem war der formale Planungsweg langatmig und mühselig, so dass nur wenige *schemes* tatsächlich ausgeführt worden sind. Vor diesem Hintergrund ist die Bedeutung des Housing and Town Planning Act des Jahres 1909 weniger in der Schaffung eines effizienten Instrumentariums zur Stadtpla-

Reformbewegungen im britischen Städtebau

Angestoßen wurde die Entwicklung der Stadtplanung im frühen 20. Jahrhundert u. a. von diversen Reformbewegungen im britischen Städtebau ab dem frühen 19. Jahrhundert (vgl. auch Abschnitt 3.7). Hervorgebracht haben diese Reformbewegungen insbesondere die *model villages*. Bei ihnen handelt es sich um den Versuch „aufgeklärter" Industrieller, menschenwürdige Wohn- und Lebensbedingungen für ihre Beschäftigten und deren Familien zu schaffen. Siedlungen wie Port Sunlight in der Nähe von Liverpool, Saltaire in Westyorkshire oder Bournville in Birmingham waren nicht nur beredtes Zeugnis praktizierter sozialer Verantwortung der Unternehmer, sondern gleichzeitig ein Hinweis darauf, dass die sozialräumlichen Herausforderungen des Industriezeitalters zu bewältigen waren. Einen weiteren wichtigen Hintergrund lieferte das Buch *To-morrow: A Peaceful Path to Real Reform* von Ebenezer Howard aus dem Jahre 1898, das unter dem Titel *Garden Cities of Tomorrow* im Jahr 1902 neu aufgelegt worden ist. Herausragend und innovativ an den Gedanken Howards waren vor allem zwei Punkte: zum einen der Versuch, moderne Stadtentwicklung in einen funktionalen und sozialen Gesamtkontext zu stellen, und zum anderen der sozialreformerische Anspruch, Stadtentwicklung auch als Weiterentwicklung der Gesellschaft zu sehen. So schlug er vor, das Grundeigentum der Gartenstädte auf Genossenschaften zu übertragen, um Spekulationen zu unterbinden, Kapitalerträge sozialen Zwecken zuzuführen und die Mieten niedrig zu halten. Dieser sozialreformerische Anspruch lässt sich unmittelbar aus dem Titel der Erstauflage erschließen. 1899 gründete Howard eine Gartenstadtgesellschaft (Garden City Association), der eine Reihe namhafter Personen angehörte, darunter Sir Frederic James Osborn, auf dessen Initiative die Gesellschaft in die noch heute bestehende Town and Country Planning Association (TCPA) überführt wurde. Auf der Basis der Ideen von Howard wurden in Großbritannien zwei Gartenstädte errichtet: Letchworth (50 km nördlich von London) 1903 und Welwyn Garden City (35 km nördlich von London) 1920. Allerdings kam lediglich Welwyn den Vorstellungen Howards von einer Gartenstadt nahe –

Letchworth hingegen wurde nie eine voll funktionsfähige Gartenstadt im Sinne Howards. Das lag u. a. daran, dass die Wahl des Standortes sich auch an den niedrigen Bodenpreisen orientierte. In den Bodenpreisen kam wiederum eine Geringschätzung der Lage durch wirtschaftliche Akteure zum Ausdruck, die sich nicht dadurch änderte, dass Idealisten beschlossen hatten, genau hier eine Stadt zu gründen. An diesem Beispiel lässt sich der grundlegende Konflikt zwischen den hohen sozialreformerischen Zielen Howards und den ökonomischen Realitäten zu Beginn des 20. Jahrhunderts ablesen.

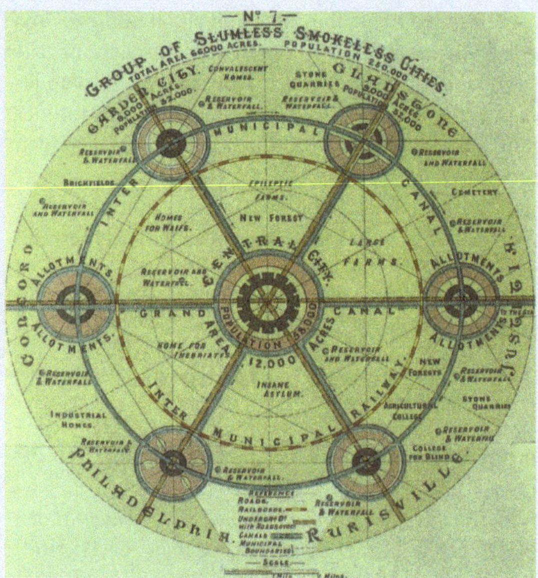

Abb. 7.1 Das Gartenstadtmodell von Ebenezer Howard: Um die Zentralstadt sind kreisförmig Gartenstädte angeordnet und durch Verkehrswege (Kanäle, Eisenbahnen, U-Bahnen und Straßen) mit der Zentralstadt sowie untereinander verbunden. Quelle: Howard 1902.

nung zu sehen als vielmehr in der wachsenden Einsicht in die Notwendigkeit einer angemessenen Reaktion auf neuere räumliche Entwicklungen, z. B. auf das um sich greifende Siedlungswachstum im städtischen Umland (Vorstadtbildung bzw. beginnende Suburbanisierung).

Entwicklungen in der Zwischenkriegszeit

Mit dem Housing and Town Planning Act des Jahres 1919 wurden die bestehenden gesetzlichen Regelungen ausgeweitet. Hierzu gehörte die Verpflichtung für alle Gemeinden mit mehr als 20 000 Einwohnern, *schemes* (Nutzungsordnungen) zu erstellen. Das Planungsverfahren wurde vereinfacht, blieb aber der Philosophie treu, *schemes* nur bei neuen Wohngebieten vorzuschreiben. In der Planungsliteratur werden daher auch weniger die stadtplanerischen Leistungen des Gesetzes hervorgehoben als vielmehr die Bedeutung, die es für den Wohnungsbau besaß, denn es autorisierte den staatlich geförderten Bau von (preiswerten) Wohnungen. Hiermit hatten einige Kommunen zwar bereits um die Jahrhundertwende begonnen (auf der Basis des im Jahr 1890 verabschiedeten Housing of the Working Classes Act), aber es war vor allem der Erste Weltkrieg, der ein – umfangreiches – staatliches Eingreifen in den Wohnungsbau angezeigt erscheinen ließ. Auslöser war der schlechte Gesundheits- und Allgemeinzustand vieler Rekruten, der bei der Musterung offenkundig – und statistisch greifbar – wurde. Die landesweite Kampagne *Homes fit for heroes*, die hierdurch ausgelöst wurde, hatte maßgeblich zur Verabschiedung des Housing and Town Planning Act beigetragen. Staatlicher Wohnungsbau erfolgte, ähnlich wie der privatwirtschaftliche, an den Rändern der Städte, und es entstanden die für britische Städte noch heute typischen *council estates* (großflächige Siedlungen des sozialen Wohnungsbaus).

Im Jahr 1932 wurde der Town and Country Planning Act verabschiedet, der zum ersten Mal die Erstellung von Nutzungsordnungen für bereits bebaute Gebiete vorsah. Neu war auch der Einschluss ländlicher Gebiete in das Planungsgesetz (Town and *Country* Planning Act*)*, wodurch u. a. dem Umstand Rechnung getragen werden sollte, dass Bevölkerungs- und Siedlungswachstum längst keine primär städtischen Phänomene mehr waren. Der Restriction of Ribbon Development Act aus dem Jahr 1935 sollte zusätzlich die weitere Siedlungstätigkeit entlang von übergeordneten (Land-)Straßen unterbinden. Diese Gesetze erwiesen sich aber als unzureichend. So dauerte die Durchführung von Planungsverfahren gemäß des neuen Town and Country Planning Act über drei Jahre, und die Planungen konnten, wenn sie vom Parlament abgesegnet worden waren, nicht ohne ein nochmaliges formales Verfahren abgeändert werden.

Weitere Probleme waren verwaltungstechnischer und -rechtlicher Natur. So gab es zu viele (mehr als 1 400) und zu kleine Gebietskörperschaften (*district councils*). Eine Verbesserung trat erst durch den Local Government Act von 1929 ein, durch den auch Grafschaftsräte (*county councils*) befugt waren, sich an der Ortsplanung zu beteiligen. Das für *town and country planning* zuständige Ministry of Health (Gesundheitsministerium) war weder ermächtigt, Planungen anzustoßen, noch konnte es die Kommunen finanziell bei den Planungen unterstützen. Hinzu kam, dass selbst fortschrittlichen Kommunen häufig die Hände gebunden waren, da Entschädigungen (*compensations*) durch das Gesetz von 1932 ausgesprochen mangelhaft geregelt waren.

Angesichts der sich ständig ausweitenden Siedlungstätigkeit (Errichtung von über 2,7 Mio. Wohneinheiten in England und Wales zwischen 1930 und 1940) und eines großen Altbaubestands (ein Drittel aller Wohneinheiten in England und Wales waren zu Beginn des Zweiten Weltkrieges vor 1918 errichtet worden) erwiesen sich die bestehenden Planungsinstrumente als untauglich.

Ein wichtiger anderer gesellschaftlicher Trend in den Zwischenkriegsjahren war die extrem ungleiche Entwicklung der Wirtschaft in den unterschiedlichen Teilen des Landes. Während Altindustrieregionen wie Wales oder Nordostengland zwischen 1923 und 1934 mit der Schrumpfung ihrer ökonomischen Basis kämpften, erzielte Südostengland mit einem Zuwachs der sozialversicherungspflichtig Beschäftigten um 44 % ein phänomenales Wachstum (Wales: −26 %, Nordostengland: −5,5 %). Ein ähnliches Bild war auch bei den Arbeitslosenzahlen feststellbar. Es entzündete sich eine innenpolitische Debatte über die Frage, ob eine politische Einflussnahme auf die Standortentscheidungen von Unternehmen zu einer gleichmäßigeren Verteilung von Beschäftigungsmöglichkeiten und zu einem Abbau der bestehenden sozialräumlichen Disparitäten führen würde. Da eine solche politische Intervention beispiellos und in ihren Folgen und Risiken kaum abzuschätzen war, setzte die damalige Regierung eine Untersuchungskommission ein (Royal Commission on the Distribution of the Industrial Population), deren Aufgabe darin bestand, die Gründe für die unterschiedliche Verteilung der in der Industrie beschäftigten Bevölkerung zu ermitteln, die weitere Entwicklung und ihre sozialen, ökonomischen und strategischen Nachteile abzuschätzen sowie geeignet erscheinende Abhilfemaßnahmen vorzuschlagen. Der im Jahr 1940 veröffentlichte Bericht der Kommission, der *Barlow Report*, erwies sich als ausgesprochen einflussreiches Dokument sowohl für *town and country planning* als auch für die *regional policy*. Die Kommission unterstrich die Notwendigkeit staatlichen Eingreifens in die Verteilung der in der Industrie beschäftigten Bevölkerung und deklarierte dies als Aufgabe von nationalem Interesse. Insbesondere wurde angeregt, die Bevölkerung in wachstumsstarken Städten wie London umzuverteilen auf neu zu errichtende Garten- bzw. Satellitenstädte. Für entwicklungsschwache Regionen wurde die Einrichtung von Gewerbeparks (*trading estates*) gefordert, durch die Anreize zur Ansiedlung von privatwirtschaftlichen Unternehmen gegeben werden sollten. Die Mitglieder der Kommission vertraten zudem die Auffassung, dass eine zentrale staatliche Planungsbehörde einzurichten sei, damit den vielfältigen Problemen angemessen begegnet werden könne. Allerdings unterschieden sich die Vorstellungen hinsichtlich der Befugnisse dieser Behörde zum Teil erheblich voneinander.

Der Zweite Weltkrieg und seine Auswirkungen

Noch während des Zweiten Weltkrieges wurde 1943 das Ministry of Town and Country Planning etabliert. (Seit

2001 liegt die Planungskompetenz beim Department for Communities and Local Government.) Der Krieg verursachte infolge der zum Teil massiven Zerstörungen durch die deutschen Luftangriffe neue Probleme, vor allem für Industriestädte wie London, Birmingham, Coventry oder Sheffield. Eine wichtige Planungsaufgabe bestand daher darin, die kriegszerstörten Städte wieder aufzubauen. Gleichzeitig mussten die ungelösten, überkommenen Probleme der Raumentwicklung und die Unzulänglichkeiten des bestehenden Planungsapparats in Angriff genommen werden.

Eine für die britische Gesellschaft wichtige Kriegserfahrung bestand darin, dass sich ein klassenübergreifender Konsens über die Notwendigkeit tief greifender gesellschaftlicher Reformen herausbildete.

> „At one and the same time war occasions a mass support for the way of life which is being fought for and a critical appraisal of the inadequacies of that way of life. Modern total warfare demands the unification of national effort and a breaking down of social barriers and differences. [...] A new and better Britain was to be built. The feeling was one of intense optimism and confidence. Not only would the war be won; it would be followed by a similar campaign against the forces of want. [...] What was new was the belief that the problems could be tackled in the same way as a military operation" (Cullingworth und Nadin 2002, S. 20).

Ein Ausdruck dieser verbreiteten optimistischen Grundhaltung war die Einrichtung mehrerer Kommissionen im Jahr 1941, denen die Aufgabe gestellt war, Lösungsmöglichkeiten für wichtige Probleme zu erarbeiten, die in der Nachkriegszeit angegangen werden sollten. Hierzu gehörten das Uthwatt-Komitee zur Fragen von Entschädigungen und des planungsbedingten Bodenwertzuwachses (Uthwatt Committee on Compensation and Betterment), das Scott-Komitee zu Fragen der Landnutzung in ländlichen Regionen (Scott Committee on Land Utilisation in Rural Areas) sowie das Beveridge-Komitee zu Fragen der Sozialversicherung (Beveridge Committee on Social Insurance and Allied Services).

Die gesellschaftliche Aufbruchstimmung und der weitverbreitete Gestaltungswille wirkten sich auch auf das Planungssystem aus. Im Jahr 1947 wurde der Town and Country Planning Act (TCPA) verabschiedet, der einige einschneidende Neuerungen beinhaltete. Hierzu gehörten u. a. die Verpflichtung für die Gemeinden, Entwicklungspläne (*development plans*) mit einer 20-jährigen Gültigkeit zu erstellen, die Übertragung der Planungshoheit von der Bezirksebene (*county districts*) auf die Grafschaftsebene (*counties*) – wodurch sich die Zahl der Planungsbehörden von 1 400 auf 145 reduzierte – sowie die zwingende Notwendigkeit für Bauträger bzw.

Grundstückserschließer, eine Erlaubnis für Bauvorhaben bei den örtlichen Planungsbehörden einzuholen.

Die in dem TCPA von 1947 formulierten Regelungen wurde zwar in den folgenden Jahrzehnten modifiziert, ergänzt und zum Teil auch radikal neu geregelt, die ihnen zugrunde liegende Überzeugung, dass staatliche Steuerung raumwirksamer gesellschaftlicher Prozesse notwendig und im nationalen Interesse sei, hat sich jedoch nicht grundlegend gewandelt. Unverändert blieb gleichfalls die herausragende Bedeutung des Zentralstaates in Planungsfragen, der mit einfacher parlamentarischer Mehrheit tief in das Planungsrecht eingreifen und z. B. die Planungskompetenzen von Kommunen ausweiten oder einschränken kann (Abschnitt 7.3 und 7.4).

Regional policy

Entwicklungsunterschiede zwischen Nationen, Regionen, Städten oder auch unterschiedlichen Quartieren bzw. Vierteln innerhalb von Städten sind beständige gesellschaftliche Grunderfahrungen, ähnlich wie bestehende Wohlstandsunterschiede zwischen verschiedenen Bevölkerungsgruppen. Doch wie sind solche Ungleichheiten zu bewerten? Wie groß müssen beispielsweise innerhalb einer Gesellschaft die Unterschiede werden, damit ein Eingreifen des Staates notwendig erscheint? Es ist ein herausragendes Merkmal der sich in der Nachkriegszeit etablierenden Wohlfahrtsstaaten, dass das Handeln staatlicher Akteure und Institutionen in besonderer Weise darauf ausgerichtet war, Unterschiede im Einkommen, Wohlstand und in der Gesundheits- und Altersversorgung unterschiedlicher Bevölkerungsgruppen auszugleichen. Dies war auch in Großbritannien der Fall. Parallel hierzu hat sich ein Politikfeld (*regional policy*) entwickelt, das auf regionale Entwicklungsunterschiede fokussiert war, die in zunehmendem Maße als gesamtgesellschaftliches Problem betrachtet wurden.

Ein zaghafter Anfang in den 1920er Jahren: Die Mobilisierung der Arbeiter

Der Beginn der zentralstaatlichen *regional policy* lässt sich auf die späten 1920er Jahre zurückdatieren, als die bereits oben angesprochenen Entwicklungsdefizite in den sog. Altindustrieregionen (Wales, Cumberland, Nordostengland, Glasgow), gerade im Vergleich zu den positiven Trends in Südostengland und den West Midlands, immer schärfer hervortraten. Die Regierung unter dem damaligen konservativen Premierminister

Stanley Baldwin erkannte sowohl die Aussichtslosigkeit einer regionalen „Selbstheilung" als auch die politische Brisanz, die in den bestehenden Problemen lag, und entschloss sich daher, das überkommene wirtschaftspolitische Laisser-faire-Prinzip aufzugeben. Aber auch die Kritik der politischen Opposition sowie die Belastung des Staatshaushalts durch die Zunahme der Arbeitslosigkeit zwangen zum Handeln. So wurde die Zwischenkriegszeit zur „Geburtsstunde" der staatlichen *regional policy*, aus der heraus eine ganz neue Form der Regionalisierung hervorgegangen ist: die *assisted areas* bzw. synonym die *depressed areas* (Abb. 7.2).

Die Eingriffe des Staates in den (altindustrialisierten) Problemregionen begannen im Jahre 1928 mit den *industrial transference schemes*, durch die eine Abwanderung erwerbsloser Industrie- und Bergarbeiter bewirkt und damit die regionalen Arbeitsmärkte entlastet werden sollten (Law 1981). Bis zum Jahr 1937 wurden im Rahmen dieses Programms etwa 190 000 Arbeitslose aus den Problemregionen in die prosperierenden Städte Mittel- und Südenglands umgesiedelt. Zu diesem Zeitpunkt herrschte in der britischen Regierung noch die

Überzeugung vor, dass der Staat keinesfalls direkt in die Wirtschaft eingreifen sollte, wie das beispielsweise bei einer Industriestandortpolitik der Fall gewesen wäre.

Der Umschwung in den staatlichen Handlungsorientierungen in den 1930er Jahren

Die starke Zunahme der Arbeitslosigkeit zu Beginn der 1930er Jahre führte den politisch Verantwortlichen aber die geringe Effektivität der Maßnahmen von 1928 vor Augen und setzte die Regierung unter Handlungsdruck. So wurden im Jahre 1932 vom Handelsministerium (Board of Trade) Untersuchungen über die *problem areas* in Nordostengland, Schottland, Wales und Nordwestengland in Auftrag gegeben, und im Jahre 1934 erfolgte die Ausweisung der genannten Gebiete zu *special areas* durch den Special Areas (Development and Improvement) Act (Law 1981, S. 45). Für die *special areas* in England/Wales sowie in Schottland wurde je ein Commissioner zur Planung und Koordination der ins Auge gefassten wirtschafts- und sozialpolitischen Maß-

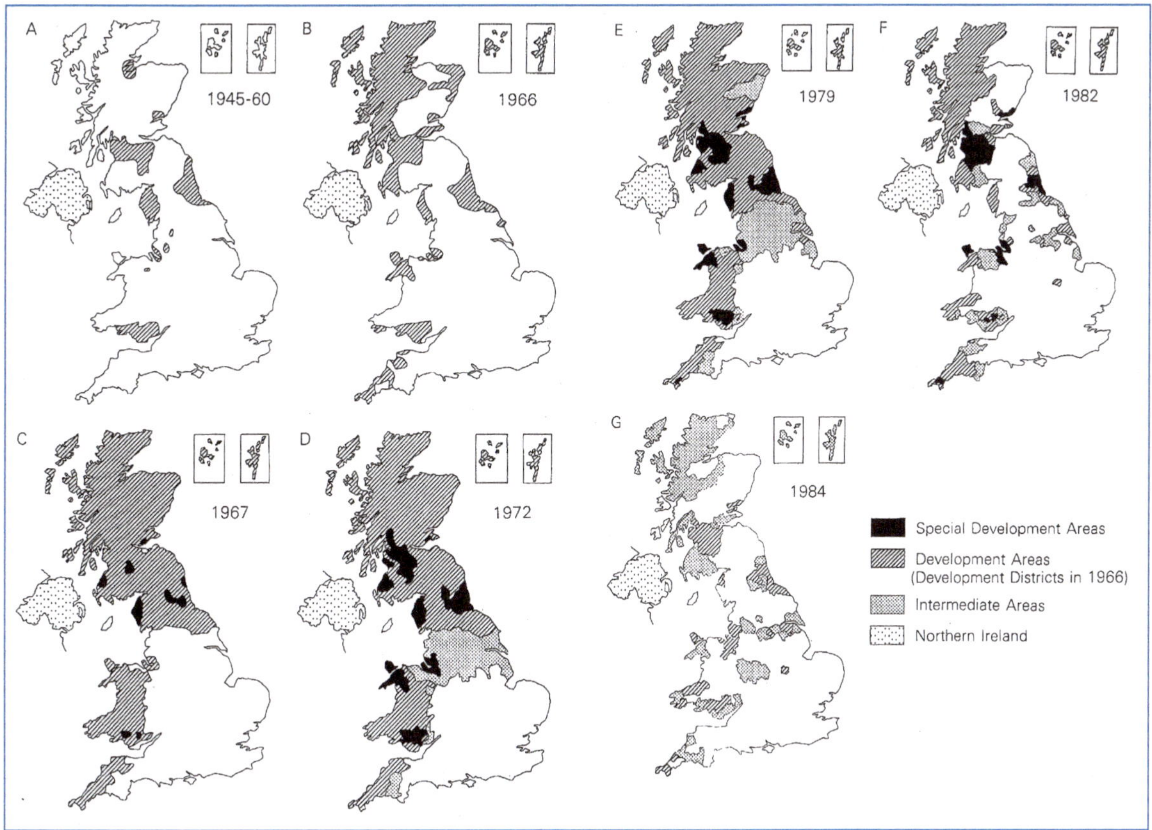

Abb. 7.2 Die Entwicklung der Fördergebiete (*assisted areas*) im Rahmen der *regional policy* 1945–1984. Quelle: Hudson und Williams 1986, Abb. 2.2, S. 66 f.

nahmen ernannt (Cullingworth 1988, S. 8). Die Hauptaufgabe der Commissioners bestand in der Ansiedlung neuer Industriebetriebe, die vor allem durch infrastrukturelle Verbesserungen in Gang gesetzt werden sollte. Das Budget von 21 Mio. Pfund, das den Commissioners bis 1938 für diese Aufgabe zur Verfügung gestellt wurde, war vergleichsweise bescheiden. Nicht zuletzt aus diesem Grund liegt die Bedeutung der im Jahre 1934 eingeführten Maßnahmen weniger in dem Ausmaß der durch sie erzielten wirtschaftlichen Belebung als vielmehr in der hierdurch zum Ausdruck gebrachten Wende in den staatlichen Handlungsorientierungen in dieser Zeit. Das liberale wirtschaftspolitische Laisser-faire-Prinzip, zu dem sich auch die Maßnahmen zur Mobilisierung der Arbeiter von 1928 rechnen lassen, wurde zugunsten einer stärker interventionistischen politischen Linie aufgegeben, in deren Mittelpunkt die Mobilisierung der Arbeit stand.

Die Commissioners setzten sich als engagierte Fürsprecher für die *assisted areas* ein, gerade auch in London. So machten sie die Regierung auf die geringe Bereitschaft der Unternehmen, in den *assisted areas* zu investieren (Cullingworth 1988, S. 8), sowie auf die Probleme der ungleichen Verteilung neuer Wirtschaftszweige im Land aufmerksam und erzwangen schließlich die Einsetzung der bereits oben erwähnten Royal Commission on the Geographical Distribution of the Industrial Population (Law 1981, S. 45). Der Bericht dieser Kommission, der 1940 veröffentlichte *Barlow Report*, konnte im Hinblick auf die *regional policy* allerdings erst in der Nachkriegszeit eine Wirkung entfalten, da die staatlichen Aufrüstungsprogramme und schließlich der Zweite Weltkrieg das Arbeitslosenproblem in den Altindustrieregionen entschärften (Law 1981, S. 221).

Der Zweite Weltkrieg und die Folgen für die *regional policy*

Durch den Krieg war eine Übernahme der Kontrolle zahlreicher wirtschaftlicher Aktivitäten durch den Staat erfolgt, vor allem auch die Aufsicht über die Produktion sowie die Standorte des verarbeitenden Gewerbes. Aufgrund des erfolgreichen Managements der Kriegsproduktion war aus der Sicht der Labour Party der Beweis dafür erbracht, dass eine staatliche Industriestandortkontrolle durchführbar ist. Als die Labour Party 1945 mit einer überwältigenden Mehrheit in das Parlament gewählt wurde, hatte sie sich einem starken staatlichen Eingreifen in die Gesellschaft verpflichtet. Ihr Wahlerfolg kann als eindeutiges Zeichen aus der Bevölkerung dafür gewertet werden, dass die Zeit für Reformen und staatliche Lenkung „reif" war.

Von herausragender Bedeutung für die *regional policy* wurde der *Barlow Report*, der infolge des Krieges „auf Eis" gelegen hatte. Die Regierung billigte in ihrem Weißbuch (*white paper*) über *employment policies* des Jahres 1944 ausdrücklich die im *Barlow Report* ausgesprochenen Empfehlungen, die dann im darauffolgenden Jahr im Distribution of Industry Act ihren gesetzgeberischen Niederschlag fanden. Die in dem Weißbuch ebenfalls niedergelegte Verpflichtung des Staates zu einer Vollbeschäftigungspolitik war eine wesentliche Voraussetzung für die staatliche *regional policy* in der Nachkriegszeit, und sie blieb eine handlungsleitende Maxime aller Regierungen bis zur Mitte der 1970er Jahre (Hudson 1989, S. 21).

Das von der Barlow-Kommission vorgebrachte Konzept einer „richtigen Verteilung der Industrie" sah eine den Bevölkerungsverteilungsmustern angepasste Verteilung der Industrie vor. Konkret hieß dies vor allem eine Wiederherstellung der Beschäftigungsbasis in den Problemregionen (Law 1981, S. 47) durch eine Verlagerung von Betrieben aus den prosperierenden Regionen.

Der Distribution of Industry Act des Jahres 1945 sowie der Town and Country Planning Act des Jahres 1947, die diese Empfehlungen aufnahmen, stellten tiefe staatliche Eingriffe in die wirtschaftlichen und räumlichen Entwicklungsprozesse des Landes dar. Die wichtigsten Steuerungsinstrumente, die eingeführt wurden, waren zum einen die Industrial Development Certificates (IDCs; Genehmigungen, die vom Board of Trade eingeholt werden mussten, wenn eine Errichtung von Industriebauten mit einer Fläche von mindestens 5 000 *square feet* (= 465 m²) geplant war) und zum anderen vor allem finanzielle Anreize für Unternehmen, die bereit waren, sich in den Fördergebieten anzusiedeln.

Durch eine strikte Handhabung der IDCs sollte ein weiteres industrielles Wachstum in den prosperierenden Regionen des Landes (d. h. in den Midlands sowie im Südosten) verhindert bzw. in die Fördergebiete umgelenkt werden. Ferner erhoffte man sich in den *development areas* einen zusätzlichen Nutzen durch die Schaffung sog. *new towns* (ermöglicht durch das Gesetz zur Errichtung neuer Städte aus dem Jahre 1946; New Towns Act [Heineberg 1983, S. 175]), die die Bevölkerung in den *development areas* um die neu zu errichtenden sowie um die bestehenden Industriebetriebe konzentrieren und ihr verbesserte Wohn- und Lebensbedingungen bieten sollten.

Von großer Bedeutung für die Entwicklung der regionalen Wirtschaft in den Nachkriegsjahren waren zudem die Verstaatlichungen zahlreicher Schlüsselindustrien. Hierzu zählten die Kohlewirtschaft (1947), die Eisenbahnen (1947), die Elektrizitäts- und Gasversorgungsunternehmen (1948 bzw. 1949) sowie die Eisen-

und Stahlindustrie (1949). Letztere wurde aber im Jahre 1953 unter Churchill wieder reprivatisiert, bis Labour sie im Jahre 1964 erneut verstaatlichte (Kavanagh und Morris 1989, S. 24 f.).

„Vergeudete Zeit": Entwicklungen in den 1950er Jahren

Das Hauptziel der *regional policy*, die Reduzierung der Arbeitslosigkeit in den Problemregionen bzw. ihre Angleichung an nationale Werte, schien Anfang der 1950er Jahre erreicht. Dies war ein willkommener Anlass für die damalige Labour-Regierung, die Erfolge der staatlichen *regional policy* zu unterstreichen und so den beabsichtigten Rückzug des Staates aus einem kostspieligen Politikfeld einzuläuten, der durch die Zahlungsbilanzkrise der späten 1940er Jahre unabwendbar schien (McCord 1979, S. 234). Die konservative Regierung, die dann 1951 ins Amt kam, setzte die Zurücknahme der *regional policy* fort, und zwar insbesondere deshalb, weil sie die positiven Entwicklungstrends in anderen Landesteilen durch eine Standortverlagerung von Betrieben in die Entwicklungsgebiete nicht in Gefahr bringen wollte. Ihre Eingriffe in die prosperierende Volkswirtschaft beschränkten sich daher auf ein sog. *fine-tuning*.

Insgesamt lässt sich festhalten, dass die 1950er Jahre ein Jahrzehnt einer stark gelockerten *regional policy* waren. Massey (1984, S. 132) bezeichnet die 1950er Jahre sogar als *wasted decade*, weil die günstigen volkswirtschaftlichen Bedingungen jener Zeit nicht genutzt wurden, um die Ursachen regionaler Disparitäten, nämlich die ihnen zugrunde liegenden Wirtschaftsstrukturen, durch eine aktive *regional policy* anzugehen.

Die Wiederbelebung der *regional policy* gegen Ende der 1950er Jahre

Gegen Ende der 1950er Jahre setzte landesweit ein wirtschaftlicher Abschwung ein, der zu einer Zunahme der Arbeitslosigkeit führte, insbesondere in den Problemregionen. Die damalige konservative Regierung belebte daraufhin die Instrumente der *regional policy*. Da aber zu Beginn der 1960er Jahre die Haupterwerbszweige in den Altindustrieregionen in eine neuerliche wirtschaftliche Krise gerieten, sah sich die Regierung gezwungen, stärker als zuvor in die Wirtschaft und in den Regionen einzugreifen. Es entwickelte sich in dieser Zeit zwischen der konservativen und der Labour Party ein Konsens über die Notwendigkeit sowie über die Art staatlicher Maßnahmen zur Bekämpfung des „regionalen Problems". Als vordringlichstes wirtschaftspolitisches Ziel

wurde die Sicherung der Vollbeschäftigung deklariert. Daneben war das regionalpolitisch erstrangige Ziel die Abstellung regionaler Disparitäten im Hinblick auf Beschäftigungsstrukturen und Arbeitslosenquoten. Diese übergeordneten Ziele sollten durch eine Modernisierung der Wirtschaft, das Eingreifen des Staates in Umstrukturierungsprozesse sowie ferner durch eine allgemeine Steigerung der nationalen Wirtschaftsleistung erreicht werden. Dreh- und Angelpunkt der sich herausbildenden verbindlichen Orientierung staatlichen Handelns war die Optimierung bzw. die Steigerung der nationalen Wirtschaftsleistung zum Zwecke einer Sicherung der Vollbeschäftigung bei einer *gleichzeitigen* Lösung des *regional problem*.

Durch den im Jahre 1958 verabschiedeten Distribution of Industry (Industry Finance) Act wurden die Ausgaben für die *regional policy* erhöht und die IDCs wieder strikter angewendet. Im Rahmen des Local Employment Act des Jahres 1960, durch das alle Industry Acts ihre Gültigkeit verloren, wurden die *development areas* abgeschafft und durch *development districts* ersetzt, deren Zuschnitt bedeutend kleinräumiger war als der der *development areas*. Durch die Ausweisung von *development districts* vollzog sich ein grundlegender Wandel in der Stoßrichtung staatlicher Regionalpolitik, da die Maxime nun nicht mehr eine „richtige" Verteilung der Industrie war, sondern die Reduzierung der Arbeitslosigkeit, wo immer sie auftrat (z. B. auch in ländlichen Regionen) (Balchin und Bull 1987, S. 44).

Die wirtschaftliche Situation in den entwicklungsschwachen Regionen des Landes verschlechterte sich Anfang der 1960er Jahre trotz der eingeführten Maßnahmen zusehends. In dieser Situation gründete die konservative Regierung im Jahre 1961 das National Economic Development Council und das National Economic Development Office (Nedc und NEDO). Die wesentliche Aufgabe beider Einrichtungen war es, die Gewerkschaften, die Arbeitgeber und die Regierung auf eine gemeinsame wirtschaftspolitische Linie zu bringen. Vor allem sollte die nach wie vor angestrebte Vollbeschäftigung über eine höhere Produktivität und damit über eine Steigerung der nationalen Wirtschaftsleistung sichergestellt werden. Beide großen Parteien waren überzeugt davon, dass ein nationales Wirtschaftswachstum und die Verringerung regionaler Disparitäten in einer wechselseitigen Abhängigkeit voneinander stehen. (Hudson 1989, S. 99). Der Beitrag der Tarifpartner in Form stärkerer Investitionen bzw. einkommenspolitischer Zurückhaltung sollte durch verbindliche Abmachungen sichergestellt werden. Der Staat seinerseits verpflichtete sich, die Modernisierung der Wirtschaft und die Verringerung interregionaler Disparitäten durch höhere Staatsausgaben voranzutreiben.

In der „Gluthitze neuer Technologien": Das technokratische Erneuerungsprogramm der Labour Party unter Harold Wilson und sein Scheitern

Die Labour-Regierung, die im Jahre 1964 gewählt wurde, trat ihr Amt mit großem Optimismus und mit dem Ziel an, die unter den Konservativen begonnene interventionistische Politik fortzusetzen bzw. erheblich auszuweiten. Harold Wilson, der durch die „Gluthitze der neuen Technologie" (*white heat of new technology*) die Wirtschaft des Landes zu beleben suchte, baute in der ersten Hälfte der 1960er Jahre zu diesem Zweck einen Planungsapparat auf, der aus dem Department for Economic Affairs (DEA; zuständig für die nationale Wirtschaftspolitik) sowie den Regional Economic Planning Boards und den Regional Economic Planning Councils (REPBs und REPCs; zuständig für die regionale Wirtschaftspolitik) bestand. Ein zentrales Element des neuen Planungsapparats war die regionale Wirtschaftsplanung, der eine Schlüsselrolle in der Erreichung eines schnelleren (gesamt-)wirtschaftlichen Wachstums im Rahmen des National Plan (aufgestellt vom DEA) zugedacht war. Im Jahre 1966 jedoch führte der gestiegene Druck auf die Zahlungsbilanz des Landes sowie auf das britische Pfund zu einer drastischen Reduzierung der Staatsausgaben. Diesen Etatkürzungen fielen im selben Jahr die hochfliegenden wirtschaftspolitischen Planungen zum Opfer. Damit wurde das Ziel aufgegeben, die Modernisierung der regionalen Wirtschaft mit einer nationalen Wirtschaftsplanung zu verknüpfen.

Das Scheitern der Wirtschaftspolitik unter Wilson verweist auf mehrere Zusammenhänge, nämlich zum einen auf die Grenzen, denen staatliches Handeln in einer marktwirtschaftlichen Ordnung gesetzt sind, und zum anderen auf das Problem, ein derart technokratisches Programm in der Verantwortung des Zentralstaates in einer immer komplexer und pluralistischer werdenden Gesellschaft „von oben" auf den Weg zu bringen und umzusetzen. Das Ende einer umfassenden staatlichen Wirtschaftsplanung bedeutete aber keineswegs das Aus für die *regional policy* und eine hierdurch verfolgte industrielle Umstrukturierung. Auch blieben Vollbeschäftigung, der Abbau interregionaler Disparitäten und die Modernisierung der heimischen Wirtschaft weiterhin die herausragenden wirtschafts- und regionalpolitischen Ziele in den 1960er und frühen 1970er Jahren. Sie besaßen aber entgegen den Ankündigungen der Regierungen eine geringere Priorität als andere Ziele, allen voran die Erreichung einer positiven Zahlungsbilanz und die Stärkung der britischen Währung.

Kehrtwendungen und der allmähliche Übergang zur punktuellen Intervention in den Städten: Die 1960er und 1970er Jahre

Ab der Mitte der 1960er Jahre wurden zahlreiche regionalpolitische Einzelmaßnahmen eingeführt, durch die in den Problemregionen die Arbeitslosigkeit bekämpft und die wirtschaftliche Basis modernisiert werden sollte. Im Jahre 1965 wurde mit dem Control of Offices and Industrial Development Act (COIDA) zum ersten Mal der Versuch unternommen, auch den tertiären Sektor in die *regional policy* einzubeziehen. Durch dieses Gesetz wurde die Schaffung von Büroraum ab einer Fläche von 278,7 m² in Südostengland und in den Midlands genehmigungspflichtig (Office Development Permits (ODPs) mussten eingeholt werden). Gleichzeitig wurde der Schwellenwert für IDCs in diesen Regionen auf 93 m² gesenkt (in anderen Regionen wurde der alte Wert von 464,5 m² beibehalten). ODPs und IDCs waren die herausragenden Instrumente, mit denen man in den 1960er Jahren das Wachstum in den prosperierenden Regionen in die entwicklungsschwachen Gebiete des Landes umzulenken hoffte (Balchin und Bull 1987, S. 45).

Das für Regionalentwicklung bedeutsamste Gesetz in dieser Zeit war der im Jahre 1966 verabschiedete Industrial Development Act, durch den die (165) *development districts* abgeschafft und stattdessen fünf großflächige *development areas* eingerichtet wurden. Diese *development areas* erstreckten sich fast über die Hälfte des gesamten Landes, und in ihnen lebte fast ein Drittel der britischen Bevölkerung. Innerhalb der *development areas* standen Investitionsbeihilfen (*investment grants*) zur Verfügung. Aber auch außerhalb dieser Gebiete förderte der Staat industrielle Investitionen mit Zuschüssen. Die eingeführten Maßnahmen hoben insbesondere auf die Umsetzung folgender zwei Ziele ab: Zum einen sollte das wirtschaftliche Wachstum, vor allem aber die industrielle Produktion, *insgesamt* erhöht werden, um so die negative Zahlungsbilanz des Landes dauerhaft umzukehren. Und zweitens sollte in den entwicklungsschwachen Regionen zum Zwecke eines Abbaus interregionaler Disparitäten ein besonderer Wachstumsimpuls gesetzt werden.

Im Jahre 1967 wurden zusätzlich die *special development areas* (SDAs) eingerichtet. Es handelte sich hierbei um Gebiete, in denen die Arbeitslosigkeit besonders gravierend war und die infolgedessen in den Genuss einer höheren staatlichen Förderung kamen.

Weitere regional- und wirtschaftspolitische Maßnahmen in den späten 1960er Jahren war zum einen die Einführung von *regional employment premiums* (REPs), durch die eine Subventionierung der Arbeit in den Fördergebieten eingeführt wurde (Balchin und Bull 1987,

S. 46), und zum anderen die Gründung der Industrial Reorganisation Corporation (IRC), durch die eine betriebliche Konzentration mittels Fusionierungen gefördert werden sollte, um hierdurch die heimische Wirtschaft auf einen ausgedehnten Exportkurs zu bringen. Zwischen 1964 und 1969 war das jährliche Volumen der Regionalfördermittel deutlich angestiegen, und zwar von 30 Mio. auf 260 Mio. Pfund. Der größte Teil dieser Summe, nämlich 254 Mio. Pfund (im Jahre 1969), wurde für die genannten Förderinstrumente zur Mobilisierung der Arbeit aufgewendet, während nur ein geringer Teil, nämlich 2,8 Mio. Pfund, für Maßnahmen zur Erhöhung der räumlichen Mobilität der Arbeiter zur Verfügung stand (Balchin und Bull 1987, S. 46).

Als im Jahre 1970 die Konservativen unter Edward Heath die Regierung übernahmen, erfolgte in den ersten beiden Jahren eine deutliche wirtschafts- und regionalpolitische Kehrtwende. Zwar blieben die Konservativen bestimmten politischen Zielen ihrer Vorgänger treu (der Beschleunigung des nationalen Wirtschaftswachstums, der Modernisierung der Industrie und einer ausgeglicheneren regionalen Entwicklung), doch sollten diese weniger durch staatliche Intervention als vielmehr durch das freie Spiel der Marktkräfte erreicht werden. So sollten die „Nieten" (*lame ducks*), wie wenig profitable bzw. krisenanfällige Unternehmen genannt wurden, nicht weiter subventioniert werden. Und auch die Instrumente der *regional policy* wurden einer Revision unterzogen. Im Wesentlichen bestanden die Veränderungen hier in einer (teilweisen) Umstellung von Subventionen auf Steuererleichterungen, wie sie im Weißbuch *Investment Incentives* des Jahres 1970 niedergelegt waren (Balchin und Bull 1987, S. 47). Hinter diesen Veränderungen stand die Überlegung, dass Steuergeschenke die Rentabilität der Unternehmen erhöhen, Ineffizienz hingegen bestrafen.

Als aber im Jahre 1972 die landesweite Arbeitslosigkeit den Nachkriegshöchststand erreicht hatte, sah sich Heath gezwungen, seinen politischen Kurs zu ändern. Es folgte der viel zitierte *U-turn*, also die Kehrtwendung in der konservativen Politik der frühen 1970er Jahre, die insbesondere durch den Industry Act von 1972 versinnbildlicht wird. Die in diesem Gesetz verankerten Maßnahmen waren, ironischerweise, deutlich interventionistischer als alle unter der vorangegangenen Labour-Regierung eingeführten Instrumente. Auch wurden *lame ducks*, wie beispielsweise Rolls Royce durch Verstaatlichung, vor dem Ruin bewahrt.

Die Labour Party, die im Jahre 1974 die Regierungsgeschäfte wieder übernahm, setzte die wirtschafts- und regionalpolitische Linie der konservativen Regierung unter Heath zunächst im Wesentlichen fort. Der Industry Act, entsprechend modifiziert, wurde als eine angemessene Basis der eigenen politischen Ziele betrachtet. Neben einigen organisatorischen Umstrukturierungen im Staatsapparat war vor allem die Schaffung der Scottish und Welsh Development Agencies (SDA und WDA) im Jahre 1975 bedeutsam für die Entwicklung der *regional policy* in dieser Zeit. Die Einrichtung von SDA und WDA war eine Antwort des Staates auf den zunehmenden nationalistischen Druck von der keltischen Peripherie. Sie führte in anderen Regionen, z. B. in Nordostengland, zu einem Ruf nach ähnlichen Institutionen bzw. nach Unterstützung schon bestehender Einrichtungen durch die britische Regierung (Hudson 1989, S. 76 f.).

Durch den Industry Act des Jahres 1975 wurde ferner das National Enterprise Board (NEB) geschaffen, mittels dessen die Regierung tief in die Wirtschaft des Landes eingreifen konnte. Das Budget in einer Höhe von 1 Mrd. Pfund sollte den Fördergebieten des Landes zugute kommen (Armstrong und Taylor 1985, S. 315), wo die Regierung durch gezielte Investitionshilfen sowie durch den Einkauf in (vorübergehend) geschwächte Unternehmen des verarbeitenden Gewerbes vor allem die rapide Talfahrt des Arbeitsmarktes aufzuhalten versuchte (Hudson 1989, S. 79).

Die weltweiten Wirtschaftsprobleme der Jahre 1973 bis 1975, die vor allem durch die massiven Ölpreisschübe in Gang gesetzt worden waren, zwangen die Regierungen aller fortgeschrittenen Volkswirtschaften zu einschneidenden wirtschafts- und finanzpolitischen Maßnahmen. Auch die britische Regierung blieb trotz der heimischen Ölvorkommen hiervon nicht verschont; das Außenhandelsdefizit des Landes belief sich 1974/75 auf 3 Mrd. Pfund, eine „galoppierende" Inflation führte zu exorbitanten Lohnforderungen von mitunter über 30 %, und das Bruttosozialprodukt fiel um 2,5 %. Zwei Handlungsalternativen boten sich der Regierung in dieser Situation: der Weg in den Protektionismus oder die massive Reduzierung der Staatsausgaben. Die Regierung entschied sich im Jahre 1975 für die zweite Option und leitete damit das Ende einer seit Kriegsende verbindlichen Vollbeschäftigungspolitik ein, aber auch das Ende eines 13 Jahre währenden parteiübergreifenden Konsenses über die Notwendigkeit und die Art staatlicher Intervention zur Lösung des *regional problem*.

Von den durch die Labour-Regierung vorgenommenen Ausgabenkürzungen waren auch die Instrumente der *regional policy* betroffen. Die Etatstreichungen sind aber nicht allein durch den Wunsch der Regierung erklärbar, den Staatshaushalt spürbar und schnell zu entlasten, sondern sie sind auch im Zusammenhang mit der immer lauter werdenden Kritik an der Effektivität der *regional policy* zu sehen (vgl. im folgenden Damesick 1987, S. 43 ff.).

Ein weiterer Erklärungshintergrund ist in der veränderten Wahrnehmung räumlicher Disparitäten durch die politisch Verantwortlichen auszumachen. Das sog. *inner city problem*, das bereits in den 1960er Jahren in Form verstärkter sozialer Problemlagen, insbesondere im Zusammenhang mit ethnischen Minderheiten, in den Innenstadtbereichen der Großstädte in das Blickfeld der Politik rückte, drängte das *regional problem* in den 1970er Jahren zunehmend in den Hintergrund. Diese Wahrnehmungsverschiebung lässt sich nicht zuletzt dadurch erklären, dass die erheblichen Schrumpfungsprozesse in der gewerblichen Wirtschaft in den 1970er Jahren nicht nur die „klassischen" Problem*regionen* betrafen, sondern in zunehmendem Maße die *Städte* im *gesamten* Land, insbesondere aber die Innenstadtbereiche der Agglomerationen. Besonders hart traf der Arbeitsplatzabbau den Londoner Großraum, der zwischen 1971 und 1978 26,7 % aller Arbeitsplätze im verarbeitenden Gewerbe einbüßte und damit um 17 Prozentpunkte über der landesweiten Quote lag.

Die skizzierten Entwicklungen ließen die *urban economic regeneration* zu *dem* Schlagwort einer staatlichen raumbezogenen Politik ab den späten 1970er Jahren im Vereinigten Königreich werden.

Fazit

Die beiden hier vorgestellten raumbezogenen Politikfelder haben der britischen Gesellschaft und den räumlichen Strukturen des Landes nachhaltig ihren Stempel aufgedrückt.

Durch das sukzessiv etablierte System von *town and country planning* wurden zunächst die großen Stadtentwicklungsprobleme des Industriezeitalters angegangen. Dabei hat sich gezeigt, dass bestimmte Instrumente zwar halfen, überkommene Missstände abzustellen, nun aber ihrerseits neue Probleme schufen (vgl. die Entstehung großflächiger uniformer und unwirtlicher Wohngebiete durch das Aufkommen der *terrace houses* im 19. Jahrhundert). Die Entwicklung dieser Planungsinstrumente war zumeist inkrementell, tastend, auslotend. Das mag zwar angesichts der zum Teil gravierenden Problemlagen kritisch beurteilt werden, andererseits muss man aber auch in Rechnung stellen, dass die Verantwortlichen Erfahrungen sammeln mussten und auch, gerade zu Beginn einer stärkeren staatlichen Intervention im 19. Jahrhundert, die über Jahrhunderte praktizierte Zurückhaltung des Staates überwunden werden musste. Es gab aber auch Zeiten der „großen Würfe" bzw. „Entwürfe". Vor allem die Gesetzgebung in der unmittelbaren Nachkriegszeit wird von Planungsexperten noch heute als besonders herausragend gelobt, auch im Vergleich mit anderen europäischen Wohlfahrtsstaaten: „Die Briten zogen mit dem ‚Town and Country Planning Act' von 1947 – einem wirklichen Meilenstein in der Planungsgeschichte – die Konsequenzen aus einem kontinuierlichen und intensiven Nachdenken über die künftigen Erfordernisse und schufen damit ein der Aufgabe angemessenes Rechtswerkzeug" (Albers 1996, S. 5).

Ähnliches lässt sich über die *regional policy* konstatieren. Auch hier mussten die staatlichen Akteure Erfahrungen sammeln und lernen, die traditionelle Scheu vor Eingriffen in das Wirtschaftsleben zu überwinden. Die Urteile über die Erfolge der *regional policy* – gemessen an den Zielen, die die politisch Verantwortlichen hiermit erreichen wollten – fallen unterschiedlich aus. Auf der einen Seite wird hervorgehoben, dass gerade das Problem der Arbeitslosigkeit ohne die regionalpolitischen Maßnahmen sich erheblich verschärft hätte. Zwar konnten – bis heute – die regionalen Unterschiede in den Arbeitslosenquoten nicht vollständig aufgelöst werden, doch ohne ein Eingreifen des Staates zugunsten entwicklungsschwacher Regionen wäre die Entwicklung hier mit großer Sicherheit dramatischer verlaufen. Auf der anderen Seite wird betont, dass die *regional policy* wirtschaftliche Entwicklungen begünstigte, die eine nachhaltige Perspektive ausschlossen, beispielsweise die Etablierung von Zweigunternehmen multinationaler Konzerne („verlängerte Werkbänke"), die in wirtschaftlich schwierigen Zeiten entweder ganz aufgaben oder aber erheblich schrumpften. Auf einer grundsätzlichen Ebene heben Kritiker wie beispielsweise Doreen Massey hervor, dass das Potenzial der *regional policy* – im Verbund mit anderen Interventionsformen des Zentralstaates – nicht genutzt wurde, um ein grundlegendes Problem der wirtschaftsräumlichen Strukturen des Landes anzugehen: die alles überragende Bedeutung Londons.

Weiterführende Literatur

Albers, G. (1996): Entwicklungslinien der Raumplanung in Europa seit 1945. In: disP 127, S. 3–12.

Ambrose, P. (1986): Whatever Happened to Planning? London.

Armstrong, H.; Taylor, J. (1985): Regional Economics and Policy. Oxford.

Beevers, R. (2002): The Garden City Utopia: A Critical Biography of Ebenezer Howard. Abingdon.

Cullingworth, J. B.; Nadin, V. (2002): Town and Country Planning in the UK. London.

Damesick, P. J. (1987): The Evolution of Spatial Economic Policy. In: Damesick, P. J.; Wood, P. (Hrsg.): Regional Problems, Problem Regions, and Public Policy in the United Kingdom. Oxford, S. 42–63.

Heineberg, H. (1997): Großbritannien: Raumstrukturen, Entwicklungsprozesse, Raumplanung. Gotha.

Hudson, R. (1989): Wrecking a Region. State Policies, Party Politics, and Regional Change in North East England (= Studies in Society and Space). London.

Hudson, R.; Williams, A. (1986): The United Kingdom. London.

Johnston, R. J.; Taylor, P. J. (1984): The Geography of the British State. In: Short, J. R.; Kirby, A. (Hrsg.): The Human Geography of Contemporary Britain. Basingstoke, S. 22–39.

Law, C. M. (1981): British Regional Development Since World War 1. London.

Massey, D. (1984): Spatial Divisions of Labour. Social Structures and the Geography of Production (= Critical Human Geography). Basingstoke.

Office for National Statistics (Hrsg.) (2008): Regional Trends 40. London.

Peden, G. C. (1985): British Economic and Social Policy. Lloyd George to Margaret Thatcher. Oxford.

7.3 Raum als Markt – Folgen des Staatsverständnisses der Ära Thatcher

RICHARD STINSHOFF

Cities Unlimited oder: Soweit die Märkte tragen

Ein Sturm der Entrüstung ging Mitte August 2008 durch den Norden des Vereinigten Königreiches, gerade als David Cameron, Vorsitzender der konservativen Partei Großbritanniens, zu einer Reise in mehrere nordenglische Wahlkreise aufbrechen wollte: *Policy Exchange*, eine der konservativen Partei nahestehende Ideenschmiede (*think tank*), hatte wenige Tage zuvor eine Studie veröffentlicht, in der die wirtschaftliche Regenerationsfähigkeit zahlreicher nordenglischer Städte, darunter Liverpool und Sunderland, höchst skeptisch beurteilt wurde. Regionale und nationale Presse, Parlamentsabgeordnete und Politiker jeder Couleur überboten sich in ihrer Entrüstung und Kritik angesichts dieses vermeintlichen Aufrufs der insbesondere dem Parteiführer Cameron nahe vermuteten Denkfabrik, den Norden ökonomisch, sozial und politisch abzuschreiben. Selbst jenseits des Ärmelkanals titelten Tageszeitungen wie die *Süddeutsche Zeitung* (18./19.8.08): „Schließt Liverpool! Experten empfehlen, marode nordenglische Städte aufzugeben". Prompt beeilte sich die Labour-Abgeordnete und Ministerin für Kommunalangelegenheiten, Hazel Blears, die Wogen zu glätten, und rühmte die Wiederbelebung zahlreicher britischer Städte als eine der großen Erfolgsgeschichten des letzten Jahrzehnts.

Schaut man sich die Studie *Cities Unlimited – Making Urban Regeneration Work* genauer an, stellt man fest, dass sie keineswegs derartig pauschale Empfehlungen enthält: Die Autoren stellen einleitend fest: „The gap between successful and unsuccessful towns and cities has widened despite a decade of ambitious regeneration policies. ... regeneration policy over the last decade has failed" (Leunig und Swaffield 2007, S. 8). Diesem Umstand liegen aus ihrer Sicht langfristige wirtschaftliche und regionalräumliche Wandlungsprozesse zugrunde, die seit dem 19. Jahrhundert gewachsene industrielle Strukturen im Nordwesten und Nordosten Englands, in Wales und in Schottland obsolet werden ließen. Frühere Standortvorteile von Städten wie Liverpool, Manchester, Newcastle, Cardiff oder Glasgow haben sich dadurch mittlerweile in ihr Gegenteil verkehrt.

Daher raten sie zu einer in der Tat radikal dezentralisierten und marktorientierten Umsteuerung der britischen Stadtentwicklungspolitik: Statt weitere Milliarden in zentralstaatliche Programme zur Revitalisierung von Küsten- und Industriestädten im Norden, in Schottland und in Wales zu investieren, sollte die Regierung in London diese Mittel lieber den gewählten Lokalregierungen zuweisen.

„They could spend the money on traditional regeneration ideas, such as supporting local firms or attracting inward investment. They could use the money to revitalise town centres or provide infrastructure links. Or they could pursue a more people-oriented strategy and finance job clubs or skills training courses. If a local authority believes that attracting entrepreneurs is the right approach, then it would be perfectly legitimate to spend money providing facilities to do so. All local authorities would have the right to use the money to create a unique selling point – the best parks in Britain, the most trees – to get away from being an identikit town. A council could decide to attract parents who care about education by spending its money on schools. It may well be the case that doubling teachers' pay and cutting class sizes substantially would transform schools and attract new people. Affluent Manchester workers, for example, might be attracted to buy homes in the catchment areas of such schools in Rochdale. Their demand for local goods and services would create jobs. Finally, an area that decided that there was no realistic chance of regeneration could use the money to help local people to find work elsewhere and to cut taxes for those who remained" (Leunig und Swaffield 2007, S. 6 f.).

Ohne die analytischen Details der Studie und die Plausibilität ihrer marktradikalen Folgerungen zu problematisieren soll im Folgenden auf zwei grundsätzlichere Gesichtspunkte eingegangen werden, die sie jenseits der von ihr ausgelösten tagespolitischen Wellen aufwirft.

Cities Unlimited und die von ihr ausgelösten kontroversen Reaktionen in den Medien demonstrieren die Kontinuität sozioökonomischer Realitäten und politischer Empfindlichkeiten diesseits und jenseits der sog. *North-South Divide*. Diese zum soziokulturellen Stereotyp geronnene Formel bezeichnet eine von der Mündung des Severn zur Wash-Bucht verlaufend gedachte Trennlinie der räumlichen Ungleichverteilung von Arbeits- und Lebenschancen im Vereinigten Königreich. Ungeachtet der sich im Detail differenzierter darstellenden wirtschaftsgeographischen Sachverhalte ist sie zu einem vor allem in jüngster Vergangenheit öfter bemühten kulturellen Stereotyp für die seit den 1980er Jahren wieder verstärkt hervortretenden räumlichen Muster sozioökonomischer Ungleichheit geworden.

Darüber hinaus verweist *Cities Unlimited* auf die Aktualität eines grundlegenden Musters konservativer oder, besser, neokonservativer Vorstellungen von Stadterneuerung und Regionalentwicklung seit der Ära der Premierministerin Thatcher: ihrer Angebotsorientierung, die dem Markt und seinen Steuerungsmechanismen den Vorzug vor einer auf politisch ausgehandelte Ziele bezogenen staatlichen Planung gibt.

Der zweite Aspekt führt zur zentralen These dieses Abschnitts, nämlich dass sich Denkmuster und Realitäten der Raumentwicklung im Großbritannien der letzten 30 Jahre als Folge des neoliberal/neokonservativen Staatsverständnisses der Ära Thatcher verstehen lassen. Dies soll beispielhaft an Elementen der Stadtentwicklungspolitik unter Thatcher gezeigt werden.

The North-South Divide: Eine unendliche Geschichte?

Die nebenstehende Karikatur einer mentalen Landkarte Großbritanniens aus Londoner Perspektive zeigt, dass hinter dem metaphorischen Konstrukt der Trennung des Landes in Nord und Süd mehr steckt als ein wirtschaftliches Gefälle – es geht auch um ein regionales Gefälle im politischen und kulturellen Raum. Die ironischen Anspielungen auf die sich als Gipfel der soziokulturellen Entwicklung imaginierende Metropole London im Vergleich zur vermeintlichen Rückständigkeit des peripheren Hinterlandes sind unverkennbar und haben eine lange Vorgeschichte – mit unterschiedlichen Akzentuierungen. So thematisierte z. B. noch Elizabeth Gaskells Roman *North and South* von 1855 das Spannungsverhältnis zwischen einem seit den Anfängen der Industrialisierung im 18. Jahrhundert entstandenen Selbstbewusstsein des Nordens gegenüber dem Süden Englands: Gaskell zeichnete das Bild eines industrialisierten Nordens, der sich als autonom, wirtschaftlich

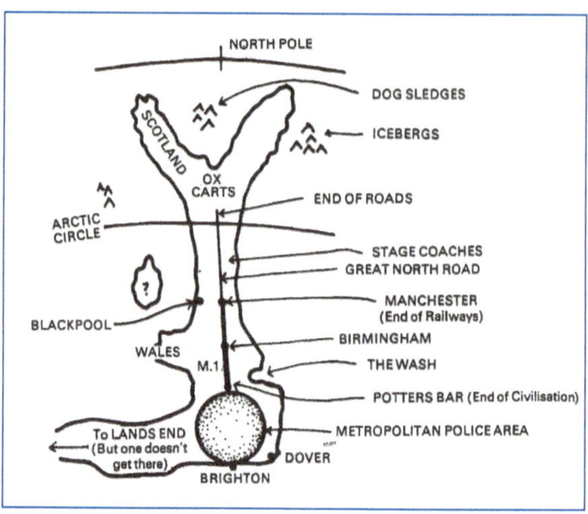

Abb. 7.3 Londoner's View, Teil einer Neujahrskarte für das Jahr 1971, die der Doncaster and District Development Council an Politiker, Verwaltungsbeamte und Firmenleitungen im Großraum London verschickte. Quelle: Gould und White 1974, S. 40.

produktiv, innovativ und egalitär gegenüber einem als vorindustrielle Wirtschafts- und Sozialstrukturen konservierend, gleichwohl aber auf nationaler politischer Vorherrschaft pochend vorgestellten Süden wahrnahm. Dieser diskursiven Konstruktion entsprach die wirtschaftliche Realität allerdings allenfalls auf den ersten flüchtigen Blick – ganz zu schweigen von einer Vorrangstellung der Industrieregionen des Nordens gegenüber dem Süden. Ab etwa 1870 trat die ökonomische und politische Dominanz Londons und der *home counties* genannten umliegenden Regionen des Südostens wieder deutlicher hervor. Mit der zunehmenden internationalen Orientierung der Londoner Kapital- und Kreditmärkte und seines Finanzdienstleistungssektors erreichte dieser Prozess bereits vor dem Ersten Weltkrieg einen Höhepunkt. Der beginnende Niedergang der altindustriellen Sektoren des Nordens nach dem Ersten Weltkrieg verstärkte dann das regionale wirtschaftliche Gefälle von Süd nach Nord bis zur Klimax in der Weltwirtschaftskrise der 1930er Jahre. Das soziale Elend der *depressed areas* Nordenglands, von Zeitgenossen wie George Orwell in *Road to Wigan Pier* (1937) eindrucksvoll beschrieben, ließ erstmals die Notwendigkeit raum- und infrastrukturpolitischer Interventionen des Zentralstaates deutlich werden.

Aus diesen knappen Andeutungen wird deutlich, dass vorhandene regionale Unterschiede und Spannungen, seien sie politischer, sozialer, wirtschaftlicher oder kultureller Natur, spätestens seit dem 19. Jahrhundert ein zentrales Thema der inneren Entwicklung Großbritanniens waren. Die Genese dieser Spannungen lässt sich allerdings weit vor den Beginn der Industriellen Revolution bis zur Entstehung des Nationalstaates unter den Tudors zurückverfolgen.

Aber erst die Erfahrungen mit einer umfassenden staatlichen Wirtschaftsplanung während des Zweiten Weltkrieges führten zum keynesianischen Interventionismus der Labour-Regierungen 1945–51 mit dem Ziel, bestehende soziale Ungleichheiten zu verringern und damit auch regionale wirtschaftliche Disparitäten abzubauen. Die Instrumente stellten eine – europaweit lange als Vorbild wahrgenommene – systematische, zielorientierte Regionalpolitik und Regionalplanung der Londoner Zentralregierung zur Verfügung. Das Wichtigste war der in Grundzügen noch heute geltende Town and Country Planning Act von 1947, der erstmals flächendeckend verbindliche staatliche Raumplanungskompetenzen und -verfahren gesetzlich verankerte (Abschnitt 7.2). Kaum weniger bedeutsam war der New Town Act von 1946, der bis Ende der 1960 Jahre zur Gründung von 28 neuen Städten zur Entlastung Londons und der altindustriellen Ballungsräume des Nordwestens und Nordostens führte.

Ungeachtet vielfacher Klagen über das im europäischen Vergleich deutlich geringere Wirtschaftswachstum Großbritanniens trug der bis Anfang der 1970er Jahre anhaltende wirtschaftliche Aufschwung des gesamten Landes ein Übriges zum Zurücktreten des Nord-Süd-Gefälles bei – zumindest in der öffentlichen Wahrnehmung, wenn auch nicht unbedingt in den wirtschaftlichen Daten. Allerdings zeichnete sich dann in den nicht nur für Großbritannien, sondern auch für die übrigen kapitalistischen Demokratien Europas und Nordamerikas krisenhaften 1970er Jahren immer deutlicher ein wirtschaftlicher Paradigmenwechsel ab: Parallel zum Niedergang klassischer, überwiegend nationalstaatlich organisierter Formen industriekapitalistischer Waren- und Güterproduktion bildete sich auf der Grundlage einer immer stärkeren globalen Arbeitsteilung ein rasch wachsender, von Dienstleistungen, Informationstechnologie und Wissen(schafts)produktion dominierter postindustrieller Kapitalismus heraus. Auch wenn Waren- und Güterproduktion in Großbritannien nach wie vor etwa 20 % zur Wertschöpfung beitragen, signalisieren Schlagworte wie *e-economy, knowledge society* oder *digital capitalism,* welcher Art die New Economy ist, die heute Arbeits- und Lebensformen der britischen Gesellschaft bestimmt. Zudem hat der wirtschaftliche Strukturwandel in den Jahrzehnten seit 1980 zu wieder anwachsender sozialer und regionaler Ungleichheit geführt. Zwischen 1975 und 2000 gingen 4 Mio. Arbeitsplätze in herkömmlichen Industriezweigen (Waren- und Güterproduktion sowie Energiegewinnung) verloren, während mehr als 6 Mio. in Dienstleistungssektoren (öffentlich und privat) geschaffen wurden. Zudem wandelte sich die Struktur von Erwerbsarbeit erheblich: weg von lebenslanger Vollzeitbeschäftigung hin zu Formen von Teilzeitarbeit, kurzfristigen Arbeitsverhältnissen usw. mit entsprechend problematischen Folgen für die sozialstaatlichen Elemente der Daseinsvorsorge. Die parallel dazu in Öffentlichkeit und Wissenschaft wieder aufgelebte Diskussion über die *North-South Divide* ist unmittelbarer Ausdruck dieser Entwicklungen.

The free economy and the strong state – das Politikmuster des Thatcherismus

Doch nun einen Blick auf die den wirtschaftlichen Strukturwandel flankierenden politischen Rahmenbedingungen: Angesichts der mangelnden Erfolge der Regierungen Heath (Conservative 1970–1974), Wilson (Labour 1974–1976) und Callaghan (Labour 1976–1979) bei der Bewältigung der seit 1970 sich rasch verschärfenden wirtschaftlichen Krise des Landes kritisierte Margaret Thatcher, seit sie 1975 den 1974 abgewählten Edward Heath als Parteivorsitzende der Konservativen abgelöst hatte, den in der Formel vom *postwar consensus* zusammengefassten keynesianisch-wohlfahrtsstaatlichen Grundkonsens aller bisherigen Nachkriegsregierungen. Das Ergebnis seien eine staatliche Bevormundung der Gesellschaft, die Knebelung der Marktkräfte durch staatliche Interventionen und durch die Macht der kollektiven Großorganisationen (sprich der Gewerkschaften) sowie die wohlfahrtsstaatliche Gängelung des Einzelnen (Kastendiek und Stinshoff 2006, S. 104).

Die andauernde Überforderung des Staates habe letztlich zu seinem Versagen geführt. Das britische Modell einer korporatistisch verfassten wohlfahrtsstaatlichen sozialen Demokratie sei gescheitert. Daher sei es notwendig, mithilfe einer nachhaltigen wirtschaftlichen Liberalisierungs- und Deregulierungspolitik wieder den Anschluss an den internationalen technologischen und ökonomischen Entwicklungsstand zu gewinnen und sich in der globalen Konkurrenz zu behaupten. Darüber hinaus gehe es darum, die gesellschaftspolitischen Blockaden des kollektivistischen *postwar consensus* zu überwinden, um die Entfaltung individueller Leistungsbereitschaft und Kreativität wieder zu ermöglichen.

Rückblickend lassen sich vor allem folgende politischen Globalziele identifizieren, die Margaret Thatcher von diesen ideologischen Grundannahmen ausgehend verfolgte:

Die Rahmenbedingungen der gesellschaftlichen Entwicklung in den 1970er Jahren

Die besondere Brisanz der britischen Entwicklung in den 1970er Jahren ging auf die Kombination vor allem folgender Ursachen zurück:

- ein seit Beginn des 20. Jahrhunderts, vor allem aber nach dem Zweiten Weltkrieg, im Vergleich zu den übrigen kapitalistischen Industrienationen anhaltend geringeres Wirtschaftswachstum (*relative economic decline*), dem strukturelle Schwächen der britischen Industrie wie geringeres Produktivitätswachstum und mangelnde Investitionen insbesondere in innovative Sektoren zugrunde lagen;
- wirtschaftspolitische Zielkonflikte zwischen keynesianischer Konjunkturstützung und proaktiver Wachstumspolitik einerseits sowie Beibehaltung eines überhöhten Wechselkurses des britischen Pfundes (das neben dem amerikanischen Dollar Leitwährungsfunktion, vor allem für Mitgliedsstaaten des Commonwealth, hatte), andererseits mit dem Ergebnis einer *stop-go policy*, d. h. bei jeder drohenden Zahlungsbilanzkrise wurde die Wachstumspolitik ersetzt, um die internationalen Geldmärkte zu beruhigen;
- hohe Kosten der Aufrechterhaltung einer militärischen (Truppenstationierungen, Waffensysteme) und politischen Weltmachtrolle im Rahmen der *special relationship* mit den USA;
- trotz zügiger Dekolonisierung nach der Suezkrise (1956) verspätete Orientierung auf den entstehenden kontinentaleuropäischen Wirtschaftsraum der europäischen Gemeinschaften (Beitritt zur EWG erst 1973).

- das Aufbrechen korporatistischer Verkrustungen insbesondere durch die gesetzliche Regulierung der mittlerweile allgemein als übermächtig und kaum mehr kontrollierbar wahrgenommenen Gewerkschaften;
- umfassende wirtschaftliche Strukturreform, d. h. wirksame Inflationskontrolle durch gezielte Geldmengensteuerung, ein möglichst weitgehender Rückzug des Staates aus der Wirtschaft, also Privatisierung des immerhin ein Viertel des Produktivkapitals umfassenden staatlichen Sektors, weil er (aufgrund des sog. *crowding out*-Effekts) die Initiative privater Akteure verdränge, und Förderung der Angebotsseite durch Deregulierung und Steuersenkungen;
- Umbau gesellschaftlicher Wertvorstellungen weg von der lähmenden Bevormundung des Einzelnen durch den als *nanny state* karikierten zentralistisch organisierten Sozialstaat hin zu mehr individueller Initiative, Selbstverantwortung, Unternehmensgeist und Konkurrenzbereitschaft, kurzum zu einer *enterprise culture*.

Bei der Umsetzung dieser Ziele in ihren drei Amtszeiten als Premierministerin (1979–1990) handhabte Margaret Thatcher ihre politischen Instrumente durchaus pragmatisch und flexibel. Daher ist der nach ihr benannte Thatcherismus eher als ein lockeres Bündel von Merkmalen denn als ein geschlossenes Politikmodell zu sehen. Gleichwohl zeichnet sich der Thatcherismus im Vergleich zu anderen zeitgenössischen neoliberalen Politikmustern durch eine spezifische Kombination neoliberaler und neokonservativer Grundhaltungen und Elemente aus, die sich in der Formel *the free economy and the strong state* prägnant zusammenfassen lassen. Darin verbindet sich der Glaube an die gesellschaftlich läuternde Kraft des freien Marktes und die notwendige Beschränkung des Staates auf Kernfunktionen wie innere und äußere Sicherheit, Rechtssicherheit und Geldwertstabilität (*rolling back the frontiers of the state*) mit der Überzeugung, dass der Staat in diesen Bereichen nach innen und außen Führungs- und Handlungsfähigkeit zeigen müsse.

Derartige neokonservative Orientierungen wurden nach außen im Falklandkrieg von 1982 und der damit einhergehenden Stärkung des britischen Patriotismus deutlich, nach innen in den massiven Polizeieinsätzen im Bergarbeiterstreik von 1984/85. Zahlreiche weitere Beispiele lassen sich nennen, z. B. die gesetzliche Einschränkung des Streikrechtes und der Organisationsautonomie der Gewerkschaften oder die Verschärfung des Polizeirechtes (z. B. mit der Ausweitung der *stop and search powers* der Polizei im Police and Criminal Evidence Act 1984) zur besseren Disziplinierung potenzieller (meist jugendlicher) Rechtsbrecher.

Wie Frau Thatcher in Reden gern betonte, ging es nach den vermeintlich permissiven und disziplinlosen 1960er und 1970er Jahren gesellschaftspolitisch um die Rehabilitierung von traditionellen Werten wie Fleiß, Anstand, Ehrlichkeit, Respekt, Selbstvertrauen und Leistungsbereitschaft.

Was die neoliberalen Elemente angeht, so erhielten Inflationsbekämpfung und Geldwertstabilität unbe-

Die Folgen des Thatcherismus

Die ökonomische Bilanz des Thatcherismus ist eher durchwachsen, die sozialen Folgen katastrophal: Zwar stiegen Produktivität (BIP pro Kopf der Erwerbstätigen) und Wirtschaftswachstum und die Inflationsrate sank deutlich, lag aber 1997 immer noch über der der europäischen G8-Staaten. Auch die direkten Steuern sanken, doch insgesamt stiegen die Staatsausgaben und damit die Steuerlast der Bürger ungeachtet der beträchtlichen Einnahmen des Staates aus Privatisierungserlösen und Schürfrechten für Nordseeöl spürbar von 31,1 auf 37,2 % des Jahreseinkommens. Insbesondere wuchs die Polarisierung der Gesellschaft in Arm und Reich: Der Anteil der Bevölkerung unter der Armutsgrenze, d. h. mit weniger als 50 % des Durchschnittseinkommens, verdreifachte sich von 1979 bis 1992 von 7 auf 21 %; und während das durchschnittliche Familieneinkommen im gleichen Zeitraum um 37 % stieg, nahm das der ärmsten 10 % um 18 % ab.

dingten Vorrang, d. h., es wurde sofort nach dem ersten Amtsantritt versucht, ausgeglichene Haushalte durch restriktive Ausgabenpolitik, Einsparungen und Rückführung der staatlichen Nettokreditaufnahme zu erreichen. Auf kreditfinanzierte Konjunkturprogramme (*deficit spending*) wurde von nun an verzichtet. Zudem wurden Haushaltsprioritäten neu gewichtet: Durch Wiedereinführung der Bedürfnisprüfung bei der Gewährung von Sozialleistungen sowie Deckelung bzw. Reduktion von Leistungen wurde versucht, die Sozialausgaben zu reduzieren. Dagegen stiegen die Etats für Verteidigung und Inneres (u. a. Ausbau der Polizei) deutlich. Gleichzeitig zog sich der Staat aus der tripartistischen Aushandlung von Lohn- und Preisrichtlinien zurück und gab diesbezügliche Festlegungen und Kontrollen auf.

Diese den Lehrbüchern monetaristischer Ökonomen der neoliberalen Chicagoer Schule entstammenden Maßnahmen führten in den Jahren bis 1983 zu einem beispiellosen Rückgang der industriellen Produktion in Großbritannien. Die Arbeitslosigkeit stieg offiziell auf über 3 Mio. (de facto etwa auf 4 Mio.), und es kam zu einer seit den 1930er Jahren nicht mehr gesehenen Zahl von Firmenzusammenbrüchen. Insbesondere die „alten" Industrien (Textil, Stahl, Schiffbau und Kohle) im Nordwesten und Nordosten, in Schottland und in Wales erfuhren eine irreversible Kontraktion. Angesichts inflexibler Qualifikationsstrukturen und fehlender Beschäftigungsalternativen hatte diese Entwicklung lokal und regional erheblich über dem Durchschnitt liegende Arbeitslosigkeit, großflächige Industriebrachen, Verödung der Innenstädte und Verarmung großer Teile der Bevölkerung zur Folge.

Dagegen verzeichneten London und die umliegenden Regionen ab Mitte der 1980er Jahre ein deutliches Wachstum des tertiären Sektors, insbesondere im Bereich der Finanzdienstleistungen. Der Wandel zu postindustriellen Formen von Arbeit und Wirtschaft

fing an sich zu beschleunigen. Parallel dazu begann die (bis 1987 abgeschlossene) Privatisierung staatlicher Betriebe; für den Erwerb der ausgegebenen Aktien wurde u. a. bei Kleinanlegern intensiv geworben; ferner wurde der Wohnungsbestand der öffentlichen Hand (meist der Kommunen) in großem Stil privatisiert, meist durch Verkauf an die ehemaligen Mieter. Der frühere konservative Premierminister Macmillan geißelte diese Politik in einer Rede im Oberhaus als „selling the family silver".

Flankiert wurden diese Maßnahmen – ideologisch als Mittel zur Erreichung einer *property owning democracy* gerechtfertigt – durch Deregulierungsmaßnahmen des Unternehmensrechtes, des grenzüberschreitenden Kapitalverkehrs und des Arbeits- und Sozialrechtes (u. a. Enttariflichung, Abschaffung von Mindestlöhnen und Kündigungsschutz). Der Staat wollte und sollte nicht länger Garant von Arbeitnehmerrechten und sozialen Mindeststandards sein. Als Folge schoss die Zahl der Teilzeit- und Kurzzeitarbeitsverhältnisse in die Höhe; nur noch etwa 40 % der Erwerbsbevölkerung verfügten über einen sicheren Vollzeitarbeitsplatz, der Rest hatte mehr oder weniger unsichere Teilzeitarbeitsplätze, ging Gelegenheitsarbeit nach oder war arbeitslos. Am Ende der Ära Thatcher war die Zahl der Familien ohne jede Vollzeitarbeitskraft von 29 auf 37 % gestiegen.

Wie sieht die Bilanz der konservativen Regierungsjahre von 1979 bis 1997 aus?

„Im Ergebnis lässt sich festhalten, dass das von Margaret Thatcher eingeleitete Modernisierungsprogramm auf dem Rücken großer und vor allem der schwächeren Teile der Bevölkerung ausgetragen wurde. ... [Es] dürfte kaum ein Zweifel bestehen, dass sich in Großbritannien seit dem Ende der siebziger Jahre ein Typ kapitalistischer Entwicklung herausgebildet hatte, der eher dem amerikanischen als dem damals noch vorherrschenden europäischen Modell folgte" (Kastendiek und Stinshoff 2006, S. 107 f.).

Zentralstaat und Peripherie: Die alte und neue politische und sozioökonomische Topographie

Neben der sich drastisch verstärkenden wirtschaftlichen und sozialen Ungleichheit ließ sich ein weiteres Charakteristikum der Ära Thatcher beobachten: die Stärkung des Zentralstaates. Das wohl bekannteste Beispiel neben der Abschaffung der Metropolitan Counties (Gebietskörperschaften für Greater London und sechs weiterer Ballungsgebiete) war die schrittweise Einschränkung der Finanzautonomie der gewählten Kommunalregierungen bis hin zur Einführung einer personenbezogenen Kommunalsteuer, der *community charge*, besser bekannt als *poll tax*, deren Höhe zentral durch das zuständige Ministerium in London festgesetzt wurde. Die Verärgerung über diese neue Besteuerung, die das alte System der lokal festgesetzten Grundsteuern ablöste, war denn auch eine der wesentlichen Ursachen des Sturzes von Margaret Thatcher.

Daneben nährte die stetige Zunahme von sog. Quangos (*quasi autonomous non-governmental organizations*) wie OFGAS (Office of Gas Supply = Regulierungsbehörde für die Gasindustrie) oder OFWAT (Office of Water Services = Regulierungsbehörde für die Wasserwirtschaft) nunmehr privatisierten Monopolbetrieben zur Gas- bzw. Wasserversorgung, die der Aufsicht durch Ministerien der Zentralregierung, aber nicht durch gewählte Gremien unterliegen, die Kritik an ständig wachsenden Kompetenzen des Zentralstaates. Diese Kritik wurde in den Teilen des Landes am lautesten artikuliert, in denen die Bürger sich durch die Regierung in London am wenigsten repräsentiert fühlten. Denn das Nord-Süd-Gefälle schlug sich nicht nur in zunehmend unterschiedlicher Einkommenshöhe, Beschäftigungsquote und Wirtschaftskraft nieder, sondern auch in der Wahlgeographie des Landes. So hatte sich die Zahl der konservativen Parlamentsabgeordneten in Nordengland, Schottland und Wales von 1979 bis 1992 dramatisch verringert, die der Labour Party kontinuierlich erhöht.

Nicht zuletzt marginalisierte der Zentralstaat die kommunale Ebene zunehmend in der Stadt- und Regionalplanung, insbesondere in den Gebieten der aufgelösten Metropolitan Counties: Hinsichtlich der Sanierung und Revitalisierung heruntergekommener Innenstadtbereiche entwickelten die Regierungen Thatcher vorbei an den planungsrechtlich zuständigen gewählten Kommunalregierungen neue Strategien. Dabei ging es nicht mehr um die Realisierung längerfristiger, zwischen Lokal- und Zentralregierungen abgestimmter Zielvorstellungen und Konzepte, sondern eher um kurzfristig auf akuten politischen Problemdruck reagierende Lösungen. Natürlich waren die Probleme der Stadtzentren in den altindustriellen Ballungsgebieten – wie Industriebrachen, fehlende Arbeitsplätze, verwahrloste Großwohnsiedlungen (*council estates*) mit hoher Konzentration von sozial deprivierten Bewohnern – nicht neu. So hatte bereits ein White Paper von 1977 „new town style development corporations to tackle inner areas" vorgeschlagen. Aber die damalige Labour-Regierung war hinsichtlich der lokalen Akzeptanz solcher Stadtentwicklungsgesellschaften skeptisch geblieben:

> „The task in inner areas is quite different to green field development where there is only a small existing population. Development will be needed, but it will also be a matter of modifying the provision of local authority services and of working with residents to secure the improvement of housing, the environment, and community facilities. In these circumstances it is important to preserve accountability to the local electorate" (zitiert nach Cullingworth und Nadin 1994, S. 205).

Aber die Deindustrialisierungswelle ab 1979 hatte auch die sozioökonomischen Probleme der *inner cities* verschärft, bis sich die aufgestauten Spannungen 1980/81 und 1985 in den *inner city riots* entluden. In Bristol, Birmingham, Manchester, Liverpool und natürlich London kam es in Stadtvierteln mit einem hohen Anteil ethnischer Minderheiten zu wochenlangen gewalttätigen

Abb. 7.4 Margaret Thatcher auf ihrem berühmten *walk in the wilderness* (kurz nach ihrem Wahlsieg 1987), bei dem sie das größte altindustrielle Sanierungsprojekt Europas ankündigte. Im Hintergrund ein aufgelassenes Fabrikgebäude der dem industriellen Niedergang der 1980er zum Opfer gefallenen Schwermaschinenbaufirma Head Wrightson (British Steel) am Ufer des Tees nahe der nordostenglischen Küste. Nach Abschluss der Arbeit der Teeside Development Corporation stehen hier heute ein Campus der Universität Durham, Bürogebäude und ein Wohnviertel. Quelle: Peter Reimann, http://www.gazettelive.co.uk.

Unruhen zwischen vorwiegend jugendlichen Demonstranten und der Polizei.

Nach einem Besuch des damaligen Secretary of State for the Environment Michael Heseltine im Liverpooler Stadtteil Toxteth unmittelbar nach den dortigen Unruhen 1981 wurde von der Zentralregierung im Gebiet Merseyside die erste von (bis 1993 insgesamt 14) sanierungsbedürftigen *urban development areas* ausgewiesen. Zu deren Sanierung und Revitalisierung wurden – ebenfalls von der Zentralregierung – für einen Zeitraum von bis zu zehn Jahren jeweils eine Urban Development Corporation (UDC) gegründet, deren Funktionen der Local Government, Planning and Land Act von 1980 wie folgt beschreibt:

> „To secure the regeneration of its area … by bringing land and buildings into effective use, encouraging the development of existing and new industry and commerce, creating an attractive environment and ensuring that housing and social facilities are available to encourage people to live and work in the area" (zitiert nach Cullingworth und Nadin 1994, S. 205).

Zur Erfüllung dieser Aufgaben konnten die Stadtentwicklungsgesellschaften in dem ihnen zugewiesenen Gebiet nach Gutdünken Grundstücke durch *compulsory purchasing orders* (Zwangsenteignungen) aufkaufen und sich dort gelegene Grundstücke, die im Besitz der Lokalverwaltung waren, übertragen lassen. Zudem übten sie in ihrem Gebiet sämtliche planungsrechtlichen Befugnisse, z. B. für Baugenehmigungen und Ansiedlung neuer Betriebe, aus. Kurzum, Sanierung und Neugestaltung der Gebiete der UDCs wurden jeglicher Kontrolle durch die lokal gewählten Stadtregierungen (*local authorities*) entzogen. Die Stadtentwicklungsgesellschaften wurden von Vorständen (Board of Directors) geführt, die vom Secretary of State for the Environment eingesetzt auch nur diesem für ihr Geschäftsgebaren verantwortlich waren. Eine Kontrolle war nur mittelbar über die Verantwortlichkeit des Ministers gegenüber dem Parlament möglich. Jegliche Zusammenarbeit mit den lokalen Behörden beruhte ausschließlich auf freiwilliger Grundlage. Angesichts der Erfahrungen mit den Ergebnissen der Arbeit der beiden UDCs der sog. ersten Generation (Merseyside und London Docklands Development Corporation) kam es allerdings bei den nachfolgenden UDCs mehr und mehr zu einer (freiwilligen) Kooperation mit den jeweiligen *local authorities*.

Neben der Ausschaltung des Einflusses der *local authorities* war grundsätzlich neu an diesem von Michael Heseltine inaugurierten Ansatz der Gedanke einer „enterprise solution' to social problems". Dabei ging man davon aus, dass „private sector investment in the inner cities will do more than simply relocate economic activity; it will have far more penetrative effects into the social and economic life of inner urban areas" (Deakin und Edwards 1993, 14).

Gleichwohl bedurfte es schon wenig später, 1985 – die zweite Generation der UDCs war noch nicht eingerichtet –, der Einführung eines Koordinierungsinstruments, *city action team* genannt, um aus einer breiteren regionalen Perspektive die Fülle der sich zum Teil überlappenden öffentlichen und privaten Programme, Initiativen und *task forces* zur innerstädtischen Revitalisierung

Abb. 7.5 Blick von dem Restaurant Plaza der Einkaufsmeile Liverpool One auf die in den 1980er Jahren mithilfe der Merseyside Development Corporation restaurierten Lagerhäuser des Albert Dock im Hafen von Liverpool am Fluss Mersey. Heute befinden sich dort Läden, Cafés, und Museen. Quelle: Stinshoff 2009.

Abb. 7.6 Wohnen im Zentrum von Birmingham am Oozells Street Loop des Birmingham Canal Network. Seit Beginn der 1980er Jahre ist die Innenstadt von Birmingham unter Einbezug der umfangreichen Infrastruktur der früheren Industriekanäle großflächig umgestaltet und revitalisiert worden. Quelle: Stinshoff 2009.

zusammenzuführen. In den Jahren darauf folgten etliche weitere zentralstaatliche Programme wie z. B. City Challenge (1991), die Flächensanierung und -entwicklung mit den Zielen der „provision of opportunities for disadvantaged residents" (Cullingworth und Nadin 1994, S. 211) und einer „self-sustaining economic regeneration" (Department of the Environment Annual Report 1993, S. 55; zitiert nach Cullingworth und Nadin 1994, S. 211) verbanden. Diese Programme führten allerdings zur Reduktion der den *local authorities* für Stadtsanierung und -entwicklung in eigener Verantwortung zugewiesenen Mittel.

Zur beschäftigungspolitischen Unterstützung dieser Ziele wurde die seit 1973 für Arbeitsbeschaffungsmaßnahmen und berufliche Bildung zuständige Manpower Services Commission der Zentralregierung ab 1991 durch lokale, aber zentral finanzierte Training and Enterprise Councils ersetzt. Sie sollten unter maßgeblicher Beteiligung der lokalen Wirtschaft die Requalifizierung bzw. berufliche Ausbildung vor allem von jugendlichen Arbeitslosen und Schulabgängern fördern sowie durch die Finanzierung lokal relevanter Arbeitsbeschaffungsmaßnahmen Investitionen anregen.

Insgesamt erhoffte man sich von den Ergebnissen dieser Sanierungs- und Revitalisierungspolitik einen nachhaltigen *trickle down*-Effekt.

Die durch Erneuerung der physischen Infrastruktur und Ansiedlung neuer Betriebe erhoffte wirtschaftliche Belebung sollte nicht zuletzt den ökonomisch und sozial benachteiligten Einwohnern in Form von mehr Arbeitsplätzen und mehr Lebensqualität zugute kommen. Dieser angebotsorientierten Politik lag die Überzeugung zugrunde, dass ein zentraler Faktor der innerstädtischen Misere die von mangelnder Attraktivität ungenutzter

ehemaliger Industriegebäude und -flächen verursachte Lähmung des örtlichen Immobilien- und Grundstücksmarktes sei. Angesichts mangelnder Marktorientierung der (ideologisch voreingenommenen) Lokalregierungen und -verwaltungen sollten die Sanierung und Vermarktung derartiger Flächen und Gebäude mittels zentralstaatlich initiierter und kontrollierter Maßnahmen erfolgen. So wurde relativ kurzfristig attraktives Bauland bereitgestellt, um private Investoren anzuziehen, deren Aktivitäten – *cranes on the horizon* – für jedermann sichtbar demonstrierten, dass sich die maroden Städte und Ballungskerne veränderten.

Inwieweit sie die mit der Formel von der *North-South Divide* bezeichnete Ungleichheit der Lebensbedingungen und soziale Polarisierung in den altindustriellen Gebieten Großbritanniens abgebaut hat, ist allerdings eine andere Frage: 1998 bracht es Merseyside (Liverpool) im Vergleich zu London auf weniger als die Hälfte des BIP pro Kopf, Tyneside und Greater Manchester lagen nur unwesentlich darüber (Wood 2006, S. 216). Die sich in diesen Proportionen andeutende Situation wird von den Ergebnissen der bislang neuesten Studie über die Entwicklung von Armut und Reichtum in Großbritannien zwischen 1968 und 2005 bestätigt:

„… these poverty and wealth datasets indicate that wealth and poverty each demonstrate similar geographical patterns at every time period. The highest wealth and lowest poverty rates tend to be clustered in the South East of England (with the exception of most of Inner London), conversely the lowest wealth and highest poverty rates are concentrated in large cities and the industrialised/de-industrialising areas of Britain. Analyses of the degree of polarisation and spatial concentration suggest that Britain's

Abb. 7.7 Stadtsanierung in der Ära Tony Blair und seiner New-Labour-Regierungen: Blick über Wapping Dock und Salthouse Dock auf die mehr als 10 ha umfassende Einkaufsmeile Liverpool One, die in den letzten fünf Jahren auf einer hafennahen innerstädtischen Brache mit einem Aufwand von 1 Mrd. Pfund durch einen multinationalen privaten Investor (Grosvenor Property Group, mit Sitz in Dubai, Chairman of Trustees: the Duke of Westminster) errichtet wurde. Die Fläche befindet sich vollständig im privaten Besitz des Investors. Quelle: Stinshoff 2009.

> population became less polarised with regard to breadline poverty rates during the 1970s. However, polarisation increased through the 1980s and the 1990s. Asset wealth became more polarised during the 1980s, but this trend reversed in the first half of the 1990s, before polarisation could be seen to be increasing again at the end of that decade" (Dorling et al. 2007, S. XIII).

> streams and allocate the money to local authorities according to a simple formula based on the inverse of their average income levels. … It would be for local authorities to assess the opportunities, devise a plan for their area and implement it. They would be answerable not to central government, but to local people" (Leunig und Swaffield 2007, S. 6).

Ein Fazit: Alter Wein in neuen Schläuchen?

Zurück zu *Cities Unlimited*: Sind die Empfehlungen nur ein Neuaufguss bekannter Strategien der Angebotsorientierung von Stadt- und Raumentwicklung? Angesichts der hartnäckigen Fortdauer des Nord-Süd-Gefälles schlagen die Verfasser eine Strategie vor, die wie die innerstädtische Revitalisierungspolitik der Thatcher-Ära auf das Regulativ von Markt und Wettbewerb vertraut. Allerdings sind die letzten zehn Jahre nicht spurlos an ihnen vorübergegangen: Angesichts der als Devolution bezeichneten politischen Dezentralisierung des Vereinigten Königreiches seit 1998 unter den von Tony Blair geführten New-Labour-Regierungen kombinieren sie die *supply side*-Strategie der Thatcher-Jahre mit der Empfehlung zur ökonomisch-politischen Devolution der Stadtentwicklung:

> „Devolution has many advantages. It leads to diversity, and diversity creates evidence as to what works and what does not. Anyone who believes in evidence-based policymaking should support large-scale devolution. We propose that the Government should roll up current regeneration funding

Das mag auf den ersten Blick verlockend und im Hinblick auf mehr Kontrolle durch die Betroffenen auch überzeugend klingen. Aber die vielen bunten Blumen, die mittels der Stadtentwicklungs- oder -schrumpfungsfantasie der *local authorities* blühen sollen, werden die strukturellen Probleme der Wirtschaftsräume des Landes nur dann lösen helfen, wenn sie sich im Rahmen von intra- und interregional abgestimmten strukturpolitischen Konzepten koordiniert entfalten können.

Andernfalls bleibt es beim Vertrauen auf die Selbstheilungskräfte der Grundstücks- und Immobilienmärkte und des strukturpolitischen Ideenwettbewerbs. Dabei könnte sich diese im modischen Gewand der Devolution daherkommende Abwälzung der Entwicklung, Realisierung und Kontrolle von Revitalisierungskonzepten letztlich als ein weiterer Fall von des Kaisers neuen Kleidern herausstellen.

Weiterführende Literatur

Baker, A. R. H.; Billinge, M. (Hrsg.): Geographies of England. The North-South Divide, Material and Imagined. Cambridge.
Cullingworth, J. B.; Nadin, V. (Hrsg.) (1994): Town and Country Planning in Britain, 11. Aufl. London.
Deakin, N.; Edwards, J. (1993): The Enterprise Culture and the Inner City. London.

Dorling, D. et al. (2007): Poverty, Wealth and Place in Britain, 1968 to 2005. York.

Evans, E. J. (2005): Thatcher and Thatcherism, 2. Aufl. London.

Gamble, A. (1988): The Free Economy and the Strong State. The Politics of Thatcherism. Basingstoke.

Gould, P.; White, R. (1974): Mental Maps. Harmondsworth.

Kastendiek, H.; Stinshoff, R. (2006): Kontinuität und Umbruch. Zur Entwicklung Großbritanniens seit 1945. In: Kastendiek, H.; Sturm, R. (Hrsg.): Länderbericht Großbritannien. Geschichte, Politik, Wirtschaft, Gesellschaft, Kultur, 3. akt. und neu bearb. Aufl. Bonn, S. 118–134.

Kastendiek, H.; Rohe, K.; Volle, A. (Hrsg.) (1998): Länderbericht Großbritannien. Geschichte, Politik, Gesellschaft, Kultur., 2. Aufl. Bonn.

Leunig, T.; Swaffield, J. (2007): Cities Unlimited – Making Urban Regeneration Work. London.

Lewis, J.; Townsend, A. (Hrsg.) (1989): The North-South Divide. Regional Change in Britain in the 1980s. London.

Martin, R. L. (2004): The Contemporary Debate over the North-South Divide: Images and Realities of Regional Inequality in Late-Twentieth-Century Britain. In: Baker, A. R. H.; Billinge, M. (Hrsg.): Geographies of England.The North-South Divide, Material and Imagined. Cambridge, S. 15–43.

Massey, D.; Allen. J. (Hrsg.) (1988): Uneven Re-Development. Cities and Regions in Transition. London.

Minton, A. (2009): Ground Control. Fear and Happiness in the Twenty-First-Century City. London.

Smith, D. (1989): North and South. Britain's Economic, Social and Political Divide. London.

Wood, G. (2006): Räumliche Disparitäten und gesellschaftliche Entwicklung. In: Kastendiek, H.; Sturm, R. (Hrsg.): Länderbericht Großbritannien. Geschichte, Politik, Wirtschaft, Gesellschaft, Kultur, 3. akt. und neu bearb. Aufl. Bonn, S. 206–225.

7.4 Entwicklungsgesellschaften und Sonderwirtschaftszonen: Neoliberale Ansätze der Wirtschaftsförderung und Raumentwicklung

Rainer Danielzyk

„There was an increase in central government control in order to set up frameworks within which market forces and developers could exert greater freedom. This often involved the removal of local democratic procedures. The key features of the Thatcher approach to urban policy can be summarized as a greatly enhanced role for the private sector and a property-led approach to urban regeneration" (Thornley 1999, S. 185).

Entwicklungsgesellschaften (Urban Development Corporations, UDCs) und Sonderwirtschaftszonen (Enterprise Zones, EZ) sind in den letzten beiden Jahrzehnten des vergangenen Jahrhunderts wichtige Instrumente in der Stadt- und Regionalentwicklungspolitik Großbritanniens gewesen. Sie sind Ausdruck einer spezifischen Epoche britischer Planungs- und Strukturpolitik, deren Vor- und Nachteile, Erfolge und Misserfolge bis heute durchaus umstritten sind. Bemerkenswert an ihnen war vor allem, dass sie radikal – in einer etwa in Mitteleuropa kaum möglichen Weise – mit überkommenen Traditionen und „Philosophien" des gut entwickelten Systems der britischen Planungs- und Strukturpolitik gebrochen haben. Grund hierfür war im Wesentlichen dessen angeblicher Misserfolg in den 1970er Jahren. Angesichts dieses radikalen Umbruchs, insbesondere während der 1980er Jahre, kann es kaum verwundern, dass die Auseinandersetzungen über Sinn und Unsinn dieses Vorgehens entsprechend scharf waren.

Aus heutiger Sicht muss es darum gehen, die Gründe für diesen radikalen Wandel in der Politik für die Erneuerung von Städten und Regionen zu verstehen, die Funktionsweise der Instrumente nachzuvollziehen und deren Wirkungen im Hinblick auf die selbst gesteckten Ziele, aber auch auf weitere gesellschaftliche Zielsetzungen abzuschätzen. Im Folgenden wird daher zunächst auf den Wandel des Staats- und Planungsverständnisses, der diese Instrumente hervorgebracht hat, eingegangen, ehe dann die EZ und UDC genauer vorgestellt werden. Abschließend sollen einige zusammenfassende Überlegungen angestellt werden.

Wandel des Staats- und Planungsverständnisses

Jede Untersuchung der Politik zur Erneuerung der Städte und zur Förderung der Regionalentwicklung in den 1980er Jahren muss – zum besseren Verständnis des Kontextes – die spezifische Geschichte des englischen Politik- und Planungssystems sowie die Realisierung eines veränderten Politikverständnisses im Rahmen des Thatcherismus seit dem Jahr 1979 berücksichtigen (vgl. auch Abschnitt 7.3). Die Zeit nach dem Zweiten Weltkrieg war in Großbritannien von einem *postwar consensus* geprägt, der relativ unabhängig von Regierungswechseln Bestand hatte und zwei innenpolitische Schwerpunkte aufwies: zum einen die Akzeptanz einer *mixed economy*, in der der Staat direkt Einfluss auf wirtschaftliche Kernsektoren haben sollte, zum anderen die Anerkennung der zentralen politischen Funktion von Aushandlungsprozessen zwischen organisierten Interessen.

Mit Hinweisen auf die relative Verschlechterung der Wettbewerbsposition Großbritanniens auf den Weltmärkten und die Misserfolge von Labour-Regierungen bei der Modernisierung des Landes wurde dieses Politikmodell in den 1960er und vor allem in den 1970er Jahren zunehmend kritisiert. Die weitverbreitete Unzufriedenheit mit den Unzulänglichkeiten des britischen Politik- und Verwaltungssystems wurde dabei von der „neuen Rechten" für einen Angriff auf das gesamte „Nachkriegsarrangement" in Großbritannien genutzt, das nicht nur von der Labour Party und den Gewerkschaften, sondern auch von Teilen der konservativen Partei und des Industriekapitals getragen worden war. Dazu gehörte nicht zuletzt eine bedeutende Stellung der Stadtentwicklungs- und Regionalpolitik.

Im Zentrum der in den 1970er Jahren erarbeiteten und seit dem Jahr 1979 durch die Regierungspolitik realisierten Programmatik des Thatcherismus steht das Verhältnis von Markt und Staat. Der Thatcherismus lässt sich dabei durch drei wesentliche Merkmale charakterisieren (Thornley 1991):

- Im Mittelpunkt des ökonomischen Liberalismus steht neben der Übernahme wirtschaftspolitischer Konzepte des Monetarismus vor allem die Vorstellung, durch eine möglichst weitgehende Aufgabe politischer und staatlicher Regulierungen, ein „unternehmerisches Klima" zu schaffen, um die Dynamik der Marktkräfte freizusetzen.
- Neben dieser liberalistischen Konzeption steht gleichwertig ein staatlicher Autoritarismus. Aus der Sicht des Thatcherismus ist ein starker Staat für die Realisierung des ökonomischen Programms notwendig, um die sozialen Folgen der aus dem ökonomischen Liberalismus resultierenden Freisetzungsprozesse zu begrenzen.
- Um die Veränderungen der Ökonomie und den Machtzuwachs für den Zentralstaat zu legitimieren, hat sich der Thatcherismus im Sinne des politischen Populismus die Unzufriedenheit mit den Defiziten der sozialstaatlichen Instanzen in Großbritannien und die vorhandenen Krisenängste zunutze gemacht. Zur politischen Legitimation gehörten etwa die Wiederbelebung traditioneller Werte, die Herstellung von Einigkeit gegen innere und äußere „Feinde" und eine „starke Führung".

Ein spezifischer Akzent des Thatcherismus war der Kampf gegen den Einfluss der lokalen Ebene. Dieser bricht mit der aus dem Subsidiaritätsprinzip abgeleiteten Präferenz klassischer konservativer Programme für die Gemeinde als gesellschaftlichen Integrationsort. Ein Motiv für diese Entwicklung lag auch darin, dass sich Anfang der 1980er Jahre viele von der Labour Party geführte Kommunen der Verwirklichung eines „lokalen Sozialismus" – als Gegenpol zum Thatcherismus auf nationaler Ebene – verschrieben hatten. Allerdings waren die Ausgangspositionen für diese Auseinandersetzungen von vornherein ungleich, da die britische Verfassung keine lokale oder regionale Autonomie kennt. So wurden etwa 1986 die Metropolitan County Councils als übergemeindliche Planungsebene in Verdichtungsräumen beseitigt.

Beim Versuch, den planungspolitischen Wandel in Großbritannien zu verstehen, ist auch zu berücksichtigen, dass es – unabhängig vom Thatcherismus – deutliche Kritik an der mangelnden Wirksamkeit der Regionalpolitik sowie ein wachsendes Bewusstsein für die „Krise der Innenstädte" gab. Das führte insgesamt zu einer stärker kleinräumigen Orientierung der Planungs- und Entwicklungspolitik. Dieser allgemeine Trend wurde durch den Thatcherismus radikalisiert und neu bestimmt (Danielzyk und Wood 1993):

- Während vorher die Verhaltensweisen des Privatkapitals für die Probleme in den Innenstädten verantwortlich gemacht und eine Bewältigung durch Planungspolitik angestrebt worden war, lagen für den Thatcherismus die Ursachen im Versagen der lokalen Politik und Planung. Für erfolgversprechend wurde vielmehr eine Attraktivitätssteigerung der Innenstädte für private Investoren gehalten.
- Gemäß dem skizzierten Staatsverständnis wurde eine starke Rolle des Zentralstaates im Rahmen der neuen Planungspolitik als unverzichtbar angesehen.

Veränderungen fanden vor allem in folgenden Bereichen statt (Thornley 1991):

- Reduktion der Aussagen – bis zur tendenziellen Aufgabe – der lokalen Entwicklungs- und Bebauungsplanung;
- Rücknahme von Kontrollen der baulichen Entwicklung;
- Umgehung des Planungssystems durch die Initiierung einer Vielzahl neuer planungspolitischer Ansätze und Instrumente.

Die Verknüpfung der Ideologie des ökonomischen Liberalismus und eines „autoritär-dezentralen Ansatzes" realisierte sich in einem Grundmuster, das sich bei vielen dieser neuen Instrumente beobachten ließ: eine Reduzierung der Bedeutung lokaler Planungs- und Entscheidungsprozesse bei gleichzeitiger zentralstaatlicher Rahmensetzung zugunsten eines stärkeren Wirkens der Marktkräfte. Wegen der zentralen Rolle der Immobilienwirtschaft in diesem Ansatz wird auch von einem „property-led approach to urban regeneration" gesprochen. Zu der Vielzahl von Initiativen, Ansätzen und

Instrumenten gehörten z. B.: *city action teams*, *task forces*, *free ports*, *urban regeneration and city grants*, Enterprise Zones, Urban Development Corporations. Gerade den beiden letztgenannten Ansätzen kam als „strukturellen Eckpfeilern" dieser neuen Stadtentwicklungspolitik eine „maßgebliche Bedeutung" zu (Zehner 1999). Daher sollen diese hier auch genauer betrachtet werden.

Enterprise Zones (EZ)

Das Konzept der EZ hat seine Ursprünge in Freihandelszonen (erstmals 1959 am Shannon Airport in der Republik Irland errichtet) bzw. in Freihäfen (die zum Teil schon in den 1960er Jahren in Taiwan, Südkorea und Hongkong und später dann auch in China eingerichtet wurden). Diese Freihandelszonen und Freihäfen sollten durch Vergünstigungen wie Befreiung von Steuern und Zöllen, Erlass von Sozialabgaben usw. insbesondere die Exportwirtschaft fördern.

In die planungspolitische Debatte wurde die Idee von deregulierten Experimentierzonen bereits Ende der 1960er Jahre durch den renommierten Stadtforscher und Planungswissenschaftler Peter Hall eingebracht: Als Antwort auf offenkundige Misserfolge bisheriger Stadterneuerungsansätze und starker Regulierungen im britischen Planungssystem sollten experimentell *areas of non-planning* eingerichtet werden. Diese Ideen sind zweifellos eine Antwort auf die bisweilen negativen Erfahrungen mit den überkommenen Planungsprozessen und ihrer Unfähigkeit, innovative städtische Milieus zu fördern. Durch den Abbau „bürokratischer Hürden" sollten spezifische, kleinräumig ausgewählte, aufgelassene Industrie- und Hafenbrachen eine neue Bewertung durch Investoren erfahren. In der Tat ging es dabei aber keineswegs um völlig „staatsfreie Räume", sondern es sollten gewisse infrastrukturelle Rahmenbedingungen (Verkehr, Bildung, Forschung usw.) durch die öffentliche Hand in oder in der Nähe dieser Experimentierzonen geschaffen werden. Hall war dabei durchaus bewusst, dass für komplexe Problemlagen, wie etwa in der Londoner City, dieser Ansatz nicht angemessen wäre.

In der planungsgeschichtlichen Literatur wird besonders betont, dass diese Ideen von Peter Hall Ende der 1970er Jahre erstmals ernsthaft von den Konservativen aufgenommen wurden. Dabei wurde von diesen selbst, insbesondere vertreten durch Sir Geoffrey Howe, die zentrale konzeptionell-ideologische Funktion der EZ hervorgehoben. In Gegenüberstellung zu den Misserfolgen der überkommenen Stadterneuerungs- und Planungspolitik sollten EZ den Investoren mehr Freiheiten geben, „to make profits and create jobs in the worst afflicted urban areas" (Thornley 1999, S. 188). Es wurde angestrebt, bald nach dem Regierungswechsel 1979 EZ gesetzlich zu ermöglichen, da ihre Einrichtung als Bruch mit überkommenen „Mentalitäten" verstanden wurde. Damit sollte – pointiert ausgedrückt – eine größere Akzeptanz des privaten Unternehmertums in politisch-kulturell eher sozialistisch orientierten Kommunen und Lokalgesellschaften erreicht werden. Als erster Finanzminister in der neuen Thatcher-Regierung konnte Howe dann die Umsetzung seines Konzepts fördern.

Trotz der heftigen politischen Kritik am Konzept der EZ stellten in einer ersten Runde 24 Kommunen Anträge auf deren Einrichtung. Schließlich wurden zunächst elf EZ für die Dauer von zehn Jahren eingerichtet. In einer zweiten Runde kamen Anfang der 1980er weitere EZ hinzu. Zudem wurden Ende der 1980er und in den

Die Regelungen für die Enterprise Zones

Im Local Government Planning and Land Act sowie im Finance Act des Jahres 1980 wurden die EZ gesetzlich verankert. Es galten vor allem folgende Regeln (Zehner 1999):
- Befreiung von der Landerschließungssteuer,
- Befreiung von Kommunalsteuern für Industrie- und Gewerbebetriebe,
- Abschreibungserleichterungen,
- Befreiung von Berufsbildungsabgaben,
- Befreiung von statistischen Informationspflichten,
- Zollerleichterungen,
- Befreiung von (seinerzeit noch üblichen) Genehmigungen für Industrieneubauten bzw. Betriebserweiterungen (diese Genehmigungen waren eingeführt worden, um

eine „Überhitzung" städtischer Immobilienmärkte zu verhindern und periphere bzw. strukturschwache Standorte zu fördern),
- Planungsvereinfachungen,
- schnellere Bearbeitung von Anträgen.

Allerdings konnten – und hier ist eine bemerkenswerte Differenz zu einem radikal liberalen Ansatz festzustellen – Unternehmen Fördermittel im Rahmen der regionalen Wirtschaftsförderung und Stadterneuerung erhalten. Dadurch und etwa durch die öffentliche Förderung von Infrastruktur war der Staat in EZ doch weiterhin präsent.

1990er Jahren ad hoc weitere zehn EZ als Antwort auf lokale Restrukturierungskrisen geschaffen (Abb. 7.8). EZ wurden insbesondere in den altindustrialisierten Problemregionen Nordwest- und Nordostenglands, Mittelenglands und Schottlands eingerichtet. Bekannte Beispiele sind etwa Tyneside, Salford/Manchester, Clydebank (in Schottland), Milford Haven (in Wales). Ein häufig angesprochener Sonderfall sind die London Docklands (Abschnitt 4.4).

Da im Jahr 2006 endgültig die Phase der EZ als Instrument der Regenerierung städtischer, vielfach von altindustriellem Niedergang geprägter Problemgebiete zu Ende gegangen ist, sollten – trotz bislang begrenzter empirischer Forschung – Einschätzungen ihrer Wirksamkeit im Hinblick auf die selbst gesteckten Ziele, aber auch auf die Veränderungen des britischen Planungssys-

tems möglich sein. Unabhängig von konkreten Fallstudien sollen einige bedeutsame Einschätzungen des „EZ-Experiments" wiedergegeben werden.

So wird einerseits darauf hingewiesen, dass „eindrucksvolle Ergebnisse an Revitalisierung und Stadtumbau erzielt" werden konnten, allerdings außerhalb der auf diese Weise revitalisierten Gebiete komplexe bauliche und soziale Probleme erhalten blieben oder sich gar verstärkten (Wehling 2007, S. 112). Hervorgehoben wird, dass sich durch die EZ „in der Regel un- bzw. mindergenutzte Brachflächen zu attraktiven Wirtschaftsstandorten entwickelt" hätten, allerdings der ökonomische Erfolg sehr unterschiedlich gewesen sei: Viel sei davon abhängig gewesen, ob die Träger der EZ Einfluss auf die Branchenzusammensetzung genommen hätten. Darüber hinaus seien die Wirkungen vielfach doch eher

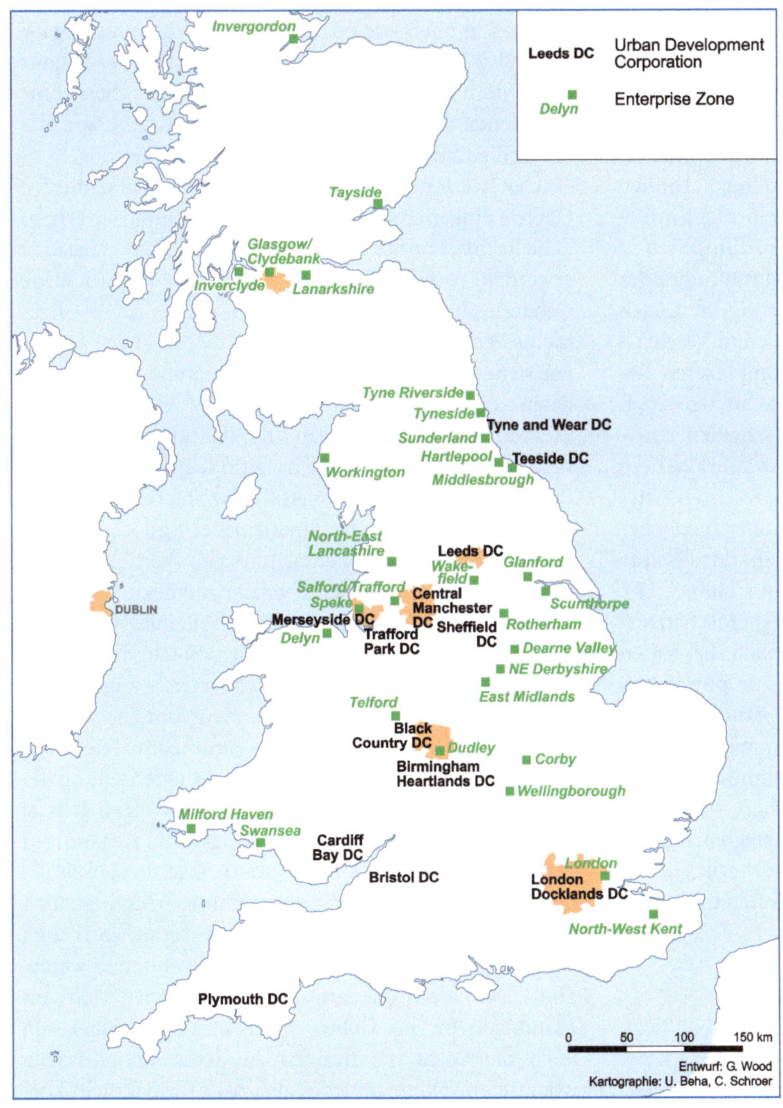

Abb. 7.8 Enterprise Zones (EZ) und Urban Development Corporations (UDCs) in Großbritannien. Quelle: Heineberg 1997, S. 320; Wehling 2007, S. 112; Zehner 1999, S. 83.

kleinräumig gewesen (Zehner 1999, S. 238). Unter der Überschrift „Verdict on the British Enterprise Zone Experiment" kommt Jones (2006) zu dem Ergebnis, dass die Differenz zwischen Anspruch und Wirklichkeit der EZ groß gewesen sei. In vielen Fällen seien sie auf die Rolle eines „Inkubators" für industrielle Entwicklung reduziert worden. Die damit verbundene Rhetorik sei inzwischen überholt, da heute öffentlich-private Partnerschaften im Mittelpunkt von Erneuerungsstrategien stünden, nicht mehr aber die Propagierung des freien Marktes in Reinform. Eine Evaluierung der Auswirkungen der EZ auf die Attraktivität für *inward investments* kommt zu einem differenzierten Ergebnis (Potter und Moore 2000). Demnach seien immerhin ein Fünftel der Unternehmungen und ein Drittel der geschaffenen Arbeitsplätze in den untersuchten EZ zum Zeitpunkt ihrer Auflösung in der Tat *inward investments* gewesen. Allerdings seien auch ein Drittel der Unternehmen und ein Viertel der Arbeitsplätze in den EZ nur auf kleinräumige Verlagerungen zurückzuführen. Im Ergebnis wird festgehalten, dass die Wirksamkeit von EZ davon abhänge, dass sie in eine umfassende und langfristige Standortstrategie eingebunden seien und nicht nur als isolierte Inseln entwickelt werden sollten. Ähnlich betont Heineberg (1997, S. 159), dass „ein nicht unbeträchtlicher Teil der neuen Betriebsansiedlungen und Arbeitsplatzgewinne in den EZ durch kleinräumige oder regionale Umverlagerung, und zwar häufig zu Lasten alter Standorte, zustande gekommen ist". Ein Vergleich der EZ Manchester/Salford mit dem komplexeren Restrukturierungsprozess des Hafengebiets in der Stadt Hull zeigt, dass letzterer hinsichtlich verschiedener Kriterien offenkundig erfolgreicher war. Dies führt zu dem Ergebnis, „dass es bei Stadterneuerungsprozessen einer gezielten strategischen Verknüpfung unterschiedlicher Handlungsfelder bedarf, um arbeitsmarktrelevante Wechselwirkungen zu erzielen" (Neumann 2000, S. 18).

Wie kaum anders zu erwarten, sind die Einschätzungen komplex und zum Teil widersprüchlich: EZ haben offenkundig in bedeutsamem Umfang zur physischen Regenerierung von problematischen Standorten im Strukturwandel und auch in mehr oder weniger großem Umfang zur Schaffung von Unternehmungen und Arbeitsplätzen beigetragen. Erfolgreicher sind aber offenkundig komplexere Erneuerungsstrategien, die den gesamtstädtischen Entwicklungskontext berücksichtigen und auf das Zusammenspiel von privaten und staatlichen Akteuren setzen.

Urban Development Corporations (UDCs)

Neben den EZ waren die UDCs das zweite wichtige Element der neuen Strategien des Thatcherismus für die Erneuerung der innerstädtischen Problemgebiete. Im Hinblick auf die Absicht eines *by-passing* des überkommenen Planungssystems gelten die UDCs sogar als der wichtigste Beitrag, „the jewel in the crown of Mrs Thatcher's urban strategy" (Parkinson und Evans 1990; Thornley 1991). Konzeptionell angelehnt an das Konzept der New Town Development Corporations wurde die Bedeutung dieses Typs von Stadtentwicklungsgesellschaften schon zu Beginn der Amtszeit der neuen Thatcher-Regierung ausdrücklich betont. Sie wurden dann ab 1981 auf der Grundlage des Local Government Planning and Land Act eingerichtet. Ideologisch-konzeptionell war, ähnlich wie bei den EZ, eine zentrale Aufgabe der UDCs, die Politik und Planung der von der Labour Party dominierten Industriestädte zu umgehen. Entscheidende Aufsichtsinstanz über die UDCs war das zuständige Ministerium der nationalen Regierung.

UDCs konnten für eng umgrenzte innerstädtische Gebiete eingerichtet werden. Für diese hatten sie erhebliche Rechte, konnten so u. a. Grundstücke und Gebäude erwerben, enteignen, aufbereiten und veräußern sowie Gebäude abreißen. Darüber hinaus sollten sie die allgemeine Ver- und Entsorgungsinfrastruktur in den Gebieten sicherstellen und jedwede Maßnahme in die Wege leiten, die der Restrukturierung des Gebiets diente. Ziel war es vor allem, privates Kapital für die Restrukturierung der hauptsächlich altindustriell geprägten Problemgebiete zu gewinnen. Dafür standen den UDC umfangreiche staatliche Finanzmittel und ein flexibel handhabbares Instrumentarium zur Verfügung. Sie wurden von einem Vorstand geleitet, dem hauptsächlich Vertreter des Industrie- und Immobilienkapitals, zum Teil auch lokale Politiker – als persönliche Mitglieder, nicht als delegierte Kommunalvertreter – angehörten. Die Mitglieder des Vorstands wurden vom zuständigen Ministerium ernannt. Komplex und zum Teil etwas unübersichtlich war die planungsrechtliche Stellung der prinzipiell von den Kommunen unabhängigen UDCs: Formal blieben die Lokalverwaltungen die zuständigen Planungsbehörden, allerdings war unklar, inwieweit die UDC aufgrund ihrer sehr eigenständigen und letztlich nur dem zuständigen Ministerium verantwortlichen Stellung an die Planaussagen wirklich gebunden waren. Die UDC hatten die Aufgabe, verschiedene Arten von Planungen für ihr Gebiet voranzutreiben, wobei sich auch die Lokalverwaltungen an deren Kernaussagen orientieren sollten. So ist es also zwar formal nicht kor-

Abb. 7.9 Neue Entwicklungsimpulse im Bereich der Cardiff Bay Development Corporation: Hotel-, Büro- und Wohnnutzungen in Cardiff. Quelle: Wood 2004.

rekt zu sagen, dass die UDCs die jeweilige Kommune im ausgewiesenen UDC-Gebiet „ersetzen" würden, faktisch lag allerdings die Macht, die Entwicklungsrichtung zu bestimmen, bei ihnen. Ihr Ansatz war dabei eindeutig, durch ein dem Privatsektor nachempfundenes Management die Regenerierung zu gestalten.

Folgende UDCs wurden – von vornherein für einen befristeten Zeitraum – in mehreren „Wellen" eingerichtet (Heineberg 1997):

- zunächst 1981 die besonders heftig diskutierten UDCs in den London Docklands und in Merseyside/Liverpool;
- 1987 in Teesside, Tyne and Wear, Trafford Park, Black Country und Cardiff Bay;
- 1988/89 in Bristol, Central Manchester, Leeds und Sheffield;
- 1992/93 in Birmingham und Plymouth.

Besonders intensiv diskutiert und untersucht wurden vor allem die London Docklands (Abschnitt 4.4).

Generell lässt sich sagen, dass die UDCs, trotz des Fortbestehens lokaler Planungen, ihr eigenes Planungssystem mit eigenen klaren Zielen hatten. Besonders wichtig war dabei die Absicht, das Vertrauen der Unternehmen in diese innerstädtischen Problemgebiete zurückzugewinnen und für deren Agieren „gute" Rahmenbedingungen zu schaffen. Dabei konzentrierte man sich auf das verhältnismäßig kleine UDC-Gebiet, die Verbindung zu und die Probleme von benachbarten Quartieren spielten kaum eine Rolle. Im Gegenteil: Indem die UDC unabhängig von den Kommunalverwaltungen für in der Regel im „Herzen" der Stadtregionen gelegene

Flächen zuständig waren, war es für die Lokalverwaltung viel schwieriger, umfassende und integrierte Stadtentwicklungskonzepte aufzustellen, zumal diese in langjährigen Verfahren erarbeitet wurden, die UDCs hingegen kurzfristig und flexibel handeln konnten.

Allerdings sind auch Differenzierungen zu beachten: So achteten die UDCs im politisch-kulturell korporatistisch orientierten Nordosten viel stärker auf ihre städtische Integration, als ursprünglich gefordert und angedacht war. So wurde der Entwicklung der benachbarten Quartiere mehr Aufmerksamkeit geschenkt, indem es Anhörungen für einzelne Projekte gab, Arbeitsplätze an Bewohner benachbarter Quartiere vermittelt wurden und die Erneuerung von Infrastrukturen in benachbarten Quartieren unterstützt wurde. Es ist allerdings hervorzuheben, dass diese Aktivitäten freiwillig waren und Grundsatzentscheidungen in keinem Falle öffentlich zur Diskussion gestellt wurden. Für die Kommunen bestand ein Interesse an der Kooperation mit den UDCs u. a. darin, an den erheblichen finanziellen Ressourcen zu partizipieren, zumal die Mittel für Stadterneuerung generell zurückgenommen worden waren.

Unabhängig von diesen sicher positiven Tendenzen im Einzelfall kann aber insgesamt festgehalten werden, dass UDCs ein wesentlicher Beitrag zu einer Zentralisierung und Ökonomisierung der Politik zur Erneuerung innerstädtischer Problemgebiete waren. Auch hier ging es letztlich um einen *property-led*-Ansatz, der vor allem auf den Beitrag des privaten Immobilienkapitals zur Stadterneuerung setzte.

Abb. 7.10 Wohnbebauung in Newcastle im Bereich der Tyne and Wear Development Corporation. Quelle: Wood 2004.

Fazit

Ohne jeden Zweifel war die Stadterneuerungs- und Stadtentwicklungspolitik in der Ära Thatcher in gewisser Weise ein frontaler Angriff auf das überkommene britische Planungssystem. Im Mittelpunkt stand ganz eindeutig die Absicht, durch Deregulierung den Kräften des Marktes eine möglichst ungehinderte Entfaltung zu ermöglichen. Stadterneuerung und -entwicklung wurden vor allem als Aufgaben des privaten Immobilienkapitals angesehen, für das möglichst günstige Rahmenbedingungen geschaffen werden sollten. Dieser Ansatz sollte allerdings nicht nur dem Immobilienkapital und den Grundstücksentwicklern (Developern) zu möglichst großem Profit verhelfen, sondern setzte außerdem darauf, dass durch entsprechende Prozesse des *filtering down* auch andere soziale Gruppen und Schichten, d. h. auch die sozial Schwächeren, letztlich davon profitieren würden. Diese Stärkung der marktorientierten Entwicklungen ging einher mit, wie oben beschrieben, einer wachsenden und durchaus hierarchisch organisierten Zentralisierung von Entscheidungsprozessen und einer „Entmachtung" der lokalen Ebene wie einem Abbau von partizipativen Elementen.

Die Planungs- und Strukturpolitik in der Ära Thatcher hat durchaus zu einem „Mentalitätswandel" beigetragen, insbesondere zu einer Abkehr von der konsensorientierten Politik der britischen Nachkriegszeit hin zu einem Vorgehen, das auch (massive) Konflikte in Kauf nahm, um den für richtig gehaltenen Weg durchzusetzen. Allerdings hat diese Verknüpfung von ökonomischem Liberalismus und autoritärer Zentralisierung durchaus innere Widersprüche aufzuweisen, die dazu führten, dass schon nach wenigen Jahren dieser Ansatz

nicht in Reinform durchzuhalten war. Vielmehr trat um 1990 wieder stärker der Gedanke hervor, dass Planung zum Ausgleich von Interessen beitragen müsste. Das äußerte sich u. a. in einer gewissen Reformulierung der Politik für die Städte in der Zeit der konservativen Regierung unter dem Nachfolger von Thatcher, John Major. Insbesondere war ein Wandel in der planungspolitischen Rhetorik festzustellen, wobei allerdings zunächst auch eine Kontinuität wesentlicher Instrumente zu beobachten war (Thornley 1999). Wichtige Aspekte in diesem Zusammenhang waren:

In der marktorientierten Deregulierungspolitik der Thatcher-Zeit spielte im Bereich der Planung der Umweltschutz eine vergleichsweise nachrangige Rolle. Dies war allerdings nicht auf Dauer durchzuhalten, da zum einen Großbritannien als Mitglied der EU immer stärker von den anspruchsvollen umweltpolitischen Zielsetzungen und Maßnahmenkatalogen der EU beeinflusst wurde. Zum anderen gab es erhebliche Konflikte mit Teilen des konservativen Klientels dadurch, dass Landentwicklung durch das Immobilienkapital in landschaftlich und ökologisch wertvollen Gebieten auf massive Proteste konservativer Natur- und Landschaftsschützer traf. Deren Zielen stehen in Großbritannien traditionell große Gruppen nahe, so dass sie unter machtpolitischen Gesichtspunkten keinesfalls ignoriert werden können. So entstand, tendenziell eher am Rande und außerhalb der Städte, verstärkt der Druck, durch Planung zum Landschafts- und Naturschutz beizutragen und entsprechende Aspekte in Planungsverfahren zu berücksichtigen.

Für die Ausbalancierung unterschiedlicher Interessen wurde in diesem Zusammenhang auch die lokale Ebene wieder bedeutender, da sich im Sinne der „legitimatorischen Entlastung" die nationale Regierung bis zu einem bestimmten Punkt „heraushalten" wollte, wenn es um die Entscheidung lokaler Konflikte zwischen Landschaftsschützern und Immobilienentwicklern ging. In dem Zusammenhang gewann dann die lokale Entwicklungsplanung wieder eine stärkere Bedeutung, wenn auch die Rahmenbedingungen nach wie vor sehr stark von der Zentralregierung bestimmt wurden.

Vor dem Hintergrund deutlicher Kritik an mangelnden Erfolgen der neuen planungspolitischen Ansätze, wie z. B. der UDCs, wurden um 1990 und danach eine Reihe neuer Initiativen zur Stadtentwicklung und -erneuerung ins Leben gerufen (z. B. City Challenge, Single Regeneration Budget (SRB)). Hier gewannen vor allem Wettbewerbsverfahren bei der Bewerbung um Fördermittel erheblich an Bedeutung. Eine gewisse Wettbewerbsorientierung der Verfahren und die Ausrichtung auf ökonomische Wettbewerbsfähigkeit lassen sich sogar als wesentlicher Grundzug – bei allen Veränderungen – der Stadtentwicklungspolitik unter New Labour beschreiben. Insoweit kann man festhalten, dass die inneren Spannungen zwischen wesentlichen Elementen der Strategie von Thatcher (z. B. zwischen Neoliberalismus und autoritärem Zentralismus) letztlich dazu führen mussten, dass trotz aller scheinbaren ideologischen Klarheit der Politik innere Widersprüche entstanden, die spätestens unter der Regierung Major zu Kompromissen und zur Reduzierung der Erwartungen an die neuen Ansätze zwangen.

Weiterführende Literatur

Danielzyk, R.; Wood, G. (1993): Restructuring Old Industrial and Inner Urban Areas: A Contrastive Analysis of State Policies in Great Britain and Germany. In: European Planning Studies 1, S. 123–147.

Heineberg, H. (1997): Großbritannien - Raumstrukturen, Entwicklungsprozesse, Raumplanung. Gotha.

Jones, C. (2006): Verdict on the British Enterprise Zone Experiment. In: International Planning Studies 11, S. 109–123.

Neumann, U. (2000): Revitalisierung von Hafenstandorten in Großbritannien - Eine Bilanz. In: Geographische Rundschau 1/2000, S. 14–19.

Parkinson, M.; Evans, R. (1990): Urban Development Corporations. In: Campbell, M. (1990) (Hrsg.): Local Economic Policy. London, S. 65–84.

Potter, J.; Moore, D. (2006): UK Enterprise Zone and the Attraction of Inward Investment. In: Urban Studies 37, S. 1279–1312.

Thornley, A. (1991): Urban Planning under Thatcherism - The Challenge of the Market. London/New York.

Thornley, A. (1999): Is Thatcherism Dead? The Impact of Political Ideology on British Planning. In: Journal of Planning Education and Research 19, S. 183–191.

Wehling, H.-W. (2007): Großbritannien. Darmstadt (WBG Länderkunden).

Zehner, K. (1999): „Enterprise Zones" in Großbritannien. Eine geographische Untersuchung zu Raumstruktur und Raumwirksamkeit eines innovativen Instruments der Wirtschaftsförderungs- und Stadtentwicklungspolitik in der Thatcher-Ära. Stuttgart (Erdkundliches Wissen 128).

7.5 Devolution – ein brauchbares Konzept zur Stärkung der Regionen?

GERALD WOOD

Großbritannien ist Teil eines der am stärksten zentralisierten Staaten Europas. Dabei haben sich im Vereinigten Königreich von Großbritannien und Nordirland, wie die konstitutionelle Monarchie am nordwestlichen Rand Europas offiziell heißt, in den letzten Jahren zahlreiche und auch tief greifende Veränderungen in der Politik und der Verwaltung des Landes vollzogen. Zu diesen Veränderungen gehört insbesondere die Devolution, eine Umverteilung von Funktionen von der zentralstaatlichen auf die regionale Ebene.

Wenn im Zusammenhang mit dem Vereinigten Königreich von Regionen oder von der regionalen Ebene die Rede ist, dann geschieht dies nicht ohne eine gewisse Unschärfe, denn die räumlichen Ebenen, die zwischen Zentralstaat und den Kommunen angesiedelt sind, lassen sich nicht umstandslos als Regionen bezeichnen. So ist die Frage, ob es sich im Falle der vier konstituierenden Teile des Vereinigten Königreiches – England, Schottland, Wales und Nordirland – um Regionen oder eher um Nationen handelt, keineswegs einfach zu beantworten. Schottische und walisische Nationalisten würden sich gegen den Begriff „Region" vermutlich verwahren und darauf hinweisen, dass Schottland und Wales nicht nur über Hunderte von Jahren politisch unabhängige Einheiten waren, sondern auch nach der Union of the Crowns („Vereinigung der Kronen") ihre kulturelle Eigenständigkeit erhalten haben. Tatsächlich ist im allgemeinen Sprachgebrauch gerade bei Schottland und Wales neben der Bezeichnung *region* auch der Begriff *nation* geläufig, häufig versehen mit dem Vorsatz *celtic*.

Noch komplexer wird es, wenn man sich Regionalisierungen unterhalb dieser „nationalen" Ebene anschaut. Zu den administrativen Einheiten unterhalb der *nations* gehören u. a. die Grafschaften (*counties*), die von der britischen Regierung allerdings der kommunalen

Verwaltungsebene zugerechnet werden. Hinzu kommt eine Fülle weiterer Regionalisierungen, die teils vom Zentralstaat vorgenommen worden sind, teils von anderen Einrichtungen, beispielsweise dem Verband der britischen Industrie (Confederation of British Industry) oder gemeinnützigen Einrichtungen, wie dem National Trust. In vielen Fällen sind die Gebietszuschnitte nicht kompatibel, und die Steuerung, die durch die verschiedenen Einrichtungen erfolgt, ist häufig nicht oder schlecht koordiniert.

Die Umverteilung von Funktionen auf die regionale Ebene, wie sie im Rahmen der Devolution seit einigen Jahren vollzogen worden ist, bezieht sich zum einen auf Schottland, Wales und Nordirland, zum anderen auf die zehn Government-Office-Regionen in England. Diese sind 1994 eingerichtet worden, um einen gemeinsamen Verwaltungsraum für die verschiedenen regionalen Dependancen der Ministerien zu schaffen und um die Effektivität des Regierungshandelns in den englischen Regionen zu erhöhen.

Bei der Devolution kann man vereinfachend zwischen zwei Formen unterscheiden: Bei der legislativen Devolution werden regionalen Einrichtungen gesetzgeberische Kompetenzen eingeräumt; im Falle Schottlands beispielsweise wurde dem 1999 eingerichteten schottischen Parlament die weitgehende Handlungsautonomie im Bereich der (schottischen) Innenpolitik übertragen. Bei der administrativen Devolution hingegen handelt es sich um den Transfer von Aufgaben auf regionale Einrichtungen, ohne dass diese über gesetzgeberische Kompetenzen verfügen (Wales).

Obwohl es im Vereinigten Königreich durch die Devolution zu beträchtlichen Kompetenzverlagerungen gekommen ist, ruht die politische Macht weiterhin im Zentrum, was nicht zuletzt daran deutlich wird, dass getroffene Regelungen jederzeit wieder zurückgenommen werden können. So können neu geschaffene Einrichtungen wie beispielsweise das schottische Parlament durch einfache Mehrheit des britischen Parlaments wieder aufgelöst werden. Trotz der langen Bestrebungen zu stärkerer Autonomie in Schottland, Wales und (Nord-) Irland besteht das Vereinigte Königreich bis heute als Einheitsstaat fort, in dem die Regierungsmacht vom Premierminister und die ihn tragende Mehrheit im Unterhaus in London ausgeübt wird. Auch wenn die Devolution deswegen auf keinen Fall als tief greifender Systemwechsel gedeutet werden darf, wäre es auf der anderen Seite ebenso unangemessen, ihre Bedeutung zu unterschätzen oder gar zu negieren. Denn zum einen festigen sich durch die vollzogenen Veränderungen die neu geschaffenen Strukturen, so dass es für die politisch Verantwortlichen schwer sein dürfte, einmal getroffene Kompetenzverlagerungen je nach politischer Zweckmä-

ßigkeit wieder rückgängig zu machen. Zum anderen dürfte die alte Sorge der Konservativen und der Labour Party lebendig sein, dass sich die Wählerschaft in Schottland, Wales und Nordirland verstärkt nationalistischen Parteien zuwenden könnte, sollte das Parlament in London vollzogene Kompetenzverlagerung zurücknehmen. Paradoxerweise ist die Gewährung von Sonderrechten an Schottland, Wales und Nordirland bislang ein Garant für die Einheit des Vereinigten Königreiches.

Aus der Sicht der Vertreter des Zentralstaates stehen neben dieser Überlegung im Mittelpunkt der Debatte um die Devolution zwei weitere Grundgedanken: Zum einen soll durch die Reorganisation der politischen Ebenen unterhalb des Zentralstaates zusätzliches Potenzial zur positiven Entwicklung des gesamten Landes erschlossen werden, insbesondere im Hinblick auf die wirtschaftlichen und die sozioökonomischen Verhältnisse. Es gilt, entwicklungsschwachen Regionen zusätzliche Wachstumsimpulse zu verleihen und damit bestehenden ungleichen Lebensbedingungen im Lande entgegenzuwirken.

Zum anderen soll die Politik durch eine verstärkte Ausrichtung auf die Interessen vor Ort insgesamt aufgewertet und in ihrer Legitimation gestärkt werden. Viele politische Entscheidungen sind in der Vergangenheit in London getroffen, dann aber auf einer anderen räumlichen Maßstabsebene umgesetzt worden, z. B. im Bereich der Wirtschaftspolitik. Die von den britischen Regierungen eingeleiteten Dezentralisierungsmaßnahmen bedeuten daher auch eine stärkere Abkehr der Regierung in Whitehall von dem Gedanken, auf allen Ebenen mitentscheiden zu wollen. Den stärksten Niederschlag hat dieser partielle Steuerungsverzicht in dem Verhältnis zu den Kommunen und den „Regionen" gefunden.

Diese wenigen einführenden Gedanken deuten an, dass es sich bei der Dezentralisierung im Allgemeinen und der Devolution im Besonderen um vielschichtige und selbst für Briten nicht immer leicht zu verstehende Veränderungen in den Formen der Steuerung gesellschaftlicher Prozesse handelt. Aktiv daran beteiligt sind zum einen staatliche Akteure in unterschiedlichen Ressorts und auf verschiedenen Maßstabsebenen und zum anderen bürgerschaftliche und privatwirtschaftliche Akteure, denen in den letzten Jahrzehnten zum Teil erhebliche Gestaltungsspielräume durch den britischen Staat eröffnet worden sind.

Die Umverteilung von Funktionen vom Zentralstaat auf die regionale Ebene (Devolution) sowie die anderen Formen der Verlagerung von Zuständigkeiten und Entscheidungsbefugnissen von oben nach unten (z. B. auf die kommunale Ebene) werfen zahlreiche Fragen auf. Im Mittelpunkt steht dabei die Frage, ob die Dezentralisierung bzw. Regionalisierung der Politik zu einer Stärkung der anderen Ebenen führt, wie das von den Befürwortern als Argument ins Feld geführt worden ist, oder aber ob sich der Zentralstaat durch diese Umverteilung geschickt aus der Verantwortung stiehlt, wie Kritiker argwöhnen. In diesem Zusammenhang wird auch diskutiert, wie weitgehend der Steuerungsverzicht des Zentralstaates tatsächlich ist bzw. wie weitreichend er sein sollte. Denn weitreichende Formen der Kompetenzverlagerung, wie sie in Nordirland, Schottland – und bedingt in Wales – vollzogen worden sind, können ja das Ziel konterkarieren, die Einheit des Vereinigten Königreiches zu sichern, indem sie Appetit auf größere Eigenständigkeit bis hin zur (staatlichen) Autonomie machen. Gegen eine zu starke Kompetenzverlagerung auf andere Maßstabsebenen spricht aus der Sicht einzelner Beobachter auch das noch immer für wichtig erachtete staatliche Ausgleichsziel. Angeführt wird, dass der Staat immer noch die Aufgabe habe, gesellschaftliche und sozialräumliche Unterschiede auszugleichen. Verließe sich der Zentralstaat hingegen zu sehr auf die Potenziale vor Ort, die durch die Devolution freigesetzt bzw. angeregt werden sollen, dann bestünde die reale Gefahr einer Abkopplung ganzer Landstriche von den positiven Entwicklungstrends in anderen Landesteilen, da die Leistungsfähigkeit entwicklungsschwacher Regionen nicht ausreiche, gegenüber den leistungsstärkeren Regionen – gerade im Südosten des Landes – aus eigener Kraft heraus aufzuschließen.

Dass die Devolution und andere Formen der Dezentralisierung trotz der vielfach geäußerten Kritik in den letzten beiden Jahrzehnten weit oben auf der politischen Tagesordnung stehen, hat hingegen handfeste Gründe, denen in den folgenden Überlegungen nachgegangen werden soll. Hierzu gehört auch die historische Dimension der Devolution, die seit der Zusammenlegung des schottischen und des englischen Parlaments im Jahre 1707 immer wieder eine tagespolitische Aktualität erlangt hat.

Die historische Dimension der Devolution im Vereinigten Königreich

Als nach der Vereinigung der schottischen und englischen Kronen (Union of the Crowns, 1603) zu Beginn des 18. Jahrhunderts eine umfassende Eingliederung Schottlands in das Vereinigte Königreich erfolgte, wurde neben der Möglichkeit, einen Einheitsstaat zu bilden, auch die Option diskutiert, eine „konföderative" Regelung zu treffen. Hierdurch hätten die Parlamente beider Staaten ihre Souveränität behalten und ein Staatenbund

wäre entstanden. Die dann vollzogene Einstaatenregelung führte zu einer Auflösung sowohl des schottischen als auch des englischen Parlaments und zur Etablierung eines gemeinsamen Abgeordnetenhauses, des Parliament of Great Britain, das de facto zwar eine Fortsetzung des englischen Parlaments, de jure aber eine neue Einrichtung war. Anders als im Falle von Wales machten die Engländer gegenüber den Schotten zahlreiche Konzessionen. So blieben das Hochschul- und Rechtswesen erhalten, ebenso religiöse Strukturen und Institutionen und auch die *royal burghs*, also die mit Sonderrechten ausgestatteten schottischen Städte. Auf diese Weise entstanden quasiföderale Strukturen, die zu einem großen Teil bis heute fortbestehen. Es ist vermutlich auch auf diese Sonderrechte zurückzuführen, dass die Eingliederung Schottlands in das Vereinigte Königreich von der schottischen Bevölkerungsmehrheit lange Zeit ohne nennenswerten Widerstand akzeptiert worden ist.

Unter dem Schlagwort der „Home Rule All Around" entstanden im 19. Jahrhundert in allen keltischen Nationen (Irland, Schottland, Wales) politische Bewegungen, deren wesentliches Ziel es war, ein höheres Maß an politischer Unabhängigkeit zu erreichen. Treibende Kraft waren irische Eliten, aus deren Sicht die Zukunft Irlands außerhalb des Vereinigten Königreiches lag. Auf einer tiefer liegenden Ebene waren es sicherlich die Veränderungen in den Vorstellungen von Staatlichkeit im 19. Jahrhundert, die dem Reformdrängen maßgebliche Schubkraft verliehen. In ganz Europa geriet die enge gedankliche Verbindung zwischen „Staat" und Herrschergeschlechtern (Dynastien) durch die zunehmende Bedeutung des Nationalstaatsgedankens unter Druck. In der keltischen Peripherie nährte die europäische Konjunktur des Nationalstaatsgedankens den Wunsch nach stärkerer politischer Unabhängigkeit. Zum Teil im Windschatten der starken Reformwünsche aus Irland formierte sich auch in Wales und Schottland nationalistischer Druck gegenüber dem englischen Zentrum.

In London reagierte man auf die Emanzipationsgelüste an der Peripherie durch Gesetzesvorlagen, die Reformen mit föderalen Elementen vorsahen (z. B. in Form der Einrichtung eines Parlaments für Nordirland im Jahre 1921). Dies führte jedoch zu einer Spaltung in der Führung der damals regierenden liberalen Partei, da diese nicht geschlossen so tief greifenden Reformen zustimmen wollte. In der Zwischenkriegszeit etablierten sich in Schottland und Wales nationalistische Parteien, die auf eine stärkere Eigenständigkeit bestanden und dem Parlament in London Zugeständnisse in Form einer administrativen Devolution abringen konnten.

Auch in der Nachkriegszeit, bis in die 1960er Jahre hinein, versuchten die Regierungen in London, das Verlangen nach größerer Eigenständigkeit bzw. Unabhängigkeit durch administrative Devolution zu neutralisieren. Mit dieser Strategie waren die Regierungen auch lange Zeit erfolgreich, denn sie konnten den zentrifugalen Kräften an der keltischen Peripherie wirkungsvoll begegnen und damit den Einheitsstaat vor einem von vielen Politikern in Westminster befürchteten Auseinanderdriften schützen.

Die Diskussion um weitergehende politische Selbstbestimmung belebte sich in den 1960er und 1970er Jahren. Die Wahlerfolge der nationalistischen Parteien in Schottland und Wales stellten das bis dahin funktionierende Prinzip der administrativen Devolution infrage, und die offenen, gewalttätig ausgetragenen Konflikte in Nordirland führten de facto zu einem Ende der legislativen Devolution.

In dieser Situation griffen die Konservativen unter dem damaligen Premierminister Edward Heath die Devolutionsdebatte auf und schlugen 1970 vor, in Schottland ein eigenes Parlament einzurichten, das Teil des Parlaments in Westminster sein sollte. Die wesentliche Aufgabe dieses Parlaments sollte darin bestehen, die erste Lesung schottischer Gesetzesvorlagen durchzuführen. Das latente Konfliktpotenzial eines solchen institutionellen Arrangements führte jedoch dazu, dass diese Pläne fallen gelassen wurden. In den späten 1970er Jahren unternahm die Labour-Nachfolgeregierung aufgrund des zunehmenden Einflusses der nationalistischen Parteien in Schottland und Wales einen erneuten Vorstoß, der Schottland legislative und Wales administrative Devolution bringen sollte. Die 1978 verabschiedeten Gesetze Scotland Act und Wales Act bildeten hierfür die gesetzliche Grundlage, ihr Inkrafttreten war jedoch gebunden an den positiven Ausgang einer vorgeschalteten Volksbefragung in beiden Ländern. Beide Referenden scheiterten, obwohl die Wahlerfolge der nationalistischen Parteien mit ihrem auf Selbstbestimmung und Souveränität abzielenden Programmen eigentlich eine Annahme hätten erwarten lassen. Eine mögliche Erklärung dieses scheinbar widersprüchlichen Referendum-Ausgangs liegt in der starken Verankerung der in London regierenden Labour Party in der schottischen und walisischen Wählerschaft, die als Garant für sozialstaatlichen Ausgleich gesehen wurde. Ein zu starkes Abrücken vom Zentrum hätte zu einem Aufweichen oder gar zum Verlust von Ausgleichsansprüchen gegenüber London geführt und stellte daher ein wenig rosiges Szenario für schlechte Zeiten dar.

Für die Labour Party war die Devolutionsdebatte damit allerdings nicht ein für allemal erledigt. Zum einen haben gerade Labour-Abgeordnete aus Schottland und Wales den Gedanken an ein höheres Maß an Mitbestimmung bzw. Autonomie nie ganz aufgegeben. So hatte der aus Wales stammende Spitzenkandidat für das Amt des Premierministers Neil Kinnock im Jahre 1991 versprochen, im Falle seines Wahlsieges eine legislative Devolution für Schottland auf den Weg zu bringen. Zum anderen war die Devolution aus der Sicht englischer Abgeordneter als Mittel zur Eindämmung zentrifugaler Kräfte immer noch ausreichend attraktiv, um nicht vollständig aufgegeben zu werden.

Für die Konservativen stellte sich die Situation insofern anders dar, als sie in Schottland und Wales keine nennenswerten Wahlerfolge verbuchen konnten und daher auch kaum innerparteilicher und innerparlamentarischer Druck von schottischen oder walisischen Parlamentsangehörigen aufgebaut werden konnte, um die Interessen dieser Nationen stärker zur Geltung zu bringen. In der Wahl zum Unterhaus des Jahres 1974 beispielsweise konnten die Konservativen in England ca. 49 % aller Parlamentssitze erringen (Labour ca. 50 %), in Schottland hingegen nur 23 % (Labour 58 %), in Wales 22 % (Labour 64 %), und in Nordirland erhielten sie überhaupt kein Mandat (Labour ebenfalls ohne Mandat) (http://www.psr.keele. ac.uk/area/uk/ge74b/seats 74b. htm, Abruf: 10.11.2009).

Angesichts dieser Sachlage ist nachvollziehbar, dass einer der früheren Führer der Labour Party, John Smith, die Devolution als unerledigte Aufgabe der Labour-Regierung der 1970er Jahre deklarierte.

Devolution als Projekt von New Labour

Nach einem überwältigenden Wahlsieg der Labour Party im Jahre 1997 (63 % aller Parlamentssitze, 85 % aller walisischen, 78 % aller schottischen und 62 % aller englischen Mandate) leitete die neue Regierung unter Tony Blair ein umfassendes Erneuerungsprogramm politischer Strukturen und Institutionen ein, das in besonderer Weise auch neue Regelungen für Schottland, Wales und Nordirland vorsah.

Es würde der historischen Entwicklung allerdings nicht ganz gerecht werden, die Zeit seit der „konservativen Wende" im Jahre 1979 bis zum Amtsantritt von Tony Blair im Hinblick auf die Devolution bzw. Dezentralisierungsmaßnahmen generell als kompletten Stillstand zu deklarieren. Zwar wurde die Bedeutung anderer politischer Ebenen von den konservativen Regierungen unter Margaret Thatcher infrage gestellt bzw. heruntergespielt, was sich beispielsweise in den starken Einschnitten in die Kompetenzen der Kommunen zeigte (Abschnitt 7.3). Der Nachfolger John Major verfolgte jedoch eine deutlich pragmatischere Politik und leitete eine Reihe von Reformen ein, die die Bedeutung anderer politischer Ebenen unterstrich. Hierzu gehörte u. a. der allerdings nicht geglückte Versuch, den Friedensprozess in Nordirland durch die Schaffung neuer Strukturen für eine nordirische Selbstverwaltung voranzutreiben. Ein wichtiger anderer Schritt war die Einrichtung von zehn Government Offices for the Regions (GORs) in England im Jahre 1994, die die Aufgaben der für die Regionalentwicklung strategisch wichtigen zentralstaatlichen Ressorts auf regionaler Ebene koordinieren sollten. Diese pragmatischen und funktionalen Überlegungen entspringende Initiative beendete das bislang weitgehend unkoordinierte Handeln der regionalen Dependancen einzelner Ministerien und schuf zugleich einen gemeinsamen und verbindlichen regionalen Bezugsrahmen. Abgesehen von ihrer unmittelbaren Bedeutung durch die spürbare Verbesserung der Koordination des Staatshandelns auf der regionalen Ebene lag die mittelbare Relevanz der GORs darin, durch die Schaffung von regionalem Wissen und koordiniertem Handeln spätere Reformen ermöglicht bzw. ihnen eine größere Akzeptanz verschafft zu haben.

Gemäß der Losung „We will clean up politics" des Wahlkampfmanifests der Labour Party aus dem Jahre 1997 trat die neue Regierung unter Tony Blair mit dem Anspruch an, die Politik im Vereinigten Königreich tief greifend zu reformieren und dem weitverbreiteten Zynismus in der Bevölkerung gegenüber der Politik und der politischen Klasse entgegenzutreten. Zu den weitreichenden Zielen dieser „Säuberungsaktion" gehörte eine Verfassungsreform, die auch eine Devolution für Schottland, Wales und Nordirland vorsah.

Die Devolution, die laut Labour-Manifest die Einheit des Vereinigten Königreiches stärken und gleichzeitig den Besonderheiten Schottlands, Wales und Nordirlands stärker Rechnung tragen sollte, wurde bereits im Jahre 1997 auf den Weg gebracht. In einem ersten Schritt wurden Volksbefragungen vorbereitet, von deren Ausgang das weitere Vorgehen abhing. Denn die neue Regierung wollte die Devolutionspläne nur dort umsetzen, wo sich eine Mehrheit dafür aussprechen würde. Bereits im selben Jahr wurden die Referenden in Schottland und Wales durchgeführt, Nordirland folgte ein Jahr später. Bei einer Wahlbeteiligung von 60 % stimmten in Schottland 74 % (der Abstimmenden) für die Einrichtung eines eigenen Parlaments, 63 % votierten für ein gewisses Maß an Steuerhoheit. In Wales beteiligten sich 50,1 % der Stimmberechtigten am Referendum, von denen sich eine hauchdünne Mehrheit von 50,3 % für die Einrichtung der National Assembly for Wales entschied, die mit exekutiven Befugnissen ausgestattet werden sollte. In Nordirland war die Wahlbeteiligung mit 81,1 % ausgesprochen hoch. 71,1 % der Abstimmenden

---

Devolution: strengthening the Union

The United Kingdom is a partnership enriched by distinct national identities and traditions. Scotland has its own systems of education, law and local government. Wales has its language and cultural traditions. We will meet the demand for decentralisation of power to Scotland and Wales, once established in referendums.

Subsidiarity is as sound a principle in Britain as it is in Europe. Our proposal is for devolution not federation. A sovereign Westminster Parliament will devolve power to Scotland and Wales. The Union will be strengthened and the threat of separatism removed.

As soon as possible after the election, we will enact legislation to allow the people of Scotland and Wales to vote in separate referendums on our proposals, which will be set out in white papers. These referendums will take place not later than the autumn of 1997. A simple majority of those voting in each referendum will be the majority required. Popular endorsement will strengthen the legitimacy of our proposals and speed their passage through Parliament.

For Scotland we propose the creation of a parliament with law-making powers, firmly based on the agreement reached in the Scottish Constitutional Convention, including defined and limited financial powers to vary revenue and elected by an additional member system. In the Scottish referendum we will seek separate endorsement of the proposal to create a parliament, and of the proposal to give it defined and limited financial powers to vary revenue. The Scottish parliament will extend democratic control over the responsibilities currently exercised administratively by the Scottish Office. The responsibilities of the UK Parliament will remain unchanged over UK policy, for example economic, defence and foreign policy.

The Welsh assembly will provide democratic control of the existing Welsh Office functions. It will have secondary legislative powers and will be specifically empowered to reform and democratise the quango state. It will be elected by an additional member system.

Following majorities in the referendums, we will introduce in the first year of the Parliament legislation on the substantive devolution proposals outlined in our white papers.

(Labour Party Manifesto, http://labour-party.org.uk/manifestos/1997/1997-labour-manifesto.shtml, Abruf: 10.02.2009)

votierten für die Einrichtung eines eigenen Parlaments mit legislativen Befugnissen. Mit Ausnahme der Democratic Unionist Party und der UK Unionist Party hatten sich im Vorfeld des Referendums alle britischen und nordirischen Parteien für die vorgesehene legislative Devolution in Nordirland ausgesprochen.

Im nächsten Schritt ging die Regierung daran, die Devolution umzusetzen und Parlamente bzw. Nationalversammlungen einzurichten. Schottland besitzt seither ein eigenes Parlament, das in schottischen Angelegenheiten die ausschließliche gesetzgeberische Kompetenz innehat (Bildung, Gesundheit, Justiz, Inneres, Kommunalpolitik, Wirtschaft, Umwelt, Verkehr, Kultur und Landwirtschaft) und über ein gewisses Maß an Steuerhoheit verfügt. Die Waliser Nationalversammlung verfügt demgegenüber nur über eine „sekundäre" Gesetzgebungskompetenz, d. h., sie ist autorisiert, Gesetze des Parlaments in Westminster im Hinblick auf die spezifische Situation in Wales zu präzisieren bzw. zu ergänzen.

In Nordirland wurde die Nordirische Versammlung (Northern Ireland Assembly) eingerichtet, die mit ähnlichen Kompetenzen wie das schottische Parlament ausgestattet ist. Allerdings ist die Situation in Nordirland ungleich komplexer als in Schottland und Wales, da die über lange Zeit von Gewalt und Gewaltexzessen geprägten innenpolitischen Auseinandersetzungen bis in die Gegenwart fortwirken bzw. fortgesetzt werden. So ist im Streit um die Entwaffnung der Irisch Republikanischen Armee (IRA), die über Jahre gewaltsam für eine Abspaltung Nordirlands vom Vereinigten Königreich kämpfte, das nordirische Parlament von der Londoner Regierung im Jahre 2002 suspendiert und erst im Jahre 2007 wieder eingesetzt worden, nachdem die IRA im Jahre 2005 der Gewalt abgeschworen und sich das unionistische und das nationalistische politische Lager auf einen Modus der parlamentarischen Zusammenarbeit geeinigt hatten. Die beiden Anschläge auf Sicherheitskräfte im März 2009 (Anschlag auf eine britische Kaserne mit zwei Toten und Attentat auf einen Polizisten mit tödlichem Ausgang) durch eine Splittergruppe der IRA („Real IRA") verdeutlichen aber, wie langwierig und zäh der Prozess der Aussöhnung zwischen den unterschiedlichen politischen Lagern tatsächlich ist. In einer symbolträchtigen Geste traten der protestantische Regierungschef Peter Robinson, sein katholischer Vize Martin McGuinness und der britische Polizeichef der Provinz, Sir Hugh Orde, nach den Anschlägen vor die Kameras vor Stormont Castle, dem Regierungs- und Parlamentssitz in Belfast. Zwar bekundete der Regierungschef, dass „die politische Klasse geeint sei im Kampf des Willens gegenüber bösartigen Schützen" und dass die politische Klasse gewinnen werde; wie der Ausgang dieser Krise

und die weitere Entwicklung der Devolution jedoch tatsächlich aussehen werden, ist nicht vorhersehbar.

Durch die Devolution wurde die Forderung nach „Home Rule All Around" in Schottland, Wales und Nordirland weitgehend umgesetzt. Damit wurde nun auch formal dem Umstand Rechnung getragen, dass das Vereinigte Königreich im Bewusstsein seiner Einwohner ein Mehr-Nationen-Staat ist. Interessanterweise erhielt lediglich England im Rahmen der Devolution kein eigenes Parlament. Das hat zu dem als West Lothian Question genannten Dilemma geführt, das bereits im Jahre 1977 von Tam Dalyell thematisiert worden ist, als das Parlament in Westminster eine mögliche Devolution für Schottland und Wales diskutierte. Dalyell hob damals hervor, dass die Einrichtung eines eigenen Parlaments für Schottland und Wales zu einer staatsrechtlich problematischen Situation führen werde, da die schottischen und walisischen Vertreter im Londoner Abgeordnetenhaus über die Geschicke des gesamten Landes mitentscheiden könnten – also auch über Fragen, die primär England oder Engländer betreffen –, umgekehrt jedoch Engländer keinerlei Mitsprachemöglichkeiten im Bereich der Zuständigkeiten der anderen Parlamente besäßen. Die gegenwärtige Sachlage ist hingegen deutlich komplexer, als die in der Vergangenheit oftmals emotional geführte Debatte suggeriert; so besitzt das schottische Parlament für bestimmte Bereiche überhaupt keine gesetzgeberische Kompetenz (Verteidigung, nationale Sicherheit, Außenpolitik, Wirtschafts- und Finanzpolitik), während das Londoner Parlament bei Entscheidungen des schottischen Parlaments ein Veto einlegen bzw. das gesamte schottische Parlament – zumindest theoretisch – wieder auflösen kann. Einzig

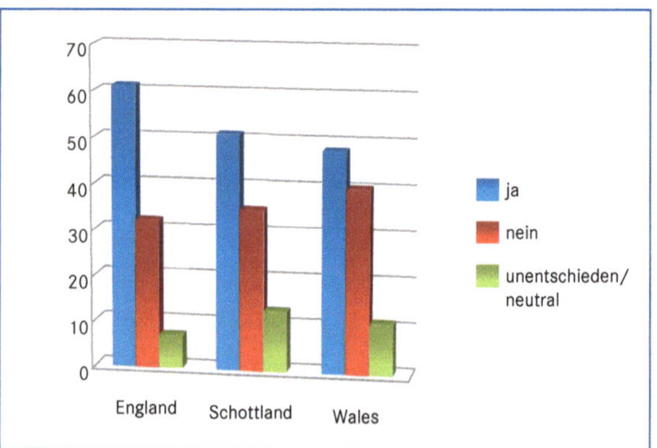

Abb. 7.11 Ergebnis einer BBC-Umfrage zum Thema „Ein eigenes Parlament für England?". Quelle: Newsnight Act of Union Poll 2007, Frage 5: „Sind Sie der Meinung, dass ein englisches Parlament eingerichtet werden sollte?" (http://news.bbc.co.uk/2/shared/bsp/hi/pdfs/16_01_07_union.pdf, Abruf: 12.01.2009).

die politische Situation in Nordirland in den Jahren zwischen 1921 und 1972 ist annähernd vergleichbar mit dem in der West Lothian Question aufgeworfenen Dilemma, da zu dieser Zeit das Parlament Nordirlands gesetzgeberische Kompetenzen innehatte und gleichzeitig irische MPs in London die Gesetzgebung für das Vereinigte Königreich mitgestalteten.

Vor dem Hintergrund solcher Diskussionen und angesichts der vollzogenen Devolution in Schottland, Wales und Nordirland zeichnet sich in der öffentlichen Meinung eine durchaus positive Stimmung zur Schaffung eines englischen Parlaments ab. In einer Umfrage aus dem Jahre 2007 befragte die BBC anlässlich der 200-Jahr-Feier der Union of the Crowns 1953 Personen aus England, Schottland und Wales zur Zukunft des Vereinigten Königreiches, zur vollzogenen Devolution und zur möglichen Einrichtung eines eigenen Parlaments für

England. Über 60 % der Engländer, 51 % der Schotten und 48 % der Waliser sprachen sich dafür aus, auch in England ein Parlament einzurichten (Abb. 7.11). Gleichzeitig votierten die Befragten mehrheitlich für den Fortbestand des Vereinigten Königreiches (73 % aller Engländer, 56 % aller Schotten und 69 % aller Waliser) (Abb. 7.12). Hieraus lassen sich, mit der gebotenen Vorsicht, mehrere Dinge ablesen. Zum einen wird deutlich, dass die Devolution dem Fortbestand des Vereinigten Königreiches nicht geschadet hat. Auch wenn frühere Vergleichszahlen nicht vorliegen und keine Aussagen zur Repräsentativität der hier angeführten Befragung gemacht werden können, gibt die große Zustimmung zum Fortbestand des Vereinigten Königreiches doch Anhaltspunkte für ein hohes Maß an Identifikation *auch* mit dem Vereinigten Königreich. Insofern können sich die Parteistrategen von New Labour in ihrer Überzeugung bestätigt sehen, dass die Devolution eher ein stabilisierendes und weniger ein destabilisierendes Element ihrer politischen Reformen ist. Es muss jedoch angemerkt werden, dass diese Interpretation keineswegs zwingend ist. Je nach Standpunkt lassen sich die Ergebnisse der Umfrage auch anders auslegen. Der Vorsitzende der Scottish National Party, Alex Salmond, beispielsweise deutet die Umfragewerte als Beleg für den wachsenden Wunsch der Schotten nach nationaler Souveränität.

Zum anderen kann man aus der Befürwortung eines englischen Parlaments durch Schotten und Waliser auch die hohe Bedeutung von Fair Play innerhalb der britischen Gesellschaft herauslesen. Was Schotten und Waliser 1998 erlangt haben, soll den Engländern nicht vorenthalten bleiben.

Auch wenn diese Interpretation der Alltagssicht vieler Bürger entsprechen mag, sie spiegelt nicht notwendigerweise die Sichtweise der Parteien wider. Vor allem Labour und Konservative lehnen die Einrichtung eines englischen Parlaments ab, so auch der derzeitige – schottische – Premierminister Gordon Brown sowie der Konservative Think-Tank Conservative Democracy Task Force. Bei einer anderen Variante größerer englischer Selbstbestimmung, nämlich der Einschränkung der Rechte schottischer, walisischer und nordirischer Abgeordneter bei der Lesung und Verabschiedung englischer Gesetzesvorlagen („English votes for English laws"), sind die Positionen differenzierter. Während Labour sie strikt ablehnt (zuletzt vor allem Tony Blair), liegt durch die Conservative Democracy Task Force ein Vorschlag vor, in welcher Weise eine stärkere „Machtsymmetrie" im britischen Parlament hergestellt werden kann. Trotz dieser punktuellen Unterschiede sind sich Labour und Konservative aber darin einig, dass dem Erhalt des Vereinigten Königreiches oberste politische Priorität zukommt.

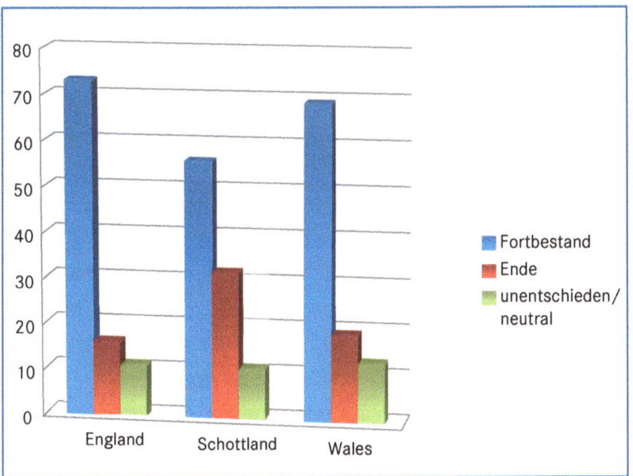

Abb. 7.12 Ergebnis einer BBC-Umfrage zur Zukunft des Vereinigten Königreiches. Quelle: Newsnight Act of Union Poll 2007, Frage 3: „Sollte das Vereinigte Königreich in seiner jetzigen Form fortbestehen oder aufgelöst werden (bei gleichzeitiger Souveränität von Schottland und Wales)?" (http://news.bbc.co.uk/2/shared/bsp/hi/pdfs/16_01_07_union.pdf, Abruf: 12.01.2009).

Abb. 7.13 Das Parlament des Vereinigten Königreiches: Die Houses of Parliament (auch Palace of Westminster genannt), die im neugotischen Stil erbaut worden sind, beherbergen das britische Unterhaus (House of Commons, zwischen den beiden markanten Türmen in der rechten Bildhälfte) und dem Oberhaus (House of Lords, ebenfalls zwischen den beiden Türmen, allerdings in der linken Bildhälfte). Am rechten Rand der Anlage befindet sich das „Markenzeichen" des Parlaments, der Glockenturm St Steven's Tower mit der Glocke Big Ben. 1987 sind die Houses of Parliament von der UNESCO in die Liste der Weltkulturdenkmäler aufgenommen worden. Quelle: Wood 2004.

Obwohl England bei der Umsetzung der Devolutionspolitik ein eigenes Parlament versagt blieb und auf absehbare Zeit wohl auch bleiben wird, hat sich der gesamte Devolutionsprozess keineswegs ausschließlich auf Schottland, Wales und Nordirland beschränkt.

So sind im Jahre 1999 in den englischen Regionen Regional Development Agencies (RDAs) eingerichtet worden (London Development Agency ab 2000), die vor allem für die Vorbereitung regionaler Entwicklungsstrategien (*regional economic development strategies*, RES) zuständig sind. Außerdem haben die RDAs die Verwaltung eines nicht unerheblichen Teiles zentralstaatlicher Mittel von den Government Offices (GORs) übernommen. Im Schnitt verfügt eine RDA über ein jährliches Budget in Höhe von 200 Mio. Pfund. Die Aufsichtsfunktion über die RDAs übernehmen die ebenfalls neu geschaffenen Regionalversammlungen (Regional Assemblies, RAs), deren Mitglieder – mit Ausnahme Londons – nicht gewählt, sondern paritätisch von den Kommunen, den Grafschaftsräten und anderen – bürgerschaftlichen – Interessengruppen gestellt werden. Allerdings hat die Einrichtung von RDAs keine nennenswerten Machtverschiebungen in den Regionen zur Folge gehabt, da die Entscheidungskompetenzen trotz der immer wieder von der Regierung hervorgehobenen Bedeutung einer breiten bürgerschaftlichen Beteiligung nach wie vor weitgehend in den Händen bestehender Interessengruppen und -allianzen aus der kommunalen Politik und Verwaltung sowie der Privatwirtschaft liegt.

Um die bestehenden politischen Einrichtungen auf der regionalen Ebene stärker demokratisch zu legitimieren, war geplant, gewählte Regionalversammlungen einzurichten. Dieser Schritt wurde bereits im Wahl-

kampfmanifest der Labour Party aus dem Jahre 2001 angekündigt und im Weißbuch *Your Region, Your Choice – Revitalising the English Regions* festgeschrieben. Die Regierung verfolgte dabei eine „Devolution auf Anfrage": Keine Region sollte gezwungen werden, gewählte Regionalparlamente einzuführen, aber für alle Regionen, die dies per Volksentscheid wünschten, sollte hierzu die rechtliche Basis geschaffen werden. Um auszutesten, wie stark dieser Wunsch tatsächlich war, entschied sich die Regierung zu einem „Testlauf" in Form einer Volksbefragung in Nordostengland im November 2004. Hinter dieser Entscheidung stand die Überlegung, dass sich die Bevölkerung Nordostenglands wie in kaum einem anderen Teil des Landes mit „ihrer" Region identifiziere und daher nirgends sonst vergleichbar hohe Zustimmungswerte zu einer gewählten Regionalversammlung zu erwarten seien wie hier. Sollte also das Referendum positiv ausgehen, dann hätte das für andere Regionen eine Signal- und vielleicht auch eine Sogwirkung gehabt. Es kam aber anders. Das Referendum endete für die Regierung und vor allem für den stärksten Befürworter englischer Regionalversammlungen, den damaligen stellvertretenden Premierminister John Prescott, in einem Fiasko, da sich 78 % der Abstimmenden gegen die Einrichtung eines Regionalparlaments aussprachen.

Damit erhielt die Debatte um Dezentralisierung in England einen erheblichen Dämpfer, der die Regierung zwang, ihre Strategie zu ändern. Im Jahre 2007 veröffentlichte sie den Bericht *Review of Sub-National Economic Development and Regeneration*, in dem zum Teil erhebliche Veränderungen in den Formen der politischen Steuerung auf der regionalen Ebene angekündigt wurden. Danach sollen bis zum Jahr 2010 alle acht nicht gewählten RAs abgeschafft und deren Kompetenzen auf die Entwicklungsgesellschaften (RDAs) übertragen werden. Deren wichtigste Aufgabe soll darin bestehen, sog. *single regional strategies* zu konzipieren, in denen die wirtschaftliche Entwicklung der betreffenden Region formuliert werden. Gleichzeitig soll die Rolle der Kommunen gestärkt werden, denen die Regierung eine Kontrollfunktion von RDAs und *single regional strategies* zugedacht hat. Um dies auch praktisch umsetzen zu können, sollen in den Regionen sog. Local Authority Leaders' Boards (LALBs) eingerichtet werden. Die erste Einrichtung dieser Art besteht seit Juli 2008 in Form des 4NW, das die North West Regional Assembly ersetzt und seinen Sitz in Wigan, Greater Manchester, hat. Im Rahmen der *single regional strategies* sollen laut 4NW wirtschaftliche Entwicklung und räumliche Planung in Nordwestengland eng miteinander verzahnt werden.

Weitere LALBs haben sich in Südwestengland (South West Strategic Leaders' Board, Herbst 2008), in Südostengland (South East England Partnership Board, März 2009), in Yorkshire and The Humber (Local Government Yorkshire and Humber, November 2008) und in Nordostengland (Association of North East Councils, April 2009) gebildet. Zwei weitere LALBs befinden sich zum Zeitpunkt der Erstellung des Manuskripts (Dezember 2009) in der Phase der Entstehung: die East Midlands Local Authorities Leaders Board und die East of England Regional Strategy Board, die ab März 2010 die Funktionen der East of England Regional Assembly übernehmen soll.

Mit diesen vorsichtigen Reformschritten versucht die Regierung, den offenkundigen Reformbedarf politischer Steuerung in England unterhalb der zentralstaatlichen Ebene voranzutreiben. Das von der Regierung derzeit verfolgte Modell der Schaffung von Local Authority Leaders' Boards in allen acht englischen Regionen außerhalb von London stellt allerdings nur eine mögliche Variante dar. Andere Arrangements sind bestehende Initiativen wie *core cities* und *city regions*, denen es darum geht, die englischen Stadtregionen außerhalb Londons strukturell zu stärken.

Fazit

Das Thema Devolution im Vereinigten Königreich ist so vielschichtig und gerade auch in seiner historischen Dimension so komplex, dass an dieser Stelle weder einfache noch allumfassende Schlussfolgerungen zu erwarten sind. Von daher soll die abschließende Bewertung in bewusst zugespitzter Form erfolgen: Hat sich die Devolution als brauchbares Konzept zur Stärkung der Regionen herausgestellt?

In Schottland, Wales und Nordirland hat die Devolution vor allem zu einer Stärkung und zu einer größeren demokratischen Legitimierung der Steuerung gesellschaftlicher Prozesse auf der regionalen Ebene geführt. Auch wenn es sich bei den eingerichteten Nationalversammlungen bzw. Parlamenten nicht um Elemente eines föderalen Staates handelt, hat ihre Einrichtung ganz maßgeblich dafür gesorgt, dass nationale Interessen der Schotten, Waliser und Nordiren einen weiteren Ort der Artikulation gefunden haben. Sicherlich stellen diese Entwicklungen keinen Wert an sich dar, zumal in der Möglichkeit der Rücknahme der gewonnenen politischen Spielräume durch das britische Parlament ja latent ein Damoklesschwert über der Devolution hängt. Sie erscheinen aber einleuchtend, wenn man bedenkt, dass moderne, komplexe Gesellschaften auf Dauer kaum ausschließlich durch einen Zentralstaat erfolgreich zu steuern sein dürften. Mit der Stärkung Schottlands, Wales und Nordirlands dürfte daher in ähnlich hohem Maße eine Stärkung des Vereinigten Königreiches einhergegangen sein.

Ob die Devolution zu einer Stärkung der nationalen Identitäten von Schotten, Walisern und Nordiren geführt hat, ist hingegen weitgehend offen. Ebenso schwer lassen sich die ökonomischen Folgen der Devolution ausloten. Von den Befürwortern war ja wiederholt argumentiert worden, die Devolution führe zu einer Verbesserung der ökonomischen Leistungsfähigkeit, da sie die endogenen Kräfte der Regionen stärke und so zusätzliches Entwicklungs- bzw. Wachstumspotenzial freisetze. Eine Überprüfung solcher Begründungsmuster ist jedoch kaum möglich, da es keine volkswirtschaftlich seriöse Methode gibt, „devolutionsbedingte" bzw. „devolutionsbereinigte" Entwicklungspfade zu identifizieren.

Bei der Diskussion Englands ist deutlich geworden, dass es ein eigenes englisches Parlament auf absehbare Zeit ebenso wenig geben wird wie die Einschränkung des Mandats der Abgeordneten aus Schottland, Wales und Nordirland im Parlament in Westminster. Auch wenn weite Teile der Öffentlichkeit im *gesamten* Vereinigten Königreich die Schaffung eines englischen Parlaments durchaus begrüßen würden, bleibt eine solche Option angesichts der Position der beiden größten Parteien des Landes ein reines Wunschbild.

Die unter der letzten konservativen Regierung eingeleitete und von der Labour-Regierung dann zunächst sehr intensiv betriebene Stärkung der regionalen Ebene in England hat zu einer deutlichen Umverteilung von Kompetenzen und Aufgaben von oben nach unten geführt. Trotz dieser tendenziellen Stärkung wichtiger Handlungsfelder (Wirtschaftsförderung, regionale Strukturpolitik, Tourismus und etc.) sind die Verhält-

The regions of England

The Conservatives have created a tier of regional government in England through quangos and government regional offices. Meanwhile local authorities have come together to create a more co-ordinated regional voice. Labour will build on these developments through the establishment of regional chambers to co-ordinate transport, planning, economic development, bids for European funding and land use planning.

Demand for directly elected regional government so varies across England that it would be wrong to impose a uniform system. In time we will introduce legislation to allow the people, region by region, to decide in a referendum whether they want directly elected regional government. Only where clear popular consent is established will arrangements be made for elected regional assemblies. This would require a predominantly unitary system of local government, as presently exists in Scotland and Wales, and confirmation by independent auditors that no additional public expenditure overall would be involved. Our plans will not mean adding a new tier of government to the existing English system.

(Labour Party Manifesto, http://labour-party.org.uk/manifestos/1997/1997-labour-manifesto.shtml,   Abruf: 10.02.2009)

nisse in den englischen Regionen nicht selten durch Unübersichtlichkeit und mangelnde Koordination des Handelns geprägt, was vor allem in der Schaffung immer neuer Initiativen und Einrichtungen begründet liegt.

Die vielleicht wichtigste Veränderung in England im Zusammenhang mit dem Devolutionsprozess mag daher die verstärkte Auseinandersetzung mit dem sein, was „Englishness" und „Britishness" heute (noch) bedeuten können. Natürlich ist dieser Prozess nicht alleine durch die Devolution zu erklären, sondern muss die starke Zuwanderung von Menschen aus Commonwealth-Ländern ebenso in Betracht ziehen wie die zunehmende europäische Integration (Stichwort: Arbeitsmigration aus den neuen Mitgliedsstaaten der EU). Dennoch hat der seit nunmehr vielen Jahren andauernde Devolutionsprozess einen nicht zu unterschätzenden Anteil an dieser Auseinandersetzung mit Fragen der (nationalen) Identität gehabt, gerade auch in England.

Informationen im Internet

http://news.bbc.co.uk/2/hi/uk_news/politics/6903108.stm
Der Beitrag auf dieser Seite beschäftigt sich mit dem einschneidenden Wechsel von den bisherigen Regional Assemblies zu den Local Authority Leaders' Boards in England.

http://www.conservatives.com/~/media/Files/Downloadable%20Files/Answering%20the%20West%20Lothian%20Question.ashx?dl=true
Auf dieser Seite findet sich eine weiterführende Diskussion der Devolution, ihrer verfassungsrechtlichen Probleme und einer möglichen Lösung aus der Sicht der konservativen Partei.

http://www.4nw.org.uk/
Detaillierte Informationen zu Aufgaben, Befugnissen und rechtlichem Status des LALB 4NW sind auf dieser Homepage abrufbar.

Weiterführende Literatur

Burgess, M. (1989): The Roots of British Federalism. In: Garside, P. L.; Hebbert, M. (Hrsg.): British Regionalism 1900–2000. London, S. 20–39.

Burrows, B.; Denton, G. (1980): Devolution or Federalism? Options for a United Kingdom. Basingstoke.

Cabinet Office/DTLR (2002): Your Region, Your Choice – Revitalising the English Regions. London.

Danielzyk, R.; Wood, G. (2006): Regional Governance in England. In: Geographische Rundschau, Heft Mai, S. 12–20.

Elcock, H. (2003): Regionalism and Regionalisation in Britain and North America. In: British Journal of Politics and International Relations, 5, 1, S. 74–101.

Jeffery, C. (2003): Durch Devolution zur Föderalstruktur? Aktuelle Entwicklungen in Großbritannien. In: Europäisches Zentrum für Föderalismus-Forschung (Hrsg.): Europäischer Föderalismus im 21. Jahrhundert (Schriftenreihe des Europäischen Zentrums für Föderalismus-Forschung, Bd. 24). Baden-Baden, S. 109-117.

Keating, M. (1989): Regionalism, Devolution and the State, 1969–1989. In: Garside, P. L.; Hebbert, M. (Hrsg.): British Regionalism, 1920–2000. London, S. 158–172.

Scottish Constitutional Committee (Chairman: Sir Alec Douglas Home) (1970): Scotland's Government. The Report of the Scottish Constitutional Committee. Edinburgh.

Kapitel 8
Gesellschaft, Handel und Kultur

8.1 Einführung

Klaus Zehner

Wie die meisten Industrienationen weist auch Groß-britannien typische Merkmale einer spätfordistischen Wirtschafts- und Gesellschaftsstruktur auf. Während die Wirtschaftsleistung überwiegend durch Dienstleis-tungen und nur noch in geringem Maße durch indus-trielle Produktion erbracht wird, sind wesentliche Kenn-zeichen der britischen Gesellschaft Alterung und eine hohe Affinität zu materiellem Konsum.

Der demographische Wandel ist sowohl Zustand als auch ein Prozess, der an Bedeutung zunimmt. So ist alleine in den zurückliegenden 25 Jahren die Zahl der über 65-jährigen Einwohner um 1,5 Mio. angewachsen. Abschnitt 8.2 von Doris Schmied greift das Thema Alte-rung auf und geht der Frage nach, welche soziodemo-graphischen Ursachen ihr zugrunde liegen und wie sie sich räumlich auswirkt. Zu beobachten ist, dass vor allem vermögende Senioren den Großstädten den Rücken kehren und sich in attraktiveren Regionen niederlassen. Ein beliebtes Zielgebiet ist der südeuropä-ische Sun Belt, ein anderes ist die klimatisch begünstigte Südküste Englands. Dort prägen Senioren unübersehbar das Bild der Städte, weshalb die gelegentlich für die eng-lische Südküste gebrauchte Bezeichnung „Costa geria-trica" nicht ganz unangebracht ist. Die Infrastruktur der dortigen Seebäder, sei es die Straßenmöblierung, die Beschilderung oder die medizinische Versorgung ist unübersehbar auf die Zielgruppe der älteren Generatio-nen ausgerichtet (Abb. 8.1).

In anderen, landschaftlich weniger attraktiven sowie klimatisch und wirtschaftlich benachteiligten Gebieten dagegen ist der Anteil älterer Menschen hoch, weil vor allem jüngere, im Erwerbsleben stehende Personen abwandern. Ihre bevorzugten Zielgebiete sind die Metropolen, allen voran London. Die britische Haupt-stadt weist eine vergleichsweise junge und dynamische Bevölkerung auf, die mobil und in der Lage ist, sich dem flexibler gewordenen Arbeitsmarkt anzupassen.

Flexibilität ist ein herausragendes Merkmal der spät-fordistischen Dienstleistungswirtschaft, in der gut aus-gebildete Arbeitskräfte benötigt werden. Die Einkom-men dieser Arbeitskräfte sind überdurchschnittlich hoch, so dass die Preise für Immobilien sich auf einem ebenfalls hohen Niveau bewegen. Jedenfalls war dieser

Abb. 8.1 Straßenschilder, die Autofahrer auf die große Zahl älterer Verkehrsteilnehmer aufmerksam machen sollen, sind vor allem in den Küstenorten und Seebädern Südenglands an-zutreffen. Quelle: www.freefoto.com.

Zusammenhang bis zum Beginn der Wirtschaftskrise in der zweiten Hälfte des Jahres 2008 deutlich zu beobachten. Viele ältere Londoner nutzten die hohen Immobilienpreise und verkauften, nachdem sie aus dem Erwerbsleben ausgeschieden waren, ihre Immobilie. Sie verließen die Hauptstadt, da sie in der Lage waren, aus dem Erlös des Hausverkaufs eine neue Altersresidenz an der Küste oder in einem attraktiven ländlichen Gebiet, wie etwa den Cotswolds oder Cornwall, zu finanzieren. Mit dem Ausbruch der Finanzkrise 2008 geriet dieses System allerdings ins Stocken, als ausgehend vom Bankensektor die städtische Wirtschaft Londons in einen kräftigen Strudel geriet, der die Immobilienpreise im ganzen Land im Durchschnitt um ca. 15 % sinken ließ.

Von Bedeutung ist auch die strukturelle Zusammensetzung der Bevölkerung. In der sozialwissenschaftlichen Forschung wird intensiv über eine zunehmende gesellschaftliche Ausdifferenzierung in eine größere Zahl sog. Lebensstilgruppen diskutiert. Diese Vorstellung tritt neben bekannte Sozialstrukturmodelle, die auf den Konzepten von Schichten und Klassen basieren. Ein genauer Betrachter der gesellschaftlichen Verhältnisse wird feststellen, dass die Vorstellung, in einer Klassengesellschaft zu leben, in der Alltagswelt immer noch weit verbreitet ist und beispielsweise auch in den Medien häufig thematisiert wird. Parallel hierzu haben sich aufgrund geänderter gesellschaftlicher Rahmenbedingungen Lebensstilgruppen herausgebildet, die sich im Wesentlichen durch spezifische Werthaltungen, Prinzipien der Lebensgestaltung und Mentalitäten beschreiben lassen.

Aus wirtschaftlicher Sicht ist dabei von Bedeutung, dass sich Lebensstilgruppen durch spezifische Konsumwünsche und -gewohnheiten definieren lassen. Investoren und Handelsunternehmen haben diesen Trend erkannt und sich mit neuen Betriebsformaten und Standortagglomerationen auf die Wünsche der Kunden eingestellt. Stärker ausdifferenzierte Konsumgewohnheiten haben neue Orte der Konsumtion und Freizeitgestaltung, wie Malls, Urban Entertainment Center und Factory Outlet Center, entstehen lassen. Sie sind nicht nur attraktive Handelsstandorte, sondern auch wichtige Erlebnisorte und Orte der Freizeitgestaltung.

Die Abschnitte 8.3 und 8.4 widmen sich ausführlicher den modernen Formen des britischen Einzelhandels. Dargestellt wird zum einen der Lebensmitteleinzelhandel, der überwiegend von britischen Unternehmen beherrscht und dessen Struktur durch großflächige Super- und Hypermarkets geprägt wird, während Discounter eine nur marginale Rolle spielen. Zum anderen wird die Ausbreitung großflächiger, vor allem außerhalb der Städte errichteter Regional Shopping Center und Factory Outlet Center diskutiert. Ihre flächenhafte Ver-

breitung in Großbritannien ist vor allem dem Laisserfaire der Raumplanung während der Thatcher-Ära in den 1980er Jahren zuzuschreiben. Damals waren großflächige Handelsimmobilien bevorzugte Anlageobjekte, die in einem Wirtschaftsklima des Aufschwungs hohe Renditen versprachen. Wenig beachtet wurden in dieser Zeit die Auswirkungen, die von der Förderung des Einzelhandels an den Rändern der Städte auf die Innenstädte ausgingen. Diese büßten nicht nur an Attraktivität ein, manche Stadtzentren verödeten regelrecht zu unwirtlichen „Betonwüsten", aus denen sich der Einzelhandel immer stärker zurückzog. Gegner der neoliberalen Stadtentwicklungspolitik bezeichneten die britische Stadtlandschaft während dieser Zeit sogar mit dem wenig schmeichelhaften Etikett „Ghost Town Britain".

Auch wenn diese Bezeichnung sicherlich übertrieben war, so war ein pessimistischer Ausblick auf die Zukunft der britischen Städte nicht ganz von der Hand zu weisen, sahen sich doch spätestens seit Mitte der 1970er Jahre viele Großstädte, vor allem in Mittel- und Nordengland, mit den Folgen der Deindustrialisierung konfrontiert. Der industrielle Abschwung erfasste nicht nur die Textil- und Montanindustrie, sondern auch die Automobilindustrie sowie weitere neuere Industriezweige. Vom Niedergang der Industrie wurden Glasgow, Newcastle, Liverpool und Manchester besonders hart getroffen. Der massive Verlust von Unternehmen und Arbeitsplätzen hatte zudem erhebliche soziale und städtebauliche Auswirkungen, so dass die Stadtverwaltungen unter Druck gerieten und begannen, neue Konzepte und Strategien für eine zukunftsfähige Stadtentwicklung zu entwickeln. Ein Schlüssel zur Überwindung der Krise bot der kulturelle Sektor und hier insbesondere das historische Erbe der einstigen Welt- und Industriemacht „Großbritannien". Durch neue Formen der Inwertsetzung des *industrial heritage* sollte der Städtetourismus beflügelt werden und die städtische Wirtschaft ein neues Fundament erhalten. Abschnitt 8.5 greift am Beispiel Manchesters die Frage auf, wie die Transformation von einer Stadt, die mit der Baumwollindustrie ihre industrielle Basis weitgehend eingebüßt hatte, zu einer Kulturmetropole in Nordwestengland vonstatten gegangen ist. Kritisch diskutiert werden dabei die städtebaulichen, wirtschaftlichen und sozialen Folgen, die durch eine Politik des *municipal entrepreneurialism* ausgelöst wurden, aber letztlich (noch) nicht überwunden sind.

8.2 Zwischen Alicante, Alnwick und Altersheim: Geographische Aspekte des Alterns im Vereinigten Königreich

DORIS SCHMIED

„König George V. begann 1917, jedem, der in diesem Jahr seinen 100. Geburtstag feierte, ein Telegramm zu senden. Es waren 24 – 7 an Männer und 17 an Frauen. Die Tradition ist seitdem von jedem regierenden Monarchen fortgeführt worden. 1952, im ersten Jahr ihrer Regentschaft, versendete die Queen 200 Telegramme. Im letzten Jahr waren es 4 623 königliche Geburtstagskarten (die seit 1982 die Telegramme ersetzen). Nach der Bevölkerungsprognose des Amtes für Nationale Statistik dürften im Jahr 2031 fast 40 000 Menschen in Großbritannien leben, die über 100 Jahre alt sind" (http://wales.gov.uk/topics/statistics/publications/focusoldpeople08/?lang=en+, Übersetzung D. Schmied).

Wie in anderen europäischen Ländern altert die Bevölkerung des Vereinigten Königreiches infolge des zweiten demographischen Übergangs, der häufig nur demographischer Wandel genannt wird, wenn auch aufgrund der relativ starken internationalen Zuwanderung vergleichsweise langsam. Während die Bevölkerung insgesamt zwischen 1971 und 2006 von 55,9 Mio. auf 60,6 Mio. Menschen stieg (Zuwachs von 8,4 %), nahm der Anteil der Über-65-Jährigen von 7,4 auf 9,7 Mio. zu (Zuwachs von 31,1 %). Besonders deutlich ist derzeit die Zunahme der Personen über 85 Jahre, da die nach dem Ersten Weltkrieg geborenen *baby boomers* nun dieses Alter erreichen. 2008 gab es zum ersten Mal in der Geschichte mehr Rentner als Kinder und Jugendliche unter 16 Jahre.

Aufgrund des demographischen Wandels ist auch im Vereinigten Königreich das Interesse an Altern und alten Menschen stark gewachsen. Aber die Diskussion leidet häufig daran, dass es keine einheitliche Definition für „alt" gibt: Manchmal liegen die Grenzen für Männer und Frauen bei 65 Jahren, manchmal bereits bei 60, 55 oder sogar 50 Jahren, in wieder anderen Fällen wird auf das staatliche Pensionsalter (*state pension age*) Bezug genommen. Dieses liegt gegenwärtig – wie bisher auch bei anderen europäischen Ländern – noch bei 60+ für Frauen und bei 65+ Jahren bei Männern. Es soll aber von 2010 bis 2020 zunächst für Frauen auf 65 Jahre und dann von 2024 bis 2046 für Männer und Frauen bis auf 68 Jahre angehoben werden.

Zwar ist das staatliche Pensionsalter ein angemessenes Abgrenzungskriterium und auch das am häufigsten benutzte. Aber de facto gingen in der Vergangenheit, vor allem in den 1990er Jahren, viele Männer und Frauen schon vor Erreichen der jeweiligen Altersgrenze in Ruhestand. Allerdings hat sich in den letzten Jahren das tatsächliche Renteneintrittsalter immer mehr dem gesetzlich vorgesehenen angenähert. Umgekehrt gibt es aber auch viele Personen – 10,7 % der Männer, 12,3 % der Frauen in Mai/Juni 2008 (Zahlen aus *Pension Trends, National Statistics*) –, die im Rentenalter, häufig als Teilzeitkräfte, weiterhin berufstätig sind.

Heterogenität statt Stereotypen

Die Diskussion über ältere Menschen erfolgt häufig in Stereotypen. Auf der einen Seite gibt es das Bild der aktiven Senioren, die sich den Traum vom angenehmen Lebensabend erfüllen und eine attraktive Konsumentengruppe darstellen, für die deutsche – nicht britische – Werbefachleute und in ihrem Gefolge Soziologen die Bezeichnung „Best Agers" geprägt haben. Im Vereinigten Königreich werden in diesem Zusammenhang eher die Begriffe *successful ageing, active ageing* oder *healthy ageing* verwendet. Auf der anderen Seite gibt es aber weiterhin das Stereotyp des senilen, gebrechlichen Greises, der von anderen abhängig ist und der Gesellschaft zur Last fällt. Eine genauere Untersuchung der älteren Menschen in der britischen Gesellschaft muss sich von diesen Stereotypen lösen und die unterschiedlichen Lebensumstände älterer Menschen herausarbeiten. Denn Altern ist sehr individuell, und Lebensumstände und Verhalten im Alter sind von vielen verschiedenen Faktoren abhängig.

Aufgrund des biologischen Alters ist es sinnvoll, eine gewisse Gruppierung vorzunehmen. In der anglophonen geriatrischen Forschung wird meist zwischen den *young old* (65–74 Jahre), *old old* (75–84 Jahre) und den *oldest old* (85+ Jahre) unterschieden. Aber das biologische Alter ist nur ein Gesichtspunkt, andere sind sozioökonomischer Hintergrund, Lebensstil, Familiensituation, physischer oder psychischer Gesundheitszustand, Wohnsituation usw. Hinzu kommen noch geschlechtsspezifische und ethnische Unterschiede. Mit anderen Worten: Altern ist sehr heterogen.

Die familiäre Situation

Viele Studien haben gezeigt, dass familiäre, insbesondere partnerschaftliche, Bindungen ein stabilisierender Faktor sind und die Lebenszufriedenheit und Lebensumstände im Alter positiv beeinflussen. Grundsätzlich ist die Zahl der Verheirateten bei älteren Männern im Ver-

Tabelle 8.1 Lebensformen älterer Menschen in Privathaushalten (Großbritannien 2002)

Lebensformen (Anteile in %)	Männer im Alter von			Frauen im Alter von		
	50–59 Jahren	60–74 Jahren	75+ Jahren	50–59 Jahren	60–74 Jahren	75+ Jahren
allein lebend	15	16	29	15	29	60
mit Ehepartner	73	76	64	71	62	31
mit Partner	5	3	1	4	1	1
mit Kind(ern) ohne (Ehe-)Partner	4	2	2	6	4	5
mit anderen	3	3	3	3	3	3
insgesamt	**100**	**100**	**100**	**100**	**100**	**100**

Quellen: General Household Survey, Office for National Statistics (zit. nach Soule, A. et al. (Hrsg.) (2005). Focus on Older People 2005, S. 14, leicht verändert)

www.statistics.gov.uk/downloads/theme_compendia/foop05/Olderpeople2005.pdf (Abruf: 29.01.2010)

einigten Königreich höher als bei älteren Frauen. So hatten 2001, zum Zeitpunkt der letzten Volkszählung, etwa vier von fünf Männern im Alter von 60 bis 74, aber nur drei von fünf Frauen (noch) einen Ehepartner. Im Alter ab 85 Jahren lagen die Zahlen bei den Männern bei 45 %, bei Frauen aber nur noch bei 9 %. Das hat mehrere Gründe: Zum einen haben viele Frauen, die in den ersten Jahrzehnten des 20. Jahrhunderts geboren wurden, aufgrund von Männermangel (Kriege, Auswanderung) nie geheiratet. Dann heiraten Frauen in der Regel ältere Männer, die noch dazu früher sterben. So sind viele Seniorinnen verwitwet und auf sich selbst oder außerfamiliäre Hilfe angewiesen, während die noch lebenden Senioren aus der gleichen Altersgruppe in ihrer Ehefrau meist eine betreuende/pflegende Partnerin haben.

Dies bestätigen die Zahlen für die verschiedenen Formen privater Haushalte (d. h. ohne die Berücksichtigung der Senioren in institutionellen Einrichtungen; Tab. 8.1). Während bei den Männern nur 16 % der jüngeren Alten und 29 % der noch Älteren alleine leben, tun dies 29 % bzw. 60 % bei den Frauen. Die meisten Senioren leben in diesen Altersgruppen mit Ehepartner/Partner, bei Männern fast 76 % bzw. 64 %, bei Frauen dagegen nur 62 % und 31 %. Das Zusammenleben mit Partner und Kindern sowie andere Haushaltskonstellationen sind relativ selten.

Aufgrund der höheren Lebenserwartung und des häufigeren Alleinlebens durch Verlust des Partners ist der Anteil der in Altersheimen lebenden Frauen ab 65 Jahren auch größer als der der Männer (5,9 % im Vergleich zu 2,7 %). Insgesamt ist allerdings die Prozentzahl in den 1990er Jahren gesunken,

Nach einem Bericht der Kommission für kommunale Finanzrevision in England, der Audit Commission, von 2008 erhalten 15 % der Über-65-Jährigen, die in Privathaushalten leben, Unterstützung durch einen sozialen Dienst (*social care*). 3 % der Personen benötigen eine Form der persönlichen Betreuung (*residential care*) und leben daher in institutioneller Betreuung in einem Altersheim (*care home*) mit oder ohne Pflege. Bei den Personen über 80 Jahren liegt der Prozentanteil allerdings bereits bei 18 % und bei denen über 90 Jahren sogar bei 28 %. Allerdings hat die Zahl der Personen, die in Heimen leben, seit den 1990er Jahren abgenommen, da sich das Netz aus Tageseinrichtungen und ambulanten Diensten deutlich verbessert hat.

Die finanzielle Situation

Die sozioökonomischen Unterschiede der britischen Klassengesellschaft zeigen sich auch im Alter, selbst wenn der Staat durch finanzielle Unterstützung extreme Altersarmut einzudämmen versucht.

Grundsätzlich sinken mit Renteneintritt die Einkünfte. Wie tief sie sinken, hängt davon ab, auf welche finanziellen Quellen ältere Menschen zurückgreifen können. Im Maximalfall sind dies staatliche Rente, Berufsrenten, private Altersversorgung, Einkünfte aus Investitionen, Lohn und sonstiges. Basierend auf Berechnungen des Department for Work and Pensions betrug 2006/07 das durchschnittliche Wocheneinkommen bei Rentnerpaaren 508 Pfund, bei allein lebenden Männern 267 Pfund und bei allein lebenden Frauen 240 Pfund. Betrachtet man die Renten nach Quintilen, also eingeteilt in fünf gleich große Gruppen, lag bei Rentnerpaaren das durchschnittliche Gesamteinkommen der obersten Quintile 3,8-mal über dem der untersten 20-%-Gruppe, bei einzelnen Rentnern 3,1-mal. Während die Angehörigen des untersten Fünftels ihre Einkünfte fast nur aus der staatlichen Rente und Unterstützung bezogen, konnten einkommensstarke Rentner/Rentnerpaare auf viele verschiedene Einkommensquellen zurückgreifen.

Zudem gibt es auch Unterschiede hinsichtlich des Alters: Älteren Rentnern stehen weniger finanzielle Mittel zur Verfügung als jüngeren, da sie kaum noch berufliche Nebeneinkünfte haben und keine Nutznießer der erst vergleichsweise spät eingeführten Berufsrenten und privaten Vorsorge sind.

So kommt es, dass ein großer Teil der Bevölkerung im Rentenalter, insbesondere der alten und ältesten Alten, nicht von den im Berufsleben erarbeiteten Rentenansprüchen oder sonstigem akkumulierten Kapital leben kann. Dies kann mit Hilfe des (Sub-)Index für Einkommensarmut von älteren Menschen (Income Deprivation Affecting Older People Index, IDAOPI) verdeutlicht werden. In England sind bereits mehrfach auf der Basis von 32 482 LSOAs (Lower Super Output Areas = statistische Einheiten mit durchschnittlich 1 500 Einwohnern) insgesamt sieben Indices of Deprivation erhoben worden. Eine Variante des Index für Einkommensarmut zeigt an, wie hoch der Anteil der Personen ab 60 Jahren ist, die bestimmte Formen staatlicher Hilfe in Anspruch nehmen (müssen). 2007 schwankten die Werte zwischen weniger als 1 % (Mole Valley, South East) bis 97 % (ein Gebiet in Tower Hamlets, London). In 168 Gebietseinheiten waren mehr als zwei Drittel der älteren Menschen, in 850 mehr als die Hälfte und in 4 940 mehr als ein Drittel auf der Liste für staatliche Unterstützung. Da nicht alle älteren Menschen die ihnen zustehenden Beihilfen beanspruchen, ist davon auszugehen, dass der IDOAPI ein eher zu positives Bild wiedergibt. AGE Concern, der größte britische Wohlfahrtsverband, der sich für ältere Menschen einsetzt, ging 2006 davon aus, dass bis zu 4,1 Mrd. Pfund finanzieller Unterstützung nicht bei den eigentlich dazu berechtigten Rentnern ankommen.

Großräumig sind von Altersarmut vor allem Gebiete in London, im Nordosten, Nordwesten Englands und in den West Midlands betroffen. Der Index für Einkommensarmut kann nun dazu verwendet werden, um kleinräumig die Problemgebiete von Altersarmut aufzuzeigen. Dazu erhalten die LSOAs Rangzahlen (höchster Anteil an Älteren mit staatlicher Unterstützung = Rang 1, geringster Anteil = Rang 32 482) und – bei diesem Index möglich – Rangwerte (0,5 = 50 % der Personen ab 60 Jahren beziehen staatliche Hilfe). Gemeinden können so – wie das Beispiel Bournemouth zeigt (Abb. 8.2) – feststellen, wo die kritischen Gebiete liegen, und durch Vergleich mit früheren Erhebungen auch, wie sie sich zeitlich entwickeln.

Die gesundheitliche Situation

Der Gesundheitszustand hat im Alter einen hohen Stellenwert; von ihm hängt ab, wie Senioren ihr Leben gestalten können und natürlich auch wie lange sie leben. Dabei zeigen sich erneut deutliche Unterschiede zwischen Männern und Frauen. Die Lebenserwartung von Frauen ist höher als die von Männern. 2001 konnte ein 60-jähriger Mann noch mit einer durchschnittlichen Lebenserwartung von 19,8 Jahren rechnen, eine 60-jährige Frau dagegen mit weiteren 23,2 Jahren. Allerdings bedeutet die höhere Lebenserwartung für Frauen auch, dass sie mehr Jahre in einem schlechten Gesundheitszustand verbringen als Männer.

Aber nicht nur das Geschlecht, auch die sozioökonomische Zugehörigkeit bzw. frühere berufliche Tätigkeit haben einen direkten Einfluss auf den Gesundheitszustand von älteren Menschen. Da dies sehr schwer anhand von Zahlen nachzuweisen ist, wird hier die durchschnittliche Lebenserwartung im Alter von 65 Jahren als Ersatzindikator genommen (Abb. 8.3).

Dabei gilt vor allem bei Männern: je höher die soziale Klasse, desto höher die Lebenserwartung. Angehörige der sozialen Klasse I, die sog. *professionals* oder Fachleute/Berufstätige mit qualifizierter Ausbildung wie Ärzte sowie Wirtschafts- und Steuerprüfer, können mit mehr Lebensjahren rechnen als die leitenden Angestellten und Personen mit technischen Berufen (*managerial and technical occupations* wie Journalisten oder Lehrer, soziale Klasse II), diese wiederum mit mehr Jahren als Personen mit gelernten nichtmanuellen Berufen (*non-manual skilled* wie Büroangestellte oder Einzelhandelskaufleute, Klasse III/N). Und bei den manuellen Berufen geht die Hierarchie von Klasse III/M (*skilled manual/* gelernte manuelle Berufe wie Installateure oder Elektriker) über IV (*partly skilled/* angelernte Berufe wie Sicherheitsmänner oder Kellner) zu V (*unskilled/* ungelernte Berufe wie Arbeiter oder Putzpersonal) weiter. Angehö-

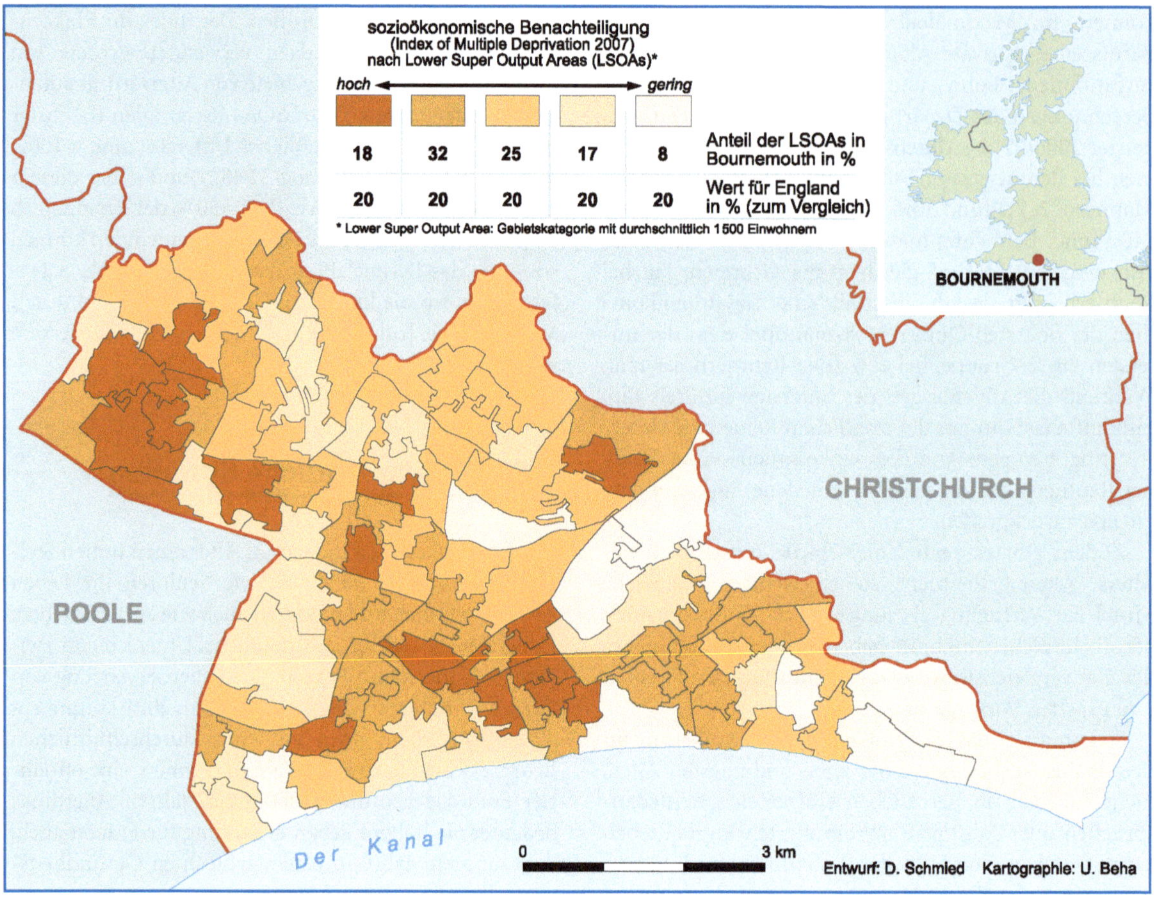

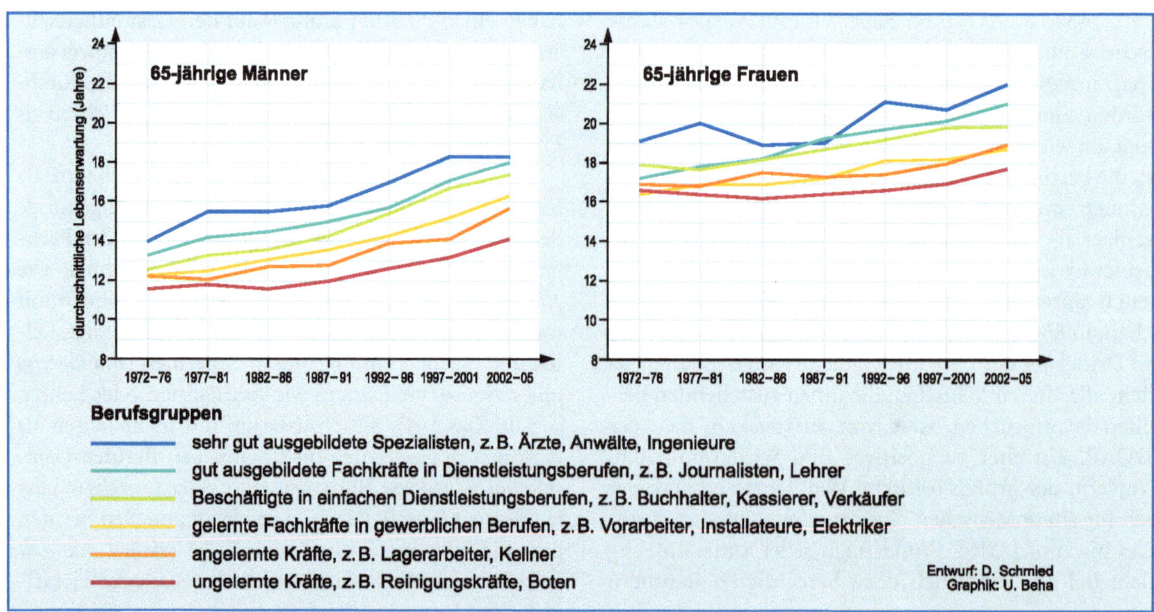

Abb. 8.2 Einkommensarmut älterer Menschen, Bournemouth 2007.

Abb. 8.3 Durchschnittliche Lebenserwartung von Angehörigen der verschiedenen sozialen Klassen im Alter von 65 Jahren im Zeitraum 1972–76 bis 2002–05.

rige nichtklassifizierter Tätigkeiten rangieren meist am unteren Ende der Lebenserwartungshierarchie.

Obwohl die Lebenserwartung im Alter von 65 Jahren für alle Männer zwischen 1972–76 und 2002-05 im Durchschnitt um 4,4 Jahre gestiegen ist, haben die Angehörigen der sozialen Klasse V erst im Zeitraum 2002–05 den Wert von Klasse I im Zeitraum von 1972–76 erreicht. Allerdings hat sich die Kluft zwischen den Klassen etwas verkleinert, da sich der Zuwachs an Lebensjahren bei den Männern mit nichtmanuellen Berufen deutlicher verlangsamt hat als bei den Männern mit manuellen Berufen.

Die Situation bei Frauen ist noch komplexer. Die Lebenserwartung im Alter von 65 Jahren liegt zwar deutlich über der der Männer, hat aber im Durchschnitt zwischen 1972–76 und 2002–05 nur um 3,1 Jahre zugenommen (auch hier mehr bei manuellen als bei nichtmanuellen Berufen). Damit ist der Abstand zwischen den Geschlechtern geschrumpft, und mittlerweile liegt der Wert für Männer der sozialen Klasse I sogar über dem von Frauen der Klasse V und dem der nichtklassifizierten Tätigkeiten. Dass die Kurven nicht so linear verlaufen wie bei den Männern, kann auf Datenprobleme zurückzuführen sein, aber auch darauf, dass die Doppelbelastung bei Frauen besonders in Karriereberufen ihre Lebenserwartung beeinträchtigt.

Auch wenn diese Werte aufgrund der zum Teil erheblichen Konfidenzintervalle mit gewissen Vorbehalten interpretiert werden müssen, ist klar, dass Geschlecht und soziale Klasse die Art des Altwerdens entscheidend prägen.

Die Wohnungssituation

Nach dem English Housing Survey (EHS), einer amtlichen Erfassung des Bestands an Wohnhäusern und Wohnungen, von 2006/07 lebten 76 % der privaten Haushalte mit einem Haushaltsvorstand im Alter von 65 bis 74 Jahren in Wohneigentum, bei den älteren waren es noch 70 %, was dem englischen Durchschnittswert entspricht (Tab. 8.2). Allerdings mussten noch 8 % bzw. 2 % weiterhin Hypotheken abzahlen. Interessant ist auch, dass die Zahl der Mieter in Sozialwohnungen mit 19 % bei den jüngeren und 25 % bei den älteren Alten vergleichsweise hoch ist (und hierin den Werten bei jungen Erwachsenen gleicht). Die übrigen Senioren, 5 % in beiden Altersgruppen, lebten in privaten Mietwohnungen.

Wie die älteren Menschen wohnen, steht ganz deutlich in Zusammenhang mit ihrem Einkommen. Der Medianwert des Jahreseinkommens für Personen in Wohnungen des sozialen Sektors betrug 10 400 Pfund, für Personen in Eigentum dagegen 35 500 Pfund, also mehr als das Dreifache.

Doch besitzen in Großbritannien häufig selbst Rentner mit einem niedrigen Einkommen Immobilien. Zum Teil ist dies auf die Wohnungspolitik der vergangenen Regierungen zurückzuführen. Premierministerin Mar-

Tabelle 8.2 Wohnbesitzformen nach Alter von Haushaltsreferenzpersonen (England 2007)

Wohnbesitzform (Anteile in %)	16–24 Jahre	25–34 Jahre	35–44 Jahre	45–64 Jahre	65–74 Jahre	75+ Jahre	insgesamt
Wohneigentum ohne Hypothek	2	3	6	33	68	68	31
Wohneigentum mit Hypothek	16	52	64	46	8	2	39
Wohneigentum insgesamt	*19*	*55*	*70*	*78*	*76*	*70*	*70*
Mietwohnungen des sozialen Sektors	25	17	17	15	19	25	18
Mietwohnungen des privaten Sektors	56	28	13	7	5	5	12
Mietwohnungen insgesamt	*81*	*45*	*30*	*22*	*24*	*30*	*30*
alle Wohnbesitzformen	**100**	**100**	**100**	**100**	**100**	**100**	**100**

Quellen: ONS Labour Force Survey (zit. nach Department for Communities and Local Government 2008): Housing in England 2006/07. A report based on the 2006/07 Survey of English Housing, carried out by the National Centre for Social Research. London, S. 18, leicht verändert)

www.communities.gov.uk/documents/corporate/pdf/971061.pdf (Abruf: 10.03.2009)

garet Thatcher führte mit dem Housing Act 1980 das sog. *right to buy* ein, wonach langjährige Sozialmieter ihre Wohnung zu äußerst günstigen Preisen erwerben konnten. Zwischen 1980 und 1998 wurden auf diese Weise annähernd 2 Mio. Wohnungseinheiten privatisiert; viele der damaligen Käufer sind jetzt im Rentenalter. Andere marginale Hauseigentümer leben vor allem in ländlichen Gebieten; sie haben häufig ihr Haus/ihre Wohnung geerbt oder erwarben es/sie, als die Kaufpreise noch relativ niedrig waren.

Doch Wohnungseigentum kann für einkommensschwache ältere Menschen zur Belastung werden, wenn die Wohnung oder das Haus nicht mehr dem modernen Standard entspricht, wichtige Reparaturen durchgeführt werden müssten, die Heizsituation ungenügend ist (aufgrund von mangelhaften/gefährlichen Heizvorrichtungen oder aufgrund von fehlenden finanziellen Mitteln für Heizmittel [*fuel poverty*]), Feuchtigkeit oder Schimmel auftritt und infolgedessen die Wohnung/das Haus als *non-decent* (problematisch) klassifiziert wird.

Diese Probleme betreffen keineswegs nur Wohneigentümer, sondern auch Mieter von Privat- oder Sozialwohnungen, besonders auf dem Lande und im Falle älterer Gebäude. Wie der English Housing Condition Survey, eine amtliche Erfassung der Qualität und des Zustands von Wohnungen und Häusern, 2006 zeigte, mussten 35,4 % der Wohnungen von Haushalten mit einer Person ab 60 Jahren und 36,7 % mit einer Person ab 75 Jahren als nicht akzeptabel eingestuft werden. Bei Beziehern von Sozialhilfe waren die Werte noch höher. In allen Fällen lagen sie über dem englischen Durchschnitt von 34,5 %. Zwar hat die Regierung in den letzten Jahren verstärkt Anstrengungen unternommen, die Situation zu verbessern, aber immer noch leben viele ältere Menschen in unbefriedigenden Verhältnissen. Hinzu kommt, dass das Haus oder die Wohnung häufig nicht altersgerecht sind und erst an veränderte Bedürfnisse angepasst werden müsste.

Vor-Ort-Altern oder umziehen

Trotz manchmal unpassender Wohnverhältnisse bleiben die meisten älteren Briten so lange wie möglich in den „eigenen vier Wänden". Tatsächlich ist das „an seinem angestammten Platz Altern", auf Englisch meist als *aging in place* oder *staying put* bezeichnet, die Regel. Ein Beispiel sind Frank and Anita Milford, die – wie der *Telegraph* vom 25 Mai 2008 berichtete – zu diesem Zeitpunkt 80 Jahre verheiratet waren und 70 Jahre im selben Haus gelebt hatten, bevor sie 2005 in ein Altersheim wechselten. Gründe für diese geringe Mobilität von älteren Menschen sind neben dem oben geschilderten

hohen Prozentsatz an Wohneigentum die Gewohnheit und die Verbundenheit mit dem Zuhause und seiner Umgebung.

Natürlich migrieren auch ältere Menschen, aber ihre Migrationshäufigkeit ist die niedrigste aller Gruppen. Im Jahr vor dem letzten Zensus betrug sie nur 3,8 % im Vergleich zu 11,4 % für alle Altersgruppen. Die Migrationswahrscheinlichkeit ist am höchsten beim Eintritt in die Rente und dann um das 75. Lebensjahr. Einkommensstärkere Haushalte, meist Ehepaare, legen größere Wanderungsdistanzen zurück als einkommensschwächere. Gleiches gilt beim Vergleich von Männern und Frauen.

Die Gründe für einen Wohnungswechsel sind vielfältig. Hier sollen nur drei Haupttypen unterschieden werden:

- *Amenity migration*: Damit sind Wanderungen meist junger, relativ gut situierter älterer Menschen auf der Suche nach Annehmlichkeiten des Klimas, der Wohnung und Umgebung, der Freizeitgestaltung usw. gemeint. Der Logik der *push-pull*-Migrationsmodelle folgend überwiegen hier *pull*-Faktoren, die Wanderungsdistanz kann – insbesondere bei internationaler Migration – sehr groß sein.
- *Assistance migration*: Diese Migration wird notwendig, wenn ältere Personen aufgrund von finanziellen oder gesundheitlichen Problemen eine vorher bestehende Lebenssituation nicht mehr beibehalten können und Hilfe suchen müssen und daher zu Kindern, anderen Verwandten oder Freunden ziehen. Eine häufige Ursache ist der Tod des Partners oder eines anderen im Haushalt lebenden Familienmitglieds. Bei dieser Wanderung überwiegen die *push*-Faktoren, die Wanderungsdistanz ist sehr variabel.
- *Migration in response to severe disability and spouse absence*: Diese Migration ist ebenfalls die Antwort auf einen negativen Antrieb. Personen sind oder sehen sich aufgrund von schweren körperlichen/geistigen Einschränkungen und/oder dem Fehlen eines Partners gezwungen, in ein Betreuungsheim umzuziehen. Die Wanderungsdistanz ist meist relativ gering.

Allerdings lässt sich in der Realität keine klare Trennlinie zwischen den genannten Wanderungstypen ziehen. Es gibt zahlreiche Fälle, in denen ältere, nicht mehr ganz gesunde Menschen mit beschränkten finanziellen Möglichkeiten auf der Suche nach Annehmlichkeiten ihren Wohnsitz wechseln. Auch müssen der Umzug zu Kindern/Verwandten nicht erst bei leichter Krankheit oder der Einzug in spezielle betreute Wohnformen nicht erst bei schwerer Krankheit oder dem Verlust eines Partners erfolgen, sondern können bewusst „vor dem Ernstfall" geplant und durchgeführt werden.

Wichtig ist, dass es in der Mehrheit der Fälle bestimmte Ereignisse sind, die als Trigger wirken und zu Migration führen. Bei älteren Menschen können dies die Pensionierung, das Auftreten einer leichten Behinderung, der Verlust eines Partners und das Auftreten einer schweren Behinderung sein. Besonders viele Studien haben sich mit der Übergangsphase von der Berufstätigkeit zur Rente, der sog. *retirement transition*, beschäftigt, in der bereits 50- bis 64-Jährige einen freizeitorientierten Lebensabend planen und oft schon in Vorbereitung darauf ein Haus kaufen oder sogar bereits den Wohnsitz wechseln.

Altersmigration ins Ausland

Dieses Phänomen findet sich besonders häufig bei Personen, die sich im Alter fest oder teilweise im Ausland niederlassen wollen. Die internationale Altenmigration der Briten basiert auf dem Vorbild der Elitewanderung des 19. und frühen 20. Jahrhunderts und wurde in Folge des internationalen Massentourismus – insbesondere seit den 1980er Jahren – selbst zum Massenphänomen. So lebten bereits Anfang der 1990er Jahre ca. 100 000 bis 300 000 britische Rentner in Spanien, vor allem an der Costa del Sol, der Costa Blanca und auf den Balearen. Die Zahl der Auslandsrentner stieg seit Mitte der 1990er Jahre aber noch weiter an. Zu diesem Zeitpunkt ging fast die Hälfte der 60- bis 64-Jährigen keinem Beruf mehr nach, und viele dieser Frührentner entschieden sich für eine Migration ins Ausland.

Der Traum von einem eigenen *Place in the Sun* (Titel einer populären Fernsehsendung, die von einem großen Bauträger gesponsert wird) ist weit verbreitet und wird von den Medien stark gefördert. So erscheinen regelmäßig Zeitschriften und Magazine mit Hinweisen zum gewählten Zielland und Immobilienteil, z. B. *Living Spain – The UK's best selling guide to Spain and Spanish property* oder *Living France*; es gibt zahlreiche gedruckte Ratgeber und – mehr oder weniger seriöse – *property guides* im Internet.

Wie viele Briten im Rentenalter heute außerhalb des Vereinigten Königreiches leben, ist nicht eindeutig. Nach Angaben des Department for Works and Pensions wurden 2004 ca. 975 000 bzw. 8,5 % der staatlichen Renten ins Ausland bezahlt. 380 400 bzw. 8,8 % wurden von männlichen *overseas pensioners* bezogen, 593 700 bzw. 8,3 % von weiblichen. Das würde bedeuten, dass mindestens einer von zwölf britischen Rentenbeziehern ständig im Ausland lebt. Zum Vergleich: Bei Personen aller Altersgruppen geht man von einem Wert von ca. 6 Mio. – oder einem von zehn Briten – aus. Die wichtigsten Zielländer dieser permanenten Migranten sind – und das mag viele

überraschen – Australien (23,6 %), Kanada (15,2 %), USA (12,7 %) und Irland (10,1 %). Erst dann folgen Spanien (7,2 %), Neuseeland, Südafrika, Italien, Frankreich und Deutschland. Das zeigt, dass die permanente Auswanderung stark innerhalb der anglophonen Welt und besonders innerhalb des Commonwealth verankert ist; sie schließt viele (Familien-)Rückwanderer bzw. Partner von Rückwanderern ein, aber auch Sun-Belt-Ziele wie Florida, Kalifornien, Südafrika und karibische Inseln.

Doch diese Statistik erfasst nicht britische Senioren, die keine staatliche Rente beziehen, und vor allem nicht die kurzfristige Migration von britischen Rentenbeziehern, die nur einen Teil des Jahres im Ausland verbringen. Hauptziel dürfte hier eindeutig der südeuropäische Sun Belt sein, denn Senioren bevorzugen warme, möglichst am Meer gelegene Gegenden, die sie meist im Urlaub kennen gelernt haben und schnell und preisgünstig – am besten mit Billigfluglinien – erreichen können. Beliebte Ziele sind Spanien (z. B. Costa Blanca, Costa del Sol, Costa de la Luz) und Frankreich (z. B. Normandie, Bretagne, Provence, Dordogne), gefolgt von an anderen südeuropäischen Ländern wie Italien (Toskana), Portugal (Algarve), Malta und Zypern. Im Kommen sind aber auch exotischere Ziele wie Bulgarien, die Golfstaaten oder Gambia.

In der Mehrheit der Fälle gehören die Rentner, die ihren Lebensabend im Ausland verbringen, zu den oberen Einkommensquintilen, den sog. *cash rich and time rich*. Doch es gibt auch zahlreiche dokumentierte Fälle von weniger einkommensstarken Personen/Haushalten, die aufgrund einer Fehleinschätzung ihrer finanziellen Möglichkeiten im gewählten Gastland scheitern bzw. dort in bescheidenen bis ärmlichen Verhältnissen leben müssen.

Allerdings können alle internationalen Migranten mit schwierigen Situationen konfrontiert werden, wenn z. B. mit fortschreitendem Alter schwere Krankheiten auftreten, die Mobilität nachlässt und soziale Netzwerke – zum Teil aufgrund von Sprachproblemen – fehlen. Hinzu kommen finanzielle Probleme, wenn die Lebenshaltungskosten im gewählten Gastland steigen oder durch Wechselkursänderungen die Vorteile des britischen Pfundes zunichte gemacht werden. Nicht selten kehren ältere Migranten aus dem Ausland ins Vereinigte Königreich zurück, insbesondere dann, wenn, wie bereits erwähnt, ein Triggerereignis – Erkrankung, Erkrankung oder Tod eines Partners – hinzukommt.

Altersmigration im eigenen Land

Die auf „Annehmlichkeiten" ausgerichtete Migration älterer Menschen gibt es auch in Großbritannien selbst und hat hier eine noch längere Tradition. Bereits im 19. Jahrhundert ließen sich vermögende Personen im Alter gerne in bestimmten Küstenorten und daran anschließenden ländlichen Gegenden sowie in Heilbädern nieder. Im 20. Jahrhundert kam es zu einer Welle dieser Art von Binnenmigration in den 1920er und 1930er Jahren und dann erneut ab den 1950er Jahren.

Der Hang zur See führte zu einer außergewöhnlich hohen Konzentration von Senioren in Seebädern; die Südküste Englands erhielt sogar – in Anklang an die spanischen Küstenbezeichnungen – den Spitznamen „Costa geriatrica". Wo genau die „Rentnerküste" liegt, ist allerdings nicht definiert, aber meist wird die Gegend um Eastbourne mit diesem Namen bedacht.

Doch in den letzten Jahrzehnten weitete sich das Spektrum der Zielgebiete der Binnenwanderung älterer Menschen ringartig um London immer mehr aus, z. B. auf die Täler von Dorset, Wiltshire, das Grenzgebiet zu Wales, Zentralwales oder Dyfed, westlich nach Somerset und nordöstlich nach Lincolnshire und Norfolk. Andere bei Umfragen häufig genannte beliebte Ruhesitzziele sind ländliche Gebiete in Schottland, Cornwall und die Cotswolds. Oder allgemeiner formuliert: Besonders beliebt sind landschaftlich schöne ländliche Gegenden, die in oder zumindest der Nähe von Nationalparks oder Areas of Outstanding Natural Beauty (AONBs) liegen.

> Ein Immobilienhändler argumentiert wie folgt: „To find a town dominated by elderly people, it used to be necessary to head for Bournemouth, Bognor Regis or one of the other towns on what was cruelly known as the Costa Geriatrica of southern England. Not any more. The British population is greying at such a rate that some of the unlikeliest places are rapidly acquiring the age profile of retirement resorts" (Ross Clark, 25. 2. 2007, http://www.property.timesonline.co.uk/tol/life_and_style/property/article1424114.ece).

Tatsächlich haben einige bekannte *seaside resorts* wie Brighton, Worthing, Hastings oder Eastbourne in den 1990er Jahren einen Rückgang an Personen im Rentenalter erlebt, während in anderen Seebädern und in anderen Teilen Großbritanniens der Anteil an Senioren wuchs.

Gerade in den beliebten Gegenden ist auch die Konzentration von verschiedenen spezifischen Wohnangeboten für ältere Menschen, die von wenig betreuten Wohnkomplexen bis Pflegeheimen reichen, besonders hoch. So sind sie nicht nur Ziel einer *amenity migration*, vielmehr existieren die oben beschriebenen Wanderungstypen nebeneinander bzw. vermischen sich.

Geographische Verteilung älterer Menschen

Die Binnenmigration hat zu einer ungleichen Verteilung älterer Menschen beigetragen. Allerdings wird die geographische Verteilung nicht nur von der Altenwanderung beeinflusst, sondern ist die Folge mehrerer Einflüsse, von Fertilitäts- und Mortalitätsmustern ebenso wie von Wanderungen von Personen aller Altersgruppen. So altert ein Gebiet nicht nur durch die Zuwanderung älterer Menschen, sondern auch durch die Abwanderung jüngerer Menschen oder die Zuwanderung von Personen jüngeren/mittleren Alters, die dann in situ alt werden. Wales hat mit 21 % beispielsweise den höchsten Anteil von Personen im Rentenalter. Die Fertilitäts- und Mortalitätsmuster unterscheiden sich kaum von denen Englands, so dass sich der hohe Anteil der alten Bevölkerung hier vor allem durch die Abwanderung der jüngeren Bevölkerung, zum geringeren Anteil auch durch die Zuwanderung von älteren Menschen vor allem in die ländlichen Gebiete erklärt. Schottland dagegen hat zwar auch einen überdurchschnittlich hohen Anteil an Rentnern, aber dieser ist auf die unterdurchschnittliche Fruchtbarkeit seit den 1980er Jahren zurückzuführen. England liegt auch beim Anteil der Älteren fast im nationalen Durchschnitt, während Nordirland aufgrund einer höheren Fertilität noch deutlich jünger ist.

Auf einer kleineren Maßstabsebene wird deutlich, dass sich die stärksten Konzentrationen älterer Menschen in Gebietskörperschaften – mit der Ausnahme von South Shropshire – an der Küste finden (Abb. 8.4). Die Distrikte mit dem höchsten prozentualen Anteil waren 2007 East Dorset, North Norfolk, Rother, West Somerset und Christchurch, die mit dem geringsten waren Städte, vor allem London.

Wie unterschiedlich die Altersstruktur sein kann, zeigen die – bewusst relativ extrem gewählten – Alterspyramiden in Abb. 8.5. Camden in Inner London ist ein Beispiel für ein Gebiet, in dem weniger als 75 % Weiße und – im Vergleich zum nationalen Durchschnitt – wenige alte Menschen leben. Das an der Südküste neben Bournemouth gelegene Christchurch zeigt eine deutliche Überrepräsentanz von Senioren ebenso wie South Lakeland, der bei Touristen und Altenmigranten beliebte südliche Teil des Lake District mit Kendal und Windermere.

Die unterschiedliche geographische Verteilung der Älteren hat sehr konkrete Folgen für die wirtschaftliche Ausrichtung und räumliche Entwicklung der Gebiete. In den Gebieten mit einer hohen Konzentration an wohlhabenden älteren Menschen siedeln sich verstärkt auf die Bedürfnisse von Senioren ausgerichtete Geschäfte,

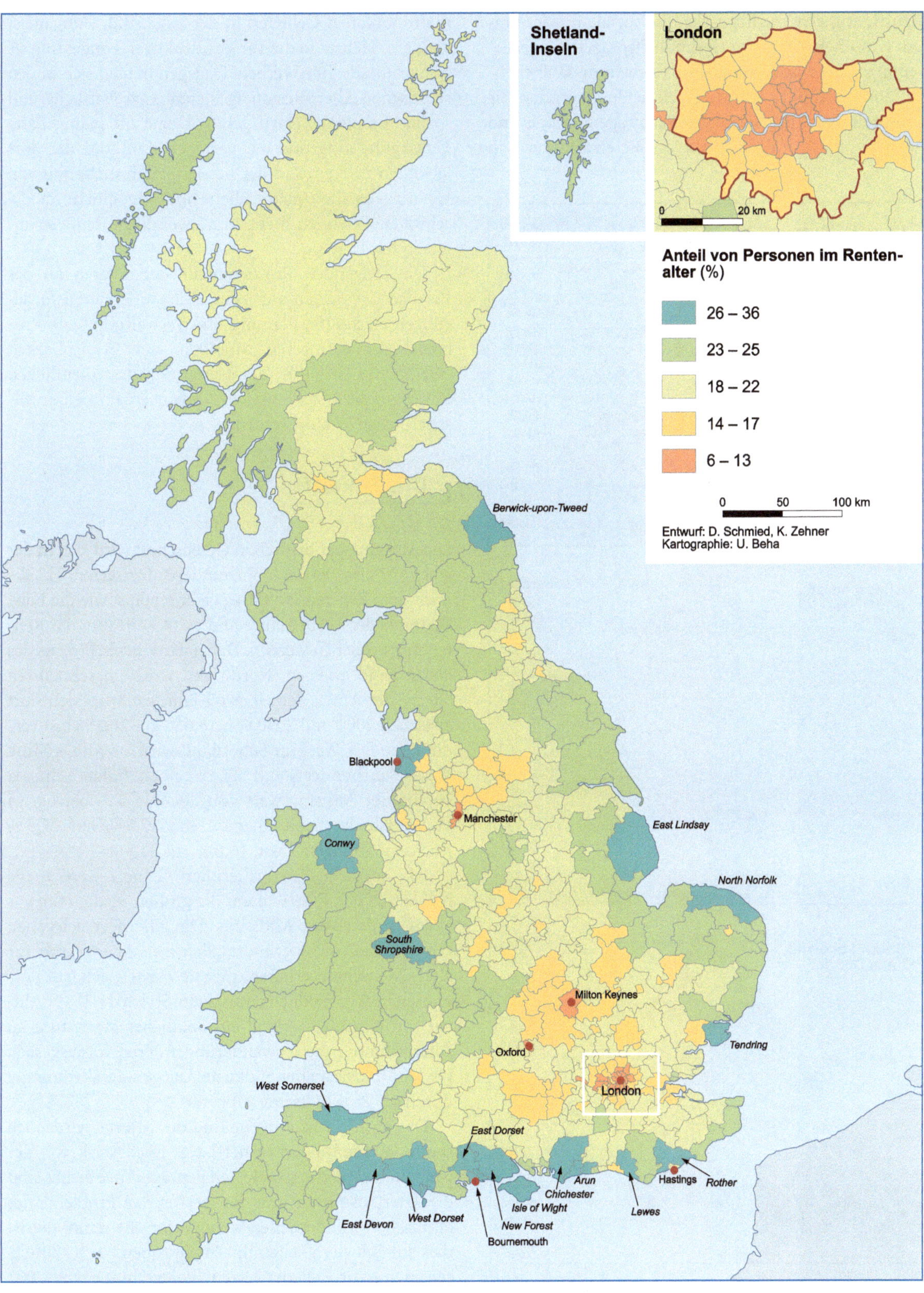

Abb. 8.4 Anteil von Personen im Rentenalter nach administrativen Gebietseinheiten (in Prozent) (2007). Quelle: http://www.statistics.gov.uk.

Dienstleistungen, medizinische und soziale Einrichtungen (Apotheken, Ärzte, Gesundheitspraxen, Tagesbetreuungsstätten usw.) an. Oftmals steigen in den beliebten ländlichen oder am Meer gelegenen Gegenden die Hauspreise, da Zuziehende die Nachfrage erhöhen und meist durch den Verkauf von größeren Häusern in

metropolitanen Gebieten in der Lage sind, (nun meist kleinere) Häuser in der für sie attraktiven Umgebung als Altersruhesitz zu erwerben. Dagegen häufen sich in den städtischen Alten-Residualgebieten wirtschaftliche und soziale Probleme. Dazu gehören eine oft mangelhafte Versorgung aufgrund der geringen Kaufkraft der dort lebenden Älteren und der bereits erwähnte Verfall von Häusern, da ältere gebrechliche und/oder einkommensschwache Personen nicht zu notwendigen Renovierungen in der Lage sind.

Die steigenden Prozentanteile der Älteren an der Bevölkerung stellen auf jeden Fall große Herausforderungen an Politik, Planung und Verwaltung (z. B. Probleme der geringeren Mobilität, der Erreichbarkeit öffentlicher Gebäude, der Gestaltung des öffentlichen Raumes), die erst allmählich Antworten auf den gesellschaftlichen Wandel finden.

Die Zukunft

Die Alterung der britischen Gesellschaft wird sich in der ersten Hälfte des 21. Jahrhunderts fortsetzen, da die nach dem Zweiten Weltkrieg Geborenen sowie die Baby Boomers der 1960er Jahre in diesem Zeitraum das Rentenalter erreichen werden. Dabei wird dieser Prozess das ganze Land erfassen. Nordirland wird am schnellsten altern, der Anteil der Über-65-Jährigen wird sich dort zwischen 2004 und 2050 von 13,6 % auf 26,3 % fast verdoppeln. Der Wert für Schottland wird allerdings Mitte dieses Jahrhunderts mit 28,6 % noch höher sein, da bereits der Ausgangswert von 2004 16,3 % betrug. In Wales soll der Seniorenanteil von 17,5 % auf 27,5 % wachsen, in England von 16,0 % auf 24,8 %.

Die am schnellsten alternden Gebiete werden die halbländlichen Distrikte um die großen Städte sein, vor allem in den West Midlands. Die am Meer gelegenen Orte werden nicht grundsätzlich ihre Anzugskraft für ältere Menschen verlieren, aber sie werden sich laut Prognosen unterschiedlich entwickeln. So wird z. B. für Alnwick in Northumberland ein deutliches Wachstum an Älteren durch die Zuwanderung Älterer vorausgesagt, für Eastbourne an der Südküste dagegen die Verjüngung durch die Zuwanderung Jüngerer.

Das ohnehin heterogene Bild des Alterns wird noch bunter werden, denn bisher ist es noch stark von der weißen Bevölkerungsmehrheit geprägt. Aber bisher sind die Alter(n)smuster und die spezifischen Probleme der ethnischen Minderheiten wenig erforscht. Zum Teil ist dies auf Schwierigkeiten mit Stichproben zurückzuführen, denn zur Zeit der letzten Volkszählung von 2001 machten die nichtweißen Minderheiten nur 4 % der älteren Menschen in Großbritannien aus. Doch in

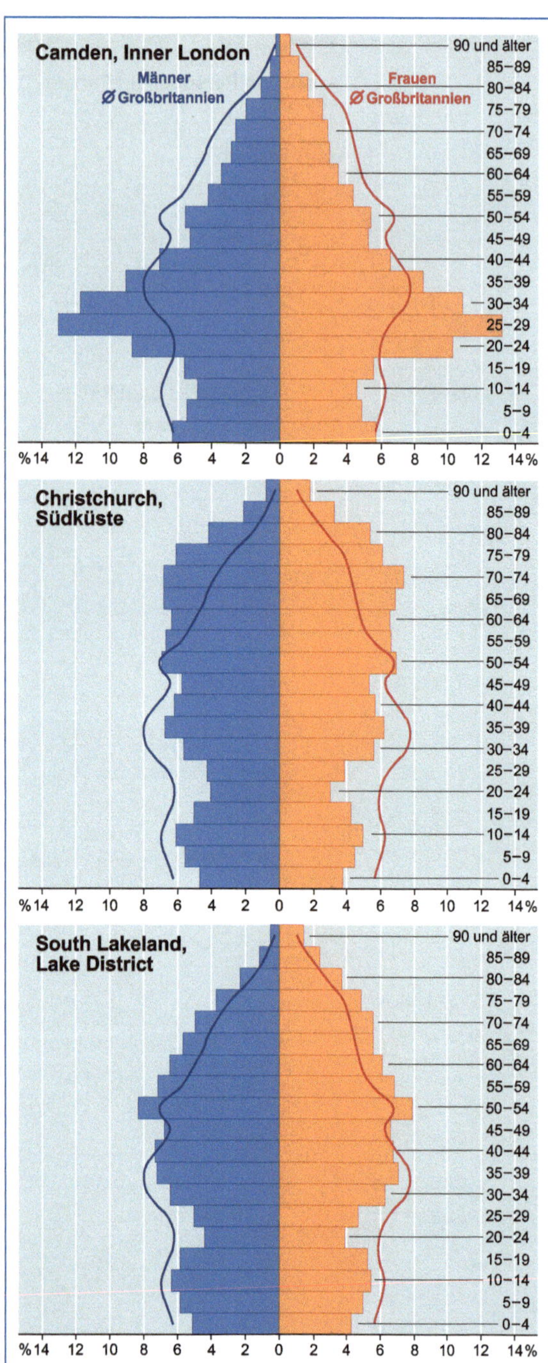

Abb. 8.5 Alterspyramiden.

Zukunft werden die Alterskohorten unter den schwarzen, asiatischen und sonstigen Minderheiten numerisch deutlich ansteigen und die Geographie des Alterns im Vereinigten Königreich sehr viel stärker mitbestimmen.

Informationen im Internet

Focus on Older People in Wales. 2008 edition. Ystadegau ar gyfer cymru/Statistics for Wales and National Statistics http://wales.gov.uk/topics/statistics/publications/focus oldpeople08/?lang=en+
Dieser Bericht, herausgegeben von der Waliser Nationalversammlung (National Welsh Assembly), greift soziodemographische und ökonomische Themen des Alterns, bezogen auf Wales, auf. Neben allgemeinen statistischen Informationen werden die Aspekte Gesundheit, Wohnen und die wirtschaftliche Situation älterer Menschen diskutiert.

http://www.communities.gov.uk/communities/neighbourhoodrenewal/deprivation/
Auf dieser Seite finden sich u. a. ausführlichere Informationen zu den Indices of Deprivation in England. Insbesondere stehen zum Download entsprechende Daten für verschiedene Raumkategorien und Jahrgänge zur Verfügung.

Weiterführende Literatur

Audit Commission (2008): Don't Stop Me Now. Preparing for an Ageing Population. Local Government National Report (http://www.audit-commission.gov.uk/Products/NATIONAL-REPORT/D1391254-78F6-42b8-92A1-53004A972E34/DontStopMeNow17July08REP.pdf).

Chappell, R. (Hrsg.): Focus on People and Migration. 2005 edition. Basingstoke (http://www.statistics.gov.uk/StatBase/Product.asp?vlnk=12899).

Dunnell, K. (2008): Ageing and Mortality in the UK. National Statistician's Annual Article on the Population. Population Trends, 134, 6–23 (http://www.statistics.gov.uk/downloads/theme_population/Population-Trends-134.pdf).

King, R.; Warnes, T.; Williams, A. (2000): Sunset Lives: British Retirement Migration to the Mediterranean. New York.

Office for National Statistics (2007): Trends in Life Expectancy by Social Class 1972–2005. London (http://www.statistics.gov.uk/downloads/theme_population/Life_Expect_Social_class_1972-05/life_expect_social_class.pdf).

Office for National Statistics (2009): Pension Trends. Chapter 4: Pensioner Income & Expenditure (http://www.statistics.gov.uk/downloads/theme_compendia/pensiontrends/Pension_Trends_ch04.pdf).

Soule, A. et al. (Hrsg.) (2005): Focus on Older People. Basingstoke (http://www.communities.gov.uk/documents/statistics/pdf/1072658).

Sriskandarajah, D.; Drew, C. (2006). Brits Abroad. Mapping the Scale and Nature of British Emigration. Institute for Public Policy Research (http://www.ippr.org/publicationsandreports/publication.asp?id=509).

Uren, Z.; Goldring, S. (2007). Migration Trends at Older Ages in England and Wales. Population Trends, 130, 31–40 (http://www.statistics.gov.uk/downloads/theme_population/Population_Trends_130_web.pdf).

8.3 Tesco, Aldi und die neuen „Cornershops" – Merkmale und Besonderheiten des britischen Lebensmitteleinzelhandels

Klaus Zehner

Jedem Gast in Großbritannien dürfte schon nach kurzer Aufenthaltsdauer auffallen, dass auf der britischen Insel der Einzelhandel ganz andere Eigenschaften als in der Heimat aufweist und manches hier anders organisiert ist, als man es von zu Hause kennt. Besonders auffällig sind die Unterschiede im Bereich des Lebensmitteleinzelhandels (*grocery retail, food retail*). Kaum zu übersehen ist, dass britische Supermärkte in der Regel deutlich größer als entsprechende Märkte in Deutschland sind. Somit ist auch das Angebot an Lebensmitteln in einer Tesco- oder Sainsbury's-Filiale in der Regel breiter und tiefer als in den heimischen Edeka- oder Rewe-Läden. Als angenehm wird man auch empfinden, nur selten lange an der Kasse anstehen zu müssen, denn die Zahl der Kassen (*checkouts*) ist in britischen Supermärkten erstaunlich hoch (Abb. 8.6)

Des Weiteren liegen die großen Märkte nur selten in Stadt- oder Stadtteilzentren; vielmehr findet man sie, ähnlich wie in den USA, zumeist am Rande der Städte, an Ausfallstraßen oder in Gewerbegebieten. Diese peripheren Standorte garantieren den Unternehmen höhere Umsätze und Gewinne als Filialen in zentralen Lagen. In hochmobilen Gesellschaften, wie in Nordamerika und Großbritannien, stellen eben die gute Erreichbarkeit mit dem PKW und ein hinreichendes Angebot an Parkplätzen vor Ort zentrale Erfolgsfaktoren dar. Einzelhandelsparks, Verbraucher- und Supermärkte an Stadträndern spiegeln zugleich eine ausgesprochen liberale Raumordnungspolitik wider, wie sie vor allem in den 1980er Jahren praktiziert wurde. So kommt es nicht von ungefähr, dass die meisten Supermärkte in nichtintegrierten Lagen in der sog. Thatcher-Ära gebaut wurden, als Planungsgesetze und -erlasse sehr flexibel interpretiert wurden. In der Praxis bedeutete dies nichts anderes, als dass Unternehmen ihre Standortansprüche durchweg geltend machen konnten.

Abb. 8.6 Kassenzone in einem typischen Sainsbury's-Supermarkt. Quelle: Wikimedia Commons, Velela 2005.

Auch im Hinblick auf ihre Öffnungszeiten erinnern die britischen Supermärkte stark an ihre nordamerikanischen Vorbilder. So haben auch in Großbritannien viele Märkte bis spät in den Abend geöffnet, manche sogar rund um die Uhr. Die meisten Filialen ermöglichen es ihren Kunden sogar sonntags, in der Regel zwischen 10 und 16 Uhr, einzukaufen. Die Deregulierung der Öffnungszeiten wurde 1994 durch eine Gesetzesänderung ermöglicht. Zunächst testeten die marktführenden Unternehmen in London, ob die verlängerten Einkaufszeiten überhaupt von den Kunden angenommen wurden. Bereits nach kurzer Zeit war jedoch klar, dass sowohl Unternehmen als auch Kunden von den erweiterten Öffnungszeiten profitieren würden, so dass sich der Einkauf am Abend und Wochenende schon bald im ganzen Land durchsetzte.

Den meisten Gästen auf der Insel dürften im Übrigen die Namen der großen Filialisten, Tesco, Sainsbury's, Asda/Wal-Mart und Morrisons, kaum geläufig sein, da diese Unternehmen auf dem deutschen Markt nicht tätig sind. Tesco ist ohnehin das einzige britische Handelsunternehmen, das auf fremden Märkten Fuß gefasst und Handelsnetze im Ausland aufgebaut hat. Zu den Regionen, in denen Tesco aktiv geworden ist, zählen vor allem Südostasien, Ostasien und Osteuropa (Tab. 8.3).

Schließlich fällt auf, dass das Format des Lebensmittel-Discounters in Großbritannien unterrepräsentiert ist. Diesen Eindruck untermauert die Statistik nachhaltig: Der Marktanteil der Discounter liegt hier deutlich unter der 5 % -Marke, während in Deutschland Discounter mehr als 40 % des Umsatzes im Lebensmittel-

einzelhandel generieren. Bemerkenswert ist allerdings, dass das Geschäft mit den preiswerten Lebensmitteln in Großbritannien von den deutschen Unternehmen Aldi Süd und Lidl beherrscht wird. Britische Unternehmen sind in dieser Sparte nicht mehr vertreten. Sie konnten gegen die Konkurrenz aus Deutschland nicht bestehen.

Neben den großflächigen Supermärkten hat in Großbritannien seit etwa zehn Jahren der „Cornershop" oder „Tante-Emma-Laden" wieder Konjunktur. Allerdings kommt er in einem neuen Gewand daher, moderner, besser sortiert und in besten Lagen positioniert. Außerdem nennt er sich heute Convenience Store, was attraktiver klingt und stärker dem Zeitgeist der neuen Zielgruppe, jungen und gut verdienenden Kunden, entspricht. Denn während Discounter und Supermärkte ganz auf den wöchentlichen Großeinkauf von Familien in nur einem Geschäft, das sog. One-Stop-Shopping, ausgerichtet sind, sprechen die Convenience Stores eher Kunden an, die ihren Einkauf weniger sorgfältig planen. Sie koppeln ihn gerne mit dem Nachhauseweg von der Arbeit und sind generell bereit und in der Lage, mehr Geld für Lebensmittel auszugeben. Auch die Ausbreitung der Convenience Stores nahm ihren Anfang in London (Abb. 8.7).

Die wirtschaftliche Bedeutung und Raumwirksamkeit des Einzelhandels

Der Einzelhandel ist heute in Großbritannien wie auch in allen anderen Industrieländern zu einem zentralen

Tabelle 8.3 Tesco-Filialen im Ausland

Land	Markteintritt	Zahl der Filialen (Ende 2006)	Verkaufsfläche (in Mio. sq ft)	geplante Neueröffnungen 2007/08
Ungarn	1994	101	4,8	14
Polen	1995	280	6,5	45
Tschechien	1996	84	4,1	24
Slowakei	1996	48	2,5	17
Republik Irland	1997	95	2,3	9
Thailand	1998	370	7,5	162
Südkorea	1999	91	5,1	51
Malaysia	2001	19	1,9	7
Türkei	2003	30	1,1	49
Japan	2003	109	0,3	35
China	2004	47	4,2	10

Quelle: http://www.tescocorporate.com (Abruf: 29.01.2010)

Wirtschaftsbereich, gewissermaßen zu einer Schlüsselbranche, herangereift. Gemessen am Indikator Wertschöpfung rangiert er hinter den Finanzdienstleistungen und dem Gesundheitswesen bereits auf einem beachtlichen dritten Rang. Das durch den Einzelhandel erzeugte Bruttoinlandsprodukt überragt mittlerweile sogar das der britischen Industrie.

Die entsprechenden Arbeitsmarktkennziffern unterstreichen die herausragende Bedeutung des britischen Einzelhandels, der aktuell insgesamt 3,2 Mio. Menschen

Abb. 8.7 Sainsbury's Local-Filiale in London. Quelle: Korch 2009.

einen Arbeitsplatz bietet. Auch wenn knapp 55 % nur als Teilzeitkräfte tätig sind, so bedeutet diese Zahl doch, dass jeder zehnte Erwerbstätige mittlerweile direkt in der Einzelhandelsbranche beschäftigt ist.

Außerdem ist der Einzelhandel in hohem Maße raumwirksam. Jeder Standort einer Filiale ist zugleich Endpunkt einer mitunter tief gegliederten und weitreichenden Lieferkette, an der unterschiedliche Verkehrsträger beteiligt sein können. Obwohl britische Unternehmen in jüngerer Zeit vor allem aus werbestrategischen Gründen verstärkt auf die Vermarktung regionaler Produkte hinweisen, steht vor allem hinter dem Warenangebot des sog. Non-Food-Sektors, der im Sortimentangebot eines großen Supermarktes durchaus 50 % ausmachen kann, ein länderübergreifendes und hochgradig ausdifferenziertes Logistiksystem.

Zudem bestimmt die räumliche Lage einer Filiale in erheblicher Weise die Versorgungsbeziehungen und Einkaufswege von Haushalten. Diese sind in Großbritannien deutlich länger als in Kontinentaleuropa, was sich jedoch nicht negativ auf den Umsatz der Unternehmen auswirkt. Denn britische Kunden sind generell mobiler und bereit, längere Einkaufswege hinzunehmen. Ob ein weiterer Anstieg des Ölpreises diesbezüglich ein Umdenken der Kunden bewirkt, wird die Zukunft zeigen.

Somit führen die dezentralen Einzelhandelsstandorte in Großbritannien auch zu deutlich längeren Zuliefer- und Kundenverkehren, als dies in Kontinentaleuropa der Fall ist. In vielen Fällen verknüpften sich damit in der Vergangenheit der Neu- oder Ausbau von Straßen sowie die Anlage großflächiger Parkplätze vor den Geschäften.

Aus ökologischer Sicht ist diese Entwicklung bedenklich, bedeuten neue Straßen und Parkplätze stets auch eine Versiegelung von Oberflächen. Diese führt zu einem unerwünscht schnellen Abfluss von Niederschlagswasser und in der Folge zu einem raschen Anstieg der von den Vorflutern aufzunehmenden Wassermassen mit der Gefahr von Hochwässern. Des Weiteren verändert sich auch das Mikroklima über den asphaltierten Flächen. Schließlich wird die natürliche Umwelt auch durch die Verkehre selbst belastet; man denke nur an den Verbrauch von Energie, an den Ausstoß von Schadstoffen und den Lärm, der durch Liefer- und Kundenverkehre produziert wird.

Grundzüge des Lebensmitteleinzelhandels

Der bedeutendste Zweig innerhalb des gesamten Einzelhandels in Großbritannien und Nordirland ist der Handel mit Lebensmitteln. Auf ihn entfiel im Jahre 2005 mit

ca. 120 Mrd. Pfund nahezu die Hälfte aller Einzelhandelsumsätze (Gesamtwert für alle Einzelhandelsbranchen: ca. 246 Mrd. Pfund).

Damals gab es im Vereinigten Königreich ca. 55 900 Einzelhandelsunternehmen und ca. 102 500 Betriebe. Allerdings wurden drei Viertel des gesamten Umsatzes von nur 6 578 Super- und Verbrauchermärkten erwirtschaftet. Somit ist die Konzentration des Einzelhandels auf vergleichsweise wenige Standorte und Unternehmen ein wesentliches Merkmal des britischen Lebensmitteleinzelhandels (Abb. 8.8).

Außerdem ist der *grocery sector* trotz mittlerweile strafferer gesetzlicher Standortregulierungen noch immer ein Wachstumssektor. Alleine von 2004 auf 2005 konnte die Lebensmittelbranche eine Umsatzsteigerung von 4,2 % vorweisen.

Ihre bemerkenswerte Wachstumsdynamik spiegeln zahlreiche Fusionen und Übernahmen, aber auch Marktaustritte wider. Das prominenteste Beispiel einer Fusion aus jüngerer Zeit ist die Übernahme der Safeways-Kette durch das in Yorkshire beheimatete Unternehmen Morrisons (2004), während als Beispiel für einen Marktaustritt der Rückzug des französischen Unternehmens Carrefour, das seinen unrentablen Harddiscounter Ed verkaufte, zu nennen ist.

Mehr als 95 % des auf Super- und Verbrauchermärkte entfallenden Umsatzes wird in Filialen erzielt, die zu einer großen Handelskette zählen. Durch eine deutlich geringere Produktivität sind dagegen die genossenschaftlich organisierten Coop-Läden gekennzeichnet. In ihren 969 Filialen (14,7 % aller Supermärkte) werden nur noch 3,2 % des auf Super- und Verbrauchermärkte entfallenden Umsatzes erwirtschaftet.

Nach den Supermärkten folgen mit bereits deutlichem Abstand die Convenience Stores. Auf sie entfällt zwar nur ein Fünftel des gesamten Branchenumsatzes; dennoch weist der Convenience-Sektor die größten Wachstumsraten auf. Das renommierte britische Marktforschungsinstitut Institute of Grocery Distribution (IGD) hält sogar zwischen 2006 und 2010 einen Marktzuwachs um 4 % für möglich.

Von untergeordneter Bedeutung sind mittlerweile die traditionellen Einzelhandelsgeschäfte, die zumeist noch von Familien, unterstützt von wenigen Teilzeitkräften, betrieben werden. Obwohl die Kunden nur 7 % ihrer Ausgaben in Geschäften dieses Typs tätigen, spielen die knapp 44 000 kleinen Lebensmittelgeschäfte für die Grundversorgung der Bevölkerung, vor allem in abgelegenen ländlichen Gebieten, eine tragende Rolle.

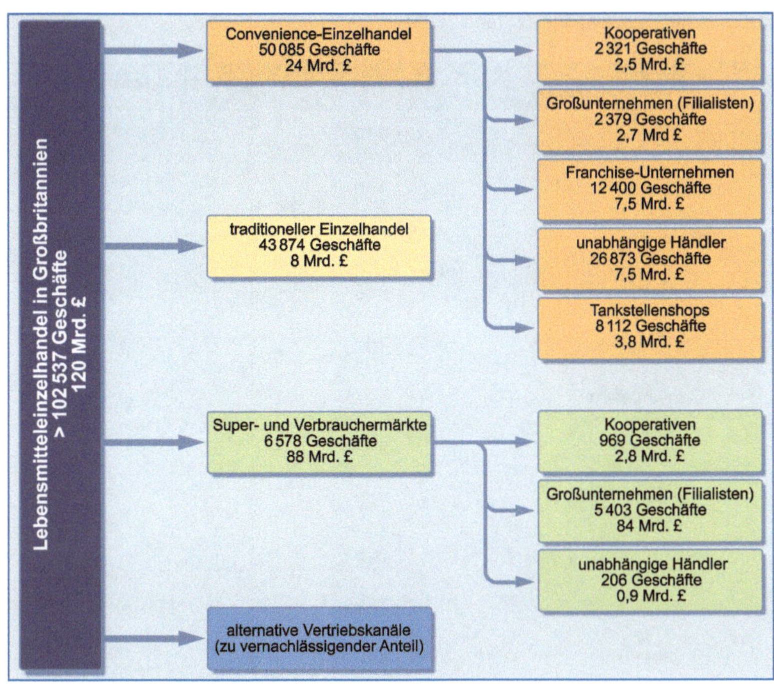

Abb. 8.8 Strukturelle Aufteilung des britischen Lebensmitteleinzelhandels. Quelle: Defra 2006, S. 3.

Supermärkte und Supermarktketten

Seit etwa drei Jahrzehnten zeichnet sich immer klarer ab, dass der britische Lebensmitteleinzelhandel von nur vier großen Handelsketten, Tesco, Asda/Wal-Mart, Sainsbury's und Morrisons, dominiert wird. Diese „Big 4" sicherten sich 2006 knapp drei Viertel des gesamten Umsatzes. Unbestrittener Marktführer ist das 1929 in London gegründete Unternehmen Tesco, das mittlerweile 30,6 % aller Umsätze auf sich vereinigt (Tab. 8.4). Tesco ist seit Mitte der 1990er Jahre Marktführer im britischen Lebensmitteleinzelhandel. In den letzten Jahren hat der Branchenprimus seine marktbeherrschende Position weiter ausbauen können. Knapp ein Drittel der im britischen Lebensmitteleinzelhandel generierten Umsätze landen zurzeit in den Kassen von Tesco-Filialen. Für den wirtschaftlichen Erfolg gibt es verschiedene Gründe.

Erstens reagierte das Unternehmen früher und konsequenter als seine Konkurrenten auf veränderte planungsrechtliche Rahmenbedingungen und gesellschaftliche Trends. Schon frühzeitig begegnete Tesco der seit Anfang der 1990er Jahre zunehmend restriktiver werdenden Genehmigungspraxis für Filialen in städtischen Randlagen mit der Einführung neuer Betriebsformate. Diese entstanden fortan wieder überwiegend in zentralen Lagen. Seine erste „Metro"-Filiale eröffnete das Unternehmen 1992 im Londoner Covent Garden.

„Metro"-Filialen sind kleine Supermärkte, in denen überwiegend Frischeartikel, verzehrfertige Gerichte und andere Convenience-Produkte angeboten werden. Mit diesem Format versuchte Tesco an geeigneten Standorten Kunden mit geringem Preisbewusstsein und wenig Zeit zu locken. Im Branchenjargon werden solche Käufer auch als *„cash rich – time poor"*-Kunden bezeichnet. Zwar wurde dieses Konzept vom Rivalen Sainsbury's mit seiner Vertriebslinie „Local" kopiert; allerdings erfolgte der Markteintritt erst sieben Jahre später, als die besten Standorte schon besetzt waren und es schwierig geworden war, bereits vergebene Marktanteile zurückzugewinnen. Eine noch klarere Akzentuierung auf Kernsortimente realisierte Tesco mit seinen „Express"-Läden. Die Standorte dieser Ladenlokale sind noch deutlicher auf Laufkundschaft ausgerichtet. Sie sind durch eine geringe Verkaufsfläche, in der Regel unter 250 m², gekennzeichnet. Eine überraschend hohe Zahl an Kassen garantiert vor allem zu Stoßzeiten, d. h. um die Mittagszeit und nach Büroschluss, einen hohen Kundendurchsatz.

Zweitens diversifizierte Tesco sein Angebot, in dem vor allem in den Super- und Verbrauchermärkten verstärkt auch Dienstleistungen angeboten wurden. Heute bietet Tesco neben dem klassischen Food- und Non-Food-Angebot auch Finanzdienstleistungen, Versicherungen und Angebote aus dem Telekommunikationssektor, z. B. Mobiltelefone und Breitbandanschlüsse, an.

Drittens hat das Unternehmen früher als seine Konkurrenten begonnen, fremde, noch nicht saturierte

Tabelle 8.4 Filialnetz der Unternehmen des Lebensmitteleinzelhandels (Stand 2007)

Unternehmen	Vertriebslinie	Typ	Zahl der Filialen	Marktanteil (%)
Tesco			1 779	31,3
	Extra	Verbrauchermarkt	100	
	Tesco	Supermarkt	446	
	Express	Convenience	546	
	Metro	Convenience	160	
	One Stop	Convenience	527	
Asda			340	16,8
	Supercenter	Verbrauchermarkt	22	
	Asda	Supermarkt	318	
Sainsbury's			788	16,5
	J Sainsbury's	Supermarkt	490	
	Sainsbury's Convenience Stores		298	
Morrisons		Supermarkt	373	11,1
Waitrose		Supermarkt	183	4,0
Somerfield		Supermarkt	955	3,8
Aldi		Discounter	328	2,4
Coop		genossenschaftlicher Supermarkt	2 488	2,7
Iceland		Supermarkt mit Beschränkung auf Tiefkühlprodukte	675	1,8
Lidl		Discounter	380	2,1
Netto		Discounter	179	0,6

Quelle: Eigene Angaben nach Homepages der Unternehmen

Märkte zu erschließen. Tesco plant, auch in Indien und die USA zu expandieren.

Allerdings werfen Kritiker dem Unternehmen vor, bei der Akquisition neuer Standorte nicht gerade zimperlich vorzugehen und sich mit juristisch zwar legalen, moralisch hingegen bedenklichen Mitteln herausragende Standorte zu sichern. So würden mit Unternehmen, die aus planungsrechtlicher Perspektive als unproblematisch eingestuft würden, Abkommen geschlossen, die vorsähen, dass nach kurzer Nutzungsdauer das Grundstück Tesco „überlassen" würde.

„Unter die Lupe nehmen die Kartellwächter den Aufkauf von Gewerbegrundstücken. Allein Tesco soll ein Immobilien-Portfolio im Wert von umgerechnet etwa 20 Milliarden Euro haben – darunter genügend Flächen, um 175 neue Märkte zu öffnen.

,Tesco hortet lukrative Standorte. Damit soll unliebsame Konkurrenz abgehalten werden', sagt Lady Caroline Cranbrook. Die Gräfin aus dem kleinen ostenglischen Ort Saxmundham ist so etwas wie die Mutter Courage der Anti-Tesco-Bewegung.

Als der Supermarktkonzern Ende der neunziger Jahre versuchte, sich in Saxmundham niederzulassen, organisierte sie ein Bündnis von lokalen Farmern und Lebensmittelhändlern gegen den Konzern. Mit Erfolg: Tesco zog sich zurück.

Cranbrook residiert in einem viktorianischen Herrenhaus. Ihr Arbeitszimmer ist vollgestopft mit Expertisen über Tesco. Sie habe nachweisen können, dass Tesco das Aus für die lokale Wirtschaftsstruktur bedeutet hätte, meint Cranbrook.

Lob für ihre Kampagne erhielt die 68-Jährige sogar von höchster Stelle: Cranbrook sei die ,hartnäckigste Kämpferin' für die Sache einer gesunden Ernährung und umweltfreundlichen Agrarwirtschaft, meinte Natur- und Ökofreund Prince Charles.

,Wir haben alle an dem Erfolg gearbeitet', gibt sich Cranbrook bescheiden. Saxmundham sei deshalb bis heute ein ,schwarzes Loch' für Tesco geblieben. Und nicht nur Saxmundham: Im Umkreis von 75 Kilometern gibt es keinen Tesco-Supermarkt" (SZ, 14./15.4.2007).

Mittlerweile hat Tesco einen beachtlichen Vorsprung vor seinen Konkurrenten erreicht. Sein nächster Rivale, ASDA, kommt auf einen Marktanteil von nur 16,3 % und ist somit weit abgeschlagen. ASDA wurde 1999 vom US-amerikanischen Weltmarktführer Wal-Mart übernommen, der mit dem britischen Unternehmen ein Joint Venture einging. Auf diese Weise konnte Wal-Mart ein etabliertes Standort- und Logistiknetz übernehmen und ohne die für Markteintritte typischen Anfangsverluste auf dem britischen Markt von Beginn an schwarze Zahlen schreiben. Eine unternehmerisch geschickte Entscheidung war dabei, das Traditionsunternehmen ASDA, dessen Wurzeln in Nordengland liegen, auch weiter unter seinem alten Namen auftreten zu lassen. So blieben dem Unternehmen Kunden erhalten, die möglicherweise durch die Änderung von Namen, Logo und Ausstattung der Filialen irritiert worden und zur Konkurrenz abgewandert wären.

Deutlich ins Hintertreffen ist in den vergangenen zehn Jahren das Unternehmen Sainsbury's geraten, das sich noch in den frühen 1990er Jahren die Spitzenposition mit Tesco geteilt hatte. Seitdem musste es jedoch stetig Marktanteile abgeben (Abb. 8.9).

Auf den vierten Platz konnte das in Yorkshire beheimatete Unternehmen Morrisons vorstoßen, das 2004 die in wirtschaftliche Schwierigkeiten geratene Safeways-Kette übernommen hatte. Zwar schmälerten Modernisierung und Umbau der einstigen Safeways-Filialen die Unternehmensgewinne, allerdings konnte Morrisons sein Absatzgebiet so auf ganz Großbritannien ausdehnen.

Während drei Viertel der Einzelhandelsumsätze von den oben genannten vier großen Unternehmen abgeschöpft werden, müssen sich die übrigen Anbieter den verbleibenden Marktanteil von ca. 25 % teilen. Somerfield, das bis zum Jahre 2007 fünftgrößte Unternehmen, hat aus den Marktentwicklungen Konsequenzen gezogen und seine Läden im Einzugsbereich der großen Filialisten geschlossen. Somerfield versteht sich heute als kleinformatiger Vollsortimenter (*smallformat foodretailer*), der vor allem in Wohngebieten und Innenstadtlagen präsent ist. Mit einem breit angelegten Modernisierungsprogramm möchte das Unternehmen neue Kunden gewinnen und verloren gegangene Marktanteile zurückerobern.

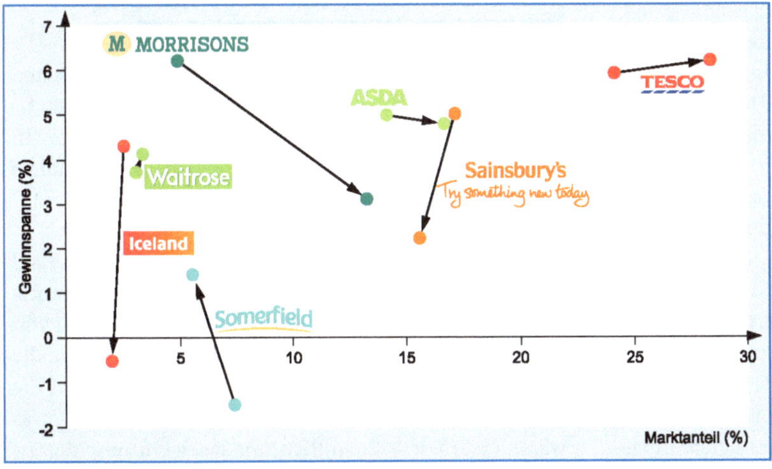

Abb. 8.9 Marktanteile und Umsatzrendite der großen Filialisten im britischen Lebensmitteleinzelhandel. Quelle: Zehner, leicht verändert nach IGD 2008.

Während Gestaltung und Ausstattung der Morrisons- und Somerfield-Filialen etwas einfacher gehalten sind, verkörpert das südenglische Unternehmen Waitrose (John Lewis) die Premierklasse des britischen Lebensmitteleinzelhandels. Obwohl Waitrose-Filialen mittlerweile auch in den mittleren und nördlichen Landesteilen Englands, in Wales und Schottland eröffnet wurden, liegt doch der Schwerpunkt ihres Verbreitungsgebiets in den Speckgürteln der südenglischen Städte.

Discounter

Die Entwicklung des britischen Lebensmittelmarktes hatte in den 1980er Jahren zwei Lücken entstehen lassen. Die erste Lücke klaffte in Bezug auf das Preisniveau (*value platform gap*), gab es doch nur wenige Anbieter, die preiswerte Lebensmittel offerierten. Die zweite Lücke war dagegen räumlicher Art. In den Innenstädten und kaufkraftschwächeren Wohngebieten waren durch die zwischenzeitliche Favorisierung der städtischen Randlagen seitens der „Big 4" unterversorgte Gebiete (*locational gaps*) entstanden

Diese Lücken versuchten in den 1980er Jahren zunächst britische Unternehmen zu füllen. Sie konnten sich jedoch nicht dauerhaft am Markt behaupten. Dies lag auch am Markteintritt ausländischer Unternehmen aus der Discountbranche. Ab 1990 betraten mit Aldi Süd und der dänischen Netto zwei Akteure aus Kontinentaleuropa den britischen Markt, und zwar mit Erfolg. Dieser basierte zunächst auf der Strategie, britische Konkurrenten aus dem Markt zu drängen. Um dieses Ziel zu erreichen, eröffneten Aldi und Netto vor allem in solchen Gebieten neue Ladenlokale, wo britische Discounter bereits präsent waren. Diese setzte man durch Niedrigpreisangebote dann so lange unter Druck, bis sie aufgeben mussten. Aldi beispielsweise konzentrierte seine Filialgründungen im Wesentlichen auf Birmingham, Manchester und Liverpool.

Diese Strategie war durchaus erfolgreich. So geriet der ernsthafteste britische Konkurrent Shoprite 1994 in wirtschaftliche Schwierigkeiten und wurde ein Jahr später an Kwik Save verkauft. Aber auch Kwik Save hielt der Konkurrenz nicht lange stand, geriet 1998 selbst in Schwierigkeiten und wurde schließlich von Somerfield übernommen. 2007 verkaufte Somerfield die unrentablen Kwik-Save-Filialen an verschiedene Konkurrenten.

Nicht alle Markteintritte der ausländischen Konkurrenz waren von Erfolg gekrönt. So dauerte das Engagement der deutschen Rewe in Großbritannien nur ganze zwei Jahre. 1993 hatte Rewe 21 Filialen der kleinen Budgens-Kette gekauft und diese nach dem Vorbild der deutschen Penny-Märkte in Discounterfilialen umge-

wandelt. Dieses Angebot traf aber nicht den Nerv der britischen Kunden, und so war Rewe gezwungen, seine Filialen nach nur zwei Jahren Betriebsdauer wieder abzustoßen. Käufer war der Konkurrent Lidl, der ein Jahr zuvor sein erstes Ladenlokal in Großbritannien eröffnet hatte. Von kurzer Dauer war auch der Auftritt der französischen Carrefour-Kette, die mit 18 Filialen ihres Harddiscounters Ed 1993 versucht hatten, im Vereinigten Königreich Fuß zu fassen. Nur zwei Jahre später jedoch zog sich Carrefour aus ähnlichen Gründen wie Rewe wieder aus dem britischen Markt zurück und verkaufte die Ed-Filialen an Netto.

Der entscheidende Faktor für den Markteintritt ausländischer Discounter in Großbritannien waren die zu Beginn der 1990er Jahren vergleichsweise hohen Gewinnspannen. Während dort Renditen in Höhe von 6 % erzielt werden konnten, waren auf den ausgereiften Märkten Kontinentaleuropas nur noch Margen von 2 % realistisch. Die Konzentration der Discounter auf kaufkraftschwächere Gebiete kam Aldi, Netto und Lidl mittelfristig jedoch teuer zu stehen. Ihren wirtschaftlichen Erfolg erkauften sie sich mit einem ausgesprochen negativen Image, das eine weitere Expansion zunächst wenig erfolgversprechend erscheinen ließ. Erst in jüngerer Zeit gelang es Aldi im Rahmen einer Modernisierungskampagne seiner Filialen das zweifelhafte Etikett einer Billigmarke abzustreifen. Obwohl aus Konsumentensicht von den Discountern insbesondere das Preisgefüge des Lebensmittelmarktes positiv beeinflusst wurde, blieb ihr Einfluss dennoch gering. Aldi vereinigte 2006 einen Marktanteil von 2,6 %, Lidl konnte 2,1 % verbuchen, während die Bedeutung von Netto mit 0,6 % deutlich geringer ausfiel. Somit entfällt auf die Discounter insgesamt ein Marktanteil von nur ca. 5 %.

Veränderte Ziele der Stadtentwicklungsplanung

Entwicklung und gegenwärtige Struktur des britischen Einzelhandels sind jedoch nur zum Teil das Ergebnis individueller unternehmerischer Entscheidungen. In mindestens ebenso starkem Maße haben vorhandene wie auch fehlende politische und planerische Rahmenbedingungen den Einzelhandel beeinflusst.

Grundsätzlich liefert in Großbritannien der 1948 erstmals verabschiedete Town and Country Planning Act die rechtliche Grundlage für die Genehmigung von Standorten des Lebensmitteleinzelhandels. Bis in die 1960er Jahre hatte er den Einzelhandel generell auf die Innenstädte und die Nebenzentren beschränkt. Zwar waren erste Vorstöße in Richtung einer Öffnung dezentraler Standorte für Einzelhandelsbetriebe bereits Ende der 1960er bzw. Anfang der 1970er Jahre erfolgt. Es sollten jedoch noch weitere sieben Jahre verstreichen, bis die Regierung mit verbindlichen Erlassen in Form sog. Development Control Policy Notes (DCNP) die bis dahin straff hierarchisch strukturierten Einzelhandelserlasse lockern würde.

Erst mit dem Regierungswechsel 1979 und der neuen Premierministerin Margret Thatcher änderte sich die Ausrichtung der Raumordnungspolitik nachhaltig. Die unternehmerfreundliche Laisser-faire-Politik löste in den 1980er Jahren einen regelrechten Boom neuer Super- und Verbrauchermärkte in kaufkraftstarken suburbanen Räumen aus. Diese Entwicklung hatte zur Folge, dass in kaufkraftschwächeren Stadtgebieten eine Ausdünnung des Einzelhandelsbesatzes beobachtet werden konnte. Kritiker der neuen Supermarktkultur glaubten, sogar ganze *food deserts* in britischen Städten ausmachen zu können. Diese Einschätzung mochte sicherlich etwas übertrieben sein; fest stand jedoch, dass den Innenstädten nun wichtige Ankerbetriebe fehlten. Denn vor allem die neuen, großen Supermärkte hatten sich zunehmend zu Verbrauchermärkten entwickelt, in denen auch Bekleidung, Haushaltswaren und Elektronikgeräte angeboten wurden. Allerdings machten auch die zahlreichen Factory Outlet Center, Einzelhandelsparks und Regional Shopping Center den Stadtzentren zunehmend zu schaffen.

Schon unter Premierminister Major (1990–1997) kam es aus diesen Gründen zu einer Neuorientierung der Stadtentwicklungspolitik, die mit härteren Richtlinien den Bau neuer Supermärkte an den Stadträndern zu verhindern und Unternehmen wieder in die Innenstädte zu locken versuchte. Diese Politik wurde unter New Labour konsequent fortgesetzt.

Als besonders wirkungsmächtige Instrumente erwiesen sich vor allem spezielle Einzelhandelserlasse, die Policy Planning Guides (PPGs) Nr. 6 und Nr. 13. Die PPG 6 wurde 1988 erlassen und 1993 sowie 1996 nochmals überarbeitet. Sie verpflichtet Unternehmen bei der Wahl neuer Standorte, innerstädtische Lagen den Außenbereichen vorzuziehen. Bei der Suche nach geeigneten Standorten soll die jeweilige Kommune behilflich sein und infrastrukturelle Rahmenbedingungen schaffen, die dem innerstädtischen Einzelhandel entgegenkommen. Diesen Aspekt thematisiert nochmals ausdrücklich die 2006 verabschiedete PPG 13, in der die Bevorzugung von Stadtzentren betont und eine verbesserte Anbindung an den öffentlichen Personennahverkehr (ÖPNV) gefordert wird. Auf diese Weise sollte vor allem in ihrer Mobilität eingeschränkten Personen der Zugang zu Dienstleistungseinrichtungen und zum Handel erleichtert werden.

> „Policies for retail and leisure should seek to promote the vitality and viability of existing town centres, which should be the preferred locations for new retail and leisure developments. At the regional and strategic level, local authorities should establish a hierarchy of town centres, taking account of accessibility by public transport, to identify preferred locations for major retail and leisure investment. At the local level, preference should be given to town centre sites, followed by edge of centre and, only then, out of centre sites in locations which are (or will be) well served by public transport" (Department for Communities and Local Government (Hrsg.) (2006): Planning Policy Guidance 13: Transport, London, S. 45).

Fazit

Der britische Lebensmitteleinzelhandel wird von umsatzstarken einheimischen Unternehmen dominiert. Diese zeigen aber ihrerseits, mit Ausnahme von Tesco, nur geringes Interesse an einer Internationalisierung ihres Marktauftritts. Discounter spielen eine untergeordnete Rolle, während in jüngerer Zeit nach dem Convenience-Prinzip organisierte Cornershops eine Renaissance erfahren haben.

Aus räumlicher Perspektive zeigt sich der Lebensmitteleinzelhandel zweigeteilt. In städtischen Randlagen findet man flächengroße Super- und Verbrauchermärkte, von denen der überwiegende Teil in den 1980er Jahren errichtet wurde. In den Stadtzentren, die lange Zeit als vernachlässigt galten und aus denen der Einzelhandel praktisch verschwunden war, sind in jüngerer Zeit wieder kleine Supermärkte entstanden. Dies ist auch das Verdienst einer nachholenden Stadtentwicklungspolitik, die mit geeigneten Planungsrichtlinien eine gleichmäßigere Verteilung der Filialen erreichen und somit einen wichtigen Beitrag zur Sicherung der Versorgung mobilitätsschwächerer Haushalte leisten konnte.

Informationen im Internet

http://www.tescocorporate.com
   Auf der Website des Marktführers im britischen Lebensmitteleinzelhandel findet man u. a. interessante Hintergrundinformationen über das Unternehmen sowie differenzierte statistische Angaben zum Handelsnetz.

Weiterführende Literatur

Birkin, M.; Clarke, G.; Clarke, M. (2005): Retail Geography and Intelligent Network Planning. Chichester.

Defra (Department for Environment, Food and Rural Affairs) (Hrsg.) (2006): Economic Note on UK Grocery Retailing (http://statistics.defra.gov.uk)

Freathy, P. (Hrsg.) (2003): The Retailing Book. Principles and Applications. Harlow u. a.

IGD (The Institute of Grocery Distribution) (Hrsg.) (2005): Grocery Retailing, Watford.

IGD (The Institute of Grocery Distribution) (Hrsg.) (2008): Grocery Retailing, Watford.

Potz, P. (2003): Die Regulierung des Einzelhandels im Großraum London. Berlin (WBZ Discussion Paper SP III 2003–203, Wissenschaftszentrum Berlin für Sozialforschung).

Rudolph, H.; Potz, P.; Bahn, B. (2005): Metropolen handeln. Einzelhandel zwischen Internationalisierung und lokaler Regulierung. Wiesbaden (Stadtforschung aktuell 101).

Rushton, P. (1999): Out of Town Shopping. The Future of Retailing. London.

Seth, A.; Randall, G. (2001): The Grocers. The Rise and Rise of the Supermarket Chains. London/Dover.

Sparks (1990): Spatial-Structural Relationships in Retail Corporate Growth: A Case Study of Kwik Save Group PLC. In: Service Industries Journal 10, S. 25–84.

Sparks (1996): Challenge and Change: Shoprite and the Restructuring of Grocery Retailing in Scotland. In: Environment and Planning A 28, S. 261–284.

Zehner, K. (2006): Einzelhandel in Großbritannien. Jüngere Entwicklungen unter dem Einfluss von Internationalisierung, Planungsrecht und Kultur. In: Geographische Rundschau 58, 5, S. 29–35.

8.4 Regional Shopping Center und Factory Outlet Center – neue „Kathedralen" der britischen Konsumgesellschaft

Klaus Zehner

Die Entwicklung des großflächigen Einzelhandels in nichtintegrierten Lagen

Seit Mitte der 1960er Jahre hat sich die Einzelhandelslandschaft in Großbritannien nachhaltig und – wie es scheint – auf lange Sicht unumkehrbar verändert. Am deutlichsten kommt diese Veränderung in der seit etwa vier Jahrzehnten beobachtbaren Zunahme von neuen Einzelhandelsstandorten in nichtintegrierten Lagen zum Ausdruck.

Vereinfachend lässt sich die Ausbreitung des Einzelhandels am Rande von Städten vier verschiedenen Phasen bzw. Wellen zuordnen. Die ersten neuen Geschäfte, die in der zweiten Hälfte der 1960er Jahre in Randlagen entstanden, waren freistehende Supermärkte. Die Sortimente dieser Supermärkte bestanden damals noch überwiegend aus Lebensmitteln, Haushaltswaren, Tabakwaren und Zeitungen/Zeitschriften. Non-Food-Artikel bzw. sog. Aktionsware wurden nur vereinzelt und in sehr beschränktem Umfang angeboten. Bemerkenswert war die für die damalige Zeit sehr beachtliche Größe der Ladenlokale, deren Verkaufsfläche bis zu 3 600 m² umfassen konnte. Zum Vergleich: Eine typische Aldi-Filiale in Deutschland verfügt über 700 bis 800 m² Verkaufsfläche. Neben den Supermärkten entstanden gegen Ende der 1960er Jahre die ersten Verbrauchermärkte. Die Verkaufsfläche dieser französischen Vorbildern nachempfundenen Märkte kann bis zu 9 000 m² betragen. Allerdings setzt sich das Angebot dieser Märkte zur Hälfte aus Non-Food-Artikeln, u. a. Bekleidung, Schuhe und Elektroartikel, zusammen.

Die zweite Phase der Einzelhandelsentwicklung im Außenbereich britischer Städte fiel in die 1970er Jahre. Sie war durch die Gründung sog. Retail Parks geprägt. Unter Retail Parks sind Fachmarktzentren zu verstehen, d. h. auf PKW-Kunden zugeschnittene großflächige Fach- und Verbrauchermärkte mit gemeinsamen Infrastruktureinrichtungen, z. B. kostenlosen Parkplätzen und Fast-Food-Restaurants. Die städtebauliche Qualität dieser neuen Einzelhandelsstandorte blieb zumeist beklagenswert: Isoliert stehende flache, zumeist einstöckige und von außen trist wirkende Hallen prägten das äußere Erscheinungsbild der Retail Parks. Hier wurden in der Regel Teppiche, Möbel, Heimwerkerbedarf, Automobilzubehör, Gartenartikel bzw. Inneneinrichtungen angeboten. Da sich die Sortimente überwiegend auf nichtinnenstadtrelevante Artikel beschränkten, gab es seitens der Stadtplanung auch keine Bedenken gegen derartige Formate. Vielmehr wurden, vor allem während der Regierungszeit Margret Thatchers, entsprechende Bauanträge in der Regel großzügig genehmigt. Dies hatte zur Folge, dass bis zum Beginn der 1990er Jahre in Großbritannien bereits 200 Retail Parks entstanden waren.

Die dritte Phase der randstädtischen Einzelhandelsentwicklung nahm ihren Anfang in der zweiten Hälfte der 1970er Jahre, als in Großbritannien nach US-amerikanischem Vorbild konzipierte und gestaltete Malls gebaut wurden. Für diese Einkaufszentren setzte sich in Anlehnung an ihre potenziellen Einzugsgebiete schon bald die Bezeichnung Regional Shopping Center durch.

Trotz zunehmend strengerer Auflagen entwickelte sich ab 1992 eine vierte Generation von dezentralen Einkaufsstandorten. Zu ihr zählen sog. Airport Malls, Warehouse Clubs und Factory Outlet Center. In der einschlägigen Fachliteratur wird als Factory Outlet Center eine größere Agglomeration, in der Regel kleiner Ladeneinheiten innerhalb eines gemeinsam geplanten Gebäudekomplexes oder in einer baulich zusammenhängenden Anlage verstanden. Dort bieten Hersteller und vertikal integrierte Einzelhändler Endverbrauchern Auslaufmodelle, Zweite-Wahl-Produkte, Überschussproduktionen und gelegentlich auch Waren, die ausschließlich zu Markttestzwecken hergestellt wurden, an.

Die gegenwärtige Konsumkultur in Großbritannien spiegelt sich am eindrucksvollsten in den Regional Shopping und Factory Outlet Centern wider. Aus diesem Grund wird auf sie im Folgenden ausführlicher eingegangen.

Regional Shopping Center

Regional Shopping Center oder Malls sind im randstädtischen bzw. suburbanen Raum gelegene, großflächige und freistehende Einkaufszentren, deren Mindestgröße 30 000 m² Verkaufsfläche beträgt. Die meisten Malls sind aber deutlich größer; manche erreichen gar 80 000 bis 100 000 m² Verkaufsfläche. Die besonders großen Malls erstrecken sich über mindestens zwei Vollgeschosse. Diese vertikale Ausweitung ist durchaus sinnvoll, da ansonsten die Wege, die Kunden innerhalb des Zentrums zurücklegen müssten, zu lang würden. Ein weiteres Merkmal ist das Vorhandensein mehrerer Ankerbetriebe, die zumeist an den Enden oder Rändern der Center platziert wurden. Solche Magnete sind in den meisten Fällen Filialen renommierter (britischer) Kaufoder Warenhausketten wie John Lewis, Selfridges, Debenhams oder Marks & Spencer. Aus Sicht der Shopping-Center-Betreiber kommt den Ankerbetrieben die Funktion zu, Kundenströme innerhalb des Einkaufszentrums gleichmäßig zu verteilen, so dass auch die Schaufenster der kleineren Händler bei den Kunden Beachtung finden. Regional Shopping Center sind maßgeblich auf Kunden angewiesen, die mit dem PKW kommen. Somit ist ein großzügiges Angebot an kostenlosen Parkplätzen ein wichtiger Standortfaktor.

Entwicklung der Regional Shopping Center

Das erste aus einem Guss entstandene Einkaufszentrum, das in Anlehnung an US-amerikanische Vorbilder als Regional Shopping Center oder Mall bezeichnet werden kann, ist Brent Cross im Norden von London. Es wurde 1976 eröffnet und blieb für ein Jahrzehnt die einzige Mall Großbritanniens im suburbanen Raum. Zum Zeitpunkt ihrer Eröffnung konnten die Kunden in Brent Cross unter 82 Geschäften wählen. Die gesamte Mietfläche betrug nahezu 80 000 m².

In den 1980er Jahren wurden in Großbritannien zwei weitere Einkaufszentren von regionaler Bedeutung eröffnet: Merry Hill in Dudley (West Midlands) und das MetroCenter in Gateshead (Tyneside). Beide lagen in sog. Enterprise Zones. Als Enterprise Zones wurden in den 1980er Jahren kleinräumige Sonderwirtschaftszonen bezeichnet, in denen Bauherren und ansiedlungswillige Betriebe von einer Reihe finanzieller Zuwendungen des Staates und einer Reduzierung von bürokratischen Auflagen profitieren konnten. Konkret bedeutete die Wahl einer Enterprise Zone als Standort für ein Großprojekt des Einzelhandels, dass die Investoren keine Planungsgenehmigung benötigten. Denn es war gerade ein Merkmal der Sonderwirtschaftszonen, dass hier ansiedlungswillige Betriebe innerhalb von nur zwei Wochen und somit ohne Prüfung ihrer Raumwirksamkeit eine Baugenehmigung erhielten.

Die Akzeptanz der drei, Mitte der 1980er Jahre bestehenden Regional Shopping Center seitens der britischen Bevölkerung war so groß, dass zwei weitere Center gebaut und 1990 eröffnet wurden, nämlich die Meadowhall bei Sheffield und Lakeside am östlichen Stadtrand von London. Insgesamt wurden jedoch deutlich mehr Bauanträge abgelehnt als genehmigt. Ende der 1990er Jahre beschloss die britische Regierung sogar, vorerst überhaupt keine weiteren Regional Shopping Center mehr zu genehmigen. Die vorläufig letzten Einkaufszentren in suburbanen Lagen, die in Großbritannien gebaut wurden, waren Cribbs Causeway in Bristol, Braehead in Glasgow, das Trafford Center im Westen Manchesters und Bluewater in der Grafschaft Kent, unweit der südöstlichen Stadtgrenze Londons. Angesichts der Größe ihrer Einzugsgebiete hätten weitere Malls dieser Dimension aus wirtschaftlicher Sicht auch gar keinen Sinn gemacht. Zu groß wäre zum einen die Gefahr einer gegenseitigen Kannibalisierung gewesen. Zum anderen wären negative Einflüsse auf die ohnehin schon von Umsatzeinbußen betroffenen Innenstädte zu erwarten gewesen. Dennoch wurde 2008 im Westen Londons, im Stadtbezirk Hammersmith und Fulham, eine neue Mall, das Westfield Shopping Center, auch bekannt unter dem Namen White City, eröffnet. Angesichts seiner Lage ist jedoch strittig, ob man diese Mall als Regional Shopping Center bezeichnen sollte oder ob es eher eine Ergänzung des innerstädtischen Zentrensystems von London darstellt. Lässt man White City außer Acht, so existieren heute in Großbritannien zehn Regional Shopping Center (Abb. 8.10).

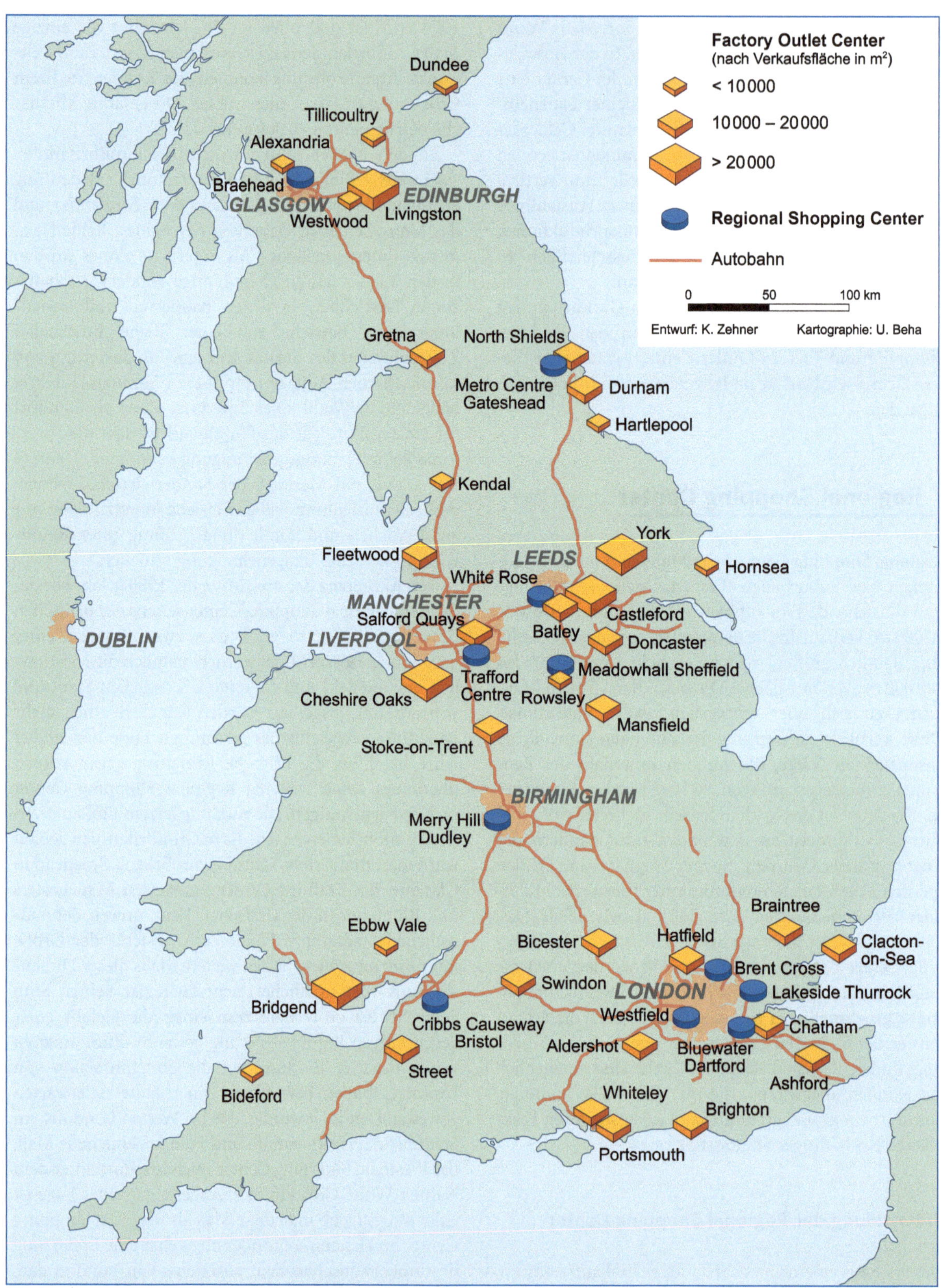

Abb. 8.10 Regional Shopping Center und Factory Outlet Center in Großbritannien. Quelle: http://www.ecostra.com (für Factory Outlet Center) und eigene Recherchen (für Regional Shopping Center).

Bluewater – die Perle unter den britischen Malls

Von den zehn Regional Shopping Center Großbritanniens ist Bluewater das mit Abstand spektakulärste. Zu dieser Einschätzung trägt ganz wesentlich seine Lage bei. Bluewater wurde an einem Ort errichtet, der normalerweise als Standort für Mülldeponien gewählt wird, nämlich auf dem Grund eines ehemaligen Steinbruchs, im Gebiet der North Downs (Abb. 8.11). Der amerikanische Architekt Erik Kuehne hatte diesen Standort allerdings mit Bedacht und Weitsicht ausgewählt. Ihm war klar gewesen, welch faszinierende Wirkung das von den Kalksteinwänden, die Bluewater an drei Seiten einfassen, reflektierende Licht entfalten würde, wenn es auf Wasser träfe. Es würde die Landschaft in ein bläuliches, auf die menschliche Psyche sehr angenehm wirkendes Licht tauchen und die Kunden in eine positive Stimmung versetzen. Und eine solche Stimmung würde, das war Kuehne klar, eine ideale Voraussetzung dafür sein, die Kunden vielleicht etwas länger als üblich an den Einkaufsstandort zu binden. Eine lange Verweildauer würde zur Folge haben, dass die Wahrscheinlichkeit von Impulskäufen steigen würde, was unter dem Strich dem Einzelhandel höhere Umsätze und Gewinne bescheren würde.

Abb. 8.11 Das Regional Shopping Center Bluewater in Kent. Quelle: Heineberg 2000.

Dieser brillante Grundgedanke wurde perfekt umgesetzt. Inmitten dieses Steinbruchs, unweit der Londoner Ringautobahn und der von London zur Kanalküste führenden Autobahn M2 ließ die australische Lend Lease Corporation in dreijähriger Bauzeit eine architektonisch außergewöhnliche Mall errichten. Das Besondere an ihr ist, dass sie keinen Haupteingang, keinen Anfang und kein Ende hat. Denn ihr Grundriss entspricht einem gleichseitigen Dreieck, wobei eine Seite zu einem Bogen aufgeweitet wurde. Auf jeder der drei Ecken wurde ein Ankerbetrieb platziert. Hierbei handelt es sich um Filialen von Marks & Spencer, John Lewis und House of Frazer. Diese drei Häuser wirken gewissermaßen als Magnete, die die Kundenströme zirkulieren lassen. Die Ladenlokale sind im Übrigen so zusammengefasst, dass sie verschiedene Lebensstilgruppen ansprechen. So ist der Geschäftsbesatz der Guildhall dem vornehmen, gediegenen Einzelhandel aus Londons Westend nachempfunden. Hier werden hochwertige Kleidung, Zigar-

ren, teure Alkoholika und wertvoller Schmuck präsentiert. Das Angebot der Rose Gallery spricht dagegen eher Familien an. Kosmetikgeschäfte, Boutiquen und Körperpflege bilden hier das Kernsegment, während die Läden auf dem Thames Walk mit einer starken Fokussierung auf Sport- und Elektronikartikel wohl eher den Geschmack junger Kunden und Singles treffen dürften.

Auch hinsichtlich seiner Architektur ist Bluewater einzigartig. Während vom Trafford Center in Manchester einmal abgesehen die Gestalt anderer Malls als eher konventionell zu bezeichnen ist, hat Kuehne versucht, architektonische Bezüge zwischen den für Kent so typischen Hopfenfarmen (*oast houses*) und seiner Mall herzustellen. Das äußere Merkmal der *oast houses* sind die weithin sichtbaren, weißen, konischen Windhauben über den Kamingebäuden der Farmen. Die Holzhauben werden durch den Wind so gedreht, dass ihre Öffnung stets zu der windabgewandten Seite weist. Somit kann die beim Trocknen des Hopfens entstehende heiße Luft

Abb. 8.12 Die stilisierten Windhauben auf dem Dach von Bluewater nehmen Bezug auf die Dachaufsätze der Hopfenfarmen, die in Kent weit verbreitet sind und das Landschaftsbild mitprägen. Quelle: Wikimedia, David Iliff.

stets gefahrlos abziehen, während der Wind nie in das Innere des Kamins blasen kann. Dieses architektonische Motiv der weißen Windhauben, das der Kulturlandschaft Kents seit dem 13. Jahrhundert seinen Stempel aufgedrückt hat, spiegelt sich auf den Dächern der Mall wider. Sie werden geziert von den in stilisierter Form reproduzierten und aus anderen Materialien gefertigten Dachaufsätzen der *oast houses* (Abb. 8.12). Zudem kommt ihnen eine wichtige Funktion zu. In den Hauben versteckte Ventilatoren pumpen frische Außenluft in die Mall, was die Aufenthaltsqualität des Ortes positiv beeinflussen soll.

Des Weiteren ist ein zweiter architektonischer Schachzug bemerkenswert. Unmittelbar an die Mall grenzen zweistöckige Parkhäuser. Von der oberen Ebene werden die Kunden direkt in das Obergeschoss der Mall geleitet. Diese Maßnahme trägt wesentlich dazu bei, dass das obere Stockwerk von Bluewater besser besucht wird, als das ohne diese Maßnahme zu erwarten gewesen wäre.

Factory Outlet Center

Seit den 1990er Jahren bilden Factory Outlet Center das am schnellsten wachsende Einzelhandelsformat in Europa, obwohl in einigen Ländern – dazu zählt auch Deutschland – die meisten Bauvoranfragen schon in einem frühen Planungsstadium an politischen Widerständen scheitern. Obwohl seit den frühen 1990er Jahren auch in Großbritannien der Einzelhandel stärker reguliert wird, entstanden dort zwischen 1992 und 2008 fast 40 Factory Outlet Center und ein halbes Dutzend weiterer Standorte ist aktuell noch in Planung.

Den Auftakt machten in den Jahren 1992 und 1993 die Standorte Hornsea (Yorkshire) und Street (Somerset). Beide waren an Produktionsbetriebe gekoppelt; in Hornsea war dies eine Keramikfabrik und in Street die Schuhfabrik Clarks, die dort bereits seit 1825 Schuhe herstellte. Die Fabrikverkaufsstellen beider Hersteller bilden noch heute die Ankerbetriebe der jeweiligen Outlet Center.

Fabrikabverkäufe waren im Grunde nichts Neues. Viele solcher Geschäfte hatten bereits seit Jahrzehnten neben oder sogar auf dem Gelände von Produktionsstätten existiert. Derartige Mill Stores waren vor allem in den Textilindustriegebieten der Midlands, Yorkshires und Lancashires verbreitet gewesen. Neu war hingegen der Gedanke, durch das räumliche Zusammenfassen von Outlet Stores Synergieeffekte zu schaffen. Das Konzept ging auf. Sowohl Projektentwickler als auch Kunden sahen plötzlich die Vorteile solcher Standortgemeinschaften. Ein regelrechter Boom von Neugründungen war die Folge. Bereits ein Jahr später waren 18 Factory Outlet Center in Betrieb. Fortan nahm ihre Zahl kontinuierlich zu. Ende 2008 existierten bereits 37 Factory Outlet Center in Großbritannien.

Damit entfällt mehr als die Hälfte der Mietfläche in europäischen Factory Outlet Centern auf Großbritannien. Dass so viele Center überhaupt genehmigt wurden, lag zum einen an ihrer vergleichsweise großen Entfernung zu Innenstädten. Zum anderen mussten ihre Betreiber strikte Auflagen im Hinblick auf die dort vorgehaltenen Sortimentstrukturen einhalten. Ganz konkret musste der Geschäftsbesatz mindestens zur Hälfte aus reinen Fabrikverkaufsgeschäften bestehen. Damit sollte sichergestellt werden, dass Factory Outlet Center

Abb. 8.13 Das Factory Outlet Center Cheshire Oaks. Quelle: Cheshire Oaks Designer Outlet.

eindeutig als Sonderstandorte und nicht als alternative „normale" Einzelhandelsstandorte wahrgenommen würden.

Obwohl im Vergleich zur Thatcher-Ära ab ca. 1990 vor der Genehmigung neuer Einzelhandelsprojekte seitens der Planer genauer hingeschaut wurde, blieb Großbritannien ein Land, dessen Planungsbehörden im europäischen Vergleich eine eher liberale Genehmigungspolitik pflegten. Diese liberale Haltung kam insbesondere US-amerikanischen Projektentwicklern entgegen, die versuchten, nachdem der heimische Markt gesättigt war, das in den USA überaus erfolgreiche Factory-Outlet-Format auf Europa zu übertragen. Aufgrund niedriger Eintrittsbarrieren und gemeinsamer historischer Wurzeln und kultureller Werte bot sich für sie Großbritannien als Testmarkt und Sprungbrett zur Eroberung des gesamteuropäischen Marktes geradezu an. Dass die Akzeptanz der Factory Outlet Center in Großbritannien selbst hoch sein würde, durfte dabei zu Recht erwartet werden, denn das ebenfalls aus den USA stammende Konzept der Regional Shopping Center hatte sich ja bereits ausgesprochen gut bewährt. Zudem entsprach das in den Factory Outlet Centern vorgehaltene Angebot durchaus den Bedürfnissen und Wünschen vieler Kunden, deren Budgets zu Beginn der 1990er Jahre wegen einer Rezession stark angespannt waren.

Marktführer in Großbritannien ist allerdings ein britisches Unternehmen, Realm Outlet Center Management, das aktuell 13 Center betreibt. Der Branchenzweite, das amerikanische Unternehmen McArthurGlen, betreut sieben Standorte. Unter ihnen ist auch das größte Factory Outlet Center Großbritanniens, Che-

shire Oaks in Nordwestengland (Abb. 8.13). Den Rest teilen sich 16 weitere Unternehmen auf.

Gerade den Factory Outlet Centern in Großbritannien ist neben ihrer primären Funktion als Versorgungsstandort ein hoher Freizeit- und Erlebniswert zuzuschreiben. Die attraktive Gestaltung der Anlagen, ihr vielfältiges gastronomisches Angebot, aber auch die räumliche Nachbarschaft zu Retail Parks, MultiplexKinos und großen Supermärkten binden Kunden oftmals für einen ganzen Tag an den Standort und seine Umgebung. Zudem sollen Abenteuerspielplätze für ältere und Horte für jüngere Kinder sicherstellen, dass die Eltern ungestört einkaufen können.

Factory Outlet Center befinden sich meist in unmittelbarer Nähe von Autobahnabfahrten. Bevorzugt werden häufig Standorte zwischen zwei größeren Verdichtungsräumen. Aus Sicht der Betreiber ist entscheidend, dass möglichst viele Kunden das Center in einer Stunde mit dem PKW erreichen können. Als geradezu klassisches Beispiel hierfür ist das bereits erwähnte Cheshire Oaks zu nennen. Es liegt unweit der Kreuzung der beiden Autobahnen M53 und M56, die nach Liverpool bzw. Manchester führen. Beide Verdichtungsräume mit Bevölkerungszahlen von 2,4 Mio. (Groß-Manchester) und 1,4 Mio. Einwohnern (Merseyside) sind in einer Stunde Fahrtzeit bequem zu erreichen.

Ein zweiter beliebter Standorttyp ist die kleinere Küstenstadt, die aus touristischer Sicht von Bedeutung ist. Bideford in Norddevon, Clacton-on-Sea in Essex und Brighton in East Sussex liefern hierfür die Paradebeispiele.

Hinsichtlich ihrer Gestalt lassen sich die Factory Outlet Center drei verschiedenen Grundtypen zuordnen. Typ 1 ist das sog. Stripcenter US-amerikanischen Zuschnitts. Hier liegen die Geschäfte ebenerdig nebeneinander. Die gesamte Anlage ist entweder zeilenförmig, S-förmig oder hufeisenförmig angelegt. Ziegel, Glas und Stahl sind die dominierenden Baumaterialien. Das Designer Outlet Wales in Bridgend repräsentiert diesen Typ recht gut. Typ 2 dagegen verkörpert das geschlossene Einkaufszentrum, in dem die Läden über mehrere Geschosse verteilt sein können. Als Gebäude dienen häufig ehemalige Fabrikhallen. Ein sehr anschauliches Beispiel liefert das Loch Lomond Factory Outlet in Alexandria, nördlich von Glasgow. Untergebracht sind die 24 Geschäfte in den historischen Fabrikationshallen des einst größten europäischen Automobilwerks, der Argyll Motor Company. Typ 3 schließlich ist die „englischste" Variante eines Factory Outlet Centers. Die Marketingabteilungen der Center preisen ihn mit dem Etikett Village Style an. Gemeint ist damit, dass die gesamte Anlage physiognomisch einem englischen Dorf nachempfunden ist. Cottages, ein Marktplatz und eine üppige Bepflanzung der Anlage vermitteln eine ländliche Atmosphäre. Obwohl Großbritannien zu den mittlerweile am stärksten verstädterten Ländern der Welt zählt, besitzt das Landleben in der englischen Kultur einen hohen Wert. Orte, die dieses Landleben verkörpern oder in denen es zumindest überzeugend inszeniert wird, sind daher bei den Briten äußerst beliebt und werden besonders gerne aufgesucht. Clarks Village in Street und Bicester Village unweit von Oxford sind die gelungensten Beispiele für diesen Typ.

Weiterführende Literatur

EHI (Hrsg.) (1999): Factory-Outlet-Center in Großbritannien und anderen europäischen Ländern. Köln.

Fernie, S. (1996): The Future for Factory Outlet Centers in the UK: The Impact of Changes in Planning Policy Guidance on the Growth of a New Retail Format. In: International Journal of Retail & Distribution Management, 24, 6, S. 11–21.

Hallsworth, A. G. (1994): Decentralization of Retailing in Britain: The Breaking of the Third Wave. In: Professional Geographer, 46, 3, S. 296–307.

Lowe, M. (2000): Britain's Regional Shopping Centers: New Urban Forms. In: Urban Studies, 37, 2, S. 261–274.

Ruston, P. (1999): Out of Town Shopping. The Future of Retailing. London.

Whyatt, G. (2007): Which Factory Outlet Centre? The UK Consumer's Selection Criteria. In: Journal of Retailing and Consumer Services, 15, S. 315–323.

Zehner, K. (2006): Einzelhandel in Großbritannien. Jüngere Entwicklungen unter dem Einfluss von Internationalisierung, Planungsrecht und Kultur. In: Geographische Rundschau, 58, 1, S. 29–35.

8.5 Industrielles Erbe – neuer Motor für Stadtentwicklung in der Spätmoderne? Das Beispiel Manchester

Gerald Wood

„In Manchester, wo wir gestern waren, sind seit dem Kriege vierhundert neue große Fabriken für Baumwollspinnerei entstanden, unter denen mehrere Gebäudeanlagen von der Größe des Königlichen Schlosses zu Berlin stehen, und ringsum ragen Tausende von rauchenden Obelisken der Dampfmaschinen empor, deren Höhe von achtzig bis hundertachtzig Fuß allen Eindruck der Kirchtürme zerstört" (Karl Friedrich Schinkel 1826).

Als Karl Friedrich Schinkel, der große Impulsgeber des Klassizismus in Preußen, diese Zeilen an seine Frau schrieb, befand er sich auf einer mehrmonatigen Reise durch Frankreich und Großbritannien, um im Auftrag der Gewerbeverwaltung Preußens die industrielle Entwicklung dieser Länder zu studieren. Vor allem Großbritannien interessierte Schinkel, denn das Land galt, gerade auch gegenüber Preußen, als technisch und ökonomisch überlegen. In der Tat befand sich Großbritannien bereits im 18. Jahrhundert in einem tief greifenden Wandel, der weite Teile der Gesellschaft erfasst hatte. Auf der Basis technologischer Neuerungen und unter Mobilisierung großer Mengen an Kapital, Menschen und auch Land (durch die sog. Einhegungen, bei denen landwirtschaftlicher Allgemeinbesitz umgewandelt und einer speziellen, z. B. industriellen, Nutzung zugeführt wurde) vollzog sich die Umgestaltung Großbritanniens von einer agrarischen zu einer Industriegesellschaft. Dieser epochale Wandel wird häufig mit dem Begriff der Industriellen Revolution belegt, die in Großbritannien weit in das 18. Jahrhundert zurückreicht (Abschnitt 3.7). Von der Umgestaltung waren nicht nur die wirtschaftlichen und sozialen Verhältnisse tangiert, sondern auch die Verkehrssysteme (Kanalbau, Eisenbahn; Abschnitt 3.5) und das Siedlungssystem. Am Beispiel einer Reihe britischer Städte beschrieb Friedrich Engels im Jahr 1845 sehr anschaulich und eindrücklich, wie sich dieser Prozess vollzog und welche Auswirkungen er auf die Arbeitsbedingungen und die allgemeinen Lebensverhältnisse der Menschen hatte.

Von diesen frühen Tagen der Industrialisierung ist nicht viel übrig geblieben. Sowohl die Wirtschaft des Landes – und damit die Arbeitsmärkte – als auch die sozialen Verhältnisse haben sich zum Teil erneut radikal gewandelt. Das „Mutterland" der Industriellen Revolution ist heute in hohem Maße von Dienstleistungen geprägt. Auch an den Städten und den Verkehrssystemen ist der Wandel nicht spurlos vorbeigegangen. Viele Faktoren waren hierfür verantwortlich: der Umbau der wirtschaftlichen Grundlagen seit den frühen Tagen der Industrialisierung, die Luftangriffe im Zweiten Weltkrieg, die (Stadt-)Planung in der Nachkriegszeit sowie deutlich gestiegene Haushaltseinkommen und die erheblich ausgeweitete Freizeit als wohlfahrtsstaatliche Errungenschaften in der zweiten Hälfte des 20. Jahrhunderts, um nur einige zu nennen.

In ihrem Zusammenwirken haben diese und andere Einflussfaktoren einen nachhaltigen Umbau der Städte Großbritanniens bewirkt. Vielfach wurden räumliche Strukturen an veränderte bzw. neue Nutzungen angepasst, häufig verschwanden sie ganz, da man sie neuen Nutzungen nicht zuführen konnte oder wollte. Über den Gebrauchswert im engeren Sinne spielt dabei auch die symbolische Bedeutung eine große Rolle. Stillgelegte Fabriken beispielsweise sind nicht nur funktionslos gewordene Orte des Industriezeitalters, sie galten lange Zeit auch als sichtbares Zeichen eines verpassten Anschlusses an neue Trends. Von daher ist nachvollziehbar, warum der Umbau der Städte in zum Teil großer Radikalität vollzogen wurde, warum in den 1970er und 1980er Jahren Wohnhäuser und Fabriken aus dem Industriezeitalter abgerissen wurden, obwohl es häufig keine Folgenutzung für die frei geräumte Fläche gab und jahre- und jahrzehntelange (innerstädtische) Brachflächen die Folge waren. Noch heute kann man dieser Politik des Kahlschlages nachspüren, vor allem in nordenglischen Industriestädten wie Middlesbrough, Sheffield oder Sunderland.

Allerdings haben einige Einzelgebäude sowie Gebäudeensembles des Industriezeitalters die Luftangriffe des Zweiten Weltkrieges, Deindustrialisierung und diverse Planungswellen der Nachkriegszeit relativ unbeschadet überstanden. Die Geschichten, die sich hinter dieser Persistenz verbergen, sind jedoch sehr unterschiedlich und sollen an dieser Stelle nicht vertieft werden. Nicht selten war es einfach die Dimension des industriellen Niedergangs, verbunden mit fehlender Entwicklungsperspektive und mangelnden (öffentlichen) Umstrukturierungsmitteln, die Stillstand mit sich brachte. Noch zu Beginn der 1980er Jahre beispielsweise bot die Innenstadt von Manchester ein trostloses Bild: Nach Jahren des Niedergangs der für die Stadt einst existenziell wichtigen Baumwollindustrie standen viele Gebäude, die in zum Teil aufwendiger architektonischer und technischer Gestaltung errichtet worden waren, leer. Ihr Leerstand und baulicher Zustand versinnbildlichten den industriellen Niedergang der Stadt und der gesamten Region

sowie die herrschende Perspektivlosigkeit innerhalb der Bevölkerung, aber auch der Akteure aus Wirtschaft, Politik und öffentlichen Verwaltungen. In anderen Städten war die Situation nicht viel anders; in Leeds (dem Zentrum der Wollproduktion und des Wollhandels des Landes), Glasgow und Swansea (Wales) ließ sich der Niedergang der ehemaligen Leitindustrien ebenfalls noch bis in die 1980er und 1990er Jahre unmittelbar in Augenschein nehmen, und an manchen Orten findet man noch heute unübersehbare Spuren dieser Phase.

Heute ist die Situation insofern grundlegend anders, als der Erhalt der baulichen Strukturen des Industriezeitalters weniger das Produkt von Zufällen als vielmehr das Ergebnis zielgerichteten Handelns ist. Auf verschiedenen Ebenen der britischen Gesellschaft, gerade auch in der Politik, hat sich die Erkenntnis durchgesetzt, dass das sog. industrielle Erbe (*industrial heritage*) mehr ist als eine notwendige Funktionsvoraussetzung des Industriezeitalters und dass man sich hierfür auch nicht schämen muss – obwohl es ja noch immer als Zeichen des Niedergangs gesehen werden kann. Heute erfreuen sich viele Einzelgebäude, Ensembles und Verkehrsanlagen (z. B. die Kanäle oder bestimmte Bahnstrecken) des Industriezeitalters großer Wertschätzung nicht zuletzt deswegen, weil sie neue Nutzungsmöglichkeiten eröffnen, ein spezifisches Flair vermitteln und aufgrund ihrer historischen Einmaligkeit ein Mittel zur Abgrenzung gegenüber konkurrierenden Städten bzw. Regionen darstellen. Dem Besucher von Orten mit einer (längeren) Industriegeschichte fällt auf, dass die baulichen Relikte des Industriezeitalters, die Verfall und Abriss überstanden haben, heute wichtige Elemente der ökonomischen und städtebaulichen Revitalisierung geworden sind. Aus verwahrlosten Docks wurden vornehme Quartiere mit feinen Uferpromenaden, aus abgewirtschafteten Lagergebäuden exklusive Lofts und Museen, aus wirtschaftlich funktionslos gewordenen Kanälen Reviere von Freizeitkapitänen. Das neu in Wert gesetzte industrielle Erbe verschafft „Distinktionsgewinne", mit denen Unternehmen, aber auch Städte oder Regionen im Konkurrenzkampf punkten wollen. Gerade weil dies zu einem wichtigen Thema in der öffentlichen Debatte um die Perspektiven städtischer und regionaler Entwicklung geworden ist, soll die Bedeutung des industriellen Erbes für die Stadtentwicklung anhand eines herausragenden Beispiels, nämlich Manchester, in diesem Abschnitt näher in Augenschein genommen werden.

Die Bedeutung des industriegeschichtlichen Erbes für die Stadtentwicklung lässt sich u. a. daran ablesen, dass in vielen Staaten mit einer frühen industriellen Entwicklung hieraus ein etabliertes gesellschaftliches Handlungsfeld erwachsen ist, für das eine Reihe öffentlicher Fördergelder bereitgestellt werden. Neben der planungspolitischen Konjunktur hat sich parallel eine Kultur der kritischen Diskussion über das Verständnis und die Inwertsetzung von *industrial heritage* etabliert. Kritiker machen beispielsweise geltend, dass *industrial heritage* häufig auf bauliche Hinterlassenschaften bzw. auf Fragen der (architektonischen) Gestaltung reduziert werde. Hierdurch werde *heritage* auf den Rang einer sekundären, dienenden Bedeutung zur Verfolgung anderer Ziele, z. B. als Impulsgeber für die Innenstadtrevitalisierung, degradiert und weniger als Reflexionsinstanz für historische Prozesse wertgeschätzt. Hinzu kommt, dass der Begriff *industrial heritage* von Unschärfen bzw. einer gewissen Bandbreite unterschiedlicher Bedeutungen geprägt ist. Zumeist werden hiermit die bereits angesprochenen materiellen Hinterlassenschaften des Industriezeitalters thematisiert. In einem erweiterten Verständnis werden hingegen auch gesellschaftliche Praktiken im Alltag und in der Politik sowie deren Einflüsse auf die politische Kultur und die Soziokultur erörtert. Solche Aspekte wurden und werden etwa in den Geschichtswissenschaften diskutiert, in der aktuellen Stadtentwicklungspolitik Großbritanniens spielen sie hingegen allenfalls eine Nebenrolle. Hinzu kommt, dass bestimmte Aspekte des industriegeschichtlichen Erbes im Rahmen der Debatte über den wirtschaftlichen Umbau von Altindustrieregionen einen marginalisierten Status besitzen, vor allem weil sie als hemmend für die weitere Entwicklung angesehen werden. Hierzu wird z. B. ein unterdurchschnittliches Bildungsstreben gerechnet, das sich in einer zu geringen Anzahl höherer Bildungsabschlüsse und beruflicher Qualifikationen niederschlage. Auf der anderen Seite erfreuen sich „Erfinder- und Unternehmergeist", die zu gesellschaftlichen Tugenden des Industriezeitalters deklariert werden, ausgesprochener Beliebtheit in der öffentlichen Debatte über strukturellen ökonomischen Wandel.

Manchester – „Cottonopolis" und *first industrial city*

„A Lancashire village has expanded into a mighty region of factories and warehouses. It is the philosopher alone who can conceive the grandeur of Manchester, and the immensity of its future" (Benjamin Disraeli 1844, Schriftsteller und konservativer Premierminister in den Jahren 1868 und 1874–1880).

Die Geschichte der Stadt Manchester ist auf das Engste mit der Textilindustrie verknüpft, die jüngere vor allem mit der Baumwollindustrie. Ab dem späten 18. Jahrhundert vollzog sich im Rahmen der Industriellen Revolution im Großraum Manchester ein tief greifender wirtschaftlicher, demographischer und sozialer Wandel, der auch die räumlichen Strukturen nachhaltig veränderte. Bis zu diesem Zeitpunkt hatten sich Wirtschaft und Gesellschaft über Jahrhunderte hinweg wenig gewandelt. Die handwerklichen Produktionsweisen der seit dem 14. Jahrhundert dokumentierten Tuchherstellung waren über Jahrhunderte beibehalten worden, die Bevölkerungszahlen blieben weitgehend stabil, die Siedlungsstrukturen ebenfalls. Zu Beginn des 17. Jahrhunderts lag die Bevölkerungszahl Manchesters bei 2 000, und noch in der zweiten Hälfte des 18. Jahrhunderts waren Manchester und das auf dem anderen Ufer des Flusses Irwell gelegene Salford eindeutig als mittelalterliche Orte zu erkennen. All dies änderte sich ab den 1770er Jahren im Verlauf der nächsten 100 Jahre grundlegend. Ein tief greifender Umbau der ökonomischen Grundlagen setzte in dieser Zeit ein und erfasste weite Bereiche des Lebens in der Region. Angestoßen wurde die wirtschaftliche Umgestaltung durch technologische Entwicklungen, die eine radikale Umstellung des Herstellungsprozesses von Textilien zur Folge hatten. Parallel hierzu vollzog sich in der Region eine Umstellung von der Woll- zur Baumwollverarbeitung. Dies ist vor allem insofern von Bedeutung, als sich die Mechanisierung der Textilherstellung und die Einführung des Fabriksystems beim Rohstoff Baumwolle wesentlich leichter realisieren ließen, da die Baumwolle erst im Kolonialzeitalter nach Großbritannien eingeführt worden ist.

Rasch etablierte sich die mechanisierte, industrielle Produktionsweise in Spinnereien und Webereien (*mills*), die zunächst in der Nähe von Fließgewässern errichtet wurden, da sie auf die Wasserkraft als Antriebsquelle angewiesen waren. Diese Entwicklung vollzog sich schwerpunktmäßig im ländlichen Raum des südlichen Lancashire und nördlichen Cheshire. Industrialisierung und ein massives Bevölkerungswachstum führten zu einer schnellen Verstädterung dieser Gebiete. Die so entstandenen Milltowns waren aufgrund ihrer ökonomischen Monostruktur sehr empfindlich gegenüber konjunkturellen oder strukturellen Veränderungen in der Baumwollindustrie. Von daher ist verständlich, warum der Zusammenbruch der britischen Baumwollindustrie in den Jahren nach dem Zweiten Weltkrieg außerordentlich schwierige ökonomische, soziale und städtebauliche Probleme in diesen Orten nach sich zog, die bis heute nicht gelöst sind.

Manchester entwickelte sich zu diesem Zeitpunkt zur Drehscheibe einer sich ausweitenden und festigenden textilen Wertschöpfungskette in der Region. Hierzu trug die Verbesserung der verkehrlichen Erschließung des Raumes zunächst durch Fluss- und Kanalbau und ab den 1830er Jahren durch die Eisenbahnen erheblich bei. Durch die Schiffbarmachung des Flusses Irwell im Jahr

1736 beispielsweise erlangte Manchester Zugang zum Mersey, wodurch sich der Transport der in Liverpool angelandeten Baumwolle aus den Vereinigten Staaten erheblich verbilligte. Nach der Eröffnung des Bridgewater-Kanals im Jahr 1761, des ersten (komplett) künstlich angelegten Schifffahrtsweges in Großbritannien, konnte die in Worsley – in der Nähe von Manchester – abgebaute Kohle günstig bis unmittelbar in die Innenstadt von Manchester transportiert werden (Abb. 8.14). Die Verlängerung des Bridgewater-Kanals im Jahr 1776 bis nach Runcorn (Mersey) führte zu einer weiteren Vergünstigung der Transportkosten im Transatlantikhandel. Bis weit in das 19. Jahrhundert hinein entwickelte sich ein verzweigtes Fluss- und Kanalnetz in der Region (Rochdale-Kanal: Eröffnung ab Ende des 18. Jahrhunderts; Manchester-Ship-Kanal: Eröffnung Ende des 19.

Jahrhunderts), dessen Bedeutung auch nach dem Bau der Eisenbahnen im 19. Jahrhundert lange erhalten blieb (vor allem Manchester-Ship-Kanal).

Zwischen Manchester und den häufig als Satellitenstädten bezeichneten Milltowns entwickelte sich eine räumliche Arbeitsteilung. Zu diesen Satellitenstädten gehörten u. a. Bolton, Preston, Bury, Rochdale, Oldham, Blackburn, Stockport und Altrincham (Abb. 8.15). Manchester versorgte die Milltowns mit Baumwolle zur Herstellung von Garnen und Textilien, und die Milltowns lieferten Garne und fertige Tuche, die dann von Manchester in alle Welt verschickt wurden. Die Gründung der ersten Warenbörse im Jahr 1729, die Etablierung wichtiger Regionalbanken in Manchester – den Anfang machte die Bank of Manchester im Jahr 1829 – und die Errichtung einer Vielzahl von Warehouses für

Abb. 8.14 Manchester, Innenstadt, aktuelle Situation.

Abb. 8.15 Manchester und Umgebung 1937. Die Karte vermittelt einen Überblick über das südliche Lancashire und nördliche Cheshire zu einem Zeitpunkt, als Manchester und die umliegenden Gemeinden noch nicht in dem heutigen Maß zusammengewachsen waren.

den Handel mit Garnen, Tuchen und Maschinen zur Textilherstellung unterstreichen die Bedeutung, die die Stadt im Zuge der Industrialisierung in der Region erlangte. Die Warehouses waren in der gesamten Innenstadt Manchesters präsent, und ihre große Anzahl (ca. 1 000 um 1830) hatte u. a. zur Folge, dass ein immer größerer Teil der Wohnbevölkerung verdrängt wurde. In den 1880er Jahren etwa kommentierte der Literaturkritiker und Historiker George Saintsbury die Entwicklung folgendermaßen: „Hardly in London itself is there a more utter absence of residential life than on Sunday exists for a mile or so around the Exchange at Manchester" (Goodman, 1999, S. 42).

Die Architektur der Warehouses reichte von einfachen, schmucklosen Gebäuden, wie dem von 1828 bis 1831 errichteten Middle Warehouse in Castlefield (Abb. 8.16), bis hin zu palastähnlichen Gebäuden, die ab den 1840er Jahren in Mode kamen (Abb. 8.17), wie dem Watts Warehouse in der Portland Street.

Gegen Ende des 18. Jahrhunderts wurde die erste Baumwollspinnerei in Manchester selbst errichtet. Ermöglicht wurde dies durch die Weiterentwicklung der Dampfmaschine durch James Watt, die zu einer erheblichen Flexibilisierung in der Standortwahl der Textilunternehmen führte. Im Jahr 1821 gab es bereits 66 Textilfabriken in der Stadt – der Höhepunkt war 1853 mit 108 Fabriken erreicht –, und in den 1820er Jahren verfügte Manchester gemeinsam mit Stockport über die Hälfte aller dampfgetriebenen Webstühle in Großbritannien. An der räumlichen Arbeitsteilung zwischen Manchester und seinen Satellitenstädten änderte sich hierdurch aber nichts Grundlegendes, denn aufgrund der billigeren Produktionsfaktoren Boden und Arbeit in den umliegenden Milltowns blieben wichtige

Abb. 8.16 Middle Warehouse, Castlefield, erbaut 1828–1831, an der Südseite des Castlefield Basin des Bridgewater-Kanals gelegen. Boote konnten durch die großen Öffnungen in das Gebäude einfahren und dort be- und entladen werden. In den späten 1980er Jahren wurde das Gebäude restauriert und in Luxuswohnungen umgewandelt. Quelle: Wood 2004.

Standortvorteile erhalten, und die Märkte für Baumwollprodukte aus der Region Manchester befanden sich zudem weiterhin auf einem Expansionskurs. Baumwollprodukte aus der Region dominierten die Weltmärkte bis zum Beginn des Ersten Weltkrieges. Noch im Jahr 1913 wurden 65 % der weltweit produzierten Baumwolle hier verarbeitet und anschließend in weite Teile der Welt exportiert.

Das von Benjamin Disraeli im obigen Zitat als „Lancashire village" bezeichnete Manchester hatte sich in der ersten Hälfte des 19. Jahrhunderts fest als Mittelpunkt einer der ersten industriell geprägten Regionen der Welt entwickelt. Aufgrund der überragenden Bedeutung der Baumwolle an dieser Entwicklung wurde der Begriff Cottonopolis für Manchester gebräuchlich. Diese Bezeichnung ist allerdings insofern missverständlich, als sich auch andere Wirtschaftszweige in der Region etablierten, z. B. der Maschinenbau. Zwar waren einige Maschinenbauunternehmen Teil der textilen Wertschöpfungskette (Spinnmaschinen, Webstühle etc.), doch gab es auch andere Unternehmen, die nicht in die Verarbeitung von Baumwolle eingebunden waren. Hier wurden Antriebseinheiten für Lokomotiven, Werkzeugmaschinen oder Rüstungsgüter hergestellt.

Abb. 8.17 Watts Warehouse, Portland Street (nahe Piccadilly Gardens), erbaut 1851–1856, beherbergte das größte Tuch-Großhandelsunternehmen Manchesters. Jede Etagenfassade ist in einem anderen Architekturstil gestaltet. Heute ist in dem Gebäude das Britannia-Hotel untergebracht. Quelle: Wood 2004.

Abb. 8.18 Liverpool Road Station (LRS), Passagiergebäude. Der Bahnhof war eine der beiden Endhaltestellen der im Jahr 1830 errichteten Liverpool and Manchester Railway. Im Jahr 1844 wurde die Bahnstrecke zur heutigen Victoria Station verlängert. Der Bahnhof und die dazugehörenden Warehouses wurden bis 1975 für den Güterumschlag genutzt. Danach standen Bahnhof und Warehouses über Jahre leer, bis der TV-Sender Granada einen Teil der Liegenschaften übernahm und der Rest in den 1980er Jahren dem Museum of Science and Industry zugeschlagen wurde. Die historische Eisenbahnverbindung nach Liverpool spielte, ähnlich wie das Kanalsystem, eine zentrale Rolle im Industrialisierungsprozess der Stadt. Quelle: Wood 2004.

Der rapiden und umfassenden Industrialisierung entsprach ein dynamisches und starkes Bevölkerungs- und Siedlungswachstum. Bis zur Mitte des 19. Jahrhunderts war die Bevölkerung bereits auf über 303 000 Einwohner angewachsen. Dieses Wachstum lässt sich zum einen auf hohe Geburtenüberschüsse, zum anderen auf Zuwanderung zurückführen, die sich im Wesentlichen aus umliegenden ländlichen Regionen, aber auch aus Irland speiste. Bis 1770 war Manchester eine kompakte Siedlung, deren Größe weniger als 800 m im Durchmesser betrug. Um 1820 hatte sich der Durchmesser bereits auf 1,5 km erweitert. 1850 verband ein über 11 km langes Siedlungsband Manchester mit Oldham. Die sich vollziehende Verstädterung des Raumes wurde maßgeblich durch den Bau der Eisenbahnen vorangetrieben. Die erste Eisenbahnlinie war die zwischen Liverpool und Manchester eingerichtete Verbindung, die im Jahr 1830 ihren Betrieb aufnahm. Endbahnhof in Manchester war die Liverpool Road Station (Abb. 8.18) am westlichen Rand der heutigen Innenstadt. Dieses Gebäude existiert immer noch, wurde aber bereits im 19. Jahrhundert nicht mehr als Bahnhof für den Personenverkehr genutzt. Heute ist es Teil des Museum of Science and Industry der Stadt Manchester. Insgesamt neun konkurrierende Eisenbahnunternehmen errichteten ihre Linien im Stadtgebiet, wobei die (End-)Bahnhöfe zunächst unverbunden an verschiedenen Stellen in der Innenstadt lagen. Erst die im Jahr 1849 eröffnete Manchester South Junction and Altrincham Railway verband die südlichen Bahnhöfe miteinander, allerdings um den Preis einer durch ein Eisenbahnviadukt zerschnittenen

Innenstadt. Gleisanlagen, Bahnhöfe, Depots und andere Einrichtungen der Eisenbahnen prägten das Stadtbild Manchesters und das Leben der Einwohner der Stadt im Industriezeitalter ganz maßgeblich, und auch die erheblichen Umstrukturierungen, die vor allem im 20. Jahrhundert vollzogen wurden, haben diese Strukturen nicht vollständig verschwinden lassen.

Die große Siedlungsausdehnung in der gesamten Region war auch dem Umstand geschuldet, dass die Wohnbebauung in der für das 19. Jahrhundert typischen Form von frühviktorianischen Back-to-Back- (Abb. 8.19) und spätviktorianischen Bye-Law-Häusern (in Manchester bereits ab 1844) erfolgte (Abschnitt 3.7). Diese ringförmig um den Kern der Stadt herum angelegten ausgedehnten Quartiere der Arbeiterhaushalte brachten die für englische und walisische Industriestädte typische monotone Stadtgestalt hervor.

Da sich die städtische Entwicklung im 19. Jahrhundert weitgehend unter Marktbedingungen vollzog und es keinen zwischen Kapital und Arbeit ausgleichenden Staat gab, herrschten in Manchester und den anderen Industriestädten der Region für einen Großteil der Bevölkerung prekäre bis menschenunwürdige Arbeits-, Wohn- und Lebensbedingungen. Diese wurden häufig aus Schärfste angeprangert, beispielsweise von Friedrich Engels, der ab 1842 mehrfach über längere Zeit in Manchester lebte und arbeitete.

„Das sind die verschiedenen Arbeiterbezirke von Manchester, wie ich sie selbst während zwanzig Monaten zu beob-

Abb. 8.19 Modernisierte Back-to-Back-Häuser in Ancoats, unmittelbar an den nordöstlichen Rand der Innenstadt angrenzend. Quelle: Wood 2008.

achten Gelegenheit hatte. Fassen wir das Resultat unsrer Wanderung durch diese Gegenden zusammen, so müssen wir sagen, daß dreihundertfünfzigtausend Arbeiter von Manchester und seinen Vorstädten fast alle in schlechten, feuchten und schmutzigen Cottages wohnen, daß die Straßen, die sie einnehmen, meist in dem schlechtesten und unreinsten Zustande sich befinden und ohne alle Rücksicht auf Ventilation, bloß mit Rücksicht auf den dem Erbauer zufließenden Gewinn angelegt worden sind – mit einem Wort, daß in den Arbeiterwohnungen von Manchester keine Reinlichkeit, keine Bequemlichkeit, also auch keine Häuslichkeit möglich ist; daß in diesen Wohnungen nur eine entmenschte, degradierte, intellektuell und moralisch zur Bestialität herabgewürdigte, körperlich kränkliche Rasse sich behaglich und heimisch fühlen kann" (Engels 1845, S. 294 f.).

Das Industriezeitalter hatte nicht nur technische, wirtschaftliche, demographische und städtebauliche Umbrüche mit sich gebracht, es repräsentierte auch tief greifende gesellschaftliche Veränderungen. Auf der einen Seite etablierte sich eine selbstbewusste bürgerliche Schicht von Industriellen, die das überkommene feudal-merkantilistische Gesellschaftssystem infrage stellte, auf der anderen Seite formierten sich in der Arbeiterschicht nicht zuletzt aufgrund der bedrückenden Arbeits- und Lebensbedingungen radikale gesellschaftliche Bewegungen. Beide Lager spielten eine zunehmende gesellschaftliche Rolle und vertraten in manchen Fragen durchaus ähnliche Ansichten, wenngleich auch aus unterschiedlichen Gründen. Ein Beispiel

hierfür sind die Getreideschutzzölle (*corn laws*), die ab 1815 eingeführt worden waren und die man mitverantwortlich für den Hungertod von über 250 000 Menschen in England im Winter des Jahres 1847 machte. Viele Unternehmer Manchesters bekannten sich zu der als *Manchesterliberalismus* bekannt gewordenen politischen Strömung, in der der Freihandel eine zentrale Rolle spielte. Aber auch Antimilitarismus, Antikolonialismus und die Befürwortung tief greifender Wahlrechtsreformen waren Teil des politischen Programms. Gleichzeitig spielte Manchester für die sich herausbildende Arbeiterbewegung in vielerlei Hinsicht eine wichtige Rolle: Engels lebte und arbeitete lange Zeit hier (auch trafen sich Engels und Marx mehrmals in Manchester), das erste Treffen des Trades Union Congress fand 1868 im Mechanics' Institute statt, und sowohl die Labour Party als auch die Frauenwahlrechtsbewegung (Gründung des Manchester Suffrage Committee im Jahr 1867) sind historisch eng mit der Stadt verbunden.

Manchesters Weg in die Spätmoderne – von Cottonopolis zu Madchester, Gaychester und Glamchester

Die Entwicklungen im Industriezeitalter in der Region um Manchester und mehr noch in Manchester selbst sind ein frühes Beispiel für die sich zunehmend global orientierende Wirtschaft des Landes und für einen epochalen Wandel, durch den eine agrarische, feudale Gesellschaft zu einer Industriegesellschaft transformiert wurde.

Lange Zeit blieb die Region eine der führenden Industriegebiete Großbritanniens und Europas. Anzeichen von erneuter Veränderung waren bereits im späten 19. Jahrhundert erkennbar; allerdings werten Historiker die ökonomischen Probleme und die damit verbundenen sozialen Konflikte dieser Zeit eher als Ausdruck einer konjunkturellen Flaute. Ein struktureller Umbruch setzte in der Zeit des Ersten Weltkrieges ein. Durch die nachfolgende Auflösung des Empire verlor Großbritannien wichtige Absatzmärkte in Übersee, zudem erwuchsen dem Land durch Industrialisierungsprozesse in anderen Ländern zahlreiche Konkurrenten. Manchester war hiervon in besonderer Weise betroffen. Der wirtschaftliche Strukturwandel in der Baumwollindustrie manifestierte sich in einer spürbaren Abnahme der Beschäftigtenzahlen, in Betriebsschließungen und -verkleinerungen, in einer deutlich steigenden Arbeitslosigkeit sowie in einem relativen wie absoluten Bedeutungsverlust der Baumwollindustrie. Zwischen 1961 und 1983 verlor allein die Stadt Manchester 150 000 industrielle Arbeitsplätze. Dieser Prozess setzte sich bis in die jüngere Vergangenheit fort. So schrumpfte die Beschäftigtenzahl in der Industrie in der gesamten statistischen Region North West von 622 000 im Jahr 1998 auf eine – konsolidierte – Größe von 452 000 im Jahr 2008 (−27,3 %). Der Anteil der Industriebeschäftigten an den Gesamtbeschäftigten ist im gleichen Zeitraum von 20,4 % auf 14,3 % gesunken (Vergleichszahlen für Großbritannien: 18,2 % und 12,4 %; alle Zahlen sind Tabelle 5.1 und 5.2 entnommen). Damit besitzt die Industrie Nordwestenglands gegenüber Großbritannien noch immer eine tendenziell höhere Bedeutung, doch weisen diese wenigen Zahlen auch auf den Übergang von einer Industrie- zu einer Dienstleistungsgesellschaft hin. Von großer Bedeutung sind dabei die durch die verschiedenen staatlichen Ebenen geschaffenen Beschäftigungsmöglichkeiten. Im gesamten Bildungs- und Gesundheitswesen und der öffentlichen Verwaltung (*public administration*) stiegen die Beschäftigtenzahlen von 756 000 (24,8 % Beschäftigtenanteil) im Jahr 1998 auf 918 000 (29 % Beschäftigtenanteil) im Jahr 2008 (+21,4 %) in der Region Nordwest. Die Beschäftigtenanteile lagen fast exakt im Bereich der britischen Durchschnittswerte (1998: 24,1 %; 2008: 28,2 %).

Vom industriellen Niedergang hat sich Manchester nach langen Jahren der Perspektivlosigkeit und großer ökonomischer Probleme mittlerweile deutlich erholt. So betrug die Bruttowertschöpfung der Stadt im Jahr 2006 29,25 Mrd. Pfund. Diese Zahl entspricht der addierten Bruttowertschöpfung der Städte Leeds, Liverpool und Sheffield und repräsentiert den zweithöchsten Wert des Landes (nach London). Auch die Arbeitslosigkeit ist deutlich zurückgegangen: von 18,9 % im Jahr 1995 auf 9,5 % im Jahr 2001.

Zu den wichtigsten Wirtschaftszweigen Manchesters zählen Finanzdienstleistungen (ca. 68 000 Beschäftigte im Jahr 2007), Handel (ca. 38 000 Beschäftigte) und Gesundheitswesen (ca. 37 000 Beschäftigte), wobei sich gerade die Finanzdienstleistungen mit einem Wachstum von 22 000 Beschäftigten zwischen 1998 und 2007 als besonders dynamisch erwiesen haben. In ihrem *State of the City Report 2009* verweist die Stadtverwaltung auf die Bedeutung wissensbasierter Wirtschaftszweige für die weitere Entwicklung der Stadt, wie den Biowissenschaften, den Kreativbranchen (einschließlich Medien und Kultur), aber auch auf die weiterhin wichtige Industrie und Luftfahrt. In Manchester haben sich zahlreiche unternehmensorientierte Dienstleistungen etabliert, darunter auch solche, die man den Kreativbranchen zurechnet. Ferner spielt der (Städte-)Tourismus eine immer wichtigere Rolle. So stiegen die Übernachtungszahlen im Jahr 2001/02 von 4,68 Mio. auf 6,55 Mio. im Jahr 2007/08, und die Wirtschaftsleistung wuchs von 569 Mio. Pfund auf 952 Mio. Pfund im selben Zeitraum (Beschäftigte im Hotel- und Gaststättengewerbe im Jahr 2007: ca. 23 000). Manchester ist zu einem beliebten Reiseziel aufgestiegen, das wegen seiner lebendigen Musikszene genauso besucht wird wie wegen seiner mindestens ebenso lebendigen Schwulenszene. „Kreative", vor allem die aktive kulturelle Szene (zu der auch eine bedeutende „E"-Unterhaltungsszene zu rechnen ist), haben nicht nur maßgeblich zur ökonomischen Umgestaltung der einstigen Industriestadt beigetragen, sondern darüber hinaus auch zu einer Metamorphose in der Binnen- und Außenwahrnehmung. Schlagworte wie „Madchester" (ein Verweis auf den Manchester Rave der späten 1980er und frühen 1990er Jahre und die vielen *independent labels*, die sich in der Stadt etabliert hatten), „Gaychester" (als Reverenz an das schwule „Mekka des Nordens") oder „Glamchester" (als Hinweis auf die neuen, konsumorientierten Lebensstile, die sich im Stadtzentrum etabliert hatten; vgl. *Vogue*, November 1997) machten die Runde. Nicht zuletzt durch geschickte Branding-Kampagnen sind diese Namen einer breiten Öffentlichkeit nähergebracht worden. Sie sind der Ausdruck stark gewandelter Vorstellungsbilder über die Stadt, was nicht zuletzt durch die dynamische Entwicklung des Städtetourismus unterstrichen wird. Aus der Sicht der Stadtentwicklungspolitik wurde es zunehmend wichtig, auf den Wandel Manchesters zu einer soziokulturell vielgestaltigen, lebendigen Stadt der Spätmoderne hinzuweisen, denn man erhoffte sich hierdurch nicht nur die Erschließung neuer wirtschaftlicher Potenziale im Tourismus, sondern eine generelle ökonomische Belebung der Stadt.

Zu Beginn dieser Metarmorphose in den Vorstellungsbildern über Manchester stand jedoch eine massive Deindustrialisierung des gesamten Großraumes, der für viele Menschen schmerzhafte Verlust von Arbeit, Erwerbseinkommen und vertrauten Alltagsroutinen sowie eine lange Phase des städtebaulichen Niedergangs, vor allem in der Innenstadt von Manchester. Vieles von dem, was die Industriemoderne mit sich gebracht hatte, war innerhalb weniger Jahrzehnte infrage gestellt oder verschwunden. Die Situation wurde noch dadurch verschärft, dass nicht nur die Textilindustrie Großbritanniens vom Niedergang betroffen war, sondern auch andere Industrien, allen voran die Montanindustrien und später auch der Maschinen- und Automobilbau sowie weitere Konsumgüterindustrien. Dieser zweite große wirtschaftliche Strukturbruch in der Region konnte teilweise durch den Staat oder durch die Ansiedlung neuer Wirtschaftszweige kompensiert werden (siehe das Beispiel Südwales in Abschnitt 5.2). Allerdings dauerte es in Manchester noch eine geraume Zeit, bis sich die ökonomische Lage besserte.

Die fehlenden Entwicklungsoptionen konnten bis weit in die 1980er unmittelbar vor Ort studiert werden, gerade auch in der Innenstadt von Manchester, wo zahllose Warehouses und Fabriken, aber auch Bahnanlagen sowie die Anlagen von Bridgewater- und Rochdale-Kanal leer standen bzw. funktionslos geworden waren und eine weitgehend unbestimmte Zukunft vor sich hatten. Die Spätmoderne hatte bis zu diesem Zeitpunkt allenfalls in Form des Niedergangs der wirtschaftlichen Basis Einzug in Manchester gehalten.

Der Umbau der Stadt und die Bedeutung des industriegeschichtlichen Erbes (*industrial heritage*)

Ein wichtiger Schritt zur ökonomischen, soziokulturellen und städtebaulichen Wiederbelebung der Stadt bestand in der Entdeckung von Warehouses und Fabriken durch lokale (sub-)kulturelle Gruppierungen, vor allem durch die sich entwickelnde, oben bereits angesprochene Musikszene ab den späten 1970er Jahren. Der massive Leerstand bot billige bzw. kostenfreie Möglichkeiten des Experimentierens und der Entwicklung neuer, nicht marktkonformer kultureller Aktivitäten. Aus diesen Anfängen wuchs eine mittlerweile national und international bekannte Musikszene. Im Gefolge dieser (sub-)kulturellen Aktivitäten etablierte sich eine lebendige Café- und Club-Szene, die sich über die

gesamte Innenstadt ausbreitete, u. a. auch in den leer stehenden ehemaligen Warehouses (z. B. das im Jahr 1982 eröffnete und 1997 geschlossene legendäre *Haçienda* an der Ecke Whitworth St. West/Albion St.). In diese Zeit fiel eine deutliche Zunahme der Studentenzahl an den Universitäten Manchesters. Manche Beobachter erkennen einen engen, wechselseitigen Zusammenhang zwischen diesem Trend und den kulturellen Aktivitäten in der Stadt: Einerseits führten die sich herausbildenden und festigenden kulturellen Milieus zu einem enormen Attraktivitätszuwachs für diese Klientel, andererseits trugen Studierende maßgeblich zu einer weiteren Belebung der diversen Szenen bei. Neben den bereits angesprochenen (sub-)kulturellen Gruppierungen haben auch Schwule und Lesben die Wiederbelebung der Innenstadt Manchesters maßgeblich mitgetragen und mit wachsender Akzeptanz durch die Politik für eine zunehmende Sichtbarkeit dieses Teiles der städtischen Soziokultur gesorgt. Auch die Schwulen- und Lesbenszene etablierte sich u. a. in Gebäuden, die das Industriezeitalter hinterlassen hatte, und zwar in unmittelbarer Nachbarschaft zum Rochdale-Kanal in der Canal Street (Abb. 8.20). Diese Standortwahl ist sicherlich nicht ganz zufällig erfolgt, denn in dieser Gegend, die als „Rotlicht-

Abb. 8.20 Schwulenkneipen in der Canal Street. Quelle: Wood 2004.

bezirk" bekannt war, haben sich bereits in den 1940er Jahren schwule Männer getroffen.

Diese nicht von langer Hand und noch weniger konzertiert geplanten Entwicklungstendenzen haben ein auf eine junge Klientel ausgerichtetes kulturelles urbanes Experimentierfeld geschaffen, in dem sich weitere „Kreative" mit ihren Büros, ihren Treffs und ihren Single- oder kinderlosen Haushalten ansiedelten.

In den frühen 1980er Jahren gab es weitere, vereinzelte Entwicklungen, bei denen die Neunutzung und Wiederinwertsetzung des *industrial heritage* eine zentrale Rolle spielten. Ein herausragendes Beispiel hierfür ist das ehemalige Watt's Warehouse in der Portland Street (siehe Abb. 8.17), das lange Jahre leer stand und 1972 abgerissen werden sollte, ehe die Hotelkette Britannia Hotels es im Jahr 1982 in ein Hotel umwandelte.

Eine wichtige Zäsur in der Stadtentwicklung stellt das Jahr 1984 dar, als es in der dominierenden örtlichen Labour Party zu einem programmatischen Richtungswechsel kam, der häufig als Abkehr vom *municipal socialism* und Hinwendung zum *municipal entrepreneurialism* bezeichnet wird. Dieser Wechsel vollzog sich vor dem Hintergrund einer umfangreichen Kritik, die aus den eigenen Reihen der Labour Party kam und sich gegen die bisherigen Bemühungen der Partei im Umgang mit den Strukturbrüchen in der Stadt richtete. Die als New Urban Left bezeichnete Gruppe der Kritiker forderte eine stärkere marktförmige und „pragmatische" Stadtentwicklungspolitik. Sie übernahm die Führung in der Partei und im Stadtrat – der von ihr propagierte Richtungswechsel in der Stadtentwicklungspolitik kam allerdings erst im Zusammenhang mit der dritten Niederlage in Folge der Labour Party bei den Unterhauswahlen im Jahr 1987 zum Tragen. Angesichts der von der erneut siegreichen Konservativen Partei aufgebauten Drohkulisse hätte ein Beharren auf der überkommenen Politiklinie im Sinne eines umverteilenden Stadtrates vermutlich wenig Aussicht auf Erfolg gehabt (diese Erfahrung musste beispielsweise der Stadtrat von Liverpool unter der Leitung von Derek Hatton machen).

„You cannot have a free-market government using public spending for doing what is properly within the public domain, and, at the same time municipal socialism, with its ideology that there should be public ownership of land, of enterprise, houses and other buildings, because the two are in conflict. So if they insist on pursuing municipal socialism we will redirect our resources away from local authorities" (Nicholas Ridley, damaliger Minister des für die Kommunen zuständigen Department of the Environment) (The Independent, 1.10.1987).

Für den Umgang mit den industriegeschichtlichen Hinterlassenschaften bedeutete dieser Wandel in der Folge ihre zunehmend bewusste Inwertsetzung, um der Stadtentwicklung neue wirtschaftliche Impulse zu verleihen, den Abwanderungstrend aus der Stadt und vor allem aus der Innenstadt zu stoppen und der Stadt auch touristisch neue Entwicklungsoptionen zu erschließen. Die zuvor eher „naturwüchsige" Neunutzung von Warehouses und Fabrikgebäuden fand zwar auch weiterhin statt, hinzu kam aber nun der gezielte, zum Teil mit erheblichen öffentlichen Geldern geförderte Einbezug industriegeschichtlicher Relikte in die Stadtentwicklung. Unter dem zunehmenden Druck der ökonomischen Globalisierung und damit der latenten Gefahr des Kapitalabflusses bemühen sich Kommunalpolitiker im Rahmen eines neuen Politikstiles, den Harvey (1989) die „unternehmerische Stadt" genannt hat, unter Einsatz der ihr zur Verfügung stehenden Kräfte, Investitionen und damit neue Beschäftigungsmöglichkeiten von außen in die Stadt zu lenken. Ein Mittel zur Erreichung dieses Zieles ist die Betonung des Besonderen, des Einzigartigen von Orten, zu dem gerade auch das historisch Gewachsene und Einmalige gehört. Vor diesem Hintergrund wird verständlich, warum industriegeschichtliche Relikte nicht nur neu in Wert gesetzt werden, sondern dies auch möglichst breit kommuniziert wird.

Im Mittelpunkt einer stärker auf Kooperation mit der Zentralregierung angelegten Stadtentwicklungspolitik standen ab den späten 1980er Jahren Großprojekte und die Wiederbelebung der Innenstadt. Die im Jahr 1992/93 initiierte Bewerbung zur Austragung der Olympischen Sommerspiele im Jahr 2000 wird gerne als erstes Beispiel für die zunehmende Projektorientierung der Stadtentwicklungspolitik herangezogen. Sie gilt gleichermaßen als Beleg für die stärkere Öffnung lokaler Politik für andere Akteure, vor allem für privatwirtschaftliche. Zwar ging der Zuschlag für die Spiele dann nach Sydney, doch für die Stadtentwicklung Manchesters waren zwei entscheidende Dinge eingetreten: erstens eine enge Zusammenarbeit zwischen öffentlichen und privaten Akteuren in Form der sich in der Folge ausweitenden *partnerships* und zweitens eine starke Fokussierung auf die Innenstadt. Zwei weitere Ereignisse untermauerten die herausgehobene Bedeutung, die man der Entwicklung der Innenstadt für die Stadtentwicklung beimaß: der Bombenanschlag der IRA im Jahre 1996 und die Commonwealth Games, die im Jahr 2002 ausgetragen wurden.

Im Kontext dieser Entwicklungen spielt auch der Einbezug des historischen – und damit auch industriegeschichtlichen – Erbes der Stadt eine zunehmend wichtige Rolle für die Stadtentwicklungspolitik, zumal die

Omnipräsenz dieses Erbes, seines Funktionsverlusts und Verfalls einen großen Aufforderungscharakter gehabt haben (mussten). Einen ersten Baustein hierzu bildete der Stadtteil Castlefield, ein innerstädtisches Gebiet, dessen Siedlungsgenese sich bis auf die Zeit der römischen Besetzung Großbritanniens zurückdatieren lässt. Dieser Stadtteil war zur Zeit der Industrialisierung durch seine Kanäle, seinen Bahnhof, verschiedene Bahntrassen und zahlreiche Fabriken von großer Bedeutung für die Entwicklung der gesamten Stadt. Im Zuge der Deindustrialisierung zeigte Castlefield bereits in den 1960er und 1970er Jahren starke Verfallserscheinungen, die in den Folgejahren zunahmen. Im Jahr 1982 wurde der Stadtteil zum ersten Urban Heritage Park Großbritanniens ernannt, mit dem Ziel, die historische Bausubstanz für neue Nutzungen, vor allem im Bereich der Freizeitgestaltung, zu erschließen. Wichtige Elemente in der geplanten Revitalisierung waren die Kanalbauten und die erhaltenen Warehouses, die in der Folgezeit für Büro- und Wohnnutzungen umgestaltet wurden (Abb. 8.16). In Gang kam die Revitalisierung Castlefields allerdings erst nach der Einrichtung der für Central Manchester zuständigen Central Manchester Development Corporation (CMDC) im Jahr 1988. Die Urban Development Corporations (UDCs) waren Stadtentwicklungsgesellschaften, die in der Amtszeit von Margaret Thatcher zur Erneuerung innerstädtischer Problemgebiete eingesetzt worden waren und die mit ihren umfassenden Kompetenzen die tradierte Planungsautonomie der Kommunen untergruben (Abschnitt 7.4). Insofern ist es nicht verwunderlich, dass keine der beiden im Großraum Manchester eingerichteten UDCs die Begeisterung der betroffenen Kommunen (Manchester und Salford) hervorriefen. Allerdings hatte sich zum Zeitpunkt der Schaffung der CMDC bereits die lokalpolitische Wende im Stadtrat von Manchester vollzogen, und die neue Führungsriege war auf Kooperationskurs mit der Zentralregierung eingeschwenkt. Es war erklärtes Ziel der CMDC, die „einzigartigen Hinterlassenschaften des Industriezeitalters", vor allem aber die Kanäle und ihre Anlagen, für die weitere Stadtentwicklung zu nutzen. Im Zusammenhang mit der Revitalisierung von Castlefield versuchten die Verantwortlichen, die gesamte zeitliche Spanne historischer Entwicklung in das Revitalisierungskonzept einzufügen, beginnend mit rekonstruierten Siedlungselementen aus römischer Zeit und endend mit den Hinterlassenschaften des Industriezeitalters. Da parallel das in der Nachbarschaft angesiedelte Granada Fernsehstudio seine Pforten für die Öffentlichkeit öffnete und zudem das Museum of Science and Industry im Jahr 1983 in Castlefield angesiedelt worden war, entwickelte sich dieser Teil der Stadt in den 1990er Jahren zu einem nachgefragten Standort für neue Büro-

nutzungen, gehobenes Wohnen und einer vor allem industriegeschichtlich orientierten Freizeitgestaltung.

Im Jahr 1996 erfolgte der für die Innenstadt außerordentlich zerstörerische Bombenanschlag durch die IRA, der sich für die Stadtentwicklung jedoch zu einem mächtigen Katalysator entwickeln sollte. Innerhalb kurzer Zeit wurde eine Task Force mit Vertretern aus der Politik und der Wirtschaft gebildet, die Manchester Millenium Ltd. Die Akteure der Task Force realisierten schnell die Möglichkeiten zu einer umfassenden Neugestaltung des betroffenen Areals, das zum Millenium Quarter avancierte. Im Mittelpunkt der Erneuerung stand die Modernisierung des Einzelhandels, vor allem die Umgestaltung des in den 1970er Jahren gebauten Arndale Center – einer bis dahin in Beton gefassten Bausünde der Nachkriegszeit. Weiterhin wurde das Gebiet durch eine Reihe von Maßnahmen stärker touristisch erschlossen (u. a. durch die Errichtung des URBIS, eines Museums zur Stadtentwicklung), und die Verweilqualitäten wurden merklich verbessert. Insgesamt wurden durch den Bombenanschlag fünf denkmalgeschützte Gebäude stark beschädigt, darunter die Getreidebörse (Corn Exchange) und die Baumwollbörse (Royal Exchange). Die Wiederherrichtung dieser Gebäude, zum Teil verbunden mit ihrer Um- bzw. Neunutzung, war ein wesentlicher Bestandteil des gesamten Revitalisierungskonzepts. So wurde die stark beschädigte Corn Exchange restauriert und als Triangle Shopping Centre im Jahr 2000 wiedereröffnet (Abb. 8.21). Das neu gestaltete Quartier präsentiert sich heute mit Urbis, Triangle, Arndale Center, Printworks (einer Freizeitimmobilie in einem ehemaligen Druckhaus), der Kathedrale, den Cathedral Gardens, weiteren Einzelhandelsimmobilien, dem Exchange Square (einem öffentlichen Platz mit Sitzgelegenheiten und Wasserspielen) sowie zwei an diese Stelle umgesetzten historischen Gebäuden als das Paradebeispiel einer freizeit- und konsumorientierten Stadtentwicklung. Das Projekt steht mit der Neuanlage des Exchange Square und der hierauf ausgerichteten Gestaltung des Umfeldes prototypisch für einen markanten Trend in der jüngeren Stadtentwicklung von Manchester, nämlich für die Um- bzw. Neugestaltung öffentlicher, fußgängerorientierter Plätze, die durch das im Jahr 1992 eingerichtete Straßenbahnsystem zudem miteinander vernetzt sind. Ein weiteres Beispiel für diesen Trend ist der Great Northern Square, ein im Stil eines Amphitheaters gestalteter Platz nördlich des Great Northern Railway Warehouse (GNRW; Abb. 8.22). Auch bei der Neugestaltung des Great Northern Square spielt der Einbezug des historischen Erbes eine wichtige Rolle, wie man vor allem an dem denkmalgeschützten GNRW erkennen kann, in dem heute eine Reihe von Freizeiteinrichtungen (Multiplex-Kino, Bars, Restaurants, Fit-

Abb. 8.21 Triangle Shopping Centre (Hintergrund). Im Vordergrund die mehrfach umgesetzten Kneipen Sinclairs und Old Wellington Inn. Quelle: Wood 2008.

nessstudio), Einkaufsmöglichkeiten und ein Parkhaus untergebracht sind.

Die vielfältigen Trends der Stadterneuerung, von denen hier nur beispielhaft einige der wichtigsten herausgegriffen worden sind, haben maßgeblich zu einer Wiederbelebung der Stadt, vor allem der Innenstadt, beigetragen. Nach Ansicht von John Prescott, dem ehemaligen Labour-Minister für Stadtentwicklung, ist Manchester „the country's regeneration capital" schlechthin (http://www.gameslegacy.co.uk/cgi-bin/index.cgi/305?

id=60). So ist die Innenstadt, die in den 1980er Jahren nur noch weniger als 1 000 Bewohner zählte, seit den späten 1990er Jahren wieder zum begehrten Wohnstandort aufgestiegen. Viele der ehemaligen Warehouses sind in der Zwischenzeit zu nachgefragten Wohnadressen umgewandelt worden, z. B. das bereits angesprochene Middle Warehouse in Castlefield (Abb. 8.16). Laut eines Angebots eines Immobilienmaklers vom Oktober 2009 wird eine Drei-Zimmer-Penthousewohnung in diesem Objekt für 380 000 Pfund angeboten (durch-

Abb. 8.22 Great Northern Square und Great Northern Railway Warehouse. Die Begrünung des Platzes im linken Teil des Bildes fasst das „Amphitheater" ein, eine vor allem von Angestellten in der Mittagszeit genutzte Sitzgelegenheit. Quelle: Wood 2008.

schnittlicher Preis von Drei-Zimmer-Wohnungen im gesamten Stadtgebiet: 119 000 Pfund; vgl. Preisspiegel unter:http://www.globrix.com/propertydetails/19026359-middle_warehouse-castle_quay-manchester-m15-2_bed-penthouse). Damit sind Warehouses als *der* Motor des innerstädtischen Bevölkerungsrückgangs von einst zu einem wichtigen Träger der City-Erneuerung geworden. Auch die ökonomische Revitalisierung, die ganz im Zeichen einer starken Ausweitung und Ausdifferenzierung des Dienstleistungssektors steht, hat der Stadtentwicklung entscheidende Entwicklungsimpulse verliehen, und auch hier spielt die Inwertsetzung des (industrie-)historischen Erbes eine wichtige Rolle. Dies wird nicht zuletzt an den vielen Büros und den Freizeitnutzungen deutlich, die heute in ehemaligen Warehouses oder Fabrikgebäuden untergebracht und nicht selten an den restaurierten Anlagen des Kanal- und Eisenbahnzeitalters gelegen sind.

Fazit

Dem Besucher von Manchester präsentiert sich heute eine Stadt, die sich deutlich vom Niedergang ihrer ehemaligen Leitindustrie erholt hat. Vielen gilt sie als Vorzeigestadt, die durch einen Wechsel in der Kommunalpolitik, das stärkere Zusammengehen von Markt und Staat, die geschickte mediale Dokumentierung und Inszenierung des Wandels und nicht zuletzt durch den Einbezug der historisch einmaligen baulichen Strukturen die Wende geschafft hat.

Es ist auch der klugen Selbstvermarktungsstrategie der kommunalen und nationalen Akteure (J. Prescott) zuzuschreiben, dass sich dieser Eindruck in der öffentlichen Wahrnehmung verfestigt hat. Dennoch bleiben im Zusammenhang mit der Stadtentwicklung im Allgemeinen und mit der Bedeutung des industriegeschichtlichen Erbes im Besonderen Fragen bestehen und Probleme ungelöst. Diesen Fragen und Problemen soll hier abschließend nachgegangen und die Bedeutung des *industrial heritage* für die Entwicklung Manchesters beurteilt werden.

Die Politik des *municipal entrepreneurialism*, die ja maßgeblich mitverantwortlich für die jüngeren Tendenzen der Stadtentwicklung ist, wird von Kritikern gleich in mehrfacher Weise hinterfragt (vgl. diverse Beiträge im Sammelband von Peck und Ward 2002). Eine Kritik bezieht sich auf die starke Konzentration der Stadtentwicklungspolitik auf die Innenstadt und damit auf bestimmte Bevölkerungsgruppen, wodurch sich sozialräumliche Polarisierungstendenzen innerhalb der Stadt verstärkt haben. Während in der Innenstadt Cafés und Bars, neu angelegte oder gestaltete Plätze sowie wieder

hergerichtete Kanäle ein Flair angeregter urbaner Entspannung verbreiten, schließt sich um die City ein Gürtel von deindustrialisierter Ödnis und leer stehenden und verwahrlosten Wohnsiedlungen des sozialen Wohnungsbaus an, die zumeist im Zuge der Slumsanierungen (*slum clearances*) der Nachkriegszeit entstanden waren. Obwohl die Arbeitslosigkeit insgesamt deutlich zurückgegangen ist, liegt der Anteil der Langzeitarbeitslosigkeit in den am stärksten unter sozialer Benachteiligung leidenden Stadtbezirken bei über 20 %. Der Wandel hat weite Teile der Bevölkerung nicht erreicht, und diese Teile sind (für den Besucher der Stadt) zumeist unsichtbar jenseits der City verortet. Zwar lassen sich auch in diesen Gebieten Beispiele für den Einbezug des industriegeschichtlichen Erbes in die Stadtentwicklung finden, beispielsweise die Umwandlung ehemaliger Textilfabriken in Ancoats, das sich nordöstlich an die Innenstadt anschließt (Abb. 8.23). Dennoch sorgen diese Entwicklungen nach Meinung der Kritiker aber nicht dafür, dass das Problem der sich ausweitenden Polarisierung entschärft wird, sondern eher dafür, dass Armut und Benachteiligung immer weiter an den Rand der Stadt gedrängt werden, denn die umgewandelten Industrie-Immobilien sind allenfalls für Haushalte mit höheren Einkommen finanzierbar. Eine weitere, sehr grundsätzliche Kritik richtet sich gegen die schleichende Aushöhlung demokratischer Willensbildung durch nichtgewählte Gremien, die die politischen Veränderungen ab den 1980er Jahren mit sich gebracht haben.

Selektive Bevorzugung bestimmter sozialer Gruppen und verstärkter Einbezug privatwirtschaftlicher Akteure in Entscheidungsprozesse zur Stadtentwicklung haben zudem eine neue soziale Orientierung in der Stadt hervorgebracht, die zu einer Neubestimmung der Regeln für das Handeln im öffentlichen Raum geführt hat (vgl. auch Abschnitt 6.3):

> „Die neue soziale Orientierung verändert die Erwartungen hinsichtlich des erwünschten Verhaltens im öffentlichen Raum, die Regeln für dieses Verhalten werden neu erstritten – unter dem Motto mehr Sicherheit und Sauberkeit. Gerade in englischen Städten werden in extensiver Form Überwachungskameras zur Kontrolle eingesetzt und Kampagnen gegen Unsocial Behaviour durchgeführt" (Bodenschatz 2006, S. 32).

Ein weiteres Problem der Stadtentwicklung ergibt sich daraus, dass bei fortschreitender Entwicklung des Zentrums wichtige Träger des Erneuerungsprozesses zunehmend unter Druck geraten, weil sie ökonomisch häufig nicht mithalten können, wenn City-Immobilien durch den wirtschaftlichen Aufschwung eine Wertsteigerung erfahren. So besteht in den Teilen der Innenstadt, wo

Abb. 8.23 Redhill Street Spinnereien in Ancoats, unmittelbar am Rochdale-Kanal gelegen. Diese Fabriken entstanden im frühen 19. Jahrhundert und waren bis weit in das 20. Jahrhundert in Betrieb, nachdem sie mehrfach umgestaltet worden waren. Nach Jahren des Leerstandes kam im Jahr 1998 der Anstoß zur Restaurierung durch den Ancoats Buildings Preservation Trust. Mithilfe umfangreicher staatlicher Fördergelder sind die Gebäude inzwischen wieder hergerichtet und werden derzeit als Appartments verkauft. Quelle: Wood 2008.

sich alternative kulturelle Milieus angesiedelt hatten, seit geraumer Zeit ein Verdrängungswettbewerb durch finanziell potentere Nutzer. Als Beispiel hierfür wird in der Literatur der bereits angesprochene Haçienda-Club angeführt, nach dessen Abriss ein Komplex mit Luxuswohnungen gleichen Namens auf demselben Grundstück errichtet worden ist. Das Hauptproblem dieser Entwicklung besteht darin, dass mit dem zunehmenden Verschwinden alternativer kultureller Milieus das immer wieder hervorgehobene neue „urbane Flair" Manchesters wichtige Bausteine zu verlieren droht und dass hierdurch die Entwicklungsdynamik des Stadtumbaus selbst ins Stocken geraten kann.

Man kann – aus einer fundamentalkritischen Perspektive heraus – den von den Akteuren in Manchester eingeschlagenen Weg der Stadterneuerung im Rahmen des *municipal entrepreneurialism* pauschal ablehnen. Zu hoch erscheint der politische und soziale Preis, den man für diese Strategie bezahlen muss. Auf der anderen Seite wird man sich fragen müssen, worin die Alternativen bestanden haben, als der politische Turn in den 1980er Jahren vollzogen wurde, und wo die Alternativen heute liegen. Die Antwort zu diesen Fragen ist alles andere als leicht.

Eine Andeutung macht Harald Bodenschatz, wenn er ausführt: „Eine Angebotspolitik für die Mittelschichten ist zwar unverzichtbar. Eine solche Angebotspolitik darf aber nicht als Gegensatz zu einer aktiven Stadtpolitik für Verlierer angesehen werden, sondern muss sorgfältig mit dieser abgestimmt und abgewogen werden" (Bodenschatz 2006, S. 36).

Die Bedeutung des *industrial heritage* für die Entwicklung Manchesters ist an einer Reihe von Beispielen dargelegt worden. Kritisch betrachtet lässt sich in der (politisch absichtsvollen) Wiederinwertsetzung des industriegeschichtlichen Erbes eine Instrumentalisierung durch die Politik erkennen, die man ebenso rundheraus ablehnen kann wie den hinterfragten politischen Stil selbst. Diese Kritik ist sicherlich berechtigt und ernst zu nehmen. Andererseits muss auch hier differenziert argumentiert werden, da die Bedeutung des industriegeschichtlichen Erbes für die Entwicklung der Stadt weitaus vielfältiger ist, als die Kritik impliziert.

Über die Belebung der Innenstadt hinaus haben die Instandsetzung und die Neunutzung der Hinterlassenschaften des Industriezeitalters auch dazu beigetragen, einen Teil der Geschichte und der Identität der Stadt und der Menschen, die hier leben, zu wahren. Die umgenutzten historischen Relikte erfüllen damit mehrere Funktionen. Sie bieten ihren Nutzern neue Verwendungsmöglichkeiten und die bereits angesprochenen „Distinktionsgewinne", und sie erfüllen gleichzeitig eine wichtige Erinnerungs- und Orientierungsfunktion als Teil des kulturellen Gedächtnisses der Gesellschaft, die sie hervorgebracht hat. Die Mischung von alter Hülle – häufig von herausragender technischer und ästhetischer Gestaltung – und neuem Nutzen erzeugt ein Spannungsfeld, das auf den Besucher der Stadt einen großen Reiz ausübt. Gerade weil in anderen Orten so viel historische Substanz der Städte verloren gegangen ist, erzielt das, was in Manchester erhalten geblieben ist, einen umso größeren Reiz und Wert. Das gilt allerdings nicht für alle Hinterlassenschaften des Industriezeitalters gleichermaßen. Die typischen Back-to-Back-Häuser, die im 19. Jahrhundert ringförmig um die Innenstadt angelegt und im Zuge der Stadterneuerung der 1960er Jahre zu einem großen Teil abgerissen worden sind, bilden eine wichtige Ausnahme. Als Slums in Verruf geraten, mussten sie im Zusammenhang mit wohlfahrtsstaatlichen Wohnungsbauprogrammen im 20. Jahrhundert neuen Wohnblöcken weichen (die ihre ganz eigene Unwirtlichkeit des Städtischen produziert haben, wie man am Beispiel des Stadtteils Hulme südlich der Innenstadt sehen kann). Das, was erhalten geblieben ist, leidet noch heute unter dem überkommenen Stigma:

> „Manchester has a huge range of housing, although the traditional back-to-back terraced streets of stereotype and Coronation Street dominate many inner city areas. Those looking for family homes will find the best (but also priciest) in fashionable southern suburbs such as Didsbury and Chorlton" (Immobilien-Webseite http://www.rightmove.co.uk/property/Manchester.html).

Dem Negativ-Image entspricht ein messbarer Wertverfall solcher Immobilien, weil sie weder den Vorstellungen von Familienhaushalten noch denen der neuen urbanen *creative classes* entsprechen. Auch staatliche Förderprogramme zur Modernisierung des historischen Immobilienbestands haben hieran nichts ändern können. Der Erhalt und die (Neu-)Nutzung historischer Bausubstanz sind natürlich keine Werte an sich. In einem Prozess des Austarierens und Vermittelns zwischen den Extremen von Abriss und Erhalt um jeden Preis sind sowohl die Politik als auch die Zivilgesellschaft gefordert. Wie das Beispiel Manchester gezeigt hat, ist die Innenstadt von einem Kahlschlag wie auch von einer umfassenden Musealisierung des industriegeschichtlichen Erbes verschont geblieben, allerdings häufig weniger aus Einsicht oder als Folge einer öffentlichen Auseinandersetzung, sondern vielmehr aufgrund von Handlungsunfähigkeit angesichts der Größe der zu bewältigenden Probleme des Strukturwandels.

Weiterführende Literatur

Bodenschatz, H. (2006): Vorbild England: Urban Renaissance. Zentrumsumbau in Manchester. In: Die alte Stadt, Bd. 33, 1, S. 18–36.

Disraeli, B. (1844): Coningsby or The New Generation. Reprint 2005 (Elibron classics series), Part one. New York, S. 182.

Engels, F. (1845): Die Lage der arbeitenden Klasse in England. Nach eigner Anschauung und authentischen Quellen. Entnommen aus: Marx-Engels-Werke 1976. Berlin, Bd. 2, S. 225–506.

English Heritage (Hrsg.) (2002): Manchester: The Warehouse Legacy. London

Goodman, D. (1999): Britain's Industrial North – Two Urban Case Studies: Manchester and Glasgow. In: Goodman, D. (Hrsg.): European Cities & Technology. Industrial to Post-Industrial City. Abingdon, S. 31–119.

Harvey, D. (1989): From Managerialism to Entrepreneurialism: The Transformation in Urban Governance in Late Capitalism. In: Geografiska Annaler Series B, 71 (1), S. 3–17.

Peck, J.; Kevin, W (2002): City of Revolution: Restructuring Manchester. Manchester.

Kapitel 9

Ausblick

In der politischen, wirtschaftlichen und gesellschaftlichen Entwicklung Großbritanniens sind mehrfach länger andauernde Zeitabschnitte, in denen sich Veränderungen nur allmählich vollzogen haben und eher gradueller Natur waren, von kürzeren Epochen abgelöst worden, in denen es zu massiven und folgenreichen Umbrüchen kam. Strukturelle Umbrüche konnten etwa politischer und militärischer Natur sein. So war die normannische Eroberung im 11. Jahrhundert von herausragender und nachhaltiger Bedeutung für die Entwicklung Großbritanniens. Sie bescherte England (damals existierte Großbritannien noch nicht) nicht nur eine neue Schutzmacht, sondern zugleich eine veränderte territoriale und gesellschaftliche Ordnung, die bis in die Gegenwart hineinwirkt. Des Weiteren konnten auch technische Innovationen wirkungsmächtige ökonomische und soziale Veränderungen in Gang setzen. Ein Beispiel hierfür ist die Industrielle Revolution. Sie veränderte innerhalb weniger Jahrzehnte unumkehrbar die Grundfeste der gesellschaftlichen und wirtschaftlichen Ordnung Englands bzw. Großbritanniens.

Möglicherweise wird man in einigen Jahrzehnten auch die Wende vom 20. zum 21. Jahrhundert als eine Epoche des Umbruchs einordnen. Sie wird als derjenige Zeitraum in Erinnerung bleiben, in dem die Informationstechnologie nahezu alle Arbeitswelten und persönlichen Lebensbereiche durchdrang. Dies trifft allerdings nicht nur für Großbritannien zu, sondern stellt ein globales Phänomen dar. Im konkreten Zusammenhang mit Großbritannien werden die drei zurückliegenden Jahrzehnte vermutlich vor allem mit der Ausbreitung der Kameraüberwachung öffentlicher Räume in Verbindung gebracht werden.

Das Ziel des vorliegenden Buches ist es, vor allem solche Prozesse und Entwicklungen in den Vordergrund zu rücken, die sowohl in der Vergangenheit entscheidende Veränderungen angestoßen haben als auch in der Gegenwart erkennbare Akzente für die Landesentwicklung setzen. Die Kameraüberwachung öffentlicher Räume, die Altersmigration und die Amerikanisierung des Einzelhandels sind Beispiele hierfür. Welche Faktoren werden aber in Zukunft die Entwicklung unseres westeuropäischen Nachbarn steuern? In welche Richtung werden sich Wirtschaft, Gesellschaft, Politik und Planung bewegen? Gesicherte Antworten auf diese Fragen können wir selbstverständlich nicht geben; dennoch möchten wir im Folgenden einige grundlegende Faktoren erörtern, von denen wir annehmen, dass sie für die zukünftige Entwicklung Großbritanniens von Bedeutung sein werden.

Von sehr grundsätzlicher Natur ist die Frage nach der außenpolitischen Rolle, die Großbritannien in Zukunft spielen wird. Obwohl England, Schottland und Wales mittlerweile wirtschaftlich enger mit dem Rest der EU als mit irgendeinem anderen außereuropäischen Handelspartner verflochten sind, verstummen die Stimmen der britischen Euroskeptiker nicht. Auffällig ist des Weiteren, dass die Eurobefürworter ihre Meinung in der Regel auf eine auffällig zurückhaltende Weise vertreten. Daher hat sich auf dem Kontinent das Bild von einer Nation gefestigt, die sich offenbar nur zögerlich am europäischen Einigungsprozess beteiligen möchte. Die stets aufs Neue durchschimmernde Distanz zur Europäischen Union hängt vermutlich mit einem gewissen Widerwillen zusammen, auch noch die letzten Reste der einstigen Souveränität, die Großbritannien als unabhängige Weltmacht besessen hatte, aufzugeben.

Dem Zweckbündnis mit den übrigen EU-Staaten stehen die viel emotionaleren, historischen Beziehungen, die sog. *special relationships*, zu den alten atlantischen Bündnispartnern gegenüber, insbesondere zu den USA. Gerade die Bindungen zwischen Großbritannien und den USA sind nach wie vor stark und gefestigt. Die gleiche Sprache, gemeinsame historische Wurzeln und zumindest ähnliche kulturelle Werte und gesellschaftliche Normen bilden das Fundament für dauerhaft gute, belastbare und kaum zu erschütternde Beziehungen zwischen beiden Nationen. Die enge Verbindung zwischen Großbritannien und Angloamerika spiegelt sich zudem in gemeinsamen verteidigungs- und sicherheitspolitischen Auffassungen wider, die auch in jüngerer Zeit innerhalb der NATO zu stabilen militärischen Allianzen geführt haben.

Vor diesem Hintergrund stellt sich die Frage, wie sich Großbritannien in Zukunft außenpolitisch positionieren wird. Wird es sich weiter in die Europäische Union integrieren und dabei noch mehr von seiner nationalen Souveränität aufgeben? Oder wird Großbritannien auch in Zukunft seine zumindest von außen wahrgenommene Sonderrolle in der EU behalten? Eine richtungsweisende Antwort für eine stärkere Allianz mit der EU könnte die Einführung des Euro geben. Offiziellen Verlautbarungen zufolge wird das Festhalten am Pfund Sterling derzeit nicht infrage gestellt. Ob sich britische Regierungen aber dauerhaft dem Wertverlust des Pfundes gegenüber dem Euro verschließen können, ist fraglich.

Eine andere offene Frage ist die nach der sozialen und demographischen Zukunft Großbritanniens. Der Altersdurchschnitt der britischen Gesellschaft wird – das ist unstrittig – weiter steigen. Problematisch wird gleich in mehrfacher Weise das sich ungünstiger entwickelnde Verhältnis von erwerbstätiger zu nicht erwerbstätiger Bevölkerung werden. Erstens wird die finanzielle Belastung der Erwerbstätigen vor dem Hintergrund langfristig zu sichernder Renten steigen, zweitens wird der Bedarf an Arbeitskräften in manchen Branchen das Angebot übersteigen, und drittens wird angesichts der verstärkten Nachfrage nach ärztlichen Leistungen die Finanzierung des Staatlichen Gesundheitsdienstes immer schwieriger werden. Die Frage wird sein, in welcher Weise sich zukünftige Regierungen zu diesen Entwicklungen positionieren werden, ob sie beispielsweise mit verstärkten Eingriffen in die Arbeitsmärkte und in das Gesundheitswesen („Privatisierung") reagieren werden. Aus räumlicher Sicht stellt sich die spannende Frage, wie sich die Altersmigration weiter entwickeln wird. Werden die soziodemographischen Ungleichgewichte zwischen den problembelasteten Großstädten, denen immer mehr Senioren den Rücken kehren, und den Küstenorten bzw. den ländlichen Räumen, der sog. Countryside, noch weiter anwachsen?

Schon heute spiegelt sich die Alterung der britischen Bevölkerung in einem Arbeitskräftemangel in manchen Wirtschaftszweigen wider. Dieser wird mittlerweile durch Arbeitskräfte gedeckt, die ganz überwiegend aus dem östlichen Mitteleuropa und aus Osteuropa stammen. Prominente Beispiele hierfür liefern die Fischereiwirtschaft in Schottland, die Landwirtschaft in East Anglia und die Bauwirtschaft in London. In diesen Branchen spielen vor allem polnische Arbeitsmigranten eine herausragende Rolle. Deren Zuwanderung unterliegt im Gegensatz zu Migranten aus den Common-

wealth-Staaten keiner staatlichen Regulierung, so dass das Wachstum der britischen Bevölkerung schwer vorherzusagen und zu kontrollieren ist. Es zeichnet sich jedoch ab, dass die britische Wirtschaft in Zukunft ohne Arbeitsmigranten nicht auskommen wird. Was dies für das Verhältnis zwischen den unterschiedlichen Bevölkerungsgruppen bedeutet, lässt sich heute nicht genau sagen. Allerdings verdeutlichen die bestehenden Spannungen zwischen Zugewanderten und „Einheimischen", wie mühsam der Prozess eines friedlichen Umgangs mit den bzw. dem „Fremden" ist.

Neben diesen und anderen Herausforderungen, die das Phänomen eines steigenden Altersdurchschnitts der Gesellschaft mit sich bringt, liegen jedoch auch Chancen in den demographischen Trends. Zu ihnen zählt ein großes ökonomisches Potenzial, das sich mit der „Seniorenwirtschaft" verknüpft. Dieses umfasst den Wohnungsmarkt und spezialisierte Dienstleistungen für Senioren. Dazu zählt auch – im beruflichen Umfeld – ein hohes Maß an Erfahrungswissen, über das ältere Beschäftigte verfügen. Wichtig wird sein, dass sowohl private als auch politische Akteure dieses Potenzial erkennen und erschließen.

Offen ist auch, wie sich die soziale Schere weiter entwickeln wird. Bedingt durch Deindustrialisierung und Kürzungen sozialer Leistungen sind seit der sog. Thatcher-Ära die sozialen Disparitäten innerhalb Großbritanniens drastisch gewachsen. Ihre Zunahme hat auch neue Muster sozialräumlicher Unterschiede entstehen lassen. Neben den über viele Jahrzehnte gewachsenen Süd-Nord-Kontrast, der die wirtschaftlichen Gegensätze zwischen dem prosperierenden Süden und dem wirtschaftlich stagnierenden Norden widerspiegelt, sind neue Formen innerstädtischer Ungleichheiten hinzugetreten. Diese betreffen insbesondere die *inner cities*, d. h. die einstigen Arbeiter-, Industrie- und Hafenviertel. Zwar ist zu beobachten, dass – ausgelöst durch Gentrifizierungsprozesse – die *inner cities* zumindest punktuell aufgewertet wurden. Die Gegensätze zwischen nach Einkommen, Bildung, Herkunft und Lebensstilen gekennzeichneten Gruppen sind jedoch dadurch nicht verschwunden; vielmehr sind die sozialräumlichen Unterschiede feinkörniger geworden. Diese Entwicklung ist vor allem in jenen Städten, die besonders hart von der Deindustrialisierung getroffen wurden, wie Manchester, Liverpool oder Newcastle, zu beobachten. Dort haben die politisch Verantwortlichen versucht, der Stadtentwicklung durch die Förderung von Bildung, Kunst, Kultur und Tourismus neue Impulse zu verleihen. Ob der eingeschlagene Weg letztendlich erfolgreich ist und zumindest zu einer Milderung sozialer Ungleichgewichte in diesen Städten führen wird, wird erst die Zukunft zeigen.

Unklar ist auch, ob die Überwachung öffentlicher Räume in Großbritannien weiter an Bedeutung zunehmen wird und welche Konsequenzen daraus entstehen werden. Es gibt Anzeichen dafür, dass die Überwachung der Bürger an Quantität und Intensität zunehmen wird. So wurden vor einiger Zeit Pläne öffentlich gemacht, die vorsehen, jedes Fahrzeug mit einem Chip zur Erkennung und Lokalisierung auszustatten. Auf diese Weise könnten Mautgebühren für alle PKW-Fahrten erhoben werden. Zudem ließe sich eine Überwachung personenbezogener Raumbewegungen durchführen, deren Folgen für die Gesellschaft noch gar nicht abzusehen sind. Bei der vergleichsweise großen Toleranz, die von den meisten Briten der Videoüberwachung entgegengebracht wird, erscheint eine derartige Entwicklung in naher Zukunft durchaus möglich.

Eine interessante Frage ist auch die nach der wirtschaftlichen Zukunft Großbritanniens. Es ist zu erwarten, dass der fast alle Branchen erfassende Deindustrialisierungsprozess der letzten drei Jahrzehnte sich nicht umkehren wird. Die absolut und relativ hohen ausländischen Direktinvestitionen der vergangenen Jahrzehnte lassen erwarten, dass die industrielle Entwicklung in Schlüsselsektoren, wie etwa der Automobilindustrie, der biochemischen und pharmazeutischen Industrie, zunehmend von global operierenden Unternehmen bzw. Konzernen gesteuert wird. Abzusehen ist auch, dass der Dienstleistungssektor seine führende Position behalten wird.

Eine Schlüsselrolle wird in Zukunft der Bildungssektor einnehmen. In der Nachbarschaft vieler Hochschulen haben sich in jüngerer Zeit Gründerzentren und andere Formen kreativer Milieus entwickelt. Diese Entwicklung korrespondiert mit der signifikant gestiegenen Bedeutung von *cultural* und *creative industries*, die von vielen Stadtverwaltungen als Schlüsselsektor für die Regeneration vor allem von ehemaligen Industriestädten angesehen werden.

Auch der globale Klimawandel wird Großbritannien direkt und indirekt treffen. Der Meeresspiegelanstieg, wie stark er auch immer ausfallen mag, erfordert heute schon massive Investitionen in den Küstenschutz. Angesichts einer signifikanten Zunahme von Stürmen und des steigenden Meeresspiegels, der zudem mit einem, wenn auch geringfügigen, Absinken des südenglischen Festlandes korrespondiert, wird gegenwärtig intensiv über ein neues, 16 Kilometer langes Sperrwerk in der Themsemündung bei Sheerness nachgedacht. Es könnte ab 2030 die 1984 in Betrieb genommene Thames Barrier bei Woolwich ersetzen.

Der globale Anstieg der Temperaturen wird auch seine Spuren in der Landwirtschaft hinterlassen. Profitieren wird z. B. der Weinanbau, der sich von Südostengland weiter in nördliche und westliche Richtung ausdehnen kann. Folgen wird die Klimaerwärmung auch für den Tourismus haben. Während der Sommertourismus von höheren Durchschnittstemperaturen durchaus profitieren kann, stellt ein Temperaturanstieg von nur einem Grad ein erhebliches Gefährdungspotenzial für den Skitourismus in den schottischen Hochlanden dar.

Großbritannien ist ein Land, das durch seine Vorreiterrolle im Industrialisierungsprozess und aufgrund seiner hegemonialen politischen Stellung über zwei Jahrhunderte einen Entwicklungsvorsprung innerhalb Europas besessen hatte. Früher als in anderen Industrieländern wurden in Großbritannien auch die Folgen der Deindustrialisierung sichtbar und – als Reaktion darauf – auch planerische Konzepte zu ihrer Überwindung entwickelt. Es spricht vieles dafür, dass Großbritannien auch in Zukunft die Rolle eines „Laboratoriums" übernehmen könnte, in dem gesellschaftliche, wirtschaftliche und raumstrukturelle Veränderungen früher als in europäischen Nachbarländern zu erkennen sein werden.

Index